Grundlagen des Managements

Georg Schreyögg · Jochen Koch

Grundlagen des Managements

Basiswissen für Studium und Praxis

3., überarbeitete und erweiterte Auflage

Georg Schreyögg
Freie Universität Berlin
Berlin, Deutschland

Jochen Koch
Europa-Universität Viadrina
Frankfurt (Oder), Deutschland

ISBN 978-3-658-06748-9 ISBN 978-3-658-06749-6 (eBook)
DOI 10.1007/978-3-658-06749-6

Die Deutsche Nationalbibliothek verzeichnet diese Publikation in der Deutschen Nationalbibliografie; detaillierte bibliografische Daten sind im Internet über http://dnb.d-nb.de abrufbar.

Springer Gabler
© Springer Fachmedien Wiesbaden 2015
Das Werk einschließlich aller seiner Teile ist urheberrechtlich geschützt. Jede Verwertung, die nicht ausdrücklich vom Urheberrechtsgesetz zugelassen ist, bedarf der vorherigen Zustimmung des Verlags. Das gilt insbesondere für Vervielfältigungen, Bearbeitungen, Übersetzungen, Mikroverfilmungen und die Einspeicherung und Verarbeitung in elektronischen Systemen.

Die Wiedergabe von Gebrauchsnamen, Handelsnamen, Warenbezeichnungen usw. in diesem Werk berechtigt auch ohne besondere Kennzeichnung nicht zu der Annahme, dass solche Namen im Sinne der Warenzeichen- und Markenschutz-Gesetzgebung als frei zu betrachten wären und daher von jedermann benutzt werden dürften.

Lektorat: Ulrike Lörcher, Renate Schilling

Gedruckt auf säurefreiem und chlorfrei gebleichtem Papier

Springer Gabler ist eine Marke von Springer DE. Springer DE ist Teil der Fachverlagsgruppe Springer Science+Business Media.
www.springer-gabler.de

Vorwort zur 3. Auflage

Management stellt einen ebenso faszinierenden wie herausfordernden Aufgabenbereich dar, dessen erfolgreiche Beherrschung heute für eine Vielzahl von Berufen und Tätigkeiten größte Relevanz besitzt. Unabhängig davon, ob man in einem Wirtschaftsunternehmen, einer staatlichen Behörde, einer kulturellen Institution oder einer Non-Profit-Organisation tätig ist – immer wieder und immer öfter wird man mit Problemen konfrontiert werden, zu deren Lösung spezifisches Managementwissen unabdingbar ist. Es ist deshalb nicht verwunderlich, dass das Interesse an diesem Fach weiterhin zunimmt und längst über den Rahmen rein betriebswirtschaftlicher Studiengänge hinausgewachsen ist. Die vielen neuen Bachelor- und Masterstudiengänge mit ihrem Einbezug von Management und Organisation als Teil der Qualifizierung sind beredter Ausdruck dieser Entwicklung.

Diese neuen Studiengänge sollen mit dem vorliegenden Lehrbuch ausdrücklich mit abgedeckt werden.

„Grundlagen des Managements" gibt eine kompakte Einführung in die zentralen und wichtigsten Begriffe und Inhalte des Managements. Die Darstellung orientiert sich im Aufbau an den fünf klassischen Managementfunktionen Planung, Kontrolle, Organisation, Führung und Personaleinsatz. Themenauswahl und -aufbereitung sind speziell auf die Anforderungen von Management- und Unternehmensführungsmodulen zugeschnitten, wie sie heute an den meisten Hochschulen angeboten werden. Zu diesem Zweck sind auch die einzelnen Kapitel als in sich geschlossene Veranstaltungseinheiten ausgelegt. Sie folgen einem einheitlichen didaktischen Konzept:

1. Lernziele,
2. Lehrtext mit integrierten Informationskästen und Marginalien,
3. Lernkontrollfragen zum Selbststudium,
4. Diskussionsfragen für den Unterricht und
5. Praxisfälle mit Übungsfragen zur praktischen Umsetzung der Lehrinhalte.

Darüber hinaus bietet dieses Lehrbuch eine Reihe von zusätzlichen Service-Komponenten, die den Einsatz als Basislehrbuch unterstützen und erleichtern sollen:

Alle *Leserinnen* und *Leser* können Lösungshinweise zu den Lernkontrollfragen auf der Webseite zum Buch unter www.springer.com herunterladen.

Vorwort zur 3. Auflage

Für *Dozentinnen und Dozenten* sind dort außerdem Zusatzmaterialien zur Unterrichtsvorbereitung hinterlegt, insbesondere

- Lösungshinweise für die Diskussionsfragen,
- Musterlösungen für die Fallstudien sowie
- fertige Foliensätze zur Präsentation der Lehrinhalte.

Das Lehrbuch ist auf Studierende zugeschnitten; darüber hinaus wendet es sich an alle Führungskräfte und Praktiker, die sich in kompakter Form einen Überblick über die theoretischen Grundlagen für eine jetzige oder spätere Führungsposition verschaffen wollen.

In der nunmehr 3. Auflage haben wir wiederum eine Reihe von Aktualisierungen vorgenommen und den Aufbau des Buches noch einmal stärker auf die Struktur unterschiedlicher Lehrveranstaltungsanforderungen ausgerichtet. Das Buch enthält nach wie vor dreizehn Kapitel und entspricht damit – zählt man eine orientierende Einführungsveranstaltung dazu – genau der Zahl der üblichen Semesterwochen, so dass jedes Kapitel für je eine Veranstaltungswoche vorgesehen werden kann. Zudem ist das Buch in vier übergeordnete Bereiche (Konzeptionelle Grundlagen, Planung & Kontrolle, Organisation sowie Führung & Personaleinsatz) untergliedert, die wiederum jeweils für sich auch als geschlossene Lehrblöcke Verwendung finden können. Die Reihenfolge der Kapitel wurde gegenüber der 2. Auflage geändert, der Teil „Organisation" schließt nun direkt an Planung & Kontrolle an. Insgesamt liegt der Konzeption des Lehrbuches die Idee einer vierstündigen Lehrveranstaltung mit jeweils 2 Stunden Vorlesung bzw. seminaristischem Unterricht und jeweils 2 Stunden Übung zugrunde. Aufgrund des Block- und Kapitelaufbaus können die Lehrinhalte jedoch auch problemlos modularisiert eingesetzt werden. Dies trifft selbstverständlich auch für alle den jeweiligen Kapiteln zugeordneten Übungen und die damit verbundenen zusätzlichen Service-Komponenten zu, die für die 3. Auflage grundlegend erneuert und stark erweitert wurden.

Auch bei der Erstellung der 3. Auflage und den dazu gehörenden Materialien haben wir wieder von einer Reihe von Personen tatkräftige Unterstützung erhalten. Zu danken ist in erster Linie unseren Mitarbeiterinnen und Mitarbeitern, Dr. Wasko Rothmann, Teresa Schiemenz, Natalie Senf, Matthias Wenzel sowie Christina Brühe und Roswitha Lorat-Nicolaysen. Ein spezieller Dank gebührt wie immer dem SpringerGabler-Verlags-Team, insbesondere Ulrike Lörcher und Renate Schilling, für die Unterstützung und die flexible Projektsteuerung.

Berlin und Frankfurt (Oder), Juli 2014   Georg Schreyögg
                                                                                                           Jochen Koch

Inhaltsübersicht

Vorwort zur 3. Auflage V

Teil 1
Einführung und konzeptionelle Grundlagen 1

1. Grundbegriffe und Managementprozess 3
2. Der Kontext des Managements: Unternehmensverfassung und Unternehmensethik 33

Teil 2
Planung und Kontrolle 69

3. Strategische Analyse 71
4. Strategiebestimmung und -umsetzung 109
5. Operative Planung und Kontrolle 149

Teil 3
Organisation 199

6. Gestaltung organisatorischer Strukturen 201
7. Die informale Organisation: Unternehmenskultur 243
8. Change Management und Innovation 273
9. Organisatorisches Lernen und Wissensmanagement 297

Teil 4
Führung und Personaleinsatz 321

10. Das Individuum in der Organisation: Motivation und Verhalten 323
11. Gruppe und Gruppenverhalten 355
12. Führung 397
13. Personal als Managementaufgabe 437

Literaturverzeichnis 477

Stichwortverzeichnis 507

Inhaltsverzeichnis

Vorwort zur 3. Auflage V

Teil 1
Einführung und konzeptionelle Grundlagen 1

1 Grundbegriffe und Managementprozess 3

Lernziele zu Kapitel 1 5
1.1 Was heißt Management? 6
1.2 Managementfunktionen und -prozess 9
1.3 Steuerungshandeln in der Empirie 14
1.4 Managementrollen und klassische Managementfunktionen 19
1.5 Der moderne Managementprozess 21
1.6 Managementkompetenzen 25
Lernkontrollfragen 28
Diskussionsfragen 29
Fallstudie: Jürgen Heinrich 29

2 Der Kontext des Managements: Unternehmensverfassung und Unternehmensethik 33

Lernziele zu Kapitel 2 35
2.1 Bezugsgruppen der Unternehmung 36
2.2 Unternehmensverfassung 40
    2.2.1 Das Vertragsmodell der Unternehmung 40
    2.2.2 Vertragsmodell und Preissystem 42
    2.2.3 Kritik der Voraussetzungen des Vertragsmodells aus empirischer Sicht 44
2.3 Gesetzliche Regelungen 48
    2.3.1 Externe Restriktionen 49
    2.3.2 Interne Restriktionen 52
2.4 Management und Ethik (Unternehmensethik) 55
Lernkontrollfragen 65
Diskussionsfragen 65
Fallstudie: Zeus AG 66

Inhaltsverzeichnis

Teil 2
Planung und Kontrolle 69

3 Strategische Analyse 71

Lernziele zu Kapitel 3 73
3.1 Unternehmensstrategie: Grundbegriffe 74
3.2 Das Grundmodell des strategischen Managements 77
3.3 Strategische Umweltanalyse: Chancen und Risiken 80
    3.3.1 Die globale Umwelt 82
    3.3.2 Wettbewerbsumwelt: Markt- und Geschäftsfeldanalyse 86
        3.3.2.1 Potenzielle Neuanbieter (Markteintrittsbarrieren) . 87
        3.3.2.2 Abnehmeranalyse 89
        3.3.2.3 Lieferantenanalyse 90
        3.3.2.4 Bedrohung durch Substitutionsprodukte 90
        3.3.2.5 Rivalität unter den Anbietern 91
        3.3.2.6 Industrielle Beziehungen und der Staat
                    als Wettbewerbsfaktoren 92
3.4 Strategische Unternehmensanalyse: Stärken und Schwächen 93
    3.4.1 Ressourcen als Wertaktivitäten 94
    3.4.2 Ressourcen im Wertschöpfungsprozess 95
    3.4.3 Organisationale Fähigkeiten und Kompetenzen 98
    3.4.4 Bewertung der Unternehmensressourcen 101
Lernkontrollfragen 103
Diskussionsfragen 104
Fallstudie: Barcley & Conen Optics 104

4 Strategiebestimmung und -umsetzung 109

Lernziele zu Kapitel 4 111
4.1 Strategiebestimmung und -umsetzung 112
    4.1.1 Strategische Optionen auf der Geschäftsfeldebene 113
        4.1.1.1 Ort des Wettbewerbs 113
        4.1.1.2 Regeln des Wettbewerbs 115
        4.1.1.3 Schwerpunkt des Wettbewerbs 117
        4.1.1.4 Strategieoptionen im Überblick 121
    4.1.2 Strategische Optionen auf der Gesamtunternehmensebene ... 123
        4.1.2.1 Diversifikation 123
        4.1.2.2 Portfolio-Strategien 126
        4.1.2.3 Strategien im internationalen Kontext 132
        4.1.2.4 Kernkompetenz-Strategie 134
4.2 Strategieimplementation 137
4.3 Strategische Kontrolle 140
Lernkontrollfragen 145
Diskussionsfragen 146
Fallstudie: Smart 148

5	**Operative Planung und Kontrolle**	**149**

Lernziele zu Kapitel 5 151
5.1 Zum Zusammenhang von operativem und
       strategischem Planungssystem 152
5.2 Merkmale der operativen Planung 154
       5.2.1 Arten operativer Pläne 154
       5.2.2 Die Interdependenz der Teilpläne 160
       5.2.3 Die operative Planung unter Unsicherheit 162
5.3 Operative Planungsmodelle 166
5.4 Operative Modellplanung am Beispiel
       der Linearen Programmierung 168
5.5 Operative Modellplanung am Beispiel der Break-even-Analyse 173
5.6 Budgetierung 183
       5.6.1 Grundfragen der Budgetierung 183
       5.6.2 Arten von Budgets 186
       5.6.3 Der Budgetierungsprozess 188
5.7 Die operative Kontrolle 190
Lernkontrollfragen 195
Diskussionsfragen 196
Fallstudie: Sektkellerei Goldtröpfchen 196

Teil 3
Organisation 199

6	**Gestaltung organisatorischer Strukturen**	**201**

Lernziele zu Kapitel 6 203
6.1 Organisatorische Strukturen als formale Regeln 204
6.2 Organisatorische Arbeitsteilung 208
       6.2.1 Aufgabenanalyse 209
       6.2.2 Formen organisatorischer Arbeitsteilung 210
       6.2.3 Organisatorische Teilung des Entscheidungsprozesses ... 216
6.3 Organisatorische Integration 219
       6.3.1 Abstimmung durch Hierarchie 220
       6.3.2 Abstimmung durch Programme 224
       6.3.3 Selbstabstimmungsregelungen 225
       6.3.4 Prozessorganisation 230
6.4 Einflussgrößen der Organisationsgestaltung 232
Lernkontrollfragen 238
Diskussionsfragen 239
Fallstudie: Gross AG 239

Inhaltsverzeichnis

7	**Die informale Organisation: Unternehmenskultur**	243
	Lernziele zu Kapitel 7	245
7.1	Zur Bedeutung des Informalen	246
7.2	Begriff und Bedeutung von Unternehmenskultur	247
7.3	Der innere Aufbau einer Unternehmenskultur	249
	7.3.1 Basisannahmen	249
	7.3.2 Normen und Standards	252
	7.3.3 Symbole und Zeichen	253
7.4	Die Erfassung von Unternehmenskulturen	256
7.5	Starke und schwache Kulturen	257
7.6	Unternehmenskulturen und Subkulturen	259
7.7	Wirkungen von Unternehmenskulturen	261
	7.7.1 Positive Effekte	261
	7.7.2 Negative Effekte	262
7.8	Kulturwandel (Cultural Change)	265
7.9	Unternehmenskultur im internationalen Kontext	268
	Lernkontrollfragen	271
	Diskussionsfragen	272
	Fallstudie: Hewlett Packard	272
8	**Change Management und Innovation**	273
	Lernziele zu Kapitel 8	275
8.1	Change Management als generische Steuerungsaufgabe	276
8.2	Veränderung durch Zielvorgabe	277
8.3	Widerstand gegen Änderungen	278
8.4	Proaktives Veränderungsmanagement	282
	8.4.1 Maßnahmen zur Überwindung von Wandelwiderständen	282
	8.4.2 Organisationsentwicklung (OE)	284
8.5	Transformationsmodelle	290
	Lernkontrollfragen	293
	Diskussionsfragen	294
	Fallstudie: Frank Schäfer	294
9	**Organisatorisches Lernen und Wissensmanagement**	297
	Lernziele zu Kapitel 9	299
9.1	Vom individuellen zum organisatorischen Lernen	300
9.2	Lernebenen	302
9.3	Lernformen	304
9.4	Wissensmanagement	307
9.5	Change Management: Zwischen Stabilität und Wandel	312
	Lernkontrollfragen	315
	Diskussionsfragen	316
	Fallstudie: Pacific National Bank	316

Teil 4
Führung und Personaleinsatz 321

10 Das Individuum in der Organisation: Motivation und Verhalten 323

Lernziele zu Kapitel 10 325
10.1 Motivation und Motivationstheorien 326
10.2 Der Motivationsprozess (Erwartungs-Valenz-Theorie) 327
10.3 Die Bedürfnishierarchie nach Maslow 333
10.4 Die Zwei-Faktoren-Theorie (Herzberg) 337
10.5 Motivation durch Ziele 341
10.6 Praktische Umsetzung: Motivierende Arbeitsgestaltung 343
10.7 Motivation und sozialer Vergleich 349
Lernkontrollfragen 350
Diskussionsfragen 351
Fallstudie: Martin Breuer 352

11 Gruppe und Gruppenverhalten 355

Lernziele zu Kapitel 11 357
11.1 Begriff und Typen von Gruppen 358
11.2 Der Gruppenprozess: Ein systemanalytischer Bezugsrahmen 360
11.3 Die Inputvariablen 363
11.4 Der Prozess: Gruppenformation und -entwicklung 365
    11.4.1 Gruppenkohäsion 365
    11.4.2 Normen und Standards 367
    11.4.3 Interne Sozialstruktur der Gruppe 369
        11.4.3.1 Die Statusstruktur 369
        11.4.3.2 Rollenstruktur 371
        11.4.3.3 Führungsstruktur (informelle) 377
    11.4.4 Kollektive Handlungsmuster 379
        11.4.4.1 Risikoschub in Gruppen 379
        11.4.4.2 Gruppendenken 380
        11.4.4.3 Konzertierte Gruppenaktionen 384
11.5 Die Gruppenleistung (Output) 384
11.6 Beziehungen zwischen Gruppen 388
Lernkontrollfragen 393
Diskussionsfragen 393
Fallstudie: Die Versetzung 394

Inhaltsverzeichnis

12	**Führung**	**397**
Lernziele zu Kapitel 12		399
12.1	Führung und Führungseigenschaften	401
12.2	Führung als Einflussprozess	406
12.3	Dynamik des Führungsprozesses: Die Identitätstheorie	414
12.4	Führungsstile und Leistungsverhalten	418
12.5	Situationstheorien der Führung	424
12.6	Neue Herausforderung für Führungskräfte	427
	12.6.1 Führung von Externen	427
	12.6.2 Führung und Coaching	428
	12.6.3 Führung im internationalen Kontext	430
Lernkontrollfragen		432
Diskussionsfragen		433
Fallstudie: Dr. Sabine Faust		434
13	**Personal als Managementaufgabe**	**437**
Lernziele zu Kapitel 13		439
13.1	Personalfunktionen in der Unternehmensführung	440
13.2	Die Personalauswahl	442
	13.2.1 Vorbereitende Maßnahmen	442
	13.2.2 Methoden zur Fundierung der Auswahlentscheidung	444
13.3	Personalbeurteilung und -entwicklung	451
	13.3.1 Funktionen und Zwecke	451
	13.3.2 Ansätze der Personalbeurteilung	453
	13.3.3 Das Mitarbeitergespräch	455
	13.3.4 Die Vorgesetztenbeurteilung	457
	13.3.5 Personalentwicklung	459
13.4	Entlohnung als Managementaufgabe	462
	13.4.1 Grundlagen der Entgeltdifferenzierung	463
	13.4.2 Entlohnung und Motivation	467
	13.4.3 Entlohnung und Lohnzufriedenheit	469
Lernkontrollfragen		472
Diskussionsfragen		473
Fallstudie: Eva Winter		474
Literaturverzeichnis		477
Stichwortverzeichnis		507

Teil 1
Einführung und konzeptionelle Grundlagen

Kapitel 1 Grundbegriffe und Managementprozess

Kapitel 2 Der Kontext des Managements: Unternehmensverfassung und Unternehmensethik

1 Grundbegriffe und Managementprozess

Lernziele zu Kapitel 1	5
1.1 Was heißt Management?	6
1.2 Managementfunktionen und -prozess	9
1.3 Steuerungshandeln in der Empirie	14
1.4 Managementrollen und klassische Managementfunktionen	19
1.5 Der moderne Managementprozess	21
1.6 Managementkompetenzen	25
Lernkontrollfragen	28
Diskussionsfragen	29
Fallstudie: Jürgen Heinrich	29

Grundbegriffe und Managementprozess

Lernziele zu Kapitel 1

Nach Durcharbeiten dieses Kapitels sollten Sie in der Lage sein,

- Management im Sinne von Institution und Funktion zu charakterisieren,
- die Managementfunktionen nach Koontz/O'Donnell zu nennen, zu erläutern und mit der POSDCORB-Klassifikation zu vergleichen,
- Managementfunktionen als Prozess zu interpretieren und zu erläutern, warum die so implizierte lineare Abfolge nicht der Realität entspricht,
- die Ergebnisse von empirischen Analysen der Managerarbeit zu kennen und in ihrer Bedeutung zu verstehen,
- die praktische Bedeutung des Rollen-Schemas von Mintzberg zu verstehen,
- die Unterschiede und Gemeinsamkeiten zwischen den Mintzberg'schen Management-Rollen und den Management-Funktionen zu erkennen,
- die Grundzüge des modernen Managementprozesses und seine praktische Bedeutung zu verstehen,
- die Relevanz von Unsicherheit und Ambiguität für betriebliche Entscheidungsprozesse zu erkennen,
- im Rahmen des modernen Management-Prozesses das Unternehmen als flexibles System im Spannungsfeld zwischen Umwelterfordernissen und Unternehmensaktionen bzw. -strategien zu sehen und daraus die Eigenständigkeit der einzelnen Management-Funktionen abzuleiten,
- zwischen technischer, sozialer und konzeptioneller Kompetenz im Sinne von Katz zu differenzieren,
- die Notwendigkeit des Zusammenwirkens dieser Kompetenzen zur Erfüllung der Managementfunktionen zu begreifen.

1 Grundbegriffe und Managementprozess

Bedeutung des Managements

Das zurückliegende 20. Jahrhundert hat den Faktor Management zweifelsohne zu einem allgegenwärtigen Phänomen gemacht. Während es in früherer Zeit hauptsächlich Bauern, Handwerker, Händler usw. waren, die die Menschen mit dem versorgten, was sie zum Leben brauchten, so werden Güter heute überwiegend von großen Organisationen erstellt und verteilt; gemeint sind arbeitsteilige Organisationen, die von Managern geleitet werden. Das Management von Organisationen ist damit an eine zentrale gesellschaftliche Stelle gerückt. Entsprechend groß ist die Aufmerksamkeit, die diesen Steuerungsaufgaben und den Personen, die sie wahrnehmen, zuteil wird.

Management als eigenständige Disziplin

Die Einsicht in die große Bedeutung des Managements für die wirtschaftliche Entwicklung hat rasch das Bedürfnis nach allgemeinen, wissenschaftlich fundierten Management-Grundsätzen entstehen lassen, die den Erfolg dieser Tätigkeit absichern. Vor diesem Hintergrund entwickelte sich ein eigenständiges Wissensgebiet, das in speziellen Ausbildungsgängen zunächst an Handelshochschulen und später an Universitäten vermittelt wurde. Im Zuge dessen wurde die Aufgabe des Managements zunehmend analytisch durchdrungen und sukzessive zu einer **lehr-** und **lernbaren** Qualifikation entwickelt.

Management als Kunst?

Eine solche Auffassung war allerdings lange Zeit durchaus umstritten. Jahrzehntelang galt Unternehmensführung mehr als eine Art Kunst und weniger als eine Wissenschaft. Obgleich die Bedeutung von Kreativität und visionärer Kraft für die Unternehmensführung nie bezweifelt wurde, so ist doch im Laufe der Zeit immer deutlicher geworden, dass Unternehmensführung zu einem ganz wesentlichen Teil eine klar bestimmbare und rational durchdringbare Aufgabenstellung ist.

Ziel des Lehrbuches

Das vorliegende Lehrbuch zielt darauf ab, die wesentlichen Wissensbestände, Methoden und Instrumente, die zur Bewältigung der Managementaufgaben entwickelt wurden, vorzustellen. Ein solcher Überblick startet sinnvollerweise damit, den Begriff des Managements – der trotz vielfältiger Bemühungen bisher keine einheitliche Verwendung erfahren hat – genauer zu umreißen.

1.1 Was heißt Management?

Die theoretische Entwicklung der Managementlehre war von Anfang an durch zwei unterschiedliche Perspektiven gekennzeichnet, nämlich einerseits Management als **Institution** und andererseits als **Funktion**.

Was heißt Management? **1.1**

Mit Management in „**institutioneller Perspektive**" meint man die Gruppe von Personen, die in einer Organisation mit der Steuerungsaufgabe betraut ist. Zum Management gehören demnach alle Organisationsmitglieder, die Vorgesetztenfunktionen wahrnehmen, angefangen beim Meister bis zur Vorstandsvorsitzenden. Diese im angelsächsischen Sprachraum gebräuchliche Begriffsfassung geht also weit über die oberen Führungsebenen hinaus, für die im deutschen Sprachgebrauch häufig der Begriff „Management" reserviert ist. Dieses Managementverständnis schließt auch den Eigentümer-Unternehmer mit ein und ignoriert damit die in der industrieökonomischen Forschung gebräuchliche Unterscheidung zwischen **Managern** im Sinne von kapitallosen Funktionsträgern, die von den Kapitaleignern zur Führung eines Unternehmens bestellt sind, und **Eigentümern** als den durch das eingebrachte Kapital legitimierten Unternehmensführern. Das Spektrum der institutionell ausgerichteten Managementforschung ist breit gesteckt. Es reicht von Analysen der demografischen Merkmale dieser Personengruppe (Herkunft, Geschlecht, Alter usw.) über Fragen zu ihrer Rolle in der Gesellschaft (Machtelite, Wandelkräfte usw.) bis hin zu Problemen der Unternehmens- und Betriebsverfassung sowie der Ausgestaltung der Corporate Governance (Berle/Means 1968, Kocka 2000: 849, Hartmann 2002).

Institutionelle Perspektive

Davon deutlich zu unterscheiden ist die „**funktionale Perspektive**", die – unabhängig von bestimmten Positionen oder Personen – unmittelbar an den **Aufgaben** ansetzt, die zur Steuerung eines Unternehmens bzw. einer Organisation erfüllt werden müssen. Wie und wem diese Steuerungsaufgaben zugeteilt werden, bleibt dabei zunächst einmal offen. So gesehen geht es hier also zunächst einmal nicht um einen speziellen Personenkreis oder um eine bestimmte Hierarchieebene in einem Unternehmen, sondern vielmehr um einen Kranz von Aufgaben, den sog. **Managementfunktionen**, die erfüllt werden müssen, damit die Organisation ihre Ziele erreichen kann.

Funktionale Perspektive

In der Regel schafft man jedoch zur Erfüllung der Managementfunktionen eine Leitungshierarchie. Diese Leitungspositionen (Instanzen) sind allerdings nur selten ausschließlich mit der Erfüllung von Managementfunktionen betraut. Ihnen sind daneben in mehr oder weniger großem Umfang auch **Sachaufgaben** übertragen. Häufig ist der Anteil der Managementaufgaben am Gesamtaufgabenbudget einer Führungskraft umso kleiner, je niedriger sie in der Unternehmenshierarchie angesiedelt ist; es gibt jedoch auch viele Industriebetriebe, in denen gerade Führungskräfte der unteren Ebenen so gut wie ausschließlich mit Managementfunktionen betraut sind.

Managementaufgaben

Die Managementfunktionen stehen logisch nicht neben den originären betrieblichen Funktionen wie Einkauf, Produktion oder Verkauf (Sachfunktionen), sondern in einem komplementären Verhältnis dazu. Man kann sich das Management als eine komplexe **Verknüpfungsaktivität** vorstellen, die die betrieblichen Funktionen/Ressourcen gleichsam netzartig überlagert und

Sachfunktionen

1 Grundbegriffe und Managementprozess

zu einem Leistungsprozess vereinigt – anders ausgedrückt, die Managementfunktionen durchdringen steuernd die verschiedenen Sachfunktionsbereiche. Abbildung 1-1 stellt diesen Zusammenhang schematisierend in Form einer Matrix dar. Ein gutes Betriebsergebnis ist demzufolge nur dann erzielbar, wenn Sach- und Managementfunktionen eng zusammenwirken und gut aufeinander abgestimmt sind.

Abbildung 1-1 | *Management als verknüpfende Querschnittsfunktion*

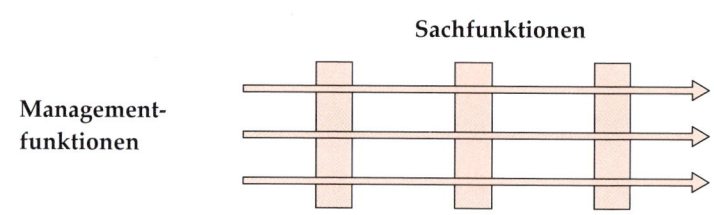

Management als Querschnittsfunktion

Das funktionale Managementkonzept sieht das Management also als Querschnittsfunktion, die den Einsatz der Ressourcen und das Zusammenwirken der Sachfunktionen steuert. Managementfunktionen fallen demzufolge in jedem Bereich des Unternehmens an, gleichgültig, ob es sich nun um den Einkaufs-, Finanzierungs-, Vertriebs- oder einen sonstigen betrieblichen Bereich handelt. Die Managementaufgaben werden typischerweise – abhängig von der Größe der Organisation – arbeitsteilig wahrgenommen, sie sind dann dementsprechend auf jeder Hierarchiestufe zu erfüllen, wenn auch unterschiedlich nach Schwerpunkt und Umfang.

Damit wird die Konzeption des funktionalen Managementverständnisses klar:

Definition | Management ist ein Komplex von Steuerungsaufgaben, die bei der Leistungserstellung und -sicherung in arbeitsteiligen Organisationen erbracht werden müssen. Diese Aufgaben stellen sich in der Praxis als immer wiederkehrende Probleme dar, die im Prinzip in jeder Leitungsposition zu lösen sind, und zwar unabhängig davon, in welchem Ressort, auf welcher Hierarchieebene und in welcher Organisation sie anfallen.

Obwohl die jeweils zu erstellenden Leistungen und die zu bewältigenden Situationen gänzlich unterschiedlich sein können, sind die dafür erforderlichen Steuerungsaufgaben dennoch strukturell gleicher Art, so dass sie in einem generellen Katalog zusammengefasst werden können. Es sind genau diese **generellen Managementaufgaben**, die im Mittelpunkt dieses Buchs stehen sollen. Diese Aufgaben werden in der Regel von speziell dazu bestellten Personen erfüllt, den Führungskräften, also dem Management im institutionellen Sinne. Im Grundsatz geht es dabei um Steuerungsaufgaben jedweder Organisation, wir wollen uns aber im Fortfolgenden auf den Fall der erwerbswirtschaftlichen Organisation (Unternehmen) konzentrieren.

Die Unterscheidung von Management- und Sachfunktionen verdeutlicht zugleich das Verhältnis von Managementlehre und Betriebswirtschaftslehre. Die Betriebswirtschaftslehre setzt sich aus verschiedenen Funktionslehren zusammen. Dem Absatz, der Produktion, der Forschung & Entwicklung als Sachfunktionslehren steht das Management als Querschnittsfunktionslehre gegenüber. Die Managementlehre fügt sich also als eine Teilfunktionslehre in die Betriebswirtschaftslehre ein. Es ist deshalb irreführend, die Betriebswirtschaftslehre als Managementlehre zu begreifen.

Betriebswirtschaftslehre und Managementlehre

1.2 Managementfunktionen und -prozess

In der Managementlehre hat man früh damit begonnen, zu definieren und zu präzisieren, welche Funktionen im Einzelnen zum generellen Kranz der Steuerungsaufgaben gehören. Die in der Folge entwickelten Funktionskataloge weisen ein breites Spektrum auf. Von besonderem Einfluss war dabei das Pionierwerk von Henri Fayol (1929), der als einer der ersten einen allgemeinen Funktionskatalog des Managements („éléments d'administration") formuliert hat.

Gulick (1937), als einer der großen Vertreter der klassischen U.S.-amerikanischen Managementlehre, hat auf der Basis dieser Systematisierung in den 1930er Jahren das bis heute prägende POSDCORB-Konzept entwickelt. Dieses differenziert die Steuerungsaufgabe nach folgenden Managementfunktionen:

POSDCORB

- **P**lanning,
- **O**rganizing,
- **S**taffing,
- **D**irecting,
- **CO**ordinating,
- **R**eporting und **B**udgeting.

Aus diesen und anderen Konzepten hat sich in der Folge der generische Fünferkanon von Managementfunktionen herausgebildet, wie er zuerst von Harold Koontz und Cyril O'Donnell (1955) beschrieben wurde und für die Managementlehre bis heute als **Standard** gilt:

Generische Funktionen

1 Grundbegriffe und Managementprozess

(1) Planung (planning)
(2) Organisation (organizing)
(3) Personaleinsatz (staffing)
(4) Führung (directing)
(5) Kontrolle (controlling).

Managementaufgaben wie „**Koordination**" und „**Entscheidung**" werden in diesem Konzept zu Recht nicht (wie es etwa noch bei Gulick, aber auch bei vielen anderen Managementfunktionsansätzen der Fall ist) als eine eigenständige Funktion angesehen. Diese sind ja vom Charakter her keine separaten Teilfunktionen, sondern ihrer Natur nach funktionsübergreifend, d. h., sie liegen den anderen Managementfunktionen zugrunde. So beinhaltet bspw. jede Planungs-, Organisations-, Personaleinsatz-, Führungs- und Kontrollaufgabe eine Vielzahl von Entscheidungen. Es wäre deshalb sachwidrig, „Entscheidung" als separate Teilfunktion neben die anderen zu stellen.

Klassischer Managementprozess

Im Anschluss an die Formulierung des Fünferkanons stellte sich alsbald die Frage, ob diese fünf Funktionen eine bloße Liste in beliebiger Reihenfolge bilden oder ob sie systematisch zueinander in Beziehung stehen. Die erste Antwort auf diese Frage wurde im Rahmen des (heute sogenannten) **klassischen Managementprozesses** gegeben. Hiernach stehen die fünf Managementfunktionen keineswegs nur lose im Sinne einer einfachen Liste nebeneinander, sondern in einer strikten logischen Abfolge, die einen idealtypischen **Prozess** bildet. Der klassische Managementprozess ordnet die fünf Managementfunktionen nach dem Rationalprinzip (Zielbildung und -umsetzung) zu folgendem Phasenablauf: Planung – Organisation – Personaleinsatz – Führung – Kontrolle.

1. Planung

Planung als Primärfunktion

Den logischen Ausgangspunkt des Prozesses bildet die Planung, d.h. das Nachdenken darüber, was erreicht werden soll und wie es am besten zu erreichen ist. Es geht also zuallererst um die Bestimmung der Zielrichtung, die Entfaltung zukünftiger Handlungsoptionen und die optimale Auswahl unter diesen. Von der langfristigen zur kurzfristigen Orientierung fortschreitend, beinhaltet Planung u.a. die Festsetzung von Zielen, Rahmenrichtlinien, Programmen und Verfahrensweisen zur Programmrealisierung für die Gesamtunternehmung oder einzelne ihrer Teilbereiche. Schon diese kurze Charakterisierung bringt klar zum Ausdruck, dass der Planung hier das **unbedingte Primat** zugeschrieben wird; alle anderen Aktivitäten werden durch sie bestimmt und sind strikt an ihr auszurichten. Die Planung ist gewissermaßen der Kopf, die anderen vier Funktionen sind die ausführenden Organe.

2. Organisation

Der Managementfunktion Organisation obliegt es im klassischen Managementprozess, in einem ersten Umsetzungsschritt ein Handlungsgefüge herzustellen, das alle notwendigen Aufgaben spezifiziert und so aneinander anschließt, dass eine Realisierung der Pläne gewährleistet ist. Zentral sind die Schaffung von überschaubaren plangerechten Aufgabeneinheiten (Stellen) mit Zuweisung von entsprechenden Kompetenzen und Weisungsbefugnissen sowie die horizontale und vertikale Verknüpfung der ausdifferenzierten Stellen und Abteilungen. Ebenso gehört dazu die Einrichtung eines Kommunikationssystems, das die eingerichteten Stellen mit den zur Aufgabenerfüllung notwendigen Informationen versorgt.

Handlungsgefüge zur Planrealisierung

3. Personaleinsatz

Die in der Organisation geschaffenen Stellen bedürfen sodann einer anforderungsgerechten Besetzung mit Personal, um eine plangemäße Umsetzung der organisierten Tätigkeiten zu ermöglichen. Die Personalfunktion beinhaltet aber im klassischen Managementprozess nicht nur die einmalige Stellenbesetzung, sondern im Fortlauf des Prozesses auch die fortwährende Sicherstellung und Erhaltung der Human-Ressourcen. Darunter fallen vor allem die Aufgaben der Personalbeurteilung und der Personalentwicklung. Ferner gehört zur Gewährleistung einer qualifizierten Aufgabenerfüllung eine leistungsgerechte Entlohnung.

Anforderungsgerechte Stellenbesetzung

4. Führung

Sind mit der Organisation und der personellen Ausstattung die strukturellen Voraussetzungen für den Aufgabenvollzug geschaffen, schließt sich idealtypisch die permanente, konkrete Veranlassung der Arbeitsausführung und ihre zieladäquate Feinsteuerung im vorgegebenen Rahmen als zentrale Führungsaufgabe an. Der tägliche Arbeitsvollzug und seine Formung durch die Vorgesetzten, als **Führung im engeren Sinne**, stehen jetzt im Vordergrund. Es interessieren das Einflussgefüge als Mikro-Struktur zwischen den Beteiligten und Maßnahmen der optimalen Veranlassung wie auch der täglichen Steuerung der Arbeitshandlungen. Motivation, Kommunikation und Konfliktbereinigung sind die herausragenden Themen dieser Managementfunktion.

Konkrete Veranlassung der Planrealisation

5. Kontrolle

Die letzte Phase des klassischen Managementprozesses ist dann die Kontrolle. Sie stellt insofern logisch den letzten Schritt dar, als sie die erreichten Ergebnisse registrieren und mit den Plandaten vergleichen soll. Aufgabe des

Soll/Ist-Vergleich

1 Grundbegriffe und Managementprozess

Soll/Ist-Vergleichs ist es, zu zeigen, ob es gelungen ist, die Pläne in die Tat umzusetzen. Allfällige Abweichungen sind daraufhin zu prüfen, ob sie die Einleitung von Korrekturmaßnahmen oder grundsätzliche Planrevisionen erfordern. Die Kontrolle bildet mit ihren Informationen zugleich den Ausgangspunkt für die Neuplanung der Anschlussperiode und damit den neu beginnenden Managementprozess.

Zwillingsfunktionen

Nachdem dieser Logik zufolge Kontrolle ohne Planung nicht möglich ist, weil sie sonst keine (planmäßigen) Sollvorgaben hätte, und andererseits jeder neue Planungszyklus nicht ohne Kontrollinformationen über die Zielerreichung des letzten Zyklus beginnen kann, bezeichnet man Planung und Kontrolle auch als Zwillingsfunktionen.

Abbildung 1-2 veranschaulicht die Funktionslogik des klassischen Managementprozesses als eine systematische Abfolge von Managementfunktionen und gibt eine detaillierte Übersicht über weitere, den Funktionen zuzuordnende Einzelaufgaben. Insgesamt entsteht das Bild eines plandeterminierten Zyklus, dem immer weitere Zyklen folgen. Über die Dauer der Zyklen ist damit nichts Grundsätzliches gesagt; ein Zyklus kann ein Geschäftsjahr sein, aber auch eine kürzere oder längere Periode.

Interdependenzen zwischen den einzelnen Funktionen

Diese klassisch-lineare Abfolge der Managementfunktionen in aufeinanderfolgenden Zyklen wird zwischenzeitlich allerdings relativiert, weil in der Realität die Interdependenzen zwischen den Funktionen so stark ausgeprägt sind, dass sie sich einer solchen klaren Ordnung entziehen. Die Aufgaben überlappen sich und lassen sich im praktischen Arbeitsprozess nicht in dem Maße isolieren und zeitlich strecken, dass eine schrittweise Abarbeitung im Sinne des beschriebenen Prozesses möglich würde. Bei Kontrollsystemen und Kontrollhandlungen geht es z.B. nicht nur um die Beschaffung und Analyse von Informationen über den Planvollzug, sondern sie haben auch eine Auswirkung auf die Einstellungen und Verhaltensweisen der Mitarbeiter. Zu viel Kontrolle schafft Misstrauen und entmutigt. Ähnlich wirkt die gewählte Organisationsstruktur in späteren Phasen auf die Planerstellung ein, so dass auch die Organisation *vor* die Planung tritt.

Klassischer Managementprozess: Ideal und Wirklichkeit

Der klassische Managementprozess, wie in Abbildung 1-2 gezeigt, sollte deshalb mehr als ein didaktisches Hilfsmittel begriffen werden, den konzeptionellen Zusammenhang zwischen den Managementfunktionen zu verdeutlichen, und weniger als eine Beschreibung realer Steuerungsabläufe. Diese Diskrepanz zeigte sich auch mit aller Deutlichkeit dort, wo empirisch erforscht wurde, wie sich der Arbeitsprozess einer Führungskraft tatsächlich darstellt. Die wesentlichen Ergebnisse dieser empirischen Studien werden im nächsten Abschnitt dargestellt.

1.2 Managementfunktionen und -prozess

Der klassische Managementprozess

Abbildung 1-2

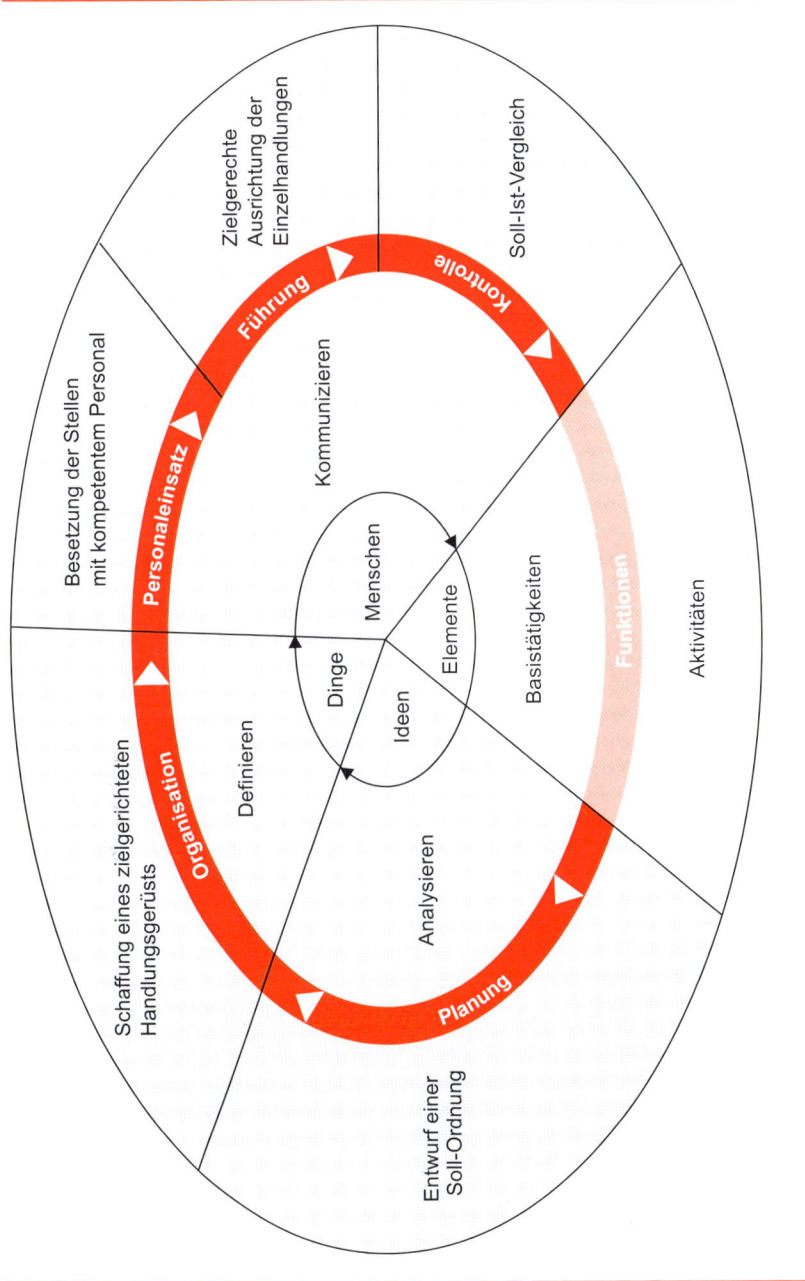

Quelle: in Anlehnung an Mackenzie 1969

1.3 Steuerungshandeln in der Empirie

Die immer wieder aufgetauchte Diskrepanz zwischen der linearen Soll-Konzeption und realen Managementprozessen gab Veranlassung, empirisch genauer zu erforschen, wie sich das Tätigkeitsspektrum eines Managers praktisch darstellt. In verschiedenen Arbeitsaktivitäts-Studien hat man sich zum Ziel gesetzt, unvoreingenommen zu registrieren, welchen Strukturen und Verlaufsmustern die Tätigkeit von Führungskräften tatsächlich folgt.

„Frage einen Manager, was er tut, so wird er dir mit großer Wahrscheinlichkeit sagen, dass er plant, organisiert, koordiniert und kontrolliert. Dann beobachte, was er wirklich tut. Sei nicht überrascht, wenn du das, was du siehst, in keinen Bezug zu diesen vier Wörtern bringen kannst." (Mintzberg 1975: 49). Mit dieser provozierenden Feststellung resümiert Henry Mintzberg das Ergebnis seiner Studie zur Natur der Managementaufgabe.

Empirische Studien

Schon in den ersten Studien dieser Art (vor allem Carlson 1951, Guest 1955/56) zeichnete sich ein grundsätzliches Muster ab, das sich in späteren Untersuchungen (vgl. etwa Tengblad 2006) immer wieder bestätigen sollte:

Arenen

Permanente Probleme

1. **Parallele Problemlösungs-Zyklen.** Die Arbeit hat keinen klar geschnittenen Anfang und kein eindeutiges Ende. Sie ist vielmehr durch das gleichzeitige Lösen verschiedener Steuerungsprobleme gekennzeichnet. Probleme werden quasi in einer Art **Arena** mit jeweils verschiedenen Teilnehmern verhandelt. Führungskräfte gehen von einer Problemlösungsarena zur nächsten, häufig ohne das Problem bis zu seiner Lösung voranzubringen. Es sind ständig mehrere noch offen gelassene Zyklen zu bearbeiten. Unerwartet entstehen auch immer wieder neue Arenen.

Viele Einzelaktivitäten

2. **Der Arbeitstag ist zerstückelt.** Die Arbeit vollzieht sich nicht in einem geordneten, nach Phasen gegliederten Ablauf, sondern ist gekennzeichnet durch eine Vielzahl von Einzelaktivitäten, Ad-hoc-Gesprächen, ungeplanten Besuchen und einem ständigen Hin- und Herspringen zwischen Themen vom trivialen Alltagsproblem bis zur 10-Millionen-Euro-Investition.

Direkte Interaktion

3. **Mündliche Kommunikation.** Die Steuerungsarbeit wird im Wesentlichen in Form von direkten oder telefonischen Gesprächen geleistet. In den vielen Untersuchungen gab es kaum eine Führungskraft, die weniger als 70 % ihrer Zeit für Gespräche (Telefonate, Sitzungen, Videokonferenzen, Ad-hoc-Gespräche usw.) verwandt hätte; einige durchaus erfolgreiche Manager verwendeten sogar bis zu 90 % ihrer Zeit für Gespräche.

Kontaktfrequenz

4. **Fragen und Zuhören.** Die Kontakte bestehen nur zum geringeren Teil aus Anweisungen; einen wesentlich größeren Zeitanteil nimmt das Stellen von Fragen ein sowie das Zuhören und das Geben von Auskünften. Auf diese Weise wird die Informationsaufnahme, und damit die Fähig-

keit zuzuhören, schnell zur Schlüsselkompetenz (vgl. Kasten 1-1). Die Kontaktpartner sind sehr unterschiedlich: Kollegen, Vorgesetzte, Kunden, Verbände, Lieferanten usw. Kontakte mit den unterstellten Mitarbeitern machen selten mehr als die Hälfte aller Kontakte aus.

5. **Bewältigung von Unvorhergesehenem**. Plötzlich auftauchende Schwierigkeiten und unvorhergesehene Ereignisse gehören zum Alltag von Führungskräften. Das aus der Planung Erwartete sieht sich nicht selten mit dem Unerwarteten konfrontiert. Die unerwarteten Ereignisse sind darüber hinaus nicht immer sogleich als eindeutiges Problem identifizierbar. Häufig ist erst zu entscheiden, ob überhaupt ein Problem vorliegt. Dafür fehlen in der Regel zuverlässige Informationen. Dennoch besteht das Erfordernis, rasch auf die neue Konstellation zu reagieren, um Schaden vom Unternehmen fernzuhalten.

Entscheiden unter Unsicherheit

Kasten 1-1

Der Managementalltag

Bruno Sälzer, ehem. Vorstandsvorsitzender der Boss AG

„Ein Arbeitstag ist für Sälzer ein Marathon des Ungeplanten. Maximal zwei Meetings sind pro Tag festgelegt – die verbleibende Zeit bleibt offen für das, was in der Firma geschieht: ‚Ich habe am Tag ungefähr 30 Kontakte. Mir wird irrsinnig viel mitgeteilt. Das ist sehr anstrengend. Aber nur darüber läuft das Geschäft.' Alles Starre, jede Routine langweilen ihn: ‚Wir sind Menschen, da bleibt nichts stabil.'"

Quelle: Focus Nr. 20 vom 9. Mai 2007

Aus dieser Beschreibung der Managertätigkeit geht auch hervor, dass Führungskräfte nicht nur initiieren und Impulse geben, sondern mindestens im gleichen Maße auch reagieren und sich neuen Konstellationen anpassen. In den empirischen Studien von Stewart (1999) erwies sich, dass der Arbeitsprozess einer Führungskraft durch drei aktive und passive Komponenten bestimmt werden kann:

1. **Handlungszwänge:** Hiermit sind alle Aktivitäten gemeint, die zu den fest umrissenen Pflichten eines Stelleninhabers gehören. Dabei sind die Handlungszwänge, die eine bestimmte Position notwendigerweise mit sich bringt (z.B. Unterschriften, Repräsentanzen), von jenen zu unterscheiden, die auf früher getroffene eigene Entscheidungen zurückzuführen sind (z.B. Terminzusagen, Kongressteilnahmen).

Demands

2. **Restriktionen:** Damit sind externe Begrenzungen gemeint, die die Führungskraft in ihren Arbeitsprozessen erfährt. Sie können von innen oder außen kommen (z.B. Budgetlimits, Satzungen, Gesetze).

Constraints

Grundbegriffe und Managementprozess

Choices

3. **Eigengestaltung:** Damit soll schließlich der Aktivitätsraum bezeichnet werden, der frei gestaltet werden kann. Hier kann die Führungskraft ihrer Arbeit und ihrem Umfeld einen individuellen Stempel aufprägen (z.B. Führungsverhalten, Arbeitsstil).

Mischung der Komponenten

Zwar sind alle Managementtätigkeiten durch diese drei Komponenten gekennzeichnet, ihre Intensität variiert jedoch von Ebene zu Ebene (unteres, mittleres und oberes Management) und von Organisation zu Organisation. Dabei wird häufig die Auffassung vertreten, eine Top-Management-Aufgabe sei durch besonders viele „choices" und besonders wenig „demands" gekennzeichnet. Dies muss jedoch nicht unbedingt der Fall sein. So zeigte sich bei einer Analyse der Arbeit des Präsidenten der USA, dass dabei den „demands" eine dominante Stellung zukam (vgl. Neustadt 1960).

Bei der Hervorhebung von Handlungszwängen (demands) sollte man jedoch bedenken, dass das, was eine Position erfordert, so gut wie immer von irgendjemand einmal zur Routine gemacht worden und folglich im Prinzip revidierbar ist.

Unterscheidung zwischen Form und Inhalt

Die bisher referierten Ergebnisse sind zunächst einmal nichts anderes als Berichte über sichtbare und registrierbare Elemente der Managementtätigkeit. Eine solche Perspektive muss so lange oberflächlich bleiben, wie nicht der **Inhalt** der Tätigkeit mit berücksichtigt wird. „Schreibtischarbeit" kann z. B. zur Erstellung eines Plans dienen oder zum Entwurf einer Rede, zum Lesen eines wichtigen Kontrollberichts oder zur Durchsicht der Bilder vom letzten Betriebsausflug. Es ist also erforderlich, zwischen dem beobachtbaren Arbeitsverhalten und dem Inhalt der Tätigkeit wie auch ihrer Funktionsbestimmung deutlich zu unterscheiden.

Kotter-Modell

Ein Interpretationsschema zur Erfassung der hinter dem sichtbaren Arbeitsverhalten liegenden Sinnbezüge hat Kotter (1982) im Rahmen seiner Beobachtungsstudie von General-Managern (n = 15) entwickelt. Er differenziert zwischen drei Basiskonzepten, die den Aktivitäten von Managern zugrunde liegen:

(1) Aufbau und Entwicklung eines Orientierungsrahmens für das eigene Handeln: „agenda setting",

(2) Knüpfen eines Kontaktnetzwerks: „network building" und

(3) Realisierung von Handlungsentwürfen: „execution".

Dem Aufbau und der Pflege eines persönlichen Netzwerks kam dabei eine Schlüsselrolle zu. Es diente sowohl der Informationsgewinnung für die (Fort-)Entwicklung der „agenda" als auch der Mobilisierung von Unterstützung zur Realisierung gesteckter Ziele. Ganz generell gilt heute der Aufbau eines persönlichen Netzwerkes als Funktionsvoraussetzung für die erfolg-

Steuerungshandeln in der Empirie

reiche Erfüllung einer Führungsaufgabe („Getting work done efficiently", Ibarra/Hunter 2007).

Mintzberg interpretiert die von ihm beobachteten Aktivitäten in einer ähnlichen, wenn auch tiefer gegliederten Weise. Er begreift das beobachtete Arbeitsverhalten als Ausdruck eines Rollenverhaltens, genauer, als Erfüllung von zehn Rollen, die in genereller Form den Inhalt der Managementaufgabe umreißen. Die zehn Rollen werden nach drei übergeordneten Rollengruppen gegliedert: Rollen beim Aufbau und der Aufrechterhaltung interpersoneller Beziehungen, Rollen bei der Aufnahme und Abgabe von Informationen und schließlich Rollen im Rahmen von Entscheidungen (vgl. Abbildung 1-3).

Management-Rollen

Die zehn Management-Rollen nach Mintzberg

Abbildung 1-3

Bereich	Interpersonelle Rollen	Informationsrollen	Entscheidungsrollen
Rollen	■ Galionsfigur ■ Vorgesetzter ■ Vernetzer	■ Radarschirm ■ Sender ■ Sprecher	■ Innovator ■ Problemlöser ■ Ressourcenzuteiler ■ Verhandlungsführer

Quelle: Mintzberg 1980: 923

Diese zehn Rollen seien nachfolgend kurz erläutert:

Interpersonelle Rollen

1. **Galionsfigur**
   Kern dieser Rolle ist die Darstellung und Vertretung der Unternehmung oder der Abteilung nach innen und nach außen. Der Manager fungiert hier gewissermaßen als Symbolfigur. Nicht die konkrete Arbeit, sondern seine Anwesenheit oder seine Unterschrift als solche sind hier von Bedeutung (Beispiel: Ein verärgerter Kunde möchte den Geschäftsführer sprechen oder die Abteilungsleiterin bittet jährlich zum Neujahrsempfang).

Figurehead

2. **Vorgesetzter**
   Die Anleitung und Motivierung der unterstellten Mitarbeiter sowie deren Auswahl und Beurteilung stehen im Zentrum (Beispiel: Eine Managerin diskutiert mit ihrer Gruppe die Umsätze des letzten Monats).

Leader

Grundbegriffe und Managementprozess

Liaison   **3. Vernetzer**

Im Mittelpunkt dieser Rolle stehen Aufbau und Pflege eines funktionstüchtigen, reziproken Kontaktnetzes innerhalb und außerhalb des Unternehmens (Beispiel: Managerin tritt einem Erfahrungskreis der Industrie- und Handelskammer bei).

Informationsrollen

Monitor   **4. Radarschirm**

Zu dieser Rolle gehört die kontinuierliche Sammlung und Aufnahme von Informationen über interne und externe Entwicklungen, insbesondere über das selbst aufgebaute „Netzwerk" (Beispiel: Der Manager erfährt von einem Reisenden, dass der Hauptkonkurrent seine Gussteile demnächst zu einem Schleuderpreis aus Südkorea beziehen wird).

Disseminator   **5. Sender**

Kernaktivitäten sind Übermittlung und Interpretation relevanter Informationen und handlungsleitender Werte an die Mitarbeiter und andere Organisationsmitglieder (Beispiel: Manager besucht einen wichtigen Lieferanten, spricht mit ihm über die Marktentwicklung und berichtet seinen Mitarbeitern seine Eindrücke).

Spokesperson   **6. Sprecher**

Hierzu gehören die Information externer Gruppen und die Vertretung der Organisation nach außen (Beispiel: Managerin einer IT-Firma nimmt an einer Fernsehdiskussion über die sozialen Folgen moderner Informationstechnologien teil und verteidigt die Position ihres Unternehmens).

Entscheidungsrollen

Entrepreneur   **7. Innovator**

Kernaktivitäten sind die Initiierung und die Realisierung von Wandel in Organisationen. Grundlage dieser Aktivität ist das fortwährende Aufspüren von Problemen sowie die Nutzung sich bietender Chancen (Beispiel: Manager richtet eine Arbeitsgruppe ein, um die Erfindung eines Mitarbeiters aus der Grundlagenforschung in eine neue Produktidee umzusetzen).

Disturbance Handler   **8. Problemlöser**

Diese Rolle fokussiert Aktivitäten, die der Schlichtung von Konflikten und der Beseitigung unerwarteter Probleme und Störungen dienen (Beispiel: Managerin stoppt den Bau einer Niederlassung im Fernen Osten wegen eines dramatischen Preisverfalls auf dem betreffenden Produktmarkt).

9. **Ressourcenzuteiler** *Ressource Allocator*
   Dazu gehören drei Zuteilungsbereiche: die Verteilung von eigener Zeit und damit die Bestimmung dessen, was wichtig und unwichtig ist; die Verteilung von Aufgaben und generellen Kompetenzen (Organisation) und die selektive Autorisierung von Handlungsvorschlägen und damit zugleich die Zuteilung finanzieller Ressourcen (Beispiel: Eine Fertigungsleiterin legt einen Plan für den Kauf einer neuen Presse vor, der Spartenleiter lehnt ab, weil der Erwerb eines Trockenofens wichtiger erscheint).

10. **Verhandlungsführer** *Negotiator*
    In dieser Rolle führt der Manager in Vertretung der eigenen Organisation oder Abteilung (folgenreiche) Verhandlungen (Beispiel: Die Gründung eines Gemeinschaftsunternehmens ist geplant, die Bedingungen sind von drei beauftragten Managern im Detail mit den Verhandlungsführern des anderen Unternehmens auszuhandeln).

Diese zehn Aktivitätskategorien oder Rollen sind als Teile eines **Ganzen** zu betrachten und sollen ebenso wie die oben beschriebenen Managementfunktionen generell für jede Managementposition gelten. In Abhängigkeit von Branche, Hierarchieebene, Ressort, Arbeitsgruppe, Persönlichkeit usw. kann sich jedoch eine durchaus unterschiedliche Schwerpunktsetzung, eine je spezifische Gestalt ergeben. So liegt etwa bei Produktionsmanagern (Werksleitern, Meistern usw.) der Schwerpunkt häufig in der Bewältigung plötzlich auftretender Störungen, also in der Rolle des „Problemlösers". Bei Verkaufsmanagern liegt dagegen der Schwerpunkt meist beim Herstellen von Verbindungen („Vernetzer") und der Repräsentation („Galionsfigur").

Rollen bilden eine Einheit

1.4 Managementrollen und klassische Managementfunktionen

Betrachtet man die zehn Rollen genauer, so stellt man fest, dass sie von den fünf generischen Managementfunktionen keineswegs so weit entfernt sind, wie es Mintzberg vorgibt. So lassen sich zumeist lockere Verbindungslinien herstellen, etwa zwischen der Managementfunktion Planung und der Innovator-, der Radarschirm- und der Ressourcenzuteilungsrolle. Die Managementfunktion „Organisation" wird ebenfalls mit der Ressourcenzuteilungsfunktion angesprochen sowie mit der Rolle des Vernetzers. Die Rollen des Vorgesetzten, des Senders und des Problemlösers korrespondieren mit der Managementfunktion „Führung". Personaleinsatzprobleme kann man der Vorgesetztenrolle zuordnen, während die Managementfunktion „Kontrolle" eine gewisse Entsprechung in der „Radarschirm"-Rolle findet.

Verbindungslinien

Grundbegriffe und Managementprozess

Unterschiedliche Abstraktionsebenen

Die Tatsache, dass die zehn Rollen eine gewisse Affinität zu den typischen Managementfunktionen (nicht aber zum klassischen Managementprozess als solchem!) zeigen, muss nicht weiter verwundern, sind diese doch auf einer sehr viel konkreteren Betrachtungsebene angesiedelt als die viel abstrakteren Managementfunktionen. So gesehen sind die zehn Managementrollen im Wesentlichen eine Ergänzung und Konkretisierung der fünf Managementfunktionen aus einem anderen Betrachtungswinkel heraus.

Ein völlig **anderes Bild** ergibt sich jedoch, wenn es um den **Prozess** geht. Hier gilt es zu erkennen, dass zusammen mit all den anderen Beobachtungsstudien die Managementrollen die Logik des klassischen Managementprozesses grundsätzlich in Frage stellen. Zwei Punkte bringen dies besonders deutlich zum Ausdruck:

Umweltbezug jenseits der Planung

1. **Außenbezug.** Die Rollen verweisen auf die große Bedeutung des Außenbezugs von Unternehmen für die Steuerungsaufgabe. In dem Schema von Mintzberg tauchen die aus dem Außenbezug fließenden Anforderungen unter mindestens vier Rollen auf: Galionsfigur, Sprecher, Verhandlungsführer und Vernetzer. Diese Rollen können im klassischen Managementprozess keinen Platz finden, weil dort der Außenbezug im Wesentlichen nur als Planungsproblem zum Thema wird. Von der Planung wird erwartet, dass sie alle relevanten Bewegungskräfte und auf Eigenhandlungen zu erwartenden Reaktionen der Umwelt prognostizieren kann und dies so in ihre Kalküle einarbeitet, dass eine sichere Arbeitsgrundlage für die Planperiode entsteht. Dies ist indessen eine viel zu vereinfachte Sichtweise. Die Umwelt von Unternehmen ist aufgrund der komplexen Wirkungskräfte nur sehr begrenzt vorhersehbar; es gibt viele Entwicklungen, die man zum Zeitpunkt der Planung gar nicht kennen kann (man denke nur an den „11. September" oder die „Finanzkrise"). Die Umwelt von Unternehmen ist ständigen Änderungen unterworfen, deren Wirkungen aufgrund der vielfältigen Verflechtungen häufig auch nur schwer übersehbar sind. Unternehmen müssen deshalb im Wettbewerb mit Überraschungen rechnen und rasch darauf reagieren können, neue Entwicklungen schnell aufnehmen, Chancen ergreifen, Bedrohungen abwehren, befriedend auf aktuelle Konflikte einwirken können usw. Insofern ist die Bewältigung des Außenbezugs keinesfalls nur Gegenstand von Planung, sondern zentrale Aufgabe aller Managementfunktionen.

2. **Flexibilität.** Die empirischen Ergebnisse machen ferner mit Nachdruck darauf aufmerksam, dass sich der betriebliche Leistungsprozess nicht als linearer Handlungsablauf darstellen lässt – auch nicht idealerweise –, wie es der klassische Managementprozess fordert. Vielmehr muss jederzeit mit einem erheblichen Maß an plötzlichen Störungen, unvorhergesehenen Ereignissen und neuen Konstellationen gerechnet werden. Häu-

fig bleibt nichts anderes übrig, als kurzfristig auf eine aktuelle Bedrohung oder Chance zu reagieren. Systematisch vorbereitetes Entscheiden und rasches situationsgerechtes Handeln stehen sich daher notwendig in einem spannungsreichen Bogen gegenüber. Dieses Gegenüber von Aktion und Reaktion, von sorgfältiger Analyse und spontaner Entscheidung, von klarer Ordnung und flexibler Anpassung ist deshalb kennzeichnend für das moderne Management geworden. Eine lineare Abfolge der Funktionen gibt ein zu einseitig auf Ordnung festgelegtes und daher letztlich irreführendes Bild der tatsächlichen Steuerungsanforderungen. Daraus hat sich die Notwendigkeit ergeben, ein anderes Prozessverständnis zu entwickeln, das in der Fortfolge als **„moderner Managementprozess"** bezeichnet wird.

1.5 Der moderne Managementprozess

Die im vorhergehenden Abschnitt dargelegten Forschungsergebnisse haben Veranlassung gegeben, den Managementprozess zu überdenken und enger an die praktischen Gegebenheiten heranzuführen. Beibehalten wird die grundsätzliche Gliederung in die fünf Managementfunktionen: Planung, Organisation, Personaleinsatz, Führung und Kontrolle – geändert wird aber das Prozessverständnis, d.h. das gedankliche Gerüst ihres Zusammenhangs (Schreyögg 1991).

Ausgangspunkt des neueren Steuerungsdenkens ist die Interaktion von Unternehmung und Umwelt, d.h. die Einbettung der Unternehmenssteuerung in das Wechselspiel von **Umwelterfordernissen** (Wettbewerb, Kundenorientierung, neue Technologien usw.) und **Unternehmensaktionen und -strategien**. Die Umwelt ist für ein Unternehmen niemals völlig transparent und verstehbar und damit auch niemals sicher in ihren Anforderungen vorhersehbar; sie stellt für das System Unternehmung immer eine Quelle potenzieller Überraschungen und Diskontinuitäten dar. Diese Situation der Komplexität, der nur teilweisen Verstehbarkeit, der Überraschungen, der flexiblen Anpassungsnotwendigkeit usw. bringt es auch mit sich, dass man die Unternehmung selbst nicht mehr als einen wohlgeordneten Apparat begreifen kann, der sich mit linearen Kausalketten steuern lässt. Stattdessen denkt man die Unternehmung immer mehr als ein **flexibles System**, das mehr einem lebendigen Organismus gleicht als einer präzisen mechanischen Konstruktion. Nicht alles kann vorausbedacht und geplant, vieles muss spontan gelöst werden (vgl. dazu auch den Fall Coca Cola in Kasten 1-2).

Umweltbezug

Überraschungen

Kasten 1-2

Coca Cola

„Am 23. April 1985 veränderte die Coca Cola Comp. das erste Mal den Geschmack ihres Hauptprodukts. Das neue Produkt, genannt New Coke, wurde auf einer spektakulären Pressekonferenz im Lincoln Center in New York eingeführt. Innerhalb von 24 Stunden wussten 81 % der US-Amerikaner von dem Wechsel, und erste Schätzungen sagten, dass zu diesem Zeitpunkt 150 Mio. Leute das neue Produkt bereits probiert hatten. Alles war sorgfältig geplant und der Markt breitflächig erfasst (ca. 4 Mio. USD waren für Marktforschung und Geschmackstests ausgegeben worden), dennoch drohte der ganze Strategieplan zu einem Desaster zu werden. Innerhalb der ersten 4 Stunden erhielt das Unternehmen über 650 wütende Anrufe von Kunden, die der Produktänderung völlig negativ gegenüberstanden. Das alte Coke wurde gehortet. Man sprach sogar davon, dass eine Gruppe in Seattle ein Verfahren gegen Coca Cola anstrengen wollte. Händler begannen damit, das alte Coke zu erhöhten Preisen zu verkaufen. Bis Mitte Mai trafen bei dem Unternehmen über 5.000 Anrufe pro Tag ein, begleitet von einem Berg von Protestbriefen (bis Mitte Mai 40.000). Am 11. Juli kündigte der Vorstand an, dass das alte Rezept wieder eingeführt werde unter der Marke Coca Cola Classic; er dankte den Kunden, die zu New Coke gewechselt waren, und versicherte den Kunden, die das traditionelle Coke trinken wollten, dass ihre Botschaft verstanden wurde."

Quelle: Weick, K.E./Sutcliffe, K.M., Managing the unexpected, San Francisco 2001, S. 71f. (Übers. d. d. Verfasser)

Gleichgeordnete Funktionen

Aus diesem Grunde kann auch der Planung nicht mehr das unbedingte Primat eingeräumt werden; sie steht als Steuerungsinstrument **gleichberechtigt** neben den anderen Funktionen. Für die Systemsteuerung stehen grundsätzlich **verschiedene** alternative Möglichkeiten zur Verfügung. Die Managementfunktionen treten als **Steuerungspotenziale** mit eigener Logik, d.h. mit eigenen Stärken und Schwächen, **nebeneinander**. Ihr Einsatz und ihr Verhältnis zueinander lässt sich nach Maßgabe der aktuellen Erfordernisse variieren. Der Einsatz von Führung konkurriert etwa mit dem Einsatz von Organisation oder eine breite Verwendung von Planung mit der Einrichtung flexibler Organisationsstrukturen; letzteren würde man vor allem dort den Vorrang geben, wo die Planung infolge hoher Unsicherheit einer fortwährenden Revisionsnotwendigkeit gegenübersteht.

Multiple Anschlussmöglichkeiten

Die Managementfunktionen Organisation, Personaleinsatz, Führung und Kontrolle treten also aus ihrer bloßen Plandurchsetzungsfunktion heraus und stehen **neben** der Planung als prinzipiell **eigenständige**, getrennt einsetzbare **Steuerungspotenziale** zur Verfügung. Es sei aber betont, um Missverständnisse zu vermeiden, dass diese Selbstständigkeit keineswegs **Anschlüsse** der Funktionen untereinander ausschließt. Im Gegenteil, die Anschlussmöglichkeiten unter den Funktionen sind vielfältig und in immer

Der moderne Managementprozess

1.5

wieder neuen Varianten vorstellbar. Im Ergebnis bedeutet dies, dass der Schwerpunkt in den Managementfunktionen nach Art und Umfang dem jeweils aktuellen Steuerungsproblem entsprechend variiert werden kann. Der damit bezeichnete Managementprozess sei nachfolgend noch einmal etwas näher erläutert.

Beginnen wir mit der **Planung**. Die Planung basiert auf dem Funktionsprinzip, die Zukunft durch Prognose in die Gegenwart hereinzuholen und jetzt zu entscheiden, wie zukünftig gehandelt werden soll. Sie leistet dies – abstrakt gesprochen – im Wesentlichen auf dem Wege der **Selektion** (Auswahl). Planer entwickeln vor dem Hintergrund der (unbegrenzt) vielen Möglichkeiten eine bestimmte Sichtweise („Konzept") der Umwelt und ihrer Bewegungskräfte, auf die hin gehandelt werden soll. Sie wählen auf der Grundlage von Relevanzvermutungen über zukünftige Entwicklungen und interne Wirkungszusammenhänge ein Zielprogramm aus und legen auf diesem Wege das Gerüst oder die „roadmap" für die nachfolgenden Entscheidungen und Handlungen fest.

Planung und Selektion

Planung ist kein einmaliger Akt in einer Unternehmung, sondern wegen der Umweltveränderungen ein immer wieder zu leistender Prozess. Die allgemeine Handlungsorientierung fließt aus den grundsätzlichen Unternehmenszielen und dem strategischen Programm. Das strategische Programm legt fest, auf welchen Märkten mit welchen Produkten eine Unternehmung aktiv sein und wie der Wettbewerb bestritten werden soll.

Während die **strategische Planung** den grundsätzlichen Orientierungsrahmen für zentrale Unternehmensentscheidungen absteckt, stellt die **operative Planung** darauf ab, eine unter Berücksichtigung der strategischen Ziele konkrete Orientierung für das **tagtägliche** Handeln zu gewinnen. Der operative Plan ist das Orientierungsgerüst, das sich der Manager für Tages-, Wochen- und Monatsaktivitäten schafft. Ein operativer Plan benennt z.B. die Maschinenbelegung der kommenden Woche, legt die Instandhaltungszeiten für die Anlage fest, verknüpft den Materialfluss mit dem Produktionsprogramm usw.

Strategische und operative Planung

Planung muss allerdings als eine grundsätzlich **unsichere Vorsteuerung** gedacht werden, weil sich – wie bereits dargelegt – ihre Ausgangsbasis im Grunde jederzeit als Fehleinschätzung erweisen kann. Die Pläne bedürfen deshalb einer kritischen Begleitung, die das Fehlsteuerungsrisiko zu begrenzen trachtet. Diese Risikobegrenzung kann in erster Linie als Aufgabe der **Kontrolle** verstanden werden, die im Steuerungsprozess demzufolge eine **Kompensationsfunktion** zu erfüllen hat.

Selektionsrisiko

Um die Kompensationsaufgabe bewältigbar zu machen, muss das Unternehmen über die Kontrolle hinaus „**Umsteuerungspotenziale**" (Reserven, flexible Ressourcen usw.) bereithalten, um bei signalisierter Revisionsnot-

Anpassungsfähigkeit

1 Grundbegriffe und Managementprozess

wendigkeit auch tatsächlich eine Kursänderung vornehmen zu können. Ein solches Flexibilitätspotenzial kann nur im Ausnahmefall wiederum durch Reserve- oder Notpläne bereitgehalten werden; für gewöhnlich ist dies Aufgabe anderer Managementfunktionen. **Wachsamkeit**, **Anpassungsfähigkeit**, **Eigeninitiative** als hier vorrangig gefragte Handlungsweisen sind nur durch Managementfunktionen wie Organisation und Personaleinsatz aufzubauen.

Organisation

Ähnlich wie die Planung ist auch die **Organisation** ein stark vorsteuerndes Lenkungsinstrument. Organisatorische Regelungen sind Sollvorschriften, die das Handlungsfeld ordnen sollen, d.h. sie wählen vorlaufend aus der unübersehbaren Fülle von Handlungsmöglichkeiten die gewünschten aus. Die organisatorische Regel bedarf daher ebenso wie die Planung der risikobegrenzenden **Kompensation**, die in diesem Falle häufig von der Funktion **Führung**, aber auch **Personaleinsatz** erbracht wird. Die aktuelle Debatte zum Hierarchieabbau und Ausbau interner Koordinationsnetzwerke verweist zum Beispiel auf eine Verschiebung des Schwerpunktes von dem Steuerungsinstrument „Organisation" zu dem Steuerungsinstrument „Personaleinsatz", weil hier ja sehr viel in das (ungeregelte) Ermessen kompetenter Organisationsmitglieder gestellt wird.

Nachdem die Organisation im neuen Managementprozess aus der reinen Planumsetzungsaufgabe heraustritt und weiterreichende, ja u.U. die Planung substituierende Aufgaben übernimmt, erhält auch die **Beziehung von Organisation und Planung** einen neuen Akzent. Wie viele Studien zeigen, ist die Art der gewählten Organisationsstruktur von Bedeutung dafür, welche Pläne formuliert werden, Unterstützung erhalten usw. Sie bildet gewissermaßen das Gehäuse, in dem die Planungsprozesse ablaufen; die Art des „Gehäuses" (Zahl der Hierarchieebenen, Art der Arbeitsteilung usw.) beeinflusst automatisch Ablauf und Inhalt von Planungsprozessen. In diesem Sinne tritt dann die Organisation **vor** die Planung.

Personaleinsatz

Die Bedeutung der Managementfunktion **Personaleinsatz** für den Steuerungsprozess variiert nicht nur mit dem Einsatz und der Ausgestaltung der anderen Managementfunktionen. Es ist wichtig zu sehen, dass diese Funktion potenziell auch **eigenständige** Anpassungs- und Initiativaufgaben (mit-) zu gestalten hat. Grundsätzlich kann die Personaleinsatzfunktion als originäre Quelle des Wandels fungieren. In dem Sinne muss die Personaleinsatzfunktion nicht nur für ordentliche Aufgabenerfüllung Sorge tragen, sondern ggf. auch „Unordnung" in eine Organisation hineintragen, indem sie neue Orientierungen, Kritikpotenziale (in Form von „Widerspruchsgeistern") u.ä. einnistet und dadurch die **Kreativität** und organisationales Lernen fördert.

Die hier nur kurz vorgestellte neue Konzeption des modernen Managementprozesses hat im Vergleich zum klassischen Managementprozess eine größere Fassungskraft für die vielfältigen Probleme und Ausformungen der Führungspraxis. Sie kann vor allem viel besser praktisch drängende Probleme wie Flexibilität, Innovation und Anpassungsfähigkeit berücksichtigen. Die Beziehung zwischen Unternehmung (System) und Umwelt wird zum Dreh- und Angelpunkt der Unternehmenssteuerung.

1.6 Managementkompetenzen

Managementfunktionen beschreiben Aufgaben, die von Führungskräften wahrgenommen werden (sollen). Funktionen können freilich nur erfüllt werden – und auch das haben die oben dargestellten empirischen Analysen deutlich gemacht –, wenn die entsprechenden Voraussetzungen gegeben sind. Was die persönlichen Voraussetzungen von Führungskräften anbetrifft, so geht aus den aufgezeigten Funktionen und Rollen klar hervor, dass sie im Rahmen des modernen Managementprozesses über eine Reihe sehr unterschiedlicher Fähigkeiten verfügen müssen, wenn sie dem komplexen Charakter der sich stellenden Aufgabe gerecht werden wollen. Katz (1974) hat in seinen prägenden Studien drei Schlüssel-Kompetenzen („skills") identifiziert, die die Grundlage für eine erfolgreiche Bewältigung der Managementfunktionen bilden:

„Management skills"

1. **Technische Kompetenz.** Damit ist in erster Linie die Kenntnis einschlägigen Managementwissens gemeint und die Fähigkeit, dieses Wissen, einschließlich der dazu gehörenden Techniken und Methoden, auf den konkreten Einzelfall anzuwenden. Dazu gehört auch das Know-how, mit dem Managementwissen so umzugehen, dass es für immer wieder neue Problemkonstellationen eingesetzt werden kann. Es geht also keineswegs nur um den Erwerb des Wissens, sondern zentral auch um die Fähigkeit, damit umgehen zu können. Die Managementlehre hat sich lange nur auf diese Kompetenz konzentriert. Heute weiß man, dass die zwei anderen Kompetenzen von mindestens gleichrangiger Bedeutung sind.

Managementwissen und seine Umsetzung

2. **Soziale Kompetenz.** Damit wird die Fähigkeit bezeichnet, mit anderen Menschen effektiv zusammenzuarbeiten und durch andere Menschen zu wirken. Dazu gehört nicht nur eine grundsätzliche Kooperationsfähigkeit (heute vielfach als Teamfähigkeit bezeichnet), sondern auch das Vermögen, das Handeln anderer Menschen zu verstehen und sich in sie hineinzuversetzen (Empathie). Der soziale Aktionsradius einer Führungskraft ist groß, und ebenso groß ist die Anforderung an ihre soziale Kompetenz. Sie ist auf mindestens vier Ebenen gefordert: auf der Ebene der Kollegen, der unterstellten Mitarbeiter, der Vorgesetzten und der Bezugsgruppen aus der Umwelt (vgl. Abbildung 1-4). Im Zeichen der

Kooperation und Kommunikation

1 Grundbegriffe und Managementprozess

europäischen Integration und ganz generell der zunehmenden Globalisierung der Wirtschaft tritt als weitere Dimension der sozialen Kompetenz das **interkulturelle Verstehen** hinzu, d. h. die Fähigkeit, über kulturelle Grenzen hinweg effektiv zu kommunizieren und gemeinschaftlich zu handeln (vgl. Otten et al. 2009).

Abbildung 1-4 | *Die Ebenen sozialer Kompetenz der Manager*

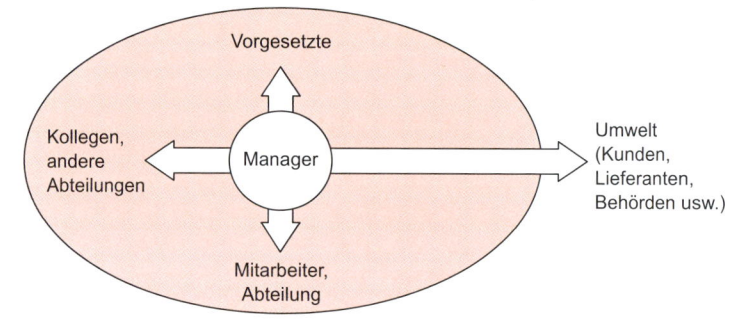

Strukturierungs-vermögen

3. **Konzeptionelle Kompetenz.** Die dritte Kompetenzform bezeichnet die Fähigkeit, unübersichtliche, komplexe Problemfelder so zu strukturieren, dass ein für die Organisation handhabbares Handlungskonzept entsteht. Nachdem im Rahmen der Managementaufgabe immer wieder neue, schwer zu durchschauende und in den Konsequenzen nicht genau bestimmbare Probleme zu bearbeiten sind, ist für die erfolgreiche Bewältigung dieser Aufgabe eine grundsätzliche Strukturierungsfähigkeit erforderlich. Sehr treffend wird dieser Strukturierungsprozess mit dem Begriff „sense making" (Weick 2012) umrissen. Dies schließt das Vermögen ein, auch bei widerstreitenden Erklärungen, unklaren Ursachenzuweisungen, mangelnden Beweisen usw. dennoch ein überzeugendes Handlungskonzept aufzubauen. Dies setzt ein grundsätzliches Verständnis für Zusammenhänge und die Bewegungskräfte des Leistungsprozesses voraus; nur so können für Einzelprobleme und -entscheidungen Anschlüsse an andere Entscheidungen gefunden werden. Konzeptionelle Kompetenz verlangt aber auch die Fähigkeit, ein Problem aus verschiedenen Perspektiven betrachten zu können oder allgemeiner in verschiedenen Kategorien zu denken (Bartunek et al. 1983, Weick 1996, Mintzberg 2004: 249 ff.). Darüber hinaus – und das ist fast noch wichtiger – verlangt konzeptionelle Kompetenz eine grundsätzliche Lernfähigkeit, um dem sich immer wieder verändernden Charakter der Problemstellungen gerecht werden zu können. Es besteht weitgehend Konsens darüber, dass auf-

Multiperspektivität

Lernfähigkeit

1.6 Managementkompetenzen

grund der wachsenden Komplexität der Wirtschaft die relative Bedeutung der konzeptionellen Kompetenz gegenüber den anderen beiden Kompetenzen zukünftig zunehmen wird.

Alle drei Kompetenzen wirken in einer Managementaufgabe zusammen; die Erfüllung jeder Funktion ist, wenn auch mit unterschiedlichen Schwerpunkten, auf das Zusammenspiel der Kompetenzen angewiesen.

Interdependenz

In der Zwischenzeit sind ähnlich wie bei den Managementfunktionen zahlreiche Kompetenzkataloge erschienen, die vor allem die Anforderungen der **neuen Organisationsformen** widerspiegeln sollen. Beispiele für solche neuen Kompetenzen sind (Daft 2003: 25, Malone et al. 2003, Kor/Mesko 2013): Anschlussfähigkeit („staying connected"), Empathie, Improvisation, Teambuilding, dynamische Anpassung usw. Ohne die Relevanz dieser Kataloge herabmindern zu wollen, handelt es sich dabei aber doch eher um aktuelle Konkretisierungen der drei allgemeinen Kompetenzen denn um strukturell neue Klassen von Kompetenzen.

Neue Kompetenzen

Neben dieser Diskussion wird immer häufiger gefordert, die Managementkompetenzen stärker nach Aufgabe und Ebene zu differenzieren. Bartlett und Ghoshal (1997) fordern sogar die Abkehr vom „Mythos des generischen Managers" und schlagen für moderne dezentrale Unternehmen eine klare Unterscheidung der Kompetenzen für „Operating-Level Managers", „Senior-Level Managers" und „Top-Level Managers" vor.

Differenzierung der Kompetenzen

Eine ähnliche Differenzierung der Managementkompetenzen nach hierarchischen Ebenen (oberes, mittleres und unteres Management) wird schon seit Längerem gefordert, sowie auch nach der organisatorischen Stellung: Linienmanagement, Projektmanagement, Funktions- oder Spartenleitung usw. (so etwa Dopson/Stewart 1997, Walgenbach/Kieser 1995).

Wie bereits dargelegt, geht jedoch die Managementlehre in der Mehrheit davon aus, dass sich diese unterschiedlichen Managementpositionen in ihren Funktionsanforderungen gerade nicht systematisch unterscheiden. Zudem erweisen sich solche pauschalen Gewichtungen (etwa nach der organisatorischen Stellung oder nach der Ebene) immer wieder als problematisch. Braucht man z. B. für die Leitung einer operativen Planungsgruppe (unteres Management) wirklich eine ganz andere konzeptionelle Kompetenz als für die Leitung einer strategischen Gruppe? Oder erfordert die Leitung einer Marketingabteilung andere soziale Kompetenzen als die einer Entwicklungsgruppe? Letztendlich geht es hier wohl eher um die Frage der Abstraktion. Die drei oben genannten Kompetenzen sind auf einem abstrakten Niveau definiert, das eine Großzahl unterschiedlicher praktischer Ausprägungen mit umfasst. Will man mehr in die konkreten Inhalte einer spezifischen Managementtätigkeit gehen, ist zweifellos eine weitere Konkretisierung und Differenzierung erforderlich.

Grundbegriffe und Managementprozess

Lernkontrollfragen

1. Worin unterscheiden sich die „institutionelle" und die „funktionale" Sichtweise des Managements? Gibt es zwischen diesen beiden Positionen auch Überschneidungen?
2. Warum gilt der klassische Managementprozess als inflexibel?
3. Liegt dem Rollen-Konzept von Mintzberg eine vollkommen andere Managementvorstellung zugrunde, als es mit den fünf Funktionen von Koontz/O'Donnell zum Ausdruck kommt?
4. Worin liegt der Unterschied zwischen „technischer" und „konzeptioneller" Kompetenz?
5. Ein Vertriebschef äußert: „Mein Arbeitstag ist in einer Art und Weise zerstückelt, dass ich selten länger als fünf Minuten an einer Sache arbeite. Für Planung habe ich deshalb weder Zeit noch lohnt es sich überhaupt!" Was würden Sie ihm antworten?
6. Welche Aufgabe fällt der Managementfunktion „Organisation" im Ansatz von Koontz/O'Donnell zu?
7. Stewart unterscheidet zwischen „demands", „choices" und „constraints". Erläutern Sie anhand eines Beispiels das Zusammenspiel der Komponenten in der Tätigkeit eines Managers!
8. Welche Bedeutung hätte die Managementfunktion „Kontrolle", wenn die Idee der plandeterminierten Unternehmensführung in perfekter Weise realisierbar wäre?
9. Welchen Zusammenhang sehen Sie zwischen der Rolle des „Vernetzers" und der des „Sprechers"?
10. Welche Rolle spielt „soziale Kompetenz" im klassischen, welche Rolle spielt sie im modernen Managementprozess?

Lösungshinweise zu den Lernkontrollfragen erhalten Sie auf der Webseite zum Buch unter www.springer.com.

Grundbegriffe und Managementprozess

Diskussionsfragen

I. In welchem Verhältnis stehen Sach- und Managementfunktionen zueinander? Wie setzen sich Führungspositionen zusammen?

I. Sollte die „Information" als weitere Managementfunktion in den 5er-Katalog aufgenommen werden?

II. Es wurde darauf hingewiesen, dass die Vorstellung einer linearen Abfolge der Managementfunktionen nicht realistisch ist. Zeigen Sie an einem Beispiel, dass von der Funktion „Personaleinsatz" Rückwirkungen auf Organisation und Planung ausgehen können.

III. Ein Ergebnis der empirischen Managementforschung lautet: „Führungskräfte haben einen zerstückelten Arbeitstag." Warum ist es wichtig, dies zu wissen?

IV. Woran knüpft die moderne Sichtweise des Management-Prozesses an und welche neue Bedeutung kommt dabei den Managementfunktionen zu? Gehen Sie exemplarisch auf die Managementfunktion Personaleinsatz ein.

V. Inwiefern kann eine hohe „soziale Kompetenz" zur Qualität von Planung und Kontrolle beitragen?

Fallstudie: Jürgen Heinrich

Am 23. Mai 2006 wurde es offiziell: „Neuer Chefredakteur der Tageszeitung ‚Die Post' wird Jürgen Heinrich. Damit wurde zum dritten Mal innerhalb von 4 Jahren ein Personalwechsel an der Spitze der traditionsreichen Regionalzeitung vorgenommen."

Die Zeitung war in den letzten 5 Jahren praktisch nicht mehr aus den Schlagzeilen gekommen und von einer Krise in die nächste geschlittert. Zunächst hatten der Zusammenbruch der New Economy und die konjunkturellen Auswirkungen des „11. Septembers", die das Anzeigenvolumen der gesamten Branche praktisch halbiert hatten, das Zeitungsunternehmen stark getroffen und in eine tiefe finanzielle Krise gestürzt. Um Kosten einzusparen, wurde die Belegschaft zunächst um 20 % und in einer zweiten Sparrunde noch einmal um 15 % reduziert. Diese Umstrukturierung – die zum großen Teil auch den redaktionellen Teil betraf – ging nicht spurlos an dem Blatt vorbei. Eine Reihe von Abonnenten, die ‚Die Post' seit Jahrzehnten bezogen hatten, kündigte – weniger allerdings aufgrund des deutlich reduzierten

1 Grundbegriffe und Managementprozess

Leistungsangebotes, sondern vielmehr, weil ihnen der zweifach vorgenommene Versuch, die Zeitung optisch zu verjüngen, nicht gefiel.

Als Heinrich am 1.7.2006 seine neue Funktion übernahm, war er um diese Aufgabe wirklich nicht zu beneiden, und der Einstieg in eine für ihn nahezu unbekannte Redaktion war nicht leicht. Die Zeitung hatte seit Jahresbeginn auch einen neuen Mehrheitseigentümer, der aufgrund der schlechten wirtschaftlichen Lage auf weitere Kostensenkungsmaßnahmen drängte. Das machte Heinrichs Pläne zum Einstieg nahezu zunichte, hatte er sich doch vorgenommen, erst einmal wieder Vertrauen in der Redaktion zu schaffen, um damit auch die notwendige Ruhe in den Laden zu bringen. Jetzt wurde er gleich bei seiner ersten Redaktionssitzung auf die neuen, bereits durchgesickerten Sparpläne angesprochen und musste dazu Stellung beziehen. Er versuchte erst einmal zu beschwichtigen und sagte, was auch stimmte, dass es noch nicht ausgemacht sei, ob die Redaktion dieses Mal überhaupt einbezogen würde. „Liebe Kolleginnen und Kollegen, ich habe diese Aufgabe übernommen, weil ich davon überzeugt bin, dass ‚Die Post' nach wie vor eine hervorragende Zeitung ist und dass wir gemeinsam den notwendigen Kurswechsel erfolgreich gestalten werden. Mir ist klar, dass so etwas nur gelingt, wenn wir die dazu notwendige personelle Ausstattung haben. Ich kann Ihnen deshalb versichern, dass ich mich bei der Verlagsleitung nachhaltig dafür einsetzen werde."

Heinrich sah in die Runde und spürte, dass Worte alleine in diesem Kreise nicht mehr ausreichen würden. Er setze seine Präsentation fort, indem er sein journalistisches Rahmenkonzept für ‚Die Post' der Zukunft erläuterte, das zunächst daraus bestehen sollte, vier Arbeitsgruppen zu bilden, die an den von Heinrich identifizierten zentralen Problemfeldern „Blatt-Profil", „Redaktionsorganisation", „Junge Leser" und „Anzeigenkunden" arbeiten sollten. Diese Arbeitsgruppen sollten sich möglichst schnell konstituieren und sowohl aus Redaktionsmitgliedern als auch teilweise aus Verlagsmitarbeitern bestehen. Diese Ankündigung löste eine gewisse Unruhe im Raum aus. Heinrich schloss die Sitzung, indem er ankündigte, mit allen Redaktionsleitern und leitenden Redakteuren in den nächsten zwei Wochen persönliche Gespräche zu führen.

Als er den Konferenzraum verließ, stand bereits der Betriebsrat im Vorzimmer und bat um ein Gespräch. Heinrich schlug vor, dass man runter in die Kantine gehen und gemeinsam zu Mittag essen könne, der Betriebsrat wollte jedoch ein Gespräch unter vier Augen. „Gut, meinte Heinrich, „dann starten wir doch sofort." Vorher reichte er noch schnell seiner Sekretärin einen Zettel mit Namen rüber: „Wären Sie so freundlich, mir mit allen diesen Personen jeweils einen Gesprächstermin in den nächsten zwei Wochen zu vereinbaren. Wäre prima, wenn Sie auch diese Reihenfolge einhalten könnten, und bitte legen Sie keine Termine auf die Redaktionskonferenzen, da muss ich immer dabei sein, in Ordnung?"

„Ok. Sie denken auch daran, dass Sie heute Abend die Veranstaltung mit der Oberbürgermeisterin haben?"

„Nein, wieso das denn?"

Grundbegriffe und Managementprozess

„Na ja, den Termin hatten wir bereits Anfang des Jahres zugesagt, und es wäre …"

„Kann das nicht Reinhard übernehmen? Sagen Sie ihm Bescheid."

„Schon, aber vielleicht wäre es doch keine schlechte Gelegenheit für Sie, sich hier in der Stadt zu präsentieren, ich dachte …"

„Ja, in Ordnung. Es ist vielleicht nicht gerade der passendste Augenblick, aber vielleicht trotzdem eine gute Gelegenheit. Erinnern Sie mich nachher noch einmal daran und bereiten Sie vielleicht am besten schon einmal vor, wer alles kommt, mit so ein paar Hintergrundinformationen über die relevanten Personen usw. Sie wissen schon, was ich meine."

„Klar, geht in Ordnung."

Das Treffen mit dem Betriebsrat dauerte länger, als Heinrich eigentlich Zeit hatte, aber es entwickelte sich ein vertrauensvolles Gespräch und er erfuhr sehr viel über die Mentalität im Hause. Das Ganze lief natürlich nicht ohne Hintergedanken ab, aber er hatte genug Berufserfahrung, um sich nicht blind vor einen Karren spannen zu lassen. Solche Gespräche hatten immer das Muster: „Gibst Du mir, so gebe ich Dir." Man musste nur sehen, dass die Relation stimmte.

Heinrich versicherte schließlich, dass er alles tun werde, was in seiner Macht stünde.

Er holte sich ein Brötchen aus der Kantine und wollte die nächsten zwei Stunden nicht gestört werden, um sich in Ruhe die Zahlen anzusehen, die er sich vom Verlagscontrolling hatte zusammenstellen lassen. Auch das war hier im Hause offensichtlich neu, denn noch nie hatte ein Chefredakteur wirklich wissen wollen, wie die Herstell- und Vertriebskosten genau aussahen. Was er allerdings dann lesen durfte, steigerte nicht gerade seine Euphorie. Nachdenklich sah er aus dem Fenster. Dann ließ er sich mit der Verlagsleitung verbinden.

Fragen zur Fallstudie

1. Analysieren Sie, welche Managementrollen Jürgen Heinrich im Einzelnen wahrnimmt.
2. Welche Managementfunktionen werden insgesamt in der Fallstudie beschrieben?

2 Der Kontext des Managements: Unternehmensverfassung und Unternehmensethik

Lernziele zu Kapitel 2		35
2.1	Bezugsgruppen der Unternehmung	36
2.2	Unternehmensverfassung	40
	2.2.1 Das Vertragsmodell der Unternehmung	40
	2.2.2 Vertragsmodell und Preissystem	42
	2.2.3 Kritik der Voraussetzungen des Vertragsmodells aus empirischer Sicht	44
2.3	Gesetzliche Regelungen	48
	2.3.1 Externe Restriktionen	49
	2.3.2 Interne Restriktionen	52
2.4	Management und Ethik (Unternehmensethik)	55
Lernkontrollfragen		65
Diskussionsfragen		65
Fallstudie: Zeus AG		66

Der Kontext des Managements

Lernziele zu Kapitel 2

Nach Durcharbeiten dieses Kapitels sollten Sie in der Lage sein,

- den Stakeholder-Ansatz zu erläutern,
- unterschiedliche Formen von Legitimität zu benennen und in ihrer Bedeutung voneinander abzugrenzen,
- das Vertragsmodell der Unternehmung darzulegen,
- die Bedeutung eines funktionierenden Preissystems für das Vertragsmodell zu begründen,
- die zentralen Kritikpunkte am Vertragsmodell zu rekapitulieren,
- die Bedeutung unterschiedlicher gesetzlicher Regelungen für das Vertragsmodell darzulegen und zu spezifizieren,
- die verschiedenen Formen der Mitbestimmung in ihren Ansatzpunkten gegeneinander abzugrenzen,
- die Wirkung der unternehmerischen und der betrieblichen Mitbestimmung auf das Vertragsmodell zu verdeutlichen,
- zwischen Mitwirkungs- und Mitbestimmungsrechten zu unterscheiden,
- Ansatzpunkt und Notwendigkeit für eine Unternehmensethik zu erläutern,
- das dialogische Konzept der Unternehmensethik darzulegen.

2 Der Kontext des Managements

2.1 Bezugsgruppen der Unternehmung

Umweltbezug

Die im ersten Kapitel dargestellten Funktionen und Rollen des Managements werden von diesem nicht in einem „luftleeren" Raum wahrgenommen, sondern sind durch eine Vielzahl von unterschiedlichen Rahmenbedingungen bestimmt. Dies kam ja bereits mit dem oben dargestellten Konzept von Stewart zum Ausdruck. Insofern findet Management immer in einem bestimmten Kontext bzw. einer bestimmten Umwelt statt.

Relevanz der Umwelt

Zentrale Aufgabe des Managements ist es, ein System (also eine Organisation bzw. ein Unternehmen) in seiner Umwelt erfolgreich zu steuern und seinen **Bestand dauerhaft zu sichern**. Zu diesem Zwecke muss sich ein System erfolgreich gegenüber der Umwelt abgrenzen und zugleich die verschiedenen Umweltanforderungen in geeigneter Weise bearbeiten. Es ist deshalb von essenzieller Bedeutung für das Management, ein systematisches Bild der relevanten Umwelt zu entwickeln.

„Stakeholder-Ansatz"

Ein neuerer Ansatz der Managementlehre, der so genannte „Stakeholder-Ansatz", orientiert sich dabei an den **zentralen Bezugsgruppen** eines Unternehmens und rückt damit diesen Gruppenbezug des Managements in den Mittelpunkt (Freeman 1984; Post et al. 2002; Harrison et al. 2010). Solche Bezugsgruppen sind beispielsweise Kapitaleigner, die Gruppe der Arbeitnehmer, die Endverbraucher, die Abnehmer und Lieferanten oder die Wettbewerber. Dem Stakeholder-Ansatz liegt die zentrale Idee zugrunde, dass die Voraussetzung für den Existenzerhalt und die Handlungsfähigkeit einer Organisation zunächst einmal die Schaffung und Sicherung einer Legitimitätsgrundlage ist, d.h. der Organisation muss es gelingen, die **Akzeptanz der Umwelt** zu gewinnen. Aufbauend auf dieser Legitimität und innerhalb des damit gesellschaftlich zugestandenen Verhaltensspielraums sind dann in einem zweiten Schritt die sich in der Interaktion mit der Umwelt bietenden Chancen und Risiken durch geeignete Maßnahmen zu nutzen (Parsons 1960; Freeman 1984; vgl. dazu auch Cennamo et al. 2009).

Legitimitäts-grundlage

Drei Arten von Legitimität

Als **Legitimität** kann dabei die generalisierte Einschätzung verstanden werden, dass die Handlungen einer Organisation vertretbar, erwünscht, richtig oder angemessen innerhalb eines sozialen Systems (Gesellschaft, Branche usw.) sind. In dieser Hinsicht können drei verschiedene Arten von Legitimität unterschieden werden (Suchman 1995): pragmatische, moralische und kognitive Legitimität.

Pragmatische Legitimität erwirbt eine Organisation durch die Fähigkeit und Bereitschaft, die Eigeninteressen von bestimmten Anspruchsgruppen direkt oder indirekt zu fördern; der Logik der Tauschgerechtigkeit folgend gestehen diese im Austausch für diesen unmittel- oder mittelbaren Nutzen der Organisation ein gewisses Maß an Akzeptanz zu. Eine enge Verwandtschaft

2.1 Bezugsgruppen der Unternehmung

dieser Argumentation mit der Anreiz-Beitrags-Theorie von Barnard (1938) bzw. March und Simon (1958) ist unübersehbar.

Moralische Legitimität bezieht sich demgegenüber auf die positive normative Bewertung der Handlungen einer Organisation. Sie fragt nicht nach der Nützlichkeit, wie die pragmatische Legitimität, sondern danach, ob das Handeln einer Organisation im Licht eines bestehenden Wertekanons akzeptabel ist, ob die ergriffenen Handlungen „the right things to do" sind (Suchman 1995: 579). Die Beurteilung der Moralität einer Organisation durch Stakeholder kann sich auf verschiedene Bereiche beziehen: Output, Techniken und Verfahrensweisen (z.B. bei der Bilanzierung) oder auch auf den Input (z.B. bezogen auf die Arbeitsverhältnisse bei den Zulieferbetrieben).

Kognitive Legitimität schließlich betont die Notwendigkeit, dass die Handlungen einer Organisation aus Sicht des Beobachters – also vor dem Hintergrund erworbener kognitiver Wahrnehmungsmuster – Sinn ergeben müssen und in gewissem Ausmaß vorhersehbar sind. Mit anderen Worten, die Handlungen einer Organisation müssen im Markt und in der Gesellschaft nachvollziehbar und damit anschlussfähig sein.

Bestimmung der Stakeholder

Wer sind die Stakeholder einer Organisation und welche von ihnen sind insbesondere zu beachten? Generell gesagt, sollen als Stakeholder einer Organisation alle Gruppen oder Personen verstanden werden, die die Zielerreichung der Organisation beeinflussen können oder die durch deren Zielerreichung betroffen sind – wobei unter den Gruppenbegriff auch Ortsverbände, Organisationen, Institutionen und Regierungen fallen (Freeman 1984; Mitchell et al. 1997). Abbildung 2-1 zeigt auszugsweise die Vielfalt möglicher **Anspruchsgruppen**, die als (potenziell) relevant für die Wahrnehmung von Managementaufgaben angesehen werden. Dabei wird regelmäßig betont, dass eine solche Liste von Bezugsgruppen niemals abgeschlossen sein kann, weil im Wirtschaftsleben immer wieder neue Stakeholder bzw. Gruppierungen mit je spezifischen situationsbedingten Bezügen zum Management auftauchen (und verschwinden) können.

Differenzierung der Gruppen

Das Management als Akteur im Umfeld einer Vielzahl von (mehr oder weniger spezifischen) Gruppierungen um das Unternehmen – diese Sichtweise ist zwar ein geeigneter Ausgangspunkt für die weiteren Überlegungen, weil sie unmittelbar an die lebenspraktischen Aufgabenvollzüge des Managements anknüpft; sie muss aber weiter differenziert werden, um die unterschiedlichen Qualitäten im Verhältnis des Managements zu den verschiedenen (faktischen und möglichen) Bezugsgruppen einsichtig zu machen. Die allgemeine Lebenserfahrung legt bereits nahe, dass die Beziehungen von Kapitaleignern zum Management nach **Art und Intensität** von anderer Qualität sind als etwa die von Arbeitnehmern oder etwa von Protestgruppen, die

2 Der Kontext des Managements

sich für die Lösung eines ganz speziellen Umweltproblems ad hoc mit Forderungen, Petitionen, Drohungen und Verhandlungsangeboten an das Management wenden. Nicht zuletzt ist es das nationale **Recht**, welches das Verhältnis des Managements zu einzelnen Bezugsgruppen genauer ordnet; man denke an das Gesellschaftsrecht, das Mitbestimmungsrecht, das Arbeitsrecht oder die Publizitätsgesetzgebung. Man kann also im Grunde die Gruppen nicht einfach auflisten (wie in Abbildung 2-1 der Fall), sondern muss schon theoretisch tiefer schürfen und die Ordnungsstrukturen freilegen, die das Verhältnis von Management und Bezugsgruppen zueinander konstituieren (Mitchell et al. 1997; Etzioni 1998).

Abbildung 2-1 *Bezugsgruppen der Unternehmung im Stakeholder-Ansatz*

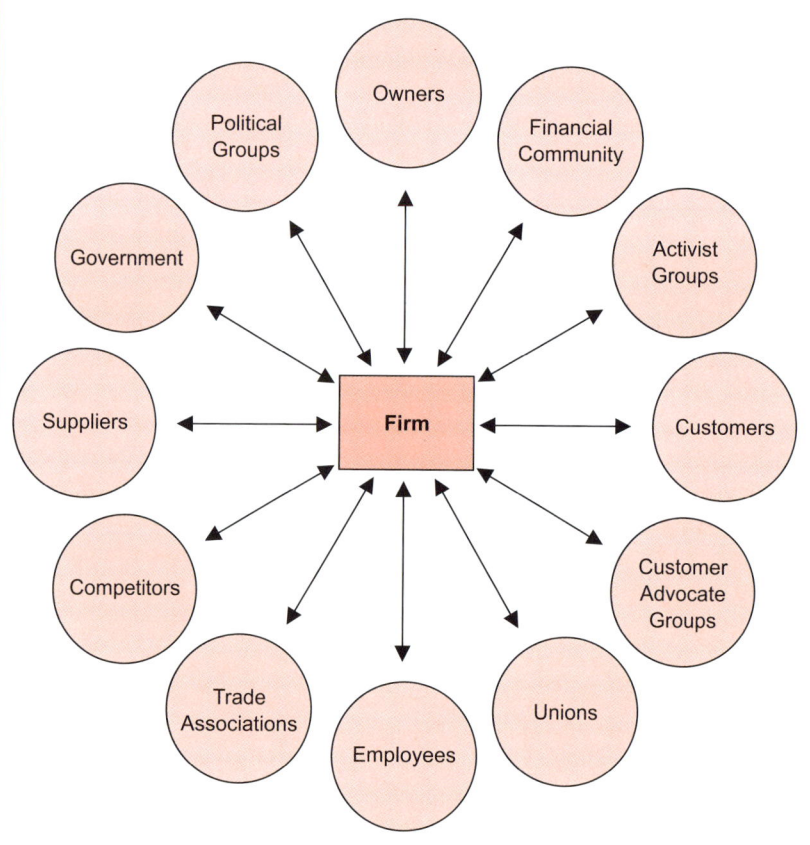

Quelle: Freeman 1984: 25

Es ist – mit anderen Worten – ein **methodisches Verfahren** vonnöten, das Orientierungshilfe bei der Einschätzung leisten kann, welche Bedeutung die einzelnen Stakeholder für die Organisation besitzen und in Zukunft besitzen könnten. Ein in diese Richtung weisender Ansatz wurde von Mitchell et al. (1997) entwickelt (vgl. auch Reed et al. 2009).

Diesen Vorschlägen nach sollte die relative Bedeutung der Stakeholder für die Organisation entlang der Dimensionen **Macht**, **Legitimität** und **Dringlichkeit** gemessen werden. Ist ein Stakeholder in der Lage, eine Organisation zu Handlungen zu bringen, die sie ohne den Einfluss des Stakeholders nicht ausgeübt hätte, verfügt er über **Macht**. Werden seine Handlungen als erwünscht, richtig oder angemessen innerhalb des gesellschaftlich etablierten Normensystems angesehen, verfügt er über **Legitimität**. Finden die Forderungen eines Stakeholders unmittelbare Aufmerksamkeit, besteht hohe **Dringlichkeit**. Aus unterschiedlichen Ausprägungsgraden in den genannten drei Dimensionen bilden Mitchell et al. (1997) sieben Stakeholder-Typen mit einem jeweils spezifischen Bedeutungsgrad für die Organisation.

Dimensionen

Die leitende Idee ist, dass ein Stakeholder umso eher der Aufmerksamkeit der Organisation bedarf, je ausgeprägter er auf den drei Dimensionen einzuschätzen ist, d.h. je mächtiger, legitimer und dringlicher sein Anliegen erscheint.

Die einzelnen **Attributausprägungen** sind dabei nicht als unveränderlich zu begreifen, sondern prinzipiell variabel. Eine heute noch machtlose Anspruchsgruppe kann schon morgen (etwa durch geschickten Einsatz von Medien zur Beeinflussung der öffentlichen Meinung) Machtpotenziale erwerben und sich zu einem bedeutenden Stakeholder entwickeln. Ebenso ist es umgekehrt möglich, dass Anspruchsgruppen bestimmte Eigenschaften verlieren und so aus dem Zentrum zurück an den Rand des Entscheiderblickfeldes rücken. Auch hier kann eine einmal getroffene Auswahl also nie als abgeschlossen betrachtet werden. Des Weiteren ist zu beachten, dass die einzelnen Attributausprägungen keine objektive Realität darstellen, sondern Ergebnis **sozialer Konstruktionen** – und somit ständig revidierbar – sind. Man denke etwa an die Legitimationsgrundlage von Umweltaktivisten, deren relativ konstant gebliebenes Verhalten im Rahmen gewachsenen Umweltbewusstseins gesellschaftlich sehr viel stärker akzeptiert wird.

Veränderungen im Zeitablauf

Öffnet man die Perspektive des Stakeholder-Konzepts von der dyadischen Beziehung zwischen Organisation und Stakeholder hin zu triadischen oder zu Netzwerkbeziehungen, erweitert sich das **Stakeholder-Spektrum** – aber auch der Handlungsspielraum – durch Koalitionsbildungen. Dies verweist auf weitergreifende Zusammenhänge, ohne die die Stakeholder-Frage nicht erschöpfend beantwortet werden kann. Dies gilt insbesondere für die Bezüge, die sich aus der zugrunde liegenden Wirtschaftsordnung ergeben.

Netzwerk von Stakeholdern

2.2 Unternehmensverfassung

Während der Stakeholder-Ansatz verdeutlicht, dass das Management in Bezug auf seine Legitimationsgrundlage eine Vielzahl von Bezugsgruppen zu berücksichtigen hat, ist die Unternehmensverfassung in der Marktwirtschaft zunächst ausschließlich an den **Kapitalinteressen** ausgerichtet. Es ist deshalb von zentraler Bedeutung, die genaue Konzeption der Unternehmensverfassung nachzuvollziehen; dies nicht zuletzt mit dem Blick auf ihre – aus Stakeholder-Perspektive – notwendige Ergänzungs- bzw. Korrekturbedürftigkeit (Schewe 2009).

2.2.1 Das Vertragsmodell der Unternehmung

Gesellschaftsrecht als Rahmen

Das Handels- und speziell das Gesellschaftsrecht stellt für diejenigen, die ihr Eigenkapital im Prozess der Güterstellung und -verteilung riskieren, die also als „Kaufmann" ein Handelsgewerbe betreiben wollen (§ 1 HGB), eine Fülle von **Unternehmensformen** zur Verfügung: die Einzelfirma, die offene Handelsgesellschaft, die Kommanditgesellschaft, die Gesellschaft mit beschränkter Haftung und die Aktiengesellschaft, um hier nur einige zu nennen. Diese „Unternehmensformen" stellen es den Kapitaleignern im Rahmen der Gesetze frei, eine Unternehmenspolitik nach Maßgabe ihrer eigenen Interessen zu verfolgen.

Direktionsbefugnis

Die **Kapitaleigner** bilden gleichsam das wirtschaftliche Aktionszentrum in einer Wettbewerbswirtschaft; sie organisieren selbst (Eigentümer-Unternehmer) oder durch (angestellte) Geschäftsführer (Manager) einen „Handlungsverbund" zwischen den Menschen, die bereit sind, ihre Arbeitsleistung zu vereinbarten (Markt-)Konditionen für mehr oder weniger lange Zeit dem Eigentümer(-verband) zur Verfügung zu stellen. Die „Arbeitnehmer" schließen **Arbeitsverträge** ab und unterwerfen sich damit zu den im Vertrag niedergelegten Konditionen der Weisungsbefugnis (Direktionsbefugnis) der Kapitaleigner oder der von ihnen beauftragten Manager.

Wirtschaftliche Verträge

In ähnlicher Weise schließen die Kapitaleigner mit Lieferanten Lieferverträge für Roh-, Hilfs- und Betriebsstoffe zu Marktkonditionen ab, und Geldgeber stellen auf der Basis von Kapitalüberlassungsverträgen Fremdkapital zu Kapitalmarktzinsen zur Verfügung. Die Konsumenten kaufen Güter zu Qualitäten und Preisen, wie sie der Markt zulässt (Kaufverträge).

Netzwerk von Verträgen

Zwischen den Eigenkapitalgebern (bzw. der von ihnen gegründeten handelsrechtlichen Gesellschaft) und den Arbeitnehmern, Konsumenten, Lieferanten und Fremdkapitalgebern besteht demnach ein dichtes Netz von Vertragsbeziehungen als Grundlage für den Handlungsverbund, wobei die

2.2 Unternehmensverfassung

Verträge gerade diejenigen Konditionen rechtlich verbindlich festschreiben, die der **Markt im (Leistungs-)Wettbewerb** aller Anbieter und Nachfrager untereinander zulässt. Jeder Marktpartner verfolgt nach der hier leitenden **liberalen Wirtschaftstheorie** nur seine eigenen Interessen; diese verschränken sich aber im Markt durch die **Preise als Informationssystem** so, dass genau diejenigen Transaktionen zustande kommen, die die durch Angebot und Nachfrage manifestierten Interessen aller Beteiligten erfüllen. Jeder kann seine Interessen so weit verfolgen, wie es der Markt zulässt. Wirtschaften ist deshalb eine „private" Veranstaltung, die folgerichtig auch im Privatrecht geregelt ist; „privat" bezeichnet dabei das Recht zur freien Verfügung.

Als Leitbild diente dem Gesetzgeber das **„Vertragsmodell der Unternehmung"**: Die Unternehmung wird als ein System von Verträgen mit dem Eigentümer(verband) als wirtschaftlichem Aktionszentrum konzipiert. Das **Eigentum** (an den Produktionsmitteln) und der **Vertrag** sind die Grundbausteine, sind diejenigen Institutionen, die für die Verfassung wirtschaftlichen Handelns in der ideal gedachten Marktwirtschaft notwendig und hinreichend sind. Die Kapitaleigner tragen das wirtschaftliche Risiko, das sich im Misserfolgsfall in Form von Verlusten und im Erfolgsfall in Gewinnen niederschlägt. Sie beziehen folglich ein **Residualeinkommen** (im Gegensatz zum festen **Kontrakteinkommen** der Arbeitnehmer und der anderen Vertragspartner) als Differenz von Erträgen und Aufwendungen. Als Träger des (Kapital-)Risikos steht ihnen die volle Entscheidungsautonomie zu. Die Unternehmensverfassung ist also am Prinzip der „Einheit von Risiko, Kontrolle und Gewinn (Verlust)" ausgerichtet.

Erwerbswirtschaftliches Prinzip

Gelingt es auf Dauer nicht, die Differenz zwischen Erträgen und Aufwendungen positiv zu gestalten und eine ausreichende Rentabilität zu erwirtschaften, führt das schließlich zur Illiquidität und zum zwangsweisen Ausscheiden aus dem Wirtschaftsprozess (Insolvenz). Handeln im liberalen Wirtschaftsmodell schlägt sich also ganz konkret in der Verhaltenserwartung an das Management nieder, die **Rentabilität** des investierten Kapitals zu maximieren und immer für (eine ausreichende) **Liquidität** (Zahlungsfähigkeit) zu sorgen. Der Kapitalmarkt ist dabei die Institution, die die optimale Allokation des Kapitals steuert. Rentabilität und Liquidität sind – so gesehen – die Manifestationen des unternehmerischen Handelns in der Wirtschaft. Die Vertragspartner – seien es andere Unternehmen (als Lieferanten oder Abnehmer) oder Haushalte – orientieren sich bei ihren Markttransaktionen ebenfalls an der Maximierung ihres persönlichen Nutzens.

Erfolgsorientiertes Handeln

Nutzenmaximierung

Die Marktwirtschaft stellt sich also idealtypisch gesehen als eine Institution zur Koordination wirtschaftlicher Handlungen dar, die **vollständig** auf die Kapitalinteressen ausgerichtet ist. Die Idee dabei ist, dass das Markt- und Preissystem einen „perfekten" **Mechanismus des Interessenausgleichs** auf der Basis je individueller Präferenzen darstellt. Dieser Mechanismus, der

Rolle des Marktes

auch gerne als „invisible hand" bezeichnet wird, muss nur rechtlich richtig verfasst werden, damit sichergestellt ist, dass kein Marktteilnehmer den anderen zu bestimmten Handlungen zwingen kann, die ganze Zusammenarbeit also freiwillig ist. Man muss – mit anderen Worten – verhindern, dass auf einer der Marktseiten mit unfairen Mitteln gekämpft wird oder Macht entsteht, die zum eigenen Vorteil ausgenutzt werden kann. Das Gesetz gegen unlauteren Wettbewerb und das Kartellrecht dienen genau diesem Zweck. Das Vertragsrecht und die an **Vertragsverletzungen** geknüpften Sanktionen stellen dann für alle Marktpartner eine Absicherung gegen unfaire ökonomische Risiken dar. Das **Insolvenzrecht** regelt die Rechtslage, wenn Zahlungsunfähigkeit eintritt und eine Unternehmung deshalb in der Regel aus dem Wettbewerbsprozess ausscheiden muss.

2.2.2 Vertragsmodell und Preissystem

Wirtschaftliches Handeln = erfolgsorientiertes Handeln?

Das Vertragsmodell der Unternehmung, wie es vorstehend grob skizziert wurde, ist somit Ausfluss der gesamtwirtschaftlichen Ausrichtung des Handelns mithilfe von Markt, Wettbewerb und Preissystem. Betrachten wir nun die **Koordination** wirtschaftlicher Handlungen durch das Preissystem noch einmal etwas genauer mit dem Ziel, die Funktionsbedingungen offenzulegen, unter denen die Reduktion wirtschaftlichen Handelns auf gewinnmaximierendes Handeln in der Marktwirtschaft gelingen soll.

Dezentrales Wirtschaftsmodell

In einem dezentral gesteuerten Marktwirtschaftssystem ist die **Entscheidungsgewalt** den einzelnen Unternehmungen und Haushalten übertragen; eine zentrale Planung und Steuerung findet nicht statt. Die Koordination der wirtschaftlichen Handlungen wird vielmehr über Preise bewerkstelligt, die sich für die nachgefragten und angebotenen Güter auf den verschiedensten Märkten bilden. Das dadurch entstehende **Preissystem** erfüllt – jedenfalls nach der neoklassischen Lehrmeinung – die Funktion der optimalen Koordination der individuellen Wirtschaftspläne, wenn die sich bildenden Preise **Knappheitspreise** sind. Als solche müssen sie die Nutzenschätzungen der Haushalte für die verschiedenen Güter, wie sie sich in ihren **Nachfragefunktionen** niederschlagen, ebenso widerspiegeln wie die Kostenstrukturen für die Herstellung der Güter, die in den **Angebotsfunktionen** zum Ausdruck kommen. Verschiebungen in den relativen Nutzenschätzungen der Haushalte für die verschiedenen Güter führen dann zu Verschiebungen von Nachfragefunktionen und bewirken Preisveränderungen, die als **Informationen** an die Unternehmungen weitergegeben werden. Diese passen ihre Produktion so lange an, bis das Angebot auf die veränderte Marktlage ausgerichtet worden ist. Im Wettbewerb aller Produzenten überleben dann nur diejeni-

Unternehmensverfassung **2.2**

gen Unternehmungen, die das Angebot zu den gegebenen Preisen am besten befriedigen können; unwirtschaftliche Betriebe scheiden aus.

Auf diese Weise werden alle Unternehmungen durch den Wettbewerb gezwungen, ihre Kosten zu minimieren (Minimalkosten-Kombination), um nicht als „Grenzbetriebe" aus dem Markt verdrängt zu werden. So entsteht – bezogen auf die Nutzenschätzungen der Endverbraucher – eine **optimale Allokation** der Ressourcen.

Optimale Ressourcenverwendung

Voraussetzung für die Funktionsfähigkeit des **Preissystems** ist u.a., dass sich Haushalte und Unternehmungen **rational** verhalten (im Sinne der wirtschaftsliberalen Handlungsrationalität): Die Haushalte maximieren ihren Nutzen und die Unternehmungen ihren Gewinn. Unter den (idealtypischen) Voraussetzungen der „**vollkommenen Konkurrenz**" auf Anbieter- und Nachfragerseite entsteht dann und nur dann ein Marktgleichgewicht, bei dem gilt:

1. Grenzkosten = Preis (bei minimalen individuellen Durchschnittskosten) und

Optimalbedingung

2. Grenznutzen = Preis (bei maximalem individuellen Gesamtnutzen).

In dieser Situation sind alle Wirtschaftspläne der ökonomischen Akteure aufeinander abgestimmt; keiner hat mehr Veranlassung, seine Dispositionen zu ändern. Die Bedürfnisbefriedigung aller Individuen ist unter den gegebenen Bedingungen, insbesondere der Knappheit der Ressourcen, maximal; die bestmögliche **gesamtwirtschaftliche Wohlfahrt** ist erreicht. Es gibt keine andere Allokation der Ressourcen, die zu einer Verbesserung der Position eines Haushalts führen könnte, ohne dass die Position eines anderen Haushalts verschlechtert würde (Pareto-Optimalität).

In diesem **neoklassischen Gedankengebäude** ist das Preissystem eine notwendige und hinreichende Bedingung für die Lösung des Koordinationsproblems hinsichtlich der zugrunde liegenden Kalkulations- und Kontrollprobleme. Das Preissystem steuert alle individuellen Entscheidungen so, dass die optimale Allokation der Ressourcen erreicht wird (Kalkulationsproblem); es induziert gleichzeitig bei allen rational handelnden ökonomischen Akteuren diejenigen Handlungen, die erforderlich sind, um das Kalkulierte zu verwirklichen (Kontrollproblem). Es stellt auf diese Weise einen gesellschaftlichen Interessenausgleich zwischen allen am Wirtschaftsverkehr beteiligten Individuen her. Dies allerdings nur dann, wenn keiner die Möglichkeit hat, zur Durchsetzung von Partikularinteressen auf die Preisbildung einen Einfluss auszuüben. Die Preisbildung muss „überpersönlich" sein. Ist das der Fall, bewirkt das Preissystem eine **machtfreie Lösung** des Kontrollproblems: Keiner gibt irgendeinem anderen einen Befehl und doch ist jeder aus eigenem Nutzenstreben veranlasst, das zu tun, was erforderlich ist, um

Preissystem als Lenkmechanismus

Der Kontext des Managements

das Kalkulierte Wirklichkeit werden zu lassen. Es ist diese machtfreie Lösung des Wirtschaftsordnungsproblems, die bis auf den heutigen Tag ihre Akzeptanz nicht verfehlt hat.

Rolle des Rechts

Die weiter oben beschriebenen wirtschaftsverfassungsrechtlichen Regelungen (Gesellschaftsrecht, Wettbewerbsrecht, Vertragsrecht etc.) sind in diesem Sinne gerade nicht als grundsätzliche Einschränkung der marktwirtschaftlichen Koordination und des Preissystems zu verstehen, sondern stellen vielmehr den Versuch dar, die Funktionsfähigkeit des Preissystems in der ökonomischen **Wirklichkeit** herzustellen und unter den sich ändernden historischen Bedingungen laufend aufrechtzuerhalten.

2.2.3 Kritik der Voraussetzungen des Vertragsmodells aus empirischer Sicht

Prämissen

Unter den vielen Voraussetzungen, die gegeben sein müssen, damit das Preissystem in der beschriebenen Form funktionieren kann, haben sich in den letzten Jahrzehnten in empirischen Studien **drei Voraussetzungen** als besonders kritisch erwiesen:

- die Abwesenheit externer Effekte,
- die Nichtexistenz von Vermachtungsprozessen sowie
- die Einheit von Risiko, Kontrolle und Gewinn.

Ubiquität externer Effekte

1. Externe Effekte. Am offensichtlichsten wird die Begrenzung des Preissystems durch die Existenz externer Effekte. Darunter versteht man die Interdependenzen zwischen individuellen Produktionsfunktionen oder Konsumfunktionen, die eine Erreichung der gesamtwirtschaftlichen Wohlfahrt verhindern. Die Existenz dieser Effekte ist heute unbestritten (z.B. Frey 1981: 75 ff.; Weimann 1995) und schon allein die Alltagserfahrung zeigt, dass externe Effekte kein Randphänomen darstellen. Welche ökonomischen Prozesse und Branchen man auch betrachtet, immer spielen externe Effekte eine nicht zu unterschätzende Rolle: Die Chemieindustrie produziert Fluorchlorkohlenwasserstoffe, die mitverantwortlich sind für das Ozonloch; Abwässer von Chemiebetrieben oder Atomkraftwerken beeinträchtigen den Fischbestand in den Flüssen, so dass die Flussfischerei (und andere Branchen) leidet usw.

Übergeordnete Steuerungsebene

Während ökonomische Ansätze vorschlagen, externe Effekte durch **Internalisierung** wieder an das Preissystem zu binden (ein Beispiel dafür stellen etwa die Ausgabe und der Handel mit Bezugsscheinen dar, die eine gewisse Schadstoffemission zulassen), wird man darin einerseits jedoch kein All-

Unternehmensverfassung

2.2

heilmittel sehen können und zum zweiten benötigen solche Internalisierungsprozesse immer auch eine vorgeordnete politische Steuerungsebene. Da durch externe Effekte die Interessen vieler Menschen kurz- oder langfristig berührt sind, ohne dass damit ein über den Markt automatisch verrechneter ökonomischer Vor- oder Nachteilsausgleich verbunden ist, muss deshalb eine zweite Steuerungsebene mit anderer Steuerungslogik installiert werden, um den gesellschaftlichen Interessenausgleich zu ermöglichen. Sie kann einmal aus dem **politischen** Raum kommen, indem für die Wirtschaft solche (gesetzlichen) Rahmenbedingungen geschaffen werden, die auf die Beseitigung oder Internalisierung externer Effekte gerichtet sind. Sie mag aber auch auf **Unternehmensebene** stattfinden, nämlich dann, wenn Unternehmer und Manager – sei es freiwillig, sei es durch öffentliche Kritik erzwungen – selbst Mittel und Wege suchen, um negative externe Effekte zu vermeiden, zu vermindern oder zu kompensieren.

2. Vermachtungsprozesse. Macht stellt ein grundsätzliches Problem für das Preissystem dar, denn dort, wo Macht zur Ausübung kommt, besteht die Chance, die eigenen Interessen gegen andere durchzusetzen, ohne sie dafür ökonomisch zu entschädigen. Damit erhält das Preissystem Fehlinformationen und seine Allokationsfunktion wird ineffizient. Auch dies ist theoretisch unbestritten, wie die kritische Einstellung der volkswirtschaftlichen Wettbewerbstheorie gegenüber allen Vermachtungsprozessen in der Wirtschaft eindrücklich belegt; man denke nur an den langen und andauernden Kampf der neoliberalen Schule und der Väter der Sozialen Marktwirtschaft gegen jedwede Form beherrschender Marktstellungen und die Einrichtung des Kartellamts.

Macht als Problem

Strittig ist auch hier wieder eher die empirische Frage, ob auf den meisten Märkten der Wettbewerb noch so **funktionsfähig** ist, dass man trotz aller Unvollkommenheiten im Prinzip doch auf die effiziente Allokation durch das Preissystem vertrauen kann. Im Mittelpunkt der Diskussionen zur Machtfrage stehen dabei weniger die Klein- und Mittelbetriebe als vielmehr die **Großunternehmungen**, die hunderttausende von Mitarbeitern und Mitarbeiterinnen beschäftigen und über immense materielle Ressourcen verfügen. Für diese Unternehmen bezieht sich die Diskussion nicht mehr nur auf die Marktmacht (Marktbeherrschung) und ökonomische **Konzentrationsprozesse** in ihrer Bedeutung für die Funktionsfähigkeit des Preissystems, sondern sie hat sich auch auf andere Manifestationen von Macht ausgedehnt (vgl. Epstein 1973). Die potenzielle Machtstellung von Großunternehmen ist damit der zweite Problembereich, der eine notorische Gefährdung der Funktionsfähigkeit des Marktmechanismus konstituiert.

Informationsverzerrung durch Macht

2 Der Kontext des Managements

Trennung von Eigentum und Verfügungsgewalt

3. Einheit von Risiko, Kontrolle und Gewinn. Neben den externen Effekten und der Machtstellung der Großunternehmungen ist schließlich die Trennung von Eigentum und Verfügungsgewalt, die „Spaltung des Eigentumatoms", das dritte Argument, mit dem eine zentrale Funktionsbedingung des Preissystems partiell bestritten und der rein private Charakter des Wirtschaftens in (Groß-)Unternehmungen in Frage gestellt wird. Für diese Trennung von Eigentum und Verfügungsgewalt werden insbesondere zwei Gründe verantwortlich gemacht: (1) die Professionalisierung des Managements und (2) die Inaktivität und Inkompetenz der Kleinaktionäre (sog. Indolenz).

Management als Beruf

Mit der **Professionalisierung des Managements** ist gemeint, dass die Aufgabe, ein (Groß-)Unternehmen zu führen, in hoch entwickelten und stark arbeitsteiligen Industriegesellschaften längst zum „Beruf" geworden ist, und zwar in dem Sinne, dass zu ihrer erfolgreichen Wahrnehmung eine systematisch angelegte Ausbildung und ein spezieller beruflicher Werdegang erforderlich sind.

Indolenz der Eigentümer

Während das Argument von der Professionalisierung des Managements für alle Großunternehmen gültig ist, zielt der zweite Faktor, die **Inaktivität und Inkompetenz der (Klein-)Aktionäre,** speziell auf die Rechtsform der Aktiengesellschaft, insbesondere, wenn deren Grundkapital breit gestreut ist (sog. Publikums-Aktiengesellschaft). Nicht selten haben solche Gesellschaften hunderttausende von Anteilseignern (z. B. die Siemens AG mit ca. 400.000 Kleinaktionären), die von ihrer Ausbildung her nicht fähig oder von ihrer geringen Kapitalbeteiligung her nicht motiviert sind, ihre Steuerungsbefugnisse wahrzunehmen; dies weder direkt in der Hauptversammlung noch indirekt durch Vertreter im Aufsichtsrat. In vielen Aktiengesellschaften kommt nicht ein einziger Aufsichtsrat aus dem Kreis der unmittelbaren Eigentümer. Man spricht dann davon, dass ein derartiges Unternehmen **„managerkontrolliert"** ist, im Gegensatz etwa zu einem Unternehmen, das zu 100 % oder wenigstens 75 % einer Privatperson (z. B. einem Großaktionär) gehört und dann als **„eigentümerkontrolliert"** bezeichnet wird. Untersuchungen in den 300 größten deutschen Unternehmen zeigen, dass bereits mehr als die Hälfte dieser Unternehmen (nach Umsatz mehr als 70 %) als „managerkontrolliert" einzustufen sind (vgl. Abbildung 2-2).

Wenn und soweit diese Funktionsbedingungen nicht oder nicht mehr hinreichend erfüllt sind, verliert das Wirtschaften zwangsläufig seinen rein privaten Charakter. Damit ergeben sich auch neue Fragen zur Rolle des Managements.

Reformansätze

Die drei aufgezeigten Argumente legen die Schlussfolgerung nahe, dass über Reformen des dargestellten Vertragsmodells der Unternehmung nachgedacht werden muss. Das geschieht derzeit von verschiedenen Seiten.

Unternehmensverfassung

Managerkontrolle nach Größenklassen in deutschen Großunternehmen, 1972, 1979, 1986 und 2001 im Vergleich

Abbildung 2-2

Größenklasse	Managerkontrolle (Anzahl in Prozent)			
	1972	1979	1986	2001
1–50	69	78	84	76
1–300	50	57	56	52
Banken 1–25	100	96	100	100

Quelle: Schreyögg/Unglaube 2013

Eine erste Strömung versucht, unter dem Namen „Corporate Governance" die Institutionen für das erfolgsorientierte Handeln neu zu verfassen, so dass eine effizientere Lösung des Koordinationsproblems entsteht. Ansatzpunkt dieser theoretischen Bemühungen (vor allem Theorie der Verfügungsrechte, Agentur-Theorie) sind nicht die Handlungsmotive, sondern – wie schon in der Neoklassik – die **Handlungsfolgen,** jetzt aber bezogen auf den Austausch von Verfügungsrechten über Güter (statt auf den Austausch von Gütern an sich) und unter Einführung von Unvollkommenheitsannahmen (Existenz von Transaktionskosten beim Handel mit Verfügungsrechten, asymmetrisch verteilte Informationen etc.). Die ökonomischen Akteure nutzen ihre Handlungsspielräume zum eigenen Vorteil aus; die Handlungskonsequenzen hängen dann davon ab, welchen **Restriktionen** dieses Handeln unterliegt. Die Theorie fragt nach der (ökonomisch) effizientesten Gestaltung dieser Restriktionen und soll in diesbezügliche Empfehlungen für die Neugestaltung von Gesetzen bzw. Verträgen einmünden (Budäus et al. 1988; Wenger/Terberger 1988; Witt 2003).

Reaktivierung des Aktionärs

Die zweite Entwicklungsrichtung setzt grundsätzlicher an der Ergänzungs- und Korrekturbedürftigkeit einer ausschließlich auf die Kapitalinteressen ausgerichteten Unternehmenspolitik an und schlägt sowohl auf der politisch-rechtlichen als auch auf der Ebene des Unternehmens selbst spezifische Konfliktlösungsinstrumente zum Interessenausgleich vor. Diese Überlegungen beruhen darauf, dass das dem Marktmechanismus zugrundeliegende erfolgsorientierte Handeln durch verständigungsorientiertes Handeln **ergänzt** werden muss (vgl. dazu im Einzelnen Steinmann et al. 2013). Solche Überlegungen münden dann einerseits in der Umgestaltung rechtlicher Rahmenbedingungen und zum anderen in der Notwendigkeit und Begründung einer Unternehmensethik; beide sind Gegenstand der nächsten beiden Abschnitte.

Kompensation durch verständigungsorientiertes Handeln

2 Der Kontext des Managements

Die Zukunft muss zeigen, wie das Verhältnis dieser beiden Reformansätze sich gestalten wird. Nachdem jahrelang das Interesse mehr der ersten Richtung galt, wendet sich in jüngerer Zeit das Blatt deutlich und rückt mehr den zweiten Ansatz in den Vordergrund. Stichworte wie „gesellschaftlichverantwortliche Unternehmensführung" **(corporate social responsibility)** oder „Unternehmensethik" stehen in der reformpolitischen Diskussion an vorderster Front (Campbell 2007; Scherer/Palazzo 2007; Jamali 2008; Matten/Moon 2008; Basu/Palazzo 2008).

Die bisher entfaltete Kritik an den Funktionsbedingungen des Preissystems wendet sich gegen die Behauptung, in historisch realisierten Marktwirtschaften sei die dezentrale Preisbildung bereits eine **hinreichende** Bedingung, um eine effiziente Koordination wirtschaftlicher Handlungen und einen ausgewogenen Interesseinausgleich zu sichern; wäre das der Fall, könnte man die Rolle des Managements alleine auf die ökonomische Rationalität beschränken.

Ergänzungen und Korrekturen des Preissystems

Als Konsequenz der fehlenden Voraussetzungen müssen aber Ergänzungen und Korrekturen überall dort Platz greifen, wo das Preissystem alleine versagt.

2.3 Gesetzliche Regelungen

Kompensation durch das Recht

Gesetze zur Sicherung eines ausgewogenen Interessenausgleichs unter den Stakeholdern können einmal als externe Beschränkungen (Rahmenbedingungen) des unternehmerischen Handlungsspielraums wirksam werden, ohne die gesellschaftsrechtlichen Regelungen des Entscheidungsprozesses in der Unternehmung selbst zu verändern; sie können aber auch zum Schutz gewisser Interessen in diesen Entscheidungsprozess selbst eingreifen und ihn formal so umgestalten, dass eine bessere Chance der Interessenwahrnehmung gegeben ist. Versuche, die Entscheidungen des Managements gleichsam „von außen" einzuschränken **(constraint approach)**, findet man etwa im Zusammenhang mit dem Verbraucherschutz, Umweltschutz oder dem Publizitätsgesetz; dagegen greifen z. B. die Betriebsverfassungs- und Mitbestimmungsgesetze direkt in den unternehmerischen Entscheidungsprozess ein und modifizieren ihn mit dem Ziel, dass durch Mitwirkung der Arbeitnehmer deren Interessen besser wahrgenommen werden können. In neuerer Zeit schließlich finden sich immer häufiger vertraglich vereinbarte **Selbstbindungen** von „privaten" Unternehmen oder Verbänden, um bestimmte Interessen zu berücksichtigen (z.B. freiwillige Selbstkontrolle in der Werbung oder die Befolgung von **„codes of conduct"** für die Besetzung von Aufsichtsräten).

2.3 Gesetzliche Regelungen

Nachfolgend soll anhand einiger Beispiele und Bestimmungen gezeigt werden, wie der Gesetzgeber durch externe Beschränkungen oder interne Prozessregelungen versucht, korrigierend und ergänzend in das Preissystem einzugreifen (genauer Gerum/Mölls 2009).

2.3.1 Externe Restriktionen

Eine erste Gruppe von Gesetzen richtet sich auf den Schutz des **Verbrauchers**. Sie legt dem Management gewisse Pflichten auf, die die Ausbeutungsmöglichkeiten der machtunterlegenen Marktgegenseiten im Austauschprozess verhindern oder einschränken sollen. Um den Verbraucher z. B. vor gefährlichen oder defekten Produkten zu schützen, hat der Gesetzgeber das **Recht der Produzentenhaftung** geschaffen. Unternehmen drohen erhebliche Schadensersatzpflichten, wenn sie bei der Konstruktion oder Fabrikation ihrer Produkte nicht sorgfältig verfahren oder den („naiven") Benutzer über mit dem Produkt verbundene Gefahren nicht informieren. Darüber hinaus schuf der Gesetzgeber in fast allen westlichen Industrienationen **administrative Kontrollsysteme,** die dem präventiven Verbraucherschutz dienen sollen. Hier ist sowohl an das Lebensmittel- und Arzneimittelrecht zu denken als auch an die Verwaltungskontrolle technischer Arbeitsmittel, wie sie das sogenannte „Maschinenschutzgesetz" vorsieht. Nach diesem Gesetz darf der Hersteller oder Importeur nur solche Produkte auf den Markt bringen, die den „allgemein anerkannten Regeln der Technik" (DIN-Normen) sowie den Arbeitsschutz- und Unfallverhütungsvorschriften genügen. Schließlich kann auch noch auf den Versuch des Gesetzgebers hingewiesen werden, die Asymmetrien des Austauschprozesses im Markt zugunsten der Konsumenten zu korrigieren, z. B. durch das Gesetz über die Allgemeinen Geschäftsbedingungen (**AGB-Gesetz**) oder das Gesetz gegen den unlauteren Wettbewerb (**UWG-Gesetz**).

Gesetzliche Kontrolle von außen

Auch im Verhältnis des Managements zu den **Arbeitnehmern** hat der Gesetzgeber in der Vergangenheit durch die Entwicklung des Arbeitsrechts den Versuch gemacht, die ursprüngliche Fiktion von gleich starken Vertragspartnern am Arbeitsmarkt so zu korrigieren, dass ein besserer Ausgleich der Interessen und damit ein Beitrag zum sozialen Frieden geleistet wird. Im Verlauf der letzten 100 Jahre ist eine solche Fülle von entsprechenden Regelungen entstanden, dass heute das Arbeitsrecht zu einem eigenständigen Rechtsgebiet mit großer wirtschaftlicher und sozialer Relevanz geworden ist. Wichtige arbeitsrechtliche Regelungen finden sich im Rahmen des **kollektiven Arbeitsrechts,** z. B. des Tarifvertrags- und Arbeitskampfrechts und des Betriebsverfassungsgesetzes; im Bereich des **Individualarbeitsrechts** ist z. B. auf das Kündigungsschutzgesetz, die Arbeitszeitordnung, das Bundesurlaubsgesetz, das Jugendarbeitsschutzgesetz etc. hinzuweisen.

Arbeitnehmerschutz

2   Der Kontext des Managements

Hohe Regulierungsdichte

Konfrontiert man das geltende Arbeitsrecht mit den Prämissen, wie sie dem früher skizzierten Vertragsmodell der Unternehmung zugrunde liegen, so ist inzwischen eine weitgehende Vorregelung der zentralen interessenrelevanten Bestandteile individueller Arbeitsverträge durch gesetzliche oder tarifvertragliche Vorschriften erfolgt bzw. üblich geworden. Lohn, Arbeitszeit, Urlaub, Kündigungsfristen sowie die sonstigen allgemeinen Arbeitsbedingungen werden nicht mehr allein und in entscheidendem Maße vom einzelnen Arbeitnehmer und Arbeitgeber, sondern von Gewerkschaften und Arbeitgeberverbänden in sog. Flächentarifverträgen ausgehandelt. Die arbeitsrechtlichen Regelungen sind allerdings heute so weit durchstrukturiert, dass inzwischen die Diskussion darüber entbrannt ist, ob hier nicht mit den Bemühungen des Gesetzgebers um verständigungsorientiertes Handeln zwischen den Marktparteien zu viel des Guten getan worden ist und über eine **„Deregulierung"** sehr viel stärker wieder dem erfolgsorientierten Handeln Rechnung getragen werden muss (Donges 1992; Schneider 2003), und zwar vor allem im Hinblick auf die internationale Wettbewerbsfähigkeit der deutschen Wirtschaft. Die Diskussion um die Deregulierung im Arbeitsrecht lässt sich – so gesehen – als Versuch verstehen, die Grenzen zwischen erfolgs- und verständigungsorientiertem Handeln für die Arbeitswelt situationsgerecht immer wieder neu zu bestimmen.

Bedeutung von Großunternehmen

Ein dritter Bereich, in dem gewisse Rahmenbedingungen für das Management gesetzt wurden, betrifft die **Publizität** von Großunternehmen. Die Einsicht in die vielfältigen Wirkungen der wirtschaftlichen Aktivitäten von Großunternehmen auf die Interessen von Konsumenten, Arbeitnehmern und Allgemeinheit haben heute zu einer Abkehr von der bloß am Privatinteresse der Eigentümer orientierten Informationshandhabung geführt. Dies dokumentiert sich sowohl in der Verabschiedung des Publizitätsgesetzes (PublG) aus dem Jahre 1969 wie auch des Bilanzrichtliniengesetzes (BiRiLiG) aus dem Jahre 1985.

PublG

Das Publizitätsgesetz hat die Pflicht zur Rechnungslegung und Bekanntmachung des Jahresabschlusses an die Größe einer Unternehmung gebunden; Größenmerkmale sind dabei nach § 1 PublG (in der Fassung vom 25.5.2009): die **Bilanzsumme** (mehr als 65 Millionen €), die **Umsatzerlöse** pro Jahr (mehr als 130 Millionen €) und die **Beschäftigtenzahl** (mehr als 5.000 Arbeitnehmer), wobei mindestens zwei dieser drei Kriterien erfüllt sein müssen, damit eine Unternehmung unter die Publizitätspflicht fällt. Die Orientierung am ökonomischen Tatbestand der Unternehmungsgröße (und nicht – wie bis dahin – an der Rechtsform) bringt dabei den Wandel von einer nur privaten zu einer eher verständigungsorientierten Interpretation der Informationspflichten des Unternehmens zum Ausdruck. Das wird besonders aus der Begründung zum Regierungsentwurf des PublG deutlich, in der explizit das Problem des Interessenausgleichs in der Gesellschaft angesprochen ist (vgl. Kasten 2-1).

Gesetzliche Regelungen

Kasten 2-1

Auszug aus der Begründung des Publizitätsgesetzes

„Die Geschicke eines Großunternehmens beeinflussen nicht nur den privaten Bereich seiner Eigentümer. Sie berühren vielmehr die Interessen zahlreicher Dritter und oft auch ihre Existenz. Die Lage eines Großunternehmens ist z. B. für die Investitionsentscheidungen vieler anderer Unternehmen als Lieferanten oder Abnehmer wesentlich. Von ihr hängen die Arbeitsplätze so vieler Arbeitnehmer ab, dass eine Entwicklung zum Guten oder Schlechten von wesentlicher Bedeutung jedenfalls für den regionalen und manchmal sogar für den allgemeinen Arbeitsmarkt ist. Expansion und Niedergang solcher Unternehmen beeinflussen die Struktur und Finanzlage ganzer Städte; sie schaffen nicht selten Bedingungen, an denen auch die staatliche Wirtschaftspolitik nicht vorübergehen kann. Bei Unternehmen dieser Größenordnung muss ein berechtigtes Interesse der Beteiligten – als Sammelbegriff für die gegenwärtigen und künftigen Lieferanten und Abnehmer, Arbeitnehmer, Geldgeber und alle Stellen, die wirtschafts- und sozialpolitische Entscheidungen mit Auswirkungen auf das Unternehmen zu treffen haben – anerkannt werden, sich über den Stand und die Entwicklung des Unternehmens unterrichten zu können. Denn das Interesse dieser Beteiligten und damit der Allgemeinheit, Unterlagen für die Beurteilung des Unternehmens zu erhalten, wiegt schwerer als etwa dagegen sprechende Belange seiner Eigentümer."

Quelle: Biener 1973: 2 f.

Das **Bilanzrichtliniengesetz** soll den am unternehmerischen Geschehen Interessierten einen verbesserten und erleichterten Einblick in den Jahresabschluss bieten. Es lässt das Publizitätsgesetz in seiner Grundkonzeption unverändert, vollzieht allerdings für einzelne Rechtsformen Modifikationen, wie sie durch Anpassungen an das europäische Recht erforderlich geworden sind. Weitergehende Publizitätspflichten fordern das 1998 erlassene Gesetz zur Kontrolle und Transparenz im Unternehmensbereich (KonTraG) und das Transparenz- und Publizitätsgesetz vom Juli 2002.

BiLiRiG

KonTraG

Mehr noch als in den rechtlichen Regelungen zum Verbraucherschutz dokumentiert sich im Publizitätsgesetz der Wandel der Großunternehmung von einer rein privaten zu einer „quasi-öffentlichen" Institution (Ulrich 1977, 2002). Der Wandel des Publizitätszwecks von den frühen Zeiten der Industrialisierung bis heute macht das deutlich. Dienten früher die Publizitätsregeln des Gesellschafts- und insbesondere des Aktienrechts dem Zweck, die Aktionäre und Gläubiger, also die **privaten Kapitalgeber**, zu informieren und damit das marktwirtschaftliche System funktionsfähig zu erhalten, so transzendiert das Publizitätsgesetz ganz eindeutig diese rein private Dimension in Richtung auf die Anerkennung eines **öffentlichen Interesses** an der Großunternehmung; Manager sollen nicht mehr allein gegenüber den Kapitalgebern, sondern auch gegenüber einer breiten Öffentlichkeit **argumentationspflichtig** sein. Diesen Schluss legt jedenfalls die Begründung zum Regierungsentwurf des Publizitätsgesetzes nahe (vgl. noch einmal Kasten 2-1).

Unternehmung als „quasi-öffentliche Institution"

2 Der Kontext des Managements

Umweltschutz

Als eine Manifestation dieses öffentlichen Interesses lässt sich auch die gesamte **Umweltschutzgesetzgebung** interpretieren. Bei dieser Gesetzgebung geht es um den Schutz von Umweltgütern wie Wasser, Boden und Luft, Landschaftsbild, Ruhe, wild lebende Pflanzen und Tiere. Der verständigungsorientierte Regelungsbedarf ergibt sich hier eigentlich bereits aus immanenten markttheoretischen Überlegungen, da sich für solche Umweltgüter Preise nicht rechtzeitig und von selbst bilden, um die bestehenden Knappheitsverhältnisse anzuzeigen. Die am Wirtschaftsprozess beteiligten Personen und Interessengruppen werden nicht bereits durch den Markt zur Wahrung ihrer gemeinsamen materiellen Lebensgrundlagen angehalten (Wagner 1997; Endres 2012). Die staatliche Umweltschutzpolitik will eine gemeinsame Verständigungsbasis schaffen.

Die Instrumente, mit denen Umweltpolitik betrieben werden kann, sind vielfältig. Zu nennen sind etwa ordnungsrechtliche Ge- und Verbote, wirtschaftliche Anreize, z. B. Emissionsgutschriften, Umweltabgaben oder Finanzierungshilfen, ferner die Umweltplanung und die Absprachen zwischen Staat und Wirtschaft bzw. Unternehmen.

Wichtige Gesetze

Diese Instrumente haben bereits teilweise in den zentralen Bereichen des Umweltschutzes in Gesetzen und Rechtsverordnungen ihren Niederschlag gefunden, nämlich bei Umweltchemikalien, der Wasser- und der Abfallwirtschaft. Relevante Gesetze sind etwa das Bundes-Immissionsschutzgesetz, das Wasserhaushaltsgesetz, das Pflanzenschutzgesetz, das Chemikaliengesetz und das Abfallbeseitigungsgesetz. Das Umweltthema wurde teilweise schon wieder in erfolgsorientierte Kalküle konvertiert, insofern als „biologische" Produkte oder Umweltorientierung zum Gegenstand von Unternehmensstrategien gemacht werden (Weber 1997; Schmidt/Schwegler 2003). Hier sieht man erneut die Dynamik zwischen den zwei Prozessebenen; das Verhältnis von erfolgsorientierten zu verständigungsorientierten Prozessen ist in ständiger Bewegung.

2.3.2 Interne Restriktionen

Neben den externen Restriktionen hat der Gesetzgeber ferner den **internen Entscheidungsprozess** für große Unternehmen so verändert, dass durch die Mitbestimmung der Arbeitnehmer eine bessere Interessenwahrung möglich werden soll. Das klassische Gesellschaftsrecht hatte ja konsequenterweise nur die Interessendurchsetzung der Eigenkapitalgeber vor Augen. Die Mitbestimmungsgesetze stellen einen Schritt weg von der interessenmonistischen hin auf eine interessendualistische Struktur und Steuerung („Governance") der Unternehmung dar; sie modifizieren insoweit das erfolgsorientiert gestaltete Gesellschaftsrecht in Richtung auf eine (partiell) verständigungsorientierte Verfassung der Großunternehmung. Im Kern streben die Mitbestimmungsgesetze

2.3 Gesetzliche Regelungen

einen mehr oder weniger großen Einfluss der Arbeitnehmer auf die Entscheidungen im Aufsichtsrat an, also einem Organ, das der gesetzgeberischen Konstruktionsidee nach eine Eigentümerkontrolle gegenüber dem unternehmenspolitischen Kernorgan „Vorstand" sichern soll (vgl. Abbildung 2-3).

Mitbestimmung im Aufsichtsrat

Allerdings belassen es diese Gesetze, sieht man einmal vom Montan-Mitbestimmungsgesetz von 1951 ab, bei einem **unterparitätischen Einfluss** der Arbeitnehmer; das gilt sowohl für das Mitbestimmungsgesetz 1976, das die großen Kapitalgesellschaften (Aktiengesellschaften und Gesellschaften mbH) mit mehr als 2.000 Beschäftigten erfasst, wie auch für das Drittelbeteiligungsgesetz von 2004, das die Mitbestimmung im Aufsichtsrat kleiner Kapitalgesellschaften mit mehr als 500 Beschäftigten regelt. Die Bedeutung der Mitbestimmung ist in den Jahren der Finanzkrise Anfang dieses Jahrhunderts wieder sehr stark in den Vordergrund gerückt; durch flexible Arrangements mit den Arbeitnehmervertretungen konnte die Krise in Deutschland wesentlich besser bewältigt werden als in Ländern ohne Mitbestimmung.

Partizipation der Arbeitnehmer

Ansatzpunkte der Mitbestimmung

Abbildung 2-3

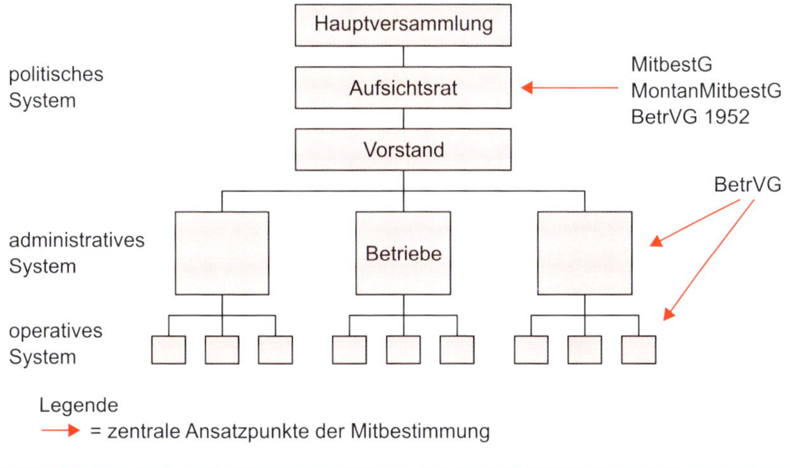

Quelle: Gerum/Mölls 2009: 264

Neben der Mitbestimmung auf Unternehmensebene – und in der Praxis sehr viel wirkungsvoller – gelten die Bestimmungen des Betriebsverfassungsgesetzes, die für spezielle Entscheidungen verständigungsorientierte Prozesse verlangen. Kasten 2-2 gibt einen Überblick über die Entscheidungsbereiche, die vom Gesetzgeber für verständigungsorientierte Prozesse vorgesehen sind – mit unterschiedlichem Nachdruck.

Kasten 2-2

Synopse der Beteiligungsrechte des Betriebsrats

Mitwirkungsrechte	Mitbestimmungsrechte

Recht auf Information über
— § 90:
    Planungen zur Gestaltung von Arbeitsplatz, Arbeitsablauf und Arbeitsumgebung
 	
— § 92 Abs. 1:
    Personalplanung
 	
— § 99 Abs. 1:
    Personelle Einzelmaßnahmen (Einstellung, Eingruppierung, Umgruppierung, Versetzung)
 	
— § 106 Abs. 2:
    Wirtschaftliche Angelegenheiten (Wirtschaftsausschuss)
 	
— § 111 Abs. 2:
    Betriebsänderungen, z.B. Stilllegungen
 	
Recht auf Anhörung zu
— § 102 Abs. 1:
    Kündigungen
 	
Recht auf Beratung und Verhandlung bei
— §§ 90, 92 Abs. 1, 106 Abs. 1, 111 Abs. 1: (siehe oben)
 	
— § 96 Abs. 1:
    Förderung der Berufsbildung
 	
— § 97 Abs. 1:
    Einrichtungen und Maßnahmen der Berufsbildung
 	
Recht auf Widerspruch bei
— §§ 99, 102: (siehe oben)
 	
— § 103: außerordentlicher Kündigung
	Anspruch auf Aufhebung
	— § 98 Abs. 2:
	    Bestellung eines betrieblichen Ausbilders
	
	— §§ 99 Abs. 1, 100 Abs. 2, 101:
	    personelle Einzelmaßnahmen
	
	Zustimmungs- oder Vetorecht bei
	— § 87 Abs. 2:
	    sozialen Angelegenheiten
	
	— § 94:
	    Inhalt von Personalfragebögen und Beurteilungsgrundsätzen
	
	— § 95:
	    Auswahlrichtlinien
	
	— § 97 Abs. 2:
	    Fort- und Weiterbildung
	
	— § 98 Abs. 2:
	    Bestellung eines betrieblichen Ausbilders
	
	Initiativrechte bei
	— § 87 Abs. 2:
	    sozialen Angelegenheiten
	
	— § 91 S. 1:
	    nicht menschengerechten Arbeitsplätzen
	
	— § 95 Abs. 2:
	    Personalauswahlrichtlinien
	
	— § 98 Abs. 4:
	    Durchführung betrieblicher Berufsbildungsmaßnahmen und Teilnahme bestimmter Arbeitnehmer
	
	— § 112 Abs. 4:
	    Aufstellung eines Sozialplans

Quelle: Gerum/Mölls 2009: 283

Management und Ethik (Unternehmensethik) | **2.4**

Mitbestimmungs- und Betriebsverfassungsgesetze lassen sich somit als der Versuch verstehen, den Interessenausgleich zwischen Kapital und Arbeit nicht nur über **Marktprozesse** und damit über erfolgsorientiertes Handeln laufen zu lassen, sondern systematisch im Unternehmen als Ausdruck verständigungsorientierten Handelns zu verankern. Es verwundert deshalb natürlich auch nicht, dass sich gerade hier die gesetzlichen Regelungen zum Teil besonders hart im Raume stoßen: Das Gesellschaftsrecht, das den Kapitaleigentümerverband als ökonomisches Initiativzentrum im Rahmen des „Vertragsmodells der Unternehmung" konstituieren soll, ist wegen genau dieses Ausgangspunkts von seiner Konstruktionslogik her nur schwer vereinbar mit den mitbestimmungsrechtlichen Regelungen, die an die (weiter-) bestehende gesellschaftsrechtliche Konstruktion anknüpfen.

Verwerfungen durch Mitbestimmungsgesetze

Will man also in Zukunft das am erfolgsorientierten Handeln orientierte Gesellschaftsrecht mit dem verständigungsorientierten Mitbestimmungsrecht besser versöhnen, wird es notwendig sein, das Miteinanderhandeln von **„Kapital und Arbeit"** in der Unternehmung auf eine konsistentere Grundlage zu stellen. Für die nähere Zukunft geht es jedoch zunehmend um ein anderes Kernproblem, nämlich die einschlägigen gesetzlichen Grundlagen in der europäischen Gemeinschaft zu vereinheitlichen (Gerum 1993, 2004). Wie auch immer diese Regelungen ausfallen werden, die Frage nach dem „richtigen" Verhältnis von erfolgsstrategisch orientierten und verständigungsorientierten Elementen in der Unternehmensverfassung (corporate governance) wird sich immer wieder neu stellen. Sie ist nicht endgültig lösbar.

2.4 Management und Ethik (Unternehmensethik)

Wie dargestellt, wählt man in Deutschland (etwa im Unterschied zu den USA) typischerweise das **Recht** als kompensierenden Mechanismus, der entweder direkt auf das Handeln von Unternehmen (z.B. Arbeitsrecht oder Verbraucherschutz) oder die Rahmenordnung der Wirtschaft (z.B. Kartellrecht oder Immissionsschutzgesetz) abzielt. Das Recht wird in einer parlamentarischen Demokratie im Parlament beschlossen und verdankt sich insofern einer diskursiven Verständigung.

Rolle des Rechts

Das Recht als Kompensationsmechanismus ist jedoch in seinem Wirkungsvermögen systematisch begrenzt. Die Grenzen der Steuerungsfähigkeit des Rechts gegenüber dem immer komplexer werdenden System der Wirtschaft machen sich nicht nur im nationalen, sondern auch im europäischen und

Der Kontext des Managements

mehr noch im globalen Rahmen mehr und mehr bemerkbar. Zentrale Argumente verweisen in diesem Zusammenhang darauf, dass nur ein kleiner Teil menschlicher Handlungen in justitiabler Weise sichtbar wird und obendrein die Exekution des Rechts in der Regel mit sehr **hohen Kontrollkosten** verbunden ist. Darüber hinaus ist nur das rechtlich regelbar, was schon bekannt ist, nicht aber das Handeln, das zukünftig auftritt und möglicherweise Probleme verursacht. Im Übrigen gilt es zu sehen, dass der Mechanismus Recht in dem Maße an Kraft verliert, wie der Einfluss nationalstaatlicher oder konföderativer Regelungen im Zuge der Globalisierung in seiner Bedeutung zurücktritt (etwa Scherer/Palazzo 2007). Einen Weltstaat, der die verschiedenen Verwerfungen durch Recht regeln bzw. kompensieren könnte, gibt es nicht und wird es wohl auch niemals geben.

Moralische Verpflichtung und Bindung

Diese Argumente zeigen, dass Rechts- und Rahmenordnungsinterventionen notwendig, aber keineswegs hinreichend sind, um die bezeichneten Verwerfungen der Marktdynamik zu korrigieren. Deshalb wird vorgeschlagen, für einen fairen Interessenausgleich zusätzlich die **moralische Verpflichtung** der einzelnen Unternehmen und ihrer Entscheidungsträger in das alltägliche wirtschaftliche Handeln zu integrieren. Im Vordergrund steht hier die Idee einer „**Unternehmensethik**", die das Handeln des Managements durch moralische Bindung in Richtung auf ein verständigungsorientiertes Handeln erweitern soll (vgl. Steinmann/Löhr 1994). Die Idee einer moralischen Bindung des wirtschaftlichen Handelns, einer teilweisen „Moralisierung" des Marktgeschehens, wird in unterschiedlichen Varianten vertreten. In den USA wurde bereits in den 1950er Jahren das Konzept einer „Gesellschaftlichen Verantwortung der Unternehmensführung" oder **„Corporate Social Responsibility" (CSR)** entwickelt (vgl. etwa Bowen 1959), mit dem durch die zusätzliche Berücksichtigung bestimmter Interessen („stakeholder") ein Interessenausgleich auf freiwilliger Basis herbeigeführt werden soll.

Als Mechanismus wird ein **Moralkodex** für Manager ins Auge gefasst, demgemäß es Aufgabe der Unternehmensführung sein soll, Kunden-, Mitarbeiter-, Geldgeber- und andere berechtigte Interessen im Rahmen der unternehmerischen Entscheidungen zum Ausgleich zu bringen, unter Beachtung der Gewinnerwartungen (**Gewinnmaximierung unter Restriktionen**). Das prominenteste Beispiel dazu ist das sogenannte „Davoser Manifest", das auf dem 3. Europäischen Management Symposium in Davos 1973 vorgestellt wurde (Kasten 2-3).

Management und Ethik (Unternehmensethik) 2.4

> **Kasten 2-3**
>
> **Das Davoser Manifest von 1973**
>
> A. „Berufliche Aufgabe der Unternehmensführung ist es, Kunden, Mitarbeitern, Geldgebern und der Gesellschaft zu dienen und deren widerstreitende Interessen zum Ausgleich zu bringen.
>
> B. 1. Die Unternehmensführung muss den Kunden dienen. Sie muss die Bedürfnisse der Kunden bestmöglich befriedigen. Fairer Wettbewerb zwischen den Unternehmen, der größte Preiswürdigkeit, Qualität und Vielfalt der Produkte sichert, ist anzustreben.
> Die Unternehmensführung muss versuchen, neue Ideen und technologischen Fortschritt in marktfähige Produkte und Dienstleistungen umzusetzen.
>
> 2. Die Unternehmensführung muss den Mitarbeitern dienen, denn Führung wird von den Mitarbeitern in einer freien Gesellschaft nur dann akzeptiert, wenn gleichzeitig ihre Interessen wahrgenommen werden.
> Die Unternehmensführung muss darauf abzielen, die Arbeitsplätze zu sichern, das Realeinkommen zu steigern und zu einer Humanisierung der Arbeit beizutragen.
>
> 3. Die Unternehmensführung muss den Geldgebern dienen. Sie muss ihnen eine Verzinsung des eingesetzten Kapitals sichern, die höher ist als der Zinssatz auf Staatsanleihen. Diese höhere Verzinsung ist notwendig, weil eine Prämie für das höhere Risiko eingeschlossen werden muss. Die Unternehmensführung ist Treuhänder der Geldgeber.
>
> 4. Die Unternehmensführung muss der Gesellschaft dienen. Die Unternehmensführung muss für die zukünftigen Generationen eine lebenswerte Umwelt sichern. Die Unternehmensführung muss das Wissen und die Mittel, die ihr anvertraut sind, zum Besten der Gesellschaft nutzen.
> Sie muss der wissenschaftlichen Unternehmensführung neue Erkenntnisse erschließen und den technischen Fortschritt fördern. Sie muss sicherstellen, dass das Unternehmen durch seine Steuerkraft dem Gemeinwesen ermöglicht, seine Aufgabe zu erfüllen. Das Management soll sein Wissen und seine Erfahrungen in den Dienst der Gesellschaft stellen.
>
> C. Die Dienstleistung der Unternehmensführung gegenüber Kunden, Mitarbeitern, Geldgebern und der Gesellschaft ist nur möglich, wenn die Existenz des Unternehmens langfristig gesichert ist. Hierzu sind ausreichende Unternehmensgewinne erforderlich. Der Unternehmensgewinn ist daher ein notwendiges Mittel, nicht aber Endziel der Unternehmensführung."
>
> Quelle: Steinmann 1973: 472 f.

Im Ergebnis wird hier für die Unternehmensführung die Praktizierung einer neuen dualen unternehmerischen Handlungsmaxime in marktwirtschaftlichen Systemen gefordert. Zu der erwerbswirtschaftlichen Ausrichtung soll das Prinzip der „gesellschaftlichen Verantwortung" im Sinne einer **Interes-**

Management als „ehrlicher Makler"

2 *Der Kontext des Managements*

sen ausgleichenden Rolle der Unternehmensführung gegenüber den genannten Bezugsgruppen des Unternehmens treten. Radikal interpretiert, würde das letztlich die Aufgabe der Vorstellung bedeuten, dass der Markt und das Preissystem selber den entscheidenden Beitrag zum gesellschaftlichen Interessenausgleich leisten; genau wegen dieser radikalen Konsequenz ist ja die Idee der gesellschaftlichen Verantwortung der Unternehmensführung schon sehr früh, so etwa von Milton Friedman, rigoros attackiert worden, weil es die Funktionsgrundlagen der kapitalistischen Marktwirtschaft zerstöre: „The social responsibility of business is to increase its profits" (Friedman 1970: 32 ff.).

Corporate Citizenship

Dies ist indessen eine Position, die heute kaum noch vertreten wird. Im Gegenteil, unter dem neuen Stichwort „Corporate Citizenship" hat die Idee einer gesellschaftlich verantwortlichen Unternehmensführung mehr Akzeptanz denn je gewonnen (vgl. die Beiträge in Schneider/Schmidtpeter 2012). In den letzten Jahren wird – ähnlich wie schon beim Umweltschutz – die Idee gesellschaftlicher Verantwortung strategisch gewendet in dem Sinne, dass sie als probates Mittel der Gewinnmaximierung propagiert wird (vgl. etwa Huber et al. 2012). Die dahinter liegende Vorstellung ist, dass eine aggressiv vermarktete soziale Verantwortung (Stichworte: Kultursponsoring, Unterstützung von Behinderteneinrichtungen, hohe Frauenquote im Management) geeignet ist, das Ansehen des Unternehmens und damit auch seines Verkaufsangebots zu steigern und die Gewinne zu erhöhen (vgl. etwa Thorne et al. 2002; Behrent/Wieland 2004). Als ein Beispiel sei auf die Cisco „Triple Bottom Line" verwiesen (Kasten 2-4).

Kasten 2-4

„Triple Bottom Line"

„Cisco strives to be a good citizen worldwide. Our culture drives us to set high standards for corporate integrity and to give back by using our resources for a positive global impact. We pursue a strong "triple bottom line" which we describe as profits, people and presence. Profits are one traditional and valuable metric which helps measure our financial performance. People are equally important. Strong, mutually beneficial relationships with partners, customers, shareholders and the people who work for, with and near us are essential to our business. The third bottom line – presence – measures our standing in, respect for and contribution to global and local communities. We believe companies with strong triple bottom lines are the most sustainable, responsible and successful. We hope the information in the pages of this web site demonstrates our commitment to a strong triple bottom line."

Quelle: www.cisco.com

Management und Ethik (Unternehmensethik) 2.4

Diese Art der Problemlösung ist indessen vollständig auf den „glücklichen Fall" angewiesen, nämlich dass sich soziales Engagement als Mittel zur Rentabilitätssteigerung erweist. Es ist nur schwer vorstellbar, dass dies immer der Fall ist.

Unabhängig von dieser Wendung liegt aber die Schwäche dieses Ansatzes in seiner **monologischen** Orientierung, also in der Vorstellung, Manager könnten von sich aus – ohne sich mit den Betroffenen auseinanderzusetzen – wissen, was für die Betroffenen „gut" ist und aus dieser isolierten Position heraus einen fairen Interessenausgleich befördern. Wenn man diese monologische Grundorientierung der Lehre von der gesellschaftlichen Verantwortung der Unternehmensführung in Richtung auf eine **dialogische** – und das heißt auch gleichberechtigte – Verständigung mit den Betroffenen überschreitet, erhält die Vorstellung von der gesellschaftlichen Verantwortung der Unternehmensführung eine sozial-ethische Dimension, sie wird zu einer diskursiven **Unternehmensethik**. Diese richtet sich dann auf solche Normen (Handlungsregeln), die von den Betroffenen entwickelt und von den Unternehmen im Sinne einer **Selbstbindung** verbindlich in Kraft gesetzt werden, um eine konsensuale Regelung solcher Verwerfungen zu erreichen, die durch das rein gewinnorientierte Wirtschaften entstehen oder zu entstehen drohen.

Ein bekanntes Beispiel, das hier zur Illustration einer selbstbindenden Unternehmensethik angeführt werden könnte, ist das Regelwerk, das sich die Firma Nestlé (Vevey/Schweiz) 1982 nach langen Auseinandersetzungen und Diskussionen mit den verschiedensten Protestgruppen auf der Basis des Entwurfs der Weltgesundheitsorganisation gegeben hat. Nestlé war in die Kritik geraten, weil es künstliche Säuglingsmilch in der Dritten Welt aggressiv vermarktet hatte, ohne Rücksicht auf die Folgen zu nehmen (automatisches Abstillen, höhere Säuglingssterblichkeit durch Verdünnen der Milch, Krankheiten wegen der daraus resultierenden Mangelernährung usw.). Das Regelwerk soll die Vermarktung von Muttermilch-Ersatzprodukten bei der Babyernährung in der Dritten Welt in ethisch vertretbarer Weise regulieren. Der Kodex normiert in elf Artikeln Marketingmaßnahmen, für die ein gravierender Konflikt zwischen ethischen Forderungen und dem Prinzip der Gewinnmaximierung in der Vergangenheit festgestellt oder für die Zukunft antizipiert wurde. Zu nennen sind etwa das Verbot für das Verkaufspersonal, sich selbst als Lehrende an Ausbildungskursen für werdende Mütter zu beteiligen, ferner das Gebot, auf die Vorteile der Muttermilchernährung gegenüber den Substitutprodukten hinzuweisen, oder das Verbot, für im Gesundheitsdienst tätiges Personal (Ärzte, Krankenschwestern) finanzielle oder sonstige materielle Anreize vorzusehen. Durch diese mit der WHO ausgehandelten und für die gesamte Firma Nestlé verbindlichen Normen sollen zukünftig Handlungsweisen ausgeschlossen werden, die die Unwis-

Kritik an CSR

Diskurs

Beispiel: Nestlé

2 Der Kontext des Managements

senheit von Müttern in den Entwicklungsländern der Dritten Welt ausnutzen, um Gewinne zu erzielen.

Prinzip einer diskursiven Ethik

Die diskursive Unternehmensethik ist also – das zeigt dieses Beispiel – letztlich auf die Regelung von solchen Handlungssituationen ausgerichtet, in denen das Gewinnstreben zu einem ethisch problematischen Tun führt oder führen kann. Das Gewinnprinzip als solches wird dabei keineswegs diskriminiert; im Gegenteil, das Gewinnprinzip ist im Allgemeinen nach unserem heutigen Wissensstand ein akzeptables Instrument, um die komplexen Steuerungsprobleme einer Volkswirtschaft im Wege der Dezentralisation und Übertragung von Entscheidungsautonomie an die Einzelwirtschaften erfolgreich zu lösen. Da das Gewinnprinzip aber eben **formaler** Natur ist (insofern es nur auf die Gelddimension abstellt), sind mit ihm auch grundsätzlich solche materiellen Mittelwahlen vereinbar, die zwar die Erreichung der Gewinnziele ermöglichen, aber ethisch nicht gerechtfertigt werden können. Und da die Konkretisierung des Gewinnziels durch Entscheidungen auf Unternehmensebene geschieht, ist dort auch der richtige Ort, wo die auftretenden Konflikte zum Gegenstand eines verständigungsorientierten Diskurses gemacht werden können. Dabei ist allerdings zu bedenken, dass der Wettbewerb auf einem bestimmten Markt dem eigenständigen unternehmensethischen Handeln (enge) Grenzen setzen kann. In solchen Fällen ist es aber Teil der Managementverantwortung, auf **übergeordneten Regelungsebenen** (Branche, Politik) wettbewerbsneutrale Regelungen für die konfliktären Tatbestände anzumahnen.

Merkmale der Diskursethik

Um diese noch ganz allgemeine Charakterisierung einer diskursiven Unternehmensethik zu präzisieren, werden nachfolgend die wichtigsten begrifflichen Merkmale und die damit verbundenen Abgrenzungsleistungen hervorgehoben (Steinmann/Löhr 1994: 76 ff.):

(1) Die diskursive Unternehmensethik zielt auf ein verständigungsorientiertes Handeln der Unternehmensführung bei (weitreichenden) Konflikten mit Bezugsgruppen der Unternehmung. Sie kennt universelle materielle Prinzipien wie etwa Diskriminierungsverbote oder Korruptionsausschluss. Sie kennt aber auch **Verfahrensvorschriften** zum Umgang mit Konflikten mit dem Ziel, am Ende des Verfahrens inhaltliche Normen als situationsgerechte Handlungsaufforderungen zu entwickeln.

Eine praktische organisatorische Umsetzung der prozessualen Prinzipien kann z. B. die Einrichtung von Ethikkommissionen, Verbraucher- oder Umweltschutzbeauftragten in Unternehmungen oder die Durchführung von „Stakeholder-Dialogen" sein, die bei Interessenkonflikten als anrufbare Institutionen fungieren sollen (vgl. zur Praxis Kasten 2-5).

Management und Ethik (Unternehmensethik) 2.4

Kasten 2-5

VW lenkt ein

„Zwei Jahre lang hatte Greenpeace den VW-Konzern mit einer groß angelegten Kampagne dazu gedrängt, als Marktführer Verantwortung beim Klimaschutz zu übernehmen. Per Youtube-Video riefen Jedi-Ritter zur Rebellion gegen ‚die dunkle Seite von VW' auf – und drehten so einen erfolgreichen Star-Wars-Werbespot des Konzerns einfach um. Greenpeace-Kletterer protestierten auf dem Dach der Wolfsburger Konzernzentrale, bei der IAA in Frankfurt und bei der Hauptversammlung der Aktionäre in Hamburg. Und die (Greenpeace-)Studie ‚Vier Schritte zum Drei-Liter-Golf' zeigte den VW-Ingenieuren, wie sie ihr meistverkauftes Auto problemlos zum CO_2-Champion machen können.

Dann kam der Paukenschlag: Ausgerechnet beim Genfer Autosalon verkündete VW-Chef Martin Winterkorn im März die Kehrtwende: ‚Volkswagen bekennt sich dazu, den CO_2-Ausstoß der europäischen Neuwagenflotte bis 2020 auf 95 Gramm pro Kilometer zu senken.' Parallel dazu versucht jedoch die deutsche Autolobby, den gleichlautenden EU-Grenzwert zu verhindern.

Kurz darauf treffen Greenpeace-Geschäftsführerin Brigitte Behrens und Greenpeace-Klimaschutzkampaigner mit Winterkorn zusammen, um den Erfolg festzuzurren. Es wird noch einmal kontrovers diskutiert, dann einigen sich beide Seiten auf eine gemeinsame Erklärung: Volkswagen werde alles daran setzen, das 95-Gramm-Ziel ‚ohne Wenn und Aber' zu erreichen."

Quelle: Greenpeace Nachrichten Nr. 2, 2013: 5

(2) Zum besseren Verständnis der diskursiven Unternehmensethik ist die **Unterscheidung von Ethik und Moral** relevant, wie sie in der Philosophie gebräuchlich ist. In diesem Sinne ist Ethik eine Reflexionslehre der Moral. In der gegenwärtigen Diskussion um die Unternehmensethik werden leider beide Begriffe häufig konfundiert. Solange man die Unterscheidung von Ethik und Moral nicht verfügbar hat, kann man faktisch befolgte Normen im Sinne praktizierter Moral von Entscheidungsträgern im Sinne der „herrschenden Meinung" nicht noch einmal in kritischer Absicht auf ihre Legitimität hin befragen; man kann sie nur schlicht in ihrer Faktizität registrieren. Es kommt also entscheidend darauf an, dass im Begriff der Unternehmensethik **Maßstäbe** zur Geltung kommen, die nötigenfalls gegen die bestehenden Verhältnisse gewendet werden können, um diese zu verbessern.

(3) Das Fundament der diskursiven Unternehmensethik ist – wie schon hervorgehoben – grundsätzlich dialogisch und nicht monologisch. Für den Konfliktfall heißt das, dass, wo immer möglich, ein Dialog zwischen allen **Betroffenen** hergestellt werden soll. Kritischer Maßstab und Leitlinie ist hierbei der „ideale Dialog" (Habermas 1981), d.h. insbesondere die Bereitschaft, alle Vororientierungen in Frage zu stellen (Unvoreingenommenheit), ferner der Verzicht auf den Einsatz von Macht zur Durchsetzung eigener

Ideale „Sprechsituation"

2 Der Kontext des Managements

Sachzwänge

Standpunkte oder Interessen (Zwanglosigkeit) und der Verzicht auf Lügen und bloße Überredungskünste (Aufrichtigkeit) sowie die Sachverständigkeit der Beteiligten. Natürlich sind einem praktischen Dialog häufig enge Grenzen (Sachzwänge) gesetzt. Aus dem dialogischen Charakter der diskursiven Unternehmensethik folgt aber, dass prinzipiell eine einsame Normfindung immer nur hilfsweise (z. B. bei Entscheidungen unter Zeitdruck) zum Zuge kommen kann; sie stellt per definitionem keine reguläre Form der Konfliktlösung dar. In solchen Ausnahmesituationen müssen die Entscheidungsträger versuchen, die konfligierenden Interessen in einem „fiktiven Dialog" mit Pro- und Contra-Argumenten gegeneinander abzuwägen, um zu einer verantwortbaren Entscheidung zu kommen. Im Nachhinein wäre dann über die getroffene Entscheidung Rechenschaft abzulegen, also das zu tun, was das Wort „Verantwortung" schon deutlich macht: antworten auf Fragen derjenigen, die von Entscheidungen (substanziell) betroffen sind.

Die bisher ausgeführten drei Punkte präzisieren die **„ethische Komponente"** im Begriff der Unternehmensethik. Die nachfolgenden vier Punkte nehmen auf den konkreten historischen Handlungszusammenhang Bezug, in dem eine solche Ethik letztlich praktiziert werden muss; dies ist gewissermaßen die **„unternehmensbezogene Komponente"** des Begriffs.

Rahmen-
bedingungen

(4) Eine erste historische Randbedingung betrifft die **Geld- und Wettbewerbswirtschaft,** innerhalb der die Unternehmung operiert und auf die hin sie rechtlich verfasst ist. Wenn eine Unternehmensethik in einer solchen Wirtschaftsordnung einen eigenständigen Beitrag zum Interessenausgleich leisten soll, dann müssen die Bedingungen, unter denen die Unternehmung in dieser Wirtschaftsordnung operiert, tatsächlich einen systematischen (und nicht bloß zufälligen) Handlungsspielraum für diese Aufgabe freilassen; das folgt aus dem allgemein anerkannten methodologischen Grundsatz: „Sollen impliziert Können!"

Spielraum?

In der Diskussion um die Unternehmensethik wird bisweilen bestritten, dass es **innerhalb** des ökonomischen Systems überhaupt eine Chance für eine zusätzliche ethische Orientierung geben könne. Insbesondere viele Mikroökonomen – etwa der schon zitierte M. Friedman – sehen in der Forderung nach Etablierung einer Unternehmensethik eine Aufforderung, die Produktionsfaktoren **ineffizient** zu allozieren. Im Übrigen aber ließen eine gesunde Marktsituation und der ihr inhärente Zwang zur Gewinnerzielung, so das zugespitzte Argument, eine Unternehmensethik gar nicht in Stellung bringen. Es müsste ja dazu die Möglichkeit bestehen, aus ethischen Überlegungen auf gewisse Gewinnchancen zu verzichten. Dies sei aber nur in nichteffizienten Märkten möglich, insofern solle man lieber an der Vervollkommnung des Wettbewerbs arbeiten.

2.4 Management und Ethik (Unternehmensethik)

Derartige Begründungsbemühungen münden in die Auseinandersetzungen der Nationalökonomie über einen sinnvollen Wettbewerbsbegriff ein. Die herrschende neoklassische Gleichgewichtstheorie wird hier immer stärker mit dynamischen und evolutionären Wettbewerbsbegriffen konfrontiert, die den Wettbewerb nicht mehr im **Modus** eines prädeterminierten Gleichgewichts verstehen wollen, sondern als **kreative Erschaffung** der Zukunft. Je mehr man sich einem dynamischen Wettbewerbsbegriff annähert, umso selbstverständlicher wird die Existenz von ethik-relevanten Handlungsspielräumen, und das angedeutete Begründungsproblem verflüchtigt sich. Aus der Sicht der Praxis ist die Existenz von Spielräumen für unternehmensethisches Handeln ohnehin kaum strittig, wie die zahlreichen Nachhaltigkeitsberichte deutscher Unternehmen eindrucksvoll dokumentieren (vgl. etwa Gebauer/Rotter 2009).

Neoklassik

Das hier favorisierte Konzept einer diskursiven Unternehmensethik plädiert also für die verantwortliche Nutzung von Handlungsspielräumen. Sie setzt die Funktionsbedingungen einer Unternehmung in der Marktwirtschaft als gegeben voraus. Eine einzelne Unternehmung – so die Annahme – kann nicht das Gewinnprinzip schlechthin außer Kraft setzen (dagegen Ulrich 2001). Eine realistische Unternehmensethik muss vielmehr von der marktwirtschaftlichen Ordnung in ihrer jeweils spezifischen historischen Ausprägung als einer auf vorgeordneter Ebene schon gerechtfertigten Handlungsvoraussetzung ausgehen. Die ethische Begründung einer Wirtschaftsordnung zu leisten, ist Aufgabe einer der Unternehmensethik systematisch vorgelagerten **Wirtschaftsethik.** Die Wirtschaftsethik (Enderle 1985) mag durchaus zu begründeten Systemreformvorschlägen gelangen, die dann als Folge auch neue Fragen der Unternehmensethik wegen der veränderten gesamtwirtschaftlichen Rahmenbedingungen aufwerfen können. Und es ist gewiss auch die Aufgabe von Unternehmen, sich an einem solchen Dialog zu beteiligen.

Aufgaben der Ethik

(5) Da die Orientierungskraft einer ethischen Norm aus der Einsicht in die Tragfähigkeit ihrer Begründung erwächst, muss Unternehmensethik zuallererst auf **Selbstverpflichtung durch Überzeugung** setzen. Natürlich spielt bei der Durchsetzung und Einhaltung der Normen dann im Fortlauf auch die **soziale Kontrolle** eine herausragende Rolle. Sie stützt ganz entscheidend die Durchsetzung ethischer Orientierung mithilfe sozialer Sanktionsmechanismen (z.B. soziale Distanzierung oder Ächtung). Der ethische Koordinationsmodus unterscheidet sich aber dennoch markant vom zwangsbewehrten Recht.

Praktische Relevanz

Ferner sei auf die kritische Öffentlichkeit als Kontrollinstanz verwiesen. So wird z. B. die Einhaltung des Verhaltenskodex bei Nestlé von einem breiten Spektrum von Bürgerinitiativen kritisch mit überwacht, Verstöße werden umgehend publiziert. In der aktuellen Diskussion führt dieser Unterschied

2 Der Kontext des Managements

zu divergierenden Einschätzungen über die Wirkungsmächtigkeit beider Steuerungsinstrumente. Wer die Chancen einer Selbstverpflichtung der Unternehmen gering einschätzt, wird zur Bewältigung der entstandenen oder drohenden Konflikte regelmäßig auf das Recht zurückgreifen wollen. Entsprechende Vorschläge übersehen allerdings vielfach die bereits erwähnten gravierenden Steuerungsgrenzen des Rechts, wie sie auch aus empirischen Untersuchungen immer wieder berichtet werden (Stone 1975; Mayntz 1978; März 2003).

CSR   (6) Durch ihre **korrigierende Funktion** hinsichtlich der originär ökonomischen Aufgabenstellung der Unternehmung lässt sich die Unternehmensethik dann von solchen Vorschlägen abgrenzen, die die Unternehmung auf allgemeine Mildtätigkeit oder Mäzenatentum verpflichten wollen, also dessen, was heute meist unter dem Kürzel „CSR" verstanden wird. Keineswegs soll derartigen mildtätigen Aktivitäten, wie sie ja zahlreich dokumentiert werden, ihre ethische Motivation abgesprochen werden. Es geht jedoch darum, eine klare Grenzziehung zur Unternehmensethik zu finden. Es handelt sich hier um löbliche großherzige Aktivitäten, meist bezogen auf die Gewinn*verwendung*, nicht aber um die Regelung von Grundsatzkonflikten im Rahmen der Gewinn*entstehung* und des Einbezuges von Geschädigten wie im Falle des Umweltschutzes. Endgültig konfus wird das CSR-Konzept dort, wo es ethisches Handeln an das Versprechen höherer Rentabilität bindet. Einer solchen „Soziale Verantwortung zahlt sich aus"-Konzeption liegt eine systematische Verwechslung zugrunde. Verantwortliches Handeln soll hiernach nicht aus innerer Überzeugung fließen, sondern durch externe monetäre Anreize erzeugt werden. Systematisch gesehen wird hier etwas versucht, was nicht funktionieren kann. Instrumentell-strategisches Handeln ist kein moralisches Handeln; eine moralische Orientierung speist sich aus der gewonnenen Überzeugung richtigen Handelns.

Der Kontext des Managements

Lernkontrollfragen

1. Was versteht man unter dem „Stakeholder-Ansatz"?
2. Erläutern Sie die drei Arten der Legitimation eines Unternehmens anhand eines selbst gewählten praktischen Beispiels.
3. Welche Gründe sprechen dafür, dass das Preissystem der Marktwirtschaft ergänzungs- und korrekturbedürftig ist?
4. Warum und in welcher Form gefährden Vermachtungsprozesse den Interessenausgleich zwischen einem Unternehmen und seinen unterschiedlichen Bezugsgruppen? Geben Sie ein konkretes Beispiel.
5. Was versteht man unter der Trennung von Eigentum und Verfügungsgewalt?
6. Was versteht man unter externen Effekten und inwiefern beeinträchtigen sie das Preissystem einer Marktwirtschaft?
7. Mit welcher Begründung lässt sich rechtfertigen, dass die Unternehmensverfassung ausschließlich auf die Kapitalinteressen ausgerichtet ist?
8. In welcher Weise stellt die unternehmerische Mitbestimmung einen Beitrag zum verständigungsorientierten Handeln dar?
9. Welche Rolle spielt das Argument der Trennung von Eigentum und Verfügungsgewalt für die Begründung der Notwendigkeit verständigungsorientierten Handelns?
10. Welche Vorstellungen stehen hinter der Idee der gesellschaftlichen Verantwortung der Unternehmensführung?

Lösungshinweise zu den Lernkontrollfragen erhalten Sie auf der Webseite zum Buch unter www.springer.com

Diskussionsfragen

I. Erläutern Sie aus Konsumentenperspektive den Zuschreibungsprozess der drei Arten von Legitimität am Beispiel der Deutschen Bahn AG!

II. „Die Unternehmerische Mitbestimmung in Deutschland ist Fluch und Segen zugleich! Einerseits kann damit Vermachtungsprozessen vorgebeugt werden, auf der anderen Seite verstärkt sich das Problem der Trennung von Eigentum und Verfügungsgewalt!" Nehmen Sie Stellung zu dieser Aussage!

2 Der Kontext des Managements

III. „Alle Eingriffe in das Preissystem sind grundsätzlich problematisch und bedeuten Wohlfahrtsverluste, da sie die unternehmerische Freiheit beschränken, die die Grundlage unseres Wirtschaftssystems ist!" Bitte nehmen Sie zu dieser Aussage aus unternehmensethischer Perspektive Stellung!

IV. Vergleichen Sie das Problem der Vermachtungsprozesse mit dem Machteinsatz, wie er im Einflussprozessmodell der Führung (Kapitel 12) beschrieben wird. Wie lässt sich erklären, dass Macht einmal ein Problem darstellt, im anderen Fall (Einflussprozessmodell) ein Element effizienter Unternehmensführung?

V. Worin liegen die Unterschiede zwischen rechtlichen und ethischen Ansätzen der Regelung eines besseren Interessenausgleichs?

Fallstudie: Zeus AG

Die Wände am Hauptsitz des Sportartikelherstellers Zeus dokumentieren das soziale Engagement der Firma nicht ohne Stolz und sie verfehlen auch nicht ihre Wirkung. Wie an einer Ahnengalerie schreiten die Besucher an den elegant gerahmten Auszeichnungen und Preisen entlang, die das Unternehmen in den letzten Jahren erhalten hat, darunter den Preis des Familienministeriums für „Verbesserung der Lebensqualität in den Städten und Kommunen". Stolz war man bei Zeus aber nicht nur auf das soziale Engagement, sondern auch darauf, dass Umsatz, Gewinn und Aktienkurs in gleichem Maße mit der Reputation des Unternehmens gewachsen waren.

Das Engagement von Zeus fand lange Zeit ein ausschließlich positives Echo in der nationalen, aber auch internationalen Presse. Die öffentliche Meinung war sich einig: Dieses Unternehmen spricht nicht nur davon, sondern es tut auch Gutes. 5 % des Vorsteuergewinns fließen jährlich in die Zeus-eigene Sportstiftung „Zweite Chance". Großes Echo fand ebenfalls die Aktion, nach dem Tsunami sofort ganze Lagerbestände an Kleidung und Schuhen nach Asien zu senden, ebenso wie die in über 100 Städten und Gemeinden etablierte Jugendsportveranstaltung „Zeus-in-Town". Außerdem hatte Zeus als erstes Unternehmen seinen Mitarbeitern ermöglicht, 5 % ihrer Arbeitszeit für Sozialprojekte zu verwenden.

Aber die Erfolgsgeschichte von Zeus hat auch eine zweite Seite. Das Unternehmen macht nicht nur großzügige Spenden für asiatische Armutsprojekte, sondern forciert dort seit zwei Jahren auch die Verlagerung der Produktion an die Standorte mit den jeweils niedrigsten Löhnen. Zuletzt hatte Zeus seine Produktionsstätten in Südkorea komplett geschlossen und nach Indonesien und China verlagert.

Der Kontext des Managements

In Europa produziert das Unternehmen keinen einzigen Schuh mehr, nicht einmal mehr in Osteuropa. Auch dort wurden Produktionsstätten geschlossen und Mitarbeiter auf die Straße gesetzt. „Wir können uns ja jetzt", so die bissige Anmerkung eines ehemaligen Beschäftigten, „unsere Sozialdienste selber zukommen lassen." Aus dem Zeus-Vorstand war zu dem Vorgang nur vermeldet worden, dass die Verlagerungen eine Einsparung im oberen zweistelligen Millionenbereich bedeuteten. Es sei schlichte Notwendigkeit im Zeitalter der Globalisierung, solche Kostenreduzierungen zu realisieren, sonst wäre man „schneller weg vom Fenster, als man schaut".

Die Schließungen treffen die meisten Familien oft doppelt und dreifach, da Zeus i.d.R. immer in sehr strukturschwache Gebiete (häufig mit Förderhilfen der jeweiligen Regierungen) investiert hat, wo die Bevölkerung traditionell noch von der Landwirtschaft lebte. In Deutschland war dies vor allem die Region Emden in Friesland. Wenn Zeus die Produktionsstätten in diesen Regionen aufgibt, hinterlassen sie nicht nur arbeitslose Arbeiterinnen und Arbeiter mit wenig Aussicht auf eine andere Beschäftigung in der Region, sondern auch ganze Familien, die ihre ursprüngliche Erwerbsform verloren haben. „In manchen Regionen sieht es aus wie nach einem Krieg", so ein Beobachter vor Ort. Das Management von Zeus verweist jedoch darauf, dass es alle Grundstücke von den ehemaligen Bauern, die dann Angestellte in den Produktionsstätten wurden, immer weit über Marktpreis gekauft hätte. Zudem habe man alle Subventionen zurückgezahlt und hinterlasse eine gut ausgebaute Infrastruktur, wo es früher nicht einmal eine Straße gegeben hätte.

Fragen zur Fallstudie

1. Diskutieren Sie das Vorgehen von Zeus aus der Perspektive des Stakeholder-Ansatzes! Welche Ausrichtung verfolgt das Unternehmen diesbezüglich?

2. Welcher ethische Konflikt tut sich durch die Verlagerung der Produktionsstätten auf? Wie sind die Argumente des Zeus-Managements zu beurteilen?

3. Ist die Handlungsweise der Zeus AG Ihres Erachtens ethisch vertretbar?

Teil 2
Planung und Kontrolle

Kapitel 3   Strategische Analyse

Kapitel 4   Strategiebestimmung und -umsetzung

Kapitel 5   Operative Planung und Kontrolle

3 Strategische Analyse

Lernziele zu Kapitel 3	73
3.1 Unternehmensstrategie: Grundbegriffe	74
3.2 Das Grundmodell des strategischen Managements	77
3.3 Strategische Umweltanalyse: Chancen und Risiken	80
3.3.1 Die globale Umwelt	82
3.3.2 Wettbewerbsumwelt: Markt- und Geschäftsfeldanalyse	86
3.3.2.1 Potenzielle Neuanbieter (Markteintrittsbarrieren)	87
3.3.2.2 Abnehmeranalyse	89
3.3.2.3 Lieferantenanalyse	90
3.3.2.4 Bedrohung durch Substitutionsprodukte	90
3.3.2.5 Rivalität unter den Anbietern	91
3.3.2.6 Industrielle Beziehungen und der Staat als Wettbewerbsfaktoren	92
3.4 Strategische Unternehmensanalyse: Stärken und Schwächen	93
3.4.1 Ressourcen als Wertaktivitäten	94
3.4.2 Ressourcen im Wertschöpfungsprozess	95
3.4.3 Organisationale Fähigkeiten und Kompetenzen	98
3.4.4 Bewertung der Unternehmensressourcen	101
Lernkontrollfragen	103
Diskussionsfragen	104
Fallstudie: Barcley & Conen Optics	104

Strategische Analyse

Lernziele zu Kapitel 3

Nach Durcharbeiten dieses Kapitels sollten Sie in der Lage sein,

- die strategischen Grundfragen wiederzugeben,
- die Bedeutung der Unterscheidung zwischen Unternehmensgesamt- und Geschäftsfeldstrategie zu erkennen,
- zu erklären, warum eine Einteilung in Funktionalstrategien nicht sinnvoll ist und welche Aufgabe den Funktionsbereichen bei der Umsetzung der Strategie stattdessen zukommt,
- die zentrale Bedeutung der strategischen Analyse zu verstehen,
- die globale Umwelt von der Wettbewerbsumwelt gedanklich zu trennen und erstere weiter zu unterteilen und die Art des Einflusses auf die Unternehmung darzustellen,
- im Rahmen der Umweltanalyse die Notwendigkeit der Bildung von strategischen Geschäftsfeldern zu erkennen und den Grundsatz der internen wie externen Selbstständigkeit zu begründen,
- die Vorgehensweise bei der globalen Umweltanalyse in ihren vier Schritten aufzuzeigen und diese jeweils mit Inhalten zu belegen,
- den Aufbau der Unternehmensanalyse mittels Innen-Außen- und Außen-Innen-Perspektive zu strukturieren sowie deren Zweckmäßigkeit zu erläutern,
- das Prinzip der Wertketten und deren Verschränkung inhaltlich zu erfassen und als strategisches Analyseinstrument zu verstehen.

3 Strategische Analyse

3.1 Unternehmensstrategie: Grundbegriffe

Was vor 20 Jahren noch völlig ungewöhnlich war, ist heute schon fast zur Selbstverständlichkeit geworden, nämlich die Rede von und über Unternehmensstrategien. Strategie – das war früher ein Begriff, den man für groß angelegte militärische Operationspläne verwendete oder auch für ausgeklügelte Züge in Brettspielen. Diese ursprünglichen Bedeutungen schwingen natürlich mit, wenn man heute von Unternehmensstrategie oder von strategischen Entscheidungen spricht, aber es haben sich doch im Laufe der Zeit ganz andere Akzente herausgebildet.

Es ist schwer, eine einheitliche Definition anzugeben, mit der die zwischenzeitlich vorhandene Bandbreite an Vorstellungen abgedeckt werden könnte. Gewöhnlich sind es aber die folgenden Merkmale, die mit dem Begriff der Unternehmensstrategie bzw. der strategischen Entscheidung in Verbindung gebracht werden:

Domäne
- Strategien legen das (die) Aktivitätsfeld(er) oder die Domäne(n) der Unternehmung fest.

Konkurrenz
- Strategien sind konkurrenzbezogen, d.h., sie bestimmen das Handlungsprogramm der Unternehmung in Relation zu den Konkurrenten, z.B. in Form von Imitation, Kooperation, Domination oder Abgrenzung.

Umwelt
- Strategien nehmen Bezug auf Umweltsituationen und -entwicklungen, auf Chancen und Bedrohungen. Sie reagieren auf externe Veränderungen und/oder versuchen, diese aktiv im eigenen Sinne zu beeinflussen.

Ressourcen
- Strategien nehmen Bezug auf die Unternehmensressourcen, auf die Stärken und Schwächen in ihrer relativen Position zur Konkurrenz.

Ganzheitlich
- Strategien sind auf das ganze Geschäft gerichtet, d.h. sie streben eine gesamthafte Ausrichtung der Unternehmensaktivitäten auf die strategischen Ziele an. Häufig werden sie in einer Art Plan ausformuliert und dokumentiert.

Große Entscheidungen
- Strategien haben langfristig eine hohe Bedeutung für die Vermögens- und Ertragslage eines Unternehmens und weitreichende Konsequenzen, was die Ressourcenbindung anbelangt; es sind "große" Entscheidungen.

Formal geplant
- Strategien können, müssen aber nicht das Ergebnis eines systematischen Planungsprozesses sein.

In verkürzter Form lässt sich formulieren:

Grundfragen der strategischen Planung
Strategien geben Antwort auf drei grundsätzliche Fragen ("Grundfragen der strategischen Planung"):

3.1 Unternehmensstrategie: Grundbegriffe

1. In welchen Geschäftsfeldern wollen wir tätig sein?
2. Wie wollen wir den Wettbewerb in diesen Geschäftsfeldern bestreiten?
3. Was ist unsere längerfristige Kompetenzbasis (Kernkompetenzen)?

Die **erste** Frage betrifft die Wahl der „Domäne", also des Geschäftsfeldes, in dem das Unternehmen tätig ist oder sein will. Dabei ist diese Frage nicht als bloße Beschreibung des Status quo gemeint, sondern sie verlangt auch eine Antwort darauf, in welchem(n) Geschäft(en) die Unternehmung zukünftig tätig sein will, ob sie also im alten Geschäft verbleiben, ein neues erschließen oder mehrere betreiben will. Ein Geschäftsfeld definiert sich nicht nur nach angebotenen Produkten/Leistungen, sondern kann sich ebenso gut nach Kundengruppen (z.B. private und öffentliche Auftraggeber) oder Anwenderproblemen (z.B. Neubau und Altbausanierung) bestimmen. Viele Unternehmen sind in mehreren Geschäftsfeldern tätig. *Geschäftsfeld(er)*

Die **zweite** strategische Grundfrage stellt auf die gegenwärtige und zukünftige Positionierung in den ausgewählten Geschäftsfeldern ab. Sie verlangt eine Antwort darauf, mit welcher Konzeption und Stoßrichtung den Wettbewerbern begegnet werden soll. Will man sich z.B. als Nischenanbieter profilieren, will man auf der Basis einer im Vergleich zu den Konkurrenten kostengünstigeren Produktion zum Marktführer in der Standardklasse werden oder das eigene Angebot durch ganz spezielle Merkmale von dem der Konkurrenz absetzen? *Wettbewerbsstrategie*

Die **dritte** strategische Grundfrage stellt auf die eigenen Ressourcen ab und ihr Potenzial, längerfristig eine strategische Erfolgsgrundlage zu bieten. Im Fokus stehen die längerfristigen Kompetenzen und ihre erfolgsträchtige Verwertung („exploitation"). *Kompetenzpotenzial*

Allgemein gesprochen zielt die strategische Unternehmensführung darauf ab, den Erfolg der Unternehmung dauerhaft sicherzustellen, d.h., es wird geprüft, ob in den derzeitigen Geschäftsfeldern mit dem jetzt gewählten Wettbewerbskonzept und den vorhandenen strategischen Kompetenzen auch in Zukunft erfolgreich konkurriert werden kann oder ob neue Geschäftsfelder gesucht, neue Wettbewerbskonzepte entwickelt und/oder neue Ressourcen aufgebaut werden müssen.

Strategische Ebenen: Unternehmen weisen heute häufig mehrere Führungsebenen auf, die jeweils auch eigene Strategieformulierungs-Kompetenzen haben. Dies gilt in besonderem Maße für Konzerne mit selbstplanenden Tochtergesellschaften, z.T. auch für Unternehmen mit Sparten (Divisionen).

Korrespondierend mit dieser Mehrebenen-Organisation unterscheidet die strategische Unternehmensführung zwei grundsätzliche Ebenen, nämlich die *Strategie-Ebenen*

3 Strategische Analyse

- Ebene der **Gesamtunternehmung** (des Konzerns, der Holding) und die
- Ebene des **Geschäftsfeldes** (der Sparte, der Geschäftseinheit).

Dementsprechend wird auch – wie in Abbildung 3-1 dargestellt – unterschieden zwischen:

- Gesamtunternehmensstrategie (corporate strategy) und
- Geschäftsfeldstrategie / Wettbewerbsstrategie (business strategy)

Abbildung 3-1   Strategische Ebenen

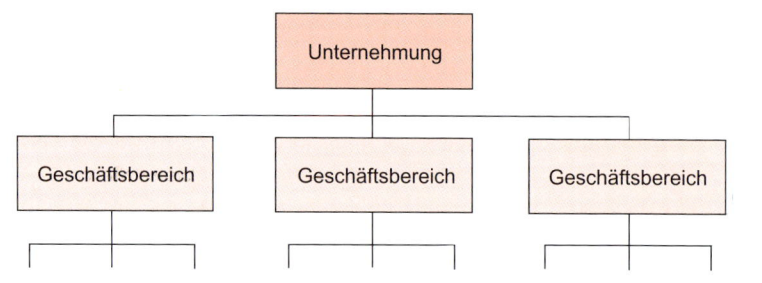

Corporate Strategy

In der **Gesamtunternehmensstrategie** geht es darum, die Geschäftsfelder festzulegen und die Ressourcen auf die Geschäftsfelder im Sinne der strategischen Zielsetzung zu verteilen. Zur Ebene der Gesamtunternehmensstrategie ist z.B. die vor einigen Jahren getroffene Entscheidung der RWE AG zu rechnen, die Thames Water Limited zu verkaufen und damit (wieder) zu einem fokussierten Energieversorgungsanbieter zu werden.

Business Strategy

Mit der **Geschäftsfeldstrategie** wird dagegen entschieden, wie der Wettbewerb in einem ganz bestimmten Geschäftsfeld bestritten werden soll (Wettbewerbsstrategie). Dabei geht man davon aus, dass die Bedingungen in den Geschäftsfeldern, sowohl was die unternehmensinterne als auch was die externe Situation anbelangt, äußerst unterschiedlich sein können, so dass jeweils eine spezielle Strategie erforderlich wird. Unternehmen mit mehreren Geschäftsfeldern können also ganz unterschiedliche Wettbewerbsstrategien verfolgen.

Funktionalstrategien

Bisweilen wird auch die Ebene der **betrieblichen Funktionen** als strategische Ebene begriffen. Man spricht dann von Funktionalstrategien, also Strategien für die einzelnen Funktionsbereiche wie etwa Marketingstrategie, Personalstrategie, Beschaffungsstrategie oder Fertigungsstrategie. Dies widerspricht jedoch dem hier eingeführten Strategiebegriff, der ja der Intention nach gerade **funktionsübergreifend** auf die **Steuerung der gesamten Geschäftseinheit** oder des **Gesamtsystems** abstellt.

Die betrieblichen Funktionsbereiche haben dem Konzept nach keine **strategische Autonomie**, ihre Steuerung ist logischerweise eine der Strategiebildung nachgeordnete Aufgabe, sie ist an die festgelegte Strategie gebunden. Den betrieblichen Funktionsbereichen obliegt es, Programme zu entwickeln, die eine Umsetzung der Strategie in konkretes Handeln ermöglichen. Statt von Funktionalstrategien wird deshalb hier von **strategischen Programmen** der Funktionsbereiche gesprochen.

Systemplanung

Vision. In jüngerer Zeit findet sich im Umfeld strategischer Ansätze immer häufiger der Begriff „Vision". Damit wird zumeist auf den weit vorausblickenden Entwurf eines Entwicklungspfades verwiesen, eine Idee, wohin sich das Unternehmen entwickeln könnte. Meist wird auch von einer Vision erwartet, dass sie fasziniert und begeistert. Die Vision ist allgemeiner als die Strategie, sie liegt gewissermaßen vor ihr, ist aber mit ihr eng verbunden. So wird z.B. derzeit für die RWE AG als Vision formuliert: „RWE ist der glaubwürdige und leistungsstarke Partner für die nachhaltige Umgestaltung des europäischen Energiesystems".

3.2 Das Grundmodell des strategischen Managements

Jedes strategische Denken baut - wie unterschiedlich die Vorgehensweisen im Einzelnen auch sein mögen - auf **zwei Grundpfeilern** auf, nämlich **der Analyse der Umweltsituation** und **der Analyse der internen Ressourcen**. In der frühen Strategieliteratur wird dieses Grundgerüst häufig mit dem Akronym "SWOT"-Analyse umrissen; gemeint ist damit die Analyse der Stärken und Schwächen einer Unternehmung auf der einen Seite (strategische Unternehmensanalyse) und den Chancen und Risiken auf der anderen Seite (Umweltanalyse). Die heutige Strategielehre hat den Horizont über dieses Kernstück weit ausgedehnt und bezieht in den Strategieprozess eine Reihe zusätzlicher Gesichtspunkte und Schritte ein. Dies gilt auch für das hier verwendete Grundmodell des strategischen Managements, wie es in Abbildung 3-2 wiedergegeben ist.

S = *strengths*
W = *weaknesses*
O = *opportunities*
T = *threats*

Nach diesem Modell setzt sich der strategische Managementprozess aus drei Hauptelementen zusammen: strategische Planung, Umsetzung und Kontrolle. Die strategische Planung untergliedert sich in Umweltanalyse, Unternehmensanalyse und Strategiebestimmung. Die Umsetzung besteht aus der Umsetzungsplanung („strategische Programme") und den Realisations-

Drei Hauptelemente

3 Strategische Analyse

schritten. Gleichlaufend mit diesen beiden ist das dritte Element, die strategische Kontrolle, aufzubauen.

Abbildung 3-2   *Schematischer Aufriss des strategischen Managementprozesses*

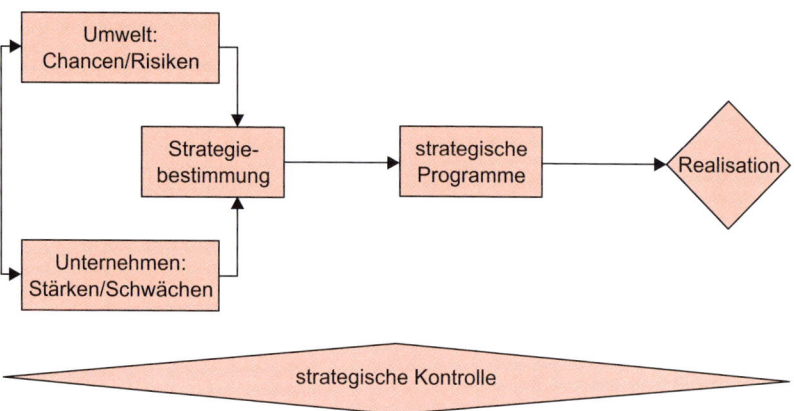

Im Folgenden seien die einzelnen **Elemente** des strategischen Managementprozesses kurz erläutert.

(1) Strategieplanung

Umweltanalyse

Chancen vs. Bedrohungen

Die strategische Analyse ist – wie erwähnt – das Herzstück jedes strategischen Planungsprozesses, weil sie die informatorischen Voraussetzungen für eine erfolgreiche Strategieformulierung schafft. Sie setzt sich aus zwei gleich bedeutsamen Teilen zusammen, der Umweltanalyse und der Unternehmensanalyse. Aufgabe der Umweltanalyse ist es – grob gesagt –, das externe Umfeld der Unternehmung daraufhin zu erkunden, ob sich Anzeichen für eine Bedrohung des gegenwärtigen Geschäftes und/oder für neue Chancen und Möglichkeiten erkennen lassen. Die Umweltanalyse kann sich nicht nur auf das nähere Geschäftsumfeld der jeweiligen Unternehmung beschränken, sondern hat auch globalere Entwicklungen und Trends zu berücksichtigen, die möglicherweise für Diskontinuitäten und Überraschungen im engeren Geschäftsumfeld sorgen.

Das Grundmodell des strategischen Managements | **3.2**

Unternehmensanalyse

Das Gegenstück zur Umweltanalyse ist die Analyse der internen **Ressourcensituation** („interne Umwelt"). Hier wird geprüft, welchen strategischen Spielraum die Unternehmung hat und ob sie im Vergleich zu den wichtigsten Konkurrenten spezifische **Stärken** oder **Schwächen** aufweist, die einen Wettbewerbsvorteil/-nachteil begründen können.

Stärken vs. Schwächen

Strategiebestimmung

Die Informationen der strategischen Analyse werden im nächsten Schritt zu möglichen und im Rahmen der Gegebenheiten sinnvollen Strategiealternativen verdichtet. Es soll der Raum der grundsätzlich denkbaren Strategien aufgerissen und durchdacht werden, um schließlich vor dem Hintergrund der angestrebten Ziele eine geeignete Auswahl zu treffen.

(2) Strategieumsetzung

Strategische Programme

Im Weiteren geht es darum, die praktische Umsetzung der analytisch gewonnenen Handlungsorientierung planerisch vorzubereiten. Dabei kann es nicht um eine vollständige planerische Durchdringung des Aktionsfeldes gehen – dies ist bei komplexen Systemen prinzipiell unmöglich –, sondern nur um eine Konkretisierung solcher Maßnahmen, die für die Umsetzung und den Erfolg der festgelegten Unternehmensstrategie kritisch sind.

Auf der Basis der für eine Strategie geltenden Erfolgsfaktoren werden schwerpunktartig strategische Programme entwickelt, die eine strategische (Neu-)Orientierung des Handlungsgerüstes ermöglichen sollen.

Strategierealisation

Die sich oft über Jahre erstreckende Planumsetzung ist von so vielen Unwägbarkeiten und Barrieren begleitet, dass sie einer aktiven Führung bedarf. Um trotz aller dieser Schwierigkeiten einen strategischen Erfolg sicherstellen zu können, ist es von höchster Bedeutung, die (neue) strategische Orientierung im Tagesgeschäft nachhaltig zu verankern.

(3) Strategiekontrolle (Strategie-Monitoring)

Weiteres Kernstück des strategischen Managements ist die **strategische Kontrolle**. Entgegen der üblichen Lehrmeinung wird Kontrolle hier nicht als angehängtes Schlussglied des Managementprozesses begriffen, sondern als

„Radarschirm"

3 Strategische Analyse

selbstständiges Steuerungsinstrument, das den Planungsprozess im Sinne eines fortlaufenden **Monitorings** kritisch absichernd begleitet. Strategieplanung und -umsetzung sind risikoreiche Prozesse, die einer fortwährenden Beobachtung bedürfen, um frühzeitig Irrwege und Bedrohungen aufzudecken. Neben dem Planungs- und Implementationsprozess ist also ein gleichlaufender Radar zu installieren, der Veränderungsnotwendigkeiten frühzeitig registriert und signalisiert.

Anmerkung: Das hier vorgestellte Grundmodell behandelt nicht die Frage, von wem das strategische Management geleistet und wie es **organisatorisch** in einem Unternehmen eingebettet wird. Dies variiert von Unternehmen zu Unternehmen erheblich. Die Ausarbeitung strategischer Entscheidungen wird in vielen Unternehmen von **Planungsabteilungen** unterstützt. Dies sind Spezialabteilungen, die in besonderer Weise mit den Instrumenten und Methoden der strategischen Planung vertraut sind und so den Planungsprozess kompetent anleiten können. Sie sind zumeist als **Stabsabteilungen** der Geschäftsleitung zugeordnet. An dem Strategieprozess nimmt aber für gewöhnlich eine große Zahl von Führungskräften teil, meist im Rahmen von Projektgruppen oder Strategieworkshops. Nicht selten wird der strategische Prozess auch von Strategieberatungsgesellschaften extern begleitet.

3.3 Strategische Umweltanalyse: Chancen und Risiken

Abgrenzungsfragen

Ein Verstehen der strategischen Umweltsituation eines Unternehmens ist nur möglich, wenn eine klare Bestimmung des relevanten Umweltausschnitts geschaffen wird. Dazu sind mehrere Fragen vor jeder Einzelanalyse zu klären.

Die **erste Abgrenzungsfrage** richtet sich auf die vertikale Differenzierung der Strategieebenen. Hierbei ist zu entscheiden, ob sich die Analyse auf die Unternehmensebene oder Geschäftsfeldebene beziehen soll.

Eine **zweite Abgrenzungsfrage** richtet sich auf die Extension des Aktivitätsfeldes bzw. die Definition des strategisch relevanten Marktes. Zwar existieren in vielen Unternehmen Geschäftsfeld-Definitionen (Tochtergesellschaften, Filialen, Niederlassungen usw.), diese sind jedoch in der Regel nach ganz anderen Kriterien gebildet, z.B. nach organisatorischen, vertriebsbezogenen oder gesellschaftsrechtlichen Gesichtspunkten. Sie eignen sich deshalb nur in Ausnahmefällen für eine strategische Analyse bzw. die Umschreibung eines strategischen Geschäftsfeldes (SBU = Strategic Business Unit).

Strategische Umweltanalyse: Chancen und Risiken **3.3**

Die **strategische Marktabgrenzung** dient einem speziellen Zweck, nämlich der Bildung einer geeigneten Plattform für die Suche nach der optimalen Wettbewerbsstrategie. Das zentrale Abgrenzungskriterium ist deshalb die strategische Selbstständigkeit, also die Möglichkeit und/oder Notwendigkeit, für das betreffende Geschäftsfeld eine eigenständige Wettbewerbsstrategie zu erarbeiten. Diese relative Eigenständigkeit muss sowohl intern von den Ressourcen und ihrer Leistungsverflechtung als auch extern möglich und geboten sein. Intern wird eine weitgehende Selbstständigkeit des Leistungsprozesses gefordert, nicht nur, um einen strategiespezifischen Ressourceneinsatz zu ermöglichen, sondern auch, um eine strategische Erfolgsverantwortlichkeit zu gewährleisten.

Abbildung 3-3 zeigt strategische Geschäftsfelder (SGF) bekannter deutscher Aktiengesellschaften (dort sind es meist Gruppen von Geschäftsfeldern).

Strategische Geschäftsfelder: Beispiele (Stand: 5/2013)

Abbildung 3-3

Firma	Siemens	BASF	Daimler	Commerzbank
SGF	Energy Healthcare Industry Infrastructure & Cities	Chemicals Performance Products Functional Materials & Solutions Agricultural Solutions Oil & Gas	Mercedes-Benz Cars Daimler Trucks Mercedes-Benz Vans Daimler Buses Daimler Financial Services	Privatkunden Mittelstandsbank Central & Eastern Europe Corporates & Markets

Die Analyse der festgelegten strategischen Geschäftsfelder untergliedert sich in zwei Schritte, nämlich die globale und die Wettbewerbsumweltanalyse (vgl. Abbildung 3-4).

Während die Analyse der Wettbewerbsumwelt die **unmittelbaren** externen Einflusskräfte und Wirkungsverflechtungen erfassen will, konzentriert sich die Analyse der globalen Umwelt auf allgemeine, mehr **indirekt** auf das Geschäftsfeld wirkende Faktoren und Systeme. Es versteht sich von selbst, dass die in Abbildung 3-4 gezogenen Grenzen zwischen diesen Umwelten nur analytische Strukturierungshilfen und keine real existenten Schranken sind.

Umweltanalyse in zwei Schritten

Abbildung 3-4 Die globale und die Wettbewerbsumwelt

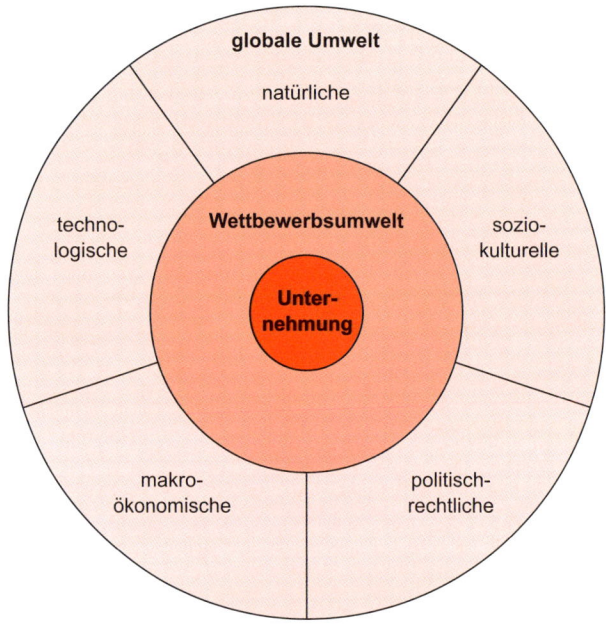

3.3.1 Die globale Umwelt

Im Grundsatz müsste die globale Umwelt in aller Breite beobachtet und analysiert werden. Es sollen ja möglichst alle **potenziell relevanten Trends** und Entwicklungen erkannt und geprüft werden. Dennoch ist es theoretisch und praktisch unumgänglich, wenigstens grob vorzuselektieren. Es hat sich als gute Praxis erwiesen, hierzu die globale Umwelt in fünf Hauptsektoren zu untergliedern, nämlich die

- makro-ökonomische Umwelt,
- technologische Umwelt,
- politisch-rechtliche Umwelt,
- sozio-kulturelle Umwelt,
- natürliche Umwelt.

Strategische Umweltanalyse: Chancen und Risiken **3.3**

(1) Die makro-ökonomische Umwelt

Die allgemeine ökonomische Umweltanalyse bezieht sich nicht nur auf die unmittelbare Wettbewerbssituation in den Geschäftsfeldern, sondern auch auf die **überlagernden ökonomischen Einflusskräfte**. Die Liste der potenziellen Einflussfaktoren ist lang, sie reicht von der Entwicklung des Bruttosozialprodukts über die Arbeitslosenquote bis zu Konjunkturprognosen. Eine allgemeine Rezession beeinflusst das Wettbewerbsgeschehen in einem Geschäftsfeld ebenso wie Veränderungen in den Wechselkursen.

(2) Die technologische Umwelt

Kein Aspekt der weiteren Umwelt hat in den letzten Jahren so häufig Veränderungen erfahren wie die technologische Umwelt. Sie ist eine Quelle von Bedrohungen und Chancen längst auch für solche Unternehmen geworden, die auf den ersten Blick keinen engeren Technologiebezug aufweisen, wie etwa Banken, Versicherungen oder Handelshäuser. Lange bevor sich technologische Entwicklungen in der konkreten Wettbewerbssituation eines Geschäftsfeldes niederschlagen, müssen sie erkannt werden, um daraus Wettbewerbsvorteile machen zu können.

Wachsende Bedeutung der Technologie

Die technologische Entwicklung ist heute eine weltweite geworden. Ihre Beobachtung kann sich deshalb nicht mehr nur auf ein Land oder eine Region beschränken. Häufig ist es auch so, dass technologische Neuerungen gar nicht in dem Bereich entwickelt werden, in dem sie dann später ihre Hauptnutzung erfahren. So wurden z.B. Kunstfasern nicht in der Textilindustrie und das elektronische Uhrwerk nicht in der Uhrenindustrie erfunden. Mangelnde Aufmerksamkeit im technologischen Sektor kann sehr rasch für ein Unternehmen zum strategischen Problem werden; die Liste der Industrien, die einen technologischen Umbruch nicht rechtzeitig registriert haben, ist lang: mechanische Schreibmaschinen, Uhrenindustrie, Rechenmaschinen etc.

Globales Phänomen

Die Erfahrung zeigt, dass von einem bestimmten Reifepunkt an eine neue Technologie die alte sprungartig ablöst. Ein bekanntes Beispiel für eine solche sprunghafte Ablösung ist z.B. der Übergang von Transistoren zu (Silizium-)Chips.

„Technologiesprünge"

(3) Die politisch-rechtliche Umwelt

Die Zeit, in der man den politischen Bereich und den ökonomischen Bereich als zwei völlig getrennte Sektoren betrachtet hat, ist längst Vergangenheit. Die politische und die wirtschaftliche Sphäre sind heute auf so vielfältige Weise verflochten, dass keine strategische Analyse darauf verzichten kann, die **politischen Einflüsse** auf die Entwicklung der Märkte zu untersuchen. Die jüngste Weltwirtschaftskrise hat diesen Zusammenhang noch einmal

3 Strategische Analyse

nachhaltig verdeutlicht. Beispiele für politische Entscheidungen von hohem strategischem Rang sind Import/Export-Zölle, Smogverordnungen, Produzentenhaftpflicht oder die Zulassungsbestimmungen für Arzneimittel.

Die politisch-rechtliche Analyse kann sich ebenso wenig wie die der anderen Faktoren nur auf die nationale Politik beschränken. **Internationale Entwicklungen**, wie die Öffnung Chinas oder die Verschuldung der sogenannten Dritten Welt, sind häufig von ebenso großer Bedeutung (natürlich variiert diese Bedeutung mit dem jeweiligen geschäftlichen Tätigkeitsspektrum) wie globale politische Trends (z.B. Trend zu neuem Nationalismus oder die Nutzung natürlicher Energiequellen).

(4) Die sozio-kulturelle Umwelt

Gefahr der Vernachlässigung

Von herausragender Bedeutung für strategische Entscheidungen ist häufig der sozio-kulturelle Bereich. Viele Misserfolge und Fehlinvestitionen haben in einer mangelhaften Beobachtung und Analyse gerade dieses Bereiches ihre Ursache. Es besteht die Gefahr, dass der schwer fassbare und meist nicht quantifizierbare Charakter der hier relevanten Faktoren zu ihrer Vernachlässigung führt.

Gesellschaftlicher Wertewandel

Von besonderer Bedeutung für das Verstehen der sozio-kulturellen Umwelt und ihrer Entwicklung sind **demographische** Merkmale und die vorherrschenden **Wertemuster**. Insbesondere geht es um die frühzeitige Erkennung eines sich abzeichnenden **Wertewandels**.

Ein Beispiel für einen solchen Wertewandel mit zugleich weitreichenden demographischen Implikationen ist der Trend zum Single-Haushalt bei gleichzeitig rasch zunehmender Lebenserwartung.

(5) Die natürliche Umwelt

Unternehmen sind in mehrfacher Hinsicht mit der natürlichen Umwelt gekoppelt. Die bedrohliche Entwicklung der natürlichen Umwelt ist vielfältig dokumentiert (Report 2000), eine exponentiell zunehmende Ressourcenvergeudung und Umweltverschmutzung haben vielfältige Aktivitäten, Programme und Regulierungen entstehen lassen (Meadows et al. 1994). Eine gesonderte Aufmerksamkeit muss deshalb im Rahmen der globalen Umweltanalyse den ökologischen Entwicklungen, Erwartungen und Verpflichtungen gewidmet werden. Dies durchaus in beiderlei Hinsicht, nämlich im Hinblick auf Restriktionen (Bedrohungen), aber auch im Hinblick auf Chancen (neue Märkte, neue Produkte usw.). Die Erwartungen der Öffentlichkeit an eine ökologisch orientierte Unternehmenspolitik beziehen sich auf die Reduzierung des Verbrauchs nicht-regenerierbarer Ressourcen, die Vermeidung der Erosion regenerierbarer Ressourcen sowie die Herstellung umweltverträglicher Produkte.

Strategische Umweltanalyse: Chancen und Risiken

3.3

Methodik: Die globale Umweltanalyse wird heute gewöhnlich im Anschluss an das bei General Electric entwickelte Verfahren in **vier Schritte** untergliedert:

1. Ermittlung der relevanten Bewegungskräfte in den Sektoren und Prognose ihrer Entwicklung,
2. Analyse der Querverbindungen zwischen den Einflusskräften,
3. Entwurf alternativer Szenarien,
4. Festlegung der Prämissen für den weiteren Planungsprozess.

Allgemein geht es dabei darum, die vielfältigen Einflüsse und Kräfte, die in der Umweltanalyse herausgearbeitet wurden (vgl. z. B. Kasten 3-1), zu einem überschaubaren plausiblen Bild der Zukunft (Szenario) zu verdichten, aus dem dann auch konkrete Handlungen abzuleiten wären. Nachdem zudem die Trends und Projektionen in der Regel nicht eindeutig sind und nur selten einen hohen Wahrscheinlichkeitsgrad haben, ist man dazu übergegangen, mehrere **alternative Szenarien** zu erstellen.

Szenario-entwicklung

Kasten 3-1

Turbulenzen im Reisegeschäft

„Europas größte Reiseunternehmen, TUI mit Sitz Hannover und Thomas Cook mit Sitz Oberursel, haben Anpassungsschwierigkeiten. Es fällt ihnen schwer, die richtige Antwort auf die Veränderungen zu finden, mit denen ihre Branche seit ca. 5 Jahren konfrontiert ist:

(1) der Siegeszug des Internets,
(2) der Anschlag vom 11.9. 2001 und die seitdem wachsende Terrorangst bei den Reisenden,
(3) der rasch zunehmende Wunsch nach stärkerer Individualität bei Konsum und Dienstleistung.

Diese Entwicklungen erschütterten die Grundlage der jahrzehntelang gültigen Regeln des Geschäfts mit dem Pauschaltourismus."

Quelle: Wirtschaftswoche Nr. 51 vom 18.12.2006, S. 80–82

So verwendet z.B. General Electric vier Szenarien, angefangen von der „überraschungsfreien" Zukunft bis hin zur „schlechtesten aller denkbaren Zukunftssituationen" (**„worst case"**). Bei dem Mineralölkonzern Shell AG arbeitet man seit Jahren mit zwei Szenarien, einem Evolutions- und einem Revolutions-Szenario (vgl. www.shell.com).

3 Strategische Analyse

Selektivität der Analyse

Unabhängig davon, ob die Trends der globalen Umweltanalyse zu Szenarien verdichtet werden oder nicht, in jedem Fall endet die Analyse mit einer Reihe von Festlegungen in Form von **kritischen Annahmen** oder Prämissen, die für den Fortlauf des Planungsprozesses Gültigkeit haben und Orientierung verleihen sollen. Sie stecken das Feld der Möglichkeiten grob ab und schließen andere potenziell relevante Faktoren und Zusammenhänge aus. Da diese Festlegungen zumeist nur auf plausiblen Vermutungen und vagen Prognosen beruhen, ist es notwendig, im Fortlauf die unsichere Basis dieser Annahmen nicht zu vergessen und immer zu versuchen, die Tragfähigkeit dieser Annahmen zu überwachen. Wie später dargelegt wird, ist dies eine Kernaufgabe der strategischen Kontrolle.

3.3.2 Wettbewerbsumwelt: Markt- und Geschäftsfeldanalyse

Von herausragender Bedeutung für die strategische Planung ist neben der globalen Umweltanalyse eine systematische **Analyse der engeren ökonomischen Umwelt**, des strategischen Geschäftsfeldes. Bisweilen wird hier auch von Markt, Industriezweig oder Branche gesprochen.

Abbildung 3-5 | *Die Wettbewerbsumwelt*

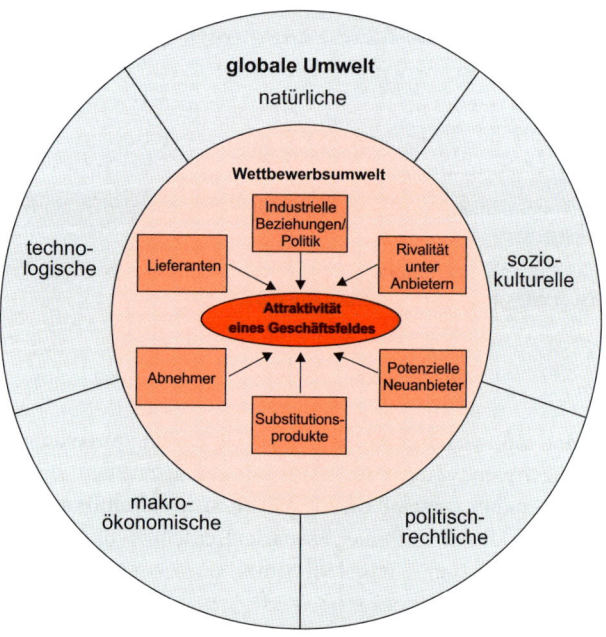

Strategische Umweltanalyse: Chancen und Risiken

Ähnlich wie bei der globalen Umweltanalyse kommt es auch hier wesentlich darauf an, aus der unüberschaubaren Fülle von Faktoren und Einflusskräften die für die Strategieformulierung bedeutsamsten herauszufiltern.

Abbildung 3-5 stellt im Anschluss an die Industrial Organization-Forschung und das 5-Forces-Raster von Porter (2008) die zentralen Einflusskräfte zusammen, die typischerweise die Struktur eines Marktes prägen. Diese Abbildung dient zugleich als Leitfaden für diesen Abschnitt.

3.3.2.1 Potenzielle Neuanbieter (Markteintrittsbarrieren)

Einer der wesentlichen Faktoren bei der Bestimmung der Attraktivität eines Geschäftsfeldes ist die Zutrittsmöglichkeit und die Zahl wahrscheinlicher Zutritte durch Neuanbieter. Neue Anbieter stellen für die etablierten Anbieter immer eine Bedrohung dar. Sie bauen neue Kapazitäten auf, versuchen häufig über günstigere Preise die Nachfrage auf sich zu lenken usw.; in den meisten Fällen verschlechtern sie für die etablierten Anbieter das Gewinnpotenzial. Die Wahrscheinlichkeit, dass neue Anbieter im Markt aktiv werden, hängt in erster Linie von der Höhe der **Markteintrittsbarrieren** ab (Geroski 2002; Minderlein 1989).

Attraktivitätseinbußen durch Neuanbieter

Markteintrittsbarrieren sind definiert als Kräfte, die außerhalb des Feldes stehende Unternehmen davon abhalten, sich in ein Geschäftsfeld zu begeben und dort zu investieren, das ihnen potenziell attraktiv erscheint. Eintrittsbarrieren schützen deshalb die etablierten Anbieter vor unliebsamer Neukonkurrenz und möglichen, die Rentabilität zerstörenden Preiskämpfen. Insofern tragen sie aus der Sicht der etablierten Anbieter zu einer Erhöhung der Marktattraktivität bei, aus der Sicht potenzieller Neuanbieter vermindern sie jedoch die Attraktivität, weil ihnen der Zugang entweder ganz versperrt ist oder nur sehr schwer durch hohe Aufwendungen ermöglicht werden kann. Eintrittsbarrieren werden durch verschiedene teils überlappende, teils separate Einflussfaktoren bestimmt (vgl. Abbildung 3-6). Einige seien nachfolgend kurz erläutert.

Definition Markteintrittsbarrieren

Mindestoptimale Betriebsgröße. In jedem Geschäftsfeld bestehen mehr oder weniger große Möglichkeiten, die Stückkosten eines Gutes durch höhere Ausbringungsmengen zu senken („**economies of scale**"). Hohe Ausbringungsmengen können bisweilen im Vergleich zu mittleren Ausbringungsmengen **Stückkostenersparnisse** in der Größenordnung von 30–50% bringen. Allerdings haben solche Größenersparnisse auch ihre Grenze, so dass ab einer bestimmten Ausbringungsmenge durch Steigerung keine signifikanten Kostenvorteile mehr erzielt werden können. Man spricht dann von einem Stückkostenplateau und daraus folgend von der **mindestoptimalen Betriebsgröße,** und zwar in dem Sinne, dass diese Plateau-Menge mindes-

Größeneffekte

tens erreicht werden muss, wenn man zu konkurrenzfähigen Stückkosten produzieren will. Sie definiert zugleich die Schwelle, die Neueintreter überschreiten müssen, um zu konkurrenzfähigen Stückkosten produzieren zu können. Je größer die mindestoptimale Menge ist, umso höher ist folglich die Markteintrittsbarriere.

Abbildung 3-6 Quellen von Eintrittsbarrieren

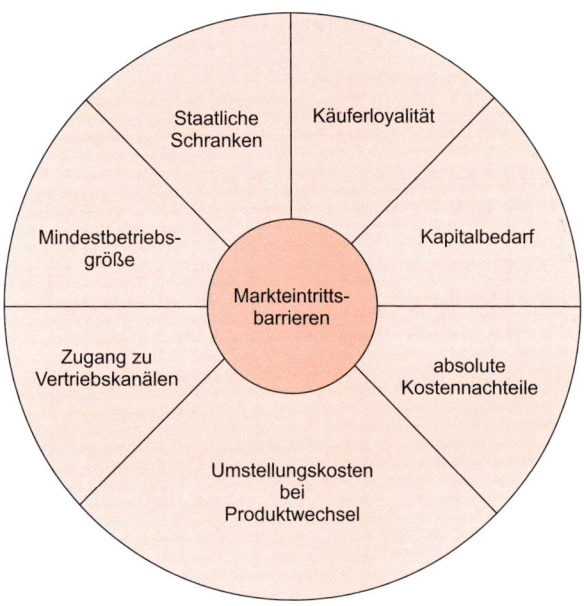

- ■ **Absolute Kostennachteile.** Neben den hier dargelegten, relativ auf die Größe der Unternehmung bezogenen Kostennachteilen wirken auch absolute Kostennachteile eintrittshemmend. Gemeint sind damit z.B. Standortnachteile für später in den Markt eintretende Unternehmen (und damit verbunden längere Transportwege) oder höhere Immobilienpreise, als sie die etablierten Wettbewerber zu tragen hatten.

Emotionale Bindung
- ■ **Käuferloyalität.** Loyalität gründet sich gewöhnlich auf emotionale Bindungen an ein Produkt, die durch die Argumente neuer Anbieter nur schwer aufzulösen sind. Hohe Käuferloyalität ist in der Regel die Folge einer erfolgreichen Produktdifferenzierungspolitik. Je enger diese Bindung an ein bestimmtes Produkt ist, umso höher sind folglich die Markteintrittsbarrieren.

Strategische Umweltanalyse: Chancen und Risiken

Vergeltungsschläge: Ob geringe Eintrittsbarrieren jedoch tatsächlich, wie bisher unterstellt, zu einem schnellen Zutritt neuer Anbieter führen, hängt von einem weiteren Faktor ab, nämlich der Vergeltung, die der potenzielle Neuanbieter von den etablierten Anbietern erwartet. Muss er davon ausgehen, dass dem Eintritt heftige Reaktionen seitens der Konkurrenten folgen (etwa in Form von **Preiskämpfen** oder **Verdrängungswettbewerb** mit Hilfe von extrem vergünstigten Konditionen), kann er trotz niedriger Eintrittsbarrieren vor einem Eintritt zurückschrecken.

Reaktion der Wettbewerber

3.3.2.2 Abnehmeranalyse

Die Abnehmer spielen in der strategischen Analyse in mehrfacher Hinsicht eine zentrale Rolle: Marktabgrenzung, neue Bedürfnisse, Kaufverhalten etc. Im Rahmen der strategischen Geschäftsfeldanalyse werden sie primär als **Wettbewerbskraft** analysiert, die mehr oder weniger stark die Rentabilität/Attraktivität des Geschäftsfeldes begrenzen kann. Anknüpfungspunkt ist die **Verhandlungsstärke** der Abnehmer. Unter Abnehmern sind dabei keineswegs nur Endverbraucher zu verstehen, sondern ganz generell die Gruppe, die auf dem Gütermarkt des zu analysierenden Unternehmens als Nachfrager auftritt. Das können Konsumenten, industrielle Abnehmer oder auch (Groß- und Einzel-)Handelsunternehmen sein.

Die Verhandlungsstärke der Abnehmer bestimmt sich in den meisten Fällen durch die folgenden Bedingungen (vgl. Porter 2008: 59 ff.):

(1) Konzentrationsgrad der Abnehmergruppe. Obgleich der Konzentrationsgrad der Anbieter häufig höher liegt als der der Abnehmer, gibt es doch viele Fälle, in denen die Abnehmer eine beträchtliche Konzentration erreichen. In manchen Fällen gibt es nur einen oder einige wenige große Abnehmer in einem Markt (z.B. in Automobilzuliefermärkten oder im Lebensmitteleinzelhandel).

(2) Anteil an den Gesamtkosten der Abnehmer. Die Intensität, mit der die Abnehmergruppe die Preisverhandlungen führt und auf Preisunterschiede reagiert, hängt ferner wesentlich davon ab, welche Bedeutung sie dem Einkauf des betreffenden Gutes beimisst. Bildet das Marktprodukt einen großen Anteil am gesamten Einkaufsbudget, so wird härter verhandelt und intensiver gesucht als bei nur geringem Anteil.

(3) Standardisierungsgrad. Standardisierte Produkte stärken die Position des Abnehmers; er kann sich immer sicher sein, einen **alternativen Lieferanten** zu finden, und gewinnt dadurch Verhandlungsspielraum. Umgekehrt verhält es sich bei stark differenzierten Produkten. In solchen Fällen sind auch die Umstellungskosten der Abnehmer bei einem Lieferantenwechsel gewöhnlich sehr hoch und senken dadurch die Verhandlungsmacht der Abnehmer.

Umstellungskosten

3 Strategische Analyse

(4) Bedeutung für die Qualität des Abnehmerproduktes. Wenn die Qualität des Abnehmerproduktes sehr sensibel auf Inputveränderungen reagiert, so stärkt dies die Position des Anbieters; der Abnehmer ist eher geneigt, höhere Preise zu akzeptieren.

(5) Informationsstand über die Situation der Anbieter. Die Verhandlungsstärke eines Abnehmers steigt gewöhnlich auch in dem Maße, in dem er über seine Faktormärkte informiert ist, d.h. präzise Kenntnisse hat über das gesamte Nachfragevolumen, die Kostenstruktur der Anbieter, die Beschaffungssituation u.Ä.

Segmentierung der Abnehmer

Die Einschätzung der Verhandlungsstärke sollte insgesamt differenziert betrachtet werden. In der Regel ist die **Abnehmerschaft keine homogene Gruppe**, sondern es ist nach verhandlungsstärkeren und -schwächeren Segmenten zu unterscheiden.

3.3.2.3 Lieferantenanalyse

Analog zur Abnehmeranalyse, nur eben aus dem genau umgekehrten Blickwinkel, kann die Ermittlung der **Verhandlungsstärke der Lieferanten** erfolgen. Starke Lieferanten können durch überhöhte Preise oder durch verminderten Service die Attraktivität eines Marktes erheblich beeinträchtigen. Dies gilt vor allem dann, wenn die Nachfrager nicht in der Lage sind, die ungünstigen Einstandskosten voll in ihren eigenen Preisen weiterzugeben.

3.3.2.4 Bedrohung durch Substitutionsprodukte

Subjektiver Charakter

Substitutionsprodukte sind Produkte **anderer Märkte**, die der potenzielle Abnehmer subjektiv mit dem Produkt des zu analysierenden Geschäftsfeldes in eine Äquivalenzbeziehung stellt. Die exakte Bestimmung von Substitutionsbeziehungen ist wegen ihres subjektiven Charakters schwierig. Zur Ermittlung der Marktattraktivität gehört also wesentlich die Suche nach solchen Produkten anderer Märkte, die für den Abnehmer die gleiche **Funktion** wie das Produkt der in Frage stehenden Anbieter erfüllen. Wichtig ist der **Verwendungszusammenhang der Abnehmer** und ihre subjektive Einschätzung, dass hier eine Austauschbarkeit gegeben ist. Beispiele: Ski und Snowboard; Butter und Margarine; Lebensversicherung und Immobilienfonds (als Produkte der Altersvorsorge).

Substitutionskonkurrenz

Die Existenz von Substitutionsprodukten begrenzt das Gewinnpotenzial eines Geschäftsfeldes, sie stellen eine Art **externe** Konkurrenz dar. Sie grenzen den Preisspielraum des eigenen Marktes ein, und zwar umso stärker, je elastischer die Nachfrage ist. Substitutionsbeziehungen relativieren die Marktstrukturen, selbst hoch konzentrierte Märkte können durch Substitutionsprodukte einen starken Preisdruck erfahren.

Strategische Umweltanalyse: Chancen und Risiken

Substitutionsbeziehungen lassen sich durch eine **Preisobergrenze** beschreiben; diese spiegelt die maximale Zahlungsbereitschaft des Nachfragers wider und ist damit zugleich die Preisschwelle, von der ab Abnehmer die Substitutionsalternative dem fokalen Produkt vorziehen. Ausschlaggebend ist das Preis-/Leistungs-Verhältnis.

Preisobergrenze

3.3.2.5 Rivalität unter den Anbietern

Der Wettbewerb in einem Geschäftsfeld kann mehr oder weniger intensiv geführt werden. Dies hängt keineswegs nur von der Zahl der Anbieter ab, sondern auch von den Verhaltensmaximen der Wettbewerber und anderen **strukturellen Faktoren**, die eine stark ausgeprägte Rivalität unter den Wettbewerbern als wahrscheinlich erscheinen lassen. Dies sind z.B.:

Marktsättigung. Ist das Wachstumspotenzial eines Marktes weitgehend erschöpft, so wird die Konkurrenz um Umsatzsteigerungen zum **Nullsummenspiel**. Mit anderen Worten, in der Wachstumsphase ist die Rivalität gewöhnlich geringer als in der Sättigungsphase. Die Tendenz zu hoher Rivalität verstärkt sich bei Homogenität der Produkte, bei hohen Fixkostenanteilen, bei geringen Umstellungskosten auf Seiten der Abnehmer und bei begrenzter Mobilität, wie sie sich aus hohen Austrittsbarrieren ergibt.

Abhängig vom Marktlebenszyklus

Austrittsbarrieren. Marktaustrittsbarrieren sind Faktoren, die Unternehmen bewegen, Anbieter in einem Markt zu bleiben, selbst dann, wenn die Preise unter die Rentabilitätsschwelle sinken oder im Extrem mit den Erlösen nur noch ein minimaler Deckungsbeitrag erzielt werden kann. Bestimmungsfaktoren für Austrittsbarrieren sind in erster Linie Kosten, die durch Desinvestition entstehen (wie z.B. Abbruchkosten, Umsiedlungskosten, Sozialpläne, Konventionalstrafen), und ferner Einbußen („Buchverluste"), die durch mangelnde Liquidierbarkeit der Anlagen entstehen (z.B. wegen hoher Transportkosten oder hohen Spezialisierungsgrades). Daneben gibt es aber auch ganz andere Gründe, wie langjährige Tradition, befürchteter Reputationsverlust, soziale Integration u. Ä., die de facto als Austrittsbarriere wirken (man denke etwa an lokale Brauereien und ihre typische Verflechtung mit dem kommunalen Leben). Kasten 3-2 zeigt konkret, welche Abfindungskosten im Sinne von Marktaustrittsbarrieren bei Schließungen auftreten können.

Entscheidungsrelevante Kosten

Kasten 3-2

Bochums Opel-Arbeiter bekommen 125.000 Euro Abfindung

„Ein halbes Jahr vor der Schließung des Bochumer Opel-Werkes steht der Sozialtarifvertrag für die rund 3300 Beschäftigten. Am Mittwoch unterzeichnete die Verhandlungsgruppe der IG Metall nach abschließenden Beratungen das Papier, wie die Gewerkschaft mitteilte.

Die nach fast einjähriger Verhandlungsdauer erzielte Einigung sieht für Opel Gesamtkosten von mehr als einer halben Milliarde Euro vor. Die Beschäftigten bekommen im Schnitt rund 125.000 Euro Abfindung. Außerdem gibt es für maximal drei Jahre eine Transfergesellschaft. Die Mitarbeiter hatten die Ausstiegspläne des Unternehmens bei einer Belegschaftsveranstaltung in dieser Woche mit eisigem Schweigen und gelegentlichen Buhrufen quittiert."

Quelle: Focus online, Zugriff am 18.06.2014

3.3.2.6 Industrielle Beziehungen und der Staat als Wettbewerbsfaktoren

Staatlicher Einfluss

Der Staat nimmt in vielfacher Weise Einfluss auf den Wettbewerb. Neben allgemeinen gesetzlichen Schranken (z.B. UWG, BetrVG), die ja bereits bei der globalen politischen Umwelt behandelt wurden, gibt es direkt auf das Geschäftsfeld bezogene Einflüsse, deren Bedeutung im Rahmen der Geschäftsfeldanalyse zu erfassen ist. Zu denken ist hier zum einen an die **Marktregulierung**, z.B. in Form von Preiskontrollen, Importschranken oder Exportverboten. Die Marktregulierung wirkt sich häufig dämpfend auf die Marktattraktivität aus, kann aber durchaus auch attraktivitätssteigernd sein (z.B. Importquoten). Ein anderer Bereich sind die geschäftsfeldspezifischen industriellen Beziehungen. Sie definieren Rahmenbedingungen für die Regelung der Konflikte zwischen den verschiedenen Interessengruppen, in erster Linie zwischen Arbeitgebern und Arbeitnehmern. Chronisch schlechte **Konfliktregelungsmechanismen** beeinflussen die Attraktivität eines Geschäftsfeldes erheblich.

Keine exakte Prognose

Entwicklung des Geschäftsfeldes. Eine strategische Analyse ist nicht nur an der Erfassung der derzeitigen Attraktivität eines Geschäftsfeldes interessiert, sondern muss auch Aussagen über die zukünftige **Entwicklung des Geschäftsfeldes** und seiner Ertragsaussichten machen. Eine exakte Prognose ist hier so wenig möglich wie bei den globalen Umweltfaktoren, weil man niemals alle relevanten Faktoren, geschweige denn deren zukünftigen Verlauf kennen kann. Nicht zuletzt hängt ja die Entwicklung eines Geschäftsfeldes auch davon ab, was die fokale Unternehmung strategisch beschließt und wie die Wettbewerber auf diese Strategie reagieren. Dennoch werden Entwicklungsaussagen gebraucht, um eine Entscheidungsgrundlage für die zukünftige strategische Ausrichtung des Unternehmens zu schaffen (zunächst unter der Prämisse, dass sich die eigene Strategie nicht ändert). Die Prognose der Geschäftsfeldentwicklung muss auch versuchen, die relevantesten Trends aus der globalen Umweltanalyse einzubeziehen.

Ein wichtiges heuristisches Hilfsmittel für die Einschätzung der Entwicklung der Geschäftsfeldstruktur ist der Branchenlebenszyklus, also die Einschätzung, in welcher Phase (Experimentierphase, Expansionsphase, Ausreifungsphase und Stagnations- bzw. Rückbildungsphase) sich das Geschäftsfeld befindet.

Heuristik

Im Hinblick auf die später darzulegende **Entwicklung von Strategien** werfen die Analyse der Geschäftsfeldstruktur und die Prognose ihrer Entwicklung zwei grundsätzliche Alternativen auf. Soll sich das Unternehmen besser an die vorgefundenen Geschäftsfeldkräfte anpassen („Positioning") oder soll es die Geschäftsfeldstruktur zu verändern suchen (Hamel 2001)? Später werden wir von „neuen Regeln" versus „alten Regeln" sprechen.

Anpassung oder Veränderung?

3.4 Strategische Unternehmensanalyse: Stärken und Schwächen

Die globale und die geschäftsfeldbezogene Umweltanalyse geben ein Bild von den strategisch relevanten Kräften des externen Aktionsfeldes. Aufgabe des nächsten Planungsschrittes ist die Ermittlung der internen Situation, um dann aus der Gegenüberstellung der externen Kräfte und der internen Stärken und Schwächen geeignete Strategiealternativen formulieren zu können (vgl. hierzu auch noch einmal Abbildung 3-2).

Aufgabe der Unternehmensanalyse ist die **Beschreibung** und **Bewertung der Ressourcenposition** des Unternehmens aus strategischer Sicht mit dem Ziel, aus den ermittelten Stärken und Schwächen Ansatzpunkte für die **Schaffung eines strategischen Wettbewerbsvorteils** aufzuzeigen.

Die Unternehmensanalyse hat zunächst einmal die Beschreibung der eigenen Ressourcen zum Gegenstand; sie würde jedoch zu kurz greifen, wollte sie sich darauf beschränken. Stärken und Schwächen sind **relationale Begriffe**, d.h., sie verweisen auf einen Vergleich. Ob eine Ressourcenausstattung oder bestimmte Fähigkeiten eine Stärke darstellen, lässt sich nicht absolut bestimmen, sondern hängt entscheidend von den Ressourcen und Fähigkeiten der wichtigsten Konkurrenten ab. Eine im eigenen Hause bewunderte Vertriebsmannschaft mag auf den ersten Blick als Stärke erscheinen; im Lichte einer exzellenten Vertriebskompetenz eines Hauptkonkurrenten kann sie sich als eher unbedeutende Ressource oder gar als Schwäche darstellen,

Beschreibung

jedenfalls nicht als Ressource, die den Aufbau eines Wettbewerbsvorteils zulässt.

Beurteilung

Die Beurteilung der eigenen Ressourcen und Fähigkeiten unter strategischen Gesichtspunkten ist daher nur in **Bezug auf Konkurrenten** sinnvoll möglich. Insofern findet die Analyse der Konkurrenten, obschon diese zur Umwelt des Unternehmens gehören, einen ebenso zentralen Platz in der Stärken- und Schwächenanalyse.

Neue Geschäftsfelder

Die Ressourcenanalyse darf allerdings ihren Fokus nicht nur auf das bestehende Geschäftsfeld lenken, sondern sie soll auch dazu dienen, zu bestimmen, inwieweit vorhandene Ressourcen und Fähigkeiten des Unternehmens geeignet sind, Zukunftsmärkte zu erschließen oder in neue/andere Märkte einzutreten.

Zwar soll die Unternehmensanalyse eine Vielzahl von Aspekten aufgreifen, dennoch kann es nicht ihr Ziel sein, eine vollständige Beschreibung aller Unternehmensressourcen zu geben. Die interne Situation eines Unternehmens ist zwar überschaubarer und besser vorstrukturiert als die Umwelt, aber auch hier ist die strategische Analyse gezwungen, stark zu **selektieren** und **Analyseprioritäten** zu setzen. Die Ressourcenanalyse ist deshalb – ebenso wie die Umweltanalyse – durch eine fortlaufende Setzung von Annahmen (Prämissen) gekennzeichnet, die helfen sollen, das unübersichtliche Informationsfeld bearbeitbar zu machen (wenn auch auf das Risiko irriger Annahmen hin!).

„Modellkonstruktion"

In gewissem Sinne ist die Ressourcenanalyse mehr der Versuch einer Realitätsdefinition im Sinne einer Modellkonstruktion und weniger einer akribischen Beschreibung; allerdings einer Modellkonstruktion mit visionären Zügen, denn Gegenwart und Zukunft fließen in der Stärken-Schwächen-Analyse zusammen; sie ist immer in erster Linie **Potenzialanalyse** und nicht, wie etwa die Kostenrechnung, historische Ergebnisbeurteilung.

Innerhalb der Ressourcenanalyse lassen sich drei Ebenen unterscheiden. Dazu gehören:

(1) die **Ressourcen** im engeren Sinne,

(2) die **Wertschöpfungsprozesse** sowie

(3) die übergreifenden **Fähigkeiten** und **Kompetenzen**.

3.4.1 Ressourcen als Wertaktivitäten

Tangible und intangible Ressourcen

Zunächst einmal hat die strategische Planung die Ressourcen des Unternehmens aus einem strategischen Blickwinkel ordnend zu erfassen und zu beschreiben. Von Interesse sind dabei nicht nur die **„harten" Ressourcen**,

Strategische Unternehmensanalyse: Stärken und Schwächen

wie Betriebsmittel oder Werkstoffe, sondern ganz wesentlich auch die verschiedenen **intangiblen Faktoren**, auf denen der betriebliche Leistungsprozess beruht, wie beispielsweise Qualifikationen und Fertigkeiten von Mitarbeitern, nicht kodifiziertes Know-how oder ein Markenimage (Grant/Nippa 2006: 186 ff.).

Für die Klassifikation strategischer Ressourcen ist eine Reihe von Schemata entwickelt worden. Starke Beachtung hat dabei das Analyseschema von Hofer/Schendel (1978) gefunden, das folgende fünf Arten von Ressourcen unterscheidet: **finanzielle Ressourcen** (Cash Flow, Kreditwürdigkeit etc.), **physische Ressourcen** (Gebäude, Anlagen, Servicestationen usw.), **Humanressourcen** (Facharbeiter, Ingenieure, Führungskräfte usw.), **organisatorische Ressourcen** (Informationssysteme, Integrationsabteilungen usw.) und **technologische Ressourcen** (Qualitätsstandards, Markennamen, Forschungs-Know-how usw.).

Analyseraster

3.4.2 Ressourcen im Wertschöpfungsprozess

Um das Zusammenwirken der **einzelnen** Ressourcen und Potenziale in einem Unternehmen zu erfassen, sind sie sodann als Teil des Wertschöpfungsprozesses zu analysieren. Bekannt geworden ist in diesem Zusammenhang vor allem die **Wertketten-Analyse** („value chain analysis", Porter 1999). Hier wird unterschieden zwischen „primären" Aktivitäten, die unmittelbar mit Herstellung und Vertrieb eines Produktes verbunden sind, und „unterstützenden" bzw. sekundären Aktivitäten, die Versorgungsleistungen für die primären Aktivitäten und vor allem deren Steuerung zum Gegenstand haben (vgl. Abbildung 3-7).

Primäre und sekundäre Aktivitäten

Im Einzelnen differenziert Porter (1999) zwischen fünf typischen **primären Aktivitäten**:

Primäre Aktivitäten

- Unter **„Eingangslogistik"** werden alle Aktivitäten verstanden, die den Eingang, die Lagerung und Bereitstellung von Betriebsmitteln und Werkstoffen (Roh-, Hilfs- und Betriebsstoffen) betreffen.

- Unter **„Operationen"** sind alle Tätigkeiten der Produktion zusammengefasst (Materialumformung, Zwischenlager, Qualitätskontrolle, Verpackung usw.).

- **„Ausgangslogistik"** bezieht sich auf alle Aktivitäten zur Auslieferung der Produkte (Fertiglager, Transport, Auftragsabwicklung usw.).

- Unter **„Marketing und Vertrieb"** sind alle Aktivitäten der Werbung, Verkaufsförderung, Außendienst, Preisbestimmung, Wahl der Vertriebswege etc. zusammengefasst.

- **„Kundendienst"** fasst schließlich alle Tätigkeiten zusammen, die ein Unternehmen zur Förderung des Einsatzes und der Werterhaltung der verkauften Produkte anbietet.

Abbildung 3-7 — Die Wertkette (am Beispiel eines Industriebetriebes)

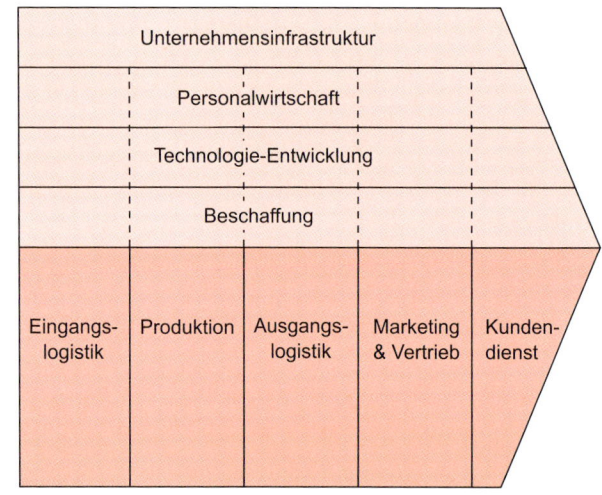

Quelle: Porter 1999: 62 (modifiziert)

Übergreifende Aktivitäten

Die primären Aktivitäten werden von den **sekundären Aktivitäten** übergreifend unterstützt und gesteuert:

- **„Beschaffung"** bezeichnet alle Einkaufsaktivitäten. Jede der primären Wertaktivitäten benötigt Inputs; deshalb ist die Beschaffung als Querschnittsaktivität ausgewiesen.

- Auch für die **„Technologieentwicklung"** gilt, dass jede primäre Wertaktivität an Technologien gebunden ist. Zur Technologieentwicklung zählen in einem sehr weiten Sinne: Forschung & Entwicklung, Bürokommunikation, Instandhaltungsverfahren usw.

- Zur **„Personalwirtschaft"** gehören schließlich alle Aktivitäten, die den Produktionsfaktor Arbeit betreffen, also Personalbeschaffung, Einstellung, Weiterbildung, Beurteilung, Entlohnung usw.

Strategische Unternehmensanalyse: Stärken und Schwächen **3.4**

- Der übergreifendste Faktor ist die **„Unternehmensinfrastruktur"**. Dazu zählen alle Aktivitäten der Gesamtgeschäftsführung: Rechnungswesen, Planung, Finanzwirtschaft, Image, Informationssysteme usw. Diese Aktivitäten lassen sich im Unterschied zu den anderen sekundären Aufgaben nicht mehr aufspalten und einzelnen Wertaktivitäten zuweisen, sie gelten für die ganze Kette (= Gemeinkosten!).

Die strategische Wertkettenanalyse beschränkt sich jedoch nicht nur auf das fokale Unternehmen selbst, sondern versucht darüber hinaus die Nahtstelle zu vor- und nachgelagerten Wertketten herauszuarbeiten, um mögliche strategische Verschiebungen der Wertaktivitäten auszuloten.

Vor- und nachgelagerte Wertketten

Im Allgemeinen existieren für einzelne Branchen **typische Wertkettenstrukturen**, doch können auch **innerhalb** einer Branche erhebliche Unterschiede in der Ausgestaltung des Wertschöpfungsprozesses einzelner Unternehmen beobachtet werden. Die Umgestaltung der Wertkette wird immer häufiger Teil strategischer Überlegungen (siehe dazu Kasten 3-3).

Branchentypus

Kasten 3-3

Elektromobilität schafft eine völlig neue Wertschöpfungskette

„Weit über hundert Wunschpartner wurden angeschrieben, letztlich geantwortet haben elf. Darunter war auch die Kirchhoff Automotive GmbH aus Iserlohn. ‚Ja, wir haben Geld mitgebracht, einen sechsstelligen Betrag plus Gesellschafteranteil. Wir müssen ein Stück weit die gemeinschaftliche Forschung finanzieren, die Subventionen betragen null, das Projekt ist bisher unternehmensfinanziert´, sagt Arndt G. Kirchhoff, Vorsitzender der Geschäftsleitung.

Elektromobilität bedroht das Geschäftsmodell vieler Zuliefererbetriebe: Ein normaler Verbrennungsmotor hat rund 1400 Teile im Antriebsstrang, der Elektroantrieb nur etwa 210 Teile. Durch den Wegfall klassischer Komponenten sind laut einer McKinsey-Studie etwa 11.500 Arbeitsplätze bei deutschen Zulieferern gefährdet.

Doch der Wandel bietet auch Chancen: Mit den neuen elektrischen Antriebsformen entsteht laut der Beratungsfirma PRTM Consulting, einer Tochtergesellschaft von PWC, bis 2020 global eine etwa 250 Milliarden Euro umfassende Wertschöpfungskette, die die heutigen Geschäftsmodelle deutlich verändern wird. Unternehmen, die neue Geschäftsmodelle und Märkte identifizieren und besetzen, haben die Chance, in einem neuen Industriesektor führend zu werden. Denn nicht nur der Elektroantrieb wird viele Geschäftsmodelle verändern – auch der Karosseriebau: ´Was muss eine Autokarosserie können, wenn sich eine Hochvolt-Batterie darin befindet? Wir möchten uns Wissen aneignen, die neue Technologie beherrschen, so dass unsere Kunden auch hier Vertrauen zu uns entwickeln – uns das zutrauen. Darüber hinaus sollen unsere Mitarbeiter im Umgang mit den neuen Rahmenbedingungen und Technologien qualifiziert werden´, so Kirchhoff."

Quelle: Handelsblatt online, Zugriff am 23.06.2014

3 Strategische Analyse

Relevanz der Kostenstruktur

Neben den **produktbezogenen** Leistungsumfängen und -potenzialen interessieren in der Ressourcenanalyse die parallel laufende Wertumlaufsphäre und hier vorrangig vor allem die Kostenstrukturen.

Kostentreiber

Ziel der **Kostenstrukturanalyse** ist es, jene Faktoren zu identifizieren, die die Kosten der Leistungserbringung im Unternehmen maßgeblich bestimmen. Sie werden allgemein als „Kostentreiber" (cost drivers) bezeichnet.

Die strategische Wertkettenanalyse beschränkt sich jedoch nicht nur auf das fokale Unternehmen selbst, sondern versucht darüber hinaus die Nahtstelle zu **vor- und nachgelagerten Wertketten** angrenzender Unternehmen herauszuarbeiten, um mögliche strategische Verschiebungen der Wertaktivitäten auszuloten.

3.4.3 Organisationale Fähigkeiten und Kompetenzen

Steuerungs-kompetenz

Neben den Leistungen im Wertschöpfungsprozess ist das Augenmerk auch auf die hinter diesen Prozessen liegenden organisationalen **Fähigkeiten** zu richten. Hier handelt es sich um spezifisches Know-how sowie um **spezielle Steuerungs- und Koordinationskompetenzen**, die die Organisation als Ganzes im Laufe der Zeit ausgebildet hat und die potenziell zu Wettbewerbsvorteilen ausgebaut werden können.

Übergreifende Fähigkeiten

Von Interesse sind dabei nicht so sehr die formalen Strukturen, wie sie etwa in Organigrammen aufgezeichnet oder mit Hilfe von Software modelliert werden, sondern vielmehr **unternehmensspezifisches Wissen** wie auch **unternehmenskulturell verankerte Koordinationsprozesse**, die den Leistungsvollzug auf indirekte Weise mit strukturieren und dessen Weiterentwicklung mit prägen. Solche die Wertkettenaktivitäten übergreifenden Fähigkeiten werden in der neueren Strategielehre unter dem Stichwort der **Kompetenzen** und auf spezielle Fälle bezogen als **„Kernkompetenzen"** diskutiert (Prahalad/Hamel 1990; Schreyögg/Kliesch-Eberl 2007).

Definition Kernkompetenz

Die besondere Relevanz des Kernkompetenzansatzes erwächst aus der Tatsache, dass viele Märkte heute einem raschen und stetigen Wandel unterworfen sind, mithin laufend neue Anforderungen an die Unternehmen stellen. Kernkompetenzen bezeichnen generelle Stärken oder eine Art Basisressource, die bei verschiedenen Wettbewerbssituationen und auch über verschiedene Märkte hinweg als Wettbewerbsvorteile ausgeformt werden können. So hat beispielsweise der Apple-Konzern seine Fähigkeit in den Bereichen Benutzerfreundlichkeit, Design und (Exklusiv-)Vertrieb immer wieder zur Entwicklung neuer Produkte, wie etwa PC, I-Pod, I-Phone oder I-

Strategische Unternehmensanalyse: Stärken und Schwächen

Pad (vgl. Kasten 3-4), und auch Märkte genutzt. Dieser generelle Charakter von Kernkompetenzen macht ihre hohe Bedeutsamkeit im Rahmen von Gesamtunternehmensstrategien aus. Es ist die Aufgabe der strategischen Planung, solche Kompetenzen zu finden bzw. auszubauen, die dem Unternehmen eine erfolgsträchtige Basis für den Aufbau von Geschäftseinheiten bieten.

Nicht jede Kompetenz ist indessen eine Kernkompetenz, sie ist es nur dann, wenn sie von ihrem Profil her nicht zu sehr spezialisiert und damit geeignet ist, in andere Märkte/Geschäftsfelder transferiert zu werden. Und ferner gilt, dass nicht jede transferierbare Kompetenz ein vielversprechendes **Erfolgspotenzial** enthält.

Kasten 3-4

Apple: Der Kern des Erfolges

„Als der Hightech-Guru Nicholas Negroponte vor 15 Jahren vorhersagte, Informationstechnik, Unterhaltungselektronik und Medien würden durch die Digitalisierung zusammenfinden, sie würden nicht zu einem Markt, aber doch zu eng miteinander verbundenen Märkten, da hätte niemand gedacht, dass ausgerechnet Apple diese Vorhersage erfüllen würde. Diese Stärke zeigt sich besonders beim iPod, dem finanziell größten Apple-Erfolg des vergangenen Jahrzehnts. Im Jahr 2000 traf Steve Jobs die Entscheidung, einen tragbaren digitalen Musikspieler zu entwickeln. Zufällig war damals ein ehemaliger Philips-Ingenieur, Tony Fadell, mit einem Prototypen des Wegs gekommen. Fadell war überzeugt, man müsse einen Musikspieler, dessen Software und eine zugehörige digitale Musikbibliothek aufeinander abstimmen, dann werde sich ein legaler Musikmarkt entwickeln. Damals dominierten Raubkopierer um die Tauschbörsen Napster und Kazaa die Szene.

Jobs griff zu und ließ die erste Version des iPod mit der Technik eines kalifornischen Start-ups namens PortalPlayer entwickeln, und so gelang es, den iPod nach nur zwölf Monaten auf den Markt zu bringen.

Im gleichen Jahr war auch iTunes, die Musikverwaltung für den Computer, fertig; der Online-shop folgte, sobald Steve Jobs die Manager der großen Musikkonzerne persönlich davon überzeugt hatte, Verträge mit Apple zu schließen. Er war für sie Segen und Fluch zugleich, denn schnell eroberte der branchenfremde Eindringling rund 80 Prozent des digitalen Musikhandels. Die Einheit von Onlineshop, Software und (elegantem) Musikspieler erklärt letztlich auch die Absatzzahlen des iPod: Bis zum Ende des Geschäftsjahres 2009 wurden 230 Millionen Stück verkauft. Es hat damit zu tun, dass die meisten Bauteile, aus denen Apple-Geräte gemacht werden, nichts Besonderes sind. Jeder könnte sie auf dem Weltmarkt kaufen. Die Zulieferer des iPod sitzen beispielsweise in Taiwan, China und Deutschland. Was auch bedeutet: Letztlich stammen vornehmlich die Hülle und die Benutzerführung originär von Apple, von seinem Chef Steve Jobs und den führenden Designern um Jonathan Ive.

3 Strategische Analyse

> Steve Jobs hat Apple 1976 mitgegründet, doch neun Jahre später wurde er hinausgedrängt. Die von ihm als Verbannung empfundene Zeit sollte bis 1997 dauern. Erst als der Konzern fast pleite war, bekam Jobs eine zweite Chance. Sobald Jobs wieder bei Apple war, ließ er sich jedes Gerät und jedes Programm vorführen und strich zunächst die Entwicklungsprojekte von 350 auf rund zehn zusammen. Eines davon war der iMac, ein farbenfroher, preiswerter Computer, der nur aus einem bauchigen Bildschirmgehäuse bestand. Alle Bauteile passten dort hinein, und auf dieses Gerät konzentrierte sich Jobs. Er rettete Apple.
>
> Das jüngste Geschäftsfeld ist der iPad, der Tablet-PC. In der Time-Gruppe (Sports Illustrated, Fortune und Time), bei Condé Nast (Vanity Fair, Wired, The New Yorker) und der New York Times arbeiten sie bereits daran, ihren Journalismus für Tablet-Computer neu zu gestalten. Sie alle hoffen, dass sie endlich ein solides Geschäftsmodell fürs digitale Zeitalter bekommen, weil der Tablet in der Größe fast einer Magazinseite gleicht und sie auf ihm ihre bisherigen optischen Stärken ausspielen könnten."
>
> Quelle: Die Zeit Nr. 3 vom 14.01.2010

Ressourcen-zusammenspiel

So positiv der Erwerb und der Besitz von organisationalen Kompetenzen zu bewerten ist, so muss doch gesehen werden, dass solche Kompetenzen die Tendenz haben, sich zu verhärten und zu sehr zur selbstverständlichen Routine werden. Neue Entwicklungen werden dann oft nicht gesehen oder es besteht eine Unwilligkeit, diese aufzunehmen. Aus einstmaligen „core competences" werden dann unbemerkt „core rigidities" (Leonard-Barton 1992). Kernkompetenzen zeichnen sich danach paradoxerweise sowohl dadurch aus, dass sie einerseits immer wieder ganz bestimmte Innovationen ermöglichen, gleichzeitig aber zur Verhinderung oder Unterdrückung andersgearteter Innovationen beitragen. Kernkompetenzorientierte Unternehmen fördern danach tendenziell immer nur solche Projekte, die eng verwandt sind mit den einmal entwickelten und positiv verstärkten Kernkompetenzen. Der

„Success breeds failure"

Leitsatz „Success breeds failure" bringt diese mögliche Abwärtsspirale sehr gut zum Ausdruck (Mellahi et al. 2002). Genau dieser Schattenseite organisationaler Kompetenz nehmen sich neue Ansätze an, die eine Dynamisierung und Flexibilisierung organisationaler Kompetenz unter dem Stichwort „dynamic capabilities" fordern (vgl. dazu u.a. Teece 2009).

Das Konzept der Kompetenzen lenkt die Aufmerksamkeit der Unternehmensanalyse auf die **ganzheitliche Ebene**, es fordert dazu auf, das Zusammenwirken der verschiedenen betrieblichen Ressourcen übergreifend zu reflektieren, sowohl was die Märkte als auch was die betrieblichen Funktionsbereiche und Sparten anbelangt.

Strategische Unternehmensanalyse: Stärken und Schwächen

3.4.4 Bewertung der Unternehmensressourcen

Eine Analyse des Unternehmens in der dargestellten Weise lässt das Ressourcenprofil hervortreten. Seine **strategische Relevanz** kann aber adäquat erst beurteilt werden, wenn man das Ressourcenprofil des Unternehmens in Perspektive zur Konkurrenz setzt.

Ressourcenprofil

Die Bewertung der Unternehmensressourcen erfolgt in erster Linie im Abgleich mit den wichtigsten Wettbewerbern. Dazu ist es im Prinzip erforderlich, in Analogie zur Analyse der eigenen Ressourcen und Fähigkeiten auch die der wichtigsten Wettbewerber zu untersuchen. Ein solch umfassendes Vorgehen ist indes in der Praxis kaum bewältigbar; nur selten ist es möglich, ähnlich detaillierte Informationen, wie man sie im eigenen Hause besitzt, auch über die Konkurrenten zusammenzutragen. Vielmehr wird die strategische Analyse gerade in diesem Punkt wiederum **selektiv** vorgehen müssen, und zwar sowohl was das Spektrum der in den Vergleich einzubeziehenden Ressourcen angeht, als auch was die Zahl der betrachteten Wettbewerber betrifft.

Andererseits sollte sich die Bewertung der eigenen Ressourcen auch nicht zu ausschließlich an den Wettbewerbern orientieren. Kennzeichen eines nachhaltigen strategischen Wettbewerbsvorteils ist ja gerade, dass andere Unternehmen mit ihren spezifischen Ressourcen und Fähigkeiten eine entsprechende Leistung nicht erbringen können; insofern lassen sich bestimmte Potenziale nicht im **Vergleich mit der Konkurrenz** bestimmen. Dazu bedarf es vielmehr gesonderter Kriterien, die eine Abschätzung der Erfolgsträchtigkeit erlauben.

Die neuere Strategieliteratur hat hierzu (aufbauend auf dem Ressourcenbasierten Ansatz) mehrere leicht variierende Kriterienkataloge ausgearbeitet (Barney 1991; Peteraf 1993; Grant 2002; Newbert 2008). Nach dem VRIN-Katalog (Barney 1991) müssen die folgenden vier Bedingungen erfüllt sein, damit Ressourcen und Fähigkeiten („capabilities") die Basis eines strategischen Wettbewerbsvorteils bilden können:

VRIN-Katalog

1. **Wertschaffend (valuable):** Die betreffenden Ressourcen müssen wertvoll sein in dem Sinne, dass sie der Unternehmung auch tatsächlich die Entwicklung und Umsetzung einer wertschaffenden Strategie ermöglichen. Es gibt zahlreiche, sehr spezielle, schwer imitierbare und nicht substituierbare Ressourcen, die aber nicht zum strategischen Einsatz taugen.

Valuable

2. **Einmaligkeit (rare):** Ressourcen und Fähigkeiten, die viele Unternehmen besitzen, können nicht Grundlage von Wettbewerbsvorteilen werden. Strategisch denken heißt, nach dem Unterschied zu suchen. Beispiele für knappe Ressourcen wären etwa Standorte im Handel, staatlich regulierte Monopole z.B. in Form von Brunnenrechten, Mobilfunklizenzen u.Ä.

Rare

Strategische Analyse

Strategisch noch relevanter sind i.d.R. originelle Humanressourcen, Managementsysteme oder organisationale Fähigkeiten.

Imperfectly imitable

3. **Eingeschränkte Imitierbarkeit (imperfectly imitable):** Eine sehr spezifische Ressourcenausstattung ist jedoch wettbewerbsstrategisch nur insoweit erfolgsversprechend, wie sie nicht imitiert werden kann. Generell gilt, dass die Imitierbarkeit sinkt, wenn die betreffenden Ressourcen die folgenden Eigenschaften aufweisen:

- kausal unverstanden (die spezielle Wirkungsweise lässt sich zwar in einer Organisation immer wieder herstellen, ohne dass jedoch die Bezüge geklärt sind; z.B. Kunsthandwerk oder Beratungsleistungen, die auf Erfahrung beruhen),

- historisch gewachsen (Zusammentreffen spezieller Persönlichkeiten, historische Rolle bei der Erschließung von Auslandsmärkten usw.) und

- sozial komplex (entstehen aus dem Zusammenwirken verschiedener Personen und Gruppen).

Das heißt zugleich, dass diese Ressourcen nicht auf dem Markt erworben werden können.

Non-substitutable

4. **Fehlende Substituierbarkeit (non-substitutable):** Analog zur eingeschränkten Imitierbarkeit muss auch gewährleistet sein, dass die in Frage stehenden Ressourcen nur schwer durch andere ersetzt werden können. Lassen sich die fraglichen Leistungen leicht durch andere (nicht so seltene) Ressourcen erzielen, werden die Konkurrenten diese Ressourcen erwerben und einsetzen.

VRIO

Neuerdings wird vorgeschlagen (Barney/Hesterley 2009), an Stelle der Substituierbarkeit das Kriterium „Organisation" zu verwenden (dementsprechend dann: VRIO), d.h. die Fähigkeit eines Unternehmens, seine Ressourcen auch zu nutzen: „Is the firm organized, ready and able to exploit the resource/capability?"

Lernkontrollfragen

1. Auf welche Grundfragen gibt die strategische Planung Antwort?
2. Welche Überlegungen stehen am Beginn einer strategischen Analyse?
3. Inwiefern stellt die Wertkettenanalyse eine sinnvolle Erweiterung der Ressourcenanalyse dar?
4. In welchem Zusammenhang stehen Markteinritts- und Marktaustrittsbarrieren und die Branchenrentabilität?
5. Welche Kriterien müssen aus Sicht des Resource-based View erfüllt sein, damit aus organisatorischen Ressourcen bzw. Fähigkeiten Wettbewerbsvorteile entstehen?
6. Welche Faktoren bestimmen die Verhandlungsstärke von Lieferanten bzw. Abnehmern?
7. Was versteht man unter einer Kernkompetenz eines Unternehmens? Erläutern Sie dies an einem Beispiel aus der Unternehmenspraxis.
8. Führen Sie anhand eines selbstgewählten Beispiels eine globale Umweltanalyse durch und zeigen Sie exemplarisch für jeden Umweltsektor eine relevante Änderung der globalen Umwelt im Zeitablauf auf.
9. Erläutern Sie die Bedeutung der Szenariotechnik für den strategischen Managementprozess anhand eines selbstgewählten Beispiels.
10. Vergleichen Sie die Luftverkehrsindustrie und die Softwarebranche hinsichtlich der jeweils in diesen Branchen vorherrschenden Markteintrittsbarrieren.
11. Identifizieren Sie relevante Umweltveränderungen, denen sich die Automobilindustrie in den letzten Jahren ausgesetzt sah, und bewerten Sie diese hinsichtlich ihrer strategischen Bedeutung.

Lösungshinweise zu den Lernkontrollfragen erhalten Sie auf der Webseite zum Buch unter www.springer.com.

3 Strategische Analyse

Diskussionsfragen

I. Warum wird die globale Umweltanalyse sektoral gegliedert? Welche Probleme entstehen durch diese Segmentierung?

II. Welche Kostennachteile können einem Unternehmen entstehen, das neu in einen Markt eintreten will?

III. Warum muss man in der Geschäftsfeldanalyse über die etablierte Konkurrenz hinausgehen?

IV. Warum ist es zweckmäßig, die Unternehmensanalyse in Bezug auf die Konkurrenz durchzuführen?

V. Können Kompetenzen zu einem strategischen Hindernis werden?

Fallstudie: Barcley & Conen Optics

Barcley & Conen Optics hatte das Brillengeschäft über nahezu 50 Jahre dominiert. Das Unternehmen war in den 1960er-Jahren mit einer hochqualitativen Brillengestellserie groß geworden und hatte damals zeitweise einen Marktanteil von nahezu 75 %. Nachdem die Unternehmensgründer sich 1985 aus dem aktiven Geschäft zurückgezogen hatten, führte die zweite Generation der Familien Barcley und Conen das Unternehmen mit Renditen von durchschnittlich 20 % sehr erfolgreich weiter. Die Geschäfte liefen so gut, dass es kaum nachzuvollziehen war, wie sich das Unternehmen seit Beginn der 1990er-Jahre entwickelte. B&Cs Marktanteil fiel auf 35 % im US-Markt und auf 30 % in den ausländischen Märkten, der Gewinn reduzierte sich allein im Jahr 1991 um fünf Mio. Dollar gegenüber dem Vorjahr. Zu diesem Zeitpunkt beschlossen die Eigentümer, Jack Cartright als neuen CEO von außen in das Unternehmen zu holen.

Cartright verbrachte die erste Woche damit, mit Mitarbeiterinnen und Mitarbeitern zu sprechen, Händler zu besuchen und insbesondere zuzuhören. Dann rief er alle Führungskräfte zusammen. Am Treffen nahmen Controllerin Mary Jones, Produktionsleiter Robert Candle, Marketingleiterin Nora Tandu und Personalleiter Mark Flander teil.

Cartright eröffnete die Diskussion: „Wir wissen alle, dass wir es mit einer dramatischen Entwicklung zu tun haben. Es ist Zeit, herauszufinden, warum das so ist und wie wir gegensteuern können. Wenn man sich mit den Händlern unterhält, kommt immer wieder das Thema ‚Nature-Sense-Frame' auf."

„Nature-Sense-Frame?", fragte Candle nach.

Strategische Analyse

„Ja, das ist ein Gestell, das durch ein neuartiges, ultraleichtes Material besonders angenehm zu tragen ist, praktisch keine Druckstellen erzeugt und vor allem kaum zerstörbar ist. Das ist insbesondere für Leute interessant, die bisher Kontaktlinsen vorgezogen haben, für Sportler etwa, aber auch für Kinder. Ich bin erstaunt, Bob, dass Sie das nicht kennen. Ich habe mit Ihren Ingenieuren über die Produktionskosten gesprochen und auch von denen hatte bisher nur einer etwas dazu gelesen."

Candle erwiderte sichtlich verärgert: „Unser Job ist es, zu produzieren, und zwar so effizient wie möglich. Es ist die Aufgabe des Marketings, zu wissen, was am Markt passiert."

Bevor Nora Tandu antworten konnte, sagte Cartright: „Lassen Sie uns dabei bleiben, Kunden und Trends zu identifizieren, die für unser Geschäft von Bedeutung sein könnten."

Mark Flander fiel ihm ins Wort. „Ich wäre mir nicht so sicher, ob das wirklich ein Trend ist. Aber meine Frau hat neulich erwähnt, dass ihre Tante, die ein Gestell von uns gekauft hat, jetzt weniger Zuschuss bekommen hat. Sie musste zusätzliche hundert Dollar aus der eigenen Tasche bezahlen. Sie sagte, …"

„Ja", unterbrach ihn Mary Jones, „das könnte sehr gut erklären, warum sich diese billigen taiwanesischen Brillengestelle so gut an Patienten mit diesen neuen Sparkrankenversicherungen verkaufen. Die kosten nur 50 Dollar, unser günstigstes Modell kostet immerhin das Dreifache. Auf einer Messe habe ich gesehen, dass ein japanischer Hersteller ein Modell produziert, das mit unserem durchaus vergleichbar ist – für 120 Dollar. Ich hielt das für unproblematisch, da ich davon ausgegangen bin, dass die Erstattungen es den Leuten erlauben, unsere Brillen zu kaufen."

„Eine Sache, die mir in letzter Zeit aufgefallen ist, ist der Wunsch von Leuten, auch beim Sport auf Kontaktlinsen verzichten zu können", sagte Candle. „Ich sehe, wie junge Menschen beim Basketball, bei der Leichtathletik und selbst beim Football Brillen tragen. Die kleinen, passgenauen und flexiblen Gestelle verschaffen eine sehr gute Mobilität, sind aber teuer in der Herstellung. Ich bin mir nicht sicher, ob wir das wettbewerbsfähig umsetzen können. Unsere Gestelle sind von höchster Qualität, aber sie sind vergleichsweise schwer und natürlich nicht biegsam. Leichte, biegsame Gestelle bedürfen ganz neuer Materialien, da haben wir überhaupt keine Erfahrung mit. Aber interessant wäre es schon, denn die können leicht bis zu 600 Dollar im Verkauf kosten, was eine interessante Marge verspräche. Es wäre auch möglich, Gläser in Schwimmbrillen einzufassen."

„Haben Sie schon etwas in diese Richtung unternommen?", fragte Cartright.

„Nein, es stand einfach nicht auf unserer Agenda. Wir arbeiten gerade daran, die Prozesse zu optimieren."

„Wenn ich das richtig verstehe", sagte Cartright, während er jeden kurz ansah, „haben wir die unteren Preisklassen an ausländische Firmen verloren, teilweise wegen des günstigeren Angebots und teilweise, weil die Zuzahlungen gekürzt wurden. Und es klingt so, als ob wir das rentable höhere Preissegment an neue einheimi-

3 Strategische Analyse

sche Wettbewerber verloren haben, die die Bedeutung von neuen Materialien frühzeitig erkannt haben. Entschuldigen Sie, meine Damen und Herren, aber ich kann einfach nicht glauben, dass keiner von Ihnen etwas unternommen hat. Der großartige Markenname Barcley & Conen allein hätte uns gereicht, um in beiden Segmenten Marktführer zu sein."

Nun fühlte sich auch Nora Tandu endgültig angegriffen und konterte: „Wir verpassen keine Trends. Das Problem ist, wenn meine Leute versuchen, mit der Produktion oder der Entwicklung zu reden, stoßen sie grundsätzlich auf Ablehnung. Eure Leute scheinen blind und taub gegenüber neuen Ideen zu sein; sie zu überzeugen war schlicht unmöglich, und wir haben deshalb aufgehört, es zu versuchen. Das einzige, was wir zu hören bekommen, ist: Effizienz, Effizienz, Effizienz! – Wir werden effizient sein bis zum Untergang."

Bob Candle explodierte: „Das ist totaler Mist. Wir hören zu, aber die Ideen eurer Leute sind völlig abwegig. Keiner aus dem Bereich hat auch nur eine Ahnung von den technischen Schwierigkeiten oder gar den Produktionskosten. Ein Sportgestell, das euch zufriedenstellt, würde mindestens 1 000 Dollar kosten."

"Das wäre immer noch besser als die Designs, die völlig an den Kundenwünschen und an dem, was gerade am Markt angesagt ist, vorbeigehen!", erwiderte Tandu scharf.

„Kommen Sie wieder runter", unterbrach Cartright. „Mary, was denken Sie über die ganze Sache?"

„Hmm, es ist erschreckend, dass unsere Zahlen sich so entwickelt haben. Das ist neu für unser Unternehmen. Dazu kommen weitere Probleme. Uns ist zwar allen bewusst, dass der Aktienkurs bei gerade einmal acht Dollar liegt – verglichen mit 26 Dollar vor ein paar Jahren. Was euch aber vielleicht nicht bewusst ist, ist, dass der Aktienhandel deutlich angestiegen ist, was bedeutet, dass potenzielle Angreifer Anteile kaufen. Wir haben keine positiven Zahlen veröffentlicht, also ist es gut möglich, dass jemand versucht, uns zu kaufen, weil er der Annahme ist, es besser zu können. Solange die beiden Familienstämme noch genügend Aktien halten, ist das vielleicht nicht das zentrale Problem. Wenn das aber einmal nicht mehr so ist, dann können wir uns wahrscheinlich alle nach neuen Stellen umsehen. Aber wenigstens sind unsere Finanz- und Buchhaltungssysteme auf einem guten Stand. Wir haben eine Reihe von Benchmarks durchgeführt. Insgesamt zeigt sich, dass unsere Herstellkosten zu hoch sind. Ich weiß, dass die Leute B&C-Gestelle nicht wegen eines niedrigen Preises kaufen, aber wir müssen in einem vertretbaren Rahmen bleiben, sonst ist auch das nicht mehr profitabel. Die Southwest Center Bank hat auch schon Wind bekommen. Joe Bensen sprach gestern davon, unseren Kreditrahmen zu kürzen und die Zinsen zu erhöhen. Wir bekommen auch Druck von den Zulieferern, die jetzt alle darauf bestehen, innerhalb von 30 Tagen ihr Geld zu bekommen. In der Vergangenheit haben wir immer wieder Zahlungen bis auf 60 oder sogar 90 Tage hinausgezögert. Jetzt meinen die Zulieferer, dass wir keine vertrauenswürdigen Debitoren mehr seien. Ich will nicht zu pessimistisch sein – wir können die Dinge

Strategische Analyse

sicher für ein weiteres Jahr, vielleicht sogar zwei, unter Kontrolle halten –, aber es wäre auf jeden Fall beruhigender, wenn wir hier wirkungsvoll gegensteuern könnten."

„Die hohen Herstellkosten müssen angegangen und behoben werden", antwortete Cartright. „Weißt du, Bob, ich denke, dass das Problem eine zu breite Produktpalette ist. In der Herzschrittmacher-Herstellung in Atlanta haben wir Tausende Dollar gespart, weil wir das Angebot auf eine beschränkte Anzahl von Produkten reduziert haben, und viele Hersteller folgen diesem Trend. Vielleicht müssen wir die Dinge vereinfachen, weniger Zulieferer nutzen, praktisch nur bei denen bleiben, die zuverlässig und auf einem hohen Qualitätsstandard arbeiten. Das bedeutet, dass wir ganz genau definieren müssen, welche Produkte wir produzieren und welche Märkte wir verfolgen wollen. Die Idee, dass wir mehr als 280 verschiedene Gestelle produzieren können, war eine tolle Sache – in der Vergangenheit. Ich denke aber nicht, dass das heute noch Sinn macht. Wir sind keine Maßschneider, sondern ein Industriebetrieb."

„Eine andere Sache, die wirklich ernst ist, ist die langsame Bearbeitung von Bestellungen der Händler. Wir sind bis zu sechs Wochen hinterher. Ein Händler hat mir gesagt, dass er so frustriert war, dass er zu einem anderen Hersteller gewechselt ist, weil er dachte, wir könnten schlicht nicht liefern. Irgendwie müssen wir realistisch mit den Vorstellungen der Händler umgehen. Wir müssen Dinge vereinfachen, schneller sein und innovativer. Es hört sich einfach an, aber es wird uns einiges abverlangen, besser mit unserer Umgebung in Kontakt zu kommen und auf sie zu reagieren."

Cartright entschied, das Treffen zum Ende zu bringen. „Würden Sie bitte alle über die Dinge nachdenken, die wir hier diskutiert haben? Wir treffen uns in ein paar Tagen wieder und sehen dann, was für Lösungen wir finden können, um alle auf die gleiche Wellenlänge zu bringen, besonders auf die Wellenlänge der Kunden und Wettbewerber. Vergessen Sie nicht, wir müssen vereinfachen, schneller und innovativer werden und dabei die Qualität auf einem hohen Level halten, ohne in einem Vakuum zu agieren."

Fragen zur Fallstudie

1. Vor welchen konkreten strategischen Problemen steht das Unternehmen derzeit? Analysieren Sie den Fall auf Basis einer Umwelt- und Unternehmensanalyse.
2. Welche Fehler hat das Unternehmen Ihrer Meinung nach in der Vergangenheit gemacht?

4 Strategiebestimmung und -umsetzung

Lernziele zu Kapitel 4		111
4.1	Strategiebestimmung und -umsetzung	112
	4.1.1 Strategische Optionen auf der Geschäftsfeldebene	113
	4.1.1.1 Ort des Wettbewerbs	113
	4.1.1.2 Regeln des Wettbewerbs	115
	4.1.1.3 Schwerpunkt des Wettbewerbs	117
	4.1.1.4 Strategieoptionen im Überblick	121
	4.1.2 Strategische Optionen auf der Gesamtunternehmensebene	123
	4.1.2.1 Diversifikation	123
	4.1.2.2 Portfolio-Strategien	126
	4.1.2.3 Strategien im internationalen Kontext	132
	4.1.2.4 Kernkompetenz-Strategie	134
4.2	Strategieimplementation	137
4.3	Strategische Kontrolle	140
Lernkontrollfragen		145
Diskussionsfragen		146
Fallstudie: Smart		148

Strategiebestimmung und -umsetzung

Lernziele zu Kapitel 4

Nach Durcharbeiten dieses Kapitels sollten Sie in der Lage sein,

- die Problematik von Normstrategien aufzuzeigen,
- die strategischen Optionen auf Geschäftsfeldebene zu erörtern und ihre Einsatzmöglichkeiten und Wirkungen zu verdeutlichen,
- die strategischen Optionen auf der Gesamtunternehmensebene zu benennen und zu erläutern,
- dabei die große Bedeutung der Diversifikation zu erkennen und zwischen konglomerater und verwandter bzw. horizontaler und vertikaler Diversifikation unterscheiden zu können,
- die Strategien der Internationalisierung und ihre Methoden darzustellen, sowohl im Hinblick auf Unternehmen mit bisher nur nationalem Tätigkeitsfeld als auch bezogen auf bereits international tätige Unternehmen,
- innerhalb der multinationalen Strategie zwischen globaler Strategie und fragmentierter Strategie zu unterscheiden und dabei die Entscheidungsinstrumente zu beschreiben,
- über das traditionelle Kontrollkonzept hinaus die strategische Kontrolle als planungsbegleitendes Steuerungsinstrument zu verstehen und kritisch zu durchleuchten,
- innerhalb des strategischen Kontrollprozesses die strategische Überwachung, die strategische Prämissenkontrolle und die strategische Durchführungskontrolle zu unterscheiden.

4 Strategiebestimmung und -umsetzung

4.1 Strategiebestimmung und -umsetzung

Nachdem die strategische Analyse abgeschlossen ist, gilt es im nächsten Schritt, die erarbeiteten Informationen zusammenzuführen, um beurteilen zu können, ob und inwieweit die gegenwärtige Strategie zu verändern ist, beziehungsweise welche Strategiealternativen zukünftig ergriffen werden sollen.

Kreative „Bauchentscheidungen"?

Die Frage, auf welche Weise eine strategische Neuorientierung gewonnen werden kann, hat die Betriebswirtschaftslehre lange Zeit dem nicht weiter erkundbaren Bereich der **Kreativität** und der **unternehmerischen Inspiration** zugewiesen. Es sollten auf die jeweilige historisch-spezifische Situation bezogene Alternativen generiert werden.

Strategische Gesetze?

Dieses einzelfallbezogene Verständnis der Alternativengewinnung geriet mehr und mehr in den Hintergrund. An seine Stelle trat zunächst die diametral entgegengesetzte Idee der **„Normstrategie"**. Man suchte nach empirischen Gesetzmäßigkeiten strategischen Erfolges, um daraus **universelle Erfolgsstrategien** ableiten zu können. Derartige Bemühungen, Normstrategien aus empirischen Quasi-Gesetzmäßigkeiten zu gewinnen, stoßen jedoch auf nahezu unüberwindliche praktische und methodische Schwierigkeiten. Strategisches Handeln gehorcht nicht naturgesetzmäßigen Verlaufsformen. Aus der Vergangenheit abgeleitete strategische „Gesetze" (Invarianzen) sind grundsätzlich nur von begrenzter Dauer, neue Strategien können sie jederzeit außer Kraft setzen (Schreyögg 1992).

Optionsansatz

Am sinnvollsten erscheint es, weder dem einen noch dem anderen Ansatz zu folgen, sondern einem dritten Weg den Vorzug zu geben, dem Optionsansatz. Dieser erkennt die orientierende Kraft von Normstrategien an, sieht sie jedoch nicht mehr als Handlungsgesetz, sondern als Generator möglicher Optionen. Normstrategien helfen, den Raum möglicher Optionen vorzustrukturieren. Sie dürfen aber nicht das einzelfallbezogene Denken gänzlich verdrängen, denn dieses Denken ist es gewöhnlich, das den Weg für neue, bislang unbekannte Optionen freischlägt.

Strategische Optionen sind grundsätzlich nach den zwei essenziellen Strategieebenen zu differenzieren, also nach der Gesamtunternehmensebene und nach der Geschäftsfeldebene.

Strategiebestimmung und -umsetzung

4.1

4.1.1 Strategische Optionen auf der Geschäftsfeldebene

Für die Entwicklung einer Wettbewerbsstrategie sind vielfältige Aspekte relevant und beachtungsbedürftig. Vor allen Detailproblemen stehen jedoch drei Grundfragen, auf die jede Wettbewerbsstrategie eine Antwort geben muss:

Grundfragen der Wettbewerbsstrategie

1. Wo soll konkurriert werden (Ort des Wettbewerbs)?
2. Nach welchen Regeln soll konkurriert werden (Regeln des Wettbewerbs)?
3. Mit welcher Stoßrichtung soll konkurriert werden (Schwerpunkt des Wettbewerbs)?

4.1.1.1 Ort des Wettbewerbs

Die erste Frage ist auf die verschiedenen Möglichkeiten der Marktabdeckung gerichtet. Wo soll das Unternehmen in Wettbewerb treten? Ist es vorteilhafter, eine Strategie für den ganzen Markt zu wählen oder die Ressourcen (Stärken) auf einen Teilbereich zu konzentrieren? Grundsätzlich geht es mit anderen Worten um die Entscheidung, ob der **Kernmarkt** oder eine **Nische** (Teilmarkt) als Ort des Wettbewerbs gewählt werden soll. Die Begrenzung auf eine Nische ist immer dann sinnvoll, wenn ein Unternehmen aufgrund seiner speziellen Stärken seine wertschaffenden Ziele hier besser erreichen kann als bei einer Betätigung auf dem Gesamtmarkt. Die Konzentration auf eine Nische kann unter Umständen eine höhere Rentabilität erbringen als die Bedienung des Gesamtmarktes.

Frage der Marktabdeckung

Die Entscheidung für eine Nische bedeutet allerdings immer den **Verzicht** auf potenziell mögliche Umsätze. Nischenstrategien versprechen vor allem dann Erfolg, wenn die Anbieter des Kernmarktes aus strukturellen Gründen (Fertigungstechnologie, Vertriebssystem, Instandhaltungsorganisation usw.) die Nische nicht ohne weiteres auch mit bedienen können. So tun sich z.B. die großen Fluggesellschaften sehr schwer, den kleinen Regionalluftverkehr in das vorhandene Angebot einzubeziehen. Es fehlt nicht nur an geeignetem Fluggerät, der ganze Apparat ist auf den großzahligen Flugverkehr ausgerichtet (Personalorientierung, Verwaltung, Wartung usw.).

Nische

Zu beachten ist, dass nicht jeder kleine Anbieter automatisch ein Nischenanbieter ist; auch viele kleine Anbieter konkurrieren im Kernmarkt (z.B. Air Portugal im weltweiten Luftverkehr).

Was die Beständigkeit anbelangt, ist jede Nischenstrategie grundsätzlich – wie allerdings jede andere Strategie auch – erosionsbedroht. Die strukturellen Vorteile können aufgrund von Verschiebungen in den Funktionen ver-

Erosionsgefahr

4 Strategiebestimmung und -umsetzung

schwinden – z.B. Flexibilisierung der Fertigungstechnologie, die es auch dem Großhersteller erlaubt, Kleinserien rentabel zu produzieren. Umgekehrt besteht die Gefahr, dass sich die anvisierte Nische als zu klein erweist, um rentabel bedient werden zu können. Dieser Fall findet sich z.B. häufig bei regionalen Nischenstrategien (der Designer-Laden in der Kleinstadt). Kasten 4-1 gibt ein Beispiel für die Schwierigkeiten einer einstmaligen Nischenstrategie, die im Zuge einer Wachstumsstrategie entstanden sind.

Kasten 4-1

Zurück in die Nische

„Bionade. Das war lange ein Symbol für den Siegeszug der Biobranche aus der alternativen Szene hinein in die Mitte der Gesellschaft. Die Geschichte ist aber auch zu schön: Eine Familie kämpft im winzigen Ostheim vor der Rhön mit ihrer Brauerei ums Überleben. Kurz vor der Pleite erfindet der Stiefvater und Braumeister ein Fermentations-Verfahren, bei dem eine Biolimo wie Bier gebraut und nicht einfach aus irgendwelchen Zutaten gemixt wird. Anfangs will diese Bionade mit ihren exotischen Geschmacksrichtungen keiner haben. Doch dann landet sie in Hamburger Szenekneipen, und plötzlich sprudeln die Geschäfte auch im Rest der Republik. 2007 werden 200 Millionen Flaschen verkauft. Dann folgt der jähe Absturz.

Eine Preiserhöhung um 30 Prozent vergrault viele Verbraucher. Bionade strauchelt beim Versuch einer rasanten Auslandsexpansion. Ein Mineralbrunnen übernimmt 51 Prozent und verkauft die Anteile 2009 an die Radeberger-Gruppe, die Teil des Dr. Oetker-Konzerns ist. Die Ökoszene schäumt: Ein Getränkemulti ohne nennenswerte Bio-Expertise übernimmt die Mehrheit beim politisch korrekten Lifestyle-Drink für Weltverbesserer und Individualisten. 2011 verkauft Bionade noch 60 Millionen Flaschen. Dann stockt Radeberger auf 70 Prozent auf, Anfang 2012 zahlt der Konzern die Gründerfamilie ganz aus. ‚Die Story ist futsch', schreibt ein Magazin.

Im ersten Halbjahr 2012 habe man noch unter den Übernahme-Turbulenzen gelitten, (...) dann habe sich die Lage aber stabilisiert. Angesichts der Umstände war das Jahr okay.

Tatsächlich ist einiges passiert. Die teuren Exportabenteuer in USA, Japan, Osteuropa und Teilen Skandinaviens wurden beendet. 'Lieber machen wir weniger Märkte, die aber richtig', sagte [Geschäftsführer] Schütz. Bislang verkauft Bionade weit mehr als 90 Prozent in Deutschland. Auch die in der Biobranche verpönte Zusammenarbeit mit McDonald's wurde beendet. ‚Wir wollen im Biobereich wieder mehr machen', sagte Schütz. 'Das ist schließlich ein wichtiger Absatzkanal für uns'."

Quelle: Süddeutsche Zeitung Nr. 38 vom 14.02.2013, S. 22

4.1.1.2 Regeln des Wettbewerbs

Die zweite Frage bezieht sich auf die **Geschäftsfeldstruktur** und führt zu der Grundsatzentscheidung, ob der Geschäftsfeldstruktur – wie sie sich im Ergebnis der in Kapitel 3 ausführlich dargelegten Analyse zeigt – in ihrer derzeitigen Form gefolgt oder ob eine Veränderung der Wettbewerbsregeln angestrebt werden soll.

Die konservative Strategie betrachtet die Geschäftsfeldstruktur als gegeben und sucht nach einer **optimalen Platzierung** des Unternehmens in dem gegebenen Kräftefeld des Wettbewerbs unter Berücksichtigung der je spezifischen Stärken und Schwächen („rule taker").

„Rule taker"

Umgekehrt ist es bei der Veränderungsstrategie: Die geltenden Erfolgsregeln eines Marktes werden neu definiert. Derartige **Markt-Innovationsstrategien** stellen darauf ab, die kritischen Erfolgsfaktoren eines Geschäftsfeldes neu zu gewichten oder neue Erfolgsfaktoren (etwa durch eine bislang unbekannte Ressourcenkombination) hinzuzufügen („rule breaker"). Zu erinnern ist hier etwa an Amazon mit seinen neuen Regeln für den Buchhandel oder an IKEA, das mit seiner neuartigen Kombination der Wertaktivitäten die Regeln des Möbeleinzelhandels neu formuliert hat. So hatte man bis dahin z.B. eine attraktive Innenstadtlage als unverzichtbar für den erfolgreichen Möbeleinzelhandel angesehen. IKEA hat dagegen schon allein aus Kostengründen das Konzept der mit dem Auto schnell erreichbaren Randlage zum strategischen Erfolgsfaktor gemacht.

„Rule breaker"

In jüngster Zeit scheint IKEA die Regeln erneut brechen zu wollen. Gegen das nun etablierte Randlagenkonzept (jetzt also „alte Regel") setzt IKEA neuerdings ein ganz neues Innenstadtkonzept. Ausgehend von einer Veränderung der sozialen Umwelt in Form eines Wertewandels – junge Leute als Zielgruppe verzichten in Großstädten zunehmend auf das Auto und fallen damit als IKEA-Kunden aus – will man näher zum Kunden kommen. Dies hat allerdings erhebliche Auswirkungen auf die Kostenstruktur und damit weiterreichende strategische Implikationen (vgl. Kasten 4-2).

Abbildung 4-1 zeigt weitere Beispiele für Strategien mit neuen oder alten Regeln, dort als „rule maker" und als „rule taker" bezeichnet. Immer wieder brechen Unternehmen scheinbar unumstößliche Erfolgsfaktoren und haben genau damit Erfolg. Anfangs sind das meist zugleich Nischenstrategien, die sich dann aber bei Erfolg in den Kernmarkt hineinbewegen (vgl. etwa Amazon).

4 Strategiebestimmung und -umsetzung

Kasten 4-2

In Hamburg eröffnet IKEA die erste Innenstadt-Filiale weltweit

„Bereits 47 Häuser gibt es hierzulande, Hamburg-Altona ist Nummer 48. ‚Es ist das erste Einrichtungshaus direkt in der Innenstadt, direkt an der Fußgängerzone', sagt Johannes Ferber, Expansionschef von IKEA Deutschland…

Altona ist eine interne Revolution, der Bruch mit den eigenen Regeln.

Bisher geht das Konzept des Möbelriesen aus Älmhult in Schweden so: IKEA stellt einen blauen Klotz mit gelbem Logo auf eine Wiese neben eine Autobahn. Dorthin, wo jeder mit dem Auto schnell hinkommt … Es gibt (aber) eben diese urbanen Großstädter, die sich dem Sog zu IKEA verweigern … So hat sich IKEA dorthin aufgemacht, wo die Verweigerer wohnen: Hamburg-Altona, mitten ins einstige, in die Jahre gekommene Arbeiterviertel. Das hat sich das Möbelkaufhaus viel kosten lassen: Etwa 80 Millionen Euro hat Ikea in das Haus gesteckt – weit mehr als sonst. Vergleichbare Standorte kosteten 50 Millionen Euro …

Und es ist ein Testfall, auf den sie intern schauen. Denn wenn Hamburg-Altona klappt, könnte IKEA bald häufiger vom Stadtrand in die City-Mitte vorrücken. Hinein nach New York, Rio oder Stockholm. Nichts wäre mehr unmöglich."

Quelle: Süddeutsche Zeitung Nr. 144 vom 26.06.2014, S. 20

Abbildung 4-1   *Beispiele für unterschiedlichen Regelgebrauch im strategischen Wettbewerb*

Firma	Rule taker	Rule breaker
Airline	Air Berlin	Ryanair
TV USA	ABC, CBS	CNN
Reiseveranstalter	Thomas Cook, ITS …	LTur
Buchhandel	Hugendubel	Amazon
Lebensversicherung	Nürnberger, Victoria …	Cosmos-Direct
Möbelhandel	WK, Rolf Benz	IKEA

Rekonstruktionsansatz

In jüngerer Zeit wird das „rule-taking" auch als **strukturanpassender Ansatz** und das Neue-Regeln-Prinzip als **Rekonstruktionsansatz** im Sinne einer innovativen regelbrechenden Rekonstruktion der Wertkette bezeichnet. Der strukturanpassende Ansatz wird überall dort empfohlen, wo die vorhandenen Strukturen attraktiv sind und das Unternehmen auch eine gute Position innehat. Der Rekonstruktionsansatz wird im Umkehrschluss überall dort empfohlen, wo die vorhandenen Marktstrukturen bereits unattraktiv sind oder zu werden drohen. Sind die vorhandenen Marktstrukturen zwar attraktiv, gibt es aber wenig Chancen für das fokale Unternehmen, in diesem Markt eine günstige Wettbewerbsposition aufzubauen (etwa aufgrund von First-Mover-Advantages oder zu hoher Markteintrittsbarrieren), dann ist ebenfalls der Rekonstruktionsansatz bzw. die Schaffung neuer Regeln vorziehenswürdig (vgl. Kim/Mauborgne 2009).

Dennoch ist es wichtig zu betonen, dass der Regelbruch kein Erfolgsgarant im Sinne einer universellen Strategie ist. Wie schon betont, gilt im strategischen Management der Optionsansatz, das heißt hier, dass Regelbrechen nicht grundsätzlich dem strukturanpassenden Ansatz vorzuziehen ist.

4.1.1.3 Schwerpunkt des Wettbewerbs

Die dritte Frage verweist auf zwei weitere grundsätzliche Optionen, die sich bei jeder Ausgestaltung einer Wettbewerbsstrategie stellen (vgl. Porter 2008): Soll das Unternehmen schwerpunktmäßig auf der Basis von (1) relativ günstigen Kosten oder (2) Leistungsdifferenzierung den Wettbewerb bestreiten?

(1) Kostenschwerpunkt. Dieser Ansatz stellt darauf ab, einen Wettbewerbsvorteil durch einen **relativen Kostenvorsprung** gegenüber der Konkurrenz zu erzielen. Die strategischen Aktivitäten bündeln sich um das Ziel, das Produkt mit niedrigeren Kosten relativ zu den Konkurrenten zu erzeugen. Wie bei der Ressourcenanalyse bereits deutlich wurde, gibt es viele Quellen für strategische Kostenvorteile.

Orientierte man sich z.B. an der sog. **„Erfahrungskurve"**, so müsste die kostenschwerpunktbasierte Strategie zwangsläufig auf eine Strategie der Marktführerschaft hinauslaufen. Die Erfahrungskurve verknüpft Stückkosten und kumulierte Produktionsmenge (= Erfahrung): Je größer die Erfahrung, desto geringer sind die Stückkosten, woraus folgt, dass nur derjenige Anbieter einen strategischen Kostenvorteil erringen kann, der die größte Mengenerfahrung bzw. den größten Marktanteil hat (vgl. Kasten 4-3).

Marktführerschaft

Nach der Logik der Erfahrungskurve könnte also immer nur ein Unternehmen in einem Markt sinnvoll die Kostenstrategie wählen (vgl. Porter 2008: 72 ff.). Nun ist allerdings heute hinreichend bekannt, dass die Kostenerfahrungskurve keineswegs zwingend ist (vgl. Nemet 2006). So hat sich z.B. bei der Diskussion der Betriebsgrößenersparnisse klar gezeigt, dass in vielen Branchen die möglichen Größenersparnisse bei schon relativ kleinen Betriebsgrößen ausgeschöpft sind, und dass in manchen Fällen bei weiterer Ausdehnung der Betriebsgröße sogar die Gefahr von **„diseconomies of scale"** besteht (Zenger 1994). Aus diesen Gründen sollte die Kostenorientierung unabhängig von einer gleichzeitigen Marktführerschaft als grundsätzliche strategische Option betrachtet werden. Der entscheidende Punkt ist die kostenoptimale Neustrukturierung der Wertkette.

Betriebsgrößenersparnisse

Kasten 4-3

Die Erfahrungskurve

Das Konzept der Erfahrungskurve wurde Mitte der 1960er Jahre von der amerikanischen Unternehmensberatungsgesellschaft „Boston Consulting Group" (BCG) entwickelt und als Instrument zur Formulierung effektiver Geschäftsstrategien propagiert.

Vor dem Hintergrund bekannter ökonomischer Gesetzmäßigkeiten („Gesetz der Massenproduktion", Betriebsgrößenersparnisse, Lernkurve) hat die BCG empirische Untersuchungen zur langfristigen Gesamtkostenentwicklung ihrer Klienten angestellt und herausgefunden, dass im Zeitablauf gesehen zwischen der Stückkostenentwicklung und der Produktionsmenge folgender Zusammenhang besteht: Mit jeder Verdoppelung der kumulierten Produktionsmenge (= Erfahrung) einer Produktart sinken deren reale Stückkosten um 20 bis 30 %:

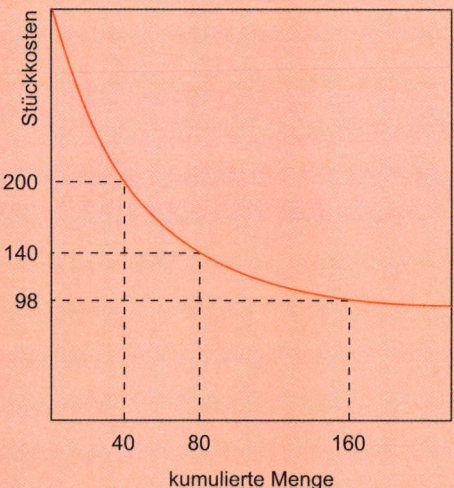

Unter der Voraussetzung, dass die Produktionsmenge der Absatzmenge entspricht, verwendet die BCG den Marktanteil als Bestimmungsgröße für die kumulierte Produktionsmenge. Ein hoher Marktanteil indiziert somit eine große kumulierte Produktionsmenge. Daraus folgt dann, dass das Unternehmen mit dem größten Marktanteil zugleich mit den günstigsten Stückkosten produziert und damit (bei gleichen Preisen) die größten Gewinne erzielt. Der Marktanteil wird so zum alles entscheidenden Wettbewerbsfaktor:

| Größter Marktanteil | → | Höchste kumulierte Menge | → | Geringste Stückkosten | → | Höchste Rentabilität |

Strategiebestimmung und -umsetzung

4.1

> Das Erfahrungskurvenkonzept ist vielfach kritisiert worden. Die Haupteinwände sind:
>
> - Das Erfahrungskurvenkonzept kann keine generelle Gültigkeit beanspruchen. In empirischen Studien zeigt sich, dass in den verschiedenen Geschäftsfeldern ganz unterschiedliche Bedingungen herrschen und damit auch ganz unterschiedliche Möglichkeiten, Betriebsgrößenvorteile zu realisieren.
>
> - Die Verwendung von Marktanteilen als Indikator für die kumulierte Menge im Konkurrentenvergleich ist nur auf der Basis unrealistischer Prämissen möglich: homogene Produkte, gleiche Erfahrungsgeschichte, einheitliche Marktpreise für alle Anbieter und gleiche Markteintrittszeitpunkte.
>
> - Das Konzept der Erfahrungskurve ignoriert die Tatsache, dass „Erfahrung" häufig in der Branche (unbeabsichtigt) diffundiert und Konkurrenten somit trotz geringerer Produktionsmengen in ihren Genuss kommen.
>
> - Ferner hat das Erfahrungskurvenkonzept nur für eine gegebene Technologie Gültigkeit; Sprünge in der Entwicklung der Fertigungstechnologie begründen eine neue Erfahrungskurve.
>
> - Die strategische Logik der Erfahrungskurve „verführt" zu Volumenstrategien (und -investitionen) mit der Folge von Überkapazitäten und sinkenden Renditen.
>
> Quellen: Henderson 1984, Liebermann 1987, Alberts 1989

Die Kostenschwerpunktstrategie bedeutet nicht, dass die Qualität oder andere Differenzierungsgesichtspunkte wie Image, Service usw. völlig vernachlässigt werden könnten. In der Regel wird im Rahmen einer Kostenstrategie ein **Standardgut** mit durchschnittlicher Qualität und Gestaltung angeboten (vgl. etwa den Discounter Aldi und seine Strategie).

Durchschnittliche Qualität

(2) Differenzierungsstrategie. Die zweite grundlegende Option des Wettbewerbsschwerpunktes stellt darauf ab, einen Wettbewerbsvorteil gegenüber der Konkurrenz dadurch zu erzielen, dass das angebotene Gut (Produkt oder Dienstleistung) einen Besonderheitscharakter erhält. Differenzierte Güter sind in gewissem Umfang einzigartige Güter. Die Differenzierung zielt auf eine **Herabsetzung der Preiselastizität** der Nachfrage ab. Selbst bei starken Preisunterbietungen der Konkurrenz soll die Kernnachfrage – und damit die Rendite – wegen der präferierten Besonderheit erhalten bleiben. Die Nachfrager nehmen den relativ höheren Preis wegen der Einmaligkeit des Produktes hin.

Besonderheitscharakter

Für die Entwicklung von Differenzierungsstrategien gibt es zwei generelle Ansatzpunkte (Porter 2008): (1) Senkung der Nutzungskosten und (2) Steigerung des Nutzungswertes.

Zwei Ansatzpunkte

4 Strategiebestimmung und -umsetzung

Senkung der Nutzungskosten

Im ersten Falle findet die Einmaligkeit ihren Wert darin, dass das Produkt bei einer ganzheitlichen Betrachtung geeignet ist, trotz eines höheren Anschaffungspreises die Nutzungskosten des Abnehmers zu senken (neuerdings spricht man bei dieser Betrachtungsweise auch von „Total Cost of Ownership"). So können z.B. durch das Differenzierungsmerkmal „Technische Beratung" die Anlaufkosten bei neuen Aggregaten oder durch fertigungsoptimale Ausgestaltung des Vorprodukts Fertigungskosten beim Abnehmer gesenkt werden.

Zusatznutzen

Im zweiten Fall wird die Einmaligkeit durch die Schaffung eines Zusatznutzens bewirkt. Typische Quellen für eine solche Differenzierung sind: Kundendienst, Standort, Betriebsgröße (Zahl der Agenturen, internationale Verbindungen usw.), Qualität, Design oder Integration (z.B. Gesamtpaket für Leistungen). Nachfolgende Abbildung 4-2 gibt Beispiele für Ansatzpunkte einer solchen Differenzierungsstrategie.

Abbildung 4-2 *Beispiele für Differenzierungen, die den Nutzungswert steigern*

Differenzierungsmerkmal	Abnehmervorteil
• Ausstattung des Produkts mit Symbolen des Reichtums, der Männlichkeit, der Sportlichkeit usw. (z.B. Marlboro)	• Mehr Prestige, Anziehungskraft auf andere etc.
• Gutes Produktdesign (z.B. Bang & Olufson)	• Vergnügen an der Schönheit
• Exklusive Ausstattung der Geschäftsräume, charmantes Verkaufspersonal (z.B. Douglas)	• Kauferlebnis
• Designerkleidung (z.B. Joop, Boss)	• Prestige
• Sortimentsbreite (z.B. KaDeWe)	• Mehr Abwechslung
• Qualität der Zutaten (z.B. Dallmayr, Käfer)	• Besserer Geschmack
• Erhöhung der Lieferfrequenz	• Frischere Ware

Gegenläufige Strategien

Die Differenzierung eines Gutes ist in der Regel nur mit höheren Durchschnittskosten möglich (Werbung, Servicepersonal, Designer etc.), eine Differenzierung ist deshalb auch nur so lange attraktiv, wie die zusätzlich erzielbaren Erlöse größer als die zusätzlichen Kosten für die Differenzierung sind. Differenzierungs- und Kostenstrategie sind deshalb auch im Grundsatz sich gegenseitig ausschließende Alternativen. Differenzierung ist gewöhnlich mit einer relativen Verschlechterung der Kostenstruktur verbunden; die

Kostenstrategie stellt auf eine Optimierung der Kostenstruktur ab und erlaubt deshalb nur eine durchschnittliche Qualität und Differenzierung.

Unternehmen, die sich scheuen, einen **eindeutigen Schwerpunkt** zu setzen, laufen in der Regel Gefahr, zwischen zwei Stühle zu geraten. Sie können weder die großen Mengenabnahmen erreichen noch exklusive Abnehmergruppen ansprechen.

„Zwischen den Stühlen"

Im Gegensatz dazu wird jedoch immer wieder auf sogenannte Hybridstrategien verwiesen (Fleck 1995; Jenner 2000; Thornhill/White 2007; Li/Li 2008), die beides zusammen verwirklichen sollen, die günstigste Kostenstruktur (also die geringsten Stückkosten) und eine voll entwickelte Differenzierung. Die Idee ist attraktiv, denn man müsste nun nicht mehr zwischen zwei risikoreichen Alternativen entscheiden, sondern könnte gewissermaßen diese Entscheidung durch Verdoppelung umgehen. Es fragt sich allerdings, ob hier nicht Wunschdenken im Vordergrund steht. Wie soll etwa ein Höchstmaß an Service mit einer sehr viel günstigeren Kostenstruktur realisierbar sein als sie Konkurrenten aufweisen, die deutlich weniger Service anbieten? Oder wie kann man eine aufwendige Ladenausstattung im Einzelhandel (z.B. Douglas) mit einer besonders günstigen Kostenstruktur realisieren? Häufig wird hier übersehen, dass für die Differenzierungsstrategie schon immer galt: „wirtschaftliche Differenzierung", d.h. bei sorgfältiger Kontrolle der Kosten, und niemals „absolute Differenzierung". Dasselbe gilt für die Kostenschwerpunktstrategie; auch sie muss ein Mindestmaß an Differenzierung erfüllen. Ob man diese Erfüllung der jeweiligen Mindeststandards dann als Hybridstrategie bezeichnen soll, ist zumindest fraglich, denn die Idee des **Wettbewerbsschwerpunkts** bleibt ja bestehen.

Hybridstrategien?

Die Möglichkeit von wirklichen Hybridstrategien im Sinne eines doppelten Schwerpunktes (beste Kostenstruktur und einzigartige Differenzierung) wird wohl auch künftig auf einige wenige Ausnahmefälle beschränkt, eine Schwerpunktentscheidung aus den bezeichneten Gründen dagegen der Regelfall bleiben.

4.1.1.4 Strategieoptionen im Überblick

Insgesamt spannen die drei Grundfragen strategischer Orientierungen dichotomisch ausgeprägt ein Spektrum von 2^3 = **acht Basisoptionen** auf, die in Abbildung 4-3 schematisch als "strategischer Würfel" mit 8 Oktanten dargestellt sind.

Strategischer Würfel

Jede Wettbewerbsstrategie hat auf **alle drei Fragen** eine Antwort zu geben. Ein Beispiel mag diese Analyseform illustrieren:

Dauerhaftigkeit von Wettbewerbsvorteilen

4 Strategiebestimmung und -umsetzung

Southwest Airlines konnte Ende der 1980er Jahre einen hervorragenden Platz im US-Luftverkehrsmarkt erobern. Das Unternehmen hatte sich für eine ungewöhnliche Strategie entschieden. Man wollte

- in den Kernmarkt mit
- neuen Regeln (Veränderung)
- als Kostenführer

eindringen (Oktant 6).

Abbildung 4-3   *Der strategische Würfel*

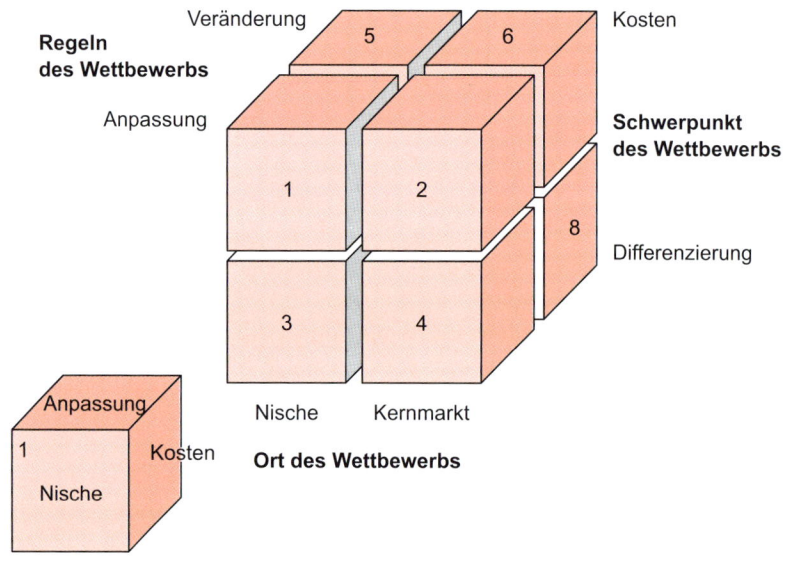

Markant war die Kombination Kostenführung mit neuen Regeln. Durch eine Neustrukturierung der Wertkette – insbesondere durch eine Reduktion ganzer Kostenblöcke (z.B. keine Verkaufsstellen in Städten, keine Lounges) – gelang es der Firma, einen signifikanten Kostenvorteil gegenüber der Konkurrenz zu erringen. Dieser Kostenvorsprung ermöglichte es der Firma schließlich, durch massive Preissenkungen wesentliche Anteile des Marktes zu erobern. Heute haben andere Firmen (Ryanair oder Easyjet) mit nahezu derselben Strategie ähnlich spektakuläre Erfolge.

Die hier erläuterten strategischen Optionen stellen **situationsunabhängige Handlungsorientierungen** – eben Standardstrategien – dar. Welche Option im Einzelfall zu wählen ist, hängt in ganz entscheidendem Maße von den Ergebnissen der Marktstrukturanalyse und der Ressourcenanalyse ab. Wachsende Märkte bieten andere Chancen und Risiken als schrumpfende Märkte. Und Firmen mit chronisch ungünstiger Kostenstruktur sind in der Regel schlecht beraten, eine Kostenschwerpunktstrategie einzuschlagen.

Ferner gilt es bei jeder Strategiealternative zu bedenken, wie *robust* die damit erzielbaren Wettbewerbsvorteile sind, d.h. wie hoch die Wahrscheinlichkeit ist, dass die erodierenden Kräfte jedenfalls für einen mittleren Zeitraum zurückgedrängt werden können. An erster Stelle ist hier die **Imitierbarkeit** der Strategiekomponenten zu prüfen; dabei spielen die in Kapitel 3 bereits genannten Kriterien schwerer Imitierbarkeit (historisch gewachsen, kausale Ambiguität, soziale Komplexität) eine herausragende Rolle. Ferner sind Markteintrittsbarrieren, die Rivalitätsintensität, technologische Entwicklungen und strukturelle Änderungen im Käuferverhalten weitere bedeutsame Faktoren, die die Haltbarkeit eines Wettbewerbsvorsprungs mitbestimmen. Insgesamt besteht heute die Tendenz, Wettbewerbsvorteilen nur noch **temporären** Charakter zuzuerkennen (D'Aveni et al. 2010).

Es sei noch einmal darauf hingewiesen, dass diese strategischen Grundfragen für jedes Geschäftsfeld getrennt und bei neuen Geschäftsfeldstrukturen auch neu zu stellen sind.

4.1.2 Strategische Optionen auf der Gesamtunternehmensebene

Eine gesonderte Betrachtung der Gesamtunternehmensebene ist nur dann sinnvoll, wenn eine Unternehmung in mehreren Geschäftsfeldern konkurriert, oder aber, wenn eine Unternehmung ihre Aktivitäten auf zusätzliche Geschäftsfelder ausdehnen will. Die Strategiebestimmung wird auf vier Ebenen diskutiert:

- Diversifikation
- Portfolio
- Internationalisierung
- Kernkompetenzstrategie.

4.1.2.1 Diversifikation

Unter Diversifikation wird die Erschließung eines **neuen** (von dem betreffenden Unternehmen bislang noch nicht bearbeiteten) **Geschäftsfeldes** verstanden. Die Diversifikation ist abzugrenzen von Strategien der Produkt-

Definition

4 Strategiebestimmung und -umsetzung

entwicklung innerhalb eines Geschäftsfeldes. Ein Unternehmen ist damit diversifiziert, wenn es in verschiedenen Geschäftsfeldern tätig ist. Die Diversifikation ist heute eine häufig gewählte Strategie geworden. Von den 500 größten U.S.-amerikanischen Unternehmen waren 1992 ca. 90% diversifiziert, d.h. sie waren in mindestens zwei nach der Bundesstatistik separaten Branchen tätig. Fast 70 % der Unternehmen waren in fünf und mehr Branchen tätig (Collins/Montgomery 1997: 84). Ähnliches wurde für Großbritannien, Japan, Frankreich, Deutschland usw. festgestellt. Das Ausmaß der Diversifikation variiert zwar etwas über die Zeit, Unternehmen mit einer Vielzahl von unterschiedlichen Geschäftsfeldern werden aber ganz gewiss auch zukünftig der dominante Typ bleiben.

Diversifikationsmotive

Als Motive für die Diversifikation werden im Allgemeinen genannt (Jakobs 1992): Reifephase bisheriger Produkte bzw. Geschäftsfelder, Ausdehnung des Gesamtunternehmens-Wachstums, Stärkung der Wettbewerbsfähigkeit, Steigerung des Unternehmenswertes für die Aktionäre (Shareholder Value) sowie sonstige finanzwirtschaftliche und risikopolitische Ziele.

Was die „Reifephase" anbelangt, so wird hier auf den sogenannten **Produkt- oder Branchenlebenszyklus** abgestellt, wonach Produkte und Branchen ähnlich wie Menschen „Alterungsprozesse" durchlaufen, mit deren Fortschreiten sich das Marktwachstum verlangsamt, um in vielen Fällen schließlich negativ zu werden. Zeichnet sich eine derartige Entwicklung ab, so ist das Unternehmen gezwungen, alternative Verwendungsmöglichkeiten für die verfügbaren Ressourcen zu identifizieren, um für die Zukunft ein angemessenes Wachstum und eine attraktive Rentabilität zu sichern (es sei denn, die Liquidation stellt eine akzeptable Option dar).

Aber auch in expandierenden Märkten kann es unter dem Gesichtspunkt der Risikostreuung vorteilhaft sein, das Wachstum der Unternehmung nicht ausschließlich in den angestammten Geschäftsfeldern zu realisieren. Dies ist etwa der Fall, wenn mehr Mittel erwirtschaftet werden, als zur Sicherung der eigenen Marktposition reinvestiert werden müssen, eine Ausdehnung derselben aber scharfe Wettbewerbskämpfe und damit ein großes Risiko zur Folge hätte; oder das Unternehmen strebt eine Risikokompensation zu den vorhandenen Geschäftsfeldern an.

In jüngerer Zeit wird die Diversifikation verstärkt unter dem Gesichtspunkt des **Shareholder Value**, d.h. des Unternehmenswertes für die Aktionäre, betrachtet und vor allem auch bewertet (Martin/Sayrak 2003; Elango et al. 2008).

Klassifikation

Inzwischen gibt es eine Vielzahl von Diversifikationsklassifikationen. Am häufigsten werden **Diversifikations-Optionen** nach den zwei folgenden Gesichtspunkten unterschieden:

Strategiebestimmung und -umsetzung | **4.1**

(1) Nach dem Verwandtschaftsgrad mit dem bisherigen Geschäft.

(2) Nach der Stellung im Wertschöpfungsprozess.

(1) Die Unterscheidung nach dem **Verwandtschaftsgrad** der Geschäftsfelder fragt, ob und inwieweit das neue Geschäft Verbindungen zum alten Geschäft aufweist. Dabei ist eine Vielzahl von Anknüpfungspunkten denkbar. Es gibt Diversifikationen, die auf der Basis derselben Fertigungstechnologie betrieben werden, auf ähnlicher Produkttechnologie basieren (z.B. chemische Produkte oder Metallwaren) oder die gleichen Vertriebskanäle nutzen. Je enger die Bezüge zum angestammten Geschäft, umso höher ist gewöhnlich das Synergiepotenzial, also die Chance, aus der gemeinsamen Nutzung von Ressourcen Vorteile zu ziehen. Liegt eine deutliche Nähe von altem und neuem Geschäft vor, so spricht man von einer „**verwandten**" Diversifikation, oder – im umgekehrten Fall – von einer „**unverbundenen**" oder auch „**konglomeraten**" Diversifikation.

Synergiepotenzial

Die **Beherrschbarkeit** und auch die Profitabilität einer konglomeraten Diversifikation sind umstritten. Hat man in den 1970er Jahren die Risikoausgleichsfunktion betont, so wird derzeit eher auf die rentabilitätsmindernden Steuerungsprobleme verwiesen, die aus der Komplexität solcher Unternehmen resultieren („diversification discount", vgl. etwa Laeven/Levine 2007). „Konzentration auf das Kerngeschäft" lautet dementsprechend das häufig zu hörende (und nicht selten ultimativ formulierte) Gegenprinzip, also die Empfehlung, sich nur in einem einzigen Geschäftsfeld oder wenigen eng verwandten Geschäftsfeldern zu betätigen („Fokusstrategie").

Profitabilität

In jüngster Zeit wird ganz in diesem Sinne zwischen „wertschaffenden" Konglomeraten („premium conglomerates") und „wertvernichtenden" Konglomeraten unterschieden, d.h. es handelt sich nicht um die Frage des „Ob", sondern um die Frage des „Wie". In Zeiten der Wirtschaftskrise bewährt sich die Risikoausgleichsfunktion der konglomeraten Diversifikation (Rudolph/Schwetzler 2013).

„Wertschaffend vs. wertvernichtend"

(2) Die zweite Unterscheidung von Diversifikationen orientiert sich an der **Wertschöpfungsstufe**. Diversifikationen können in vorgelagerten oder nachgelagerten Wertschöpfungsstufen einer bestimmten Wertschöpfungskette angesiedelt sein (vertikale Diversifikation), aber auch auf der gleichen Wertschöpfungsstufe („horizontale Diversifikation"). Eine horizontale Diversifikation sucht neue Geschäftsfelder auf der vergleichbaren Wertschöpfungsstufe in mehr oder weniger großer Nähe zum angestammten Markt (z.B. Küchenmaschinen und Rasenmäher).

Vertikal vs. horizontal

Eine laterale Diversifikation liegt demgegenüber außerhalb der Wertschöpfungskette des betreffenden Unternehmens und ist auch nicht auf derselben Wertschöpfungsstufe angesiedelt (z.B. eine Restaurantkette diversifiziert in

4 Strategiebestimmung und -umsetzung

die Urangewinnung). Diese Diversifikationsform entspricht weitgehend der konglomeraten Diversifikation.

Drei Formen der Diversifikation

Eintrittsalternativen. Eine geplante Diversifikation kann grundsätzlich auf drei Wegen realisiert werden:

- Akquisition,
- Kooperation oder
- Eigenaufbau.

In der Praxis wird mit Abstand am häufigsten der **Akquisitionsweg** gewählt, d.h. es wird eine Unternehmung gekauft, die in dem Ziel-Geschäftsfeld bereits etabliert ist und über das notwendige Markt-Know-how verfügt. Es ist dies der am einfachsten und schnellsten zu realisierende Weg, das erforderliche Know-how wird gekauft. Die Schwierigkeiten dieses Weges, der für gewöhnlich unter dem Stichwort „Mergers and Acquisitions" analysiert wird (etwa Glaum/Hutzschenreuter 2010), werden allerdings häufig weit unterschätzt. In zahlreichen Studien wird die außerordentlich hohe Misserfolgsquote von Akquisitionen klar belegt (vgl. zusammenfassend King et al. 2004).

Der Weg des **Eigenaufbaus** („start up") wird wesentlich seltener beschritten (fehlendes Know-how, zu großes Risiko etc.). Dort, wo er konsequent beschritten wird, hat er jedoch eine gute Erfolgsprognose (Porter 1987).

In jüngerer Zeit rückt die Bildung von Allianzen bzw. die **Kooperation** als dritter Weg stark in den Vordergrund, etwa in Form von Lizenznahmen oder Joint Ventures (Bühner 1993). Eine Kooperation – oft vermieden wegen des Autonomieverlustes – ist vor allem dort aussichtsreich, wo sich zwei separat entwickelte Kompetenzen auf einem neuen Markt zu einem Wettbewerbsvorteil vereinen lassen (z.B. Forschungs- und Vertriebskompetenz).

Welcher Weg auch immer im Einzelfall gewählt wird, ausschlaggebende Frage für den Erfolg ist jeweils, ob es dem diversifizierenden Unternehmen gelingt, in dem neuen Geschäftsfeld eine aussichtsreiche Wettbewerbsposition zu erringen oder nicht. Für die Wahl der Allianzstruktur spielen zahlreiche Kontextfaktoren wie Kapitalausstattung oder Wissensschutz eine zentrale Rolle (vgl. etwa Mellewigt/Das 2010).

4.1.2.2 Portfolio-Strategien

Strategische Steuerung

Hat sich eine Firma zur Diversifikation oder ganz allgemein zur Tätigkeit in verschiedenen Geschäftsfeldern entschlossen, so stellt sich auf Unternehmensebene ein neues strategisches Problem, nämlich wie die vorhandenen finanziellen Ressourcen auf die verschiedenen Geschäftsbereiche verteilt

Strategiebestimmung und -umsetzung — 4.1

werden sollen und wie das Verhältnis der Geschäftsbereiche zueinander strategisch auszulegen ist. Je mehr strategische Geschäftsfelder ein Unternehmen parallel bearbeitet, umso dringlicher werden diese Fragen. Große Unternehmen verfügen heute über 120 strategische Geschäftseinheiten und mehr. Hier entsteht das zusätzliche Problem der Unübersichtlichkeit und der dementsprechende Wunsch, ein Instrument zu haben, das Orientierung in dem komplexen Strategiefeld schafft und die ganzheitliche Steuerung unterstützt. Zur Fundierung dieser gesamtstrategischen Entscheidungen sind die lange Zeit überaus populären Portfolio-Modelle entwickelt worden.

Portfolio-Modelle wollen das Management von diversifizierten Unternehmen bei dieser komplexen strategischen Führungsaufgabe erleichtern, indem sie einen **Erfolgsmaßstab** definieren, der einen Vergleich der unterschiedlichen Geschäfte erlaubt. Voraussetzung dafür ist eine **generalisierte** Beschreibung der strategischen Situation, in der sich die individuellen Analysen der verschiedenen Geschäfte zusammenfassen lassen. *Portfolio-Ansatz*

Der dazu erforderliche Vereinfachungsprozess ermöglicht einerseits überhaupt erst, die komplexe strategische Gesamtführungsaufgabe auf ein bearbeitbares Format zu bringen, birgt aber auf der anderen Seite aufgrund der geradezu dramatischen Vereinfachung zahlreiche Risiken, deren sorgfältige Beobachtung Aufgabe eines strategischen Prozesses sein muss, der sich dieses Instrumentes bedient. *Radikale Vereinfachung*

Kernpunkt aller Portfolio-Konzepte ist die Beschreibung des Erfolgspotenzials einer strategischen Geschäftseinheit (SGE) auf der Basis der eigenen Stärken und Schwächen einerseits sowie der Chancen und Bedrohungen aus der Umwelt andererseits (SWOT-Analyse). Die typische Darstellungsweise in der Form eines Koordinatensystems weist dementsprechend immer eine **Umweltachse** und eine **Unternehmensachse** auf. Die relative Größe einer strategischen Geschäftseinheit (Umsatz, Mitarbeiter usw.) wird in der Regel zusätzlich durch proportionale Kreisflächen angezeigt. Abbildung 4-4 zeigt den Grundaufbau eines Portfolio-Modells. Die zwei Grunddimensionen können je nach Zielstellung des jeweiligen Unternehmens konkretisiert und operationalisiert werden. Für die Umweltdimension werden als Indikatoren verwendet: Branchenattraktivität (siehe oben), Marktvolumen, Wettbewerbsstruktur, Marktwachstumsrate usw. Für die Unternehmensdimension: Zahl der Patente/Innovationen, Rentabilität, Marktanteil oder neuerdings vor allem imitationsresistente Kompetenzen. Häufig werden verschiedene Indizes zu General-Indikatoren zusammengefasst (gewichtet und addiert). Es entsteht eine strategische Landkarte, an die sich dann verschiedene strategische Entscheidungen (Risikoausgleich, Gewinnpotenzial usw.) anschließen lassen. *Zwei Dimensionen*

4 Strategiebestimmung und -umsetzung

Abbildung 4-4 Grundstruktur der Portfoliomodelle

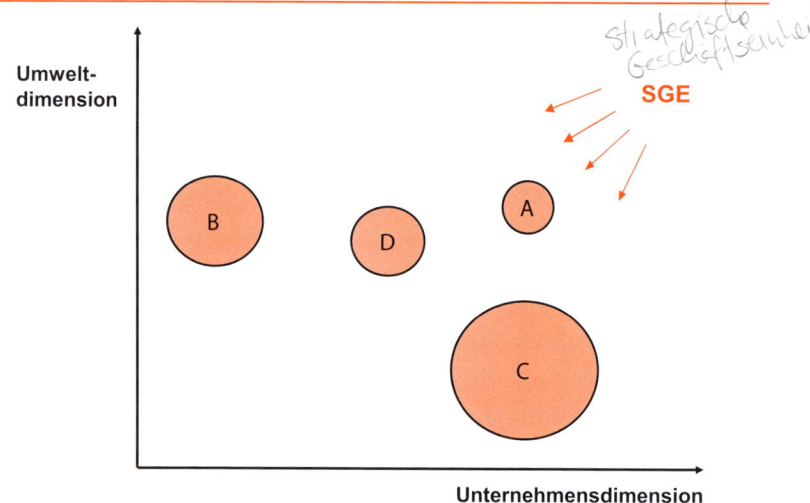

Es ist kennzeichnend für viele Portfolio-Modelle im strategischen Management, dass sie nicht nur eine ordnende „Landkarte" des Erfolgspotenzials der SGEs anbieten, sondern darüber hinaus sogar **Idealportfolios** vorgeben und universale Erfolgsstrategien – sogenannte „Normstrategien" (siehe oben) – für die einzelnen Positionen im Portfolio aufzeigen wollen. Das in dieser Gruppe wohl bekannteste Portfoliokonzept wurde Anfang der 1970er Jahre von der Boston Consulting Group (BCG) entwickelt (Henderson/Zakon 1983). Man wählte die Darstellungsform einer Vierfelder-Matrix.

Wie Abbildung 4-5 zeigt, wird in der BCG-Matrix die **Umweltkonstellation** einer strategischen Geschäftseinheit durch einen einzigen Faktor, nämlich das **„Marktwachstum"**, repräsentiert. Man geht implizit davon aus, dass sich alle umweltbedingten Chancen und Risiken durch die Marktwachstumsrate abbilden lassen. Eine gewisse (keinesfalls jedoch zwingende!) Unterstützung erfährt diese These durch die bereits erwähnte „Erfahrungskurve" (vgl. Kasten 4-3) und den Produktlebenszyklus. In beiden Konzepten wird ein enger Zusammenhang zwischen dem Wachstum und den Erfolgsgrößen, wie Gewinn, Return on Investment (ROI) und Cash Flow, postuliert. Stark wachsende Märkte stellen demnach eine Chance dar und versprechen unternehmerischen Erfolg. Niedrige Wachstumsraten deuten hingegen auf unattraktive Märkte hin, die sich in der letzten Phase ihres Lebenszyklus befinden.

Strategiebestimmung und -umsetzung

4.1

Die BCG-Portfolio-Matrix

Abbildung 4-5

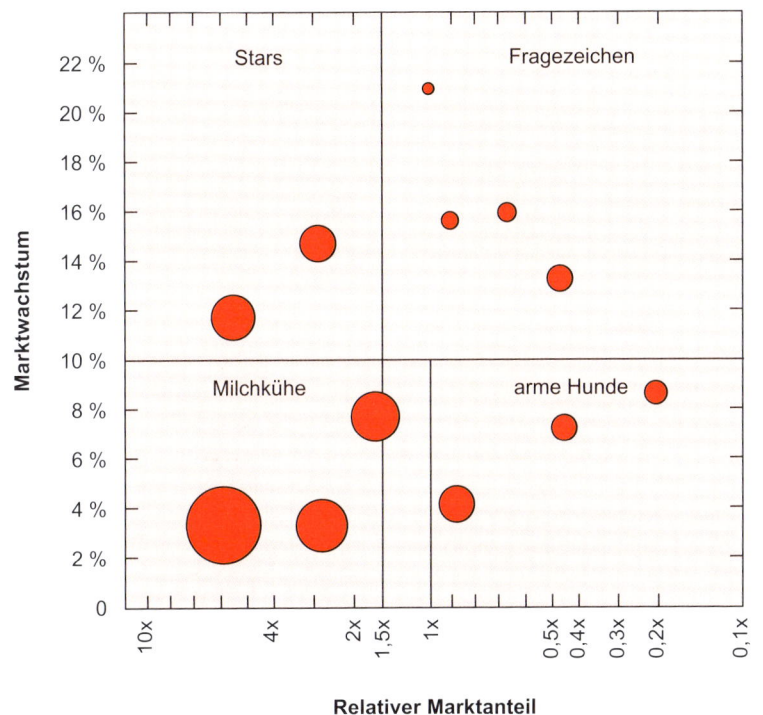

Quelle: nach Hedley 1997: 138

In der Originaldarstellung der BCG-Portfolio-Matrix wird das Marktwachstum auf der Ordinate abgetragen. Die **Trennlinie,** die die Geschäftsfelder mit hohen von solchen mit niedrigen Wachstumsraten abgrenzt, wird dort für gewöhnlich bei 10 % gezogen. Grundsätzlich kann die Trennlinie aber auch davon abweichend bestimmt werden (z.B. über die Wachstumsrate des Bruttosozialproduktes), eine feststehende Regel wird dafür nicht angegeben. Ebenso ist nicht genau festgelegt, wie die Marktwachstumsrate zu bestimmen ist. Es können z.B. Fünfjahres-Durchschnitte verwendet werden, die sich entweder auf Vergangenheitswerte oder auf Prognosewerte beziehen.

Auch die **Stärken und Schwächen** einer Geschäftseinheit werden in der BCG-Matrix durch einen einzigen Faktor repräsentiert, nämlich durch den **relativen Marktanteil** (definiert als Umsatz der Geschäftseinheit geteilt durch den Umsatz des stärksten Konkurrenten). Zur Begründung für diese drastische Vereinfachung der Ressourcenanalyse wird für gewöhnlich ebenfalls auf die „Erfahrungskurve" verwiesen. Die Brücke zur Erfahrungskurve

BCG-Matrix

Marktwachstum

Relativer Marktanteil

kann nur mit einer Verknüpfungshypothese geschlagen werden, indem man nämlich unterstellt, der Marktanteil indiziere die kumulierte Produktionsmenge und also die Kostenstruktur, was dann bei gleichen Preisen und Produkten den Rückschluss auf einen (Kosten-)Wettbewerbsvorteil oder -nachteil gegenüber der Konkurrenz erlaubt. Die **Trennlinie** wird in der BCG-Matrix bei einem relativen Marktanteil von 1,5 gezogen, d.h. nur solche Unternehmen haben in den betreffenden Geschäftsfeldern eine Stärke, deren Marktanteil in der Beobachtungsperiode 1,5-mal größer ist als der des größten Konkurrenten.

Die resultierenden vier Quadranten der Matrix, die zugleich die Normstrategien repräsentieren, sind wie folgt bestimmt:

■ **Fragezeichen**

Investieren   Diese Geschäftseinheiten sind in wachsenden, attraktiven Märkten mit einem geringen relativen Marktanteil vertreten. Sie stellen also quasi eine ungenutzte Chance dar. Um dieses Chancenpotenzial auszuschöpfen, sind in der Logik der Matrix Marktanteilssteigerungen notwendig, die aber erhebliche Investitionen fordern. Das Management steht vor der Frage, welche der „Fragezeichen-Geschäfte" den erforderlichen Investitionsaufwand rechtfertigen, in welche also investiert werden soll und welche aus dem Geschäft genommen werden sollten.

■ **Stars**

Re-investieren   Dies sind Geschäftsfelder, die einen hohen relativen Marktanteil in schnell wachsenden Märkten besitzen. Dies ist die günstigste aller Positionen; sie verspricht hohe Gewinne. Zur Sicherung der Marktstellung muss sich das interne Wachstum allerdings am Marktwachstum orientieren, was fortlaufend entsprechend hohe Investitionen erfordert. Der erwirtschaftete Cash Flow (Gewinne + Abschreibungen) muss deshalb nach der Empfehlung der BCG-Gruppe vollständig reinvestiert werden. Der Netto-Cash-Flow der Stars ist demnach gleich Null.

■ **Milchkühe**

Abschöpfen   Die sog „Cash Cows" erwirtschaften in reifen Märkten (niedriges Marktwachstum) aufgrund ihrer sehr guten Wettbewerbsposition hohe Gewinne. Da der Markt kein großes Erfolgspotenzial mehr verspricht, sollte in diese Geschäftsbereiche auch nicht weiter investiert werden. Cash-Kühe sind zu „melken", d.h. sie sollen die Kapitalquelle für andere neue Geschäftsbereiche (attraktive „Fragezeichen") bilden.

■ **Arme Hunde**

Abstoßen   Die „armen Hunde" stellen die ungünstigste Position in der BCG-Matrix dar: es sind Geschäfte mit schwacher Wettbewerbsposition in unattraktiven Märkten. Der unattraktive Markt lässt Maßnahmen zur Positionsverbesserung nicht angeraten erscheinen. Investitionen lassen sich nicht mehr amortisieren, da der Markt sich bereits in der Degenerationsphase befindet. Aufgrund der geringen Rentabilität dieser Geschäfte ist ihre Weiterführung nicht zu rechtfertigen.

Die BCG-Matrix ist in ihrer deterministischen Ausrichtung (Normstrategien) zum Gegenstand scharfer Kritik geworden (Drews 2008). Allzu unrealistisch sind die Annahmen und allzu brüchig die vielen Verknüpfungshypothesen. Zu kritisieren ist vor allem der uneingeschränkte Glaube an die Gültigkeit der Erfahrungskurve, die völlige Vernachlässigung der Erlösseite (reiner Kostenfokus, d.h. Ausblendung der differenzierungsstrategischen Seite), die (unzutreffende) Unterstellung, die Phasen des Branchenlebenszyklus wären sicher diagnostizierbar, die überzogenen Wachstumserwartungen sowie das unterlegte unausgegorene Selbst-Finanzierungskonzept. Unhaltbar ist auch die Vorstellung geworden, man könne für jede Situation eine optimale Strategie vorab bestimmen. Zahlreiche empirische Studien zeigen gerade das Gegenteil, nämlich dass in einem Geschäftsfeld verschiedene Optionen bestehen (vgl. oben Optionsansatz). Diese Fehlannahmen führen zu falschen Schlussfolgerungen. Von einer unmittelbaren Verwendung der BCG-Portfolio-Matrix für die Gewinnung von Strategien ist deshalb abzuraten. Es kann zwar gute Dienste für Visualisierungszwecke zur besseren Überschaubarkeit der strategischen Situation eines Unternehmens leisten, niemals aber als Idealmodell, das bestimmt, welche strategische Bewegung in der jeweiligen Situation optimal ist.

Kritik

Andere strategische Portfolio-Modelle (im Überblick: Lombriser/Abplanalp 1997) berücksichtigen den einen oder anderen Kritikpunkt an der BCG-Matrix – insbesondere lassen sie mehr Spielraum bei der Auswahl der kritischen Faktoren für Umwelt und Unternehmung. Meist wird dort die radikale Vereinfachung der strategischen Situationsbeschreibung des BCG-Modells aufgelöst; in die Bestimmung der Basisdimensionen fließt in den Alternativmodellen eine Vielzahl von Faktoren ein (vgl. Welge/Al-Laham 2012).

Weitere Konzepte

Nachdem **allgemeingültige** Erfolgsfaktoren in der Realität schwer zu finden sind, verliert die Portfolio-Analyse zunehmend an Bedeutung. Lässt man unterschiedliche Erfolgsfaktoren zur Matrixerstellung zu und stellt diese in das Belieben der Anwender, so wird die Portfolio-Matrix letztlich zu einem rein formalen Instrument, das zur Strukturierung des strategischen Planungsprozesses in Unternehmen mit mehreren Geschäftsfeldern dient. Sie kann im Rahmen der strategischen Analyse zur Erstellung einer Übersicht über strategische Positionen und Probleme eines Unternehmens gute Dienste leisten, aber eben keine Strategien generieren.

Strukturierungshilfe

Strategiebestimmung und -umsetzung

4.1.2.3 Strategien im internationalen Kontext

Hoher Auslandsanteil

Sehr viele Unternehmen sind heute international tätig, nicht wenige davon erwirtschaften bereits mehr als 70% ihres Umsatzes im Ausland (z.B. Siemens, BASF, Volkswagen, BMW), und manche Unternehmen operieren auf so breiter Basis im internationalen Feld, dass es schwerfällt, sie überhaupt noch eindeutig einer Nation zuzuschreiben (z.B. Philips, Shell). Die Planung von internationalen Strategien unterscheidet sich im Grundsatz nicht von den eben erläuterten Grundmustern. Auf der **Ebene der Gesamtunternehmensstrategie** treten jedoch einige besondere Aspekte hinzu, die hier kurz dargestellt werden sollen.

Ähnlich wie bei der Diversifikation im vorangegangenen Abschnitt kann man Strategien der **Internationalisierung** und Strategien für **bereits international tätige Unternehmen** unterscheiden. Als Strategie ist die Internationalisierung nur dort anzusehen, wo sie das Tätigwerden in Märkten anderer Nationen einschließt, wobei auch hier die Marktabgrenzung nicht immer leicht fällt. Bei vielen Märkten spielen die nationalen Grenzen keine große Rolle mehr (z.B. Stahl), bei anderen allerdings sehr wohl (z.B. Telefonie oder Wasserwirtschaft).

Was die Planung der Internationalisierung anbelangt, so verlangt hier die strategische Analyse neben all den anderen beschriebenen Faktoren eine besondere Abschätzung der länderspezifischen Eigenheiten und Risiken. Die Umweltanalyse hat insbesondere kulturelle Besonderheiten und andere Länderspezifika wie Steuern, Unternehmensrecht oder Wirtschaftspolitik einzubeziehen. Um die Unwägbarkeiten, die ja bei einem Eintritt in fremde Märkte besonders hoch sind, besser abschätzbar zu machen, wurde eine Reihe von Methoden entwickelt, die auch einen Vergleich zwischen alternativen Länder-Märkten möglich machen sollen, wie z.B. der Business Service Index (früher BERI Index) oder der International Country Risk Guide (vgl. etwa Tristram 2013).

(a) Wege der Internationalisierung

Internationalisierungsschritte

Für den Eintritt in fremde Märkte stehen unterschiedliche Möglichkeiten zur Verfügung (vgl. Zentes et al. 2013, S. 225 ff.). Hierzu zählen vor allem

- Export, d.h. der reine Warentransfer in ein anderes Land,
- Lizenzvergabe, d.h. der Verkauf bestimmter Ressourcen (Fertigungsverfahren, Markenname usw.) an Unternehmen anderer Länder,
- Franchising, d.h. der Verkauf eines ganzen Programmpaketes an Unternehmen anderer Länder (Coca Cola, McDonald's),

Strategiebestimmung und -umsetzung 4.1

- Strategische Allianz, d.h. netzwerkartige Verknüpfung mit Auslandsunternehmen,

- Direktinvestition, d.h. der Aufbau eines eigenen Unternehmens in einem fremden Land als Joint Venture oder Tochtergesellschaft.

(b) Multinationale Strategien

Was nun die zweite große Frage anbelangt, welche strategischen Optionen einem bereits international tätigen Unternehmen offenstehen, so zentriert sich die Diskussion um die Alternativen **Globalisierung** (einheitliche Konzernstrategie) oder **Fragmentierung** (multilokale Strategie).

Grundsatzfrage

Die Unternehmen müssen entscheiden, ob sie auf den verschiedenen Inlands- und Auslandsmärkten mit einer einheitlichen Strategie operieren wollen oder ob sie die jeweiligen nationalen Märkte auf Grund von Besonderheiten separat behandeln und eine je spezifische Strategie entwickeln wollen. Eine nähere Betrachtung erfolgreicher multinationaler Unternehmen zeigt ganz im Sinne des oben dargelegten Optionsansatzes, dass sie mit durchaus unterschiedlicher strategischer Gesamtorientierung ihre Aktivitäten steuern. Verfolgen viele Unternehmen eine einheitliche Strategie, spricht man auch von „global industries" (Kogut 1989):

Unter einer **globalen Strategie** soll hier der Entschluss einer Unternehmung verstanden werden, die verschiedenen Märkte mit ein- und demselben Produkt und derselben Wettbewerbsprofilierung zu bearbeiten.

Globale Strategien beruhen ihrerseits wiederum auf einer spezifischen Wettbewerbsstrategie. So kann die globale Konkurrenz etwa auf der Basis der Kostenorientierung geführt werden (z.B. die Strategie der Unternehmen Samsung oder KIA); sie nützen in erster Linie die Größenersparnisse einer globalen Strategie. Zum anderen kann aber die globale Strategie auch auf einer Differenzierungsstrategie aufbauen (z.B. bei den Unternehmen IBM oder BMW); sie verwenden die Globalisierung in erster Linie, um die Differenzierungskosten zu senken und um sich gegenseitig verstärkende Effekte bei der Differenzierungsprofilierung zu erzielen.

Eine **fragmentierte, lokal angepasste Strategie** („multilokale Strategie") behandelt die jeweilige Wettbewerbssituation auf den nationalen Märkten separat und geht auf die Besonderheiten ein. Dies führt im Ergebnis zu einem Portfolio unterschiedlicher Wettbewerbsstrategien. Zu erinnern ist etwa an die General Motors Corp., die in Deutschland mit der Deutschen Opel AG eine lokal angepasste Strategie verfolgt; gleiches gilt für Ford.

Die Frage, ob einer globalen oder einer fragmentierten, den spezifischen Gegebenheiten des Auslandsmarktes angepassten Strategie der Vorzug gegeben werden soll, hängt von verschiedenen Faktoren ab. Dies sind vor

Wichtige Kontextfaktoren

Strategiebestimmung und -umsetzung

allem die kulturelle Akzeptanz, die potenziellen Größen- und die Verbundersparnisse. Empirische Studien zeigen, dass entgegen der landläufigen Meinung die Mehrheit der Unternehmen eine multilokale Strategie verfolgt (Rugman/Verbeke 2004).

Optionen

Aus vorstehenden Überlegungen ergibt sich, dass Globalisierung und Fragmentierung Basisoptionen sind, über deren Vorteilhaftigkeit erst nach genauer Kenntnis der externen Situationen und der Stärken und Schwächen sinnvoll entschieden werden kann. Die eine Unternehmung kann ihre Ressourcen eher über eine **fragmentierte Strategie** zu einem je spezifischen Wettbewerbsvorteil führen, die andere eher über eine globale Strategie. In vielen Märkten können beide Strategien erfolgreich nebeneinander bestehen, bisweilen verfolgen auch multinationale Firmen gemischte Strategien, d.h. bestimmte Märkte werden global, andere differenzierend bearbeitet (z.B. General Motors oder Nestlé).

Unabhängig davon kann aber über die Jahre hinweg ein verstärkter Trend hin zur Globalisierung festgestellt werden; mehr Freihandel, der raschere Transfer neuer Technologien und die Internationalisierung der Kommunikation haben dazu wesentlich beigetragen.

4.1.2.4 Kernkompetenz-Strategie

Hyperwettbewerb

Die zunehmende **Dynamisierung** der Märkte in vielen Bereichen – manche sprechen sogar von einem Hyperwettbewerb (D'Aveni 1994) –, hat zunehmend die Frage entstehen lassen, ob die bisherigen Methoden und Techniken der Strategieformulierung nicht zu sehr auf stabile Marktstrukturen und Wettbewerbsbedingungen vertrauen.

Kleinere Zeithorizonte

Neue Wettbewerber kommen in den Markt (man denke nur an die vielen neuen Internetfirmen), Substitutionsprodukte werden in immer rascherer Folge entwickelt, selbst junge Geschäftsfelder wie der Halbleiter- oder Drucker-Markt unterliegen einem enorm schnellen Reifungsprozess usw. Dies hat zur Folge, dass es immer schwieriger wird, Strategien auf vorhandene Wettbewerbsstrukturen im Sinne von Gegebenheiten auszurichten; die Strukturen selbst sind es, die immer häufiger einem Wandel unterliegen. Dies gilt, wenn schon nicht für alle Industrien, so doch für eine beträchtliche Zahl und ganz gewiss mit steigender Tendenz.

Antizipation

Die erfolgreichsten Wettbewerber reagieren durch vorzeitige eigeninitiierte **Zerstörung** bestehender strategischer Vorteilspositionen (häufig schon vor der Reife), um Platz zu haben für den raschen Aufbau neuer Wettbewerbsvorteile. Als eindrückliches Beispiel kann Intel genannt werden mit dem raschen Aufbau und dem ebenso raschen Räumen von speziellen Produktmärkten (Burgelman 2002); die hohen Entwicklungskosten werden durch

Strategiebestimmung und -umsetzung **4.1**

konsequente Globalisierung rasch zu amortisieren versucht. Ein solches Verhalten heizt den Hyperwettbewerb allerdings weiter an.

Als Konsequenz aus dem eben Gesagten müsste die strategische Planung immer kurzfristiger werden und damit ihre Vorsteuerungsaufgabe immer mehr verlieren. Das strategische Management hat auf diese veränderten Bedingungen mit neuen Ansätzen reagiert. Das Konzept der Kernkompetenzen ist als ein solcher Versuch zu verstehen; es will die Planung von Unternehmensstrategien auf eine grundsätzlichere, wenn man so will, tiefer liegende Ebene stellen, nämlich auf die **generelle Fähigkeit**, immer wieder neue Wettbewerbsvorteile (wenn auch nur von kurzer Dauer) aufzubauen (Hamel/Heene 1994).

Kernkompetenz als Antwort

Ausgangspunkt der Überlegungen ist die Beobachtung, dass nur diejenigen Unternehmen **dauerhaft wettbewerbsfähig** sind, die über spezielle Grund- oder eben Kernkompetenzen verfügen. Diese Kompetenzen sind nicht nur auf einen Markt oder ein Geschäftsfeld bezogen, sondern von allgemeinerer Natur, was sie transferfähig macht. Sie können in modifizierter Form in verschiedenen Geschäftsfeldern erfolgsträchtig zum Einsatz gebracht werden – auch und insbesondere in zukünftigen Märkten, die heute noch gar nicht bestehen.

Übergreifende Fähigkeiten

Als Beispiel wird immer wieder auf den japanischen Sony-Konzern verwiesen, der mit Erfolg in zahlreichen Märkten der Unterhaltungselektronik tätig geworden ist. Eine Analyse der Wettbewerbsstruktur und Positionierung in den einzelnen Märkten zeigt unterschiedliche Profile. Versucht man jedoch, die Hintergrundstruktur des Geschäftserfolgs zu verstehen, stößt man auf eine übergreifende, in fast allen Märkten zur Geltung gebrachte Stärke, nämlich die Fähigkeit zu einer **kundengerechten Miniaturisierung** von Unterhaltungselektronik. Der Konzern hat konsequent in diese besondere Kompetenz investiert und verfügt damit über eine Stärke, die in den verschiedensten Märkten als Wettbewerbsvorteil zur Geltung gebracht werden konnte (z.B. Walkman, Fernsehgeräte, CD-Spieler, Empfänger, Verstärker, Camcorder). Derzeit ist der Konzern dabei, wegen nachlassenden Erfolges seine Kernkompetenzen auf den „Content"-Bereich umzuorientieren; statt der Abspielgeräte wird die Unterhaltung selbst zum Geschäftszentrum. Das zweite bereits zitierte Beispiel ist Apple. Dieses Unternehmen ist ähnlich wie Sony in vielen unterschiedlichen Märkten tätig. Eine genauere Analyse der scheinbar heterogenen Diversifikationsfelder (PC, MP3-Player inkl. Internet-Musikgeschäft, Smartphone, iPad) enthüllt auch hier eine übergreifende Kompetenz, die die Basis für den Aufbau von Wettbewerbsvorteilen in den verschiedensten Geschäftsfeldern bildet.

Sony als vielzitiertes Beispiel

Apple

4 Strategiebestimmung und -umsetzung

Kernkompetenz als Potenzial

Kernkompetenzen bezeichnen ein in Grenzen generalisierbares Fähigkeitspotenzial, das in verschiedenen Geschäftsfeldern den Aufbau von Wettbewerbsvorteilen ermöglicht. Daraus folgt, dass die Kernkompetenzen den Geschäftsfeldern logisch vorgeordnet sind. Kernkompetenzen werden in den sich meist rasch verändernden Geschäftsfeldern in jeweils spezifischer Weise zur Geltung gebracht (im Sinne einer „verwandten" Diversifikation). Sie bilden eine Art Rohmasse, die es dann jeweils geschäftsfeldspezifisch umzuformen gilt – ausgerichtet auf die Anforderungen der jeweiligen sich in rascher Folge verändernden Märkte im In- und Ausland und die einzelnen Produkte. Das gilt ebenso für zukünftige Märkte; freilich nur dann, wenn die Kernkompetenz tatsächlich zur Geltung gebracht werden kann. So gesehen bedeutet das Konzept der Kernkompetenz **Ausdehnung** im Sinne eines allgemeinen marktgreifenden Wettbewerbsvorteils und Einschränkung zugleich, weil ja eine Konzentration auf ganz **bestimmte Fähigkeiten** erfolgt und damit viele andere Möglichkeiten und Marktchancen ausgeschlossen werden (etwa im Vergleich zu einer konglomeraten Diversifikation).

Kein generelles Merkmal von Unternehmen

Nicht jede Kernkompetenz enthält allerdings ein vielversprechendes Erfolgspotenzial und nicht jedes Unternehmen besitzt eine Kernkompetenz. Es ist die Aufgabe des strategischen Managements, Kernkompetenzen zu finden bzw. auszubauen, um dem Unternehmen eine erfolgsträchtige Basis für den Aufbau von Geschäftseinheiten zu ermöglichen.

Die konglomerate Diversifikation erfährt durch die Kernkompetenzstrategie eine gewisse Neubewertung. Letztere beinhaltet ja explizit die Empfehlung, ausgehend von den Kernfähigkeiten des Unternehmens in den verschiedensten zum Transfer geeigneten Märkten tätig zu werden. Infolgedessen kann sich ein Unternehmen vom Markt her gesehen durchaus als Konglomerat diversifiziert darstellen, obwohl seine Aktivitäten de facto auf einem recht begrenzten Pool von Ressourcen und Fähigkeiten beruhen. Dies ist etwa bei Apple der Fall; die Palette reicht vom Rechner über das Smartphone bis zum Musikabspielgerät. Den Kern der Apple-Produkte bildet dabei aber stets die vielseitig nutzbar gemachte kombinative Fähigkeit von benutzerfreundlicher Softwareentwicklung, Medienverknüpfung und Design.

So attraktiv eine Kernkompetenzstrategie im Einzelfall erscheinen mag, sie ruft für die strategische Planung ein Paradox hervor: Kernkompetenzen sind das Ergebnis schwer entschlüsselbarer kollektiver Lernprozesse. Dies schützt sie einerseits vor Imitation (was nicht verstanden wird, kann auch nicht imitiert werden!), auf der anderen Seite erschwert dies aber auch ihre Planbarkeit. Die Herstellung völlig neuer Kernkompetenzen – gewissermaßen vom Reißbrett weg – ist so gut wie unmöglich. Die Planungsbemühungen sind auf die Pflege und systematische Fortentwicklung vorhandener Kompetenzen zu richten, in der Hoffnung, dass sich daraus Kernkompetenzen entwickeln.

4.2 Strategieimplementation

Die Formulierung strategischer Absichten bedeutet noch lange nicht tatsächliches strategisches Handeln. In nicht wenigen Fällen scheitern Strategien nicht wegen mangelnder Substanz, sondern weil das Unternehmen nicht in der Lage ist, die strategischen Absichten zu verwirklichen. Die Fähigkeit zur Strategieumsetzung ist deshalb heute zur Schlüsselkompetenz geworden. Bei der konkreten Umsetzung der Strategien gilt es, neben der Entwicklung **strategischer Programme** die **personellen** und die **organisatorischen** Gegebenheiten und Anforderungen zu berücksichtigen (vgl. Abbildung 4-6). Auf die hohe Bedeutung der Humanressourcen wie auch der Organisation für den Unternehmenserfolg wurde bereits in der Ressourcenanalyse (vgl. Kapitel 3) verwiesen. Neben personalpolitischen und organisationsstrukturellen Faktoren spielt für die Strategieimplementation aber auch die informelle Struktur eines Unternehmens und somit die Unternehmenskultur eine zentrale Rolle. All diese zentralen Faktoren der Strategieumsetzung werden in den weiteren Kapiteln dieses Buches eingehend behandelt. Die folgenden Ausführungen konzentrieren sich deshalb auf die strategischen Programme.

Planung der Strategieimplementation

Abbildung 4-6

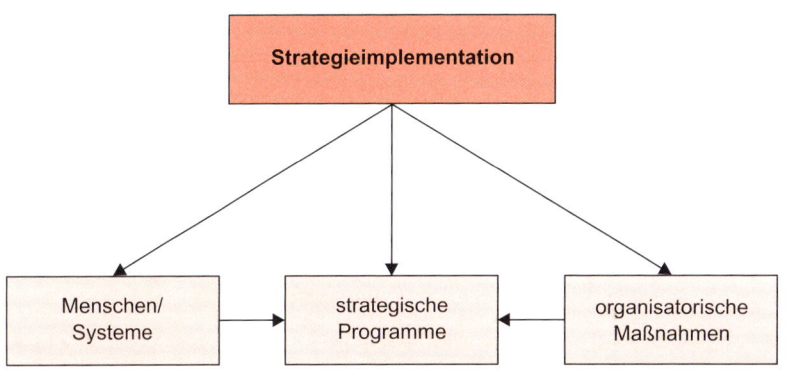

Aufgabe strategischer Programme ist es, die Strategie(n) für die betrieblichen Funktionen über die Zeit auf die Gegenwart hin zu konkretisieren. Mit anderen Worten, es wird konkretisiert, welche Maßnahmen von den einzelnen betrieblichen Funktionsbereichen und Abteilungen ergriffen werden müssen, damit die geplante Strategie realisiert werden kann. Es geht also um Fragen wie: Welche Schritte muss z.B. der Einkauf ergreifen, um die geplan-

Funktion von strategischen Programmen

4 Strategiebestimmung und -umsetzung

te Kostenschwerpunktstrategie zu verwirklichen, oder welche Aktivitäten muss der technische Bereich entfalten, um einen technischen Kundendienst als zentrales Differenzierungsmerkmal aufzubauen?

Eigenständige Leistung

Schon diese Fragen deuten an, dass es sich bei der Entwicklung strategischer Programme nicht um eine vollständige Übersetzung oder gar um eine logische Ableitung in dem Sinne handeln kann, dass die Strategie bereits alle Umsetzungsmaßnahmen enthielte. Die Programmentwicklung ist vielmehr eine eigenständige planerische Leistung, in der es darum gehen soll, Maßnahmen zu fixieren, die für den Erfolg der geplanten Strategie kritisch sind. Nicht alles betriebliche Handeln wird in strategische Programme gegossen, sondern selektiv nur jene Maßnahmenbereiche, die für die Umsetzung als **kritisch** angesehen werden.

Aufgabe der Programmplanung ist es deshalb, im ersten Schritt diejenigen Bereiche herauszufiltern, die für die erfolgreiche Umsetzung der Unternehmensstrategie von **kritischer Bedeutung** sind. Hat sich ein Unternehmen z.B. entschlossen, die Sicherheit der Produkte zum zentralen Thema einer Differenzierungsstrategie zu machen, so sind die strategischen Programme nach Maßgabe dieses Themas zu entwickeln: Entwicklung von Sicherheitsvorkehrungen, Erhöhung der Qualitätsstandards in der Produktion, die Kommunikation der Sicherheitsphilosophie usw.

Diese Vorgehensweise, den Umsetzungsprozess auf die kritischen Maßnahmenbereiche zu konzentrieren, ist **bewusst selektiv**. Sie trägt der allgemeinen Einsicht Rechnung, dass der strategische Plan nur ein **Rahmenplan**, nicht aber ein umfassender Steuerungsplan sein kann. Die nicht-strategiekritischen Bereiche sind den Optimierungsbemühungen der operativen Planung anheimzustellen.

Kreativer Akt

Strategische Programme können nur dann erfolgreich sein, wenn es gelingt, sie in **konkretes betriebliches Handeln** umzusetzen. Die Schwierigkeiten bei der planerischen Umsetzung der Strategie liegen vor allem darin, dass eine ganzheitliche Zielvorstellung nun in konkreten Handlungsschritten ihren Niederschlag finden muss. Dies ist ein kreativer Akt.

Keine Totalplanung

Der zuletzt genannte Gesichtspunkt betont nachdrücklich, dass die Pläne einer Unternehmung nicht als total abgestimmter Apparat begriffen werden dürfen, sondern eher als ein locker verknüpftes, nicht immer widerspruchsfrei zu haltendes Gebilde. Der tiefere Grund für diese eher **lockere Konstruktion** ist in den komplexen Funktionsbedingungen von Unternehmen zu suchen (Schreyögg 1993; Malik 2013). Man denke nur an die Schwierigkeiten, das komplexe Aufgabengebiet einer Managementposition vollständig mit einem Ziel abzudecken. Das Problem der mehrfachen Zielsetzung in Unternehmen, die keineswegs immer als konsistente Unterziele eines Ge-

Strategieimplementation

4.2

samtziels begriffen werden können, greift ein populäres Planungs- und Kontrollinstrument auf, die sog. **Balanced Scorecard** (Kaplan/Norton 1997).

Die Balanced Scorecard übersetzt die Strategie in Ziele und Kennzahlen, die nach vier verschiedenen Perspektiven unterteilt sind:

(1) finanzwirtschaftliche Perspektive,

(2) Kundenperspektive,

(3) interne Prozessperspektive sowie

(4) Lern- und Entwicklungsperspektive.

Konzept der Balanced Scorecard

Durch den Einbezug möglichst vieler Mitarbeiter will man die Energien und Potenziale der gesamten Organisation auf die Erreichung der strategischen Ziele ausrichten. Die Balanced Scorecard versteht sich zugleich als Instrument zur breiten Kommunikation der Unternehmensstrategie. Ferner soll durch das Feedback auf allen Ebenen im Sinne der fortlaufenden **Zielkontrolle** die Möglichkeit zu einem strategischen Lernprozess geboten werden.

Die Balanced Scorecard ist neben den vier sachlichen Perspektiven in vier Umsetzungskategorien unterteilt: (1) Allgemeine Ziele, (2) Messgrößen, (3) Zielvorgaben und (4) Maßnahmen. In Abbildung 4-7 wird die Grundstruktur einer Balanced Scorecard an einem Beispiel verdeutlicht.

Grundstruktur der Balanced Scorecard

Abbildung 4-7

	Allgemeine Ziele	**Messgröße**	**Zielvorgabe**	**Maßnahmen**
Finanzen	Ertragssteigerung	ROI	14 % ROI	Frühzeitigere Projektselektion
Kunden	Kundentreue erhöhen	Wiederkaufrate	65 %	Technischen Service ausbauen
Prozesse	Verkürzung der Durchlaufzeiten	Durchlauftage eines Antrags	5 Tage	Abbau von Schnittstellen
Lernen	Mitarbeiterzufriedenheit	Repräsentative Umfrage	10 % Steigerung der Zufriedenheitswerte	Empowerment

4.3 Strategische Kontrolle

Identifikation von Abweichungen

Die Strategien bestimmen die allgemeine Richtung der Unternehmensaktivitäten. Mit Hilfe hieraus abgeleiteter Aktionspläne, Budgets und geeigneter organisatorischer Maßnahmen sollen diese gedanklichen Konstruktionen in die Tat umgesetzt und schließlich durchgeführt werden. Als letzte Phase dieses Steuerungsprozesses wird häufig die Kontrolle dargestellt. Sie soll prüfen, ob es gelungen ist, das Geplante in die Tat umzusetzen und die angestrebten Ziele zu erreichen. Die Gegenüberstellung von Soll und Ist zeigt Realisationslücken bzw. Planabweichungen auf.

Neues Kontrollverständnis

Diese **traditionelle Kontrollauffassung** ist jedoch gerade für den strategischen Bereich unbrauchbar. Aufgrund des weiten Planungshorizonts und der damit in besonderem Maße gegebenen Unüberschaubarkeit (Komplexität) und Unsicherheit käme eine ex-post-Kontrolle, die den Niederschlag der Ergebnisse der strategischen Umsetzung abwartet, einer groben Fahrlässigkeit gleich.

Selektivität der Planung als Problem

Statt als letztes Glied des strategischen Managementprozesses ist strategische Kontrolle vielmehr – wie in Abbildung 4-8 gezeigt – als **planungsbegleitender Prozess** zu denken, der von dem Moment an einsetzen muss, da der erste Selektionsschritt im Planungsverfahren erfolgt (Schreyögg/ Steinmann 1987). Planung – das wurde oben schon mehrfach dargelegt – ist ein selektiver Prozess, der häufig nur durch Festlegen von Annahmen weitergetrieben werden kann. Strategische Planung ist also so gesehen versuchsweises Handeln. Sie entwirft auf der Grundlage von Relevanzvermutungen über die Umwelt näherungsweise eine Strategie. Es ist die Funktion der strategischen Kontrolle, dieses versuchsweise Handeln durch ein kontinuierliches Monitoring möglich zu machen. Eine vollständige Absicherung ist jedoch auch durch die begleitende Kontrolle niemals möglich.

Definition

Strategische Kontrolle lässt sich somit als Aufgabe definieren, die strategischen Pläne und deren Umsetzung, also auch die schon längere Zeit verwendeten Strategien, fortlaufend auf ihre weitere Tragfähigkeit hin zu überprüfen, um Bedrohungen und dadurch notwendig werdende Veränderungen des strategischen Kurses rechtzeitig zu signalisieren.

Kontrolle als Gegengewicht

Die strategische Kontrolle soll definitionsgemäß ein Gegengewicht zur Selektivität der Strategiefestsetzung bilden. Daraus folgt, dass sie selbst, zumindest von der Intention her, nicht selektiv sein darf.

Für eine Konkretisierung und praktische Umsetzung des Konzepts lassen sich drei Kontrolltypen unterscheiden:

4.3 Strategische Kontrolle

- strategische Überwachung als übergreifende Kernfunktion,
- strategische Prämissenkontrolle und
- strategische Durchführungskontrolle.

Drei Formen der strategischen Kontrolle

Während sich die **Prämissenkontrolle** auf die bewusst gesetzten Annahmen im Planungsprozess konzentriert, ist es Aufgabe der **Durchführungskontrolle**, alle diejenigen Informationen zu sammeln, die sich im Zuge der Strategiedurchführung ergeben und die auf Gefahren für eine Realisierung der gewählten Strategie hindeuten könnten. Abbildung 4-8 fasst die strategischen Kontrolltypen in einem Schaubild zusammen.

Der strategische Kontrollprozess

Abbildung 4-8

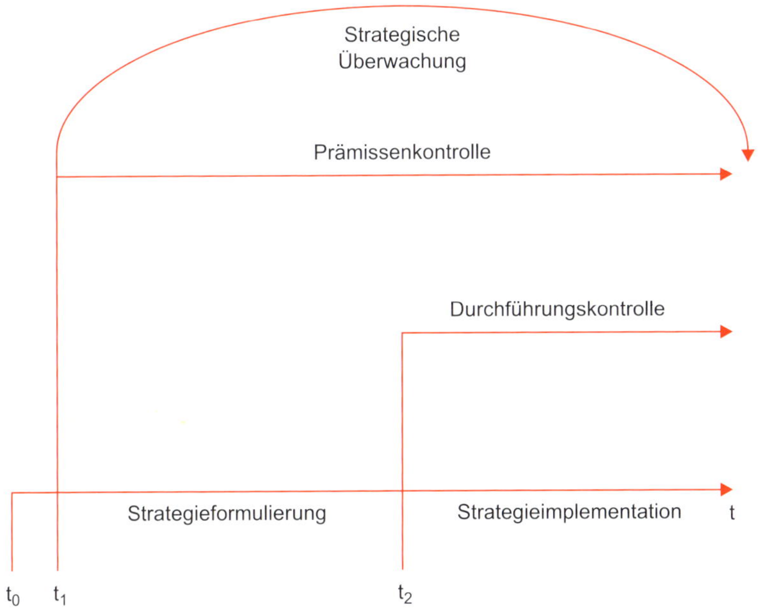

```
                    Strategische
                    Überwachung

              Prämissenkontrolle                              →

                                      Durchführungskontrolle  →

              Strategieformulierung   Strategieimplementation  → t
       t₀  t₁                        t₂
```

Die zugrundeliegende Prozesslogik ist wie folgt: Im strategischen Planungsprozess, der in t_0 beginnt, ist das **Setzen von Prämissen** (im Zeitpunkt t_1) das wesentliche Mittel, um die Entscheidungssituation zu strukturieren. Nachdem mit der Setzung von Prämissen immer zugleich eine Großzahl möglicher anderer Zustände ausgeblendet wird, konstituiert sich mit ihr ein hohes **kontrollbedürftiges Risiko**. Daraus leitet sich das erste spezielle Kontrollfeld ab, nämlich die (explizit gemachten) strategischen Prämissen fort-

4 Strategiebestimmung und -umsetzung

laufend daraufhin zu überwachen, ob sie weiterhin Gültigkeit beanspruchen können.

Selektionsrisiko

Die Setzung von Prämissen kann niemals vollständig in dem Sinne sein, dass alle relevanten Entwicklungen erkannt und/oder alle neuen Entwicklungen vorhergesehen werden. Die strategische Kontrolle muss deshalb darauf bedacht sein, diesen bei der Prämissensetzung ausgeblendeten, aber für den strategischen Kurs möglicherweise bedrohlichen Bereich ebenfalls mit abzudecken, um auch insoweit das Risiko zu begrenzen.

Meilensteine

Sobald die Umsetzung der Strategie beginnt (t_2), muss auch die Sammlung speziell darauf bezogener Informationen einsetzen. Dies ist die genuine Aufgabe der **strategischen Durchführungskontrolle**. Sie hat anhand von Störungen wie auch prognostizierter Abweichungen von ausgewiesenen strategischen Zwischenzielen (Meilensteinen) festzustellen, ob der gewählte strategische Kurs gefährdet ist oder nicht. Unter den Begriff „Durchführungskontrolle" fällt auch die fortlaufende Beobachtung bereits seit längerer Zeit umgesetzter Strategien.

Strategisches Kontrollsystem

Diese beiden spezialisierten und damit selektiven Kontrollaktivitäten müssen eingebettet werden in eine unspezialisierte und insofern globale **Strategische Überwachung** als Auffangnetz. Sie trägt der Einsicht Rechnung, dass es in der Regel zahlreiche kritische Ereignisse gibt, die einerseits im Rahmen der Prämissensetzung übersehen oder auch falsch eingeschätzt werden, andererseits aber ihren Niederschlag noch nicht in den registrierten Wirkungen und Resultaten der implementierten strategischen Teilschritte gefunden haben.

Die drei genannten Kontrollarten bilden in ihrem Zusammenwirken das strategische Kontrollsystem. Wie in Abbildung 4-8 gezeigt, muss mit dem Setzen der ersten Prämissen im Rahmen der strategischen Planung die Prämissenkontrolle ihre Tätigkeit aufnehmen. Von hier an begleitet sie alle weiteren Prämissensetzungen im Rahmen des Planungs- und Implementationsprozesses. Zum gleichen Zeitpunkt muss die strategische Überwachung ihre Tätigkeit aufnehmen. Wenn die Strategieimplementation beginnt, greift die dritte Kontrollart, die strategische Durchführungskontrolle. Ab diesem Zeitpunkt wirken alle drei vorgeschlagenen Kontrollarten zusammen, um das Selektionsrisiko der strategischen Planung zu kompensieren. Strategische Kontrolle stellt so verstanden einen **kontinuierlichen Prozess** dar. Eine Periodisierung, etwa unter Anbindung an den strategischen „Planungskalender", wie es im Zusammenhang mit der sogenannten Neuplanung üblich ist, würde ihrem Wesen grundlegend widersprechen.

Insgesamt gilt es also, diejenigen Faktoren herauszufiltern und der direkten Beobachtung zu unterstellen, die für den Erfolg der gewählten Strategie

Strategische Kontrolle

4.3

kritisch sind. Dies stellt für den gesamten Kontrollprozess eine permanente Herausforderung dar (vgl. Kasten 4-4). Zudem unterscheiden sich diese Faktoren von Strategie zu Strategie erheblich. Es kann also kein generelles Kontrollgerüst für Wettbewerbsstrategien aufgebaut oder von anderen Unternehmen übernommen werden (wie das etwa bei der Kostenrechnung möglich ist).

Kasten 4-4

Aktives Warten

Eine große Schwierigkeit im strategischen Management stellt das Faktum dar, dass Bedrohungen und Chancen ihrer Natur nach unregelmäßig und kaum vorhersehbar auftreten. Unternehmen sind daher gehalten, sich auf das Eintreffen solcher Signale einzurichten. Auf eine lange Phase geringer Bewegung treffen plötzlich Ereignisse von großer strategischer Bedeutung. Für diesen Moment müssen Unternehmen gerüstet sein. Wie man aus der Kontrollforschung weiß, macht eine fortlaufende Beobachtung ohne besondere Ereignisse tendenziell unaufmerksam. Dieser Tendenz müssen Unternehmen durch ein aktives Warten entgegenwirken.

Wie kann man einen solchen Zustand herbeiführen?

Fünf Prinzipien gelten hier:

1. Keep the vision fuzzy and the priorities clear.
2. Conduct reconaissance into the future.
3. Keep a war chest.
4. Maintain the pressure.
5. Declare the main effort.

Dabei kommt es darauf an, Signale richtig zu deuten: Sind es wirklich Gelegenheiten oder sind es nur „Enten"? Die Beantwortung folgender Fragen kann dabei hilfreich sein:

1. Was genau ist die Anomalie (Diskrepanz), worin besteht sie?
2. Was hat sich in der Umwelt verändert, so dass diese Gelegenheit erwächst?
3. Hat Ihr Unternehmen eine goldene Gelegenheit nötig (Druck)?
4. Ist der 20 € Schein noch auf dem Boden? Warum hat noch niemand sonst die Gelegenheit ergriffen?
5. Wie schnell werden die Wettbewerber reagieren?
6. Kann mein Unternehmen die Gelegenheit schnell ergreifen oder sind wir zu langsam dazu?

Quelle: Sull 2005

Organisation der Kontrolle: Nicht zuletzt muss auch entschieden werden, wer die strategische Kontrolle durchführen soll. Häufig wird vorgeschlagen, die Aktivitäten zu bündeln und sie einer neu zu schaffenden **Stabsabteilung** (Vorstandsstab) zu übertragen. Diese Lösung ist jedoch mit Zurückhaltung aufzunehmen, verlangt dieser Vorschlag doch, dass die strategischen Kon-

Stäbe

Strategiebestimmung und -umsetzung

trollaktivitäten aus den täglichen Handlungs- und Informationsprozessen ausgliederbar sind und einem Expertenteam überantwortet werden können. Diese Voraussetzungen sind bei der strategischen Kontrolle jedoch nur in geringem Maße gegeben. Strategische Kontrolle verlangt eine **direkte Beobachtung** der Kunden, der Lieferanten, der Konkurrenten usw., die häufig nur vor Ort geleistet werden kann.

Dezentralisierung

Die strategische Kontrolle entzieht sich deshalb ihrem Wesen nach einer Zentralisierung. Sie ist eine Aufgabe, die im Kern nur dezentral von Mitarbeitern in den verschiedensten Teilen des Unternehmens geleistet werden kann, die aus ihrer alltäglichen Interaktion mit der Unternehmensumwelt über entsprechendes Wissen und Urteilskraft verfügen. Diese dezentrale Aufgabe umfasst sowohl die **Informationsaufnahme** als auch deren **Interpretation** und eine erste Einschätzung der strategischen Relevanz (vgl. dazu noch einmal Kasten 4-4). Letzteres ist schon deshalb erforderlich, weil ansonsten ohne Filterung viel zu viele Informationen in den strategischen Kontrollprozess einfließen würden. Die moderne Informationstechnologie lädt nachgerade zu solchem Informationsüberfluss ein.

Gemeinsame „strategische Sprache"

Unabhängig aber von der Frage, wie eine solche Zentralstelle zu organisieren ist, setzt eine effektive strategische Kontrolle die Kenntnis und ein weithin geteiltes Verständnis der verfolgten Strategie voraus. Zur **Unterstützung** der dezentralen Kontrollaktivität gilt es also, die strategischen Absichten möglichst genau und umfassend zu kommunizieren. Bereits eingangs war darauf hingewiesen worden, dass die Grundvoraussetzung einer erfolgreichen Strategieimplementation die Schaffung eines gemeinsamen strategischen Sprachsystems ist. Dies gilt in vollem Umfang auch für die strategische Kontrolle und ist für die strategische Überwachung geradezu Existenzvoraussetzung.

Kritikfähige Organisation

Daneben gilt es aber auf eine ganz wichtige weitere Voraussetzung jeder effektiven strategischen Kontrolle hinzuweisen, nämlich die Schaffung einer Organisation, die überhaupt zur **Selbstkritik** bereit und fähig ist. Eine kritikfähige Organisation hat folgende Merkmale:

- Durchlässige Kommunikationsstrukturen (geringe Schwellenängste, unkomplizierte Meldewege, etwa über E-Mail oder ein Rotes Telefon, usw.),

- Akzeptanz von Neinsagern (kein zu starker Konformitätsdruck, Ermunterung zu Zivilcourage usw.),

- Mut, eingeschliffene Denkmuster in Frage zu stellen („Querdenken" erlaubt).

„Unsichtbare" Barrieren

Die Weitergabe strategischer Kontrollinformationen bereitet häufig größere Schwierigkeiten, als gemeinhin vermutet wird. Man darf nicht vergessen, dass strategische Kontrollinformationen in der Regel unangenehme Informationen sind, vor allem für die oberen Entscheidungsträger. Neben bürokratischen Hemmnissen (Einhaltung des Dienstweges, Formularwesen usw.) sind es nicht selten auch Fragen der Macht („Wer nimmt sich hier das Recht heraus, die Strategie des Vorstands in Frage zu stellen?"), die einer regen Kontrollaktivität massiv entgegenwirken können.

Eine weitere Barriere ist gegenseitige **Rücksichtnahme**; man möchte keinen Kollegen „anschwärzen" oder man fürchtet sich vor „Vergeltungsschlägen", wenn im Hause publik wird, von wem die strategiekritische Information kommt. Die Kritik oder gar die Revision einer einmal beschlossenen Strategie wird ja nicht selten als Niederlage gesehen oder als Triumph derjenigen, die von Anfang an davor gewarnt hatten. Beides setzt nicht selten eine rivalisierende Dynamik frei, die den Fluss strategischer Kontrollinformationen zum Erliegen bringen kann. Dies verweist uns erneut darauf, dass nicht vergessen werden darf, wo der strategische Prozess stattfindet, nämlich nicht im Kopfe eines Strategen, sondern in Organisationen mit vielen Menschen, Gruppen und Allianzen.

Lernkontrollfragen

1. Welche Zielsetzung steht im Mittelpunkt einer verbundenen Diversifikation?
2. Welche alternativen Ansatzpunkte stehen bei der Wahl einer Differenzierungsstrategie zur Diskussion?
3. Nennen Sie die für die Strategieumsetzung wichtigsten Planungsfelder!
4. In welchem Verhältnis steht die strategische Kontrolle zur strategischen Planung?
5. Wie unterscheiden sich strategische Prämissenkontrolle und strategische Überwachung?
6. Auf welcher Logik beruht die BCG-Matrix und welche strategischen Implikationen sollen daraus abgeleitet werden?
7. Worin liegen die zentralen Risiken einer Strategie der Kostenführerschaft?
8. Welche Bedeutung hat die Idee des „Lebenszyklus" von strategischen Geschäftsfeldern für das strategische Management?
9. Wodurch unterscheiden sich die strategischen Optionen auf der Unternehmensebene von denen der Geschäftsfeldebene?

Strategiebestimmung und -umsetzung

10. Wodurch unterscheidet sich eine globale Strategie von einer fragmentierten Strategie? Welche multinationale Strategie verfolgen die Unternehmen Coca Cola und McDonald's?

11. Diskutieren Sie die drei Arten der strategischen Kontrolle anhand eines selbstgewählten Unternehmensbeispiels.

12. Welche Anforderungen stellt die zunehmende Dynamisierung der Märkte an den strategischen Managementprozess?

13. Erläutern Sie die Planungs- und Kontrollfunktion der Balanced Scorecard an einem selbstgewählten Beispiel.

14. Welche Bedeutung hat die Erfahrungskurve für die BCG-Matrix? Erläutern Sie den unterstellten Zusammenhang zwischen Erfahrungskurve und BCG-Matrix. Ist dieser Zusammenhang realiter immer gegeben?

15. Was versteht man unter einer Hybridstrategie und inwieweit ist eine solche umsetzbar?

16. Der Versorgungskonzern RWE AG hat vor einigen Jahren die Heidelberger Druckmaschinen AG gekauft und zwischenzeitlich wieder verkauft. Welcher strategischen Ebene sind diese Entscheidungen zuzuordnen?

Lösungshinweise zu den Lernkontrollfragen erhalten Sie auf der Webseite zum Buch unter www.springer.com.

Diskussionsfragen

I. Erläutern Sie den strategischen Würfel anhand eines praktischen Beispiels!

II. Inwiefern kommt eine Kernkompetenzstrategie einer „verwandten" Diversifikation gleich?

III. Warum sollten die Leistungsbeurteilungs- und Anreizsysteme eines Unternehmens möglichst auf seine Strategie(n) abgestimmt werden?

IV. Warum lassen sich operative Pläne nicht vollständig aus dem strategischen Plan ableiten?

V. Aus welchen alternativen Perspektiven heraus kann das Verhältnis von Strategie und Personalwirtschaft beschrieben werden?

VI. Warum ist die strategische Kontrolle als planungsbegleitender Prozess zu konzipieren?

VII. Worin unterscheidet sich die strategische Überwachung von den beiden anderen Kontrollarten?

VIII. Welche Aspekte des organisatorischen Kontextes hat ein erfolgreiches strategisches Prozessmanagement zu beachten?

IX. Die Allpharm AG ist gegenwärtig in fünf strategischen Geschäftsfeldern tätig. Aus den letzten Marktanalysen ergab sich das folgende Bild:

	Marktwachstum	Relativer Marktanteil
Kosmetikartikel	9,0 %	0,21
Binden	24,4 %	0,61
Nicht verschreibungspflichtige Schmerzmittel	22,0 %	1,74
Verschreibungspflichtige Schmerzmittel	21,0 %	1,53
Forschungsleistungen	23,3 %	0,53

a) Erarbeiten Sie mit Hilfe des BCG-Ansatzes Strategieempfehlungen für die Allpharm AG.

b) Eine detailliertere Marktanalyse für das größte Segment verschreibungspflichtiger Schmerzmittel hat ergeben, dass sich in den letzten Jahren einige vermeintlich unbedeutende Wettbewerber durch eine sehr aggressive Preispolitik etabliert haben und hohe Zuwachsraten erzielen. Deshalb bereitet gerade dieses Geschäftsfeld der Allpharm einiges Kopfzerbrechen, da die eigenen Umsatzzahlen stagnieren und durch den rapiden Preisverfall der letzten Jahre erhebliche Profitabilitätsprobleme zu verzeichnen sind. Es gibt Indizien dafür, dass die aggressive Preispolitik des Wettbewerbs auf einer überlegenen Kostenstruktur basiert. Geben Sie eine Einschätzung der Situation und zeigen Sie anhand dieses Beispiels die Schwächen des BCG-Portfolios auf.

4 Strategiebestimmung und -umsetzung

Fallstudie: Smart

© Daimler AG

1998 führte die damalige Daimler Benz AG (zwischenzeitlich Daimler-Chrysler AG und heute Daimler AG) den Smart auf dem Automobilmarkt ein und eröffnete damit ein neues Geschäftsfeld des Konzerns. Der kleine Zweisitzer in den frechen Farben wird in eigenen Vertriebsstellen, den sogenannten Smart Centern, in drei Ausstattungsvarianten angeboten. Die kleinste 50 PS-Variante ist derzeit für einen Grundpreis zu 8.625 Euro zu haben. Für die 61 PS-Motorisierung muss der Kunde schon mindestens 9.300 Euro ausgeben.

Sonderausstattung und Zubehör lassen sich individuell zu speziellen Ausstattungspaketen kombinieren. Viele Teile können mit wenigen Handgriffen ausgewechselt werden (Verkleidungsteile und Armaturen). Sogar die Sitzpolster sind austauschbar. Bei einem Unfallschaden ist das Reparieren der Teile zeit-, ressourcen- und somit kostensparend. Der Smart lässt sich damit ständig erneuern und der individuelle Look lässt sich in Farben und Mustern laufend an den aktuellen Trend anpassen.

Für das Recycling der alten Body Panels (modulare Karosserieteile) sorgt das Smart Center. Kein Auto braucht weniger Platz zum Einparken als der Smart, es gibt deshalb Sondertarife bei den Autozügen der Deutsche Bahn AG.

Frage zur Fallstudie

1. Welche Wettbewerbsstrategie verfolgt die Daimler Benz AG in dem Geschäftsfeld „Kleinwagen"? Analysieren Sie diese Wettbewerbsstrategie anhand der drei Dimensionen des strategischen Würfels!

5 Operative Planung und Kontrolle

Lernziele zu Kapitel 5	151
5.1 Zum Zusammenhang von operativem und strategischem Planungssystem	152
5.2 Merkmale der operativen Planung	154
5.2.1 Arten operativer Pläne	154
5.2.2 Die Interdependenz der Teilpläne	160
5.2.3 Die operative Planung unter Unsicherheit	162
5.3 Operative Planungsmodelle	166
5.4 Operative Modellplanung am Beispiel der Linearen Programmierung	168
5.5 Operative Modellplanung am Beispiel der Break-even-Analyse	173
5.6 Budgetierung	183
5.6.1 Grundfragen der Budgetierung	183
5.6.2 Arten von Budgets	186
5.6.3 Der Budgetierungsprozess	188
5.7 Die operative Kontrolle	190
Lernkontrollfragen	195
Diskussionsfragen	196
Fallstudie: Sektkellerei Goldtröpfchen	196

Operative Planung und Kontrolle

Lernziele zu Kapitel 5

Nach Durcharbeiten dieses Kapitels sollten Sie in der Lage sein,

- das Verhältnis von strategischer und operativer Planung zu erläutern,
- die unterschiedlichen Arten von operativen Plänen zu benennen und gegeneinander abzugrenzen,
- das Problem der Interdependenz der operativen Teilpläne darzulegen,
- die Bedeutung des Problems der Unsicherheit zu erläutern und darzulegen, welche Möglichkeiten des Umgangs es mit Unsicherheit im Rahmen der operativen Planung gibt,
- die verschiedenen Typen operativer Planungsmodelle und ihre Unterschiede zu erklären,
- die Grundprinzipien der Linearen Programmierung und ihre Anwendungsmöglichkeiten darzulegen,
- das Modell der Break-even-Analyse auf betriebliche Problemstellungen anzuwenden,
- die Funktionen der Budgetierung sowie die mit dem Budgetierungsprozess potenziell verbundenen Dysfunktionalitäten zu erläutern,
- die verschiedenen Budgetarten gegeneinander abzugrenzen und die unterschiedlichen Ansatzpunkte des Budgetierungsprozesses darzulegen,
- die operative Kontrolle im Sinne eines Regelkreises zu verstehen und die Bedeutung einer Feedforward-Kontrolle aufzuzeigen,
- die kennzahlenbasierte Form der Kontrolle anhand des ROI-Kontrollsystems in Grundzügen zu erläutern.

5 Operative Planung und Kontrolle

5.1 Zum Zusammenhang von operativem und strategischem Planungssystem

Verhältnis

Die strategische Planung gibt für die operative Planung den Orientierungsrahmen vor und ist insoweit also systematisch dieser vorgeordnet. So gesehen steht die operative Planung in einer (instrumentellen) **Vollzugsfunktion** zur strategischen Planung. Dies macht einen wichtigen Teil ihrer Aufgabenstellung aus, beschreibt sie jedoch nicht vollständig. Sie muss auch die Gegenwart und die kurzfristige Überlebensperspektive gegenüber der langfristigen Absicherung des Erfolgspotenzials zur Geltung bringen.

Zwecksetzung

Mit der Formulierung strategischer Ziele wird das Erfolgspotenzialproblem der Unternehmung in eine bearbeitbare Fassung transformiert und ihre planerische Umsetzung in Zweck/Mittel-Ketten ermöglicht. Dies reicht aber nicht aus, den Erfolg zu sichern, denn zweckspezifisch strukturierte Systeme müssen mehr Probleme lösen, als in der Zwecksetzung zum Ausdruck kommt und auch grundsätzlich zum Ausdruck gebracht werden kann (Luhmann 1973). Der Erfolg eines Systems kann nicht nur als Zielerreichung, sondern muss als ein **Komplex von Problemen** verstanden werden, die gelöst werden müssen.

Strukturelle Elastizität

Bezogen auf das Verhältnis von strategischer und operativer Planung bedeutet das, dass beide als partiell gegeneinander verschobene Handlungsentwürfe zu betrachten sind. Während der strategische Plan auf die Zwecksetzung für das Gesamtsystem spezialisiert ist, ist die Funktionserfüllung der operativen Pläne breiter anzusetzen. Es ist deshalb auch keine starre Gesamtplanung des Systems, sondern eine elastische lose Verkoppelung der beiden Planungssysteme anzustreben. Somit ergeben sich zwei formale Bedingungen für die Schnittstelle zwischen strategischer und operativer Planung:

Prinzip strategischer Vorsteuerung

(1) Die strategische Maßnahmenplanung muss so weit konkretisiert werden, dass die für den Erfolg der Strategie kritischen Handlungsorientierungen im alltäglichen Handlungsvollzug der Unternehmung nicht verfehlt werden (Prinzip strategischer Vorsteuerung).

Prinzip operativer Flexibilität

(2) Jede weitere Durchplanung der strategischen Maßnahmen läuft Gefahr, der operativen Planung den Handlungsspielraum zu nehmen, den sie benötigt, um die sonstigen Funktionen und das „Tagesgeschäft" zu erfüllen (Prinzip operativer Flexibilität).

5.1 Zum Zusammenhang von operativem und strategischem Planungssystem

An dem konkreten Beispiel der Fertigungstiefe bzw. der Beschaffung sei die Anwendung dieser formalen Überlegungen illustriert. Die strategische Maßnahmenplanung im Rahmen einer Kostenführerschaftsstrategie möge ergeben haben, dass es zur Erlangung eines dauerhaften strategischen Wettbewerbsvorteils erforderlich ist, in Zukunft bei einzelnen Fertigungsstufen in unterschiedlichem Umfang die Tiefe zu senken und die Fertigung bestimmter Teile auszulagern. Das angestrebte Verhältnis von Eigenherstellung zu Fremdbezug sei für zwei zentrale Güter mengen- und wertmäßig fixiert. Nur wenn diese Ziele in einer bestimmten Zeit auch tatsächlich erreicht werden, lässt sich für eine gute Erfolgschance der Kostenführerschaftsstrategie argumentieren. Der gezielte Abbau der Fertigungstiefe ist also in diesem Falle ein kritischer **strategischer Erfolgsfaktor**. Deshalb muss die strategische Planung hier detaillierter ausfallen; eine generelle Richtlinie für die Beschaffungspolitik im Sinne einer allgemeinen Reduzierung der Fertigungstiefe wäre nicht zielführend genug, um die Umsteuerung der traditionellen Aktivitäten auf die neue strategische Intention zu gewährleisten.

Der **operativen Planung** muss es dann überlassen bleiben, in Übereinstimmung mit dem Abbau der strategischen Fertigungstiefe den operativen Handlungsspielraum auszuloten, gegebenenfalls kreativ zu erweitern und die operativen Maßnahmen zur Strategierealisierung festzulegen. Das würde etwa für die Lieferantenauswahl konkret heißen, dass im Rahmen der Beschaffungspolitik festzustellen ist, welche Lieferanten überhaupt für die verschiedenen Produktlinien verfügbar sind und in welchem Ausmaße sie zweckmäßigerweise für den Fremdbezug herangezogen werden sollten, zu welchen Zeitpunkten in welchen Mengen eingekauft werden soll, wie hoch die Rabatte ausfallen sollten. All dies sind Feststellungen und Entscheidungen, die die operative Beschaffungsplanung – natürlich im Rahmen der strategischen Zielvorgabe – selbst treffen sollte. Die operative Beschaffungsplanung muss also über so viel Autonomie verfügen wie möglich, ohne dabei aber die strategischen Steuerungsabsichten unmöglich zu machen. Dazu kommen natürlich die traditionellen operativen Aufgaben der Beschaffung, die es nicht zu vernachlässigen gilt, die sich aber nicht direkt aus der Unternehmensstrategie ableiten. Hierhin gehören vor allem die Tätigkeiten, die mit der Steuerung des Einkaufs selbst zusammenhängen: Abwicklung des Bestellwesens, Eingangskontrolle usw. Sie werden quasi autonom vom operativen System geplant und verwaltet.

Autonomie der operativen Planung

Zusammenfassend ist also festzuhalten, dass sich eine absolute – gleichsam wesensmäßige – Grenze zwischen operativer und strategischer Planung nicht ziehen lässt; strategische und operative Planung sind zwei partiell gegeneinander verschobene Steuerungsinstrumente und als solche so einzusetzen, dass in Abhängigkeit von der jeweiligen strategischen Handlungs-

Resümee

5 Operative Planung und Kontrolle

situation die Steuerung effektiv bewerkstelligt wird. Auf diese Sachlage ist die Handlungsregel abgestellt: Alle diejenigen strategischen Maßnahmen müssen konkret fixiert werden, die für den Erfolg der Unternehmensstrategie kritisch sind; alle nicht-strategiekritischen Maßnahmen bleiben offen und sind zum eigenständigen Gegenstand der operativen Planung zu machen. Aus der Einsicht heraus, dass eine vollständige Vorsteuerung des operativen Systems durch das strategische System nicht sinnvoll und auch gar nicht möglich ist, gilt es also für eine erfolgreiche Transformation strategischer Intentionen in operative Maßnahmen die **kritischen Bereiche** herauszufinden und zu fixieren. Die strategische Planung muss der operativen Planung zwar eine Orientierung vorgeben, damit überhaupt strategisch geführt werden kann; diese Vorgabe kann aber angesichts der Unsicherheit der Erwartungen und der Binnenkomplexität moderner Unternehmen bloß rahmenartig ausfallen.

5.2 Merkmale der operativen Planung

5.2.1 Arten operativer Pläne

Operative Standard- und Projektpläne

Zunächst einmal ist hier die Unterscheidung von **Standard- und Projektplanung** wichtig. Unterscheidungskriterium ist die Frage, ob eine gegenwärtig verfolgte Strategie beibehalten werden soll oder – zur Sicherung des Erfolgspotenzials – mehr oder weniger langfristige Änderungen des Geschäftsmodells beabsichtigt werden. Soweit letzteres der Fall ist, müssen rechtzeitig Aktivitäten in Gang gesetzt werden, mit deren Hilfe strategische Umsteuerungen vollzogen werden können. Man denke etwa an die Weiter- oder Neuentwicklung von Produkten, die in späteren Jahren als Umsatzträger fungieren sollen. Alle derartigen Aktivitäten zur Umsteuerung der laufenden Strategie werden im operativen System in Form von **(strategischen) Projektplänen** aufgenommen und bis zur Handlungsreife konkretisiert. Darüber hinaus gibt es natürlich nicht-strategische **operative Projekte** im operativen Bereich, wie etwa der Neubau einer Kantine oder die Einrichtung von Parkplätzen.

Alle anderen Pläne, die der Verwirklichung der laufenden Strategie (des gegebenen Geschäftsmodells) und der Aufrechterhaltung der Geschäftstätigkeit gewidmet sind, gehören zur operativen **Standardplanung.** Sie beziehen sich vor allem auf die Planung des **Realgüterprozesses** (des Produktprogramms und seiner Konsequenzen für die betrieblichen Funktionsbereiche) und andererseits des **Wertumlaufprozesses** (der monetären Konsequenzen der Handlungsprogramme im Realgüterprozess).

Merkmale der operativen Planung

5.2

Die Teilpläne des **Realgüterprozesses** lassen sich nach Faktoren und Funktionen untergliedern. Je nachdem, welche Systematik man zugrunde legt, kann man verschiedene faktor- oder funktionsbezogene Teilpläne unterscheiden.

Die Gliederung der **funktionsbezogenen Teilpläne** wird je nach Ausdifferenzierung und Tiefengliederung der betrieblichen Funktionen unterschiedlich ausfallen. Obwohl hier unternehmensindividuelle Lösungen im Vordergrund stehen, lassen sich doch generell für den Realgüterprozess gewisse Grundfunktionen unterscheiden, die für jede Unternehmung, die auf der Beschaffungs- und Absatzseite in Marktbeziehungen eingebunden ist, typisch sind. Jedes Unternehmen ist auf die Zufuhr von Faktoren angewiesen, die in einem betrieblichen Transformationsprozess in fertige, d. h. marktfähige Produkte umgewandelt werden. Die fertigen Erzeugnisse werden dann an Verbraucher oder weiterverarbeitende Unternehmen weitergegeben. Es lassen sich somit für jedes gewerbliche Unternehmen die Grundfunktionen Beschaffung, Produktion und Absatz unterscheiden. Unter der Funktionsbezeichnung „Verwaltung" werden in der Regel darüber hinaus solche Tätigkeiten zusammengefasst, die sich auf die Gesamtunternehmung und die Aufrechterhaltung ihrer Beziehungen zur Umwelt beziehen (z. B. Rechtsberatung oder Öffentlichkeitsarbeit). Die Basisfunktionen werden je nach Größe und Typ weiter ausdifferenziert. Es gibt aber natürlich auch viele nichtproduzierende Unternehmen, d.h. das System der Funktionalpläne lässt sich nicht ohne weiteres generalisieren.

Operative Funktionspläne

Teilpläne des Realgüterprozesses

Beschaffungs- und Einkaufsplanung: Der Einkauf umfasst die Bereitstellung von Gütern (und Dienstleistungen), die unmittelbar und regelmäßig in den Produktionsprozess eingehen, also die Roh-, Hilfs- und Betriebsstoffe und halbfertigen bzw. fertigen Vorprodukte. Die Beschaffung zielt demgegenüber in einem weiteren Sinne auf alle Ressourcen, die typischerweise und wiederholt als Input bereitgestellt werden müssen, also nicht nur die Werkstoffe, sondern auch die finanziellen, personellen und sonstigen sachlichen Ressourcen (vor allem Betriebsmittel). Je nach Art der zu beschaffenden Ressourcen werden dabei unterschiedliche Planungsmodelle zur Anwendung kommen.

Operative Beschaffungsplanung

Einen breiten Raum nimmt in der Praxis die Planung des Einkaufs von Roh-, Hilfs- und Betriebsstoffen ein. Ziel dieser häufig auch als „operative Materialplanung" bezeichneten Funktionen ist es, die benötigten Faktoren in der erforderlichen Menge für die Produktion rechtzeitig und möglichst kostengünstig bereitzustellen. Die Einkaufsleitung sieht sich hier einem Optimierungsproblem gegenüber: Wird der Lagerbestand sehr hoch gehalten, so

Einkauf und Logistik

5 Operative Planung und Kontrolle

entstehen hohe Kapitalbindungszinsen und Lagerhaltungskosten, dagegen werden durch die mit einer derartigen Politik verbundene geringe Bestellhäufigkeit die Bestell- und Lieferkosten je Bestellung niedrig gehalten; diese steigen jedoch bei dem Bemühen, durch geringere Lagerhaltung die Kapitalbindungszinsen und die Lagerhaltungskosten zu senken, da dann die Bestellhäufigkeit notwendigerweise zunimmt. Die Senkung der Kapitalbindungszinsen und Lagerhaltungskosten bei geringer Lagerhaltung bedingt also eine Erhöhung der Bestell- und Lieferkosten und umgekehrt. Das daraus resultierende Optimierungsproblem lautet: Wie hoch soll die jeweilige Bestellmenge sein, damit die Summe der jährlichen Kapitalbindungszinsen im Lager und die Lagerhaltungskosten (beide steigen mit der Bestellmenge) einerseits und die jährlichen Bestell- und Lieferkosten (beide nehmen mit der Bestellmenge ab) andererseits einen minimalen Wert annimmt? Dieses Problem führt zu der bekannten Formel für die **optimale Einkaufslosgröße**.

Neuere Entwicklungen

In jüngerer Zeit wird die operative Planung im Einkauf in vielen Branchen durch organisatorische Maßnahmen stark mitbestimmt. Zu erinnern ist z. B. an die sogenannte **„Just-in-time-Produktion"**, die den Vorteil bestandsarmer Läger mit einer bedarfsgerechten Sicherung der Produktions- und Lieferfähigkeit verbinden soll (z.B. Krüger 2003). Die Bestellung erfolgt kurzfristig, und die gelieferten Güter gehen im Idealfall direkt von der Anlieferung auf der Rampe in die Produktion ein. Die operative Einkaufsplanung reduziert sich in dieser Situation auf die Auswahl und dauernde Überwachung geeigneter (kostengünstiger und zuverlässiger) Lieferanten und die Organisation eines reibungslosen Materialflusses in die Produktion hinein.

Insgesamt wird heute die gesamthafte Optimierung der Beschaffung unter dem Stichwort „Supply Chain Management" diskutiert (s. etwa Eßig et al. 2013).

Operative Produktionsplanung

Fertigungsplanung: Nachdem das optimale kurzfristige Produktionsprogramm unter Verwendung der strategischen Vorgaben bestimmt worden ist, geht es in der operativen Produktionsplanung um die Realisierung dieses Programms. Die zwei großen Teilpläne, die hier kurz anzusprechen sind, betreffen die Vollzugs- oder Prozessplanung und die Bereitstellungsplanung für die Produktionsfaktoren. Die **Prozessplanung** beinhaltet dabei in erster Linie die Bestimmung der Mengen, die in ununterbrochener Reihenfolge auf einer Anlage zu produzieren sind (Losgröße) und die Reihenfolge, in der die Lose die Anlagen durchlaufen sollen (Ablaufplanung). Simultan werden dabei unter Berücksichtigung vorhandener Kapazitäten Durchlaufwege und Durchlaufzeiten festgelegt. Die Zielsetzung der größtmöglichen Effizienz bei der Verwirklichung des Produktionsprogramms schlägt sich dabei nicht nur in der Kostenminimierung nieder, sondern z. B. auch in der Auslastung von Anlagen, Einhaltung von Lieferterminen usw. Welche dieser Zielsetzungen

Merkmale der operativen Planung

5.2

Priorität erhalten, wird von Branche zu Branche bzw. von Betrieb zu Betrieb und im Zeitablauf schwanken.

Die Planung von Losgrößen und Reihenfolgen erfolgt typischerweise auf der Grundlage gegebener Produktionsverfahren, d. h. die Fertigungstechnologie liegt – zumeist längerfristig u. U. aufgrund strategischer Überlegungen – fest und lässt der operativen Planung lediglich einen begrenzten Handlungsspielraum für die Optimierung.

Die **Bereitstellungsplanung** bezieht sich aus der Sicht der Produktion auf die Ermittlung des Bedarfs an Ressourcen sowie auf alle Vorkehrungen ihrer physischen Bereitstellung am Produktionsort; an diesem Punkt wird die Schnittstelle zur Einkaufs- bzw. Beschaffungsplanung deutlich. Die Bereitstellung von Ressourcen umfasst insbesondere auch die sogenannte Anlagenplanung, in der der Bedarf an Produktionsanlagen (z. B. Maschinen) nach Art, Leistungsfähigkeit, Menge, Zeitpunkt und Nutzungsdauer spezifiziert wird. Teil der Anlagenplanung ist die **Instandhaltungs- bzw. Wartungsplanung.** Diese legt sowohl Zeitpunkte als auch Maßnahmen der Instandhaltungsaktivitäten fest. Anders als die Neubeschaffung von Anlagen, die in der Regel Gegenstand von speziellen Projektplanungen ist, ist die Instandhaltungsplanung grundsätzlich Bestandteil der operativen Programmplanung. Versuche einer Gesamtoptimierung der Produktionsplanung erwiesen sich als viel zu starr, deshalb teilt man heute die Produktionspläne in handhabbare Teileinheiten auf (Segmentierung).

Planung der Ressourcenbereitstellung

Absatzpläne: Die Teilpläne im Funktionsbereich „Marketing" fokussieren alle diejenigen Aktionsparameter, die für die Vermarktung des Produktprogramms von Bedeutung sind. Klassischerweise spricht man hier vom sogenannten „Marketing-Mix", zu dem unter anderem gehören: die Preispolitik, die Wahl der Distributionskanäle, die Werbepolitik, die Gestaltung sonstiger Absatzkonditionen und die Servicepolitik. Es obliegt der operativen Marketingplanung, auf der Basis der strategischen Vorgaben für die verschiedenen Geschäftsfelder (etwa Kostenschwerpunkt- oder Differenzierungsstrategie) ein erfolgversprechendes Handlungsprogramm für die Vermarktung der verschiedenen Produkte zu entwickeln.

Operative Marketingplanung

Die Darstellung der Teilpläne in Einkauf, Produktion und Absatz hat bereits deutlich werden lassen, dass im Hinblick auf den Güter- bzw. Materialfluss ein Abstimmungsbedarf zwischen den betrieblichen Funktionsbereichen besteht. Diesen Koordinationsbedürfnissen bereits im Rahmen der Planung durch eine raum- und zeitbezogene integrative Steuerung Rechnung zu tragen, ist Aufgabe der **Logistik**.

Projekte werden, weil es sich in der Regel um seltene, häufig sogar einmalige Vorhaben handelt, außerhalb der Routine der operativen Planung bearbeitet.

Teilpläne des Wertumlaufprozesses

Liquidität und Rentabilität

Aus der bereits dargelegten operativen Planungslogik folgt, dass die operative Planung und Steuerung des Realgüterprozesses letztlich so erfolgen muss, dass nicht nur die Strategie umgesetzt wird, sondern – wie schon erwähnt – gleichzeitig auch andere kurzfristige Funktionsanforderungen erfüllt werden. Deshalb muss die operative Planung notwendigerweise auch die Konsequenzen mit reflektieren, die sich aus der Planung des Realgüterprozesses für die Liquidität und Rentabilität ergeben.

Ebenen der Wertumlaufplanung

Die Planung des Wertumlaufprozesses vollzieht sich auf drei „Werteebenen": (1) Auf der Ebene der **Einzahlungen und Auszahlungen** geht es um die Planung der Liquidität, verstanden als die Fähigkeit eines Unternehmens, seinen Zahlungsverpflichtungen jederzeit nachkommen zu können; (2) auf der Ebene der **Kosten und Leistungen** geht es um die Plankalkulation der betrieblichen Leistungen, um die Rentabilität sicherzustellen; (3) auf der Ebene der **Aufwendungen und Erträge** wird schließlich nicht nur ein betriebliches, sondern auch ein bilanzielles Ergebnis im Hinblick auf die Rentabilitätszielsetzung geplant.

Zusammenfassend ergeben sich so drei große Planungskreise der (operativen) Wertumlaufplanung: die Finanzplanung mit dem Ziel einer effizienten Liquiditätssicherung und die Betriebsergebnisrechnung sowie die Planbilanzierung mit dem Ziel einer Sicherung der Rentabilität.

Kurzfristige Finanzplanung

Sicherung des finanziellen Gleichgewichts

Die kurzfristige Finanzplanung hat zum Ziel, das finanzielle Gleichgewicht der Unternehmung in jeder Teilperiode des Planungszeitraums sicherzustellen. Zu diesem Zweck muss sie zunächst alle Einzahlungen und Auszahlungen prognostizieren, wie sie sich aus Erfahrungen mit dem laufenden Geschäft und der operativen Planung des Realgüterprozesses ergeben. Sie muss also z. B. die Einzahlungen aus Umsatzerlösen und Zinserträgen erfassen und sie muss die Auszahlungen für Löhne und Gehälter, den Einkauf von Roh-, Hilfs- und Betriebsstoffen, Mieten etc. abschätzen. Darüber hinaus muss sie die aus dem strategischen Plan resultierenden Einzahlungen und Auszahlungen für die betrachtete Periode zusammenstellen; hierzu können z. B. der Erwerb von Grundstücken für den Bau von Fabrikgebäuden gehören, der Kauf einer Unternehmung oder die Einzahlungen aus einer beschlossenen Kapitalerhöhung. Alle diese Einzahlungs- und Auszahlungsströme müssen für die Teilperioden des Planungszeitraums gegenübergestellt und die entsprechenden Finanzüberschüsse und Finanzdefizite registriert werden. Die Anlage von Finanzüberschüssen und die Deckung von Finanzdefiziten ist dann Aufgabe des kurzfristigen Finanzmanagements. Es

Merkmale der operativen Planung

sind die Alternativen auszuwählen, die einerseits den kurzfristigen Finanzgewinn (Differenz von kurzfristigen Finanzerträgen und kurzfristigen Finanzaufwendungen) optimieren und andererseits das finanzielle Gleichgewicht für jede Teilperiode des Zahlungszeitraums sicherstellen (Volkart 2006).

Planbilanzierung

Die Aufstellung einer Planbilanz und einer Plan-Gewinn- und Verlustrechnung auf der Grundlage des festgelegten Produktprogramms und der operativen Teilpläne liefert wichtige Informationen auch für die Abschätzung der zu erwartenden Rentabilitätssituation der Unternehmung. Die Planung der Aufwendungen und Erträge gibt eine Vorstellung über den planmäßigen Erfolg (Gewinn oder Verlust) der betrachteten Periode; die Planbilanz informiert über die Vermögens- und Kapitalstruktur und gibt damit die Möglichkeit, verschiedene Rentabilitätskennziffern (Gesamtkapitalrentabilität, Eigenkapitalrentabilität) als Plangrößen zu bestimmen. Ergeben sich hier unbefriedigende Situationen, so lassen sich vorbeugende Maßnahmen zur Abhilfe planen.

Bilanzielle Ergebnisplanung

Betriebsergebnisplanung

Im Gegensatz zur bilanziellen Ergebnisplanung ist die Betriebsergebnisplanung nicht nur periodenbezogen, sondern auch stückbezogen. Hier werden in der Vorkalkulation Kosten und (gegebenenfalls) Preise für die betrieblichen Leistungen (Produkte) kalkuliert und zur Grundlage der Planung des optimalen Produktprogramms gemacht. Mit diesem optimalen Produktprogramm ist dann ein Plan-Gesamtdeckungsbeitrag verbunden, von dem die gesamten Plan-Fixkosten zu subtrahieren sind, um das Plan-Betriebsergebnis zu erhalten. Dieses unterscheidet sich von dem bilanziell ermittelten Plan-Gewinn insbesondere durch die (geplanten) neutralen Aufwendungen und Erträge.

Plankosten und -erlöse

Die skizzierte Grundstruktur der Betriebsergebnisrechnung kann natürlich in vielfältiger Weise variiert und verfeinert werden, worauf hier nicht im Einzelnen einzugehen ist. Hingewiesen werden sollte aber auf jeden Fall auf die Plankostenrechnung, die ein wesentlicher Baustein für die Planung des kalkulatorischen Betriebsergebnisses ist (vgl. etwa Kilger et al. 2012).

5.2.2 Die Interdependenz der Teilpläne

Interdependenzen zwischen den Plänen

Es wurde bereits darauf hingewiesen, dass man sich operative Pläne nicht als eine Ansammlung unverbunden nebeneinander stehender Teilpläne vorstellen darf. Vielmehr sind grundsätzlich alle Unternehmenspläne wechselseitig voneinander abhängig, d. h., sie sind **interdependent,** und zwar in doppelter Hinsicht, d. h. in der zeitlichen und der sachlichen Dimension.

Beispiel für sachliche Interdependenz

Greift man zunächst die **sachliche** Dimension heraus und betrachtet hier exemplarisch den Zusammenhang zwischen den Teilplänen **„Produktion"** und **„Absatz"**, wird sofort deutlich, dass man zur Bestimmung des optimalen Produktprogramms eine Vielzahl von Entscheidungen kennen müsste, die im Absatzplan getroffen werden. Erst wenn man den Marketing-Mix für die verschiedenen Produkte kennt, also deren Preise, Werbeaufwendungen, Verpackung, Serviceleistungen etc., kann man die Deckungsbeiträge der Produkte bestimmen, die man für die Ermittlung des optimalen Produktprogramms benötigt. Erst dann stehen auch die (wahrscheinlichen) Höchst- oder Mindest-Absatzmengen für die Planungsperiode fest. Auch sie müssen bei der Planung des Produktprogramms berücksichtigt werden. Umgekehrt sind aber auch die Entscheidungen über den Marketing-Mix nicht zu treffen, ohne dass man das Produktprogramm kennt. Restriktionen in der Produktion mögen z. B. den Ausstoß bestimmter Produkte so begrenzen, dass ihre besondere Förderung im Rahmen des Marketing-Mix nicht sinnvoll ist. Es besteht also eine Interdependenz zwischen beiden Teilplänen.

Beispiel für zeitliche Interdependenz

In ähnlicher Weise lässt sich die Interdependenz der Teilpläne in der **zeitlichen** Dimension zeigen. Das wird bereits an der **kurzfristigen Finanzplanung** deutlich. Wie oben angedeutet, muss die Finanzleitung in der kurzfristigen Finanzplanung Defizite einzelner Teilperioden abdecken bzw. Überschüsse anlegen. Dabei wird sie es in der Regel mit Handlungsalternativen zu tun haben, die in späteren Perioden zu Rückzahlungsverpflichtungen (z. B. bei Kreditaufnahmen) oder Rückflüssen (z. B. bei Festgeldanlagen von Überschüssen) führen. Die Finanzleitung kann also, wenn sie in der Periode 1 ein Defizit abzudecken hat, über das Handlungsprogramm in dieser Periode nicht entscheiden, ohne die Auswirkungen auf spätere Perioden in Rechnung zu stellen. Die umgekehrte Wirkungsrichtung stellt man sich leicht selbst vor.

Simultanplanung als Lösung?

Die Interdependenz der Teilpläne im operativen System drängt zu einer Simultanplanung. Die **Simultanplanung** versucht, die Entscheidungssituation der Unternehmensführung in ihrer Totalität in einem einzigen Planungsmodell zu erfassen. Das Planungsmodell hätte dann nicht nur zu bestimmen, welche Produkte in welchen Mengen und welchen Arten auf welchen Maschinen in welcher Reihenfolge und in welchen Losgrößen wann herzustellen sind, sondern **uno actu** damit zugleich im Absatzbereich über

Merkmale der operativen Planung

den gesamten Marketing-Mix zu entscheiden; in gleicher Weise müssten die Auswirkungen dieser Entscheidungen in der kurzfristigen Finanzplanung nicht nur registriert werden, sondern es müssten auch die Rückwirkungen auf die übrigen Teilpläne insoweit in Rechnung gestellt werden, als es um die Einhaltung des finanziellen Gleichgewichts geht.

Die Dynamik der Umwelt und die Komplexität sozialer Systeme lassen die Idee der Simultanplanung jedoch als pure Illusion erscheinen, vielleicht sogar als gefährliche Illusion, weil sie einen verfälschten, viel zu mechanistischen Eindruck von den Steuerungsmechanismen eines Unternehmens gibt.

Komplexität als Barriere

Man muss aus diesen Gründen für die Gestaltung des operativen Planungssystems die Idee der Simultanplanung aufgeben. An ihre Stelle tritt die **Sukzessivplanung.** Man antizipiert in planerischen Vorüberlegungen, welcher betriebliche Funktionsbereich für die Planungsperiode voraussichtlich den **Engpass** darstellen wird. Wenn man es für seine Produkte mit einem Käufermarkt zu tun hat, wird das in der Regel der **Absatzsektor** sein. Man beginnt dann mit der Absatzplanung als der obersten Planungsstufe und legt hier die entscheidenden Parameter des Marketing-Mix tentativ fest. Hat man das vorläufige Absatzprogramm nach Mengen und Preisen fixiert, so kann darauf die Produktionsprogramm- und -ablaufplanung aufbauen. An diese schließt sich dann in einem dritten Schritt die Einkaufsplanung an. Unter der Annahme, dass der Finanzsektor keinen Engpass darstellt, registriert man anschließend die finanziellen Auswirkungen auf den Finanzplan, und der Finanzleiter bemüht sich, die für die Teilperioden des Planungszeitraums entstehenden Defizite abzudecken bzw. Überschüsse anzulegen.

Sukzessivplanung als Lösungsansatz

Bei dieser Vorgehensweise mag es natürlich sein, dass die Ausgangsvermutung, der Absatzsektor stelle den Engpass dar, sich auf einer oder mehreren der nachfolgenden Stufen im Nachhinein als falsch herausstellt. Man muss dann **rückkoppelnd** geeignete Planrevisionen beim Absatzplan und bei den Folgeplänen herausfinden, um die im Planungsprozess ermittelten Engpasssituationen zu überwinden, oder mit der Koordination der Pläne an einer anderen Stelle neu beginnen. Die Sukzessivplanung arbeitet die Interdependenz der Teilpläne im operativen System also in **zwei Schritten** ab: In einem ersten Schritt wird eine engpassbezogene Planung derart durchgeführt, dass der (vermutete) Engpasssektor zur Basis der Planung gemacht wird und alle anderen Teilpläne auf den Engpass hin ausgelegt werden. Stellt sich die Engpass-Vermutung als falsch heraus, lässt sich also keine realisierbare Lösung für das Gesamtsystem finden, so werden in einem zweiten Schritt im Sinne von Rückkoppelungsschleifen so lange Planrevisionen durchgeführt, bis eine realisierbare Planungssituation erreicht worden ist.

Rückkoppelungsschleifen

Operative Planung und Kontrolle

5.2.3 Die operative Planung unter Unsicherheit

Entscheidungs-situationen

Jede Planung ist per definitionem zukunftsgerichtet und die Zukunft ist unvermeidlich unsicher. Die Unsicherheit bezieht sich auf alle diejenigen Tatbestände, die der Planer nicht selbst herstellen kann und die die Konsequenzen der erwogenen Handlungsalternativen (positiv oder negativ) beeinflussen. Bezeichnet man all diejenigen Tatbestände, die sich dem Einflussbereich des Planers entziehen, als Umwelt(-ereignisse), so kann man in Übereinstimmung mit der traditionellen (normativen) Entscheidungstheorie im Hinblick auf Grade der Unsicherheit drei Situationen unterscheiden.

Gewissheit als nur theoretischer Fall

Die **erste,** nur theoretisch existierende Situation, ist dadurch gekennzeichnet, dass mit Bestimmtheit bekannt ist, welche der möglichen Umweltereignisse in der Zukunft tatsächlich eintreffen werden. Dies ist die Situation der **Gewissheit.** Ein solcher Fall ist in der Realität aufgrund der strukturellen Kontingenz der Lebenswelt nicht vorfindbar.

Risikosituation

Die **zweite** Situation wird als **Risikosituation** bezeichnet. Hier liegen für einzelne oder alle Daten (nur) **objektive** Wahrscheinlichkeitsverteilungen vor. Es gilt indessen zu sehen, dass objektive Wahrscheinlichkeiten nur in seltenen Fällen verfügbar sind, wie z. B. bei Würfelspielen oder Lotterien, und zwar nur dann, wenn der Mensch durch Konstruktion geeigneter Zufallsgeneratoren (Würfel, Lose usw.) von vornherein selbst dafür sorgt, dass die gewünschte Wahrscheinlichkeitsverteilung auch tatsächlich auftritt. Bei betriebswirtschaftlichen Entscheidungssituationen kann man dagegen Wahrscheinlichkeitswerte allenfalls aus der Vergangenheit des zu planenden Bereichs gewinnen. Die Übertragung derartiger Vergangenheitswerte in zukunftsorientierte Planungsmodelle ist indessen systematisch nicht möglich. Stattdessen setzt man ein (nicht beweisbares) Vertrauen darauf, dass zwischen Vergangenheit und Zukunft keine unvorhergesehene Veränderung auftritt. Diese **subjektive** Komponente gewinnt umso mehr an Gewicht, je weniger sich gute Gründe für die Übertragbarkeit vergangener Umweltzustände auf die Zukunft anführen lassen.

Situation der Ungewissheit

Die **dritte** Situation ist die der **Ungewissheit.** Hier liegen keine Informationen über die Eintrittswahrscheinlichkeiten von Umweltereignissen vor. Nachdem dies die typische Situation für Planer ist, konzentriert sich die neuere Planungsforschung mehr und mehr auf diese Situation.

Zwei Ansatzpunkte

Zwei große Ansatzpunkte sind für den planerischen Umgang mit Unsicherheit erkennbar, die miteinander kombiniert werden können bzw. sollten. Der **erste Ansatzpunkt** liegt in der **operativen Planung** selbst: (1) Man versucht, sich durch die inhaltliche oder prozessuale Gestaltung der Planung (Universalressourcen, Eventualpläne, Pufferung usw.) so gut wie möglich auf unerwartete Ereignisse vorzubereiten. (2) Der **zweite Ansatzpunkt** besteht darin, kurzfristige **Reaktionspotenziale** aufzubauen, um sich schnell auf nicht

Merkmale der operativen Planung

5.2

antizipierte Situationen einstellen zu können. Hier stehen Überlegungen zum flexiblen Unternehmen im Vordergrund.

(1) Planerische Gestaltung: Die naheliegendste Möglichkeit ist, Planungsprobleme in einem ersten Schritt so zu behandeln, **als ob** Gewissheit bestünde, dann aber in einem zweiten Schritt an die Optimallösung sogenannte **Sensitivitätsanalysen** anzuschließen. Man untersucht mit solchen Analysen die **Stabilität** der gefundenen Lösung gegenüber Änderungen der Ausgangsdaten. Mithilfe der Sensitivitätsanalyse kann man so – von einer „Punktlösung" ausgehend – den Entscheidungsraum um diese Lösung herum auf Stabilität hin ausleuchten.

Sensitivität sicherer Lösungen

Neben der Sensitivitätsanalyse bietet die **Alternativ- oder Eventualplanung** eine zweite Möglichkeit, mit der Unsicherheit der Umwelt planerisch umzugehen. Man berechnet Optimallösungen für alternative Datenkonstellationen, wobei man insbesondere auf solche Daten abstellt, die man in der Prognose für besonders kritisch erachtet. Die Alternativplanung enthebt natürlich nicht der Notwendigkeit, schließlich eine Auswahl desjenigen Plans zu treffen, der realisiert werden soll. Man kann aber versuchen, den Zeitpunkt der Entscheidung hinauszuzögern.

Alternativplanung

Das Gleiche gilt für die **flexible** (im Gegensatz zur starren) **Planung.** Hat man es mit mehrperiodigen, sequenziellen Entscheidungen zu tun, so dass über Handlungsalternativen in späteren Perioden jeweils wieder neu in Abhängigkeit von dann relevanten Umweltereignissen, aber auch im Lichte vorher getroffener Entscheidungen zu entscheiden ist, dann lassen sich solche Planungsprobleme als sogenannten **Entscheidungsbäume** abbilden. Hier bietet sich die Möglichkeit der flexiblen Planung, d.h. man entscheidet zum Ausgangszeitpunkt nur über die in der ersten Periode zu realisierenden Alternativen. Über die Alternativen der späteren Stufen (Perioden) wird allenfalls eventualiter befunden. Man wartet mit den Folgeentscheidungen und trifft sie erst dann, wenn in späteren Perioden die **aktualisierten Informationen** vorliegen; man passt sie gleichsam an die neue Situation an. Dass auch auf diese Weise die Unsicherheit keinesfalls vollständig „abgearbeitet" wird, ist unmittelbar einsichtig. In jeder Entscheidungsstufe kann man sich irren, weil doch alles anders kommt als geplant; im Lichte späterer Umweltinformationen können sich alle vorherigen Entscheidungen als falsch herausstellen. Im Übrigen ist eine solche vorsichtige Abwarte-Strategie nur selten möglich; häufig müssen die Ressourcen schon frühzeitig gebunden werden.

Flexible Planung

Eine vierte Art, mit der Unsicherheit der Umwelt planerisch umzugehen, ist die **robuste Planung.** Sie macht sich die Einsicht zunutze, dass es bei manchen Planungsproblemen erste Planungsschritte gibt, die für die Zukunft noch nichts präjudizieren, also keine Handlungsoptionen vernichten. Sind

Robuste Planung

solche robusten Schritte möglich, ist es rational, mit weiteren „commitments" so lange zu warten, bis Entscheidungen nicht mehr aufgeschoben werden können. Auf diese Weise wird es möglich, die jeweils unumgänglich zu treffenden Entscheidungen – ähnlich wie bei der flexiblen Planung – vom aktuellen Informationsstand abhängig zu machen.

Realoptions-planung

In jüngerer Zeit wird ferner vorgeschlagen, das Ausmaß der Flexibilität von Plan-(Investitions-)Alternativen systematisch in die Bewertung einzubeziehen, so dass der flexibleren Alternative (unter sonst gleichen Umständen) ein höherer Wert zugesprochen wird. Um dies methodisch zu bewerkstelligen, wird bei der Optionspreistheorie Anleihe genommen und vorgeschlagen, sie auf „Realoptionen" zu übertragen (vgl. Hommel et al. 2003, kritisch Kruschwitz 2005).

Rollende Planung

Neben den angesprochenen Vorgehensweisen, die primär die Art der Informationsverarbeitung bei der Planung betreffen, lassen sich auch durch die **Organisation des Planungsprozesses** gewisse Vorkehrungen gegen die Unsicherheit der Zukunft treffen. Hierzu sei beispielhaft auf die Möglichkeit einer sogenannten **rollenden** (gleitenden) **Planung** hingewiesen. Ihr Wesen besteht darin, dass man den Planungszeitraum – bei der operativen Planung etwa ein Jahr – in Teilperioden, z. B. Quartale oder Monate, zerlegt und dann für den ersten Monat (oder das erste Quartal) eine Feinplanung durchführt und es für die übrigen Perioden bei einer Grobplanung belässt. Im Zuge der Realisierung der Feinplanung des ersten Monats (oder des ersten Quartals) wird für den nächsten Monat (oder das nächste Quartal) die Feinplanung vorbereitet und gleichzeitig der gesamte Planungszeitraum um einen Monat (ein Quartal) in die Zukunft fortgeschrieben und mit einer neuen Grobplanung versehen. Das „Rollen" der Planung besteht – so gesehen – dann also darin, dass periodisch der Jahresplan in einem Monatsplan (Quartalsplan) konkretisiert und der Gesamtplan in die Zukunft fortgeschrieben wird. Die Planung „rollt" gleichsam entlang der Zeitachse in die Zukunft fort.

Grenzen der rollenden Planung

Bei dieser Vorgehensweise hat man durch die Organisation des Planungsprozesses die Möglichkeit eingebaut, die handlungsrelevanten Feinplanungen vom jeweiligen Informationsstand abhängig zu machen, ohne den größeren zeitlichen Zusammenhang der Teilpläne (ganz) aus dem Auge zu verlieren. Demgegenüber verzichtet die nicht-rollende Planung auf die Möglichkeit, Entscheidungen auf der Grundlage aktueller Informationen zu treffen; dies gilt jedenfalls insoweit, wie die Organisation des Planungsprozesses selbst (ohne Einbeziehung der Kontrolle) betroffen ist. Man sieht leicht ein, dass das Prinzip der rollenden Planung, nämlich Entscheidungen auf dem jeweils aktuellsten Informationsstand zu treffen, im Extremfall in eine **Echtzeitsteuerung** übergeht, die mit Planung dann eigentlich nichts mehr zu tun hat. Die Zeit zwischen Planung und Realisierung wird ja praktisch auf Null verkürzt.

5.2 Merkmale der operativen Planung

Aber so sehr man sich auch bemühen mag, es wird der Planung aus systematischen Gründen (Dynamik und Komplexität) niemals gelingen, alleine das Unsicherheitsproblem kleinzuarbeiten. Es ist vielmehr Aufgabe der gesamten Steuerungsfunktion, dieses Fundamentalproblem so zu bearbeiten, dass das System Unternehmung seine Funktionsfähigkeit erhält.

(2) Reaktionspotenziale: Im **Managementprozess** bieten grundsätzlich alle weiteren Managementfunktionen (neben der Planung) die Möglichkeit, die Reaktionsfähigkeit der Unternehmung angesichts von Unsicherheit zu erhöhen. Von besonderer Bedeutung ist, wie bei der strategischen Kontrolle schon ausführlich dargelegt, die **Kontrollfunktion** im Sinne einer **Kompensation** der Unwägbarkeiten im Planungsprozess.

Kontrolle

Neben der Kontrolle bietet die **Organisation** die Möglichkeit, Reaktionspotenziale aufzubauen und damit die Flexibilität der Unternehmung angesichts der Unsicherheit der Zukunft zu erhöhen. Zu denken ist hier vor allem an den Typ der **flexiblen Organisation** (flache Hierarchien, horizontale und laterale Kommunikation, wenige allgemeine Regelungen, partizipative Entscheidungsprozesse etc.), der es ermöglichen soll, veränderte Situationen rasch zu erfassen und in anpassende Maßnahmen umzusetzen (vgl. etwa Volberda 1999). Ähnliches gilt für den Aufbau eines flexiblen, z.B. mehrfach qualifizierten **Personals** (etwa Busch 2008: 23 ff.) wie auch für eine adaptive **Führung** („dynamic delegation", Klein et al. 2006). In dem Maße, wie es auf diese Weise gelingt, in allen übrigen Managementfunktionen Flexibilitätspotenziale anzulegen, kann sich die Planung auf die Selektionsleistung konzentrieren.

Neben dem Managementprozess bietet auch der **Realgüterprozess** Ansatzpunkte, kurzfristige Reaktionspotenziale aufzubauen. Bei der Auswahl von Produktionsfaktoren achtet man auf universelle statt spezialisierte Einsatzmöglichkeiten. Man beschafft z. B. Universalmaschinen, die für ein breiteres Spektrum von Produkten geeignet sind, statt Spezialmaschinen, die nur für das gerade gültige Produktspektrum und seine besonderen Varianten geeignet sind. Diese Flexibilität wird in der Regel etwas kosten: Universalmaschinen werden im Hinblick auf Umrüstung, Energieverbrauch, Bedienungsanforderungen etc. höhere Kosten bedingen als Spezialmaschinen. Das ist heute allerdings keineswegs mehr bei allen Fertigungssystemen der Fall. Flexible computerunterstützte Produktionsanlagen erlauben es, eine Vielzahl von Produktvarianten praktisch ohne die Kosten einer Umrüstung zu produzieren („Losgröße 1"). Die Entscheidung, welche Produktvariante – etwa in der Automobilfertigung nach Farbe und Spezialausstattung – zu fertigen ist, kann so lange aufgeschoben werden, bis Gewissheit über die Nachfrage in Form eines genau spezifizierten Kundenauftrags vorliegt.

5.3 Operative Planungsmodelle

Es ist heute üblich, zwischen optimierenden, prognostizierenden und experimentierenden Modellierungstechniken bzw. Modellen zu unterscheiden.

(1) Optimierungsmodelle: Die mathematischen Optimierungsmodelle lassen sich letztlich als Ausdifferenzierungen eines allgemeinen Problems begreifen, nämlich eine **Zielfunktion** unter **Nebenbedingungen** (Restriktionen) zu optimieren (zu maximieren oder zu minimieren), wobei die (Entscheidungs-)Variablen nur nichtnegative Werte annehmen dürfen. Zu den wichtigsten Optimierungsmodellen zählen die Lineare Programmierung und die Dynamische Programmierung.

(2) Prognostizierende Modelle: Im Gegensatz zu den Optimierungsmodellen wird bei prognostizierenden Modellen keine Optimierung (keine Entscheidung) angestrebt. Vielmehr geht es bei diesen Modellen zunächst um die Strukturierung von Problemsituationen mit dem Ziel, das vielfältige Zusammenwirken von Elementen eines Systems im **Zeitablauf** erkenn- und interpretierbar zu machen. Insofern kann man als einen wesentlichen Zweck dieser Modelle die „**Situationsaufhellung**" ansprechen. Daran anschließend lassen sich dann allerdings Änderungen einzelner oder mehrerer Elemente in ihrer Auswirkung auf das Gesamtergebnis überprüfen und insofern doch **alternative Handlungsweisen** im Hinblick auf angestrebte Zielgrößen untersuchen. So mag man etwa prüfen, wie Änderungen der Fertigungszeiten eines Teilprojekts, die durch die Bereitstellung zusätzlicher Kapazitäten ermöglicht werden, sich auf den Fertigstellungstermin eines Großbauprojekts auswirken werden; oder man untersucht – um ein anderes Beispiel zu nennen –, wie sich eine Variation der entscheidenden Einflussgröße bezüglich der Kosten bei der Behandlung chronisch Nierenkranker, nämlich die Patienten-Zugangsrate (pro Monat), auf die Kostenentwicklung auswirkt (vgl. Meyer 1996).

Während die optimierenden Modelle also einen „Möglichkeitsraum" von Lösungen (Wahlmöglichkeiten) voraussetzen, aus denen die beste Handlungsalternative zu bestimmen ist, gehen die prognostizierenden Modelle umgekehrt gleichsam von einer schon vorgegebenen eindeutigen „Lösung" (Ausgangssituation) aus, die dann in ihrer verwickelten sachlichen und zeitlichen Struktur durchschaubar gemacht und gegebenenfalls (diskret) modifiziert wird. Man spricht deshalb hier häufig auch von „Erklärungsmodellen".

Prognoseverfahren

Diese allgemeine Kennzeichnung macht zugleich den Unterschied der prognostizierenden Modelle zu den Prognoseverfahren (der Statistik) deutlich. Die prognostizierenden Modelle erstellen die Prognose auf der Basis einer **detaillierten** Analyse des Zusammenwirkens der Elemente (eines Systems), während die Prognoseverfahren Prognoseergebnisse **global** (ganzheitlich) aus Entwicklungstendenzen geeigneter aggregierter Daten der Vergangenheit ableiten.

Zu den prognostizierenden Verfahren zählen als wichtigste die Netzwerk- bzw. Netzplanmodelle und die Markov-Modelle.

Netzpläne sind vereinfachte **grafische Veranschaulichungen** umfangreicher Projekte, die in eine große Anzahl von **Einzelaktivitäten** zerlegbar sind, wobei die Reihenfolge für die Ausführung der Einzelaktivitäten und die Zusammenhänge zwischen ihnen bekannt sind. *Netzplantechnik*

Wenn die zeitlich-sachliche Struktur eines Projekts in einem Netzplan erfasst ist, können daraus wichtige Planungsdaten prognostiziert werden. Man kann z. B. den frühestmöglichen und/oder spätestmöglichen Beginnzeitpunkt von Tätigkeiten (und als deren Differenz die sogenannte „Pufferzeit") bestimmen und entsprechend die Dispositionen daran orientieren. Oder man kann den so genannten **„kritischen Pfad"** durch ein Netzwerk ermitteln als diejenige Folge miteinander verbundener Strecken, die – in Pfeilrichtung durchlaufen – die längste Zeit beansprucht. *Kritischer Pfad*

Ein weiterer bekannter Typ prognostizierender Modelle sind die **Markov-Modelle** (Markov-Ketten). Ihre Eigenart lässt sich am Unterschied zu den Netzplan-Modellen demonstrieren. Bei Netzplan-Modellen sind alle Ereignisfolgen im Zeitablauf zwingend festgelegt. Markov-Modelle stellen eine Umkehrung dieser Konfiguration dar. Man hat nicht unterschiedliche, sondern **einheitlich festgelegte Zeitabstände** $t = 1$ (Sekunde, Minute etc.) zwischen dem Eintreten von möglicherweise aufeinander folgenden Ereignissen. Man kann also mithilfe von Markov-Modellen in Kenntnis des Ausgangszustandes und der **Übergangswahrscheinlichkeiten** den Zustand des Systems zu irgendeinem späteren Zeitpunkt prognostizieren und sich entsprechend darauf vorbereiten.

(3) Experimentiermodelle: Der Einsatz von optimierenden und prognostizierenden Modellen scheitert in der Praxis häufig daran, dass die damit vorgegebenen (mathematischen) Strukturen der Vielfalt und Vielschichtigkeit der Wirklichkeit nicht gerecht werden und zu krass von dem Planungsproblem abweichen. In solchen Fällen können gegebenenfalls Experimentiermodelle, die für den **Einzelfall** maßgeschneidert entwickelt werden, Entscheidungshilfen bieten. *Einsatzgebiet*

Experimentiermodelle lassen sich wegen dieser Fallbezogenheit – was ihre Vorgehensweise anbetrifft – nur ganz allgemein charakterisieren. Am häufigsten wird hier die **Simulation** verwendet. Man spricht von einer Simulation, wenn man ein ganz spezifisches Realsystem, z. B. einen komplizierten Produktionsablauf, mit Hilfe einer spezifischen Software nachbildet. Ein solches Programm enthält in der Regel natürlich auch Anweisungen für das *Simulation*

Definition

Rechnen mit mathematischen Funktionen, etwa für Kostenabhängigkeiten, besteht aber hauptsächlich aus Zähleinrichtungen und Ja/Nein-Abfragen, wodurch nach Vorgabe von Anfangs- und Randbedingungen numerische Berechnungsexperimente gesteuert werden. Je nachdem, ob in einem solchen Modell für die Daten ein- oder mehrwertige Zufallsvariablen angesetzt werden, spricht man von **deterministischer** oder **stochastischer** Simulation.

5.4 Operative Modellplanung am Beispiel der Linearen Programmierung

Produktions-programm-planung mit LP

Als Beispiel für eine Planung auf Basis eines Optimierungsmodells sei die Produktionsprogrammplanung herausgegriffen. Das optimale kurzfristige Produktionsprogramm der Gesamtunternehmung oder auch einer ihrer Sparten für eine Periode (z. B. Monat, Jahr) im Rahmen des vorgegebenen strategischen Produkt-Markt-Konzepts wird typischerweise mit Hilfe der Linearen Programmierung (LP) ermittelt (vgl. im Einzelnen Domschke/Drexl 2011). Mit der Linearen Programmierung lässt sich bei geschickter Modellkonstruktion eine ganze Reihe betrieblicher Probleme darstellen und behandeln. Das reicht von Fragen der Programmsteuerung der Grundstoffindustrie (Kohle, Steine und Erden) über optimale Maschinenbelegungspläne bis hin zur Verschnittminimierung etwa in der Papierindustrie.

Allen diesen Anwendungen liegt eine allgemeine Modellstruktur zugrunde, die in der (betriebswirtschaftlichen) Produktionstheorie zwischen den Modellen mit limitationaler und solchen mit substitutionaler Produktionsfunktion anzusiedeln ist; sie stellt gleichsam den „Übergang" zwischen diesen beiden klassischen Modelltypen dar.

Beispiel

Zur Entfaltung der allgemeinen Modellstruktur knüpfen wir zunächst an ein einfaches Beispiel an (vgl. Müller-Merbach 1973). Gegeben sei ein Produktionssystem wie in Abbildung 5-1 veranschaulicht.

Nehmen wir an, ein Ausschnitt des (ansonsten umfangreicheren) strategischen Plans betreffe zwei Produktarten (T_1 und T_2), die nur in einer vorhandenen Betriebsstätte mit den in Abbildung 5-1 skizzierten drei Abteilungen bzw. Maschinen A, B und C gefertigt werden können. Es ist dann plausibel, von unveränderlichen Kapazitäten dieser drei Abteilungen (Maschinen) auszugehen und den Deckungsbeitrag zu maximieren.

5.4 Operative Modellplanung am Beispiel der Linearen Programmierung

Produktionssystem *Abbildung 5-1*

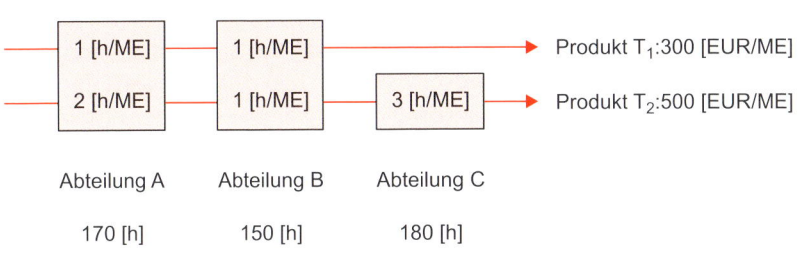

T_1 durchläuft die Abteilungen A und B und beansprucht dabei die verfügbare Monatskapazität beider Abteilungen mit je 1 Stunde/Mengeneinheit [h/ME]. T_2 durchläuft alle drei Abteilungen A, B und C mit den in Abbildung 5-1 angegebenen Kapazitätsbeanspruchungen. Die beiden Produkte erwirtschaften die in Abbildung 5-2 wiedergegebenen Plan-Deckungsbeiträge.

Plan-Deckungsbeiträge von T_1 und T_2 *Abbildung 5-2*

Produkte \ Ökonom. Daten	Plan-Preis	Budgetierte variable Kosten	Plan-Deckungsbeitrag [€/ME]
Produkt T_1	1.000	700	300
Produkt T_2	3.000	2.500	500

Die fixen Kosten betragen monatlich 36.000,– €.

Das Planungsproblem, um das es geht, lässt sich nun in zwei Versionen formulieren:

Formulierung des Planungsproblems

- In welcher Mengenkombination sind die **Produkte** T_1 und T_2 zu fertigen, damit der Gesamtdeckungsbeitrag ein Maximum wird und die verfügbaren Kapazitäten nicht überschritten werden?

- Wie sind die verfügbaren **Kapazitäten** von A, B und C auf die Herstellung der zwei Produkte T_1 und T_2 zu verteilen, damit der Gesamtdeckungsbeitrag ein Maximum wird?

Beide Problemversionen – die aus der Perspektive der Produkte und die aus der Perspektive der Kapazitäten – verdichten sich aber letztlich in einer Kennziffer, die für die optimale Steuerung der Kapazitäten relevant ist. Es ist

5 Operative Planung und Kontrolle

die Kennziffer **Deckungsbeitrag/Kapazitätseinheit** [€/h]. Diese Kennziffer bezieht die Profitabilität der **Produkte** auf die **Kapazitäten** und macht damit deutlich, dass es für die Allokation der (knappen) Ressourcen nicht auf den „Deckungsbeitrag DB pro Produkteinheit" (alleine) ankommen kann, auch nicht (alleine) auf die „Inanspruchnahme der Kapazitäten KB pro Produkteinheit" für jedes Produkt, sondern der ökonomische Wert der Kapazitäten KW eben aus der Kombination beider Aspekte hervorgeht in der Form:

DB [€/ME] : KB [h/ME] = KW [€/h].

Wendet man diese Kennziffer auf das vorliegende Beispiel an, so erhält man für die drei Kapazitäten die folgenden KW-Werte (Abbildung 5-3):

Abbildung 5-3 *Deckungsbeiträge pro Kapazitätseinheit KW in [€/h] im Beispiel*

	T_1	T_2
A	300	250,00
B	300	500,00
C	–	166,66

Ein Blick auf die Abbildung 5-3 macht sofort deutlich, dass Produkt T_1 bei der Kapazität A, Produkt T_2 dagegen bei der Kapazität B einen Profitabilitätsvorteil hat; Kapazität C kann außer Betracht bleiben, da die Produkte T_1 und T_2 nicht um diese Kapazität konkurrieren. Wäre die Situation nun derart, dass Produkt T_1 gegenüber T_2 bei allen Kapazitäten einen höheren KW-Wert hätte, T_1 also T_2 insoweit dominieren würde, wäre das Planungsproblem gelöst: nur T_1 käme mit der bei der gegebenen Kapazitätsausstattung maximal möglichen Menge in die Lösung. Da das aber nicht der Fall ist, also eine „**Konfliktsituation**" existiert, ist jetzt eine optimale Mengenkombination der Produkte T_1 und T_2 zu suchen.

Programm-formulierung

Dazu formulieren wir das **Lineare Programm** wie folgt:

Zielfunktion: $Z = 300\,x_1 + 500\,x_2 \rightarrow$ max! (1)

Nebenbedingungen:
$1\,x_1 + 2\,x_2 \leq 170$
$1\,x_1 + 1\,x_2 \leq 150$ (2)
$3\,x_2 \leq 180$

Nichtnegativitätsbedingung:
$x_1, x_2 \geq 0$ (3)

Operative Modellplanung am Beispiel der Linearen Programmierung

5.4

(1) bis (3) drückt aus, dass solche (nichtnegativen) Mengen x_1 von Produkt T_1 und x_2 von Produkt T_2 gesucht werden sollen, die die Kapazitätsbeschränkungen pro Periode nicht überschreiten, also zulässig sind, und gleichzeitig den Deckungsbeitrag maximieren.

Die **grafische Lösung** ist auf zwei Arten möglich, je nachdem, ob man die 1. oder 2. oben erwähnte Version wählt. Im ersten Falle wählt man – bei diesem Beispiel – zur Darstellung den zweidimensionalen „Raum der Produkte" mit x_1 und x_2 als Koordinaten (Abbildung 5-4); im zweiten Falle wählt man den (hier dreidimensionalen) „Raum der Kapazitäten".

Grafische Lösung

Grafische Lösung des Beispiels im Raum der Produkte

Abbildung 5-4

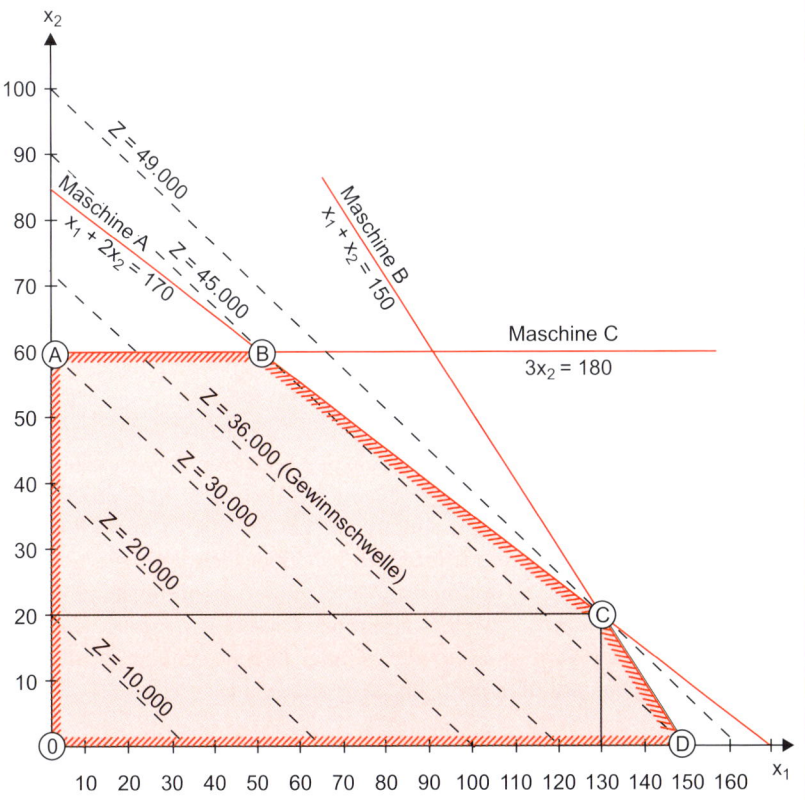

Die Beschränkungen (2) und (3) grenzen als Ungleichungen den Bereich der zulässigen Lösungen aus dem positiven Quadranten des R^2 aus. Man hat damit einen geschlossenen Bereich zulässiger Lösungen O A B C D; zu ihm

5 Operative Planung und Kontrolle

gehören alle Punkte auf den Restriktionsgeraden und innerhalb der Begrenzungen. Dieser Bereich ist konvex, d. h., alle Punkte auf der Verbindungslinie zwischen zwei beliebig aus O A B C D gewählten Punkten liegen selber in O A B C D. Diese Eigenschaft der Konvexität des Lösungsraums (Polyeders) ist typisch für Lineare Programme und ermöglicht es, dass das Lösungsverfahren der Simplex-Methode nur „Eckpunktlösungen" des konvexen Polyeders auf Optimalität hin prüfen muss. Gesucht ist nun der optimale Lösungspunkt, d. h. der Punkt, dessen Koordinaten – in die Zielfunktion eingesetzt – den maximalen Gesamtdeckungsbeitrag ergeben. Um ihn zu bestimmen, führt man die Zielfunktion mit Z als Parameter (siehe Abbildung 5-4) ein.

Für verschiedene Werte von Z ergibt sich eine Schar von zueinander parallel verlaufenden Geraden. Jede Mengenkombination der beiden Produkte, die auf einer Geraden liegt, erbringt denselben Gesamt-Deckungsbeitrag bzw. Gesamtgewinn (Gesamtdeckungsbeitrag ./. fixe Kosten). Man kann deshalb hier von **„Iso-Gewinnlinien"** sprechen. Unter ihnen wählt man diejenige aus, der der höchste Gesamtgewinn zuzuordnen ist und auf der noch (mindestens) ein Punkt liegt, der zum Bereich der zulässigen Lösungen gehört, dessen Koordinatenwerte x_1 und x_2 also die Nebenbedingungen (2) nicht verletzen. Die Koordinatenwerte dieses Punkts stellen die optimale Lösung dar. Sie ist in Abbildung 5-4 durch den Punkt C mit den Koordinatenwerten x_1 = 130 [ME] und x_2 = 20 [ME] gekennzeichnet. Der maximale Deckungsbeitrag beträgt 49.000 €, der Gewinn 13.000 €.

Eckpunkt-
lösung

Die Optimallösung ist im vorliegenden Fall eine „Eckpunktlösung" und damit eindeutig. **Mehrdeutige** Lösungen ergeben sich, wenn eine Begrenzungsgerade parallel zu den Iso-Gewinnlinien verläuft (gleiche Steigung). Dann sind alle Punkte optimal, die auf dem den konvexen Bereich zulässiger Lösungen begrenzenden Teil dieser Geraden liegen. Die Eckpunkte sind darin eingeschlossen. Da die Eckpunkte also zu der Menge der optimalen Lösungspunkte gehören, gilt auch für den Fall einer mehrdeutigen Lösung, dass die Zielfunktion ihre optimalen Werte immer in **mindestens** einem Eckpunkt des konvexen Polyeders annimmt. Dieser Satz ist für das Lösungsverfahren der Simplex-Methode wichtig, da sie nämlich jeweils nur Eckpunktlösungen daraufhin prüft, ob sie optimal sind.

Simplex-Methode

Die **Simplex-Methode** ermittelt – ausgehend von einer ersten zulässigen Lösung – die Optimallösung in mehreren Iterationsschritten, indem sie bei jedem Schritt eine Prüfung der vorliegenden Lösung daraufhin durchführt, ob diese noch verbessert werden kann. Sie stellt – ökonomisch interpretiert – die Frage, ob (bei einem Maximierungsproblem) der Deckungsbeitrag noch erhöht werden kann, wenn man die Verwendungsrichtung der Faktoren (Ressourcen) ändert. Zu diesem Zwecke werden für alle diejenigen (Produktions-)Prozesse, die bei einer gerade erreichten (Zwischen-)Lösung **nicht** benutzt werden, Vorteilsvergleiche der folgenden Art angestellt: Man habe etwa die Prozesse P_1 und P_2 in der Lösung; P_3 werde nicht genutzt. Wenn die drei Prozesse um die verfügbaren Ressourcen konkurrieren, dann ist das Betreiben der Prozesse P_1 und P_2 auf dem gerade erreichten Niveau offenbar dadurch möglich geworden, dass auf einen Ressourceneinsatz in P_3 **verzichtet** wurde. Also muss man – um zu prüfen, ob eine Verbesserung der Lösung möglich ist – fragen, ob der Deckungsbeitrag, der durch Nichtbenutzung des Prozesses P_3 (und entsprechender Benutzung der Prozesse P_1 und P_2) erzeugt wurde, größer ist als der Deckungsbeitrag, den man durch Benutzung des Prozesses P_3 direkt hätte erreichen können. Man muss konkret also fragen:

Erbringen die im Prozess P_3 – wenn dieser auf dem Einheitsniveau betrieben wird – einzusetzenden Ressourcen einen höheren Deckungsbeitrag, indem sie in den gerade benutzten Prozessen eingesetzt werden, oder nicht?

Diese Fragestellung macht deutlich, dass es bei der Simplex-Methode letztlich um eine **„Opportunitätskosten-Betrachtung"** geht. Die Opportunitätskosten eines nicht benutzten Prozesses P_3 sind derjenige Deckungsbeitrag, der entfällt, wenn man den Prozess P_3 auf dem Niveau $x_3 = 1$ betreibt und die dadurch gebundenen Ressourcen nicht mehr in den gerade benutzten Prozessen P_1 und P_2 einsetzen kann und deren Prozessniveaus entsprechend anpassen muss.

Opportunitätskosten

Die rechnerische Lösung wird mit der Simplexmethode ermittelt (vgl. Domschke/Drexl 2011).

5.5 Operative Modellplanung am Beispiel der Break-even-Analyse

Die Break-even-Analyse ist kein – wie sonst manchmal zu lesen – Optimierungsverfahren, sondern ein prognostisches Modell. Durch Gegenüberstellung von Kosten und Erlösen, sei es für die Gesamtunternehmung, einzelne Abteilungen, eine Produktionslinie oder bestimmte Entscheidungen, wird der Gewinnschwellenwert ermittelt (vgl. als Beispiel Kasten 5-1). Wir beschränken uns hier auf die Darstellung der Kerngedanken der Break-even-Analyse; insbesondere gehen wir von deterministischen (einwertigen) Kosten und Erlösen aus und nehmen an, dass die funktionalen Abhängigkeiten linear sind (vgl. im Einzelnen Schweitzer/Troßmann 1998).

„Toter Punkt"

Kasten 5-1

Bands auf dem Weg zum Break-even

„Doch ab wann kann man in der Schweiz überhaupt von einem kommerziellen Durchbruch sprechen, und ab wann verdient eine Plattenfirma Geld mit einem Act? Aus zahlreichen Gesprächen mit Branchenkennern geht hervor, dass die Produktion einer Pop-Platte zwischen 70.000 und 120.000 Franken kostet. Dabei sind die Marketingaktivitäten, der Vertrieb und wohl auch noch einige andere Kosten nicht eingerechnet. Die Marketingaktivitäten variieren stark von Fall zu Fall, dürften 50.000 Franken aber nur in seltenen Fällen übersteigen. Eine Pop-Produktion erreicht demnach die Gewinnschwelle, wenn zwischen 12.000 und 20.000 Platten verkauft werden. Die Lovebugs haben bisher von «Transatlantic Flight» etwa 25.000 Stück verkauft, vom Nachfolge-Album «Awaydays» sind es bis anhin 30.000."

Quelle: Neue Züricher Zeitung, E-Paper Zugriff am 28.6.2014

Ermittlung des Break-even-Punktes

Für die grafische Veranschaulichung und Ableitung der analytischen Zusammenhänge wird der einfache Fall einer Einproduktunternehmung gewählt. Ferner nehmen wir an, dass die Erlös- und Kostenfunktion (Abhängigkeit der Erlöse bzw. Kosten von der Ausbringungsmenge x) für den Planungszeitraum von $x = 0$ bis zur vollen Kapazitätsauslastung x_{max} bekannt sind. Dann erhält man das Break-even-Diagramm (Break-even-Chart) der Abbildung 5-5.

In Abbildung 5-5 ist der Gesamterlös $E(x)$:

$$E(x) = p \cdot x \tag{1}$$

mit p als Plan-Produktpreis der Planungsperiode ($p = \text{tg } \beta$).

Die Gesamtkosten $K(x)$ ergeben sich zu:

$$K(x) = K_v(x) + K_f(x) \tag{2}$$

In (2) sind $K_v(x)$ die gesamten variablen Kosten:

$$K_v(x) = k_v \cdot x \quad \text{mit} \quad k_v = \text{tg } \alpha \tag{3}$$

$K_f(x) = \text{const.}$ sind die von der Ausbringungsmenge unabhängigen „fixen Kosten", d. h. diejenigen Kosten, die in der Planungsperiode nicht abgebaut werden können (sollen), gleichgültig, welche Menge produziert wird. Sie sind insofern für die „Betriebsbereitschaft" disponiert („Bereitschaftskosten").

Operative Modellplanung am Beispiel der Break-even-Analyse

5.5

Break-even-Diagramm

Abbildung 5-5

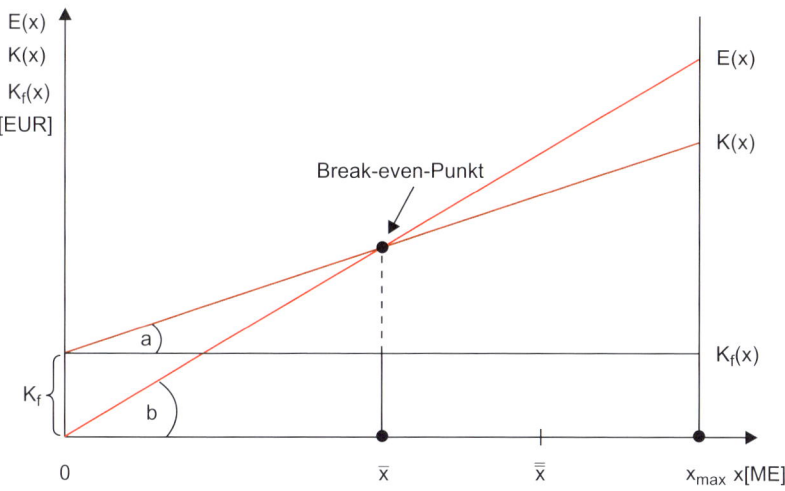

In Abbildung 5-5 liegt der „Break-even-Punkt" (die Gewinnschwelle) dort, wo die Gesamterlöse gerade die Höhe der Gesamtkosten erreichen:

$$G(x) = E(x) - K(x) = 0 \tag{4}$$

Die zugehörige Ausbringungsmenge $\bar{x}$ ist die Break-even-Menge. Wählt man eine beliebige Menge $\bar{\bar{x}}$ ($\bar{\bar{x}} > \bar{x}$), so markiert die Differenz

$$S = \bar{\bar{x}} - \bar{x} \tag{5}$$

den **Sicherheitsabstand** S, den man von der Break-even-Menge im Fortgang der Planungsperiode mit Zunahme der Ausbringung erreicht. Der Sicherheitsabstand kann auch in Prozent des tatsächlich erreichten Absatzes gemessen werden:

$$S^* = \frac{\bar{\bar{x}} - \bar{x}}{\bar{\bar{x}}} \tag{5'}$$

Hat man mit dem Fortgang der Produktion (und des Absatzes) im Zeitablauf der Planungsperiode die Break-even-Menge erreicht, sind die für die Gesamtperiode anfallenden fixen Kosten gedeckt. Bei einer Jahresplanung stellt man etwa Ende Mai durch Absatzkontrolle fest, dass die Break-even-Menge bereits abgesetzt ist; dann hat man nicht nur diese wichtige Kontrollinformation, sondern weiß auch, dass jede zusätzliche Absatzeinheit einen

Gewinn- und Deckungs-beitragsfunktion

Gewinn genau in Höhe des „Deckungsbeitrags pro Stück" erbringt. Das geht aus Abbildung 5-6 hervor.

In Abbildung 5-6 liegt die Break-even-Menge dort, wo der Gesamtdeckungsbeitrag gerade die fixen Kosten deckt. Man kann (4) unter Berücksichtigung von (1) bis (3) auch wie folgt schreiben:

$$G(x) = p \cdot x - k_v \cdot x - K_f = 0 \tag{6}$$

| Abbildung 5-6 | *Deckungsbeitrags- und Gewinnfunktion im Break-even-Diagramm* |

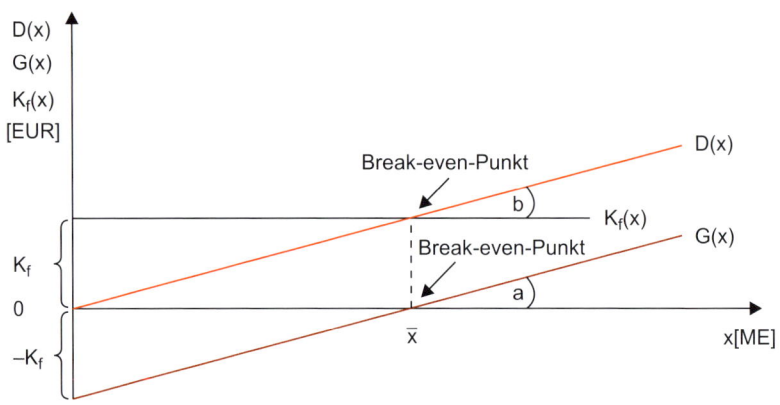

Hier ist der Break-even-Punkt der Schnittpunkt der Gewinnfunktion $G(x)$ mit der Abszisse (Abbildung 5-6). Ferner ist mit

$$D(x) = p \cdot x - k_v \cdot x = (p - k_v) \cdot x \tag{7}$$

der Break-even-Punkt auch als Schnittpunkt der Deckungsbeitragsfunktion $D(x)$ mit der Fixkosten-Funktion definiert:

$$\begin{aligned} D(x) - K_f &= 0 \\ D(x) &= K_f \end{aligned} \tag{8}$$

Aus (6) und (7) folgt, dass $G(x)$ und $D(x)$ dieselbe Steigung haben, nämlich

$$d = p - k_v \text{ bzw. tg } \alpha = \text{tg } \beta$$

d. h., jenseits von $\bar{x}$ bringt jede zusätzliche Absatzmenge einen Gewinn in Höhe des Deckungsbeitrags d pro Stück: $d = p - k_v$.

Operative Modellplanung am Beispiel der Break-even-Analyse **5.5**

Das Break-even-Diagramm lässt sich natürlich auch **stückbezogen** darstellen. In Abbildung 5-7 sind Stückerlös und variable Kosten pro Stück konstant; dagegen fallen die anteiligen Fixkosten pro Stück $k_f(x)$ mit steigender Ausbringung.

Stückbezogene Break-even-Analyse

Die Break-even-Menge $\bar{x}$ liegt dort, wo der Stückdeckungsbeitrag $d(x) = p(x) - k_v(x) = $ const. gerade gleich den anteiligen Fixkosten pro Stück $k_f(x)$ ist:

$$d(\bar{x}) = k_f(\bar{x}) \tag{9}$$

In Abbildung 5-7 gilt also mit $d(\bar{x}) = a$ und $k_f(\bar{x}) = b$, dass a = b ist.

Stückbezogenes Break-even-Diagramm (Stückerlös – Stückkosten)   *Abbildung 5-7*

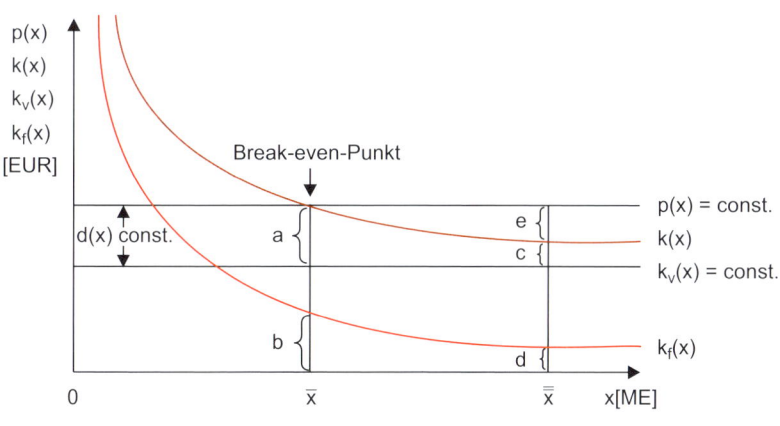

Je weiter die Ausbringung dann über $\bar{x}$ hinaus erhöht wird, umso mehr wird der Stückdeckungsbeitrag $d(x)$ gleichsam in einen Stückgewinn $g(x)$ „umgewandelt", da die anteiligen fixen Kosten pro Stück weiter sinken. In Abbildung 5-7 sind für die Ausbringungsmenge $\bar{\bar{x}}$ die anteiligen fixen Kosten $k_f(\bar{\bar{x}}) = d$. Da gilt:

$$k(\bar{\bar{x}}) - k_f(\bar{\bar{x}}) = k_v(\bar{\bar{x}}),$$

sind in Abbildung 5-7 die Strecken d und c gleich lang. Die Strecke e gibt dann den Betrag des Stückdeckungsbeitrags $d(\bar{x}) = a$ wieder, der bei der Ausbringung $\bar{\bar{x}}$ in Stückgewinn $g(\bar{\bar{x}})$ „umgewandelt" wurde.

5 Operative Planung und Kontrolle

Umsatzbezogene Break-even-Analyse

Die Darstellung der Break-even-Analyse hat sich bis dahin an der Ausbringungsmenge x (= Absatz) orientiert, die auf der Abszisse abgetragen wurde. Man kann die Analyse aber auch ganz auf den **Umsatz** in [€] beziehen. Dann verläuft die Erlösgerade E(u) logischerweise gerade mit einem Winkel von 45° (Abbildung 5-8); die Steigung der Gesamtkostenfunktion K(u) bemisst sich entsprechend nach den variablen Kosten pro Umsatz-Euro, also:

$$\operatorname{tg} \alpha = \frac{K_v(u)}{u} \quad [€/€]$$

Abbildung 5-8 *Break-even-Diagramm auf Umsatzbasis*

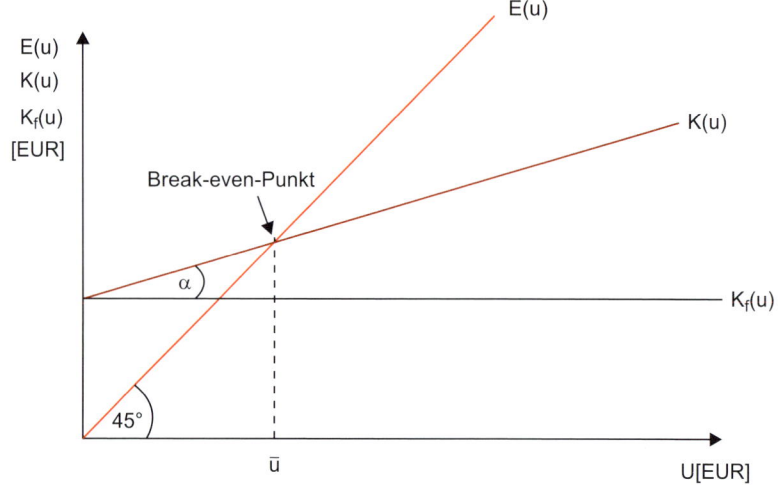

In der umsatzbezogenen Darstellung ist der Break-even-Umsatz $\bar{u}$ analog zu (6) aus (10) zu bestimmen:

$$G(\bar{u}) = \bar{u} - k_v^* \cdot \bar{u} - K_f = 0 \tag{10}$$

$$\bar{u} = \frac{K_f}{1 - k_v^*} \quad [€] \tag{11}$$

k_v^* bezeichnet in (10) den Anteil der variablen Kosten am „Umsatz-Euro".

Operative Modellplanung am Beispiel der Break-even-Analyse

Der Nenner von (11) entspricht dem sogenannten **„DBU-Faktor"**, nämlich

$$DBU = \frac{p - k_v}{p} = 1 - \frac{k_v}{p} = 1 - k_v^* \qquad \text{(dimensionslos)} \qquad (12)$$

In (12) ist $(p - k_v)$ der Deckungsbeitrag pro Mengeneinheit; dividiert man ihn durch den Stückpreis p, so erhält man den Anteil an jedem erlösten Umsatz-Euro, der (nach Abzug der variablen Kosten pro Stück) zur Deckung der fixen Kosten und darüber hinaus zur Gewinnerzielung verbleibt. Man kann (11) daher auch wie folgt schreiben:

$$\bar{u} = \frac{K_f}{DBU}$$

Für die **Gewinnplanung** erhält man aus (10) unter Verwendung des DBU-Faktors mit $\bar{\bar{u}}$ als gerade betrachtetem aktuellen Umsatz

$$G(\bar{\bar{u}}) = \bar{\bar{u}} \cdot (1 - k_v^*) - K_f = \bar{\bar{u}} \cdot DBU - K_f \qquad (13)$$

Da im Break-even-Punkt die fixen Kosten gerade gleich dem Gesamt-Deckungsbeitrag sind, kann man statt (13) auch schreiben:

$$\begin{aligned} G(\bar{\bar{u}}) &= \bar{\bar{u}} \cdot DBU - \bar{u} \cdot DBU \\ G(\bar{\bar{u}}) &= (\bar{\bar{u}} - \bar{u}) \cdot DBU \end{aligned} \qquad (14)$$

Gleichung (14) besagt, dass der Gewinn ab dem Break-even-Umsatz $\bar{u}$ nach Maßgabe des DBU-Faktors steigt.

$(\bar{\bar{u}} - \bar{u})$ ist der Sicherheitsabstand in Umsatzeinheiten (€) gemessen. Man kann ihn auch auf die Umsatzeinheit beziehen und erhält dann:

$$S^+ = \frac{\bar{\bar{u}} - \bar{u}}{\bar{\bar{u}}} = 1 - \frac{\bar{u}}{\bar{\bar{u}}} \qquad (15)$$

Wie unmittelbar einsichtig, sind **Veränderungen der Kostenstruktur** der Unternehmung für die Break-even-Analyse von besonderer Bedeutung. Dies soll im Folgenden am Beispiel der Auswirkungen von Rationalisierungsinvestitionen auf das Break-even-Diagramm der Unternehmung gezeigt werden.

Gewinnplanung durch Vergleich

Durch Rationalisierungsmaßnahmen werden in aller Regel die proportionalen Kosten gesenkt und die Fixkosten erhöht. Die Auswirkungen derartiger Maßnahmen auf den DBU-Faktor und damit auf die Deckungsbeitrags- und Gewinnzone zeigen die Schaubilder (a) bis (d) in Abbildung 5-9.

5 Operative Planung und Kontrolle

Die Unternehmung hat in den Situationen (a) und (b) denselben Break-even-Punkt. Da sie jedoch in (a) einen höheren DBU-Faktor aufweist, sind hier nach Überschreitung des Break-even-Punkts die Gewinnzuwächse wesentlich höher und schneller als in (b); allerdings steigen bei (a) auch die Verluste wesentlich höher und schneller, wenn die Umsätze unterhalb der Gewinnschwelle bleiben. Analoges gilt für den Vergleich zwischen (c) und (d). Andererseits haben (a) und (c) dieselbe Gewinnentwicklung, wenn der Break-even-Punkt überschritten ist, jedoch kommt (c) aufgrund der niedrigeren Fixkosten wesentlich früher in die Gewinnzone. Analoges gilt für den Vergleich zwischen (b) und (d).

Abbildung 5-9 *Auswirkungen von Veränderungen der Kostenstruktur auf die Gewinne*

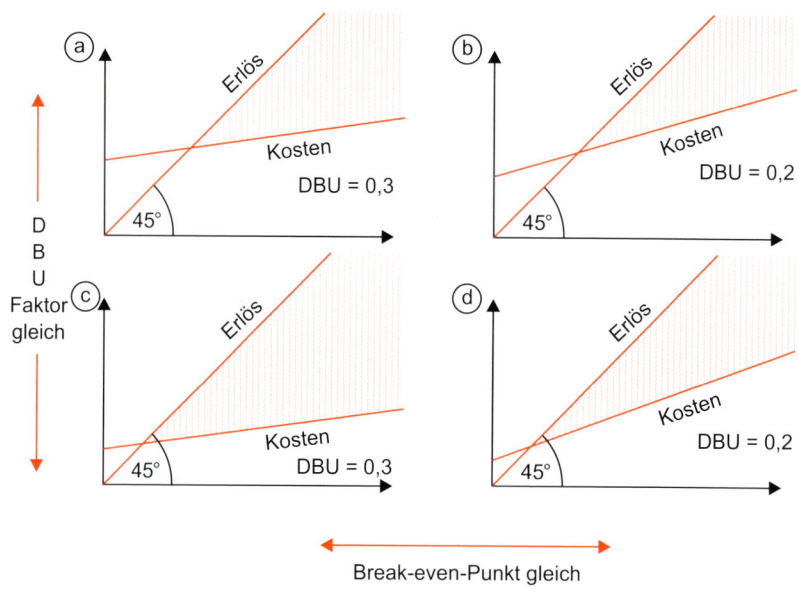

Quelle: In Anlehnung an Tucker 1966: 72.

Den Diagrammen (a) und (d) liegt eine unterschiedliche Struktur sowohl der fixen als auch der variablen Kosten zugrunde. In (a) liegt im Vergleich zu (d) der Break-even-Punkt höher, und die proportionalen Kosten sind niedriger. Der Deckungsbeitrag pro Umsatzeinheit und damit die Ertragskraft ist größer, aber ebenso sind es auch die fixen Kosten. Ein solches Bild (a) kann das Ergebnis einer zufälligen Abfolge von Einzelfallentscheidungen der Vergangenheit und insofern ungeplant sein; es kann aber auch der Ausdruck bewusster Planung in dem Sinne sein, dass eine Unternehmung bereit ist, die

Operative Modellplanung am Beispiel der Break-even-Analyse

in Bild (d) dargestellten Vorteile niedriger fixer Kosten und die eines schnellen Erreichens des Break-even-Punkts (relativer Schutz vor Verlusten, geringere Gefahr bei Absatzrückgängen bzw. Fehlplanungen) gegen einen höheren DBU-Faktor (höhere Gewinne bei hohen Umsätzen) einzutauschen. Ein höherer DBU-Faktor bei gleichzeitiger Fixkostensteigerung ergibt sich z. B. bei einer Modernisierung bzw. Automatisierung von Produktionsanlagen (höhere Kapitalkosten bei relativer Verminderung der Arbeitskosten). Denselben Hintergrund kann natürlich auch die Entwicklung einer Unternehmung von (b) nach (a) oder von (d) nach (c) haben.

Die Gefahr der Unternehmung in (a) liegt in ihrer geringen Flexibilität und in ihrer größeren Verwundbarkeit bei Umsatzrückgängen, etwa als Folge von Konjunkturschwankungen.

Das skizzierte Grundmodell der Break-even-Analyse verdichtet eine Vielzahl von Planinformationen aus dem Wertumlaufprozess des Betriebes in den Dimensionen von Erlösen und Kosten; es ist diese Verdichtung von Informationen, die überhaupt erst die einfache Handhabbarkeit und Aussage dieses Planungsinstruments ermöglicht. Das bedeutet auf der anderen Seite dann aber auch, dass man die vielfältigen vorgängigen **Annahmen** und Entscheidungen, auf denen die Break-even-Analyse basiert, immer präsent haben sollte, um keinen Fehlvorstellungen über die aktuelle Gewinnsituation des Betriebes zu unterliegen. Eine Reihe solcher oft nur implizit gemachter Voraussetzungen sei nachfolgend genannt:

Annahmen der Break-even-Analyse

a) Die **Erlösfunktion** wird als linear angenommen, d. h. man geht für die Planungsperiode von einem konstanten Verkaufspreis pro Produkteinheit aus. Der Preis ist unabhängig vom Absatzvolumen; letzteres ist die einzige Einflussgröße. Damit setzt man letztlich voraus, dass alle Entscheidungen über den Marketing-Mix bereits gefallen und keine Änderungen in der Planungsperiode zu erwarten sind. Das betrifft z. B. die Wahl der **Vertriebswege,** die eingeschlagene **Werbepolitik,** die **Produktverpackung,** die **Servicepolitik** etc. Auch die **Preisdifferenzierung** als Einflussfaktor auf die Erlöse wird nicht explizit thematisiert. Schließlich geht man im Grundmodell der Break-even-Analyse implizit davon aus, dass Produktion gleich Absatz ist, also keine Lagerbestandsänderungen auftreten und alle strategischen und operativen Absichten der Konkurrenz korrekt antizipierbar und in ihrer Auswirkung auf den Preis abschätzbar sind.

b) Die **Kostenfunktion** wird ebenfalls als **linear** unterstellt; dabei wird zugleich nur die Abhängigkeit der Gesamtkosten von **einer Kosteneinflussgröße,** nämlich der Beschäftigung (gemessen in Produktions- bzw. Absatzmengen), in die Analyse einbezogen. Der erste Punkt, die Linearität der Kostenfunktion, kommt zustande, indem man die Gesamtkosten als in genau zwei Kostenkategorien, die fixen und die variablen Kosten,

Operative Planung und Kontrolle

zerlegbar behandelt und für die variablen Gesamtkosten annimmt, dass sie proportional zum Beschäftigungsgrad variieren bzw. bei der Proportionalisierung dieser Kosten der Fehler vernachlässigbar klein bleibt; stückbezogen sind die variablen Kosten konstant. Sowie man andere Kosteneinflussgrößen in die Betrachtung einbezieht, etwa die Intensität der Faktornutzung, ist diese Annahme schon nicht mehr triftig. Es ergibt sich dann typischerweise ein u-förmiger Verlauf der variablen Stückkostenkurve.

c) Für **Einproduktunternehmen** können auf der Abszisse des Break-even-Diagramms physische Einheiten abgetragen werden. Mithilfe der Break-even-Analyse kann dann für einen geplanten Gewinn das erforderliche Produktionsniveau direkt fixiert und seine Erreichung laufend kontrolliert werden. Bei **Mehrproduktunternehmen** muss die Entscheidung über das **Produktionsprogramm** für den Planungszeitraum als getroffen vorausgesetzt und als **konstant** angenommen werden. Die Break-even-Analyse ermöglicht bei Mehrproduktunternehmen keine Bestimmung des gewinnmaximalen Produktionsprogramms.

d) Die **Produktionstechnologie** bleibt für die Planperiode unverändert. Nur dann gilt die vorausgesetzte Struktur von fixen zu variablen Kosten.

e) Die **Absatzbedingungen** ändern sich nicht; d. h., Absatzgebiete und Kunden bleiben dieselben, und die Konkurrenzverhältnisse bewirken keine Preisänderungen.

f) **Restriktive Nebenbedingungen** (z. B. Kapazitätsrestriktionen) können in die Break-even-Analyse grundsätzlich nicht explizit eingeführt werden. Bei Mehrproduktunternehmen ist zu unterstellen, dass das vorher festgelegte Produktionsprogramm den relevanten Restriktionen Rechnung trägt. Bei Einproduktunternehmen ist ein eventueller Engpass vorher bestimmbar und legt die Maximalausbringung (Kapazitätsgrenze) fest.

Abschließende Beurteilung

Obwohl die Voraussetzungen und Annahmen der Break-even-Analyse einer problemlosen und generellen Anwendung entgegenstehen, sind durchaus praktische Situationen denkbar (etwa Einproduktbetriebe, Partialanalysen, Mehrproduktbetriebe bei fixiertem Produktionsprogramm), in denen die Break-even-Analyse wertvolle Dienste leisten kann. Diese liegen

- in der **Gewinnplanung**:
  - Es können monetäre Gewinnziele formuliert und mithilfe der Break-even-Analyse kann untersucht werden, mit welchen Produktions- bzw. Absatzgrößen und mit welchen Änderungen der Kostenstruktur oder der Preisgestaltung sie zu realisieren sind und umgekehrt.

- Es können physische und/oder monetäre Zielgrößen aus der Produktions-, Investitions- bzw. Absatzplanung zugrunde gelegt werden, um mithilfe der Break-even-Analyse ihre Auswirkungen auf die Erlös-, Kosten- und Gewinnstruktur zu untersuchen.

■ in der **Gewinnkontrolle**:

Die laufende Registrierung der entsprechenden Kennzahlen ermöglicht eine kontinuierliche Beobachtung (und – falls notwendig – kurzfristige Beeinflussung) der Gewinnentwicklung. Am Ende der Planungsperiode bietet die Break-even-Analyse ein Hilfsmittel, um über den Vergleich realisierter Ist-Daten mit geplanten Soll-Vorgaben eventuelle Abweichungsursachen zu analysieren und erforderliche Korrekturmaßnahmen abzuleiten.

5.6 Budgetierung

5.6.1 Grundfragen der Budgetierung

Der **Budgetbegriff** entstammt dem kameralistischen Rechnungswesen und beinhaltet dort die Auflistung und Gegenüberstellung von erwarteten Einnahme- und Ausgabepositionen öffentlicher Körperschaften. Im betriebswirtschaftlichen Bereich wird der Budgetbegriff heute vor allem als planerische Vorsteuerungsgröße begriffen, und zwar in dem Sinne, dass Aufgabenträgern für einen abgegrenzten Zeitraum fixierte Sollgrößen in wertmäßiger Form vorgegeben werden. Das Management wird durch die Budgetierung gezwungen, die angestrebten Ziele und Maßnahmen so weit zu konkretisieren und zu präzisieren, dass sie in wertmäßige Größen (Kosten, Erlöse, Gewinn) überführt werden können. Die Budgetierung umfasst alle Aufgaben, die die Erstellung, Verabschiedung und Kontrolle von Budgets betreffen. Ergebnis der Budgetierung ist die wertmäßige Zusammenfassung der geplanten Entwicklung der Unternehmung in einer zukünftigen Geschäftsperiode.

Begriffliche Grundlagen

So verstanden kommen den Budgets im Allgemeinen die folgenden **Funktionen** zu (vgl. Pfaff 2002):

Kernfunktionen

1. **Orientierungsfunktion:** Eine zentrale Aufgabe von Budgets ist es, die Entscheidungsträger auf bestimmte Ziele hin zu verpflichten und ihnen ihre Ergebnisverantwortung zu verdeutlichen. Insofern bilden Budgets ein wesentliches Steuerungsmittel, um zielorientiertes Handeln herbeizuführen. Anders gewendet, liefern Budgets einen wesentlichen Beitrag zur Komplexitätsreduktion, indem die Funktionsträger selektiv zu einem bestimmten, besonders ausgezeichneten Handeln angehalten werden.

Operative Planung und Kontrolle

2. **Koordinations- und Integrationsfunktion:** Die Budgetierung soll einen Beitrag zur Koordination und Integration aller Bereiche des Unternehmens leisten. Dahinter steht die Annahme, dass die Budgetierung dazu veranlasst und dazu zwingt, eine Abstimmung sowohl zwischen gleichgeordneten als auch über- und untergeordneten Budgets herbeizuführen. Über das Gesamtbudget sollen die Teile des Unternehmens die notwendigen Anschlüsse finden. Dies geschieht insofern, als mit den vorgegebenen Teilbudgets die insgesamt knappen Mittel zur Zielrealisation verteilt werden.

3. **Kontrollfunktion:** Eine weitere Funktion haben Budgets, indem sie genau definierte Plangrößen (Umsätze, Kosten, Erträge u. a.) vorgeben, die es innerhalb einer bestimmten Planperiode zu erreichen bzw. einzuhalten gilt. Insofern setzt ein Budget auch Maßstäbe zur Leistungsmessung und übt damit eine Überwachungs- und Kontrollfunktion aus. Im Rahmen dieser Kontrollfunktion ist es auch wichtig, nach den Ursachen der Abweichungen zu fragen, da ein zielorientiertes Einwirken auf zukünftige betriebliche Vorgänge und Prozesse nur möglich ist, wenn die Gründe der Abweichungen ermittelt werden.

4. **Motivationsfunktion:** Budgets grenzen Handlungsspielräume ein und verpflichten auf bestimmte Vorgaben. Dennoch kann sich die Vorgabe von Budgets unter bestimmten Bedingungen auch positiv auf die Motivation der Mitarbeiter auswirken, nämlich dann, wenn es gelingt, dass sich die Führungskräfte mit den Zielvorgaben identifizieren. Eine solche Identifikation wird gefördert, wenn die Zielvorgaben **partizipativ** erarbeitet werden und das Budget nicht zu restriktiv ausgelegt ist, sondern Freiräume für eigenverantwortliche Entscheidungen lässt (vgl. Hiromoto 1988). Vergleiche hierzu auch die aktuelle Diskussion zum Konzept „Beyond Budgeting" (Abschnitt 5.6.3).

Unerwünschte Nebenwirkungen

Die aufgezeigten Funktionen lassen die Bedeutung erkennen, die Budgets für die Steuerung des Unternehmens potenziell zukommen kann. Gerade angesichts dieser Idealvorstellungen gilt es jedoch dem Eindruck entgegenzuwirken, die Anwendung von Budgets weise keine Probleme und Gefahren auf. Sowohl in der Literatur als auch in der Unternehmenspraxis finden sich zahlreiche Hinweise auf mögliche **Dysfunktionalitäten** beim Einsatz gerade dieses Planungs- und Führungsinstruments (vgl. Fischer/Verreechia 2000; Hofstede 2003; Horváth 2003; Künkele/Schäffer 2007). Die wesentlichen Dysfunktionen sind:

1. **Die Gefahr des Etatdenkens.** Dieses ist dadurch gekennzeichnet, dass zugeteilte, aber nicht verbrauchte Beträge am Ende des Budgetjahres noch ausgegeben werden, obwohl dies für die Aufgabenerfüllung nicht erforderlich ist. Dieses Verhalten („Dezemberfieber") ist vor allem darin begründet, dass die Höhe der Neubewilligungen häufig mechanisch

daran orientiert wird, in welchem Maße die früher zugeteilten Mittel ausgeschöpft worden sind („Prinzip der Fortschreibung").

2. **Die Gefahr der zu kurzfristigen Orientierung.** Der häufig mitgeführte explizite oder implizite Anspruch, die Budgetvorgaben unbedingt einhalten zu müssen, kann die Budgetverantwortlichen dazu verleiten, solche (nicht geplanten, aber von der Sache her gebotenen) Aufwendungen zu unterlassen, die im Planungsabschnitt zu keiner Gewinnsteigerung führen. Den Budgetverantwortlichen kommt es darauf an, das eigene Budget in der Gegenwart einzuhalten, unabhängig von den späteren Folgen. Diese **kurzfristige** Orientierung führt dann z. B. dazu, dass längerfristige Maßnahmen, die auf den Aufbau bzw. die Erhaltung von Erfolgspotenzialen zielen – etwa Produkt- und/oder Personalentwicklungsmaßnahmen – nicht mehr zum erforderlichen Zeitpunkt durchgeführt werden, sondern dann, wenn das Budget es erlaubt.

3. **Die Gefahr des verstärkten partikularistischen Denkens der Bereichsleitungen.** Im Bestreben, die Budgetvorgaben einzuhalten, werden (nicht geplante) Maßnahmen ergriffen, die sich auf die eigene Teileinheit positiv auswirken – gleichgültig, wie die anderen Abteilungen oder das Gesamtunternehmen davon betroffen sind. Die Abstimmungserfordernisse werden durch die Budgetierung als abgegolten betrachtet.

4. **Die Gefahr der Verabsolutierung von Budgetvorgaben.** Da Budgets sehr verbindliche und konkrete Vorgaben liefern, fördern sie die Gefahr, dass sich Mitarbeiter blind und mechanisch an den Budgetvorgaben orientieren. Dies kann zum einen dazu führen, dass an den Soll-Werten auch dann festgehalten wird, wenn sich die bei der Budgeterstellung zugrunde gelegten Prämissen entscheidend geändert haben. Bei dieser Konstellation wäre aber gerade eine Abweichung von den Soll-Werten und ihre Revision gefordert, anstatt zu versuchen, die Ist-Werte an die überholten Soll-Werte anzunähern. Zum anderen können Budgets – insbesondere dann, wenn sie sehr rigide Strukturen aufweisen – die Initiative und Innovationsbereitschaft auf den unteren Hierarchieebenen lähmen.

5. **Die Gefahr sogenannter „budgetary slacks".** Eine weitere Dysfunktionalität ist der Aufbau stiller Reserven, sogenannter „budgetary slacks" (zur Messung vgl. Van der Stede 2000). Die Betroffenen veranschlagen bei den Budgetverhandlungen die Kosten höher als eigentlich zu erwarten oder die Ziele niedriger als eigentlich möglich, um Reserven frei zu haben für andere, nicht budgetierte Vorhaben oder um unter weniger Druck arbeiten zu müssen. Derartige „stille Reserven" können sich aber auch unbeabsichtigt aufbauen, z. B. aus falschen Prognosen oder anderen außerordentlichen Entwicklungen, die bei der Budgetierung nicht bedacht wurden. Im Gegensatz zu den bisher angesprochenen Gefahren müssen sich „slacks" allerdings keineswegs immer dysfunktional auswirken, sie können z.B. als Freiraum für Innovationen genutzt werden.

Gegen-maßnahmen

Es darf jedoch nicht übersehen werden, dass die erwähnten Dysfunktionalitäten nicht zwangsläufig als Folge der Budgetierung auftreten, sondern dass es sehr stark von der **praktischen Ausgestaltung** und Handhabung des Budgetsystems abhängt, in welchem Ausmaß Dysfunktionalitäten entstehen.

Völlig ausschalten wird man diese Dysfunktionalitäten allerdings niemals können, denn sie resultieren letztlich aus der Tatsache, dass die Budgetierung als Prozess in einem sozialen System stattfindet und als solcher von den Systemmitgliedern beobachtet und beeinflusst wird, wie ja alle Planung.

5.6.2 Arten von Budgets

Unterscheidungs-kriterien Operatives Budget

Im Unterschied zu den in Kapitel 4 erwähnten strategischen Budgets haben es die **operativen Budgets** mit all denjenigen Maßnahmen und Ressourcenbindungen zu tun, die aufgrund des laufenden Geschäfts oder der operativen Planung erforderlich werden. Insbesondere lassen sich hier die Budgets kennzeichnen, die für die betrieblichen Funktionsbereiche alle geplanten Maßnahmen wert- (und mengen-)mäßig erfassen. Darüber hinaus gibt es **Projektbudgets** für Sonderaufgaben, so z. B. für eine umfassende Public-Relations-Kampagne, wenn diese plötzlich erforderlich wird, um das angeschlagene Erscheinungsbild einer Unternehmung in der Öffentlichkeit zu verbessern oder gegen ungünstige Meinungstrends abzuschirmen.

Teilbudgets

Im Rahmen der operativen Budgetierung wird die Anzahl der **Teilbudgets** stark durch die unternehmensspezifische Organisationsstruktur geprägt, weil mit den Organisationsbereichen Entscheidungskompetenzen und Verantwortungen verbunden sind und diese dann auch in ihren ressourcenmäßigen Konsequenzen durch Budgets festgemacht werden sollen (vgl. hierzu weiterführend Weber/Schäffer 2014). Im Folgenden sollen mit dem Umsatz- und dem Produktionsbudget nur zwei besonders wichtige Teilbudgets kurz skizziert werden (zur Ausgestaltung der Budgets in deutschen Unternehmen vgl. Zyder/Schäffer 2007).

Das **Umsatzbudget** basiert auf den Ergebnissen der Absatzprognose und Absatzplanung. Es enthält auf der Leistungsseite als wichtige Information die geplanten Umsätze, gegebenenfalls differenziert nach Produkten, Absatzgebieten und Kundengruppen. Diese Leistungsziele werden den Verkaufsorganen für die Planungsperiode als Umsatzvorgaben zugewiesen. Für die Leistungserbringung erforderliche Ressourcen werden dann in Form verschiedener Kostenbudgets den Verkaufsorganen nach Maßgabe der budgetierten Leistung gegenübergestellt. Diese Umsatzkostenbudgets beziehen sich auf alle Aktivitäten, die mit dem Verkauf im weitesten Sinne verbunden sind. Bei dieser Art der Kostenbudgetierung treten für gewöhnlich nicht einfach zu lösende Zuordnungsprobleme auf, weil – ähnlich wie bei der

Aufteilung von Gemeinkosten auf Kostenstellen und Kostenträger – eine unmittelbare Beziehung im Sinne des Verursachungsprinzips zwischen Kosten und Leistungen nicht immer auszumachen ist. Gleichwohl kann – wenn die Budgetierung ihr Ziel der Verhaltenssteuerung durch Zuordnung von Erfolgsverantwortung erreichen will – auf eine Zuordnung von Kosten zu den budgetierten Leistungen nicht verzichtet werden. Im Einzelnen werden im Umsatzbudget die Kosten des Umsatzes z. B. als Kosten der Akquisition (insbesondere der Werbung und Absatzförderung), der physischen Verkaufsabwicklung (direkte Verkaufskosten, Transportkosten, Lagerkosten) und der Leitung und Verwaltung (Planung, Statistik, Marktforschung) budgetiert.

Das **Produktionsbudget** legt die Standardfertigungskosten bzw. – unter Einbeziehung des Fertigungsmaterials – die Standardherstellkosten für das ausgewählte Produktionsprogramm fest. Aus diesem nach Produktarten und Produktmengen aufgegliederten Produktionsprogramm ergibt sich für die Planperiode das Mengengerüst der Kosten (z. B. in Fertigungsstunden); dieses Mengengerüst der Kosten wird je nach zu belegender Kostenstelle mit spezifischen Kostensätzen multipliziert, um die zu budgetierenden Standardfertigungskosten zu ermitteln.

Produktionsbudgets

Neben den genannten Budgetarten ist eine Reihe weiterer Unterscheidungen instruktiv (vgl. zu den unterschiedlichen Vorschlägen Horváth 2008: 17 ff.; Gleich 2013):

Nach dem **Grad der Flexibilität** lässt sich zwischen starren und flexiblen Budgets unterscheiden. Flexible Budgets tragen im Gegensatz zu starren Budgets der Unsicherheit von Entscheidungssituationen dadurch Rechnung, dass sie entweder bereits bei der Erstellung, der Durchführung oder erst bei der Kontrolle der Budgets gewisse Anpassungsmöglichkeiten vorsehen, um drohenden Fehlsteuerungen begegnen zu können.

Ausmaß der Flexibilität

Um eine antizipative Berücksichtigung der Unsicherheit bemühen sich **Alternativ-** bzw. **Eventualbudgets.** Hierbei werden neben dem „Arbeitsbudget" weitere alternative Budgets im Hinblick auf denkbare Umweltentwicklungen formuliert. Man hält sich die Eventualbudgets quasi in Reserve vor, um sie gegebenenfalls bei entsprechenden Umweltveränderungen rasch zur Anwendung bringen zu können. Eine spezielle Variante dieser Vorgehensweise liegt vor, wenn sich die Flexibilität nur auf eine einzige Einflussgröße – etwa die Beschäftigung – bezieht. Hier ist die **flexible Plankostenrechnung** zu nennen, bei der variable und fixe Kosten getrennt ausgewiesen und für unterschiedliche Beschäftigungsgrade die Sollkostenbudgets vorgeplant werden.

Unsicherheit

Nachtrags-budgets

Im Gegensatz zu dieser antizipativen Vorgehensweise sehen sogenannte **Nachtrags- oder Ergänzungsbudgets** und die sogenannten **nachkalkulierten Budgets** Anpassungen erst im Rahmen der Budgetkontrolle vor. Im ersten Falle werden unvorhergesehene Ausgaben oder fehlkalkulierte Kosten in ein separates Budget eingebracht und dem Ursprungsbudget hinzugefügt. Im zweiten Falle dient das Ursprungsbudget zwar während der Budgetperiode als Richtschnur, wird jedoch am Ende der Periode durch ein nachkalkuliertes Budget ersetzt, das dem aktuellen Informationsstand entspricht und als Maßstab für die Kontrolle herangezogen wird. Auf diesem Wege soll vermieden werden, dass die Ist-Werte mit überholten Soll-Werten verglichen werden. Da in beiden Fällen mögliche Korrekturen erst nach dem Vollzug einsetzen, können diese Anpassungsformen allerdings keine Steuerungswirkung entfalten, sondern nur eine gerechtere Beurteilung bewirken. Deshalb wird häufig vorgeschlagen, die Budgetvorgaben nicht nur am Ende, sondern bereits während des Budgetjahres fortlaufend oder in kurzen Intervallen an veränderte Entwicklungen – etwa beim Beschäftigungsgrad oder der Preisentwicklung – anzupassen. Ein derartiges Vorgehen erhöht allerdings zum einen die zeitliche Belastung und den formalen Aufwand für die Budgetverantwortlichen und kann zum anderen auch Verwirrung stiften, da ständige Revisionen die Eindeutigkeit der Handlungsorientierung beeinträchtigen können.

5.6.3 Der Budgetierungsprozess

Der Budgetierungsprozess bezieht sich darauf, wie Budgets konkret in Organisationen formuliert und implementiert werden.

Zero-Base-Budgeting (ZBB)

Es stehen sich im Wesentlichen drei Abstimmungsverfahren gegenüber (vgl. Horváth 2003; Rieg 2008):

1. Bei der **Top-down-Budgetierung,** die auch als retrograde Budgetierung bezeichnet wird, generieren das Top-Management bzw. die vom Top-Management autorisierten Budgetierungsorgane aus den strategischen Plänen und Budgets die Rahmendaten für die Budgeterstellung der nächsten Periode. Aufgabe der nachgeordneten Führungsebenen ist es dann, gemäß den zugeteilten Ressourcen Budgets für ihren Verantwortungsbereich zu erstellen und die nachgeordneten Organisationseinheiten darauf zu verpflichten.

Diese Vorgehensweise lebt von der Idee einer vollständig integrierten Budgetierung aller Ebenen und Ziele. Der komplexe Charakter von Handlungssystemen lässt indessen – wie schon mehrfach gezeigt – eine solche zentralistische Planungsphilosophie zur (gefährlichen) Illusion geraten. Die Zentraleinheit kann nicht über alle erforderlichen detailspezifischen und sensiblen Informationen über die Situation vor Ort verfügen. Die zentralen Stellen bleiben auf Informationen aus den Teilbereichen angewiesen.

2. Im Gegensatz dazu beginnt beim **Bottom-up-Ansatz** („progressive Budgetierung") die Budgeterstellung auf den untergeordneten Führungsebenen und wird stufenweise in der Organisation nach oben geführt. Dieses Verfahren weist den Vorteil auf, dass die Ermittlung der erforderlichen Ressourcen dort erfolgt, wo das hierfür erforderliche Know-how als Synthese aus Informationsstand, Erfahrung und Verantwortung am ehesten zu vermuten ist. Es besteht jedoch die Gefahr, dass die Teilbudgets auf den verschiedenen Budgetebenen nicht hinreichend aufeinander abgestimmt sind und dann doch zu einem Top-down-Prozess gegriffen werden muss.

3. Als Konsequenz aus den jeweiligen Problemen erfolgt die Budgetierung häufig nach dem **Gegenstromverfahren,** das eine Synthese der beiden anderen Verfahren darstellt. Dieses Verfahren wird zumeist mit einer probeweisen groben Top-down-Budgetierung eröffnet, d. h., es werden allgemeine Rahmendaten und globale Budgetziele für die nächste Planperiode vom Top-Management vorgegeben. Die Budgets werden dann von den einzelnen Organisationseinheiten unter Beachtung dieser Informationen geplant und in einem Bottom-up-Rücklauf zusammengefasst – gegebenenfalls in mehreren Zyklen.

Gegenstromverfahren

Die vorausgegangenen Erörterungen haben gezeigt, dass es zur Lösung des komplexen Budgetierungsproblems zweckmäßig ist, sich iterativ an eine akzeptierbare Lösung heranzutasten. Es sei abschließend auf einen Punkt hingewiesen, auf den die Diskussion der Dysfunktionalitäten schon aufmerksam gemacht hat: Die Budgetierung vollzieht sich nicht in einem interessenfreien Raum. Der Prozess wird von den Systemmitgliedern beobachtet, und sie versuchen, ihn in eine Richtung zu lenken, die ihren Interessen entgegenkommt. Die Budgetierung unterliegt wegen ihrer Ressourcenverteilungsfunktion in besonderem Maße **politischen Prozessen.**

Inkrementale Lösung

Die Festlegung der relevanten Budgetparameter im Budgetierungsprozess erfolgt auch als Ergebnis interpersoneller Entscheidungsprozesse, die von individuellen, gruppendynamischen sowie umweltbedingten Faktoren beeinflusst werden – etwa vom Leistungsvermögen, dem Anspruchsniveau, den bisherigen Erfahrungen oder auch dem Verhandlungsgeschick der Organisationsmitglieder. Weiterhin bilden Rollen als gegenseitige Verhaltenserwartungen Beschränkungen für das Verhalten der Organisationseinheiten im Budgetierungsprozess, und Macht ist die entscheidende Größe dafür, ob es einem Individuum oder einer Organisationseinheit gelingt, die eigenen Vorstellungen zu Entscheidungsprämissen anderer Organisationsmitglieder werden zu lassen (Friedberg 1995; Lewis/Hildreth 2011).

Budgetpolitik

Beobachtung der Budgetierung

5 Operative Planung und Kontrolle

Beyond Budgeting

Vor dem Hintergrund der dargestellten Probleme der traditionellen Budgetierung (vor allem: mangelnde Flexibilität, Motivationsdefizite und Fehlanreize) ist das Budgetieren in den letzten Jahren grundsätzlich in Frage gestellt worden. An vorderster Stelle ist das hier ein Alternativkonzept zu nennen, das unter dem Titel **„Beyond Budgeting"** (BB) Prominenz erlangt hat (Hope/Frazer 2013). Die Protagonisten des Beyond Budgeting bieten aber in Wirklichkeit kein neues Budgetierungskonzept an, sondern ein neues, umfassendes Modell der Unternehmenssteuerung, das eine radikale Dezentralisierung und Delegation von Verantwortung vorsieht. Steuerung soll in Abhängigkeit von den je spezifischen Marktgegebenheiten, sozio-kulturellen Kontextfaktoren und motivationalen Erfordernissen (Partizipation, Empowerment) konzipiert werden. Diese Konzeption verweist in bestimmten Teilen auf das, was in Kapitel 1 als moderner Managementprozess dargestellt wurde. Die theoretische Begründung dieses neuen Modells ist indessen sehr wenig ausgebaut, es ist mehr ein Forderungskatalog (zu weiteren Kritikpunkten vgl. Weber/Linder 2008).

5.7 Die operative Kontrolle

Aufgabenstellung

Im Rahmen der operativen Kontrolle gilt es zu überprüfen, ob die festgelegten Pläne sowie die daraus resultierenden kurzfristigen Handlungsprogramme der einzelnen Funktionsbereiche wie geplant durchgeführt worden sind, und ferner, ob die ergriffenen Maßnahmen (voraussichtlich) geeignet sind, die verfolgte Strategie umzusetzen. Zu Ende des vierten Kapitels haben wir bereits die strategische Kontrolle dargestellt. Die dort ausgeführte Konzeption und damit die Einteilung in Überwachung, Prämissenkontrolle und Durchführungskontrolle sind auf die operative Kontrolle grundsätzlich übertragbar. Der Unterschied zur strategischen Kontrolle besteht jedoch darin, dass die Gewichte anders verteilt sind. Der Schwerpunkt hinsichtlich der Kontrollarten liegt im operativen Bereich eindeutig auf der Durchführungskontrolle in Form der Ergebniskontrolle und der Planfortschrittskontrolle. Um diesen Unterschied bezüglich der Gewichte hervorzuheben, stellen wir die operative Kontrolle primär als **Durchführungskontrolle** dar.

Funktionsweise

Nach der **Zwecksetzung** prüft die operative Kontrolle – wie bereits angedeutet – auf der Basis einer gegebenen Strategie, ob die in der Planung festgelegten Maßnahmen geeignet sind, die angestrebten Unternehmensziele zu erreichen. Während die operative Kontrolle also der Zielerreichung („doing the things right") und damit der Effizienzförderung dient, stellt die strategische Kontrolle auf die Zielvalidierung und damit die Effektivitätsförderung ab („doing the right things"), d.h., hier wird explizit die Richtigkeit der formulierten Strategie hinterfragt.

Die operative Kontrolle | **5.7**

Auf der inhaltlichen Ebene zielt die operative Kontrolle mithin auf die Identifikation von Abweichungen bei der Planrealisierung ab, während die strategische Kontrolle auf die Identifikation von Strategiebedrohungen gerichtet ist. Die materielle Ausdifferenzierung der operativen Kontrolle wird damit entscheidend durch die operative Planung vorgeprägt. Die operative Kontrolle kann auf verschiedenen Ebenen anfallen; auf Projekt-, auf Funktionsbereichs-, auf Geschäftsbereichs- und/oder auf Unternehmensebene.

Die operative Kontrolle setzt sowohl im Sinne der **Feedback-Kontrolle** am Abschluss des Planungs- und Realisierungszyklus an als auch als **Feedforward-Kontroll**e, um der Gefahr verspäteter Rückkopplungsinformationen zu entgehen. Letzteres bedeutet, dass man die Kontrollzeitpunkte in die Realisationsphase vorverlagert und projektiv den Endpunkt der Realisation antizipiert (Feedforward).

Feedback und Feedforward

Der Kontrollprozess. Vor dem Hintergrund der eben erörterten Merkmale lässt sich der Prozess der operativen Kontrolle konkretisieren. Sofern er als **Ergebniskontrolle** konzipiert ist, wird er üblicherweise als kybernetisches Regelkreismodell dargestellt (s. Abbildung 5-10) und weist die folgenden Phasen auf:

Regelkreis

1. Bestimmung des Soll,
2. Ermittlung des Ist,
3. Soll/Ist-Vergleich und Abweichungsermittlung,
4. Abweichungsanalyse,
5. Berichterstattung.

Die Kontrolle im Regelkreis | *Abbildung 5-10*

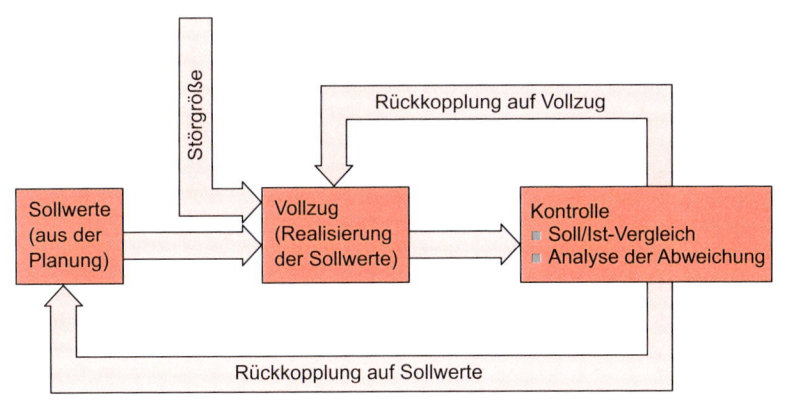

5 Operative Planung und Kontrolle

Bestimmung des Soll

ad 1: Jeder Vergleich setzt die Existenz von Vergleichsmaßstäben voraus. Durch die Bestimmung der Sollgrößen wird festgelegt, welche Zustände bestimmte Outputgrößen durch das Tun (oder Unterlassen) der Organisationsmitglieder annehmen sollen. Somit bilden die **Sollgrößen** die Maßstäbe, an welchen die erreichten Zustände (Ist), also z. B. die Leistung sowie das Verhalten der Mitarbeiter, gemessen werden müssen. Die Sollwerte können ihre Maßstabsfunktion zum Zeitpunkt der Kontrolle umso einfacher erfüllen, je mehr sie in eindeutig messbare Größen transformierbar sind. Schwieriger zu handhaben sind dagegen Sollgrößen qualitativer Natur, etwa zur Beurteilung des Erfolgs von Aus- und Weiterbildungsmaßnahmen, da hier subjektive Interpretationsspielräume mit zu bedenken sind.

Ermittlung des Ist

ad 2: Die Ermittlung des **Ist** setzt voraus, dass Soll und Ist auch wirklich vergleichbar sind, d. h., sie müssen in sachlicher und zeitlicher Hinsicht kongruent sein. Zur Sicherung dieser Kongruenz sind eine möglichst eindeutige Definition der Vergleichsgrößen und die genaue Bestimmung des Kontrollzeitraums erforderlich. Die sachliche Kongruenz wäre z. B. nicht gewahrt, wenn bei der Ermittlung des Ist-Umsatzes „Retouren" anders behandelt würden als bei der Umsatz-Planung. Werden dagegen Umsätze, die im Mai realisiert werden, erst im Juni abgerechnet, so wird die zeitliche Kongruenz verletzt.

Soll/Ist-Vergleich

ad 3: Der Soll/Ist-Vergleich dient der Feststellung der Übereinstimmung oder Nichtübereinstimmung **(Abweichung)** von Soll und Ist. Im Interesse künftiger Planungen muss der Kontrolle positiver Abweichungen (Soll übererfüllt) und negativer Abweichungen (Soll nicht erfüllt) die gleiche Aufmerksamkeit gewidmet werden. Es ist durchaus denkbar, dass eine Übererfüllung des Solls in einem Teilbereich im Interesse des Ganzen unerwünscht ist. So mag es etwa sein, dass ein Unternehmen z. B. durch eine wesentliche Überschreitung des Produktionssolls ohne entsprechende Umsätze in Zahlungsschwierigkeiten gerät.

Abweichungs-analyse

ad 4: Im Rahmen der Abweichungsanalyse soll versucht werden, die **Ursachen** festgestellter Abweichungen zu ermitteln. Unter der Voraussetzung, dass die Ermittlung des Ist und der Abweichungen fehlerfrei vorgenommen wurde, können Abweichungen insbesondere zurückzuführen sein auf:

- Planungsfehler (Nichtberücksichtigung bekannter Einflussgrößen, falsche Gewichtung von Faktoren),
- unvorhersehbare, die Grundlage der Planung verändernde Ereignisse (Störgrößen),
- Mehr- oder Minderleistungen, Fehlentscheidungen und Fehlverhalten.

Die operative Kontrolle | **5.7**

Da die Analyse der Abweichungen Zeit und Geld kostet, ist es aus wirtschaftlichen Gründen häufig zweckmäßig, einen Informationsfilter einzusetzen, derart, dass nur solche Abweichungen analysiert werden, die ein zuvor festgelegtes „kritisches Abweichungsmaß" überschreiten. Die Bestimmung eines solchen Abweichungsmaßes erfordert allerdings eine gute Situationskenntnis und ein weitgehend antizipierbares Wirkungsfeld. Wie großzügig die Schwelle zu bemessen ist, wird fallweise zu entscheiden sein, und zwar in Abhängigkeit von der Bedeutung der Vergleichsobjekte im Hinblick auf die Gesamtunternehmung, vom Grad der Ungewissheit bei der Fixierung der Sollwerte, vom Anspruchsniveau hinsichtlich der Art der Kontrollinformationen etc.

ad 5: Damit die Kontrolle ihren Zweck erfüllen kann, muss jeder Mitarbeiter diejenigen Kontrollergebnisse kennen, die für seinen Zuständigkeitsbereich von Bedeutung sind. Es ergibt sich also immer dann die Notwendigkeit zur **Berichterstattung,** wenn Kontrollergebnisse, die an einer Stelle anfallen, für Entscheidungen relevant sind, die an anderer Stelle getroffen werden müssen. Somit ist es erforderlich, Kontrollergebnisse sowohl in vertikaler als auch in horizontaler Richtung weiterzuleiten. Auf mögliche Gefahren, die in diesem Zusammenhang auftreten können – etwa das Problem einer allzu rigiden Informationsfilterung – sei hier nur kurz hingewiesen.

Berichterstattung

Neben der Regelkreiskontrolle ist die adaptive Kontrolle (Feedforward) ebenfalls von sehr großer Bedeutung im Rahmen der operativen Kontrolle. Die Feedforward-Kontrolle vergleicht während der Berichtsperiode laufend, ob das vorgegebene Ziel (Kostenlimit, Umsatzgröße etc.) im Lichte der bereits verfügbaren Informationen (noch) erreichbar erscheint. Zweck dieses Kontrollverfahrens ist es, aufgrund der Unsicherheit des Planungs- und Entscheidungsfelds möglichst frühzeitig Abweichungen aufzudecken, um zu einem Zeitpunkt über Korrektur- oder Abbruchmaßnahmen entscheiden zu können, zu dem noch genügend Handlungsspielräume zur Verfügung stehen, zu dem also über die Ressourcenverwendung noch einmal neu nachgedacht werden kann. Kontrolltechnisch geht man dabei so vor – wie bei der strategischen Kontrolle schon gezeigt –, dass man den Realisationszeitraum in einzelne Abschnitte unterteilt („Meilensteine"), und zwar derart, dass am Ende eines solchen Abschnitts eine Projektion auf das Endergebnis sinnvoll geleistet werden kann – natürlich mit zunehmender Genauigkeit und Zuverlässigkeit (bei allerdings abnehmendem Handlungsspielraum).

Feedforward-Kontrolle

Meilensteine

Eine begleitende Kontrolle in diesem Sinne ist allerdings an die Voraussetzung geknüpft, dass Pläne tatsächlich sinnvoll in einzelne Abschnitte/Phasen auflösbar sind, so dass das ermittelte Zwischenergebnis eine vertretbare Projektion auf den angestrebten Endzustand zulässt.

5 Operative Planung und Kontrolle

ROI

Kennzahlenbasierte Kontrolle: Für eine kennzahlenbasierte Kontrolle ist das von Du Pont de Nemours entwickelte und in der Praxis vielfach verwendete ROI-Kontrollsystem repräsentativ. Das ROI (Return on Investment)-Konzept weist die folgenden Merkmale auf (Lüder 1981: 400 ff.; Vollmuth 1999):

- Den Beurteilungsmaßstab für den Erfolg einer organisatorischen Einheit bildet die Rentabilität:

$$R = \frac{G}{V} \cdot 100 = \frac{G}{U} \cdot \frac{U}{V} \cdot 100$$

G = Gewinn
V = eingesetztes Vermögen
U = Umsatzerlöse.

- Für jede Einheit werden die Rentabilität und einige zu ihr gehörende wichtige Bestimmungsgrößen für ein Jahr im Voraus geplant.

- In festgelegten zeitlichen Intervallen werden Soll/Ist-Vergleiche durchgeführt und eventuelle Abweichungsanalysen erstellt.

- Das Management soll das gesteckte Nominal-, genauer Rentabilitätsziel, erreichen (oder übertreffen). Wie dies sachlich – d. h. durch welche konkreten Leistungsziele – erreicht wird, ist freigestellt.

Informations- und Motivationszweck

Mit der Verwendung des ROI-Konzepts werden im Wesentlichen zwei Hauptzwecke verfolgt. Zum einen soll die erzielte Rentabilität die Grundlage bilden für Investitions- und Desinvestitionsentscheidungen, und der Vergleich zwischen Soll- und Ist-Rentabilität soll der Unternehmensleitung eine Leistungsbeurteilung der verschiedenen Organisationseinheiten ermöglichen (Informationszweck). Zum anderen soll die Vorgabe einer aus dem Zielsystem der Unternehmung abgeleiteten Soll-Rentabilität das Division-Management in der Weise motivieren, dass es optimale Entscheidungen trifft (Motivationszweck).

Grenzen der ROI-Kontrolle

Das ROI-Konzept kann die genannten Zwecke jedoch nur unzureichend erfüllen. Im Hinblick auf den **Informationszweck** ist zunächst problematisch, dass die Kennziffer ROI vergangenheitsorientiert ist. Für die Bestimmung zukünftiger Investitionsaktivitäten und die Einschätzung des zukünftigen Leistungspotenzials liefern jedoch historische Werte keine hinreichende Informationsgrundlage. Weitere zentrale Probleme liegen vor allem in der mangelnden Eindeutigkeit und damit Manipulierbarkeit der zugrunde liegenden Größen.

Im Hinblick auf den **Motivationszweck** taucht das Problem auf, dass das Management durch Vorgabe einer Soll-Rentabilität motiviert wird, **suboptimale, nicht aber gesamtoptimale** Entscheidungen zu treffen.

Operative Planung und Kontrolle

Dass das ROI-Konzept trotz der genannten Nachteile eine weite Verbreitung gefunden hat und findet, mag darauf zurückzuführen sein, dass der ROI in einer einzigen, **zusammenfassenden Größe,** nämlich der Rentabilität, alle Ereignisse wiedergibt, die das Formalziel einer Division beeinflussen. Ferner mag dazu beigetragen haben, dass die ROI-Rechnung ohne Weiteres auf die Zahlen des traditionellen Rechnungswesens zurückgreifen und der ROI aufgrund seiner Allgemeingültigkeit und einfachen Berechnung zum Vergleich sowohl von einzelnen Divisionen als auch von Divisionen und alternativen Investitionen eingesetzt werden kann. Trotz aller Kritik verwenden deshalb viele Unternehmen den ROI bis zum heutigen Tage als Steuerungs- und Kontrollinstrument, so etwa Siemens oder Volkswagen.

Lernkontrollfragen

1. Welche Teilpläne des Realgüterprozesses können unterschieden werden?
2. Auf welchen Ebenen vollzieht sich die Planung des Wertumlaufprozesses und welche Ziele werden damit jeweils verfolgt?
3. Was versteht man unter einer Sensitivitätsanalyse und welche Funktion erfüllt eine solche Analyse?
4. Worin unterscheiden sich optimierende und prognostizierende Planungsmodelle?
5. Wie ist der sog. Sicherheitsabstand im Rahmen der Break-even-Analyse definiert?
6. Was versteht man unter „budgetary slacks"?
7. Welche Aufgabe kommt der Abweichungsanalyse im Rahmen der operativen Kontrolle zu?
8. Was versteht man unter der Feedforward-Kontrolle?
9. Was versteht man unter dem Prinzip der strategischen Vorsteuerung?
10. Was versteht man unter der Interdependenz der Teilpläne der operativen Planung?
11. Welche Bedeutung hat die Nichtnegativitätsbedingung im Rahmen der Linearen Programmierung?
12. Warum ist die operative Kontrolle zum wesentlichen Teil eine Durchführungskontrolle?

Lösungshinweise zu den Lernkontrollfragen erhalten Sie auf der Webseite zum Buch unter www.springer.com.

Operative Planung und Kontrolle

Diskussionsfragen

I. Weshalb kann die operative Planung nicht logisch aus dem strategischen Plan deduziert werden?

II. Welche Grundüberlegung steht hinter der Idee der operativen Flexibilität?

III. Auf welche systematischen Grenzen stößt die Idee der Simultanplanung und wie sollte die operative Planung stattdessen vorgenommen werden?

IV. Welche zusätzlichen Einsatzmöglichkeiten liefert die umsatzbezogene Version der Break-even-Analyse?

V. Warum kann es im Rahmen des Budgetierungsprozesses zum Phänomen der „Verabsolutierung des Budgets" kommen?

VI. Warum wird der Budgetsteuerung vorgeworfen, sie wäre nicht flexibel?

Fallstudie: Sektkellerei Goldtröpfchen

Die Sektkellerei Goldtröpfchen hat sich auf die Produktion von hochwertigem Sekt spezialisiert. Der meiste Umsatz wird mit einer besonders hochwertigen Flaschengärung erzielt. Die Nachfrage nach diesem besonderen Sekt ist seit der Jahrtausendwende stetig angestiegen und befand sich im Jahr 2006 mit 391.000 Flaschen nahe der Kapazitätsgrenze von 400.000 Flaschen.

Die Produktion der Flaschengärung findet aktuell unter Mithilfe von 42 Mitarbeitern statt. Im Jahr 2006 haben die Produktionsmitarbeiter insgesamt 52.700 Stunden gearbeitet, ihr Stundenlohn betrug im Durchschnitt 30 €. In diesem Betrag sind bereits sämtliche Zuschläge enthalten. Nach Berechnungen des Rechnungswesens der Sektkellerei sind rund 35 % dieser Arbeitskosten als fix anzusehen, während der Rest vom Produktionsvolumen proportional abhängig war.

Die Produktion erforderte im Jahr 2006 4.000 Hektoliter Wein, die das Unternehmen bei einem Zulieferer für 1.100.000 € eingekauft hatte. Die durchschnittlichen Kosten für Hilfsstoffe (Flaschen, Korken, Etiketten) lagen bei 0,48 € pro Flasche.

Zur maximalen Ausnutzung der Kapazität und damit verbunden einer von den Eigentümern geforderten Gewinnerhöhung strebte die Unternehmensleitung eine Reorganisation des Unternehmens an, um mit diesem edlen Tropfen eine Umsatzrentabilität von mindestens 7 % (bisher 4 %) zu generieren.

Operative Planung und Kontrolle

Es sollte folglich eine Break-even-Analyse durchgeführt werden. Als Erstes erfolgte eine Trennung der Kosten in fixe und variable Kosten. Hierzu nahm man die Gewinn- und Verlustrechnungen der letzten Jahre zu Hilfe. Es zeigte sich, dass die Zahlenwerte für 2006 repräsentativ waren und dass trotz starker Schwankungen im totalen Geschäftsvolumen die verschiedenen Sektsorten in jedem Jahr in einem nahezu gleichen Verhältnis zueinander verkauft worden waren. Folglich wurde die nachfolgende Analyse vorbereitet:

Fixkosten	
35 % der Arbeitskosten	561.000
Produktionskosten	320.000
Verwaltungskosten	290.000
Zinsen	34.000
Abschreibungen	840.000
Summe Fixkosten	**2.045.000**
Variable Kosten	
65 % der Arbeitskosten	1.020.000
Rohstoffe	1.100.000
Hilfsstoffe	187.000
Summe variable Kosten	**2.307.000**
Gesamtkosten	4.352.000

Es wurde von der Unternehmensleitung die Maximalkapazität mit 400.000 Flaschen pro Jahr angenommen. Dies würde zu gegenwärtigen Preisen einen Verkaufserlös von 4.660.000 € bedeuten. Betrachtet man die gegenwärtige Struktur der Kosten und Erlöse, wären die Gewinne aus einer Produktion von 400.000 Flaschen pro Jahr niedrig. Die Unternehmensleitung möchte nun einen Weg finden, die Kosten und Erlöse so zu ändern, dass sich ein Gewinn von 400.000 € ergibt; das würde bezogen auf den derzeitigen Umsatz einer Umsatzrentabilität von 8 % entsprechen.

Fragen zur Fallstudie

1. Stellen Sie ein Break-even-Diagramm für die von der Unternehmensleitung geschätzte Aufteilung von fixen und variablen Kosten auf! Bestimmen Sie (a) dasjenige Produktionsvolumen, bei dem die Gewinnschwelle erreicht wird, und (b) geben Sie den Gewinn bei voller Kapazitätsauslastung an!

5 Operative Planung und Kontrolle

2. Zeichnen Sie drei weitere Diagramme so, dass mit einer Produktion von 400.000 Flaschen ein Gewinn von 400.000 € erzielt wird, und zwar (a) ein Diagramm, in dem ein gestiegener Verkaufspreis angenommen wird, (b) ein zweites Diagramm auf der Grundlage einer Fixkostensenkung und (c) ein drittes Diagramm, in dem angenommen wird, dass die variablen Kosten sinken! Welches sind die Break-even-Punkte in jeder dieser drei Situationen?

3. Zeigen Sie die Alternativen auf, die am wahrscheinlichsten einen Gewinn von 400.000 € erbringen!

Teil 3
Organisation

Kapitel 6 Gestaltung organisatorischer Strukturen

Kapitel 7 Die informale Organisation: Unternehmenskultur

Kapitel 8 Change Management und Innovation

Kapitel 9 Organisatorisches Lernen und Wissensmanagement

6 Gestaltung organisatorischer Strukturen

Lernziele zu Kapitel 6	203
6.1 Organisatorische Strukturen als formale Regeln	204
6.2 Organisatorische Arbeitsteilung	208
6.2.1 Aufgabenanalyse	209
6.2.2 Formen organisatorischer Arbeitsteilung	210
6.2.3 Organisatorische Teilung des Entscheidungsprozesses	216
6.3 Organisatorische Integration	219
6.3.1 Abstimmung durch Hierarchie	220
6.3.2 Abstimmung durch Programme	224
6.3.3 Selbstabstimmungsregelungen	225
6.3.4 Prozessorganisation	230
6.4 Einflussgrößen der Organisationsgestaltung	232
Lernkontrollfragen	238
Diskussionsfragen	239
Fallstudie: Gross AG	239

Gestaltung organisatorischer Strukturen

6

Lernziele zu Kapitel 6

Nach Durcharbeiten dieses Kapitels sollten Sie in der Lage sein,

- Differenzierung und Integration als Zentralaufgaben des Organisierens zu skizzieren,
- zu verdeutlichen, dass Organisieren im Wesentlichen bedeutet, Regeln zu setzen,
- Typen organisatorischer Regeln gegeneinander abzugrenzen,
- Ausgangspunkt und Aufgaben der organisatorischen Differenzierung darzulegen,
- die Probleme und Grenzen der Kosiolschen Systematik zu skizzieren,
- Formen organisatorischer Arbeitsteilung mit ihren spezifischen Vor- und Nachteilen gegeneinander abzugrenzen,
- die verschiedenen Integrationsmechanismen mit ihren Vor- und Nachteilen darzustellen,
- die Grundtypen Ein- und Mehrlinienorganisation zu skizzieren,
- die Matrixorganisation einzuordnen, ihre Charakteristika, die Einsatzbedingungen sowie Vor- und Nachteile zu skizzieren,
- die Einflussgrößen auf den organisatorischen Gestaltungsprozess darzustellen,
- Organisieren als einen historischen Prozess zu beschreiben.

6 Gestaltung organisatorischer Strukturen

6.1 Organisatorische Strukturen als formale Regeln

Organisationen beruhen auf dem Prinzip der **Arbeitsteilung.** Überspitzt könnte man sagen, es gibt nur Organisationen, weil die Arbeitsteilung große Vorteile gegenüber Einzeloperationen bietet. Arbeitsteilung funktioniert jedoch nicht von alleine; die Leistungsprozesse bedürfen der sinnfälligen Zergliederung und anschließenden Verknüpfung, um das Leistungsziel zu erreichen. Aufgrund der seit Jahrzehnten feststellbaren Tendenz zu größeren Leistungseinheiten (Betriebsgrößenwachstum) und multi-lokaler Leistungserbringung (Verteilung auf verschiedene Standorte, multinationale Unternehmen usw.) kommt dem Problem der effizienten Teilung und Ordnung der Aktivitäten sowie ihrer (Wieder-)Zusammenführung eine immer größere Bedeutung zu. Die **organisatorische Gestaltung,** worunter sowohl die Aufgabenteilung als auch ihre Zusammenführung verstanden wird, ist deshalb als zentrales Instrument des **Managements** anzusehen.

Basisaufgaben der organisatorischen Gestaltung

Die zentralen Gesichtspunkte der Managementaufgabe Organisationsgestaltung bilden somit einerseits die **Arbeitsteilung** bzw. Auffächerung des Arbeitsprozesses im Sinne einer Bildung von einzelnen leistungsfähigen Aktionseinheiten und andererseits die **Arbeitsvereinigung,** d.h. die gezielte Zusammenführung der einzelnen Elemente. In der Organisationsliteratur werden diese Basisaufgaben als **„Differenzierung"** und **„Integration"** bezeichnet. Jede Differenzierung setzt zentrifugale Kräfte frei, die durch eine gezielte Integration wieder gebunden werden müssen. Diese zwei Basisaufgaben der Organisationsgestaltung sind latent widersprüchlich; man könnte auch sagen, es besteht ein trade-off: Je stärker eine Organisation differenziert wird, umso mehr Anstrengungen müssen unternommen werden, die Aktivitäten zu integrieren.

Gestaltungsaufgabe

Das **praktische Problem** der organisatorischen Gestaltung besteht nur in seltenen Fällen im Entwurf eines komplett neuen Strukturgefüges; in aller Regel geht es darum, Teil-Reorganisationsmaßnahmen durchzuführen. „Organisieren" als Managementfunktion ist dementsprechend auch keine punktuelle Aufgabe, die nur alle zwei oder fünf Jahre anfällt, sondern ein **ständiger Prozess.** Fortlaufend erweisen sich einmal gefundene Problemlösungen als revisionsbedürftig, oder es tauchen neue Problemstellungen auf, für die eine organisatorische Lösung denkbar ist (Ciborra 1996): Einmal ist beispielsweise der Leiter der Forschungs- und Entwicklungsabteilung völlig überlastet, im anderen Fall wirft eine neue Fertigungstechnologie die Frage von Reorganisationsmaßnahmen auf; dann ist es wieder die unzureichende Kommunikation zwischen der Produktentwicklung und der Werbung, die einen effektiven Leistungsprozess behindert, oder die Niederlassungen müssen an die geänderte Kundenstruktur angepasst werden. Natürlich wird

Organisatorische Strukturen als formale Regeln **6.1**

hin und wieder auch eine Revision der Gesamtorganisation notwendig, dann ist aber in aller Regel nur der Gesamtrahmen betroffen, nicht aber die organisatorische Einzelregelung. Der Einsatz von Organisationsstrukturen zu Steuerungszwecken stellt also eine permanente Herausforderung dar, die Diagnosefähigkeiten, gestalterische Fantasie, aber auch das Vermögen, organisatorische Veränderungen durchzuführen, erfordert. Das Spektrum der organisatorischen Gestaltungsaufgabe ist also breit; sie stellt ein gewichtiges Element im Aufgabenbereich **jeder** Führungskraft dar.

Betrachtet man den Vorgang des Organisierens näher, so zeigt sich sehr schnell, dass es im Kern darum geht, Regelungen zur Ausrichtung des Verhaltens der Organisationsmitglieder zu schaffen: Regeln zur Festlegung der Aufgabenverteilung, Regeln der Koordination, Verfahrensrichtlinien bei der Bearbeitung von Vorgängen, Beschwerdewege, Kompetenzabgrenzungen, Weisungsrechte, Unterschriftsbefugnisse usw. Die formale Ordnung eines Unternehmens ist deshalb nichts anderes als ein Geflecht aus Regeln. Formale organisatorische Regeln sind **offiziell** von der Geschäftsleitung autorisiert, d. h., sie sind aus der sogenannten **Direktionsbefugnis des Arbeitgebers** abgeleitet und beanspruchen auf dieser Basis ihr Recht auf Geltung. Gewöhnlich nennt man eine durch formale Regeln geschaffene Ordnung eines sozialen Systems **Organisationsstruktur**. Da diese Organisationsstruktur auf formalen, also offiziell eingeführten und sanktionsbewehrten Regeln aufbaut, spricht man auch von der formalen Struktur einer Organisation. Daneben hat jedes soziale System auch noch eine informale Struktur (vgl. dazu Kapitel 7). Die Tätigkeit des Organisierens bezieht sich allerdings nur auf das Schaffen einer formalen Ordnung und damit auf die formale Struktur.

Was heißt Organisieren?

Organisatorische Regeln in diesem Sinne sollen nicht nur einen effizienten Aufgabenvollzug sicherstellen, sondern auch Abstimmungskonflikte in geordnete Bahnen lenken, Berichtswege für neue Ideen schaffen oder Projekte mit den Standardaufgaben verknüpfen. Diese Beispiele verdeutlichen noch einmal, dass sich organisatorische Regelungen immer an die Organisationsmitglieder richten, genauer auf deren Verhalten und Aktivitäten. Organisatorische Regeln stellen darauf ab, die Handlungsweisen der Organisationsmitglieder vorab zu bestimmen und damit untereinander erwartbar zu machen. Regelgeleitetes Verhalten heißt also immer auch erwartbares Verhalten; wer die Regeln kennt, kennt im Prinzip auch das Verhalten. Regeln schränken damit den Handlungsspielraum des einzelnen Organisationsmitgliedes ein. Dementsprechend gilt: Je mehr Regeln geschaffen werden, umso mehr werden der Leistungsprozess und seine Steuerung entindividualisiert (Gutenberg 1983: 238). Strukturen sind gewissermaßen externe Vorentscheidungen für das Verhalten. Aus der Vielzahl der Handlungsmöglichkeiten

Formale Regeln

6 Gestaltung organisatorischer Strukturen

wird vorab von einer Regelungsinstanz eine bestimmte Möglichkeit oder ein begrenzter Raum an Möglichkeiten ausgezeichnet.

Fallweise und generelle Regeln

Organisatorische Regeln strukturieren Situationen vor und drücken Erwartungen aus, wie in bestimmten Situationen zu verfahren ist. Gutenberg (1983: 238 ff.) spricht in diesem Zusammenhang von **generellen** Regelungen und unterscheidet sie von **fallweisen** Regelungen; mit letzteren sind die auf den einzelnen Geschäftsvorfall bezogenen individuellen Anordnungen gemeint. Um sprachliche Verwirrungen zu vermeiden, sollen letztere hier allerdings im Unterschied zu Gutenberg nicht als organisatorische Regeln gelten, sondern als Führungsmaßnahmen begriffen werden, die der Managementfunktion „Führung" zuzurechnen sind. Ähnlich spricht auch Kosiol (1976: 75) hier nicht von organisatorischen Regeln, sondern von **„dispositiven"** Maßnahmen. Das Verhältnis ist substitutiv: Die organisatorische Regel ist die Alternative zur führungsmäßigen Anordnung; eine generelle Regelung macht die fallweise Anordnung überflüssig.

Die Frage, wann der einen und wann der anderen Alternative der Vorrang eingeräumt werden soll, verweist auf die konkreten Bedingungen. Was die generelle Regelung anbelangt, so liegt es nahe, sie immer dort einzusetzen, wo wir von einer **vorhersehbaren** und in gleicher Form **wiederkehrenden** Aufgabenstellung ausgehen können. Bei variablen Aufgabenstellungen wird dagegen die generelle Regel schnell kontraproduktiv.

Substitutionsgesetz

Gutenberg hat diesen Gedanken zu einem grundlegenden Prinzip ausformuliert. Er charakterisiert die organisatorische Durchregelung eines Betriebes als einen Substitutionsvorgang: Fallweise, einzelfallbezogene Regelungen werden durch generelle Regelungen ersetzt. Die ökonomische Logik des Substitutionsvorganges wird schnell einsichtig: Eine generelle Regelung macht den Aufgabenträgern dauerhafte Vorgaben für ihre Arbeit. Damit erübrigen sich zugleich persönliche, jeweils immer wieder aus der Situation heraus entwickelte Anweisungen des Vorgesetzten. Mit anderen Worten: Die generelle Regelung tritt an die Stelle der fallweisen Anordnung des Vorgesetzten oder einer sonstigen, ad-hoc gefundenen Problemlösung. Man hat mit der generellen Regelung nicht nur die Möglichkeit, vorab und nicht in der Hektik des Tagesgeschäftes nach einer optimalen Lösung der Aufgabenzuteilung, des Arbeitsablaufes usw. zu suchen (Rationalisierungsaspekt), sondern auch den Effekt, dass sich die Anschlussfähigkeit von Tätigkeiten erhöht, weil – wie bereits angesprochen – das Verhalten für andere (interne und externe) Handlungsträger vorhersehbar wird (Koordinationsaspekt).

Das „Substitutionsgesetz der Organisation" (vgl. Abbildung 6-1) verknüpft nun diesen Effizienzvorteil der generellen Regelung einerseits und die angesprochenen Einsatzgrenzen andererseits, indem es dazu auffordert, fallweise Regelungen so lange durch generelle Regelungen zu ersetzen, bis schließlich

6.1 Organisatorische Strukturen als formale Regeln

der zusätzliche Nutzen der letzten generellen Regelung gleich Null wird, d.h. die dadurch entstehenden Reibungsverluste („Regelungskosten") den gesamten zusätzlichen Nutzen verzehren. Jede weitere generelle Regelung würde eine **Überorganisation** nach sich ziehen in dem Sinne, dass das Ausmaß der generellen Regelungen die Variabilität der betrieblichen Tatbestände überschreitet, dass also – anders ausgedrückt – variable betriebliche Tatbestände wie gleichförmige behandelt werden und der erwartete Rationalisierungseffekt durch Nachkorrekturen, Fehlabstimmungen usw. überkompensiert wird. Dagegen wäre jedes geringere Ausmaß genereller Regelung **Unterorganisation** in dem Sinne, dass im Kern gleichförmige betriebliche Tatbestände wie variable behandelt werden und somit Rationalisierungsreserven unausgeschöpft bleiben. Konzeptleitend ist also die Vorstellung, dass es für jeden Betrieb ein – allerdings je spezifisches – **Optimum** an genereller und fallweiser Regelung gibt.

Überorganisation

Unterorganisation

Das Substitutionsgesetz der Organisation nach Gutenberg

Abbildung 6-1

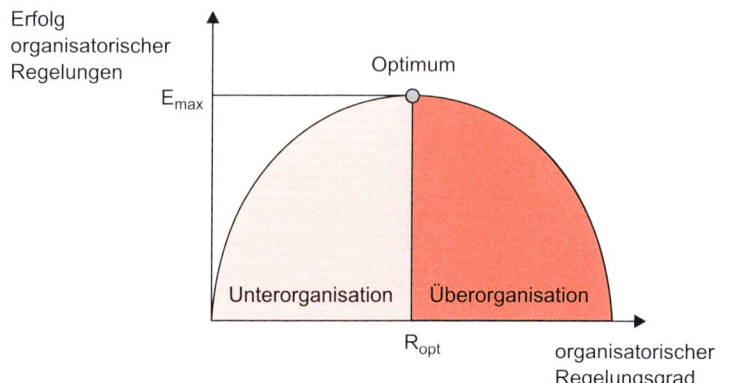

Wenn umgangssprachlich von „Bürokratisierung" die Rede ist, so wird damit gewöhnlich der Tatbestand der Überorganisation angeprangert. Es wird also – mit anderen Worten – beklagt, dass der Bereich genereller Regeln so weit ausgedehnt wurde, dass durchaus unterschiedliche Vorgänge wie gleichartige behandelt werden. Bürger artikulieren ihren Unmut über diesen Zustand häufig durch den Vorwurf, man würde mit seinem individuellen Anliegen „wie eine Nummer" behandelt.

Insgesamt gesehen macht der Verweis auf die unterschiedliche Variabilität betrieblicher Tatbestände auf einen sehr wichtigen Sachverhalt aufmerksam, nämlich, dass das Organisieren keine „eindimensionale" Rationalisierungs-

Randbedingungen

aufgabe, sondern an ganz konkrete Bedingungen gebunden ist. Die Variabilität der betrieblichen Tatbestände ist allerdings nur einer von vielen Faktoren, die den Rahmen für das Organisieren abstecken. Andere wichtige Faktoren sind: Komplexität, Schwierigkeitsgrad der Aufgabe, Motivation der Mitarbeiter, Größe des Betriebes usw. (vgl. dazu Abschnitt 6.4).

Organigramm

Die offizielle, d. h. von den dafür legitimierten Stellen eingeführte Organisationsstruktur (= System formaler Regelungen) wird zumeist für den internen und externen Geschäftsverkehr **sichtbar** gemacht. Zunächst einmal finden die Regelungen in **Geschäftsverteilungsplänen, Stellenbeschreibungen** und **Dienstanweisungen** o. Ä. ihren Niederschlag; besonders wichtige Regeln werden häufig in Betriebsordnungen festgehalten. Das bekannteste Mittel, Organisationsstrukturen zu visualisieren, ist jedoch das **Organigramm,** das mit einer schaubildartigen Übersicht über die geltenden Regelungen informiert. Dabei muss man jedoch sehen, dass Organigramme nur einen **Ausschnitt** aus dem organisatorischen Regelwerk zeigen, nämlich die Regeln zur Abteilungsbildung und zu den Autoritätsbeziehungen (Hierarchie).

6.2 Organisatorische Arbeitsteilung

Das Kerngebiet der Organisationsgestaltung war eingangs als Dualproblem bestimmt worden, nämlich als Problem der Arbeitsteilung (Differenzierung) einerseits und als Problem der Arbeitsvereinigung (Integration) andererseits.

Aufgaben der Differenzierung

Wenden wir uns zunächst der Differenzierung zu. Ausgangsproblem jeder systematischen organisatorischen Differenzierung ist die Frage nach der günstigsten Teilung und Zuweisung von Aufgaben. Die in den Zielen fixierte und im Produkt-Markt-Konzept/Geschäftsmodell konkretisierte Gesamtaufgabe einer Unternehmung ist in aller Regel zu umfangreich, als dass sie von einer Person ausgeführt werden könnte. Sie wird von mehreren Personen gemeinsam erledigt, und daher ist festzulegen, welche Teilaufgaben von welchen Organisationsmitgliedern zu bewältigen sind. Wird eine generelle Lösung angestrebt, so führt dies im Ergebnis zu einem differenzierten Strukturgefüge, dessen Komplexität von dem Ausmaß der gewählten Spezialisierung der Stellen und Abteilungen abhängt.

6.2.1 Aufgabenanalyse

Methodisch gesehen setzt die organisatorische Verteilung der Aktivitäten die systematische Durchdringung der Aufgaben voraus. In der deutschen Organisationslehre hat Erich Kosiol hierfür die wohl bekannteste Systematik entwickelt; er nennt sie **Aufgabenanalyse** (Kosiol 1976: 42).

Analysedimensionen

Nach dieser Konzeption soll die Gesamtaufgabe anhand von fünf Dimensionen gedanklich in Elementarteile zerlegt werden:

1. nach den **Verrichtungen** (z. B. Sägen, Schweißen, Nieten),
2. nach den **Objekten** (z. B. Aufgaben an Tischen, Stühlen, Schränken),
3. nach dem **Rang** (nach Entscheidungs- und Ausführungsaufgaben),
4. nach der **Phase** (nach Planungs-, Realisierungs- und Kontrollaufgaben),
5. nach der **Zweckbeziehung** (nach unmittelbar oder mittelbar auf die Erfüllung der Hauptaufgabe gerichteten Teilaufgaben).

In der Kosiolschen Konstruktionslehre werden dann in einem zweiten Schritt, der sogenannten **Aufgabensynthese**, aus Elementarteilen nach bestimmten leitenden Prinzipien organisatorische Einheiten gebildet. Die erste zu bildende synthetische Einheit heißt **Stelle**. Der **Leitungsaufbau** stellt eine hierarchische Verknüpfung der Stellen durch eine rangmäßige Zuordnung her. Die Basis-Leitungseinheit heißt **Instanz**; dies ist eine Stelle mit Anordnungsbefugnis. Die Zusammenfassung mehrerer Stellen unter der Leitung einer Instanz heißt **Abteilung**. Im Fortlauf werden dann Abteilungen zu Hauptabteilungen usw. zusammengefasst, bis das gesamte Strukturgefüge errichtet ist.

Stelle, Instanz, Abteilung

Die Kosiolsche Systematik hat sich in der konkreten Arbeit als wenig praktikabel erwiesen. Dies vor allem deshalb, weil die Aufgabenanalyse zu statisch angelegt ist. Auch werden zu viele implizite Voraussetzungen getroffen; man kann diese Analytik gar nicht betreiben, ohne Teile der erst herzustellenden Organisationsstruktur schon zu kennen. Fest verankert in der Organisationsgestaltung bis zum heutigen Tage ist allerdings die Unterscheidung der Aufgaben nach Verrichtungen und Objekten. Sie bildet die Basisalternativen der Aufbauorganisation ab (siehe unten Abschnitt 6.2.2).

Neuere Ansätze stellen auch ganz andere Merkmale von Aufgaben in den Vordergrund. Häufig genannte Kriterien der Aufgaben- und Entscheidungsanalyse sind hierbei (vgl. Staehle 1999: 645 ff.; Hage 1980):

Zusätzliche Kriterien

- **Aufgabenvariabilität** (Unterschiedlichkeit der Bedingungen der Aufgabenerfüllung),

- **Aufgabeninterdependenz** (Abhängigkeit der Aufgabenerfüllung von anderen, insbesondere vor- und nachgelagerten Stellen),
- **Eindeutigkeit** (Analysierbarkeit der Aufgaben und das Ausmaß, in dem die Korrektheit einer Aufgabenerfüllung nachgeprüft werden kann),
- **Zahl möglicher Lösungswege** und/oder **Zahl der richtigen Lösungen**.

Die Aufgabenanalyse bildet die Ausgangsbasis für die Organisationsgestaltung. Die bekanntesten Muster der organisatorischen Differenzierung seien im Folgenden kurz aufgezeigt.

6.2.2 Formen organisatorischer Arbeitsteilung

Organisation nach Verrichtungen

Die wohl bekannteste Form der organisatorischen Arbeitsteilung ist die Spezialisierung auf Verrichtungen oder Funktionen. Gleichartige Verrichtungen werden zusammengefasst; dies gilt sowohl für die Stellenbildung (z. B. Lackierer) als auch für die Abteilungsbildung (z. B. Lackiererei). Abbildung 6-2 gibt ein Beispiel. Die Vorteile einer verrichtungsorientierten Arbeitsteilung liegen einerseits in der Nutzung von Spezialisierungsvorteilen (Lern- und Übungseffekte) und andererseits in Größenvorteilen durch homogene Handlungseinheiten und die gemeinsame Nutzung von Ressourcen. Dies birgt die Möglichkeit einer hoher Kompetenzdichte und entsprechend effizienter Nutzung der Ressourcen (Frese 2005).

Abbildung 6-2   *Differenzierung nach Verrichtungen*

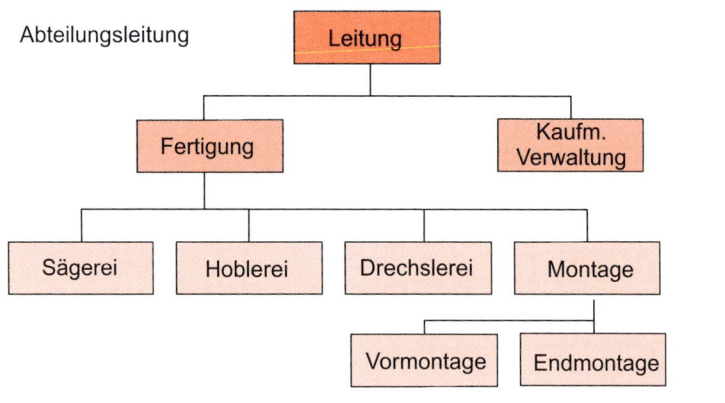

6.2 Organisatorische Arbeitsteilung

Von einer **funktionalen Organisation** (vgl. Abbildung 6-3) spricht man dann, wenn die zweitoberste Hierarchieebene eines Stellengefüges (Unternehmung, Geschäftsbereich usw.) eine Spezialisierung nach Sachfunktionen vorsieht. Die Kernsachfunktionen eines Industriebetriebes sind Einkauf, Forschung und Entwicklung, Produktion, Marketing. Daneben sind aber auch unterstützende Sachfunktionen wie Finanzierung oder Personal von großer Bedeutung. Die funktionale Organisation findet am häufigsten bei Unternehmungen Verwendung, die nur in einem Geschäftsfeld tätig sind (z. B. Opel AG) oder über ein relativ homogenes Produktprogramm verfügen (z.B. SWISS Airlines).

Funktionale Organisation

Die funktionale Organisation

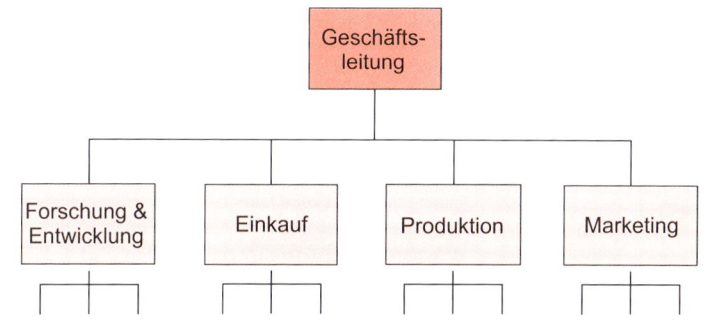

Abbildung 6-3

Das Gestaltungsprinzip der Verrichtungsorganisation stellt – wie dargelegt – auf die Erzielung von Spezialisierungsgewinnen, insbesondere Produktivitätssteigerungen, ab. Die organisatorische Spezialisierung bringt jedoch zwangsläufig eine Fragmentierung der Arbeitsabläufe und eine Tendenz zur **Suboptimierung** („Ressortdenken") mit sich. Die vielen Schnittstellen und der damit verbundene langwierige Integrationsprozess werden schnell zu einem Störfaktor, nicht zuletzt bedingt durch die Beschleunigung der Marktentwicklung und die damit einhergehende Forderung nach schnellerer Auftragsabwicklung. Die Abstimmungsschwierigkeiten zwischen den Funktionsabteilungen mit jeweils spezialisierter Ausrichtung bringen auch Mängel in der ganzheitlichen Orientierung, eine nur schwach ausgeprägte Ausrichtung auf den Abnehmer und eine geringe Zurechenbarkeit von Ergebnissen auf einzelne Akteure mit sich; alles droht in den großen Funktionalbereichen „unterzugehen".

Verrichtungsorganisation in der Praxis

6 Gestaltung organisatorischer Strukturen

Organisation nach Objekten

Die zweite grundsätzliche Alternative bei der Stellen- und Abteilungsbildung ist die Orientierung an Objekten. Hier sind Produkte/Güter (einschließlich Dienstleistungen), Kunden oder Regionen/Märkte das gestaltbildende Kriterium für Arbeitsteilung und Spezialisierung (vgl. Abbildung 6-4).

Gestaltung nach Objektprinzip

Bei dieser Organisationsform werden also nicht bestimmte **gleichartige** Verrichtungen wie Schmieden oder Graten gebündelt, sondern es werden, ausgehend von Objekten, **verschiedenartige** Verrichtungen zusammengefasst, nämlich jene, die für die Erstellung des betreffenden Objekts notwendig sind. Ein Scharnierhersteller würde dementsprechend z. B. organisieren nach den Objekten Lkw-Scharniere, Pkw-Scharniere, Möbelscharniere. Die neuerdings viel diskutierte Prozessorganisation ist als ein Sonderfall der objektorientierten Strukturierung zu begreifen. Im Rahmen der Objekte („Leistungsprozesse") wird zusätzlich ein möglichst geringes Maß an Binnenspezialisierung verlangt (Hammer/Champy 1994 ; Osterloh/Frost 2006).

Abbildung 6-4 Objektorientierte Abteilungsbildung

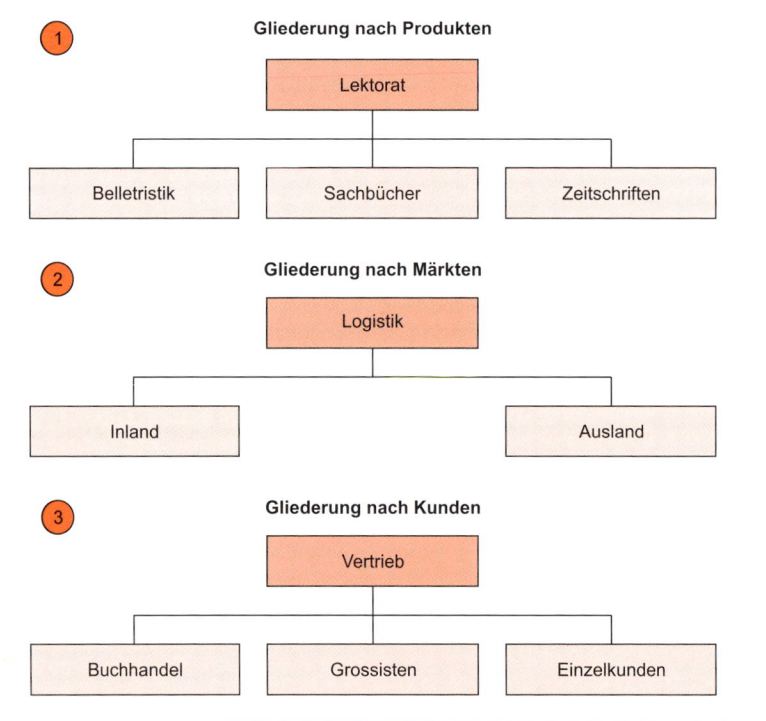

Quelle: Schmidt 1992: 177

Regionale Gliederung

Neben der Produktorientierung ist auch eine **regionale Gliederung** denkbar. Hier werden die Objekte nach dem Prinzip der lokalen Bündelung zusammengefasst, etwa nach Bundesländern, Ländern oder Erdteilen. Eine Stellen- und Abteilungsbildung unter dem regionalen Gesichtspunkt wird häufig im Zuge einer Expansionsstrategie gewählt, z. B. bei Ausdehnung des internationalen Geschäfts. In vielen Fällen ist aber auch das Bestreben, die Transportkosten zu minimieren, für die Entscheidung zugunsten einer lokal dezentralisierten Gliederung der Aktivitäten ausschlaggebend. Ein dritter Gliederungsgesichtspunkt im Rahmen der Objektorientierung fokussiert auf zentrale **Abnehmergruppen** (oder auch Zuliefergruppen).

Die Alternative Objekt- versus Verrichtungsorientierung stellt sich grundsätzlich auf jeder hierarchischen Ebene; keineswegs muss eines der beiden Prinzipien durchgehalten werden. Es ist vielmehr die Regel, beide Prinzipien zu mischen. Die Gliederung der zweiten Hierarchieebene ist jedoch eine besonders wichtige Organisationsentscheidung, denn sie stellt die Weichen für die Grundausrichtung des gesamten Systems.

Spartenorganisation

Die Objektorientierung auf der zweitobersten Hierarchieebene eines Stellengefüges wird **divisionale Organisation, Spartenorganisation** oder **Geschäftsbereichsorganisation** genannt. Die Divisionen werden meist nach den verschiedenen Produkten bzw. Produktgruppen gebildet (z. B. in einem Chemieunternehmen: Pharma, Düngemittel, Insektizide/Pestizide, dekorative Kosmetik). Beim Divisionalisierungskonzept kommt zur objektorientierten Gliederung hinzu, dass die Divisionen gewöhnlich eine weitgehende Autonomie im Sinne eines **Profit Centers** erhalten, d. h., sie sollen quasi wie Unternehmen im Unternehmen geführt werden. Für die organisatorische Aufgabenzuweisung bedeutet dies, dass eine Division (Geschäftsbereich) zumindest die Kern-Sachfunktionen umfassen muss. Ansonsten wäre eine Gewinnverantwortlichkeit, wie sie das „Unternehmen im Unternehmen"-Konzept verlangt, nicht gegeben (Frese 2005).

Konzern/Holding

Im Hinblick auf die **rechtliche Ausgestaltung** gibt es zwei grundsätzliche Alternativen, nämlich die Sparten als Abteilung zu führen oder sie rechtlich zu verselbstständigen. Im Falle der rechtlichen Verselbstständigung der Sparten entsteht ein **Konzern.** Bisweilen beherbergen bei sehr großen Unternehmen auch die einzelnen Sparten eine ganze Reihe von (rechtlich selbstständigen) Tochter- bzw. Enkelgesellschaften, die Spartengesellschaft ist dann ein Teilkonzern. Im Falle rechtlich verselbstständigter Spartengesellschaften wird die Konzernobergesellschaft häufig nicht als Mutterkonzern, sondern als Holding ausgelegt (vgl. Abbildung 6-5). Die **Holding** ist eine reine Führungsgesellschaft, d. h. ihre Aufgabe ist ausschließlich die Ausübung der Konzernleitung. Sie ist nicht mit der Produktion oder dem Vertrieb von Gütern beschäftigt, gleichwohl geht ihre Aufgabe über eine bloße Anteilsverwaltung hinaus (Bühner 1996).

6 Gestaltung organisatorischer Strukturen

Steuerung

Gleichgültig jedoch, wie die rechtliche Ausgestaltung ausfällt, in jedem Falle gehen bei der divisionalen Organisation durch das Prinzip der Gewinnverantwortlichkeit weitreichende Kompetenzen an die Sparten, so dass sich die Frage der Steuerung und Kontrolle für die Spitze stellt. Das Interesse hat sich daher früh auf ein **funktionstüchtiges Steuerungs- und Kontrollsystem** für die Unternehmens-/Konzernspitze gerichtet. Ein wesentlicher Ansatzpunkt für die Gesamtsteuerung ist typischerweise der Verbleib der **Finanzierungsfunktion** und die Allokation der finanziellen Ressourcen auf die einzelnen Sparten.

Abbildung 6-5 *Holdingstruktur der RWE AG*

RWE AG Holding					
Kunden	Förderung	Erzeugung	Handel	
RWE Power AG	RWE Dea AG	UK	RWE Trading & Supply GmbH	RWE npower plc

Quelle: www.rwe.com, Stand 05/2014

Kontrolle

Was die Kontrolle anbelangt, so ist man hier gewöhnlich bestrebt, einfache, übersichtliche, aber dennoch wirksame Systeme zu etablieren, zumal dort, wo viele Sparten gebildet werden. In Kapitel 5.7 wurde bereits das geläufigste Kontrollkonzept vorgestellt, nämlich der „Return on Investment", der heute in unterschiedlichsten Varianten Verwendung findet.

Randbedingungen

Grundvoraussetzung für den Einsatz der divisionalen Organisation ist die Teilbarkeit der geschäftlichen Aktivitäten in homogene, voneinander weitgehend unabhängige Sektoren – nur dann können die Aktivitäten so gebündelt werden, dass eine Erfolgszurechnung möglich wird. Diese Teilbarkeit gilt sowohl **intern** hinsichtlich einer getrennten Ressourcennutzung als auch **extern** hinsichtlich des Marktes und der Ressourcenbeschaffung.

Ursprünge

Historisch gesehen entstammt die divisionale Organisation nicht einer theoretischen Alternativenkonstruktion, sondern ist in der Praxis als Antwort auf die Strategie der **Diversifikation** entwickelt worden. Für breit diversifizierte Unternehmen erwies sich die dabei vorherrschende funktionale Organisation als zu schwerfällig und zu unübersichtlich; man ging immer mehr dazu über, spartenorientierte Strukturen zu entwickeln, die viel besser auf die verschiedenen Strategien und Märkte eines diversifizierten Unternehmens ausgerichtet werden können.

Organisatorische Arbeitsteilung

6.2

Mit einer Divisionalisierung geht immer eine **Vervielfachung der Führungsstellen** einher; soll sich die Einführung lohnen, muss dieser zusätzliche Personalaufwand kleiner als der durch diese Organisationsform zusätzlich erreichbare Nutzen sein. Ferner stellt die für klar geschnittene Sparten erforderliche Separierung der Ressourcen (Fertigungsanlagen, Rohstofflager usw.) und der Märkte häufig eine unüberwindbare ökonomische Barriere dar. Man denke etwa an den Verlust konditionenpolitischer Vorteile im Einkauf oder an entgangene Größenersparnisse durch Verkleinerung der Produktion.

Probleme

Abbildung 6-6 zeigt mögliche Vor- und Nachteile der divisionalen Organisation im Überblick, wobei die aufgeführten Nachteile zumeist den Vorteilen der Funktionalorganisation entsprechen et vice versa.

Potenzielle Vor- und Nachteile der divisionalen Organisation

Abbildung 6-6

Divisionale Organisation	
Vorteile	**Nachteile**
■ jeweils spezifische Ausrichtung auf die Divisionsstrategien	■ Effizienzverluste durch Ressourcenteilung oder durch suboptimale Betriebsgrößen
■ mehr Flexibilität, weil kleinere Einheiten	■ Vervielfachung hoher Führungspositionen
■ Zukäufe und Desinvestitionen leichter zu bewerkstelligen	■ hoher administrativer Aufwand (Spartenerfolgsrechnung, Transferpreisrechnung usw.)
■ Entlastung der Gesamtführung	
■ höhere Transparenz der verschiedenen Geschäftsaktivitäten	■ potenzielle Divergenz von Divisions- und Unternehmenszielen, Kannibalismus: Substitutionskonkurrenz zwischen den Divisionen
■ mehr Motivation durch größere Autonomie	
■ exaktere Leistungskontrolle	

Häufig arbeitet man mit Ergänzungen oder Modifikationen, um auf diese Weise den Nachteilen der Divisionalisierung entgegentreten zu können. So werden nicht selten die Produktions- und Logistikbereiche als Zentraleinheiten belassen, um der Größenvorteile nicht verlustig zu gehen (so z.B. in fast allen Chemieunternehmen im Sinne einer Verbundproduktion). Dem Divisionalisierungsprinzip versucht man dann hilfsweise durch Verwendung interner **Verrechnungspreise** oder die Etablierung sogenannter „interner Märkte" Rechnung zu tragen, d.h. die Divisionen werden als Abnehmer, die Zentraleinheiten als Anbieter von Leistungen definiert. Diese Quasi-

Quasi-Divisionalisierung

Gestaltung organisatorischer Strukturen

Lösungen werfen in aller Regel die Frage der korrekten Zurechenbarkeit auf, und nicht selten bergen gerade diese Zurechenbarkeitsfragen ein großes Konfliktpotenzial. Schlussendlich geht es ja um die Verantwortung für Erfolg und Misserfolg.

6.2.3 Organisatorische Teilung des Entscheidungsprozesses

Stab-Linie-Organisation

Eine Arbeitsteilung anderer Art orientiert sich am Entscheidungsprozess und untergliedert in Entscheidungsvorbereitung und Entscheidung. Genauer geht es hier um die Option, entscheidungsvorbereitende Tätigkeiten aus dem Aufgabenspektrum von Instanzen auszugliedern und dafür eigene, spezialisierte Stellen zu schaffen; man nennt sie **Stabsstellen** oder **Stäbe**. Die zugrunde liegende Idee ist, dass bestimmten Instanzen **Spezialisten als Berater** zur Seite gestellt werden, um neuere Erkenntnisse und/oder systematische Methoden der Problemlösung für die Verbesserung der Entscheidungen einsetzbar zu machen, die der Instanz unbekannt oder aus zeitlichen Gründen nicht erschließbar sind. Um diesen Spezialisierungsvorteil nutzen zu können, wird der Entscheidungsprozess geteilt. Die systematische **Entscheidungsvorbereitung** obliegt den Spezialisten, also dem Stab. Die Entscheidung selbst und damit die letzte Entscheidungsverantwortung trägt die „Linie" (siehe unten).

„Completed staff work"

Die Beratungstätigkeit des Stabes kann unterschiedlich intensiv ausgelegt sein. Bisweilen werden Stäbe nur zur Sammlung von Informationen und abstrakten Problemlösungsverfahren (z. B. in Form von Befragungsmethoden oder mathematischen Modellen) eingesetzt. Meist aber umfasst ihre Tätigkeit auch das Generieren und Selektieren von Alternativen, so dass die „Linie" nur noch die Wahl unter den vorgearbeiteten Alternativen trifft. Bei der sogenannten vollständigen Stabsarbeit bearbeitet der Stab das Problem bis zur **Entscheidungsreife**, d.h. die Instanz trifft dann nur noch eine Ja/Nein-Entscheidung. Dadurch, dass die Stabsstellen nur „mitdenken", nicht aber anordnen sollen, will man sicherstellen, dass die Autorität der Leitungshierarchie uneingeschränkt erhalten bleibt.

Beispiele

Stabsstellen werden in der Praxis für vielfältige Funktionen und auch auf unterschiedlichen hierarchischen Ebenen gebildet; typische Stabsaufgaben sind: strategische Planung, Public Relations, Controlling, Personalentwicklung, volkswirtschaftliche Abteilung in Banken und Versicherungen (vgl. Abbildung 6-7).

Organisatorische Arbeitsteilung

6.2

Beispiel für eine Stab-Linie-Organisation — *Abbildung 6-7*

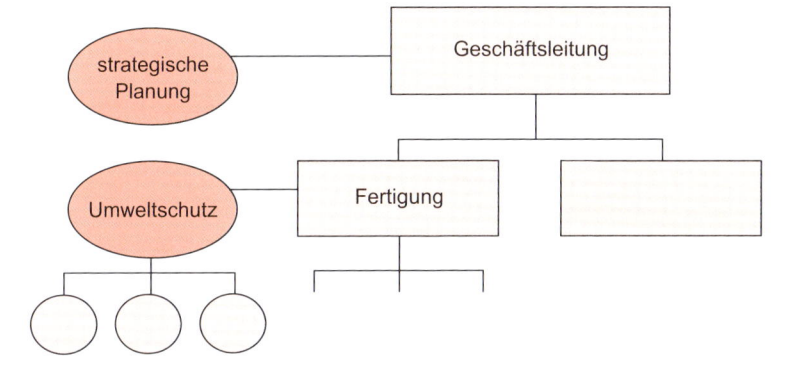

Daneben werden Stäbe z. T. aber auch zur quantitativen Entlastung von Vorgesetzten eingesetzt (Assistentenstellen). Im eigentlichen Sinne handelt es sich hier jedoch nicht um Stabs-, sondern um reine Hilfsstellen. Letztere deuten meist auf eine Fehlorganisation hin.

Konflikte zwischen Stab und Linie

Die Zusammenarbeit von Stab und Linie hat sich in der Praxis als sehr konfliktreich erwiesen. Empirische Studien haben ergeben, dass ein Teil der Konflikte durch personelle Faktoren verursacht wird; so z. B. durch Unterschiede im Erfahrungshorizont, im Sozialverhalten, in Ausbildung, Sprachgewohnheiten und Jargon (Dalton 1959; Church/Waclawski 2001). Als besonders problematisch erwies sich die gewöhnlich eher geringe praktische Erfahrung der Stabsmitglieder. Sie haben nicht „von der Pike auf gelernt" und sind erst nach dem Abschluss ihrer – meist akademischen – Ausbildung in die Organisation eingetreten. Dieses **Erfahrungsdefizit** dient der Linie oft als Argument, um die Vorschläge der „praxisfremden" Stäbe abzublocken oder gar der Lächerlichkeit preiszugeben.

Expertentum

Ein weiterer Konfliktherd liegt in der latenten Bedrohung der Linienmanager durch die Spezialisten. Stäbe werden eingesetzt, wenn das in den Linieninstanzen vorhandene Wissen nicht mehr ausreicht, die immer komplexer werdenden Entscheidungssituationen befriedigend zu lösen. Aus dem Tätigkeitsbereich der Linienmanager werden also, genau genommen, Aufgaben, die sie früher selbst wahrgenommen haben, ausgesondert und auf Spezialisten übertragen. Durch die Anwendung von neuen Methoden und Techniken fungieren die Stäbe de facto als **Kritiker und Reformer**; sie sollen die Entscheidungsvorbereitung besser machen, als es bisher der Fall war. Vorschläge des Stabes werden deshalb tendenziell als Bedrohung empfunden. Lange Zeit bewährte, vielleicht von den Linienmanagern selbst einge-

6 Gestaltung organisatorischer Strukturen

führte Verfahrensweisen werden in Frage gestellt und sollen durch neue ersetzt werden. So stellt sich die Stabsarbeit für die Linie tendenziell als Besserwisserei und Einmischung von in der Sache unerfahrenen Kräften dar.

Macht durch Information

Neben den genannten personellen Faktoren ist als weitere wesentliche Konfliktursache die Struktur der Beratungstätigkeit zu sehen. Durch die Aufteilung des Entscheidungsprozesses entsteht – von der Wirkungsrichtung her genau entgegengesetzt zur Gestaltungsphilosophie – die Gefahr, dass die Stäbe die Informationsverarbeitung beherrschen und dadurch (informationelle) Macht über die Linie gewinnen. Der tiefere Grund dafür ist, dass die Linie meist aus zeitlichen und sachlichen Gründen nicht in der Lage ist, den Informationsbeschaffungsprozess nachzuvollziehen; man kann nicht überprüfen, ob die richtigen und vollständigen Informationen in die Formulierung der Alternativen eingeflossen sind oder ob die Stäbe eine **manipulative Auswahl** getroffen haben. Je spezieller die Fachinformationen sind, desto stärker wird die Abhängigkeit der Linie; denn Informationen, die zum Beispiel als chemische Formeln oder in Form von komplizierten Statistiken vorliegen, müssen erst in die Alltagssprache der Linie „übersetzt" werden, wobei diese die Richtigkeit der Transformation häufig nicht zu kontrollieren vermag.

Lösungsansätze

In der Literatur finden sich viele Vorschläge, die darauf abstellen, die Zusammenarbeit von Spezialisten und Linienmanagern unter Beibehaltung des Stab-Linie-Prinzips zu harmonisieren. Dazu gehören eine gezielte Bewerberauswahl nach typisierten Stab-/Linie-Persönlichkeitsprofilen oder eine Job-Rotation, mit deren Hilfe die Distanz zwischen Linie und Stab zugunsten einer gemeinsamen Orientierung abgebaut werden soll.

Alternativ-modelle

Nachdem mit solchen Maßnahmen eine Milderung, nicht aber Lösung des Konflikts herbeigeführt werden kann, hat man sich nach alternativen Wegen der Zusammenarbeit von Spezialisten und Generalisten umgesehen. Die meisten davon sind teamorientierte Ansätze, die eine **gemeinsame Entscheidungsverantwortung** in den Vordergrund rücken. Nachdem diese Modelle jedoch weniger die Arbeitsteilung (Spezialisten, Generalisten) behandeln – sie setzen sie vielmehr voraus –, als vielmehr die Arbeitsvereinigung, werden diese Modelle auch nachfolgend unter dem allgemeinen Stichwort Integration behandelt.

6.3 Organisatorische Integration

Wie eingangs dargelegt, erzeugt Arbeitsteilung bzw. organisatorische Differenzierung unweigerlich Binnenkomplexität. Die Aufgabenteile werden von verschiedenen Personen mit unterschiedlicher Orientierung, an verschiedenen Orten, zu unterschiedlichen Zeiten erledigt, und dies wirft zwangsläufig das Problem auf, alle diese separat erledigten Teile wieder zusammenzuführen, so dass eine geschlossene Leistungseinheit entstehen kann. Es ist leicht einzusehen, dass die Arbeitsvereinigung umso schwieriger gerät, je weiter und tiefer die Arbeitsteilung gewählt wird. Es kann deshalb auch nicht weiter verwundern, dass das große Organisationsthema in den heutigen komplexen Großunternehmen nicht mehr länger – wie zu Beginn der Industrialisierung – die Arbeitsteilung, sondern die Integration geworden ist. Dabei ist die Zusammenführung der geteilten Arbeit nicht nur ein mechanisches Problem des Zusammenführens, sondern auch ganz wesentlich ein Problem der Überwindung auseinanderdriftender **Orientierungen** von spezialisierten Stelleninhabern und Abteilungen.

Gegenläufiges Verhältnis

Die zuletzt genannte Orientierungsproblematik erklärt sich daraus, dass mit jeder organisatorischen Separierung eine Spezialisierung verbunden ist, die eine Identifikation mit den Teilzielen fördert: Die Vertriebsabteilung konzentriert sich auf die Umsatzziele, die Forschung & Entwicklung auf die anstehenden Projekte, die Finanzabteilung auf den Kapitalmarkt usw. Diese Konzentration auf Spezialumwelten erlaubt für gewöhnlich einen effizienteren Arbeitsvollzug, bringt aber ungewollt das Problem der Reintegration mit sich.

Subzielorientierung

Als weitere Quelle von Integrationsschwierigkeiten erweist sich die im Zuge hoher Differenzierung fast unvermeidliche **Kommunikationsverdünnung**. Mit wachsender Größe stellt sich zunehmend die Tendenz ein, nur noch innerhalb des eigenen überschaubaren Bereiches Informationen auszutauschen. Die Abteilungen kapseln sich zunehmend nach „außen" (d. h. zu Abteilungen mit anderen Aufgaben) ab und differenzieren sich nach „innen".

Entfremdung

Zur Bewältigung des Integrationsproblems stehen dem Management grundsätzlich drei organisatorische Instrumente zur Verfügung, die sich nicht untereinander ausschließen, sondern teilweise auch ergänzen können; im Prinzip handelt sich aber um funktionale Äquivalente:

Instrumente der Integration

- Hierarchie,
- Programme/Pläne,
- Selbstabstimmungsregeln.

6.3.1 Abstimmung durch Hierarchie

Funktionsprinzip

Das klassische organisatorische Integrations- und Kontrollinstrument ist die Hierarchie. Das zugrunde liegende Koordinationsprinzip ist die **persönliche Anweisung durch Vorgesetzte.** Die Funktionsweise dieser Form der Abstimmung sei an einem einfachen Beispiel aufgezeigt: Arbeiter A hat seinen Arbeitsgang an einem Werkstück X beendet; der Vorgesetzte fordert Arbeiter B auf, nunmehr mit der Bearbeitung des Werkstücks X zu beginnen. Oder: In der Produktentwicklung ist ein neuer Prototyp erstellt worden; der Geschäftsführer weist den Werkzeugbau an, mit der Konstruktion der Werkzeuge zu beginnen. Organisatorisch gesehen bedeutet diese Form der Arbeitsvereinigung, dass Instanzen geschaffen werden müssen, die mit den entsprechenden für die Lösung der Abstimmungsprobleme erforderlichen Kompetenzen ausgestattet sind. In mehrstufigen Hierarchien gilt das Prinzip, dass Abstimmungsprobleme so lange **nach oben weitergegeben** werden, bis eine Instanz gefunden ist, die im Rahmen ihrer Entscheidungsbefugnisse die zu koordinierenden Bereiche gemeinsam umspannt. Dies ist in letzter Konsequenz immer die oberste Instanz.

Einlinienorganisation

Nachdem sich Abstimmungsprobleme – wie gezeigt – in vielen Fällen als **Konflikt** äußern, wird die Hierarchie auch als Instrument der Konfliktlösung und Konfliktbegrenzung betrachtet. Mit der Einrichtung eines Instanzenzugs wird festgelegt, wer endgültig über Streitfragen entscheiden kann, und meist auch, was überhaupt legitimerweise eine Streitfrage werden darf. Dies gilt zumindest dann, wenn die Hierarchie klassisch nach dem sogenannten **Einlinienprinzip** konstruiert ist. Maßgeblich hierfür ist das Prinzip der Einheit der Auftragserteilung, wonach ein Mitarbeiter nur einen direkt weisungsbefugten Vorgesetzten haben soll („one man, one boss"). Dies gilt nicht umgekehrt; eine Instanz ist gewöhnlich mehreren untergeordneten Stellen gegenüber weisungsbefugt (vgl. die schematische Darstellung in Abbildung 6-8).

Mehrlinienorganisation

Diesem Strukturtyp steht als Gegentyp das **Mehrliniensystem** gegenüber. Dieses baut auf dem Spezialisierungsprinzip auf und verteilt die Führungsaufgabe auf mehrere spezialisierte Instanzen mit der Folge, dass eine Stelle mehreren weisungsbefugten Instanzen untersteht, d. h. ein Mitarbeiter berichtet mehreren Vorgesetzten (vgl. Abbildung 6-9). Die Idee des Mehrlinienprinzips fand eine besonders prägnante Ausformulierung im Funktionsmeistersystem bei Taylor (1911). Hiermit soll durch Funktionsspezialisierung – ähnlich wie bei den Ausführungsstellen – eine Gewinnung von Übungsvorteilen und eine Verkürzung der Anlernzeiten erreicht werden. Taylor schlug je nach Aufgabenkomplexität eine Aufgliederung der Meistertätigkeit in bis zu acht verschiedene Funktionsmeisterstellen vor, z. B. Geschwindigkeitsmeister, Instandhaltungsmeister, Arbeitsverteiler usw.

Organisatorische Integration | **6.3**

Strukturtyp der Einlinienorganisation | *Abbildung 6-8*

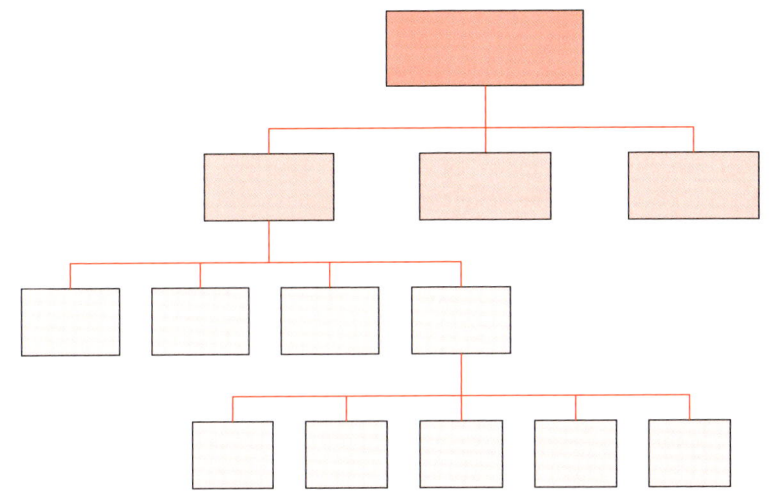

Die Idee, die Hierarchie nach dem Mehrliniensystem aufzubauen, ist lange Zeit in der Praxis wegen der damit verbundenen Aufweichung der Autoritätslinie (Verlust der Einheit der Auftragserteilung) auf wenig Akzeptanz gestoßen. Erst in neuerer Zeit finden sich vermehrt – wenn auch weniger der Spezialisierung als der verbesserten Integration wegen – Modelle, die auf einem Mehrliniensystem basieren (wie etwa die Matrixorganisation, die weiter unten noch dargestellt wird).

Strukturtyp des Mehrliniensystems | *Abbildung 6-9*

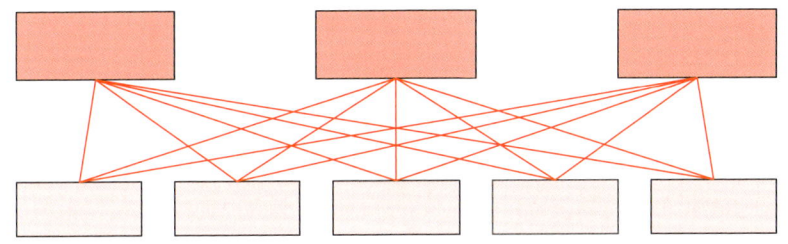

6 Gestaltung organisatorischer Strukturen

Kontrollspanne

Neben der Art des Liniensystems ist zum Aufbau einer Hierarchie zum zweiten über die notwendige **Anzahl der Leitungsebenen** zu entscheiden. Hierzu bestehen in der Organisationsliteratur sehr unterschiedliche Auffassungen. Ausgangspunkt der Bestimmung ist die Entscheidung über die Größe der **Kontrollspanne.** Unter Kontrollspanne versteht man die Zahl der Mitarbeiter – oder besser: Stellen –, die einer Instanz **direkt** unterstellt sind. In der klassischen Organisationslehre war der Umfang der optimalen Kontrollspanne eines der großen Themen. Man ging von einer starken Anleitungs- und Kontrollbedürftigkeit der Mitarbeiter aus und empfahl daher, die Kontrollspanne verhältnismäßig **klein** zu halten (van Fleet/Bedeian 1977). Die als optimal betrachteten Spannen schwankten zwischen drei und zehn. Man hat jedoch bald erkannt, dass sich die Effizienz von Kontrollspannen je nach Zielstellung (Anweisung, Motivation, Teamarbeit usw.) ganz unterschiedlich darstellt (Theobald/Nicholson-Crotty 2005).

Tiefe vs. flache Hierarchie

Eine eng limitierte Kontrollspanne hat automatisch eine **tiefe Gliederung** der Stellenhierarchie zur Folge. Die Zahl der Hierarchieebenen (Leitungsintensität) kann indessen nicht nur in Bezug auf das erforderliche Koordinationsvolumen entschieden werden, sondern es sind auch die Führungskosten (d.h. die Kosten für die Einrichtung von Instanzen) und problematische Nebenwirkungen dagegenzuhalten. Zu letzteren gehören ein schleppender, vielen Störungen unterworfener Informationsfluss und damit einhergehend verminderte Reaktionsfähigkeit sowie hoher formaler Aufwand durch hierarchiebedingte Dokumentationspflichten („Papierkrieg"). Die Mehrzahl der neueren Literatur empfiehlt daher die Einrichtung relativ **flacher** Hierarchien. Die geringeren Führungskosten, ein höheres Maß an Flexibilität und Kommunikationsdichte sowie die größere Nähe zur Organisationsspitze werden als ausschlaggebende Gründe hierfür geltend gemacht. Die damit einhergehenden breiten Kontrollspannen und den dadurch drohenden Koordinationsverlust versucht man durch unpersönliche oder horizontale Integrationsarten (d.h. funktionale Äquivalente) zu kompensieren.

Bedeutung von Hierarchie

Die Schaffung betrieblicher Hierarchien wirft aber auch Fragen jenseits organisatorischer Zweckmäßigkeit auf. So ist sie z. B. die maßgebliche Einflussgröße für das Ausmaß an **Statusdifferenzierungen** in einer Organisation. Mit der Zahl der hierarchischen Ebenen werden auch Karrieren und Karrierewege festgelegt. Auch gilt es, den Zusammenhang zwischen gesellschaftlichen und betrieblichen Hierarchien zu sehen: Betrieblicher Status beeinflusst den gesellschaftlichen Rang. Mit anderen Worten, die betriebliche Hierarchie stellt indirekt auch ein großes Reservoir an Anreizen dar.

Hierarchie in der Kritik

Ferner darf die betriebliche Hierarchie nicht nur unter funktionalen, sondern muss auch unter Herrschaftsgesichtspunkten betrachtet werden. Die vielfach zu hörenden Forderungen nach teamorientierten Arbeitsformen stellen auf eine breitere Verteilung der Entscheidungsbefugnisse ab. Die **Partizipa-**

tion am Entscheidungsprozess ist in diesem Zusammenhang ein zentrales Thema, dem in Zukunft bei der Organisationsgestaltung ein immer größeres Gewicht zukommen wird. Eine zu stark ausgeprägte Hierarchie findet deshalb immer weniger Zustimmung. Das Wertesystem unserer Gesellschaft richtet sich immer deutlicher auf eine Abschwächung des hierarchischen Befehls- und Gehorsamsprinzip ein. Das starke Interesse an Formen flacher oder „schlanker" Hierarchie (Womack et al. 1992) korrespondiert eng mit diesem allgemeinen gesellschaftlichen Wertewandel.

Aber auch unter **funktionellen Gesichtspunkten** hat sich das Instrument der hierarchischen Integration, zumal in komplexeren Organisationen, als **unzureichend** und in seinen Nebenwirkungen als **problematisch** erwiesen. Eine Abstimmung der Aktivitäten auf diesem Wege führt sehr leicht zu einer **Überlastung** der Instanzen. Es ist im Prinzip unmöglich, dass Vorgesetzte alle zwischen den ihnen unterstellten Bereichen anfallenden Abstimmungsprobleme lösen; dies anzunehmen ist, wie sich gezeigt hat, eine gefährliche und kostenträchtige Fiktion. Die Instanzen verfügen nämlich häufig nicht über die notwendigen Informationen, um eine Abstimmungsfrage sachgerecht entscheiden zu können (asymmetrische Informationsverteilung). Um an die notwendigen Informationen (z. B. über voraussichtliche Konsequenzen der Entscheidungsalternativen) heranzukommen, müssen zumeist erst zeitraubende Rückfragen gestellt oder Berichte angefordert werden. Sofern dies aus Zeitgründen nicht ohnehin unterbleibt (und also auf der Basis unzureichender Information entschieden wird), binden diese Rückfrageprozesse Kommunikationsenergien, die anderweitig gebraucht würden. Das sog. Peter-Prinzip beschreibt satirisch, dass diese Probleme mangelnder Information umso stärker zum Ausdruck kommen, je höher die jeweilige Position in der Hierarchie angesiedelt ist (Peter/Hull 2003; Lazear 2004).

Dysfunktionen der Hierarchie

Die hierarchische Lösung des Arbeitsvereinigungsproblems bedeutet letztlich, dass neben der **generell geregelten** Zuständigkeit jede konkrete Abstimmung **fallweise** entschieden wird – wenn auch in einem generell bestimmten Kompetenzbereich. Dies wirft nicht nur ein Licht auf die tendenzielle Ineffizienz („Unterorganisation"), sondern auch auf die **Störanfälligkeit** dieses Mechanismus. Jede physische Abwesenheit des Vorgesetzten bedroht die Arbeitsvereinigung.

Personelle Lösung

So ist es nicht verwunderlich, dass Organisationslehre und Praxis gleichermaßen schon frühzeitig nach zusätzlichen oder alternativen Mechanismen der Integration gesucht haben.

6.3.2 Abstimmung durch Programme

Routinen und Programme

Das in größeren Organisationen wohl am häufigsten zusätzlich verwendete Integrationsinstrument ist das Programm oder die Routine (March/Simon 1958: 142 ff.). Programme sind verbindlich festgelegte **Verfahrensrichtlinien**, also generelle Regeln im eingangs definierten Sinne, die die Arbeitsvereinigung und die Vorablösung dabei ggf. auftretender Konflikte zum Gegenstand haben. Programme können aber auch auf informellem Wege entstanden sein, d.h. Routinen, die sich eingespielt haben (Nelson 1995). Programme können Anweisungen von Vorgesetzten (= fallweise Regelungen) ersetzen oder aber zumindest ihre Zahl erheblich reduzieren. Programme nehmen Abstimmungsprobleme vorweg und versuchen diese gewissermaßen im Voraus schon zu lösen. Damit ist freilich auch gesagt, dass ein Programm nur dort entwickelt werden kann, wo die Abstimmungsproblematik antizipierbar ist. Mit anderen Worten, Programme sind – wie generelle Regeln überhaupt – sinnvollerweise nur dort einsetzbar, wo sich Abstimmungsprobleme in gleicher oder ähnlicher Form immer wieder stellen und somit einer **Standardisierung** zugänglich sind.

Programmvarianten

Entsprechend den Entscheidungsanforderungen unterscheidet man grundsätzlich zwischen **Routine- und Zweckprogrammen** (Luhmann 1964). Die Programmierung von Routineentscheidungen baut auf dem wiederholten Auftreten gleicher oder ähnlicher Ausgangssituationen auf, denen festgelegte Reaktionen folgen sollen. Zugrunde liegt also folgendes Muster: Immer wenn A eintritt, dann ist die Information B zu geben und Handlung C zu ergreifen. So hat zum Beispiel ein Lagerist bei Unterschreiten der Mindestmenge auf ein Bestellformular eine vorab bestimmte Menge Rohstoff einzutragen und dieses zur Abwicklung der Bestellung an die Einkaufsabteilung weiterzuleiten. Der Anstoß zum Tätigwerden kommt durch ein Ereignis, in diesem Fall die Unterschreitung der Mindestmenge, dessen Zeitpunkt und Häufigkeit im Einzelnen **nicht voraussehbar** sind. Die Frage des Zeitpunkts muss auch nicht geregelt sein, denn jedes Mal, wenn das bezeichnete Ereignis eintritt, wird das Handlungsprogramm automatisch ausgelöst. Der Entlastungseffekt von Routineprogrammen für die Hierarchie ist offenkundig.

Führung durch Ziele

Zweckprogramme legen in ihrer einfachsten Form einen Zweck fest, d. h., es wird ein bestimmter erwünschter Zustand für verbindlich erklärt (March/Simon 1958; Luhmann 1973). Dem Aufgabenträger obliegt es dann, hierzu Suchaktivitäten zu entfalten, um geeignete Mittel aufzufinden. Im Unterschied zum Routineprogramm ist hier jedoch der **Zeitpunkt** bedeutsam, die Wirkungsvorstellung verknüpft sich mit einem Zeitindex. Ein umfassendes Anwendungsbeispiel für die Zweckprogrammierung stellt das bekannte und neuerdings wiederum so überaus populäre „Management by Objectives" (Odiorne 1967, 1979) dar, wonach die Integration der arbeitsteiligen Leistungsprozesse nahezu ausschließlich durch Zweckprogramme

("Führung durch Ziele") geleistet werden soll. Die exakte zeitliche Fixierung der Zwecke und ihre umfassende Abstimmung untereinander spielen dort dementsprechend eine herausragende Rolle. Zweckprogramme werden meist mit zusätzlichen **Bestimmungen angereichert,** um das Repertoire der wählbaren Mittel einzuschränken, so z. B. um Negativbestimmungen derart, dass bestimmte Nebenwirkungen nicht eintreten dürfen. Werden Zweckprogrammen zusätzliche Selektionsregeln beigegeben, so spricht man von mehrstufigen Programmen.

Im Vergleich zu Routineprogrammen hat der Aufgabenträger bei Zweckprogrammen ersichtlich einen größeren Aktionsspielraum, obgleich dies natürlich vom Spezifikationsgrad der Zwecke abhängt. Die Größe des Spielraums ist nicht zuletzt unter Motivationsgesichtspunkten von erheblicher Bedeutung (vgl. dazu Kapitel 10).

Die Problematik einer Abstimmung durch Programme liegt ganz offenkundig darin, dass sie der Organisation einen zu statischen Rahmen geben und damit eine zu geringe Flexibilität bei veränderten Situationen bewirken (Braun 2004). Dies gilt in besonderem Maße für das Routineprogramm, bei dem Signal und Handlung fest verkoppelt sind und ein Ausbruch aus dem Ablauf nicht vorgesehen ist. Darüber hinaus besteht die Gefahr, dass Abstimmungssituationen künstlich standardisiert werden, um sie einer Programmierung zugänglich zu machen. Die dabei erzielten schematischen Lösungen sind dann tendenziell Scheinlösungen; sie haben ihren tieferen Grund mehr in den Programmierungsanforderungen als in dem eigentlichen Abstimmungsproblem. Ein Flexibilitätsproblem hat aber auch die Zweckprogrammierung, weil auch die Zielbestimmung die Antizipation der Zukunftssituation voraussetzt, die man aber nicht sicher wissen kann. Alles kann auch anders kommen, und dann stellt sich die Frage der Zielanpassung.

Mangel an Flexibilität

Häufig wird von der Programmierung die Abstimmung durch Planung als gesondertes Instrument unterschieden. Die Differenz zur Zweckprogrammierung ist jedoch nur schwer erkennbar, denn Pläne finden in der Regel in zeitlich bestimmten Zielen ihren Niederschlag.

6.3.3 Selbstabstimmungsregelungen

Die Unzulänglichkeit der zwei genannten Abstimmungsmechanismen, aber auch die überall zu beobachtende, immer weiter fortschreitende Differenzierung der Aufgabenvollzüge haben zunehmend Veranlassung zur Entwicklung neuer Integrationsformen gegeben. Die Tendenz geht dabei eindeutig hin zu einer **horizontalen Koordination** im Sinne einer Selbstabstimmung.

Horizontale Abstimmung

Diese zielt auf eine direkte Abstimmung der Aktivitäten zwischen den betroffenen Aufgabenträgern. Die Initiative zur Abstimmung soll von den Aufgabenträgern selbst ausgehen; sie stellen die notwendigen Verknüpfungen nach eigenem Ermessen her. Dabei hat man vor allem solche Verknüpfungsprobleme im Auge, die zeitlich und/oder sachlich nicht vorhersehbar sind.

Spontane horizontale Kooperation

In nahezu allen Organisationen finden sich Initiativen der Mitarbeiter, Abstimmungsmängel durch Selbstabstimmung auszugleichen, wenngleich solche Initiativen nicht selten in den Verdacht unwirtschaftlicher **Improvisation** oder gar des Illegalen geraten. Die vertikale Führungsorganisation sieht ihre Autorität häufig durch diese Spontanabstimmung in Frage gestellt (Nichteinhaltung des Dienstweges, Kompetenzüberschreitung usw.). Trotz meist bestehender Sanktionsdrohung hat sich die horizontale Spontanabstimmung speziell in stark hierarchischen Organisationen als unverzichtbares Korrektiv erwiesen. Die Störungskosten und Reibungsverluste würden in vielen Fällen ins Unermessliche steigen, sollten bei Abstimmungsfragen immer der vorgeschriebene Dienstweg oder das Programm eingehalten werden (vgl. Ortmann 2003). Die spontane Selbstabstimmung ist jedoch im eigentlichen Sinne kein Instrument, das Führungskräfte geplant einsetzen könnten. Sie wird ja „aus der Not" geboren und zeichnet sich eben gerade durch ihre Spontaneität (Ungeplantheit) aus.

Förderung der Selbstabstimmung

Neuere Ansätze der Organisationslehre versuchen, diese spontane Bereitschaft, sich untereinander abzustimmen, auf breiter Basis zu nutzen; sie nehmen ihnen den Ruch der Illegitimität und treffen institutionelle Vorkehrungen, um ihre Funktionstüchtigkeit zu fördern. Dort, wo die Selbstabstimmung als organisatorisches Instrument eingesetzt wird, stellt sie auf die Schaffung verbindlicher, autorisierter Problemlösungen ab. Deshalb sollte auch zwischen institutionalisierten Formen und der spontanen Form der Selbstabstimmung unterschieden werden.

Zwischenzeitlich sind zahlreiche Formen einer organisierten horizontalen Selbstabstimmung entwickelt worden (Daft 1998: 250 ff.). Die bekanntesten seien im Folgenden kurz aufgeführt.

Projektbezogene Kooperation

Ausschüsse. Häufig werden problembezogene Arbeitsgruppen mit Mitgliedern verschiedener Abteilungen zur Lösung spezifischer Abstimmungsprobleme eingerichtet. Es sind dies gewissermaßen Koordinationsprojekte mit zeitlicher Begrenzung und mit einer relativ klar umrissenen Aufgabe.

Ständige Konferenz

Abteilungsleiterkonferenzen. Die Einrichtung solcher Besprechungen dient in erster Linie dazu, Abstimmungsprobleme und Konflikte zwischen Abteilungen zu klären. Im Unterschied zu den Ausschüssen sind diese Konferenzen permanente Einrichtungen zur Lösung vorab nicht spezifizierter Aufgaben. Sie sollen die allfälligen und mit einer gewissen Regelmäßigkeit zwi-

6.3 Organisatorische Integration

schen den Abteilungen auftretenden Anschlussprobleme auf direktem Wege, also ohne Einschaltung der vorgesetzten Instanzen, einer Lösung zuführen.

Koordinatoren. Ein anderes häufig verwendetes Instrument ist die Benennung von Koordinatoren, die für eine kontinuierliche Abstimmung zwischen leistungsmäßig angrenzenden Abteilungen zu sorgen haben und bei auftretenden Konflikten aktiv nach einer Lösungsmöglichkeit suchen sollen („Liaison role"). Typisch für diese Koordinationslösung sind z. B. Kontaktleute in Rechenzentren oder Personalabteilungen, z. B. die Kontaktperson für Werk A oder die Kontaktperson für die Lohnbuchhaltung.

„Liaison role"

Integrationsstellen. Eine weitergehende Institutionalisierung der Koordinationsaufgabe ist die Bildung von Integrationsstellen, die sich hauptsächlich um die horizontale Koordination der Aktivitäten verschiedener Abteilungen kümmern sollen. Die Besonderheit dabei ist, dass die Integratoren nicht Mitglied einer der zu integrierenden Abteilungen sind, sondern einen separaten Status erhalten. Die bekannteste Anwendungsform ist das Produktmanagement, dessen Hauptaufgabe darin besteht, sämtliche Aktivitäten für Entwicklung, Fertigung und Vermarktung eines Produkts so aufeinander abzustimmen, dass die übergreifende Produktzielsetzung zum Tragen kommt. Es hat vor allem dafür zu sorgen, dass sich die durch Arbeitsteilung entstehenden Teilziele der Funktionsabteilungen nicht verselbstständigen (z. B. Perfektionsstreben der Entwicklungsabteilung, Standardisierungsbestreben der Fertigungsleitung).

Integratoren

Matrixorganisation. Eine systematische Ausgestaltung erhält das Konzept der Integrationsstelle in der sogenannten Matrixorganisation. Hier wird die gesamte funktionale Organisation horizontal von einer produkt- oder projektorientierten Organisation überlagert (vgl. Abbildung 6-10). Die Leiter der Funktionsabteilungen sind für die effiziente Abwicklung der Aufgaben ihrer Funktionen und für die Integration des arbeitsteiligen Leistungsprozesses innerhalb ihrer Funktionen verantwortlich. Im Unterschied dazu haben die Produkt- oder Projektmanager das Gesamtziel ihres Produkts oder ihres Projekts über die Funktionen hinweg zu verfolgen. Sie sollen mit anderen Worten die zentrifugalen Effekte, die eine komplexe Arbeitsteilung mit sich bringt, auffangen und den Ressourceneinsatz aus einer integrativen Perspektive bündeln helfen.

Mehrlinienorganisation

Die Besonderheit bei der Matrixorganisation ist nun, dass bei Konflikten keine organisatorisch vorbestimmte Dominanzlösung zugunsten der einen oder der anderen Achse geschaffen wird. Man vertraut auf die **Argumentation** und die Bereitschaft zur **Kooperation**. Mit diesem kompetenzmäßig nicht endgültig geregelten Aufeinandertreffen von Funktions- und Produkt-/Projekt-Belangen wird der Konflikt zwischen Differenzierungs- und Integrationsnotwendigkeit direkt in die Organisation hineingetragen und seine

Keine vorgeregelte Konfliktlösung

6 Gestaltung organisatorischer Strukturen

Lösung der Verhandlung und Abstimmung anheimgestellt. Konflikt wird in diesem Konzept nicht mehr länger als Bedrohung einer Ordnung verstanden, sondern als produktives Element, das die Abstimmungsprobleme einer sinnvollen Lösung zuführen kann.

Abbildung 6-10 — Die Matrixorganisation (Produkt-Funktions-Matrixorganisation)

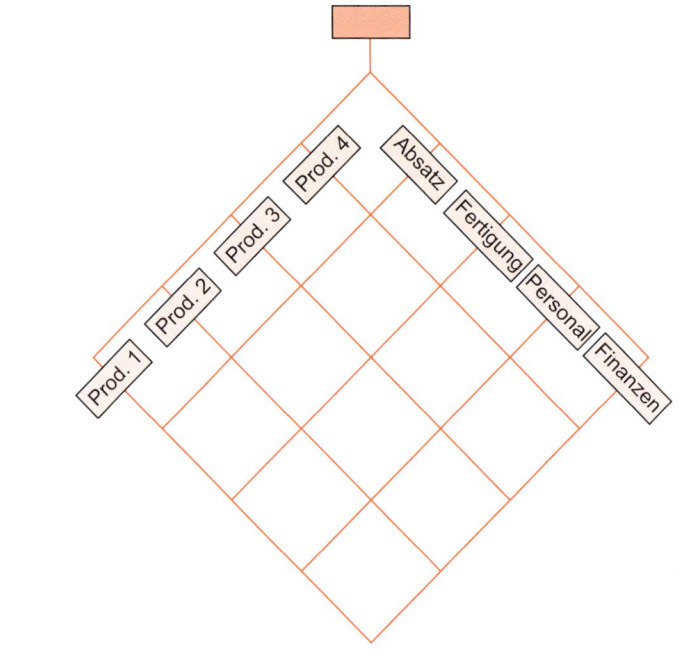

Hürden

In der Praxis ist die Matrixorganisation allerdings nicht unumstritten, bringt sie doch eine erhebliche Revision des traditionellen hierarchischen Gefüges und der damit verbundenen eingefahrenen Verhaltens- und Denkweisen mit sich (Larson/Gobeli 1987). Die besondere Hürde bei Übernahme des Matrix-Konzepts ist vor allem die Abkehr von dem Prinzip der Einheit der Auftragserteilung und damit die Aufgabe der Einlinien- zugunsten einer Mehrlinienorganisation. Funktionsmanagement und Produkt- oder Projektmanagement stehen sich **gleichberechtigt** gegenüber, und nachgeordnete Mitarbeiter haben in bestimmten Fällen zwei Vorgesetzte.

Dieses **Mehrliniensystem** erfordert zwangsläufig eine Vielzahl von Abstimmungsprozeduren und Konferenzen, um die von dieser Struktur-Konfiguration verstärkten Konflikte zu lösen. Es gilt jedoch zu sehen, dass die

Organisatorische Integration **6.3**

Matrix-Konfiguration meistens nur für eine und keineswegs für alle hierarchischen Ebenen gilt.

Insgesamt gesehen hat die Matrixorganisation neben ihren augenscheinlichen Vorteilen (höhere Integrationsdichte und -qualität, mehr Flexibilität, stärkere Gesamtzielorientierung) auch klare Nachteile. Neben dem bereits erwähnten **hohen zeitlichen Bedarf** für die Abstimmungsprozeduren (diese müssen allerdings in anderen Organisationsformen auch, nur in anderer Form, geleistet werden) bringt die enorme Erhöhung der strukturellen **Binnenkomplexität** die Gefahr des Orientierungsverlusts mit sich. Der Einsatz der Matrixorganisation ist deshalb nur dort sinnvoll, wo der Integrationsbedarf durch besondere Umstände sehr hoch ist, wie etwa in der Flugzeugindustrie (Davis/Lawrence 1977; Ford/Randolph 1992).

Nachteile

Funktionstüchtig ist die Matrixorganisation grundsätzlich nur dann, wenn die **personellen Voraussetzungen** dafür geschaffen worden sind. Die betroffenen Personen müssen in der Lage sein, sich von dem herkömmlichen hierarchischen Autoritätsdenken zu lösen und stattdessen auf ihre Konfliktregelungskompetenz zu vertrauen. Der für die Matrixkoordination typische geringe Einsatz formaler Machtmittel und das hohe Maß offener Konfliktaustragung erfordern in der Regel eine Neuorientierung im Verhalten, die nicht ohne weiteres vorausgesetzt werden kann (Hall 2013).

Randbedingungen

In jüngerer Zeit wird die Matrixorganisation besonders häufig für die Koordination von **Projekten** innerhalb funktionaler oder divisionaler Strukturen verwendet. Der Hauptunterschied besteht darin, dass die Projektstruktur nur eine temporäre Struktur ist, d.h. die Projekte, die als zweite oder ggf. auch als dritte Strukturdimension („Tensororganisation") eingeführt werden, sind von vorneherein als zeitlich begrenzte Aufgabe definiert und werden deshalb auch nicht dauerhaft eingerichtet. Projekte können aber natürlich auch nur für sich, also ohne Matrixhintergrund, im Sinne einer **reinen Projektorganisation** organisiert werden (Grün 2004; Lindkvist 2008).

Organisatorische Netzwerke. Die Einrichtung partiell verselbstständigter Gruppen und Subsysteme sowie ihre Vernetzung durch Doppelmitgliedschaften ist eine umfassendere Umsetzung des Konzepts der horizontalen Integration. Bahnbrechende Vorarbeit für diese moderne Organisationsform hat Rensis Likert (1961, 1967) mit seinem Modell der multiplen Überlappungsstruktur (System 4) geschaffen.

Mit den Intentionen von Likert vergleichbare, doch wesentlich weniger „organisierte" Modelle sind die **Adhocratie** (Mintzberg 1979), die **modulare Organisation** (Picot et al. 2003) sowie andere Formen **interner Netzwerke** (Miles/Snow 1995; Miles et al. 2005; van den Bosch/van Wijk 2000).

Weitere Modelle

6 Gestaltung organisatorischer Strukturen

Grundmerkmale

Dies alles sind Modelle, die im Wesentlichen auf **informelle** Kommunikation und Koordination nach eigenem Ermessen vertrauen und damit – neben den personellen Faktoren – bestimmte Eigenschaften der informalen Struktur voraussetzen (vgl. dazu Kapitel 7).

Personelle Voraussetzungen

Die personellen Voraussetzungen für das Funktionieren lateraler Kooperationsmodelle lassen sich wie folgt zusammenfassen:

- Hohe Bereitschaft zu **kooperativem Verhalten** (gegenseitiges Vertrauen statt Feindseligkeit und Angst vor Betrug).

- Das Arbeitsklima und die Unternehmenskultur müssen so geartet sein, dass Koordinationskonflikte und -probleme offen zutage treten und in **direkter Kommunikation** bewältigt werden können (offene Konfliktaustragung).

- Einflussausübung muss auch ohne Linienautorität möglich sein (**Sachautorität**).

- Die Entscheidungsprozesse und die interpersonalen Beziehungen müssen so geartet sein, dass eine Person auch dann ihre Aufgabe gut erfüllen kann, wenn sie zwei oder mehreren Personen (hierarchisch) untersteht (**eigenverantwortliches Handeln**).

6.3.4 Prozessorganisation

Abbau von Schnittstellen

Die vorstehend erläuterten Integrationsmaßnahmen wurden als Antwort auf die zunehmende Differenzierung von Unternehmen entwickelt. So sehr sie auch geeignet sein mögen, die organisatorische Integration zu fördern, so bringen sie doch – paradox genug – ein Problem mit sich; sie erhöhen nämlich die organisatorische Binnenkomplexität noch weiter. Dies ist vor allem bei der Matrix-/Projektorganisation deutlich geworden. In jüngerer Zeit wird verstärkt eine Alternative diskutiert, die diesem Dilemma zu entrinnen sucht; gemeint ist das Business Reengineering oder enger: **Prozessorganisation** (Hammer/Champy 1994; Osterloh/Frost 2006). Vereinfachend gesagt, stellt dieser Ansatz nicht darauf ab, die negativen Folgen einer im Zuge der fortschreitenden Arbeitsteilung unvermeidlich gewordenen Systemdifferenzierung durch Integrationsinstrumente abzumildern, sondern er will die Quelle des Problems beseitigen, d. h. die Differenzierung und die Zahl der damit einhergehenden Schnittstellen abbauen.

Ausrichtung auf Geschäftsprozesse

Die vormals getrennten Spezialfunktionen sollen wieder verschmolzen und zu einem „Prozess" zusammengefasst werden (Hammer/Champy 1994: 72 ff.). Die Fragmentierung des Prozesses und die damit einhergehenden Schnittstellen sollen aufgelöst und möglichst einem einzigen Mitarbeiter

6.3 Organisatorische Integration

übertragen werden, dem sogenannten „**Caseworker**". Ist aufgrund örtlicher oder zeitlicher Probleme eine Unterteilung des Prozesses in zwei oder drei Schritte nötig, so ist ein „Caseteam" zu bilden, also eine Gruppe von Mitarbeitern, die gemeinschaftlich für den Prozess verantwortlich sind. Dabei soll nicht nur horizontal, sondern auch vertikal komprimiert werden, um die **Prozessbeauftragten** („process owners") mit allen erforderlichen Kompetenzen zu versorgen. Auf eine differenzierte Hierarchie wird im Grundsatz verzichtet, die Beschäftigten disponieren nach eigenem Ermessen und kontrollieren sich selbst über die Ergebnisse („empowerment"). Auch für die Außenwelt, speziell die Kunden, vereinfacht sich die organisatorische Welt, denn sie haben nur noch eine einzige Anlaufstelle, eben Caseworker oder Caseteams. Der **Informationstechnologie** wird dabei eine tragende Rolle zugeschrieben („Workflow Management"); sie und nur sie ermöglicht erst die rasche Verfügbarmachung der Informationen, wie sie für die ganzheitliche Prozessbearbeitung und das Prozesscontrolling erforderlich sind. Insgesamt soll durch die Umstellung auf die Prozessorganisation die Auftragsabwicklung bis zu zehnmal schneller geschehen als unter dem fragmentarischen Regime. Darüber hinaus werden breitflächige Kostensenkungen versprochen.

So verblüffend einfach und überzeugend diese Lösung auch auf den ersten Blick erscheinen mag, auf den zweiten ist sie es nicht; dabei soll einmal ganz davon abgesehen werden, dass der behauptete Erfolg bislang in nur wenigen Fällen tatsächlich eintrat (Maier 1997). Gewiss ist es richtig, dass man bei vielen Einzelprozessen die Arbeitsteilung mit Gewinn zurückführen kann – das haben ja auch immer wieder viele Job-Enrichment- und Gruppenarbeitsexperimente gezeigt (vgl. Kapitel 10). Dabei handelt es sich aber immer um einzelne neu strukturierte Arbeitssequenzen, nie geht es um die Neustrukturierung des Gesamtsystems. Mit anderen Worten, der Fragmentierung einzelner Arbeitsabläufe lässt sich u. U. mit Gewinn eine integrierte Prozessfolge entgegenstellen, niemals aber wird man in einer hochkomplexen (post-)industriellen Gesellschaft das Spezialisierungsprinzip wieder aufheben können. Wie sonst als durch Spezialisierung sollten die verschiedenen komplexen Problembestände abgearbeitet werden können? Wie sollte man sich Entwicklung, Fertigung und Vertrieb eines Automobils ohne Spezialisierung vorstellen? Es muss also zahllose spezialisierte Prozesse in den Unternehmen geben, die mit Abbrüchen arbeiten müssen.

Realisierungsprobleme

Darüber hinaus ist es eine Illusion, anzunehmen, man könnte die Leistungsprozesse so gut voneinander abtrennen, dass sie für sich stehen. Es werden immer tiefgehende **Interdependenzen zwischen den Prozessen** verbleiben, die nach einem prozessübergreifenden **Integrationsmanagement** verlangen. Im Ergebnis werden dann ja nur vertikale Schnittstellen zwischen den Funktionen durch horizontale Schnittstellen zwischen den Prozessen ersetzt.

Vernachlässigung von Interdependenzen

6 *Gestaltung organisatorischer Strukturen*

Resümee — Insgesamt lässt sich festhalten, dass auch jede noch so radikale Prozessorganisation sich sinnvoll nur vor dem Hintergrund des Prinzips tiefgreifender Spezialisierung denken lässt. Damit aber stellen sich die Systeme nach wie vor als hoch (prozess-)differenziert dar, mit dem unvermeidlichen Zwillingsproblem der Integration, wenn auch mit **neuartigen Integrationsproblemen**. Es zeigt sich erneut, dass das Integrationsproblem nur bearbeitet („gemanagt"), nicht aber endgültig gelöst werden kann. Für die Bearbeitung stehen zahlreiche Instrumente zur Verfügung, unter anderem auch die Zusammenfassung von Arbeitssequenzen zu mehr ganzheitlichen Prozessen.

6.4 Einflussgrößen der Organisationsgestaltung

Geflecht von Einflusskräften — Die formale Organisationsgestaltung, wie sie hier beschrieben wurde, findet nicht in einem „luftleeren" Raum statt, sondern unterliegt – wie andere Entscheidungen auch – mehr oder weniger engen Restriktionen. Fragt man nach den hier wesentlichen Einflusskräften, so findet man in der Literatur vor allem die in Abbildung 6-11 gezeigten vier Faktoren.

Abbildung 6-11 — *Einflussgrößen im Strukturbildungsprozess*

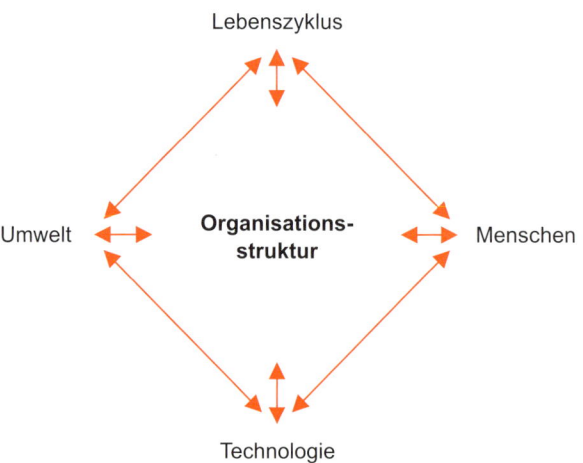

232

6.4 Einflussgrößen der Organisationsgestaltung

In der Organisationstheorie wurden diese Einflusskräfte zeitweise als Determinanten, ja als Imperative behandelt, die das ganze Organisationsdesign bestimmen (Kontingenztheorie). Heute werden der Einfluss der Organisation auf diese Kräfte und die **Gestaltungsalternativen** bei gegebenen externen Daten gleichermaßen betont, so dass man eher von einem komplexen **Interaktionsverhältnis** ausgehen muss (Schreyögg 1995; Ortmann et al. 2000).

Interaktionstheorie vs. Kontingenztheorie

Darüber hinaus stehen diese Bedingungsfaktoren nicht nur mit der Strukturierungsaufgabe, sondern auch untereinander in einem gegenseitigen Einflussverhältnis; so beeinflusst z. B. die Wahl der Technologie das Verhalten der Menschen (Monotonieproblem), die Umwelt beeinflusst über den technischen Fortschritt die Wahl der Technologie usw., so dass in mehrfacher Hinsicht von interaktiven Prozessen auszugehen ist (vgl. Abbildung 6-11).

Umwelt. Die Umwelt wirkt in vielfacher Weise auf den Prozess der Organisationsgestaltung ein. Man denke an Faktoren wie gesetzliche Vorschriften (z. B. das Aktiengesetz), die Wettbewerbsintensität auf den Gütermärkten, das Bildungssystem, das politische Werteklima usw.; sie alle spielen eine bedeutsame Rolle bei Fragen der Organisationsgestaltung. Umgekehrt wirken aber auch Unternehmen in vielfacher Weise auf die Umwelt ein und versuchen, diese im Sinne der eigenen Zielsetzung zu ändern.

Organisation und Umwelt

In der Organisationstheorie hat man die Umwelt hauptsächlich mit formalen Kriterien beschrieben und in ihren Wirkungen studiert, insbesondere nach

Umweltkriterien

- Unsicherheit versus Sicherheit,
- Turbulenz versus Stabilität,
- Komplexität versus Überschaubarkeit.

Die Kriterien Sicherheit, Stabilität und Überschaubarkeit der Umwelt laufen alle darauf hinaus, dass die Randbedingungen und damit die Aufgabenanforderungen über einen längeren Zeitraum gleich bleiben, dass die zu ihrer Bewältigung erforderlichen Informationen präzise und die aufgabenrelevanten Kausalbeziehungen weitgehend bekannt sind. Stabilen Umwelten ist nach weit verbreiteter Auffassung am effektivsten mit stark formalisierten, hierarchiebetonten Organisationsmustern zu begegnen. Im Unterschied dazu werden für unsichere, turbulente und komplexe Umwelten wenig formalisierte, dezentrale Organisationsformen als effektivste Antwort begriffen. Letztgenannte werden heute für gewöhnlich als **organische**, erstere als **mechanistische** Organisationsformen bezeichnet (vgl. Kasten 6-1).

Kasten 6-1

Organische versus mechanistische Organisationsformen

„Sobald Neuartigkeit und Unvertrautheit sowohl im Markt als auch in der Technologie zur Regel geworden sind, wird ein anderes Managementsystem erforderlich, das sich völlig von dem unterscheidet, das bei einer relativ stabilen ökonomischen und technologischen Umwelt passt." Mit dieser Feststellung fassen Burns und Stalker die Erkenntnisse zusammen, die sie in langjährigen empirischen Untersuchungen gewonnen haben. Darauf aufbauend skizzieren sie für die beiden Extremsituationen einer stabilen sowie einer turbulenten Umwelt zwei völlig gegensätzliche Arten von Managementsystemen, nämlich das mechanistische (bei stabiler Umwelt) und das organische (bei turbulenter Umwelt). Die Hauptmerkmale der beiden Managementsysteme sind:

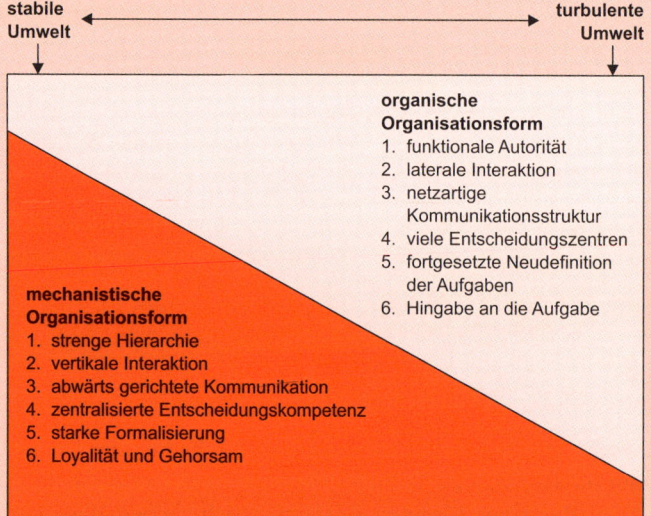

„Unsere Absicht war es, die Angemessenheit eines jeden Managementsystems für seine eigenen spezifischen Bedingungen herauszustellen. Genauso möchten wir den Eindruck vermeiden, als sei eines der Systeme dem anderen unter allen Umständen überlegen. Nichts aus unseren Erfahrungen rechtfertigt die Behauptung, dass mechanistische Systeme auch unter Bedingungen der Stabilität durch organische zu ersetzen seien. Für jede Organisationsgestaltung gilt es daher festzustellen, dass es nicht einen einzigen optimalen Typus eines Managementsystems gibt."

Quelle: Burns/Stalker 1961, insbesondere 6. Kapitel (Übersetzung d.d. Verf.)

6.4 Einflussgrößen der Organisationsgestaltung

Im kontingenztheoretischen Ansatz wird die Umwelt als determinierende Kraft verstanden, die je nach Ausprägung unterschiedliche Organisationsstrukturen erzwingt. Unternehmen – so die These –, die sich den Umweltimperativen nicht beugen und eine zur Umwelt inkongruente Strukturform wählen, erleiden erhebliche Effizienzeinbußen oder Reibungsverluste, die über längere Zeit hinweg zum Ruin führen. Diese strenge umweltdeterministische Sicht gilt heute – wie eingangs bereits betont – als überholt und ist einem **Umweltinteraktionsmodell gewichen**, das die wechselseitigen Einflussbeziehungen von Umwelt und Organisation zum Thema macht (Schreyögg 1995; Pfeffer 1997).

Wirkungsrichtung

Technologie. Als weitere herausragende Einflussgröße gilt die Technologie, und zwar die Fertigungstechnologie wie auch die Informationstechnologie. Wurde längere Zeit davon ausgegangen, dass die Technologie praktisch die Organisationsstruktur determiniert (zuerst Woodward 1965), so haben nähere Analysen jedoch immer wieder bestätigt, dass die Technologie lediglich einen groben Rahmen absteckt, innerhalb dessen ein beträchtlicher Organisationsspielraum verbleibt.

Technologie und Organisation

Sehr viel besser als bei dem „technologischen Imperativ" ist es innerhalb des sogenannten **sozio-technischen** Ansatzes möglich, die vorhandenen Organisationsspielräume darzustellen (Emery/Trist 1965), die die Technologie lässt bzw. überhaupt erst eröffnet. Dieser Ansatz betrachtet die Technologie im Grundsatz als endogene Variable, die es gleichermaßen wie das soziale System in den Gestaltungsprozess einzubeziehen gilt und die nicht als schlichter Imperativ vorauszusetzen ist (Sydow 1985; Mumford 2000).

Sozio-technische Analyse

Die jüngsten technologischen Entwicklungen, vor allem in der **Informations- und Kommunikationstechnologie,** lassen den interaktiven Charakter von Technologien immer deutlicher werden. Technologien sind das Ergebnis von Vorentscheidungen und prägen so den Strukturgestaltungsprozess. Technologie trifft aber nicht als fertiges Gut bei den Anwendern ein, sondern wird im Anwendungsprozess verändert, d. h., sie wird partiell selbst zum Ergebnis von Organisationsentscheidungen (Fulk 1993; Orlikowski 2000). Dabei zeigen sich unterschiedliche Anpassungsmuster. Eine bekannte These besagt, dass Organisationen zur Veränderung ihrer Technologien Aktionsfenster öffnen („**windows of opportunity**"), die sie nach gewisser Zeit aus verschiedenen Gründen heraus wieder schließen (Tyre/Orlikowski 1994). Andere Studien zeigen, dass dies nicht durchgängig gilt. Es gibt auch andere Anpassungsmuster, die eher kontinuierlichen Veränderungsprozessen folgen (Schreyögg/Schmidt 2010). Die Organisationsgestaltung kann in allen diesen Fällen nicht mehr von einer feststehenden Einflussgröße „Technologie" ausgehen, sondern hat den veränderlichen Charakter der Technologie in ihre Gestaltungsmaßnahmen einzubeziehen. Dieses Flexibilitätserfordernis läuft dann im Ergebnis eher auf eine „organische" Organisationsgestaltung (vgl. oben) hinaus.

IT

6 Gestaltung organisatorischer Strukturen

Dynamische Perspektive

Lebenszyklus. Eine weitere wichtige, wenn auch gänzlich anders geartete Einflussgröße für die Organisationsgestaltung ist die Entwicklungsphase, in der sich das Unternehmen befindet, oder allgemeiner der Lebenszyklus. Es macht einen Unterschied für die Lösung der Organisationsaufgabe, ob die Unternehmung gerade erst gegründet wurde, sich also in der Pionierphase befindet, oder ob sie bereits über 100 Jahre alt ist und schon die verschiedensten Strukturformen erlebt hat (Quinn/Cameron 1983). Organisieren ist somit auch ein historischer Prozess; jede Gestaltungsmaßnahme steht in der Geschichte der Maßnahmen, frühere Entscheidungen und die in dem betreffenden Unternehmen angesammelten Organisationserfahrungen sind nicht ohne Einfluss auf zukünftige Gestaltungsentscheidungen (Boeker 1989; Teece et al. 1997).

Phasen-Modell

Obgleich eine schlichte Analogie zwischen der Entwicklung natürlicher Lebewesen und des „künstlichen" Gebildes Unternehmung nicht möglich ist, lässt sich doch in Anklängen für die Unternehmensentwicklung ein gewisser Lebenszyklus konstatieren, etwa mit den Phasen: Gründung, Wachstum, Konsolidierung und eventuell (aber keineswegs zwangsläufig) Niedergang (Miller/Friesen 1984; Türk 1989).

Die einzelnen Phasen stellen an die organisatorische Gestaltung unterschiedliche Anforderungen. So bedarf es in der Phase des Übergangs vom Pionierunternehmen zu häufig der Einführung formeller Regeln, wobei es in späteren Phasen häufig notwendig ist, wieder zu entbürokratisieren. Zudem verweist die Lebenszyklusidee neben der historischen und prozessualen Betrachtung von Organisationen darauf, dass ein solcher Entwicklungsprozess immer auch mit der Ausbildung bestimmter Denkmuster und informaler Strukturen einhergeht. Somit sind gerade Revitalisierungsphasen häufig mit einem starken Wandel verbunden. Bevor ein Turnaround und eine Neuorganisation Fuß fassen können, müssen vorab die meist jahrelang eingeschliffenen Organisationsstrukturen und Denkmuster erst so weit gelockert worden sein, dass eine Revitalisierung überhaupt möglich wird (Beer et al. 1990).

Anpassungsfähigkeit

Die Lebenszyklusbetrachtung verweist auf die Adaptionsfähigkeit, die Organisationsstrukturen besitzen müssen, um die Probleme bewältigen zu können, die sich aus der Phasenentwicklung und deren Übergängen ergeben. Natürlich gibt auch die Lebenszyklusbetrachtung – ähnlich wie die Umwelt und die Technologie – nur einen groben Rahmen für die sich immer wieder verändernde Organisationsproblematik, keineswegs bestimmen die einzelnen Phasen die Strukturform im Einzelnen. Darüber hinaus sei darauf verwiesen, dass die Entwicklung einer Unternehmung kein automatischer Prozess ist; es ist ja gerade das Ziel der Unternehmensführung und der strategischen Planung, diesen Prozess zu steuern.

Motivation. Schließlich ist die Motivation der Organisationsmitglieder ein entscheidender Faktor bei der Organisationsgestaltung, d.h. deren Bedürfnisse, Erwartungen und Verhaltensweisen sind ein relevanter Faktor bei der Wahl der geeigneten Organisationsform. Umgekehrt wird das Individuum aber auch in seinen Erwartungen und seiner Lebenslage über den formellen Zweck hinaus von einer gegebenen Organisationsstruktur beeinflusst (z. B. Resignation aufgrund ständiger Unterforderung in hochgradig fragmentierten Arbeitsprozessen) (Argyris 1964; Neuberger 2000b).

Die große Bedeutung der Erwartungen von Organisationsmitgliedern für die Organisationsaufgabe blieb lange Zeit unerkannt. Man war vollständig an der Grundidee des Organisierens orientiert, organisatorische Strukturen zu schaffen, die menschliches Verhalten kanalisieren und unerwünschte Handlungsalternativen ausschließen können. Dabei wurden die Wirkungen organisatorischer Strukturformen auf die Motivation und vor allem die negativen Konsequenzen, die aus demotivierenden Organisationsformen resultieren, nicht bedacht (vgl. hier vor allem die Pionierarbeiten von Argyris 1964, die die negativen Folgen stark hierarchischer Organisation in Form von Unzufriedenheit, Frustration usw. aufgezeigt haben). Auf die Bedeutung der Motivation für die Organisationsgestaltung wird noch genauer in Kapitel 10 eingegangen, so dass sich an dieser Stelle eine eingehende Behandlung erübrigt.

Struktur und Motivation

Neben dem Gesichtspunkt der Motivation ist jedoch noch auf eine ganz andere Art des Einflusses der Organisationsmitglieder und ihrer Erwartungen hinzuweisen. Es sind dies die Taktiken, Koalitionen und informellen Machtpositionen, die sich in jeder Organisation auf die eine oder andere Weise herausbilden und die die Definition und Lösung von Organisationsproblemen ganz erheblich mit beeinflussen (Pfeffer 1978; Kirsch 1988; Küpper/Ortmann 2002). Die Organisationsgestaltung wird aus dieser Perspektive – jedenfalls zu Teilen – Gegenstand eines **politischen Prozesses** (bisweilen auch „Mikropolitik" genannt), in dem die widerstreitenden Interessengruppen versuchen, ihren Vorstellungen Geltung zu verschaffen. Die Lösung des Organisationsproblems hängt dann sehr stark davon ab, welche Gruppe am meisten Einflusskraft erwerben und entfalten kann und inwieweit es anderen Interessengruppen gelingt, für diesen Entscheidungsprozess Restriktionen in ihrem Sinne zu setzen (Crozier/Friedberg 1979).

Politische Prozesse

Die formelle und informelle Verteilung von Einflusschancen muss deshalb als wichtige faktische Randbedingung für das Organisieren angesehen werden. Diese informelle Seite der Organisation ist Gegenstand des nächsten Kapitels.

6 Gestaltung organisatorischer Strukturen

Lernkontrollfragen

1. Was besagt das Substitutionsprinzip der Organisation von Gutenberg?
2. Gibt es Organisationen, in denen sich (im Rahmen des Substitutionsgesetzes) praktisch keine fallweise durch eine generelle Regel ersetzen lässt?
3. Kann man heute noch eine funktionale Organisation empfehlen?
4. Wie unterscheidet sich die Managementholding von einer divisionalen Organisation?
5. Was versteht man unter „Stabsarbeit"?
6. Welche Vor- und Nachteile sind mit einer organisatorischen Trennung des Entscheidungsprozesses verbunden?
7. Wie unterscheiden sich Routineprogramme von Zweckprogrammen?
8. Analysieren Sie die logische Struktur eines Routineprogramms!
9. Inwiefern ist die Führung durch Ziele eine „Programmierung"?
10. Auf welchen Grundprinzipien beruht die Matrixorganisation?
11. Warum ist die Matrixorganisation als Integrationsinstrument der Selbstabstimmung zu verstehen?
12. „Die Prozessorganisation ist eine schnittstellenarme Organisation." Diskutieren Sie diese Aussage!
13. Was spricht dafür, was dagegen, die Lebenszyklusphase als Bestimmungsfaktor für die Organisationsgestaltung zu begreifen?
14. In welchem Sinne ist die Motivation eine zentrale Einflussgröße für die organisatorische Strukturgestaltung?

Lösungshinweise zu den Lernkontrollfragen erhalten Sie auf der Webseite zum Buch unter www.springer.com.

6 Gestaltung organisatorischer Strukturen

Diskussionsfragen

I. Wodurch wird Integration (Arbeitsvereinigung) als Aufgabe der organisatorischen Gestaltung erforderlich?

II. Was besagt das Substitutionsprinzip der Organisation von Gutenberg?

III. Grenzen Sie die fünf Dimensionen der Kosiolschen Aufgabenanalyse kurz gegeneinander ab. Welche implizite Prämisse steckt hinter dieser Systematik?

IV. Grenzen Sie projektorientierte Matrixorganisation und reine Projektorganisation gegeneinander ab.

V. Diskutieren Sie den Satz: „Die Matrixorganisation trägt gewollt Konflikt als produktives Element in die Organisation."

VI. Was versteht man unter lateralen Netzwerken?

Fallstudie: Gross AG

Das Telefon klingelte und Meiser drangen äußerst entrüstete Worte ins Ohr: "Herr Meiser, was fällt Ihnen ein, einen Bericht bei der Geschäftsleitung einzureichen, ohne ihn erst mit dem betroffenen Spartenleiter abzustimmen!" [Herr Schröder]

„Lieber Herr Gusse, meine Mitarbeiter haben sich wiederholt darum bemüht, bei Herrn Schröder vorzusprechen, aber sie kamen immer nur bis zum Vorzimmer."

„Ich glaube Ihnen kein Wort. Schröder ist über den Vorfall äußerst entrüstet. Er betrachtet den Bericht als Racheakt. Was haben Sie eigentlich vor? Wollen Sie den Spartenleiter in Verlegenheit bringen? Ich glaube nicht, dass Ihre Mitarbeiter jemals ernsthaft versucht haben, mit Schröder zu sprechen, und deshalb zweifle ich auch an Ihrer Glaubwürdigkeit." Der Hörer wurde mit einem Knall aufgelegt.

Am nächsten Tag ging in Meisers Büro ein Brief von Gusse ein, in dem er die Vorwürfe aus dem Telefongespräch wiederholte und um eine Erklärung bat. Eine Woche darauf erhielt Meiser ein Schreiben von Gusses Vorgesetztem, Herrn Jordan, in dem folgendes stand: „Ich habe den oben erwähnten Bericht gelesen und ihn mit Herrn Gusse durchgesprochen. Er sagt, dass der Bericht in wesentlichen Punkten unwahr, ungenau und übertrieben sei. Mich stören derartige Unstimmigkeiten, und ich habe deshalb für den kommenden Mittwoch eine Sitzung in meinem Büro angesetzt. Ich bitte um Ihre Anwesenheit."

6 Gestaltung organisatorischer Strukturen

Angesichts des Telefongesprächs und der beiden Briefe versuchte Meiser die Ereignisse zu rekonstruieren, die zu einem solchen Eklat führen konnten.

Die Gross AG hat eine sorgfältig ausgearbeitete Organisation, die genau auf ihre Tätigkeitsfelder abgestimmt wurde. Dem Vorstandsvorsitzenden steht eine Gruppe von Vorstandsmitgliedern zur Seite, die jeweils für die verschiedenen Funktionsbereiche (Rechnungswesen, Verkauf, Public Relations, Produktion) bzw. die verschiedenen Produktgruppen (Energie, Chemie, Glas) verantwortlich sind. Meiser selbst ist der Leiter einer der dem für den Produktionsbereich zuständigen Vorstandsmitglied unterstellten Stabsabteilung. Die Aufgabe dieser Stabsabteilung ist es, bei der Formulierung der Unternehmenspolitik mitzuwirken und, wenn notwendig, die Sparten bei der Lösung ihrer Probleme zu beraten. Die Angehörigen dieser Stabsabteilung werden stets ermutigt, mit neuen Ideen zum Unternehmenserfolg beizutragen. Die von ihnen erarbeiteten Vorschläge werden einem Ausschuss unterbreitet, dem die für die Funktionsbereiche zuständigen Vorstandsmitglieder und die Vorstandsmitglieder, die für die Produktgruppen Energie, Chemie und Glas zuständig sind, angehören. Jordan ist Leiter der Produktgruppe Chemie.

Den Leitern der Produktgruppen unterstehen Bereichsleiter und diesen wiederum Spartenleiter, die für die Produktion und den Absatz der Produkte einer oder mehrerer Produktionsbetriebe verantwortlich sind. Herr Gusse ist in der Produktgruppe Chemie Leiter des Bereichs Arznei (daneben gibt es noch Landwirtschaft und Kosmetik) und ihm unterstehen die drei Sparten Schmerzmittel, Rheuma und Kardiologie. Schröder ist einer der drei ihm unterstellten Spartenleiter und zuständig für die Sparte Rheuma. Den Spartenleitern sind wiederum Betriebsleiter in den einzelnen Produktionsbetrieben unterstellt.

Einige Zeit vor dem geschilderten Vorfall hatte die Stabsabteilung von Meiser dem Ausschuss den Vorschlag unterbreitet, in Zusammenarbeit mit der Stabsabteilung für das Rechnungswesen Untersuchungen über die Verfahren und Methoden der Kostenkontrolle in den einzelnen Produktionsbetrieben durchzuführen. Der Vorschlag wurde genehmigt und auch von den Bereichsleitern mit Begeisterung aufgenommen. Daraufhin teilten die Bereichsleiter den einzelnen Spartenleitern schriftlich mit, dass zwei Leute in regelmäßigen Zeitabständen die einzelnen Produktionsbetriebe aufsuchen würden, um Daten für die Untersuchung über die Methoden der dort praktizierten Kostenkontrolle zu sammeln.

Die Ergebnisse ihrer Erhebungen sollten die Vertreter der Stabsabteilungen jeweils in einem Bericht zusammenfassen und Verbesserungsvorschläge unterbreiten. Diesen Bericht hätten sie außerdem mit dem zuständigen Spartenleiter und seinen Mitarbeitern durchzusprechen, um die eventuell von den Spartenleitern geplanten Maßnahmen zur Kostenkontrolle in den Bericht einarbeiten zu können. Sodann sollte dieser Bericht Meiser und dessen Stabsabteilung sowie der Stabsabteilung für das Rechnungswesen zur Begutachtung vorgelegt werden. Der endgültige Bericht hätte erst dann den für das Rechnungswesen sowie für die Produktion zuständigen Vorstandsmitgliedern, dem betroffenen Gruppenleiter, Bereichsleiter und schließlich auch dem betroffenen Spartenleiter weitergereicht werden sollen.

Gestaltung organisatorischer Strukturen

Das Verfahren schien ganz reibungslos zu funktionieren, bis es zu dem oben geschilderten Zwischenfall kam: Die Erhebungen des 2-Mann-Teams im ersten Produktionsbetrieb dauerten etwa 4 Wochen. In dieser Zeit konnten sie die Akten überprüfen, Mitarbeiter befragen, Kontrollverfahren studieren usw. Die Mitarbeiter des Produktionsbetriebs zeigten sich sehr aufgeschlossen und gaben sogar Informationen preis, die den Spartenleiter vielleicht in Verlegenheit bringen konnten. So wurde es dem Untersuchungsteam ermöglicht, dem Spartenleiter Verbesserungsvorschläge zu unterbreiten. Der Spartenleiter nahm den Bericht zustimmend auf, und es wurde ihm ermöglicht, die Lage zu überprüfen und „sein Haus in Ordnung zu bringen". Er äußerte die Absicht, die Verbesserungsvorschläge des Teams zu verwirklichen, falls sie nicht von der Geschäftsleitung geändert würden. Sechzehn weitere Produktionsbetriebe des Unternehmens wurden auf ähnliche Weise untersucht, und die Arbeit des Untersuchungsteams fand im Großen und Ganzen einen positiven Anklang.

Rückblickend fand Meiser, dass eigentlich alle für die Durchführung der Untersuchung vereinbarten Regelungen eingehalten worden waren. Richter, der Meiser vertreten hatte, war Diplom-Ingenieur und schon seit 12 Jahren bei der Firma. Peters von der Stabsabteilung für das Rechnungswesen war sogar schon seit 30 Jahren bei der Abteilung. Beide genossen Vertrauen und waren für ihre Aufrichtigkeit und Zurückhaltung bekannt. Bei ihren Arbeiten in der Rheuma-Sparte erhielten sie beträchtliche Informationen vom Werkspersonal, die ausreichten, einige Mängel und verbesserungsbedürftige Praktiken in dem Werk aufzuzeigen. Sie hatten ferner den Eindruck, dass das Personal in den niederen Stufen der Hierarchie die Notwendigkeit einiger Verbesserungen einsah und sie auch durchführen wollte.

Lediglich von einigen höheren Stufen der Hierarchie innerhalb der Sparte glaubte das Team Widerstand gegen seine Vorschläge zu spüren. Es war allerdings bekannt, dass dieser Personenkreis stets den Empfehlungen der Geschäftsleitung skeptisch gegenüberstand.

Schon während der Untersuchungsarbeiten hatte Richter Meiser die eventuellen Konsequenzen erläutert, die die gesammelten Informationen haben könnten. Daraufhin hatte Meiser auf die Notwendigkeit hingewiesen, den Bericht dem Spartenleiter vorzulegen.

Richter und Peters versuchten nun mehrere Male, Schröder aufzusuchen. Stets wurden sie jedoch von dessen Sekretärin abgewiesen mit der Entschuldigung, dass er beschäftigt sei und für sie keine Zeit habe. Daraufhin fragten sie die Sekretärin, ob ihr Chef denn wisse, dass er den Bericht zusammen mit seinen Mitarbeitern und dem Team durchsprechen müsse. Die Sekretärin antwortete, dass ihr Chef das durchaus wisse, jedoch keine Zeit für eine Diskussion mit Vertretern der Stabsabteilungen habe. Er würde seinen Assistenten, den Werksleiter und weitere seiner Mitarbeiter bitten, sich den Bericht anzusehen und sich dann mit ihrem Urteil einverstanden erklären.

Daraufhin wurde also eine Sitzung einberufen. Die Mitarbeiter der Rheuma-Sparte gaben sich eigentlich sehr vernünftig; sie sahen sofort die im Bericht aufgeführten

Gestaltung organisatorischer Strukturen

Mängel ein und gaben ihre feste Zusage, die Verbesserungsvorschläge in die Praxis umzusetzen. Die Reaktion des Spartenpersonals hinterließ bei Richter und Peters den Eindruck, dass ihre Gesprächspartner die Verbesserungsvorschläge der Stabsabteilung begrüßten und recht froh waren, ihre Probleme mit Beauftragten der Geschäftsleitung diskutieren zu können.

Beim Einreichen des Berichts an Meiser brachten Richter und Peters ihr Missfallen über die Brüskierung durch den Spartenleiter zum Ausdruck. Meiser unterhielt sich ausführlich mit beiden über den Bericht. Angesichts der nicht sehr erfreulichen Analyse und der möglichen Kontroversen, die der Bericht hervorrufen könnte, war Meiser zunächst etwas zurückhaltend mit der Weiterleitung des Berichts. Erst aufgrund einer einstimmigen Befürwortung seiner Mitarbeiter fand Meiser sich bereit, den Begleitbrief zu schreiben und den Bericht der Geschäftsleitung einzureichen. Meiser unterschrieb den Brief und unternahm weiter nichts, bis Gusse anrief.

Fragen zur Fallstudie

1. Rekonstruieren Sie die Organisationsstruktur der Gross AG!
2. Wie beurteilen Sie die derzeitige Organisation der Gross AG?
3. Angenommen, Sie würden als Berater/in hinzugezogen. Welche Empfehlungen würden Sie der Gross AG geben?

7 Die informale Organisation: Unternehmenskultur

Lernziele zu Kapitel 7		245
7.1	Zur Bedeutung des Informalen	246
7.2	Begriff und Bedeutung von Unternehmenskultur	247
7.3	Der innere Aufbau einer Unternehmenskultur	249
	7.3.1 Basisannahmen	249
	7.3.2 Normen und Standards	252
	7.3.3 Symbole und Zeichen	253
7.4	Die Erfassung von Unternehmenskulturen	256
7.5	Starke und schwache Kulturen	257
7.6	Unternehmenskulturen und Subkulturen	259
7.7	Wirkungen von Unternehmenskulturen	261
	7.7.1 Positive Effekte	261
	7.7.2 Negative Effekte	262
7.8	Kulturwandel (Cultural Change)	265
7.9	Unternehmenskultur im internationalen Kontext	268
Lernkontrollfragen		271
Diskussionsfragen		272
Fallstudie: Hewlett Packard		272

Die informale Organisation: Unternehmenskultur

Lernziele zu Kapitel 7

Nach Durcharbeiten dieses Kapitels sollten Sie in der Lage sein,

- die Bedeutung der informalen Struktur für den Steuerungsprozess zu verdeutlichen,

- den Unternehmenskulturansatz als eine exemplarische Form des Verstehens und der Analyse der informalen Struktur zu begreifen,

- das Scheinsche Modell über die Kulturebenen und ihren Zusammenhang zu verstehen und es für die Analyse von Unternehmenskultur einzusetzen,

- den Stellenwert der Basisannahmen zu verstehen,

- die Bedeutung von Geschichten, Feiern, Riten usw. für die Unternehmenskultur zu erkennen,

- Vorzüge und Nachteile von „starken" Unternehmenskulturen zu erläutern,

- das Programm der „Kurskorrektur" auf praktische Problemstellungen anzuwenden,

- den Zusammenhang von Landeskultur und Unternehmenskultur zu verstehen,

- Handlungsalternativen für die Kulturgestaltung im internationalen Kontext zu entwickeln.

7 Die informale Organisation: Unternehmenskultur

7.1 Zur Bedeutung des Informalen

Neben der formalen Struktur besitzt jedes Unternehmen auch eine informale Struktur. Die Bedeutung dieser informalen Struktur für die Unternehmensführung und die Steuerung von Organisationen wurde in der Betriebswirtschaftslehre lange Zeit nicht gesehen bzw. als nicht wirklich relevant eingestuft. Man ging davon aus, dass Unternehmen **formalisierte Systeme** sind, die ihre Steuerung auf einer vollständig transparenten Folie der Aufgaben und Ziele entfalten können (vgl. dazu die Ausführungen zum klassischen Managementprozess in Kapitel 1). Damit ging die Überzeugung einher, dass alles, was sich einer solchen planerischen und organisatorischen Durchdringung der Leistungsvollzüge entzieht, auch nicht steuerungsrelevant ist, dass es sich dabei allenfalls um **Störungen der rationalen Pläne** und Strukturen handele, die es so weit wie möglich aus dem Betrieb fernzuhalten gelte (Gutenberg 1983). Diese Organisations- und Steuerungsvorstellung hat sich jedoch als viel zu eng erwiesen und ist der Überzeugung gewichen, dass ein erfolgreiches Management eine Beschäftigung mit allen Einflusskräften voraussetzt, vor allem auch mit solchen, deren Existenz sich nicht einer bewussten Gestaltung und gezielten Inkraftsetzung verdankt.

Neues Steuerungsverständnis

Der diesem Lehrbuch zugrunde liegende **moderne Managementprozess** (vgl. Kapitel 1) reflektiert dieses neue Steuerungsverständnis. In diesem Sinne wird die Bedeutung des Informalen für die Steuerung des Leistungsprozesses im vorliegenden Lehrbuch auch an vielen Stellen sichtbar gemacht. Ob es um die Erklärung von Kernkompetenzen (Kapitel 4), die Erläuterung von Gruppenphänomenen (Kapitel 11), die Konstitution von Führungsidentitäten (Kapitel 12) oder nicht zuletzt im vorangegangenen Kapitel um die Funktionsweise spontaner Formen organisatorischer Integration geht: Immer wieder spielen Faktoren für die Funktionstüchtigkeit einer Organisation eine Rolle, die gerade nicht das Ergebnis einer planmäßigen Steuerungsentscheidung bzw. Ausfluss der formalen Struktur sind.

Es handelt sich dabei um Handlungsweisen, Praktiken, Routinen usw., die sich im Laufe der Zeit in Organisationen herausbilden und häufig untereinander vermascht sind. Am Ende ergeben sich daraus vielfach Handlungsergebnisse, die die Beteiligten selbst überraschen, weil sie in dieser Form von niemand angestrebt wurden. Dieses Informelle einer Organisation – häufig spricht man auch von **impliziten** oder **emergenten** Prozessen und Strukturen (Krohn/Küppers 1992) – verkörpert ganz generell Handlungsmuster, die sich aus den Ordnungsprinzipien formaler Organisation nicht erklären lassen, ja mehr noch, die sich außerhalb oder neben den Erwartungsbahnen der formalen Struktur bewegen.

Im Unterschied zur traditionellen Organisationslehre, wo man diese Prozesse dem Bereich des Irrationalen und der Störungen zugerechnet hat, sieht man diese Phänomene heute sehr viel mehr unter ihrem potenziellen Beitrag zum Unternehmenserfolg. Bisweilen wird diesen **impliziten Steuerungskräften** eine sehr hohe Bedeutung für den Erfolg einer Organisation zuerkannt, nicht selten sogar eine höhere Bedeutung als den formalen Strukturen und Instrumenten. Dabei sollte allerdings nicht ignoriert werden, dass sie **auch leistungsmindernd** wirken können. Gleichgültig in welche Richtung sich die Wirkung bewegt, in jedem Falle ist für eine erfolgreiche Steuerung eine Auseinandersetzung mit dem Informalen notwendig.

Große Bedeutung des Informalen

Aus einer **anwendungsbezogenen Perspektive** werfen die emergenten Phänomene Fragen besonderer Art auf. Wie soll mit Erscheinungsformen umgegangen werden, die einerseits für den Leistungsprozess von eminenter Bedeutung sind, andererseits aber jenseits herkömmlicher Gestaltungslogik liegen? Man wird sie wohl kaum nur geschehen lassen können und wollen. Wie aber kann der informale Bereich einer Organisation einer steuernden Einflussnahme zugänglich gemacht werden?

Analysen des Informellen und **Fragen seiner Gestaltbarkeit** wurden für verschiedene Bereiche entwickelt: politische Prozesse (Küpper/Ortmann 1992, Neuberger 2006), Formen brauchbarer Illegalität (Luhmann 1995), betriebliche Geheimnisse (Sievers 1974), informelle Netzwerke (Ibarra 1995) usw. Ein Bereich hat sich hier jedoch in besonderem Maße in den Vordergrund geschoben, nämlich die Unternehmenskultur. Er sei deshalb hier stellvertretend herausgegriffen, eröffnet doch der Kulturansatz ein sehr grundlegendes und **systematisches Verständnis** der informalen Organisation, das auch den Blick für die Möglichkeiten und Grenzen der Steuerbarkeit freigibt.

Weitere Ansätze

7.2 Begriff und Bedeutung von Unternehmenskultur

Der Kulturbegriff ist der Ethnologie entliehen und bezeichnet dort die besonderen, historisch gewachsenen und zu einem komplexen Geflecht verdichteten Merkmale von Volksgruppen. Gemeint sind damit insbesondere **Wert- und Denkmuster** einschließlich der sie vermittelnden **Symbolsysteme**, wie sie im Zuge menschlicher Interaktion entstanden sind. Die Managementforschung nimmt diesen für Volksgruppen entwickelten Kulturbegriff auf und überträgt ihn auf Unternehmen, mit der Idee, dass in gewisser Hinsicht jedes Unternehmen für sich eine je spezifische Kultur entwickelt, also gewissermaßen eine **eigene Kulturgemeinschaft** bildet. Unter-

Kulturbegriff aus der Ethnologie

7 — Die informale Organisation: Unternehmenskultur

nehmen oder breiter: Organisationen, so der Befund, entwickeln im Laufe der Zeit eigene, unverwechselbare Vorstellungs- und Orientierungsmuster, die das Verhalten der Mitglieder nach innen und außen auf nachhaltige Weise prägen.

Definition

Unabhängig von den einzelnen Strömungen innerhalb der Unternehmenskultur-Forschung (etwa Alvesson 2012) gibt es einige **Kernelemente**, die heute allgemein mit dem Begriff der Unternehmenskultur verbunden werden:

Gemeinsame Orientierung

(1) Unternehmenskultur bezieht sich auf gemeinsame Orientierungen, Werte usw. Es handelt sich also um ein kollektives Handlungsmuster. Kultur macht infolgedessen das Handeln der einzelnen Mitglieder einheitlich und **kohärent** – jedenfalls bis zu einem gewissen Grade.

Praxis

(2) Unternehmenskulturen werden gelebt, ihre Orientierungsmuster sind **selbstverständliche Annahmen**, die dem täglichen Handeln und dem Führungsverhalten zugrunde liegen. Ihre (Selbst-)Reflexion ist die Ausnahme, keinesfalls die Regel.

Eisbergphänomen

(3) Unternehmenskulturen sind zu wesentlichen Teilen **unsichtbare** Steuerungsgrößen, die sichtbaren Elemente bilden nur einen kleinen Teil (die Spitze des Eisbergs).

Lernprozess

(4) Unternehmenskulturen sind das Ergebnis historischer Lernprozesse im Umgang mit Problemen aus der Umwelt und der internen Koordination. Bestimmte Handlungsweisen erweisen sich als erfolgreiche Problemlösungen, andere dagegen weniger. Zug um Zug schälen sich bevorzugte Wege des Denkens und Problemlösens heraus; es wird immer deutlicher, was als „gut" und was als „schlecht" gelten soll, bis schließlich diese Orientierungsmuster zur mehr oder weniger selbstverständlichen Basis des täglichen Handelns gerinnen. Unternehmenskultur ist also gewissermaßen ein kollektiver **Erfahrungsspeicher**, der die Entwicklungsgeschichte einer Unternehmung widerspiegelt.

Konzeptionelle Welt

(5) Unternehmenskulturen repräsentieren das „**Weltbild**" einer Organisation. Sie vermitteln Sinn und Orientierung, indem sie Muster für die Informationsfilterung, die Interpretation von Ereignissen und typische Reaktionsweisen vorgeben (z.B. der Google-Stil oder „Siemens-like"). Die Organisationsmitglieder verschaffen sich ein Bild von ihrer Aufgabenwelt auf der Basis eines gemeinsam verfügbaren Grundverständnisses.

Sozialisationsprozess

(6) Unternehmenskulturen werden in einem Sozialisationsprozess vermittelt; sie werden für gewöhnlich nicht bewusst gelernt oder unterrichtet, sondern sie werden miterlebt und durch dieses Miterleben verinnerlicht. Dabei entwickeln Organisationen zumeist eine Reihe von Mechanismen, die dem neuen Organisationsmitglied verdeutlichen, wie im Sinne der Kultur zu handeln ist. Erfahrungsgemäß sind es vor allem die Kolleginnen und Kolle-

gen, die diese „**Einsteuerung**" leisten, indem sie verdeutlichen, was man erwartet, was sich gehört und was sich nicht gehört, was übertrieben ist usw.

(7) Unternehmenskulturen bilden zwar feste Orientierungsmuster, die immer wieder reproduziert werden, sie sind aber dennoch **keineswegs völlig statisch**. Sie bleiben in Bewegung, verarbeiten neue Erfahrungen, integrieren neue Mitglieder mit neuen Orientierungen usw. In aller Regel hält sich diese Veränderung jedoch sehr in Grenzen, sonst würde sich ja kein Orientierungsmuster im eigentlichen Sinne des Wortes herausschälen können.

Entwicklungs-stufen

7.3 Der innere Aufbau einer Unternehmenskultur

Unternehmenskulturen sind **komplexe Gebilde**; zu ihnen gehören nicht nur die impliziten Orientierungsmuster und Praktiken, sondern auch ihre sichtbaren Vermittlungsmechanismen und Ausdrucksformen. Sie prägen das Handeln und die tägliche Führungspraxis und werden von diesen geprägt. Ein Versuch, die verschiedenen Ebenen einer Kultur zu ordnen und ihre Beziehung zueinander zu erklären, ist das in Abbildung 7-1 gezeigte Modell von Schein. Danach gliedern sich Unternehmenskulturen im Wesentlichen in drei Ebenen, angefangen von den **sichtbaren** Symbolsystemen über die nur **halbbewussten** Normen und Standards bis hin zu den im **inneren Kern** liegenden unsichtbaren Basisannahmen. Man kann sich diese drei Ebenen bildlich auch als Schichten einer Avocadofrucht vorstellen; bei oberflächlicher Betrachtung sieht man nur die grüne Schale, erst eine nähere Beschäftigung offenbart das Fruchtfleisch und schließlich den für die Reproduktion ausschlaggebenden Kern.

Modell zur Kulturerschließung

7.3.1 Basisannahmen

Die Basisannahmen als unterste Ebene des Scheinschen Strukturmodells bestehen aus einem Satz grundlegender Orientierungs- und Vorstellungsmuster („Weltanschauung"), die die Wahrnehmung und das Handeln tief prägen. Es sind dies die selbstverständlichen Orientierungspunkte organisatorischen Handelns, die gewöhnlich ganz automatisch verfolgt werden, ohne darüber nachzudenken, ja meist ohne sie benennen zu können (die „**ungeschriebenen Gesetze**"). Die Basisannahmen ordnen sich unabhängig vom Einzelfall einer jeden Kultur nach fünf klassischen Grundthemen (Schein 2004):

Basis „Weltanschauung"

Fünf Grundthemen

7 *Die informale Organisation: Unternehmenskultur*

Abbildung 7-1 | *Kulturebenen und ihr Zusammenhang*

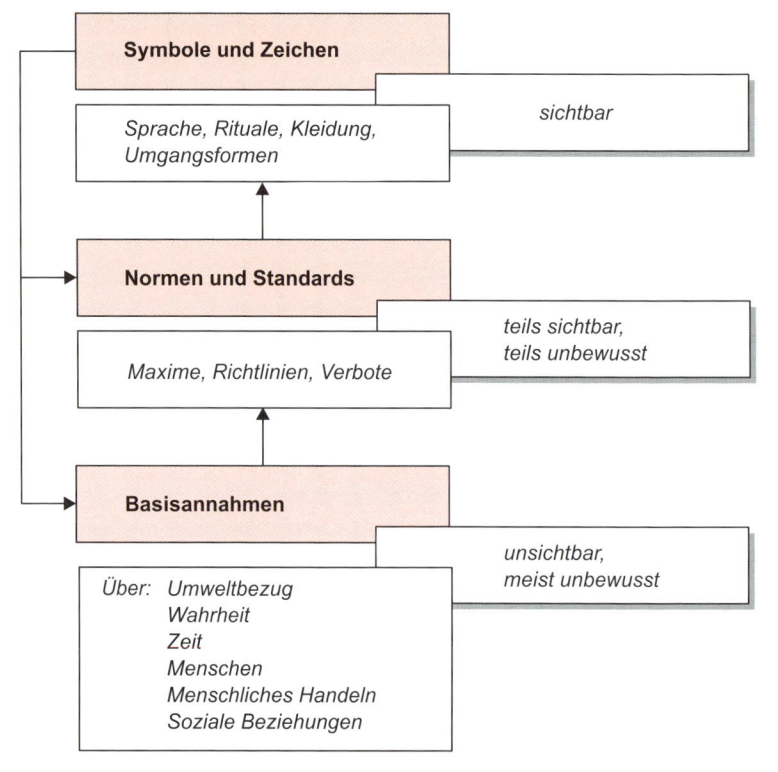

Quelle: Schein 1984: 4 (modifiziert)

(1) Annahmen über die Umwelt

Umwelt-annahmen

Hierunter fallen grundlegende Vorstellungen in einer Organisation über die Umwelt und das Verhältnis der Organisation zur Umwelt. Hält man die Umwelt (Wettbewerber, Lieferanten, Kunden, Kommune usw.) für bedrohlich, herausfordernd, bezwingbar, übermächtig usw.? Sieht man die Umwelt als gewissermaßen schicksalhafte Kraft, als Widerfahrnis, oder versteht man sie eher als eine Herausforderung, die zu bewältigen ist, wenn man sich nur hinreichend anstrengt? Solche **Grundhaltungen** schlagen sich in allen möglichen Handlungsbereichen nieder, wie z.B. in Konkurrentenanalysen, Kundenorientierung oder dem Aufbau zwischenbetrieblicher Netzwerke.

Der innere Aufbau einer Unternehmenskultur 7.3

(2) Annahmen über Wahrheit und Zeit

Jedes Unternehmen entwickelt ferner Vorstellungen darüber, wie man bei Entscheidungen unter Unsicherheit verfährt. Wann sollen Prognosen oder andere Vermutungen als wahr oder falsch, als real oder fiktiv gelten? Wann ist man bereit, sie einer Entscheidung zugrunde zu legen? Sind es primär Fakten oder sind es Autoritäten, auf die man bei der unsicheren Einschätzung vertraut? Bevorzugt man wissenschaftliche Ergebnisse oder nimmt man eine pragmatische Haltung ein und macht die Entscheidungen über richtig oder falsch von den Ergebnissen eines Versuchs abhängig („Lasst es uns probieren und sehen, was dabei herauskommt")? Häufig ist es auch der tragfähige Kompromiss, der als **„Wahrheitsinstanz"** fungiert: „Fünf Gremien haben über die Frage beraten und alle haben sich schließlich auf dieses Ergebnis geeinigt; dann lasst es uns so machen."

Vorstellungen über Wahrheit

Zu den Sachverhalten, über die mit richtig oder falsch geurteilt werden muss, gehören nicht nur Sachfragen, sondern auch **moralische Problemstellungen**. Die Frage lautet auch hier: Wie wird in einer Organisation entschieden, ob eine Handlungsweise moralisch oder unmoralisch ist? Und wie wird über die Konsequenzen entschieden (Wie unmoralisch darf man sein?)?

Ähnlich verhält es sich mit dem **Verständnis von Zeit**. Entgegen der Alltagsmeinung, Zeit sei etwas rein Objektives, entwickeln Gesellschaften und (eingeschränkt) auch Unternehmen eigene Zeitraster. In empirischen Untersuchungen (z.B. Orlikowski/Yates 2002) konnte immer wieder gezeigt werden, dass zwischen Unternehmen teilweise erhebliche Unterschiede im „Umgang" mit Zeit bestehen. Was ist „dringlich" und wie werden Dinge „dringlich" gemacht? Was ist „zeitintensiv"? usw.

(3) Annahmen über die Natur des Menschen

Ferner gibt es in allen Unternehmen implizite Annahmen über **allgemeine menschliche Wesenszüge**. Hält man Menschen, vor allem aber den typischen Mitarbeiter, im Allgemeinen eher für gutwillig oder böswillig? Ferner: Wie muss man sich vor potenziell böswilligen Mitarbeitern schützen? Sind Mitarbeiter tendenziell arbeitsscheu, nur durch externe Anreize zur Arbeit zu bewegen, oder sind Mitarbeiter Menschen, die gerne Verantwortung übernehmen und die im Grundsatz Freude an der Arbeit haben? Und besonders wichtig: Hält man Mitarbeiter für grundsätzlich entwicklungsfähig oder durch Veranlagung festgelegt?

Menschenbild

(4) Annahmen über das menschliche Handeln

Hierunter fallen insbesondere **Vorstellungen über Aktivität und Arbeit**. Ist es ein besonderer Wert, aktiv zu sein, die Dinge selbst in die Hand zu nehmen, oder ist es wichtiger, abzuwägen und abzuwarten? Und in Bezug auf

Annahmen über menschliches Handeln

die Arbeit: Wie ist in dem Unternehmen Arbeit definiert? Muss man „schwitzen", wenn man arbeitet? Muss man am Arbeitsplatz sein? Ist Arbeit ohne Leid überhaupt Arbeit? Ist Passivität weiblich und Aktivität männlich?

(5) Annahmen über die Natur sozialer Beziehungen

Beziehungsregeln

Es gibt keine Kultur, die nicht auch ungeschriebene Gesetze über die **Beziehungen zwischen Individuen** enthielte. Hierzu gehören Regeln über die grundsätzliche Vertrauenswürdigkeit von Mitarbeitern in Arbeitsbeziehungen. Muss man sich vor den anderen fortwährend in Acht nehmen („Schütze dich vor Betrügern!") oder kann man auf sie bauen? Darüber hinaus ist das Thema der richtigen Ordnung sozialer Beziehungen besonders wichtig: z.B. Ordnung nach Alter, nach Herkunft oder nach Erfolg? Will man die Beziehungen eher egalitär oder eher hierarchisch? Wie groß wünscht man sich das Machtgefälle? Ein weiterer wichtiger Aspekt ist die Sichtweise von Emotionen in Organisationen. Sind Emotionen (Wut, Freude, Trauer, Liebe usw.) am Arbeitsplatz zulässig oder strebt man eine vollständig sachliche Atmosphäre an, in der Emotionen gleich welcher Art nur stören? Ist der Privatbereich tabu oder findet eine Trennung zwischen Dienstlichem und Privatem nicht statt? Des Weiteren: Welches Grundthema prägt den Charakter zwischenmenschlicher Beziehungen? Wettbewerb oder Kooperation? Teamerfolg oder Einzelerfolg?

Gesamtheit der Basisannahmen

Weltbild. Diese meist unbewussten und ungeplant entstandenen Basisannahmen stehen nun allerdings nicht isoliert nebeneinander, sondern bilden zusammen ein Muster, ein mehr oder weniger stimmiges Gefüge. Wenn man eine Unternehmenskultur verstehen will, muss man deshalb ausgehend von diesen Basisannahmen auch versuchen, die Gesamtheit, das **„Weltbild"**, zu erfassen.

7.3.2 Normen und Standards

Wertvorstellungen und Verhaltensstandards

Dieses „Weltbild" findet zu wesentlichen Teilen in konkretisierten **Wertvorstellungen und Verhaltensstandards** seinen Niederschlag (Ebene 2 in Abbildung 7-1), d.h. es formt sich in Maximen, ungeschriebene Verhaltensrichtlinien, Verbote usw. um, die die Organisationsmitglieder in mehr oder weniger breitem Umfang teilen. Abbildung 7-2 gibt hierzu einige Beispiele.

Manche Unternehmen greifen diese latent vorhandenen Orientierungsmuster auf und überführen sie in eine ausdrückliche **Managementphilosophie** oder sog. **Führungsleitsätze**. Noch öfter versucht man allerdings, mit diesen Grundsätzen weniger die vorhandenen Normen aufzuschreiben, sondern neue, erwünschte Normen und Standards in das Unternehmen hineinzutragen (vgl. Kasten 7-1).

Der innere Aufbau einer Unternehmenskultur | **7.3**

Beispiele für Normen | *Abbildung 7-2*

- Zu viel Ehrgeiz schadet!
- Löse keine Unruhe aus!
- Zeige keinen Schmerz!
- Respektiere die Reviere!
- Falle niemals lästig!
- Keine Privatkontakte mit dem Chef!
- Gib keine Informationen nach draußen!

Kasten 7-1

BMW:
Die Leitlinien der werte- und wertorientierten Personal- und Sozialpolitik

Acht Grundsätze:

1. Gegenseitige Wertschätzung – konstruktive Konfliktkultur.
2. Das Denken über nationale und kulturelle Grenzen hinaus ist für uns eine Selbstverständlichkeit.
3. Leistungsverhalten und Leistungsergebnis der Mitarbeiter sind konsequenter Maßstab für die Gegenleistung des Unternehmens.
4. Teamleistung ist mehr als die Summe der Einzelleistungen.
5. Sichere und attraktive Arbeitsplätze für engagierte und verantwortungsbewusste Mitarbeiter.
6. Die Achtung der Menschenrechte ist für uns selbstverständlich.
7. Sozialstandards auch für Zulieferer und Geschäftspartner.
8. Hervorragende Leistungen für Mitarbeiter und hohes Engagement in der Gesellschaft.

Quelle: www.bmw.de (Zugriff 31.3.2010)

7.3.3 Symbole und Zeichen

Wenn von Unternehmenskultur die Rede ist, denken die meisten Menschen nicht primär an Normen und Basisannahmen, sondern vielmehr an sichtbare Zeichen und Ausdrucksmittel, wie Unternehmensfarben, Logo, einheitlicher Auftritt bei Kunden usw. Die Symbole und Zeichen stellen den **sichtbaren** und daher am einfachsten zugänglichen Teil der Unternehmenskultur dar, der aber im Grunde nur im Zusammenhang mit den zugrunde liegenden Wertvorstellungen verstehbar ist (vgl. Abbildung 7-1). Sie haben die Auf-

Symbole als Ausdruck der Kultur

7 — Die informale Organisation: Unternehmenskultur

gabe, diesen schwer fassbaren, wenig bewussten Komplex von Annahmen, Interpretationsmustern und Wertvorstellungen zu kommunizieren, weiter auszubauen und, was besonders wichtig ist, an neue Mitglieder weiterzugeben.

Stories

Zu der dritten Ebene der Unternehmenskultur gehören vor allem Geschichten und Legenden. Durch das Erzählen von **Geschichten** („stories"), etwa über den Firmengründer oder Schlüsselereignisse, wird auf **indirekte**, aber sehr plastische und einprägsame Weise vermittelt, worauf es in der Organisation besonders ankommt.

Themen

Geschichten werden zu ganz unterschiedlichen Themen erzählt. Besonders häufig finden sich Geschichten zu den Themen: „Big Boss" trifft auf kleinen Angestellten, Versetzung ins Ausland und ihre Folgen, das (kuriose) Zustandekommen wichtiger Entscheidungen oder peinliche Situationen für Führungskräfte. Solche Geschichten, die in einem Unternehmen wieder und wieder erzählt werden, behandeln häufig **Situationen mit widersprüchlichen Erwartungen** und zeigen, wie man damit in dieser Firma fertig werden kann. So etwa in einer Firma, in der erzählt wird, dass ein Vorstandsmitglied bei einem Rundgang mit Besuchern an das Fließband zu einer Arbeiterin getreten war, um sie nach ihrem Namen zu fragen. Er tat dies, ohne die für diese Zone vorgeschriebene Schutzbrille aufzusetzen. Die Arbeiterinnen waren angewiesen, auf die Einhaltung der Sicherheitsvorschriften streng zu achten. Für die Arbeiterin war nun die Frage, ob sie auf den Regelverstoß hinweisen sollte, ungeachtet der Tatsache, dass der Regelverletzer Vorstandsmitglied war, oder ob hier Hierarchie vor Regel geht. Sie entschied sich für die Regel und sagte mit hochrotem Kopf: „Bitte setzen Sie eine Schutzbrille auf, sonst dürfen Sie sich in dieser Zone nicht aufhalten." Das Vorstandsmitglied war zunächst erstaunt, lobte dann aber die Konsequenz der Arbeiterin und unterhielt sich mit ihr, nachdem er sich rasch eine Schutzbrille geholt hatte. Eine Geschichte mit gutem Ausgang. Man erfährt dabei einiges über die Prioritätensetzung in dem Unternehmen und die typischen Reaktionsweisen von Managern aus den höheren Ebenen.

„Besondere Anlässe"

Ein weiterer Teil der sichtbaren Kulturelemente sind die **Riten und Rituale** in einem Unternehmen. Man kann sie nach unterschiedlichen Anlässen gliedern. So gibt es etwa Aufnahmeriten für den Eintritt in eine Organisation (Begrüßung durch den Chef, Einführungstag usw.) und ähnlich Entlassungsriten (z.B. Reservistenfeiern bei der Bundeswehr) oder Abschiedsriten, etwa beim „Tod" eines Projektes, einer Modellreihe oder eines Werkes. Bekannt sind auch Bekräftigungsriten etwa in Form von Veranstaltungen, in denen der Verkäufer des Monats gekürt wird, Konfliktlösungsriten (z.B. Tarifverhandlungen) oder Integrationsriten wie z.B. Weihnachtsfeiern oder Betriebsjubiläen (vgl. hierzu die Prämienriten der Investmentbanker in London in Kasten 7-2).

Der innere Aufbau einer Unternehmenskultur

7.3

Kasten 7-2

Rituale in der modernen Arbeitswelt: Trader-Kultur

„Tom Wilkinson hat die Millionengrenze zwar nicht erreicht, aber der Trader von Credit Suisse beklagt sich nicht. In der vergangenen Woche hatte er ‚das Gespräch des Jahres', wie er das nennt. Das Bonusritual, ‚und das verläuft jedes Jahr gleich', erzählt der 26-Jährige. ‚Zwei Tage vorher kommt die E-Mail vom Chef mit dem Termin. Man geht hin und schwatzt freundlich und irgendwie verklausulierter als sonst. Tut so, als gehe es um alles andere als um Geld. Nach vielleicht drei Minuten bedankt er sich schließlich für den persönlichen Einsatz, lobt das ganze Team und spielt das erreichte Jahresergebnis herunter. Dann überreicht er dir einen braunen Umschlag und erinnert dich daran, dass die Welt nicht schläft und jede Arbeitsminute kostbar ist.' Der Umschlag enthält eine komplizierte Aufstellung, aus der irgendwie hervorgeht, wie viel der Trader wert ist. ‚Da gibt es nicht einfach eine Zahl, sondern Tabellen und dann furchtbar viele Prozentzahlen', sagt Wilkinson. ‚Im ersten Jahr hatte ich keine Ahnung, wie hoch mein Bonus war, bis ich Wochen später endlich meinen Kontoauszug in der Hand hielt, nachdem das Geld eingegangen war.'

Nach fünf Jahren in diesem Job hat Wilkinson gelernt, wie er zum Kern des Papiers vorstößt. In diesem Jahr bekommt er 170 000 Pfund. Bei einem Jahresgehalt von 200.000 Pfund ist das ‚schon okay', findet er und erzählt dann, wie er während der vergangenen 50 Wochen jeden Morgen um vier Uhr morgens aufgestanden ist, um mit dem Taxi ins Büro zu fahren und den Asienhandel abzuschließen."

Quelle: Die Zeit Nr. 52 vom 28.12.2006, S.23

Schließlich gehören zu den sichtbaren Elementen von Unternehmenskulturen die **Begrüßung** und Aufnahme von Außenstehenden sowie eine Reihe von Artefakten, wie etwa die **architektonische Gestaltung** der Räume und Gebäude (vgl. Kasten 7-3), das **Firmenzeichen** (Logo), die **Kleidung** u.a.m.

Artefakte

Der Begriff der Unternehmenskultur ist deutlich abzugrenzen von dem Konzept der **Corporate Identity** (CI). Letzteres nimmt nur Bezug auf sichtbare Zeichen und entwickelt Empfehlungen, diese umzugestalten, ohne dabei – jedenfalls in der Regel – mit zu berücksichtigen, inwieweit das jeweils neu gestaltete Symbolsystem dem wirklich gelebten Normen- und Wertesystem entspricht. Es geht um eine Verbesserung der Außendarstellung; das ist gewiss wichtig, hat aber mit der gelebten Unternehmenskultur meist nichts zu tun. Gleichwohl gehört aber bei einer Veränderung der Kultur auch eine Veränderung des Symbolsystems dazu.

7 *Die informale Organisation: Unternehmenskultur*

Kasten 7-3

Die „Autostadt"

Quelle: Pressestelle Autostadt GmbH, Wolfsburg

7.4 Die Erfassung von Unternehmenskulturen

Das **3-Ebenen-Schema** (vgl. Abbildung 7-1) gibt nicht nur Aufschluss über den Aufbau einer Unternehmenskultur, sondern weist zugleich einen Weg, wie man Unternehmenskulturen empirisch erfassen und beschreiben kann (Schein 2004).

Grundsätzlich gilt es zunächst erneut zu betonen: Unternehmenskulturen sind **implizite Phänomene**; es handelt sich um Deutungs- und Orientierungsmuster, die Organisationsmitglieder ihren Handlungen zugrunde legen. Es geht also nicht um die Erfassung von direkt beobachtbaren Faktizitäten, sondern um die Erschließung einer teilweise unterhalb der Bewusstseinsebene angesiedelten Orientierungswelt.

Beginn der Analyse

Der **Erschließungsprozess** auf Basis des 3-Ebenen-Schemas beginnt bei den sichtbaren Elementen einer Kultur, d.h. bei den Geschichten, die in der Firma erzählt werden, den Räumen und den Gebäuden, dem Jargon, dem Umgangston, der Kleidung usw. Ein Studium der **Historie des Betriebes** gibt den Rahmen für ein besseres Verständnis der Entwicklung der Unternehmenskultur.

In einem nächsten Schritt geht es darum, die vorherrschenden Normen und Standards zu erschließen. Sie manifestieren sich in immer wieder beobachtbaren Verhaltensweisen („Mustern") und den Symbolsystemen.

Die letzte und entscheidende Aufgabe ist die Erschließung der Basisannahmen. Die oben genannten fünf Kernbereiche lassen sich dafür als **Such- und Beobachtungsleitfaden** verwenden. Dokumente (Firmenchronik), teilnehmende Beobachtung (an Sitzungen, Feiern usw.), Einzel- und Gruppeninterviews sind die vorrangigen Quellen. Spontane Auskünfte von Mitarbeitern über die Basisannahmen sind selten weiterführend, weil die Basisannahmen gar nicht bekannt sind. Der Zugang zu den Basisannahmen ist letztlich ein im Wesentlichen **interpretativer Prozess**; aus den gesammelten Beobachtungsdaten gilt es Stück für Stück die im Alltag verwendeten Deutungsmuster und das zugrunde liegende **Weltbild** der Unternehmung zu erschließen.

Kein direktes Abfragen

Eine **Gegenprüfung des Ergebnisses** ist immer notwendig. Man kann mit den Organisationsmitgliedern und/oder Außenstehenden zusammen prüfen, ob die ermittelte Kultur stimmig ist, ob die sichtbaren Elemente und Handlungen damit in Einklang zu bringen sind usw. Meist bedarf dieser Prozess mehrerer Durchläufe, und selbst dann kann man nicht sicher sein, ob alle Organisationsmitglieder mit dem Ergebnis übereinstimmen. Häufig liegt das aber auch daran, dass die gefundene Kultur nicht so „schön" ist, wie man es gerne hätte.

Mehrzyklischer Prozess

Neben der interpretativen Erschließung auf der Basis des 3-Ebenen-Schemas gibt es aber auch eine Reihe von **standardisierten Messinstrumenten**, meist in Form von Fragebögen (vgl. dazu Cameron/Quinn 2011; Sackmann 2002). Eine solche Vorgehensweise wird es allerdings aus den dargelegten Gründen schwer haben, das tiefer liegende Normen- und Annahmengerüst zu erschließen – und gerade darauf kommt es in der praktischen Arbeit mit der Unternehmenskultur an.

7.5 Starke und schwache Kulturen

Die Diskussion um die Kultur von Organisationen war von Anfang an geprägt von der Idee, dass bestimmte Kulturen in besonders intensiver Weise das organisatorische Handeln beeinflussen, ja dass sie in bestimmten Fällen die eigentlich treibende Kraft für herausragende Organisationsleistungen sind (Peters/Waterman 2007). Es wird dies vor allem für sog. **starke Kul-**

Stärke-Dimensionen

turen vermutet. Zur Beurteilung, ob eine Kultur „stark" oder „schwach" ist, werden insbesondere die folgenden drei Dimensionen herangezogen:

(1) Prägnanz,

(2) Verbreitungsgrad,

(3) Verankerungstiefe.

Dimension Prägnanz

(1) Das erste Kriterium unterscheidet Unternehmenskulturen danach, **wie klar** die Orientierungsmuster und Werthaltungen sind, die sie vermitteln. Starke Unternehmenskulturen zeichnen sich demnach dadurch aus, dass sie ganz prägnante Vorstellungen darüber beinhalten, was erwünscht ist und was nicht. Eine solche klare Vorstellungswelt setzt zweierlei voraus: Zum einen müssen die einzelnen Werte, Standards und Symbolsysteme relativ konsistent sein, so dass in nur wenigen Fällen Konfusion darüber entsteht, welchem Orientierungspfad nun gefolgt werden soll. Zum anderen setzt dies voraus, dass die kulturellen Orientierungsmuster relativ **umfassend** ausgelegt sind, so dass sie nicht nur in einigen speziellen, sondern in vielen Situationen den Maßstab setzen können. Bisweilen wird auch der Kulturinhalt selbst zum Gegenstand der Bestimmung der Stärke gemacht, so etwa die **Begeisterungskraft** der Inhalte. Visionen und Orientierungsmuster können mehr oder weniger geeignet sein, Enthusiasmus und Engagement auszulösen. Starke Kulturen zeichnen sich – folgte man diesem Vorschlag – also nicht nur durch Prägnanz und hohe Prägungsdichte aus, sondern geben darüber hinaus stimulierende, ja mitreißende Impulse.

Dimension Verbreitungsgrad

(2) Das zweite Unterscheidungskriterium „Verbreitungsgrad" stellt auf das Ausmaß ab, in dem die **Mitarbeiterschaft die Kultur teilt**. Von einer starken Unternehmenskultur spricht man dementsprechend dann, wenn das Handeln sehr vieler Mitarbeiter, im Idealfall aller, von den Orientierungsmustern und Werten geleitet wird. Eine schwache Unternehmenskultur zeichnet sich in diesem Sinne dann dadurch aus, dass die einzelnen Unternehmensmitglieder an weitgehend unterschiedlichen Normen und Vorstellungen orientiert sind.

Dimension Verankerungstiefe

Keine kalkulierte Anpassung

(3) Das dritte Kriterium „Verankerungstiefe" stellt schließlich darauf ab, ob und inwieweit die kulturellen Muster **internalisiert**, also zum selbstverständlichen Bestandteil des täglichen Handelns geworden sind. Dabei ist zu differenzieren zwischen einem kulturkonformen Verhalten, das Ergebnis einer kalkulierten Anpassung ist (etwa auf der Basis von Anreizsystemen), und einem kulturkonformen Verhalten, das Ausfluss internalisierter kultureller Orientierungsmuster, also **innerer Überzeugung,** ist. Nur letzteres lässt die Stabilität, Vertrautheit und Fraglosigkeit im täglichen Umgang entstehen, wie sie für starke Kulturen gelten. Als logische Konsequenz gehört zur Verankerungstiefe die Persistenz als weiteres Merkmal, d.h. die Stabilität der kulturellen Gestalt über längere Zeit hinweg.

7.6 Unternehmenskulturen und Subkulturen

Mit der Idee starker Unternehmenskulturen verknüpft ist die Vorstellung einer mehr oder weniger homogenen Einheit, eines integrierten kohärenten Gebildes. In jedem Unternehmen entwickeln sich aber auch **Teilkulturen** oder sog. Subkulturen. Auslöser sind die Art der Aufgabe (Marketing, Grundlagenforschung, Außendienst usw.), die Differenzierung nach verschiedenen hierarchischen Ebenen (Arbeiter, Meister, Werksleiter usw.) oder auch Professionen (Vertragsdolmetscher, Werksärzte, Informatiker usw.). Immer entwickeln sich eigene kulturelle Orientierungsmuster innerhalb der Hauptkultur (Trice 1993). Manchmal werden die Subkulturen so stark, dass von einer Hauptkultur nur noch ansatzweise geredet werden kann.

Subsysteme

Im Lichte der oben dargestellten Stärke-Dimensionen sind Unternehmen mit ausgeprägten Subkulturen aufgrund der daraus resultierenden Heterogenität dann logischerweise auch eher schwache Kulturen. Die Erfahrung zeigt jedoch, dass sich auch bei Unternehmen mit ausgeprägten Subkulturen dennoch meist gemeinsame, übergreifende Orientierungsmuster herausbilden, die über die Subkulturen hinweg ein Mindestmaß an Homogenität und Kohäsion sicherstellen.

Pluralistische Gebilde

Für die Frage nach dem Umgang mit Subkulturen ist ihre Stellung zur Hauptkultur bedeutsam. Man unterscheidet die Stellung von Subkulturen zu der jeweiligen Hauptkultur anhand von drei Grundtypen (Meyerson/Martin 1987):

Subkulturtypen

1. Verstärkende Subkulturen: Sie sind von der Hauptkultur durchdrungen, achten auf ihre Einhaltung und zeigen modellhaft enthusiastisches kulturkonformes Verhalten. Häufig bilden z.B. Vorstandsstäbe oder Lehrlingswerkstätten solche „enthusiastischen Verstärkungsinseln".

2. Neutrale Subkulturen: Sie bilden ihr eigenes Orientierungssystem aus, das aber mit der Hauptkultur nicht kollidiert; sie stehen gewissermaßen parallel oder ergänzend dazu. Häufig zu findende Beispiele: IT-Abteilungen oder Rechtsabteilungen.

3. Gegenkulturen: Sie bilden ihr eigenes Orientierungsmuster aus, das sich dezidiert gegen die Hauptkultur richtet, sei es aus einer Enttäuschung heraus (etwa bei Übernahmen), sei es zur Durchsetzung neuer Ideen o.Ä. Aber auch für Gegenkulturen gilt, dass sie ihren Bezugspunkt, ihr Referenzsystem in der Hauptkultur haben; ohne letztere fehlte die Differenz, um von einer „Gegen"-Kultur sprechen zu können. Als Beispiel für eine solche Gegenkultur lässt sich der Innovationsstab von Ignazio López im VW-Konzern anfüh-

7 Die informale Organisation: Unternehmenskultur

ren. Die Wirkung von Gegenkulturen lässt sich schwer generalisieren; sind sie in manchen Fällen problematische Störfaktoren, wirken sie in anderen entkrampfend und belebend für die Hauptkultur.

Konzernkultur

Die eben erörterten Typen von Subkulturen sind sehr stark auf überschaubare kulturelle Einheiten mit den entsprechenden Sonderentwicklungen zugeschnitten. Auf einer anderen Ebene stellt sich die Frage der Subkulturen noch einmal und vielleicht mit einer noch größeren praktischen Relevanz, nämlich auf **Konzernebene**, d.h. überall dort, wo rechtlich selbstständige Unternehmen zu einem (meist vertraglich) abgesicherten Verbund unter einheitlicher Leitung zusammengeschlossen sind. Für die unternehmenskulturelle Betrachtung stellt sich hier die Frage, ob der Gesamtkonzern als kulturelle Einheit und als Referenzsystem gelten soll, von dem aus Subkulturen zu beobachten sind, oder ob man sich den quasi natürlichen Einheiten (Konzernunternehmen) zuwenden soll.

Diese Fragen werfen ein **methodisches** und ein **praktisches** Problem auf. Methodisch stellt sich die Frage, ob für diese Konstellation der Konzernunternehmen sinnvoll der Begriff der Subkultur verwendet werden kann. Um diese Frage beantworten zu können, muss man wissen, welche Bedeutung der Mutterkultur zukommt. Nur wenn der Stammkonzern das Referenzsystem darstellt, zu dem die fragliche Unternehmenskultur die Differenz bildet und bilden will, macht die Rede von einer Subkultur Sinn. Dies verweist sofort auf die praktische Seite dieser Problemstellung, nämlich ob und inwieweit eine Gesamtkultur für einen vielgestaltigen Konzern angestrebt wird oder angestrebt werden soll. Häufig ist dies gar nicht gewollt, vor allem dort, wo man die Konzernführung eher im Sinne eines Portfolio-Managements betreibt, also für die Konzernunternehmen untereinander relativ unabhängige Strategien verfolgt.

Internationale Unternehmung

Die Frage der Konzernkultur stellt sich mit noch mehr Brisanz im internationalen Konzern, wo es aus der hier diskutierten Sicht um die Frage geht, ob die ausländischen Tochtergesellschaften eigenständige Unternehmenskulturen ausbilden (sollen) oder ob die Gesamtunternehmung als einheitliche Kultur zu betrachten ist. Bildet – um ein Beispiel zu geben – die Deutsche Shell AG eine eigenständige Unternehmenskultur? Ist sie eine Subkultur der Royal Dutch/Shell? Oder ist sie integraler Bestandteil der Royal Dutch/Shell-Kultur? Diese Fragen werden im abschließenden Abschnitt noch einmal ausführlich erörtert.

7.7 Wirkungen von Unternehmenskulturen

Die Wirkungen von Unternehmenskulturen werden primär an starken Kulturen im oben erläuterten Sinne studiert. Entgegen der **Schönfärberei** in der anfänglichen Euphorie haben starke Unternehmenskulturen für die Funktionstüchtigkeit von Systemen keineswegs nur positive, sondern teilweise auch ausgeprägt negative Wirkungen (Sorensen 2002; Simberova 2009).

Positive und negative Effekte

Ein genereller Zusammenhang zwischen Spitzenleistung und Stärke der Unternehmenskultur ließ sich **empirisch nicht nachweisen**. Die Wirkungspfade erwiesen sich als viel verwickelter als zunächst angenommen. Vor allem muss die zeitliche Entwicklung mit in Betracht gezogen werden: Was sich zunächst bewährt und erfolgreich ist, kann sich bei veränderten Bedingungen schnell in sein Gegenteil verkehren (Miller 1990). Als Beispiele lassen sich IBM oder Hewlett-Packard anführen.

7.7.1 Positive Effekte

Die wichtigsten Aspekte aus der Sicht der Unternehmung sind nachfolgend kurz zusammengestellt:

(1) Orientierungsgewinn

Starke Unternehmenskulturen vermitteln ein klar profiliertes Weltbild und machen damit die „Unternehmenswelt" für das einzelne Unternehmensmitglied verständlich und überschaubar. Sie erbringen so eine weitreichende Orientierungsleistung, weil sie die verschiedenen möglichen Interpretationen der Ereignisse und Situationen reduzieren und auf diese Weise eine klare Basis für das tägliche Handeln schaffen. Diese Handlungsorientierungsfunktion ist vor allem dort von großer Bedeutung, wo eine organisatorische Regelung ins Leere greift oder gar nicht greifen kann.

Orientierungsleistung

(2) Reibungslose Kommunikation

Die Abstimmungsprozesse gestalten sich durch die einheitliche Orientierung wesentlich einfacher und direkter. In starken Kulturen existiert ein komplexes Kommunikations-Netzwerk, das sich auf homogene Orientierungsmuster abstützen kann. Signale werden so sehr viel zuverlässiger interpretiert und Informationen sehr viel weniger verzerrt weitergegeben, als dies typischerweise bei hierarchischer Kommunikation der Fall ist.

Kommunikations-Netzwerk

(3) Rasche Entscheidungsfindung

Eine gemeinsame Sprache, ein von allen geteiltes Wertesystem und eine allseits akzeptierte Vision für das Unternehmen lassen relativ rasch zu einer Einigung oder zumindest zu tragfähigen Kompromissen in Entscheidungs- und Problemlösungsprozessen vorstoßen.

Gemeinsame Wertebasis

(4) Zügige Umsetzung

Realisationshilfe Entscheidungen und Pläne, Projekte und Programme, die auf gemeinsamen Überzeugungen beruhen und sich deshalb auf breite Akzeptanz stützen, können schneller und wirkungsvoller umgesetzt werden. Bei auftretenden Unklarheiten geben die fest verankerten Leitbilder rasche Orientierungshilfe.

(5) Geringer Kontrollaufwand

Eigenkontrolle Der Kontrollaufwand ist gering, die Kontrolle wird weitgehend auf indirektem Wege geleistet. Die Orientierungsmuster sind verinnerlicht, es besteht wenig Notwendigkeit, fortwährend ihre Einhaltung zu überprüfen.

(6) Motivation und Teamgeist

Identifikation Die orientierungsstiftende Kraft der kulturellen Muster und die gemeinsame, sich gegenseitig fortwährend bekräftigende Verpflichtung auf die zentralen Werte („Vision") der Unternehmung lassen eine hohe Bereitschaft entstehen, sich für das Unternehmen zu engagieren („intrinsische Motivation") und dies auch nach außen hin unmissverständlich zu dokumentieren.

(7) Stabilität

Stabilität Ausgeprägte, gemeinsam geteilte Orientierungsmuster reduzieren Angst und bringen Sicherheit und Selbstvertrauen. Es besteht deshalb wenig Neigung, ein solches kohärentes System zu verlassen oder dem Arbeitsplatz fernzubleiben (geringe Fluktuations- und Fehlzeitenrate).

Höhere Rentabilität Alle diese Aspekte zusammen ließen die These entstehen, dass Organisationen mit starken Unternehmenskulturen effizienter arbeiten und bei marktgerechter Zielsetzung eine höhere Rentabilität erzielen. Für ein Gesamturteil gilt es aber die Schattenseiten ebenso einzubeziehen.

7.7.2 Negative Effekte

Die geschilderten Vorzüge einer starken Unternehmenskultur sind jedoch keineswegs so eindeutig und so unkompliziert, wie sie auf den ersten Blick erscheinen mögen. Eine Reihe negativer Effekte ist möglich:

(1) Tendenz zur Abschließung

Geschlossene Systeme Tief internalisierte Wertesysteme und die aus ihr fließende Orientierung können leicht zu einer alles beherrschenden Kraft werden. Kritik, Warnsignale usw., die zu der bestehenden Kultur im Widerspruch stehen, drohen verdrängt oder überhört zu werden. Fest eingeschliffene Traditionen und Rituale verstärken diese Tendenz. Starke Kulturen und die auf ihr basierenden Kompetenzen laufen deshalb Gefahr, zu „geschlossenen Systemen" zu werden.

(2) Blockierung neuer Orientierungen

Starken Unternehmenskulturen sind Veränderungen suspekt; sie lehnen sie vehement dann ab, wenn sie ihre Identität bedroht sehen. Unangenehme, dem herrschenden Weltbild zuwiderlaufende Vorschläge werden frühzeitig blockiert oder gar nicht registriert (vgl. dazu die Studie von Leonard-Barton 1992).

„Scheuklappen"

(3) Umsetzungsbarrieren

Haben dennoch umwälzende Ideen in den Entscheidungsprozess Eingang gefunden, so kann sich eine starke Unternehmenskultur auch bei ihrer Umsetzung tendenziell als starker Hemmschuh erweisen. Solange es um die Umsetzung von mit dem bisherigen Geschäft verwandten Ideen geht (sog. 10%-Innovationen), sind – wie oben dargelegt – starke Kulturen überlegen. Von dem Moment an aber, wo es um einen grundsätzlichen Wandel, etwa um eine strategische Neuorientierung geht, muss ein stabiles und stark verfestigtes Kultursystem zum Problem werden. Der Grund ist einsichtig. Die Sicherheit, die starke Kulturen in so hohem Maße spenden, gerät in Gefahr, und die Folge sind Angst und Abwehr. Der Umgang mit dem Ungewöhnlichen ist nicht geübt. Auch die „Helden" der Kultur haben ein Interesse daran, dass alles so weitergeht wie bisher, denn der **Status quo** ist ja die Quelle, aus der sich ihr „Heldentum" speist. Jede Initiative, umwälzende Neuerungen einzuführen, muss sich mit diesem Problem beschäftigen und dafür eine Lösung finden.

Ungewohntes birgt Unsicherheit

(4) Fixierung auf traditionelle Erfolgsmuster

Starke Kulturen schaffen eine emotionale Bindung an bestimmte gewachsene und durch Erfolg bekräftigte Vorgehensweisen und Denktraditionen. Neue Pläne und Projekte stoßen damit auf eine argumentativ nur schwer zugängliche Bindung an herkömmliche Prozeduren und Vorstellungen.

Emotionale Bindung

(5) Kollektive Vermeidungshaltung

Die Aufnahme und Verarbeitung radikal neuer Ideen setzt ein hohes Maß an Offenheit, Kritikbereitschaft und Unbefangenheit voraus; starke Unternehmenskulturen sind aufgrund ihrer emotionalen Bindungen wenig geeignet, diese Voraussetzungen herzustellen. Ja, sie laufen Gefahr, sich dem hier notwendigen Prozess der kritischen Selbstreflexion in einer Art **kollektiver Vermeidungshaltung** zu versagen und sie für illegitim zu erklären. Organisatorisches Lernen (vgl. dazu Kapitel 9) – wie es in jüngerer Zeit so oft gefordert wird – wird durch allzu starke Unternehmenskulturen auf „exploitatives" Lernen fokussiert und nicht auf das ebenso notwendige „explorative" Lernen (March 1991).

Lernblockade

Die informale Organisation: Unternehmenskultur

(6) „Kulturdenken"

*Konformitäts-
zwang*

Starke Kulturen neigen dazu, Konformität in gewissem Umfang zu „erzwingen". Konträre Meinungen, Bedenken usw. werden zurückgestellt zugunsten der kulturellen Werte. Die Motivation, den kulturellen Rahmen zu erhalten, übertrifft tendenziell die Bereitschaft, Widerspruch zu artikulieren. In Analogie zum Phänomen des „Gruppendenkens" (Janis 1982) kann man hier von „Kulturdenken" sprechen.

(7) Mangel an Flexibilität

*Unsichtbare
Barrieren*

Die geschilderten Effekte bringen in der Summe die Gefahr möglicher Starrheit und mangelnder Anpassungsfähigkeit mit sich. Bisweilen werden deshalb starke Unternehmenskulturen auch als „unsichtbare Barrieren" für organisatorischen Wandel begriffen. Verwiesen wird dabei insbesondere auf die Problematik, die sich hieraus speziell für strategische Entscheidungsprozesse ergibt. Unternehmen sind in einem zunehmenden Maße mit strategischen Herausforderungen konfrontiert, die ein fortlaufendes Infragestellen der traditionellen Unternehmensstrategie und der etablierten Unternehmenskompetenzen unumgänglich und die rasche **Umstellungsfähigkeit** zu einer für das Überleben kritischen Ressource machen. Im Hinblick auf diese Anforderung kann sich eine allzu starke Unternehmenskultur nur als hinderlich erweisen (vgl. Schreyögg/Kliesch-Eberl 2007).

*„Paläste vs.
Zelte"*

Nimmt man die dargelegten Probleme zusammen, so verweisen sie in der Summe auf die Gefahr, dass starke Unternehmenskulturen zu starren „Palästen" werden können, die nur dort außerordentlich erfolgreich sind, wo es um die Bewältigung vertrauter Situationen geht oder kleinere Veränderungen („10%-Innovationen") zu meistern sind. Bei größeren Veränderungen dagegen werden „Paläste" zum Problem, hier wären „Zelte" effektiver (Hedberg et al. 1976).

*Kulturentwicklung als reflexiver
Prozess*

Das Ziel, eine starke Unternehmenskultur zu haben, erscheint im Lichte dieser Überlegungen als zweischneidiges Schwert. Vor dem Hintergrund einer zu einseitigen und zu kurzfristigen Sichtweise wurde **Kulturentwicklung** allzu häufig nur als Aufbau und Förderung starker Kulturen begriffen. Im Hinblick auf die Flexibilität eines Systems sollte man jedoch die Blickrichtung auch umdrehen und die Kulturentwicklung als einen Prozess verstehen, der eine allzu starke Kultur aus ihrer Verklammerung löst, um Freiraum für das Neue und das vorher Unbegreifbare zu schaffen.

7.8 Kulturwandel (Cultural Change)

Trotz ihrer eher beharrenden Züge sind Unternehmenskulturen – wie eingangs dargelegt – dennoch auch Wandlungsprozessen unterworfen. Empirische Studien, die verschiedene Kulturwandlungsprozesse in Organisationen zum Gegenstand hatten, zeichnen den in Abbildung 7-3 wiedergegebenen typischen Verlauf.

Typischer Verlauf eines Kulturwandels | Abbildung 7-3

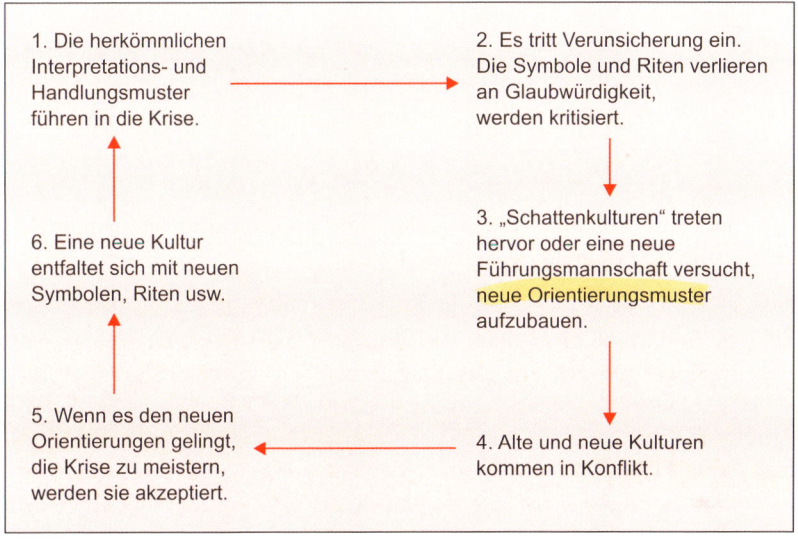

Quelle: Dyer 1985: 211

Ausgangspunkt jedes erfolgreichen Kulturwandels war immer eine Konfliktsituation. Die herkömmlichen Interpretations- und Handlungsmuster führten in die Krise, waren nicht mehr erfolgreich. Es trat Verunsicherung ein. Die Symbole und Riten verloren an Glaubwürdigkeit und Faszination. Sie wurden kritisiert. **Schattenkulturen**, d.h. latent vorhandene, aber bislang nicht wahrgenommene Muster traten hervor, oder aber eine neue Führungsmannschaft versuchte quasi von außen, neue Orientierungsmuster aufzubauen. In der Folge kamen alte und neue Kulturen in Konflikt; es gab einen Machtkampf. Wenn es gelang, die Krise zu meistern, und die Organisationsmitglieder diesen Effekt der neuen Orientierung zuschrieben, wurde diese akzeptiert. In der Fortfolge entfaltete sich eine neue Kultur.

Krise als zentraler „Wandelmotor"

7 Die informale Organisation: Unternehmenskultur

Den **Kulturwandel zu verankern** ist in vielen Fällen nicht sehr einfach, denn mit einer neuen Kultur geht in der Regel auch eine Umverteilung von Ressourcen einher. Die Begünstigten der alten Kultur entfalten zumeist eine starke Gegenwehr und unterminieren das neue „Weltbild" so weit als möglich. Wird trotz allem das Problemlösungspotenzial der neuen Orientierung anerkannt, entfaltet sich eine neue Kultur, die in neuen Symbolen und Riten ihre Verfestigung findet. Dies jedenfalls so lange, bis wiederum eine Krise auftritt und der Kreislauf von neuem beginnt. Der Anstoß für einen solchen Wandlungsprozess kommt meist aus der Umwelt.

Unternehmenskultur und geplanter Wandel

Die in diesen Studien beschriebenen Abläufe sind im Wesentlichen ungeplante (evolutorische) Prozesse gewesen, d.h. sie sind schlicht geschehen. Die gravierenden (negativen wie positiven) Wirkungen von Organisationskulturen werfen jedoch die Frage auf, ob und gegebenenfalls wie die Unternehmenskultur zum Gegenstand eines **geplanten Wandels** gemacht werden kann. Zu dieser Frage werden in der Literatur äußerst unterschiedliche Positionen bezogen.

„Kulturingenieure"

Den einen Pol bilden die „Kulturingenieure". Diese Position geht davon aus, dass man Kulturen ähnlich wie andere Führungsinstrumente auch **gezielt entwickeln** und **planmäßig verändern** kann.

„Kulturalisten"

Dieser instrumentalistischen Sichtweise völlig ablehnend steht die Gruppe der „Kulturalisten" gegenüber. Sie betrachten die Unternehmenskultur als eine **organisch gewachsene Lebenswelt**, als Welt vor dem Begriff, die sich jedem gezielten Herstellungsprozess entzieht. Die kulturalistische Position verknüpft sich häufig mit einer hohen Wertschätzung intakter lebensweltlicher Gemeinschaften und weist dann dementsprechend nicht nur das Ansinnen, eine Unternehmenskultur zu planen, als naiv zurück, sondern erhebt gegen ein solches Vorhaben auch starke **normative** Bedenken. Man sieht in der Unternehmenskultur ein lebendiges Traditionsgut, das vor dem Zugriff einer ingenieurmäßigen Gestaltung zu bewahren ist.

„Kurskorrektur"

Eine dritte Position lässt sich mit dem Stichwort „Kurskorrektur" umreißen. Sie akzeptiert die Idee des geplanten Wandels – allerdings in einem eingeschränkten Sinne, nämlich des Initiierens einer Veränderung in einem grundsätzlich **offenen Prozess**. Auf der Basis einer Rekonstruktion und Kritik der Ist-Kultur sollen **Anstöße** zu einer Kurskorrektur gegeben werden. Die idealtypischen Phasen eines solchen Veränderungsprogramms zeigt Abbildung 7-4.

Bewusstmachung

Der erste und wichtigste Schritt einer solchen Kulturentwicklung ist die Beschreibung und die Bewusstmachung der bestehenden Kultur. Nachdem es sich im Wesentlichen um unsichtbare Größen handelt, ist hierzu – wie bereits dargelegt – eine umfängliche **Interpretationsleistung** zu erbringen.

7.8 Kulturwandel (Cultural Change)

Erst eine solche Rekonstruktion macht es möglich, den interessierenden Teil einer Unternehmenskultur genauer zu analysieren und in seinen Konsequenzen zu diskutieren.

Phasen einer „Kurskorrektur"

Abbildung 7-4

	Phase
Diagnose	■ Systematische Erfassung der kulturellen Ausdrucksformen ■ Erschließung der zugrunde liegenden Basis-Orientierung
Beurteilung	■ Abschätzung der Wirkungen der Ist-Kultur ■ Ermittlung der Veränderungsbedürftigkeit
Maßnahmen	■ Entwurf einer Kurskorrektur im Dialog mit den Betroffenen ■ Einleitung von Interventionen ■ Bestärkung der Neuorientierung

Eine **vollständige planerische Neugestaltung** einer Unternehmenskultur ist allerdings – das ist wichtig zu sehen – grundsätzlich nicht möglich; Unternehmenskulturen sind ihrem Charakter nach **komplex**, d.h. nicht vollständig überschaubar. Die Vorstellung, man könnte eine neue Kultur gewissermaßen auf dem Reißbrett entwerfen und dann Schritt für Schritt umsetzen, ist viel zu mechanistisch und verkennt die Eigenart kultureller Beziehungen.

Was man jedoch tun kann, ist, Anstöße zu einer „**Kurskorrektur**" zu geben. Dazu gehört vor allem die Möglichkeit, verkrustete Muster durch den Verweis auf ihre problematischen Wirkungen als solche deutlich zu machen, sowie gegebenenfalls für neue Werte zu plädieren und ihre Fruchtbarkeit an Beispielen zu demonstrieren. Dem praktischen und alltäglichen Vorleben neuer Verhaltensweisen kommt dabei eine Schlüsselstellung zu.

Verkrustete Muster deutlich machen

Es ist augenscheinlich, dass ein solcher Prozess nicht angeordnet werden kann. Neue Werte lassen sich nicht befehlen. Solange sich die Umorientierung, die Assimilation neuer Annahmen und Sichtweisen nicht in den Köpfen der Organisationsmitglieder vollzieht, ist jede Anstrengung wertlos. Die Organisationsmitglieder müssen – mehr noch als bei jedem anderen organisatorischen Wandel – davon überzeugt sein, dass ein Wandel notwendig ist, und motiviert sein, etwas Neues auszuprobieren.

Anordnung nicht möglich

7.9 Unternehmenskultur im internationalen Kontext

Jede Unternehmung operiert innerhalb einer Landeskultur; es ist unzweifelhaft, dass sich dementsprechend in den Unternehmenskulturen auch landeskulturelle Muster wiederfinden lassen. Dies ist auch nicht weiter verwunderlich, bildet ja die Landeskultur den **Nährboden** für die Entwicklung einer Unternehmenskultur. Sie wird über die Mitarbeiter in das Unternehmen gebracht. Man spricht dementsprechend von der japanischen oder der deutschen Unternehmenskultur.

Auf der anderen Seite sind jedoch die zum Teil verblüffend stark ausgeprägten **Unterschiede** zwischen Unternehmenskulturen **innerhalb** ein und derselben Landeskultur unübersehbar. Man denke etwa an die Unternehmen Siemens und SAP. Die ganze Diskussion um Unternehmenskulturen und ihre Erfolgsträchtigkeit wurde weitgehend unter Verweis auf unterschiedliche Unternehmenskulturen innerhalb eines Kulturkreises begonnen.

Handlungs-spielraum

Überhaupt erhält die Debatte um die Erfolgsträchtigkeit von Unternehmenskulturen einzig und allein daraus ihren Sinn, dass der Unternehmenskultur eine selbstständige, „**eigensinnige**" Kraft zugebilligt wird, die keineswegs nur die Landeskultur widerspiegelt. Dies bedeutet zugleich, dass ein relevanter Handlungsspielraum zur Ausdifferenzierung von Unternehmenskulturen besteht, wobei die Grenzen dieses Spielraums nicht als starrer Rahmen gedacht werden können.

Für eine Unternehmung stellt sich damit die Frage, wie die Entwicklung einer Unternehmenskultur mit den immer latent gegenwärtigen Einflüssen der Landeskultur **auszubalancieren** ist. Der mehr oder weniger organischen Anpassung steht als Option die ablösende, eigenständige Ausformung der Unternehmenskultur gegenüber, so dass die Unternehmenskultur gewissermaßen einen Kontrapunkt zur Landeskultur bildet.

Basis-alternativen

Diese Fragen sind in besonderem Maße für multinationale Unternehmen bedeutsam, weil dort verschiedene Landeskulturen und Unternehmenskulturen aufeinandertreffen, so dass zwangsläufig eine Antwort auf die Frage nach dem Verhältnis gefunden werden muss. Im Hinblick auf das hier interessierende Verhältnis von Unternehmens- und Landeskultur ergeben sich formal zwei grundsätzliche Alternativen (Schreyögg 2005):

(1) Die Auslandsgesellschaften entwickeln vor dem Hintergrund der jeweiligen Landeskulturen eigene Unternehmenskulturen (**pluralistische Unternehmenskultur**) oder

Unternehmenskultur im internationalen Kontext 7.9

(2) in den Auslandsgesellschaften und im Stammhaus wird eine gemeinsame kohärente Gesamtkultur praktiziert (**universelle Unternehmenskultur**).

(1) Die **pluralistische Unternehmenskultur** stellt darauf ab, die Auslandsgesellschaften weitgehend den landeskulturellen Einflüssen zu öffnen, so dass sich schließlich in jeder Auslandsgesellschaft eine je spezifische Unternehmenskultur entwickelt. Eine solche **Assimilation** bedarf keiner besonderen Anstrengung, sie entwickelt sich gewissermaßen von alleine. Das multinationale Unternehmen wird dann im Ergebnis ein multikulturelles Unternehmen in dem Sinne, dass es die Arena für verschiedene Unternehmenskulturen bildet. Man kann den resultierenden Kulturtyp im Hinblick auf das Gesamtunternehmen als regionalisierte oder pluralistische Unternehmenskultur beschreiben. Als Beispiel hierfür wird immer wieder der Philips-Konzern genannt.

Anpassung

Die Politik der pluralistischen, lokal angepassten Unternehmenskultur führt im Ergebnis zu einer sehr starken internen Differenzierung des jeweiligen multinationalen Unternehmens mit den entsprechenden **Differenzierungsvorteilen** (insbesondere Spezialisierung und Flexibilität).

Spezialisierungsvorteile

Die pluralistische Unternehmenskultur multipliziert jedoch auf der anderen Seite gerade damit die Diversität, die in einem multinationalen Unternehmen ohnehin schon einen relativ hohen Grad erreicht. Je ausgeprägter aber der Unterschied in den Orientierungen zwischen den Teilkulturen ist, und je weniger diese untereinander vereinbar sind, umso problematischer wird zwangsläufig die Integrationsaufgabe, also die Verknüpfung der Teile zu einem wirkungsvollen Ganzen (Bartlett/Ghoshal 2002). Die Anschlussfähigkeit der Handlungen untereinander wird fraglich.

Integrationsproblem

(2) Die **universelle Unternehmenskultur** als zweite grundsätzliche Gestaltungsalternative stellt die Kohärenz des Gesamtsystems in den Vordergrund. Die ausländischen Gesellschaften werden gezielt in die bereits bestehende, meist im Stammhaus entwickelte Unternehmenskultur hineinsozialisiert, oder aber es entwickelt sich eine neue „**amalgamierte Kultur**".

Globale Homogenität

Kernpunkte sind die gemeinsame Orientierung und die Entwicklung gemeinsamer Wahrnehmungs- und Handlungsmuster, die ein kohärentes länderübergreifendes Bezugssystem sicherstellen. Die Konsequenz einer solchen Unternehmenskultur ist allerdings, dass im Hinblick auf die fremden Landeskulturen Divergenz entsteht; sie setzen den oben erwähnten Kontrapunkt.

Die Auslandsgesellschaften bilden in diesem Konzept keine einander „fremdartigen" Subkulturen, sondern werden zu integralen Teilen der Gesamtkultur. Von ihnen wird in erster Linie erwartet, dass sie nach geeigneten

7 *Die informale Organisation: Unternehmenskultur*

Wegen suchen, das **spezielle kulturelle Unternehmensprofil** trotz eventuell gänzlich unterschiedlicher lokaler Gegebenheiten sicherzustellen. Zu Unternehmen, die tendenziell einen solchen Pfad verfolgen, gehören z.B. McDonald´s, Google, Apple und Siemens.

Integrationsvorteile

Betont die **pluralistische Kultur** die kulturelle Differenzierung eines Systems und die daraus resultierenden Spezialisierungsvorteile, so liegt der Schwerpunkt der universellen Kultur bei der **Systemintegration**, also bei der Sicherstellung einer gemeinsamen Orientierung und damit der Effizienz organisationsinterner Transaktionen.

Eine einheitliche Unternehmenskultur standardisiert die Orientierungsmuster und macht dadurch das Verhalten der Systemmitglieder besser erwartbar. Dadurch erhöht sich die Anschlussfähigkeit der Handlungen unter den Konzerngesellschaften; man denkt ähnlich, verwendet dieselben Begriffe, führt Sitzungen ähnlich durch usw.

Spezialisierungsverluste

Es ist natürlich viel schwerer, eine solche universelle Unternehmenskultur zu bewirken, als eine pluralistische. Dem Integrationsnutzen einer einheitlichen Orientierung über die Landesgrenzen hinweg stehen deshalb nicht nur die Spezialisierungsverluste, sondern auch in der Tendenz hohe Kosten gegenüber. Es muss ja nun eine Unternehmenskultur übertragen werden, die in einem gänzlich unterschiedlichen Kontext entstanden ist und unter Umständen Wertvorstellungen transportiert, die zu denen der Gastlandkultur im Widerspruch stehen. Unbehagen und Ablehnung sind die zunächst wahrscheinlichsten Reaktionen.

Zur Frage, wie eine solche Übertragung dennoch effizient bewerkstelligt werden kann, ist vor allem die Personalpolitik und hier insbesondere die international vereinheitlichte Personalauswahl und die Personalentwicklung zu nennen. Daneben ist aber auch der direkte Transfer von Symbolen und Ritualen (wie etwa eine weltweit einheitliche Firmenkleidung) von erheblicher Bedeutung.

Auf das oben bereits angesprochene Problem grundsätzlicher Begrenztheit gestaltender Einflussnahme auf Unternehmenskulturen sei hier nur kurz noch einmal verwiesen.

Unternehmensstrategie

Mit der pluralistischen und der universellen Unternehmenskultur stehen sich somit zwei Gestaltungsalternativen mit sehr unterschiedlichen Kosten/Nutzen-Profilen gegenüber. Eine generelle Vorteilhaftigkeit der einen gegenüber der anderen lässt sich nicht ausmachen. Für die Wahl der einen und der anderen Alternative ist letztlich der Integrationsbedarf resultierend aus der Unternehmensstrategie von ausschlaggebender Bedeutung.

Die informale Organisation: Unternehmenskultur

Lernkontrollfragen

1. Inwieweit lässt sich die Unternehmenskultur als Ausdruck der informalen Struktur eines Unternehmens begreifen?
2. Inwiefern ist die Kultur eines Unternehmens historisch gewachsen?
3. Welcher Zusammenhang besteht zwischen den drei Ebenen des Scheinschen Kulturmodells?
4. Wo liegt der Unterschied zwischen der 2. und der 1. Ebene im Scheinschen Kulturmodell?
5. Jede Hochschule hat auch eine Organisationskultur. Wie würden Sie die Organisationskultur Ihrer Hochschule charakterisieren?
6. Repräsentieren Unternehmensleitlinien die Unternehmenskultur?
7. Worin liegt der Unterschied zwischen dem CI-Konzept und der Unternehmenskultur?
8. Stellen Sie anhand eines selbstgewählten Beispiels den Unterschied zwischen gegenläufigen und verstärkenden Subkulturen dar!
9. Warum neigen starke Unternehmenskulturen dazu, sich von der Umwelt abzuschotten?
10. Welche Grundidee des Kulturwandels liegt dem Modell von Dyer zugrunde?
11. Vor welchen Problemen steht ein konglomerat diversifiziertes Unternehmen (wie z.B. die E.On SE), wenn es seine Gesamtunternehmenskultur stärken möchte? Sollte man dem Unternehmen zu einem solchen Schritt raten?
12. Mitunter wird die These vertreten, Unternehmenskulturen könnten nicht vom Management verändert werden. Welche Überlegung steht hinter dieser Auffassung? Was kann man dieser Auffassung entgegensetzen?
13. Welcher Unterschied besteht zwischen dem Konzept der Kurskorrektur und dem Modell von Dyer?
14. Sollte man die Unternehmenskultur eines Stammhauses auf die ausländischen Tochtergesellschaften übertragen?

Lösungshinweise zu den Lernkontrollfragen erhalten Sie auf der Webseite zum Buch unter www.springer.com.

7 Die informale Organisation: Unternehmenskultur

Diskussionsfragen

I. Erläutern Sie den Satz „Die Unternehmenskultur spiegelt die Geschichte eines Unternehmens wider"!

II. Auf welche Weise werden neue Organisationsmitglieder in die Unternehmenskultur eingewiesen? Versuchen Sie Beispiele aus Ihrer eigenen Erfahrung zu finden!

III. Inwiefern übernimmt die Unternehmenskultur eine Orientierungsfunktion?

IV. Wo liegt der Unterschied zwischen den „Normen und Standards" und den „Basisannahmen" im Scheinschen Modell?

V. Weshalb werden starke Unternehmenskulturen gelegentlich als „unsichtbare Barrieren" bezeichnet?

VI. Welche Bedeutung haben Subkulturen für eine Unternehmung? Belegen Sie Ihre Meinung anhand von Beispielen.

Fallstudie: Hewlett Packard

„HP pflegt die Politik des ‚offenen Materiallagers', zum Beispiel in der Division Santa Rosa. In diesem Lager werden elektrische und mechanische Bauteile aufbewahrt. Die Politik des offenen Materiallagers heißt nun, dass die Ingenieure nicht nur freien Zugang zu den Vorräten haben, sondern ausdrücklich aufgefordert werden, sich daraus für den persönlichen Gebrauch zu bedienen! Der Grundgedanke dabei ist, dass die Ingenieure, selbst wenn sie das Material nicht für ihr derzeitiges Projekt verwenden, auf jeden Fall im Umgang damit etwas lernen – und dass das alles dem Innovationsgeist des Unternehmens zugute kommt. Eine Anekdote berichtet, dass Bill (Hewlett) an einem Samstag ins Werk kam und das Materiallager verschlossen fand. Er ging sofort in die Reparaturabteilung, griff sich einen Bolzenschneider und entfernte das Vorhängeschloss von der Tür. Er hinterließ einen Zettel, den man am Montagmorgen fand. Auf diesem Zettel stand geschrieben: Diese Tür bitte nie wieder abschließen. Danke, Bill."

Quelle: Peters/Waterman 1984: 283

Fragen zur Fallstudie

1. Analysieren Sie die im Text angeführte Geschichte über Hewlett Packard mit Hilfe des Scheinschen Ebenenmodells!

2. Welche Rückschlüsse lässt diese Geschichte auf die bei HP gelebte Unternehmenskultur zu?

8 Change Management und Innovation

Lernziele zu Kapitel 8		275
8.1	Change Management als generische Steuerungsaufgabe	276
8.2	Veränderung durch Zielvorgabe	277
8.3	Widerstand gegen Änderungen	278
8.4	Proaktives Veränderungsmanagement	282
	8.4.1 Maßnahmen zur Überwindung von Wandelwiderständen	282
	8.4.2 Organisationsentwicklung (OE)	284
8.5	Transformationsmodelle	290
Lernkontrollfragen		293
Diskussionsfragen		294
Fallstudie: Frank Schäfer		294

Change Management und Innovation

8

Lernziele zu Kapitel 8

Nach Durcharbeiten dieses Kapitels sollten Sie in der Lage sein,

- die unterschiedlichen Ansatzpunkte des Change Managements gegeneinander abzugrenzen,
- die Probleme einer Veränderung durch Zielvorgabe und die Bedeutung einer verhaltensorientierten Perspektive des Change Managements darzulegen,
- die Formen von Widerständen gegen Wandel systematisch zu klassifizieren und ihren subjektiven Charakter herauszustellen,
- die „goldenen Regeln" zur Überwindung von Wandelwiderständen darzulegen und auf praktische Fälle anzuwenden,
- Grundidee, Ansätze und praktisches Vorgehen der Organisationsentwicklung sowie die Kritik an diesem Ansatz nachzuvollziehen,
- insbesondere das Konzept der systemischen Intervention und seine Anwendungslogik zu begreifen,
- Konzept und Logik von organisatorischen Transformationsmodellen darzulegen.

8 Change Management und Innovation

8.1 Change Management als generische Steuerungsaufgabe

Organisation als Musterreproduktion

Organisationen werden für gewöhnlich zuallererst als etwas **Stabiles** begriffen. Sie werden für eine bestimmte Dauer angelegt und die damit einhergehende Schaffung genereller Regeln und Routinen zieht ihren ökonomischen Sinn aus der Stabilität. Organisationen stellen insofern immer definierte **Muster sozialer Interaktion** dar, die durch das Handeln der Organisationsmitglieder immer wieder repliziert werden. Wie in Kapitel 7 gezeigt, entstehen diese Muster nicht nur durch die formale Gestaltung, sondern auch emergent, d.h. auf nicht geplantem Wege. Auch der informelle Bereich einer Organisation (persönliche Netzwerke, Routinen, Rituale usw.) ist mustergeprägt und wird durch Replikation stabilisiert. So erweisen sich beispielsweise – wie oben gezeigt – die im Zeitablauf entstehenden Normen und Standards und noch mehr die Basisannahmen einer Unternehmenskultur, die sich bis hin zu einem abgeschlossenen Weltbild verdichten können, als besonders stabile Muster im betrieblichen Handeln.

Permanenter Veränderungsdruck

Diese stabilisierende Funktion und die daraus fließenden Effizienzgewinne reflektieren aber nur einen bestimmten Teil der Anforderungen, die heute an Leistungsorganisationen gestellt werden. Mehr denn je gilt es heute zugleich, den vielfältigen Veränderungen in der Umwelt und den zahlreichen Anpassungsnotwendigkeiten gerecht zu werden. Ohne Übertreibung kann man sagen, dass Leistungsorganisationen heute unter einem permanenten Veränderungsdruck stehen, aber auch selbst ständig Wandel erzeugen, durch neue Produkte, neue Allianzen, neue Geschäftsfelder usw. Deshalb würde man ein völlig verkürztes Bild von Management zeichnen, beleuchtete man nur die effizienzfördernden Aspekte organisatorischer Routinen. Vielmehr geht es – wie in Kapitel 1 schon grundsätzlich dargelegt – um die Bewältigung eines Dilemmas: Auf der einen Seite bedürfen Organisationen der Stabilität zur Effizienzsicherung, auf der anderen Seite sind sie aber zugleich einem permanenten Veränderungsdruck ausgesetzt, der **Flexibilität** und **Variabilität** verlangt. In diesem Kapitel wird die korrespondierende Managementaufgabe behandelt, also die Aufgabe der Initiierung und Bewältigung von **Wandel** und **Innovation**.

Das Spektrum organisatorischer Wandelaufgaben ist vielfältig: Reorganisation, Integration zugekaufter Unternehmensteile („mergers & acquisitions"), Aufbau von Auslandsniederlassungen, Kompetenzentwicklung, Anpassung an neue Gesetze und Technologien, Initiierung neuer Projekte usw. Wie aber sind organisatorische Veränderungsprozesse zu gestalten und zu steuern?

Drei Ansätze

Die Organisationsforschung hat auf diese Fragen unterschiedliche Antworten gegeben, die in einem gewissen Sinne auch entwicklungsgeschichtlich aufeinander aufbauen. Insgesamt lassen sich drei unterschiedliche Perspektive voneinander differenzieren, die jeweils andere Aspekte des Change Managements hervorheben:

1. **Veränderung durch Zielvorgabe.** Die Veränderung wird nach dem klassischen Muster geplant und mit der Vorgabe von Zielen umzusetzen versucht – ggf. begleitet von Anreizsystemen, die das neue Zielgerüst attraktiv machen sollen. Die informale Seite von Organisationen bleibt bei diesen Ansätzen unberücksichtigt.

2. **Veränderung durch Überwindung von Widerständen gegen Wandel.** Hier stehen informale Kräfte und Orientierungsmuster im Zentrum, insbesondere auch mikropolitische und emotionale Widerstände gegen Änderungen. Zur erfolgreichen Bewältigung von Wandelprozessen sind diese Widerstände zu überwinden.

3. **Proaktives Veränderungsmanagement.** Erfolgreiches Change Management erfordert aus heutiger Sicht ein umfassenderes Verständnis des Veränderungsprozesses. Es gilt die Perspektive zu überwinden, dass Veränderungen eine Zumutung sind. Das Interesse an Innovation und die Sicherstellung der Innovationsfähigkeit gerät damit in den Vordergrund.

Diese drei Perspektiven werden im Folgenden dargestellt, bevor abschließend auf grundlegende Transformationsmodelle des organisatorischen Wandels eingegangen wird.

8.2 Veränderung durch Zielvorgabe

Die Führung industrieller Organisationen orientiert sich traditionell an der **Standardisierung**; diese setzt ein hohes Maß an Wiederholung und Stabilität im Aufgabenvollzug voraus. Von Zeit zu Zeit wird über Veränderungen der einmal gefundenen Lösungen nachgedacht, und in Folge davon werden Reorganisationen oder ein „**Reengineering**" initiiert. Das Interesse gilt in erster Linie einer neuen, verbesserten Aufgabenstruktur. Die neuen Strukturen und die damit verbundenen Ziele werden kommuniziert und gegebenenfalls durch ein speziell darauf ausgerichtetes Anreizsystem für die Mitarbeiter attraktiv gemacht.

Wandel als Planungsproblem

In diesem Managementansatz wird die Umsetzung der neuen Lösung im Wesentlichen als Anweisungsproblem gesehen, das es durch eine möglichst exakte Beschreibung der neuen Ziele, Aufgaben und Kompetenzen zu lösen gilt. Für den Umstellungsprozess als solchen soll ein möglichst alle Eventualitäten berücksichtigendes Programm („generalstabsmäßig geplant") entwickelt werden, damit ein reibungsloser Verlauf der Umstellung gewährleistet

Wandel als Anweisung

Change Management und Innovation

ist. Sind schließlich alle Vorbereitungen getroffen, so gibt die Geschäftsleitung in einer Kick-off-Veranstaltung den „Startschuss" zur Umschaltung auf die neue Struktur. Bisweilen wird darauf verwiesen, dass der geplante Umstellungsprozess von einer starken Führungspersönlichkeit unterstützt werden sollte, damit das Änderungsvorhaben genügend Schwungkraft gewinnt (vgl. etwa Kotter 1996). Nach einer gewissen Toleranzzeit wird es schließlich allen Mitarbeitern zur Pflicht gemacht, nach den neuen organisatorischen Richtlinien zu handeln – verbunden mit der Annahme, dass von da an auch tatsächlich alles nach Plan läuft.

Probleme

Die Veränderung einer Organisation, gleichgültig auf welcher Ebene und in welchem Umfang, wird hier im Wesentlichen als ein **planerisches Problem** angesehen. Im Zentrum stehen die Suche und die Auswahl, d. h. die Bestimmung der **optimalen Lösung**, die der veränderten Situation oder dem veränderten Stand des Wissens Rechnung trägt. Dieses Modell, das den Wandelprozess als reines Planungsproblem definiert, erweist sich indessen oft genug als **Illusion**. Immer wieder zeigt sich in der Realität ein anderes Bild: Der Wandelprozess stockt, die Organisationsmitglieder widerstreben der neuen Lösung, vieles Unvorhergesehene ereignet sich und lässt die Umstellungspläne zur Makulatur werden usw.

Selbst-
verstärkender
Prozess

Die ersten Reaktionen auf derartige Probleme sind meist eine noch exaktere Planung der Umstellung oder ein verstärkter Druck auf die betroffenen Bereiche. Doch dies führt nicht selten eher zur Verschärfung der Probleme als zu ihrer Verbesserung, ein bloß planungsorientierter Ansatz greift zu kurz. Der Veränderungsprozess ist **komplex** und lässt sich nur schwer in das gewohnte Anweisungsschema einfügen. Häufig sind mit dem Veränderungsprozess viele, vor allem im **informellen Bereich** angesiedelte, Befürchtungen und Widerstände verbunden, die sich mit purem Gegendruck nicht aus der Welt schaffen lassen. Es sollte der verhaltenswissenschaftlich orientierten Organisationslehre vorbehalten bleiben, die tiefere Problematik von Wandelprozessen zu erkennen und eigenständige Perspektiven zu ihrer Lösung zu entwickeln.

8.3 Widerstand gegen Änderungen

„Resistance to
change"

Ausgangspunkt eines verhaltensorientierten Change Managements war die Einsicht, dass die erfolgreiche Einführung neuer organisatorischer Lösungen ganz wesentlich von der Einstellung der Organisationsmitglieder zu diesen Strukturen abhängt. Diese Einsicht wurde wesentlich befördert durch das Konzept und Forschungen zu **„Widerstand gegen Änderungen"** (zuerst Lawrence 1954).

Widerstand gegen Änderungen

8.3

Der immer wieder zu beobachtende, wenn auch meist eher indirekt artikulierte Widerstand gegen Wandel hat verschiedene Gründe. Man sollte hiervon allerdings Situationen ausnehmen, in denen es klare objektive Nachteile für die Betroffenen gibt, wie z.B. Entlassungen oder Herabstufungen. Dass sich Menschen Veränderungen entgegenstellen, die ihnen objektive Nachteile bescheren, ist nicht weiter erklärungsbedürftig, die Gründe sind evident. Erklärungsbedürftig sind dagegen Situationen, in denen solche handfesten Nachteile nicht erkennbar sind, die Betroffenen aber dennoch die Veränderung ablehnen. In der Forschung sind hierfür sowohl **individuelle** als auch **organisatorische Gründe** identifiziert worden.

Gründe für Widerstände

Auf **individueller** Seite ist es vor allem die Angst, die erworbene Sicherheit im Aufgabenvollzug zu verlieren, das Gewohnte und Vertraute verlassen und sich einer Situation von Ungewissheit und Undurchschaubarkeit aussetzen zu müssen. Dazu kommt die Befürchtung, eine Verschlechterung in den Bedürfnisbefriedigungsmöglichkeiten zu erleiden, z. B. Furcht vor Kompetenzverlust bei einer neuen Arbeitsorganisation oder vor sozialen Verlusten bei neuen Gruppenzusammensetzungen; der erreichte Stand wird als bedroht angesehen (Watson 1975: 51 f.; kritisch Dent/Goldberg 1999).

Häufig ist es aber auch **das organisatorische System** selbst, das mit seinen Mechanismen (z. B. Lohnsystem, Tabus, Leistungsmerkmale) ungewollt den Widerstand gegen die geplante Änderung provoziert. Es darf auch nicht vergessen werden, dass neue organisatorische Lösungen in der Regel mit einer Neuverteilung von Kompetenzen und damit verbunden einer Veränderung etablierter Machtstrukturen einhergehen. Nicht selten sehen auch ganze Abteilungen ihren Wert durch das Veränderungsvorhaben gemindert, den Wert anderer dagegen unberechtigt gesteigert. In vielen Fällen ist es die Kränkung, mit ansehen zu müssen, dass bewährte Praktiken plötzlich geringer geachtet oder gar verlacht werden („Schrott"). Veränderungsprogramme, die die Unternehmenskultur (vgl. Kapitel 7) in Frage stellen, stoßen in aller Regel auf einen energischen Widerstand. Es sind gerade diese informellen Regeln und Normen, die eine starke **Beharrungstendenz** aufweisen, in ihrer Dynamik aber häufig unerkannt bleiben. Je enthusiastischer (stärker) die Organisationskultur, umso ausgeprägter ist der zu erwartende Widerstand bei grundlegenden Veränderungen (Schreyögg 1989; Scott-Morgan 1994).

Organisatorische Gründe

Ein weiteres Argument verweist auf die zumeist tiefe Verankerung von Routinen und Strukturen („deep structure") und das Widerstreben von Systemen, diese preiszugeben; sie befürchten, damit in einen Ungleichgewichtszustand zu geraten, der als Chaos und Verwirrung erlebt wird (Gersick 1991; Romanelli/Tushman 1994; Koch 2011).

Tiefenstruktur

Ablehnend und abwehrend reagieren viele Systeme auch deshalb auf Veränderungsprogramme, weil sie von außen kommen. Das **Nicht-Hier-Erfunden-Syndrom** ist zwischenzeitlich ein viel untersuchtes Widerstands-

NIH: Not Invented Here

8 Change Management und Innovation

Phänomen in nationalen und internationalen Innovationsprojekten (zuerst Katz/Allen 1988). Es ist besonders typisch für die Widerstandsproblematik, weil die Abwehr in aller Regel rein emotionaler Natur ist (verletzter „Systemstolz"). Das NIH-Syndrom behindert Veränderung in vielfacher Hinsicht, vor allem aber beschränkt es die Aufnahmekapazität für Neues („absorptive capacity", Cohen/Levinthal 1990) und damit grundsätzlich die **Innovationsfähigkeit** von Organisationen.

Organizational Inertia

In der populationsökologischen Forschung wird seit Jahren auf das Phänomen der **strukturellen Trägheit** von Organisationen hingewiesen (Hannan/Freeman 1984; in erweiterter Perspektive Näslund/Perner 2012). Es wird angenommen, dass Organisationen eine Menge Energie zur Entwicklung von Regeln mobilisieren, die eine effiziente Leistungserstellung und eine reliable Leistungsabgabe ermöglichen. Dies geschieht im Wesentlichen durch Routinisierung, d.h. Organisationen stabilisieren sich mit Hilfe von Routinen, die durch Übung immer mehr Gewicht gewinnen. Je mehr es einer Organisation gelingt, erfolgreiche Routinen zu konservieren, umso höher wird vor einem evolutionstheoretischen Hintergrund die Zuverlässigkeit und damit die Wahrscheinlichkeit des Überlebens veranschlagt; das bedeutet aber auch: umso **träger** wird das System. Dies wird allerdings erst bei einem Wandel der externen Bedingungen sichtbar; es fehlt dann die Anpassungsfähigkeit, die Trägheit wird zur Gefahr und bedroht den Systemerhalt.

Organisatorische Pfade

Auf Veränderungsresistenz weist auch die Theorie der **Pfadabhängigkeit** hin (David 1994; Sydow et al. 2009). Dieser Ansatz bringt vor allem die Systemgeschichte ins Spiel, mit der These, dass zukünftige Entscheidungen in starkem Maße von Entscheidungen mitgeprägt werden, die in der Vergangenheit getroffen wurden. Löst eine einmal getroffene Entscheidung **sich selbst verstärkende Effekte** aus („increasing returns", vgl. Arthur 1994), dann kann dies sehr leicht dazu führen, dass sich Organisationen zunehmend nur noch innerhalb des durch diese Effekte bestimmten Handlungskorridors bewegen, in diesem Sinne also einen Pfad bilden und diesen nur noch schwer wieder verlassen können. Eine solche (ungeplante) Bindung an einen Handlungspfad im Sinne eines immer wieder replizierten Entscheidungsmusters kann im Extremfall zu einem „**Lock-in**" führen, d.h. zu einem Zustand, der nur noch die Reproduktion des einstmals etablierten Handlungsmusters zulässt.

Pfadabhängigkeit wurde häufig für Technologieentwicklungen nachgewiesen (so z.B. für die QWERTY- Tastatur; David 1985), wird aber in den letzten Jahren zunehmend auch als hemmender Faktor für organisatorische Innovationen und die Entwicklung neuartiger Kompetenzen nachgewiesen. Typisch für Pfadabhängigkeit ist der Umschlag von zunächst erfolgreichen Handlungsmustern in Innovationsbarrieren, so etwa, wenn Kernkompetenzen zu „Kernrigiditäten" werden (Leonard-Barton 1992). Ein Beispiel hierfür gibt Kasten 8-1.

Widerstand gegen Änderungen

8.3

Kasten 8-1

Macht des Vertriebs

„Auch die Encyclopædia Britannica ist Opfer eines Kompetenzpfades geworden. Jahrzehntelang galt das Nachschlagewerk als *das* Lexikon in der englischsprachigen Welt. 1768 von schottischen Buchdruckern gegründet, wuchs die Enzyklopädie langsam, aber sicher zu einem immer umfassenderen Wissenskompendium heran. Bereits zu Beginn des 20. Jahrhunderts hatten zwei Amerikaner die Rechte an der Encyclopædia erworben. Ende der 20er Jahre siedelte das ganze Unternehmen in die USA über. Mitte des Jahrhunderts übernahm William Benton die Führung des Verlags und wandelte die Firma später in eine nach ihm benannte Stiftung um.

In dieser Zeit wuchs das Unternehmen weiter und baute seinen Ruf als Anbieter des bedeutendsten Nachschlagewerks der Welt aus. Alle vier bis fünf Jahre wurde der Inhalt der Enzyklopädie von der Redaktion erneuert und überarbeitet. Das Management des Verlags zog sich eine sehr schlagkräftige und erfolgreiche, aber auch sehr gut bezahlte Verkaufsmannschaft heran. Es entwickelte zudem ein fokussiertes Marketing, das insbesondere auf Familien aus der Mittelschicht zielte, nach dem Motto: „Wollen Sie die berufliche Zukunft Ihrer Kinder nicht aufs Spiel setzen, brauchen Sie die Encyclopædia Britannica." 1990 erreichte der Umsatz des Verlags mit 650 Millionen Dollar seinen höchsten Wert. Das Unternehmen war unangefochtener Marktführer mit einem kontinuierlichen Wachstum und satten Gewinnen.

Ab 1990 brachen die Umsätze aber dramatisch ein, der Verkauf der Lexikonbände ging bis 1997 um mehr als 80 Prozent zurück. Der Grund: das Aufkommen der CD-Rom und des Internets. Das Management sah die auf CD veröffentlichten Lexika lange nicht als wirkliche Gefahr. Anfangs waren Werke wie Microsofts Encarta nur kostenlose Beigaben beim Kauf eines PC. Die wesentlich umfangreichere Encyclopædia Britannica kostete dagegen 1500 bis 2000 Dollar pro Buchausgabe. Deren Manager hielten die interaktiven CD-Rom-Produkte eher für ein Computerspiel. Eine überhebliche Einschätzung? Nicht wirklich. Denn die Inhalte etwa der Encarta bestanden im Wesentlichen aus schlechten Grafiken und drittklassigen (aber nicht mehr copyrightgeschützten) Audiodateien.

Als sich die Führungskräfte schließlich doch entschieden, in die digitale Welt einzusteigen, zeigte sich, dass das gesamte Wissen der Enzyklopädie für eine CD viel zu groß war. Sie beschlossen daher, eine Compact Disk mit einer reinen Textversion auf den Markt zu bringen. Doch da meuterte die Vertriebsmannschaft. Sie sah ihre satten Provisionen von 500 bis 600 Dollar pro verkaufte Reihe bedroht. Auch dieses Problem ist typisch für einen Kompetenzpfad: in diesem Fall die ==Unbeweglichkeit einer eigentlich sehr schlagkräftigen Verkaufstruppe==. Das Management entschied sich daher, der Druckausgabe die CD-Rom kostenlos beizulegen; im Alleinerwerb sollte die Silberscheibe dagegen 1000 Dollar kosten. Dieser Preis war nicht konkurrenzfähig, der Niedergang nicht zu stoppen. Ende 1995 kaufte der Schweizer Finanzier Jacob E. Safra gemeinsam mit anderen Investoren den Verlag. Er hat seither eine Reihe neuer Multimediaprodukte auf den Markt gebracht und den eigenen Internetauftritt mit kostenpflichtigen Angeboten massiv ausgebaut. Die alte Größe hat der Verlag allerdings nie wieder erreicht; zudem stellt das kostenlose Online-Lexikon Wikipedia seit einigen Jahren eine neue Bedrohung dar. Auch bei der Encyclopædia Britannica gingen die Manager den eingeschlagenen Kompetenzpfad immer weiter – bis es zu spät war. Auf diesem Pfad prüften sie zwar immer wieder neue Ideen, verwarfen diese dann aber wieder. Der Verlag war in seinem angestammten Bereich einfach zu gut."

Quelle: Koch 2006: 100

8 Change Management und Innovation

Die Liste der Hemmfaktoren ließe sich fortsetzen. In jedem Falle ist es aber wichtig zu sehen, dass die Widerstände gegen Änderungen meist in **verschlüsselter Form** auftreten, angefangen von Gerüchten über besorgte Nachfragen und systematisches „Kann nit verstan" bis hin zu Versetzungswünschen. Dabei sind solche Widerstandsformen keineswegs nur auf untere Hierarchieebenen begrenzt, nicht selten finden sie sich ebenso auf höheren und höchsten Ebenen; eigentlich findet man sie überall dort, wo Wandel in Gang gebracht wird. Die Verschlüsselung muss als solche erst erkannt und decodiert werden. Anfangs sind sich die Beteiligten häufig ihrer Widerstandshaltung selbst nicht bewusst. Die Stärke des Widerstands und seine Äußerungsformen ändern sich jedoch zumeist im Laufe von Veränderungsvorhaben. Sind Widerstände anfangs eher amorph und ungezielt, so formieren sich im Laufe des Prozesses die Kräfte – nicht selten bis hin zu einer offenen Schlacht.

Objektive Nachteile

Abschließend sei noch einmal betont, dass ein Sich-zur-Wehr-Setzen bei einer objektiven Verschlechterung der Lebenssituation (z. B. bei einer Entlassung oder einer Abstufung) nicht unter den Begriff „Widerstand gegen Änderungen" fällt. Die Gründe für eine solche Abwehrhaltung sind evident. Wirklich erklärungsbedürftig werden die Änderungswiderstände erst dort, wo ein veränderungsbedingter objektiver Nachteil monetärer oder nichtmonetärer Art von außen nicht erkennbar ist.

8.4 Proaktives Veränderungsmanagement

8.4.1 Maßnahmen zur Überwindung von Wandelwiderständen

Lewin-Studien

Der wesentlichste Impuls zur Entwicklung eines proaktiven Veränderungsmanagements kam von Kurt Lewin (1958) und seinen Studien zum Abbau von Speiseabscheu. Immer wieder zeigte sich, dass Menschen in gemeinsamen Lernprozessen in Gruppen sehr viel eher bereit waren, Vorbehalte abzubauen und eine offene Haltung gegenüber Neuem einzunehmen, als bei Appellen, ein verändertes Verhalten zu zeigen.

Goldene Regeln

Die in diesen Experimenten praktizierte Gruppenarbeit und die dabei verwendeten Methoden der **Teilnehmeraktivierung** sollten zu den **„goldenen Regeln"** erfolgreichen organisatorischen Wandels werden:

- **Aktive Teilnahme** am Veränderungsgeschehen. Umfassende Information über die Hintergründe des anstehenden Wandels und Partizipation an den Veränderungsentscheidungen nähren das Interesse am Wandelvorhaben.

8.4 Proaktives Veränderungsmanagement

- **Die Gruppe** als wichtiges Wandelmedium. Wandelprozesse in Gruppen sind weniger beängstigend und werden im Durchschnitt schneller vollzogen.
- **Kooperation unter den Teilnehmern.** Sie fördert die Selbstvergewisserung und damit die Wandelbereitschaft.
- **Auftauen** alter Gewohnheiten. Wandelprozesse bedürfen einer Auflockerungsphase, in der die Bereitschaft zum Wandel erzeugt wird, und einer Beruhigungsphase, die den vollzogenen Wandel stabilisiert.

Der letztgenannte Prozess des Auftauens wurde von Lewin (1958: 210 f.) auf der Basis einer Gleichgewichtstheorie zu einem Phasenmodell erfolgreichen Wandels ausformuliert. Dabei werden drei Phasen unterschieden (vgl. Abbildung 8-1):

Triadischer Wandelprozess

(1) Auftauen (unfreezing),
(2) Verändern (moving) und
(3) Stabilisieren (refreezing).

Das organisatorische Änderungsgesetz nach Lewin

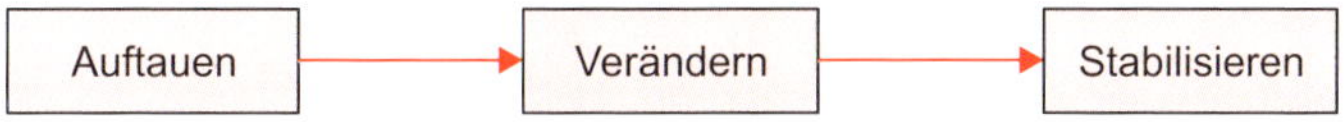

Abbildung 8-1

Auftauen → Verändern → Stabilisieren

Die Auftauphase („unfreezing") verlangt, dass ein System seinen Gleichgewichtszustand aufgibt oder – anders ausgedrückt –, dass sich eine Bereitschaft zur Veränderung herausbildet. Es geht also darum, zuerst einmal den Boden für den Veränderungsprozess vorzubereiten, indem alte Muster in Frage gestellt und ganz generell die Notwendigkeiten für einen Wandel verstanden werden. Der Anstoß für einen Auftauprozess kann sowohl von innen (Fehleranalyse, neue Mitarbeiter usw.) als auch von außen kommen (sinkender Börsenwert, Marktanteilseinbußen, öffentliche Kritik am Unternehmen usw.). Veränderungsprojekte (wie z. B. eine neue Organisationsstruktur oder ein neues Abrechnungssystem), die ohne ein entsprechendes „Auftauen" sozusagen in direktem Zuge durchgeführt werden sollen, sind sehr häufig zum Scheitern verurteilt (Greiner 1967).

„Unfreezing"

Sind die verhärteten Strukturen hinreichend „aufgetaut", können die Veränderungsprozesse in Gang gesetzt werden („moving"). Jetzt geht es darum, neue Muster zu entwickeln und diese den Betroffenen plausibel zu machen.

„Moving"

„Refreezing" | Durchgeführte Veränderungen – das ist ein weiterer Kerngedanke des Lewinschen Episodenmodells – bedürfen der **Stabilisierung,** d.h. sie müssen wieder „eingefroren" werden („refreezing"), damit sie Bestand haben. Ansonsten bestünde die Gefahr, dass schon kleine Rückschläge oder die „Macht der Gewohnheit" die alten Strukturen wieder aufleben lassen. Ziel ist es, dass sich wieder ein neues Gleichgewicht einpendelt. Diese Gleichgewichtsvorstellung sollte jedoch später zum Gegenstand der Kritik werden, weil sie Wandelprozesse zu sehr periodisiert.

8.4.2 Organisationsentwicklung (OE)

Gruppendynamik | Die Gruppendiskussion, die sich bei Lewins Studien als so erfolgreiche Auftaumethode erwiesen hatte, wurde nach weiteren Experimenten zu einer speziellen **Trainingsmethode,** der T-Group, ausgeformt („Gruppendynamisches Training"). Im Rahmen der National Education Association wurde schließlich ein spezielles Institut eingerichtet, die National Training Laboratories (NTL), das auf breiter Basis solche T-Group-Programme und auch Ausbildungen für Gruppentrainer anbot. In den 1970er Jahren haben dann diese und ähnliche Gruppentrainingsmethoden weltweite Verbreitung gefunden. Die Förderung betrieblicher Wandelprozesse wurde mehr und mehr zu einer neuen **Beratungsaufgabe**. Im Zuge dieser Entwicklung bildete sich ein Spezialzweig innerhalb der Organisationstheorie heraus, der sich ganz und gar der Wandelthematik widmet, nämlich die **Organisationsentwicklung (OE).**

Survey-Feedback | Neben der Gruppentrainingsmethode trug allerdings eine Reihe weiterer Ansätze entscheidend zur Herausformung dieser Spezialdisziplin bei, so vor allem die „Survey-Feedback"-Forschung am ISR (Institute for Social Research, Michigan). Im Unterschied zu den rein verhaltensbezogenen Trainingsmethoden setzt das Survey-Feedback eher kognitiv bei einer systematischen und quantifizierten **Organisations- und Führungsdiagnose** an (Mann 1961; Likert 1961).

Tavistock-Institut | Ferner wurde das Gebiet der Organisationsentwicklung wesentlich beeinflusst durch das Tavistock Institute (UK) und seine Group Relations Conferences. Die hohen Anforderungen, die später an den Wandelberater gerichtet wurden (Quasi-Therapeut), haben hier ihren Ursprung.

OE | Der Organisationsentwicklungsansatz, wie er sich schließlich herausgebildet hat, behandelt verschiedene Fragestellungen. Neben den bereits kurz skizzierten Fragen des **Phasenverlaufs** sind es vor allem die Fragen nach der Art des Einstiegs (von „oben nach unten" oder von „unten nach oben" usw.), der Rolle des externen Beraters („change agent") und der geeignetsten Interventionsmethode (Trebesch 2004; Cummings/Worley 2008).

Proaktives Veränderungsmanagement **8.4**

Interventionsmodelle. Zahlreiche Autoren und Beratungsunternehmen haben seit den 1970er Jahren mehr oder weniger umfassende Programmpakete zur Organisationsentwicklung vorgelegt, die meist auf einer speziellen Interventions-Methode basieren (French/Bell 1998). Die drei wohl bekanntesten Ansätze sind der schon erwähnte Survey-Feedback-Ansatz, die Prozessberatung und der systemische Ansatz.

1. Der Survey-Feedback-Ansatz stellt die gemeinsam erarbeitete Problemdiagnose als Auftaumethode und Wandelmotivator in den Vordergrund (Likert 1967). Das typische Instrument sind standardisierte Mitarbeiterbefragungen; sie dienen zugleich als Intervention zugunsten von Veränderungsprozessen (Liebig 2006). Um aus einer Mitarbeiterbefragung eine Entwicklungsintervention zu machen, wird mit Diskrepanzen gearbeitet. Als Problemerkennungs-Folie wird ein Idealmodell moderner Organisation vorgegeben. Die in Abbildung 8-2 gezeigten Kriterien einer „gesunden Organisation" verdeutlichen ein hier häufig verwendetes Ideal.

Datenrückkopplungsmodell

Die „gesunde" Organisation *Abbildung 8-2*

Gesunde Organisationen
1. Starkes Vertrauen und hohe Wertschätzung unter den Organisationsmitgliedern.
2. Offenes, problemorientiertes Organisationsklima.
3. Zielerreichung und nicht Machterhalt stehen im Vordergrund.
4. Formale und funktionale (Experten-)Autorität decken sich weitgehend.
5. Organisationsmitglieder verfügen über Handlungsspielräume.
6. Entscheidungen werden dort getroffen, wo die besten Informationen zur Verfügung stehen.
7. Einzelmotivationen und Ideen werden gefördert.
8. Das Entlohnungssystem ist sowohl leistungs- wie auch auf die persönliche Entwicklung der Mitglieder bezogen.
9. Organisationsmitglieder kontrollieren sich in großem Umfange selbst.
10. Organisationsmitglieder interessieren sich für ihre Arbeit und identifizieren sich mit der Aufgabe der Organisation.
11. Konflikte entstehen aus sachlichen Kontroversen über Problemlösungen; sie zielen auf eine Verbesserung der Aufgabenvollzüge.
12. Die Organisation ist proaktiv, d. h., sie versucht, Probleme so früh als möglich zu antizipieren, um rechtzeitig Lösungsmöglichkeiten zu suchen und Maßnahmen in die Wege leiten zu können.

Quelle: Beckhard 1969, passim

Change Management und Innovation

Ziel

Diese Idealvorstellung gibt zugleich das Raster für die Mitarbeiterbefragung. Die Gegenüberstellung von Ideal und Wirklichkeit soll eine Veränderungsbereitschaft herbeiführen („unfreezing"). Als Prinzip gilt, dass alle erhobenen Daten rückgekoppelt werden, d.h. die Mitarbeiter erfahren die Einschätzung der anderen Kolleginnen und Kollegen, meist heruntergebrochen bis auf die Abteilungen. Dieser Rückkopplungsprozess, der bevorzugt nicht nur schriftlich, sondern in Form von **Gruppensitzungen** stattfindet, soll zugleich das Motiv setzen, die aufgespürten Diskrepanzen in einem gezielten Organisationsentwicklungsprozess zu verringern. Aus den Ergebnissen der Rückkoppelungssitzungen werden schließlich die Veränderungsprogramme generiert. Die Datenerhebungs-Datenrückkopplungs-Sequenzen sollen so lange wiederholt werden, bis ein **befriedigender Zustand** erreicht ist (Bowers 1973). Der Survey-Feedback-Ansatz hat sich in der Praxis gut etabliert und findet in vielen unterschiedlichen Varianten Verwendung (Domsch/Ladwig 2006).

Prozessbegleitung

2. Prozessberatung. Dieser Veränderungsansatz versteht sich als eine Interventionsform, die dem „Klienten" helfen soll, Ereignisse und Probleme in seinem Umfeld besser wahrzunehmen und zu verstehen, so dass Handlungen ergriffen werden können, die die Situation verbessern (Schein 1988). Organisationen sollen mit Hilfe geeigneter Interventionen durch einen Wandelberater („change agent") befähigt werden, nach unvoreingenommener Analyse die zweckmäßigste Lösung selbst zu finden. Die Interventionen der Prozessberatung stellen daher – wie der Name es schon sagt – nicht auf das Ergebnis, sondern auf den Prozess ab. Der Schwerpunkt dieser Art von Prozesshilfe liegt dementsprechend bei solchen Aspekten wie **Abbau von Betriebsblindheit** durch Konfrontation mit neuen Perspektiven, Öffnung von Kommunikationsblockaden, Aufdecken von destruktiven „Spielen" zwischen Gruppen usw. (Königswieser/Exner 2002). Der Erfolg dieses Ansatzes ist sehr stark von der Kompetenz der Beratenden und ihrer Fähigkeit abhängig, tiefliegende **Abwehrhaltungen** und **Defensivroutinen** zu erkennen und gezielt aufzubrechen (Argyris 2004).

Organisatorischer Wandel als Spezialistensache

Diese stark psychologische, ja psychotherapeutische Orientierung der OE-Schule erwies sich zwar insofern als effizient, als auf diese Weise tatsächlich bis zu den Wurzeln bestimmter Widerstandsroutinen vorgedrungen werden kann. Problematisch ist dabei allerdings, dass damit der organisatorische Wandel zu sehr zu einem Gebiet von Spezialisten gerät. So sehr das Beharren auf einer hinreichenden Qualifikation für eine solche Art von verhaltensmodifizierenden Interventionen zu begrüßen ist, so ist es aus der Sicht des Wandelmanagements doch insofern problematisch, als dadurch die Bewerkstelligung von Wandel zu einer außergewöhnlichen Sache wird, die in Spezialistenhände gehört; sie muss aber fester Bestandteil jeder Managementaufgabe sein. Beratungsspezialisten können den Prozess befördern helfen, die verantwortlichen Entscheidungsträger müssen jedoch im Zentrum des Wandelprozesses stehen.

Proaktives Veränderungsmanagement **8.4**

Im Hintergrund steht auch eine Auffassung, wonach Wandelprozesse etwas Außerordentliches sind, mit dem Unternehmen nur selten zu tun haben. Der Wandel wird unausgesprochen als **Ausnahme** von der Regel angesehen. Organisationen sieht man als stabile, von Routine bestimmte Einheiten, die sich hin und wieder dem schmerzhaften Prozess der Veränderung unterziehen müssen. Lewins Gleichgewichtsmodell (siehe oben) legt beredtes Zeugnis von dieser Sichtweise ab; es ist dort ja von zentraler Bedeutung, dass das System am Ende wieder ins Lot kommt! Diese Auffassung trifft aber für heutige Organisationen immer seltener zu. Die Veränderungsgeschwindigkeit auf den Märkten und die Notwendigkeit zur raschen Abfolge von betrieblichen Innovationen lassen den Wandel immer mehr zu einem dauerhaften Erfordernis werden.

Wandel als Ausnahme?

Die Theorie des organisationalen Lernens (vgl. Kapitel 9) greift genau diese Perspektive auf. Nach diesem Ansatz werden die Entwicklung und der Wandel von Organisationen als fortdauernder Lernprozess verstanden, der von der gesamten Organisation auf allen Ebenen zu leisten ist.

3. System- und kommunikationstheoretisch orientierte Organisationsentwicklung. Auf einer gänzlich anderen Theorietradition gründen die in den letzten Jahren stärker beachteten „systemischen Interventionen" zur Veränderung von Organisationen. Grundlage sind vor allem System- und Kommunikationstheorien (Bateson 1972; v. Bertalanffy 1972; Watzlawick 1985). Eine herausragende Rolle spielen dabei **Paradoxien**, insbesondere die sogenannte Doppelbindungstheorie (Watzlawick et al. 1969) mit ihrer Erklärung von Kommunikationsstörungen.

„Double bind"

Die entscheidenden Impulse für eine systemorientierte Organisationsentwicklung kamen allen voran von der Mailänder Schule unter Leitung von Mara Selvini Palazzoli und ihren Mitarbeitern (1995; 2003). Ausgangspunkt ist die Überlegung, dass jede Organisation im Laufe der Zeit Handlungs- und Reaktionsweisen herausbildet, die sich schließlich neben der offiziellen Organisationsstruktur zu einem (inoffiziellen) **Muster von Regeln** verdichten. Diese Regeln neigen dazu, sich durch rekursive Interaktionen zu einem komplexen und schwer zu verstehenden Gefüge zu verfestigen.

Rekursive Interaktionen

These ist nun, dass sich in wandelresistenten Systemen ganz bestimmte Muster eingespielt haben und viel Kraft darauf verwendet wird, diese Muster aufrechtzuerhalten. Die Wandelprobleme, wie Verschleppung von neuen Vorhaben, Versanden von Projekten oder fehlende Aktualisierungen, erweisen sich als Teil eines fest eingespielten Systems. Wer nicht an Symptomen herumlaborieren, sondern die Ursachen ernsthaft beseitigen will, muss deshalb die **Tiefenstruktur** des Systems aufdecken und die sie bestimmenden „heimlichen" Spielregeln aufweichen.

Heimliche Spielregeln

287

8 Change Management und Innovation

Wandel als Gefahr

In rigiden, verfestigten Unternehmen wird jedes Veränderungsvorhaben als Gefahr oder als eine Drohung empfunden. Dabei spielt es keine Rolle, ob die Veränderungsinitiativen von außen oder von innen kommen. Als **Abwehrstrategie** werden Veränderungsinitiativen sehr schnell in das herrschende Spiel integriert, ohne faktisch etwas zu ändern. In immer neuen Schleifen wird unter Einsatz hoher Energie die Fortsetzung des alten Spiels (unbewusst) betrieben. Ein organisatorischer Wandel ist dementsprechend nur möglich, wenn es gelingt, durch geschickte Intervention das alte Regelsystem oder zumindest eine der fundamentalen Regeln außer Kraft zu setzen.

Klassische Methoden scheitern

Vor diesem Hintergrund wird klassischen Methoden des Change Managements (frühzeitige Information, Partizipation usw.) keine Erfolgsaussicht eingeräumt. Stattdessen werden ganz neue Interventionstechniken konzipiert. Diese Interventionsformen unterscheiden sich grundlegend von den vorher dargestellten, Wandelberater treten nicht mehr länger als warmherzig motivierende Agenten auf, sondern als kühle Strategen, die den Symptomträgern überraschende, ja scheinbar **widersinnige Handlungsanweisungen**

„Paradoxe Intervention"

geben, die meist darauf hinauslaufen, das Symptom beizubehalten (Symptomverschreibung), die problematischen Interaktionen „positiv zu konnotieren" oder durch Umdeutung („reframing") ganz neu auszustilisieren; aus „Helden" werden „Schmarotzer", aus „Feiglingen" „verantwortliche Entscheider".

Die positive Bewertung problematischer Verhaltensweisen bedeutet häufig, den ersten Schritt zu ihrer Beseitigung zu tun (Simon et al. 1999). Die Erklärung dafür ist, dass das „trotzige" System Widerstand gegen diese Anweisung und Anerkennung nur leisten kann, indem es just dieses Symptom aufgibt. So wird also die destruktive Widerstandskraft konstruktiv gewendet. Das **kognitive Muster** gerät in Bewegung. Die These ist nun, dass sich das System daraufhin aus seiner erstarrten Verklammerung löst, um sich aus dieser extrem widersprüchlichen Situation zu befreien. Das System tut diesen Schritt allerdings nur, wenn mit der Intervention die richtige Stelle getroffen wurde.

Diagnostische Kompetenz

Die systemorientiert-paradoxe Wandelarbeit erfordert ein hohes Maß an diagnostischer Kompetenz, um die problematische **Tiefenstruktur** einer Organisation erkennen zu können. Eine solche Methodik hierfür ist in Kapitel 7 zur informellen Organisation schon etwas näher erläutert worden.

Organisationsaufstellung

Systemische Interventionen finden in den letzten Jahren immer mehr Akzeptanz. Neben der **paradoxen Intervention** gilt in den letzten Jahren (ebenfalls aus der Familientherapie abgeleitet) der Methode der Organisationsaufstellung viel Beachtung. Neben populärwissenschaftlichen Konzepten (z.B. Sparrer/Varga von Kibéd 2003) ist hier vor allem auf die psychodramatische und soziometrische Aufstellungsarbeit zu verweisen, wie sie aufbauend auf Moreno entwickelt und praktiziert wird (Buer 2003). Im Kern geht es darum,

Proaktives Veränderungsmanagement **8.4**

erstarrte soziale Konstellationen zu rekonstruieren und durch **Rollenwechsel** wie auch Interaktion wieder zu dynamisieren. Die Nähe zu theatralischen Techniken ist offenkundig. An dieser Stelle kann auch auf das **Unternehmenstheater** verwiesen werden (Schreyögg/Höpfl 2004; Taylor 2008). Hier werden betriebliche Problemsituationen (strukturelle Trägheit, lähmende Konflikte usw.) dramatisiert, inszeniert und in Anwesenheit der Beteiligten zur Aufführung gebracht (Kasten 8-2).

Kasten 8-2

Wandel durch Unternehmenstheater

Im Unternehmenstheater werden Probleme und Konflikte aus dem Unternehmensalltag mit theatralischen Mitteln auf der Bühne dargestellt. Typisch ist der Einsatz von professionellen Theatergruppen, die ein speziell für den konkreten Zweck erstelltes Stück zur Aufführung bringen. Es geht also um inszenierte Aufführungen, die einen hohen Grad an betrieblicher Spezifität aufweisen und von professionellen Theatergruppen gestaltet werden. Theaterstücke dieses Typs sind genau auf ein Unternehmen zugeschnitten. Sie sind deshalb auch nur für dieses verwendbar und meist auch nur von der Zielgruppe wirklich verstehbar.

Bestandsaufnahmen zeigen, dass die Art der Dramatisierung im Unternehmenstheater sehr unterschiedlich ist, komödiantisch, realistisch, naturalistisch oder verfremdend. Es hängt vom Problem ab, aber auch vom Autor, von der Theatergruppe usw. Der entscheidende Punkt ist letztlich immer die Anteilnahme der Zuschauer am Geschehen, das ja letztlich ihr Geschehen ist, denn bei diesem Theater geht es ja um sie, um ihre Abteilung, um ihr Unternehmen oder um ihren Konflikt mit den Lieferanten oder den Kunden. Sie erleben ihnen sehr gut bekannte Situationen und Problemkonstellationen aus der Distanz, gespielt von fremden Menschen an einem ungewohnten Ort.

Die letzte Phase eines Unternehmenstheatereinsatzes ist die Nacharbeit, d.h. die Verarbeitung der Eindrücke und die Diskussion möglicher Konsequenzen aus dem Gesehenen. Dabei ist zu berücksichtigen, dass in den Stücken häufig das scheinbar Undiskutierbare, der Subtext alltäglicher Begegnungen, mitkommuniziert wird. Eine solche Öffnung wühlt auf, verlangt nach Reflexion und Diskussion. Die Nacharbeitsphase ist unterschiedlich intensiv (bisweilen wird sie auch sträflich vernachlässigt); es hängt stark von der verfolgten Methodik ab, wie die Nacharbeit praktiziert wird.

Unternehmenstheater in dem hier beschriebenen Sinne kann eine kraftvolle Intervention im Rahmen organisatorischer Wandelprozesse abgeben, geeignet zum Aufbrechen verkrusteter Haltungen, alter Konflikte zwischen Gruppen und emotionaler Widerstände oder zur Schaffung einer neuen Plattform für das betriebliche Handeln. Unternehmenstheater ist prinzipiell geeignet, durch seine aufwühlende Sichtbarmachung von Alltagskonflikten, von eingeschliffenen Barrieren oder Selbstbehinderungen zur Lösung von festgefahrenen Konflikten und organisatorischen Dauerproblemen einen Beitrag zu leisten. Die ungewöhnliche, theatralisch vermittelte Zusicht auf die gewohnte Problemsituation kann im wahrsten Sinne des Wortes bewegend wirken.

Quelle: Schreyögg/Dabitz 1999

8.5 Transformationsmodelle

Die systemischen Interventionstheorien gehen – wie die meisten anderen Wandelansätze auch – davon aus, dass sich Veränderungsprozesse von Unternehmen grundsätzlich **krisenhaft** vollziehen. Eine der einflussreichsten Studien in diesem Zusammenhang stammt von L.E. Greiner (1972). Seine Studie zeigt, dass jede Entwicklungsstufe im Zuge des weiteren Wachstums eine spezielle, ihr inhärente Krise mit sich bringt (z.B. Zentralismus, Informationsüberladung), die jeweils nur mit einer organisatorischen „Revolution", d.h. mit der Einführung eines neuen, für das Unternehmen gänzlich ungewohnten Managementsystems gelöst werden kann. Abbildung 8-3 zeigt, gegliedert nach Phasen, die sich im Laufe des Wachstums typischerweise herausbildenden Systemkrisen und die typischerweise darauf folgenden organisatorischen Revolutionen. Die Nähe zur Idee des organisatorischen Lebenszyklus und den phasenspezifischen Problemen ist offenkundig (Quinn/Cameron 1983).

Abbildung 8-3 *Konvergente (evolutionäre) und diskontinuierliche (revolutionäre) Phasen im Entwicklungsprozess einer Organisation*

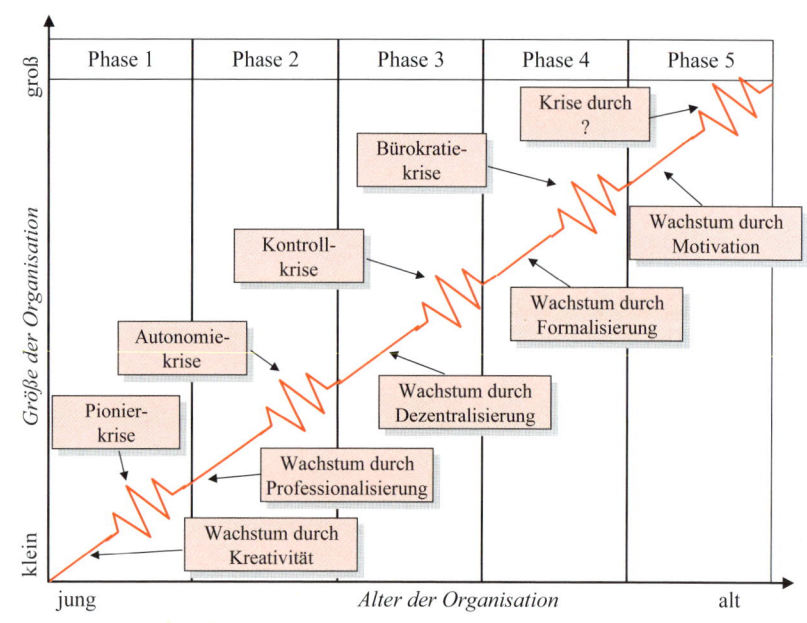

Quelle: Greiner 1972: 41

8.5 Transformationsmodelle

Die Dynamik **evolutorischer Entwicklung** spitzt sich auf jeder Entwicklungsstufe zu jeweils neuen phasenspezifischen Problemen (Widersprüchen) zu, die schließlich nur noch durch eine organisatorische Revolution gelöst werden können – oder aber das System geht unter. Es liegt in der dialektischen Natur der hier postulierten Entwicklung, dass die Problemlösungen der vorhergehenden Krise die Ursache der neuen Krise werden.

Phasenspezifische Probleme

Zu ähnlichen Ergebnissen kommen auch Romanelli und Tushman (1994). Im Rahmen von Fallstudien rekonstruieren sie die Entwicklungsverläufe von Unternehmen über längere Zeiträume hinweg. Dabei stellen sie – ähnlich wie zuvor Greiner – fest, dass die Entwicklung einer Unternehmung als ein **fortlaufender Veränderungsprozess** abgebildet werden kann, der typisch durch ein Alternieren der Prozesstypen „Konvergenz" („convergence") und „Umsturz" („upheaval", „frame-breaking change") gekennzeichnet ist. Im Gegensatz zu Greiners **Konsekutivmodell** begreifen sie diese Phasenfolge als sich permanent reproduzierendes Verlaufsmuster, ohne dabei einen bestimmten Fortschrittspfad zu unterstellen. Organisationen werden immer wieder, ganz unabhängig von ihrer Größe und ihrem Alter, mit **Transformationserfordernissen** konfrontiert sein und müssen – soll ihr Überleben sichergestellt sein – Transformationen erfolgreich bewältigen können.

Konvergenz und Umsturz

Organisatorische Konvergenzphasen stehen in diesem Zusammenhang für **Stabilitätsperioden** mit unbedeutenden Veränderungsanforderungen. Organisatorische Veränderungen beziehen sich dabei auf Detailabstimmungen, auf ein „Fine-Tuning" organisationsinterner Gegebenheiten mit dem generellen Ziel höherer Effizienz (die sog. 10%-Veränderungen). Es werden – wenn überhaupt – überschaubare Feinanpassungen der Organisation vorgenommen.

Fine-Tuning

Anders laufen Prozesse **diskontinuierlicher Veränderungen** („Revolution" bzw. „upheaval") ab, in denen grundsätzliche Parameter zur Disposition stehen („frame-breaking change"). In derartigen Situationen findet eine **grundlegende Transformation** der gesamten Organisation statt, die häufig systemweite Umstrukturierungen oder die Neudefinition der Unternehmensmission beinhaltet.

Frame-breaking change

Im Hintergrund steht das Theorem des unterbrochenen Gleichgewichts („punctuated equilibrium"). Langanhaltende Gleichgewichtszustände werden eruptiv unterbrochen, danach pendelt sich wieder ein neues Gleichgewicht ein.

Gleichgewichtsidee

Schon dieser kurze Abriss zeigt, dass auch die Transformationsmodelle von einer Vorstellung ausgehen, wonach Ordnung und organisatorische Stabilität die Regel ist, Veränderung dagegen die „irreguläre" Ausnahme.

Veränderung als Ausnahme

8 Change Management und Innovation

Innovation als Regel

Diese Vorstellungswelt ist in vielfacher Hinsicht fragwürdig geworden. Zuerst springen die Entwicklungen in den Innovationsbranchen ins Auge, die auf die Notwendigkeit **permanenter Produktinnovationen** verweisen (vgl. etwa Jelinek/Schoonhoven 1990; Brown/Eisenhardt 1998). Unternehmen wie 3M, Zara, SAP oder H&M stehen für Branchen, die in einem fortwährenden Produkt-Innovationsprozess begriffen sind und dafür entsprechende Managementsysteme geschaffen haben. Gleiches gilt für Unternehmen, die in einem hochkompetitiven Geschäftsfeld agieren (z.B. Intel, O_2); fortwährende Innovation ist dort die einzige Überlebensgarantie.

Gegenmodell

Schon relativ früh hat Karl Weick (1977) auf das radikale Gegenmodell der „**chronically unfrozen**" Organisation hingewiesen; neuerdings spricht er von der „impermanent organization" (Weick 2012). Gemeint ist damit eine Organisation, die den „Auftauzustand" als Regel, die Stabilität als seltene Ausnahme begreift. Neuere Organisationskonzepte weisen in dieselbe Richtung. Sie betonen die **Fluidität**, ständig wechselnde Kooperationsformen und Grenzen (Tsoukas/Chia 2002). Prototypischen Charakter haben hier virtuelle Organisationsformen mit ihren kontinuierlich wechselnden Kooperationsnetzwerken (Davidow/Malone 1993; Rindova/Kotha 2001). Die neuen Organisationsmodelle konzeptualisieren Organisationen als „immanent unruhig". Auch wenn diese neuen Modellen viele Übertreibungen enthalten, so machen sie in jedem Falle nachdrücklich auf die Grenzen einer Perspektive aufmerksam, die den organisatorischen Wandel prinzipiell als Ausnahme (Episode) begreift, die in eine Welt der Ordnung und Stabilität einbricht.

Dies hat Veranlassung gegeben, nach anderen Konzepten des Wandels Ausschau zu halten. Das viel beachtete Konzept der **lernenden Organisation** (vgl. Kapitel 9) gilt als eine vielversprechende Plattform für eine solche Umorientierung.

Change Management und Innovation

Lernkontrollfragen

1. Mit welchem grundsätzlichen Dilemma der Organisationsgestaltung ist das Change Management konfrontiert?
2. Welche Probleme wirft ein Wandel auf, der nur durch Zielvorgabe bewerkstelligt werden soll?
3. In jeder Organisation findet Wandel statt. Denken Sie an den letzten Wandel in Ihrem Fachbereich, den Sie nicht mochten! Was waren die Gründe für Ihre Ablehnung? Handelte es sich um Widerstand gegen Änderungen? Wenn ja, wie ist Ihr Fachbereich mit diesem Widerstand umgegangen?
4. Inwiefern können Widerstände gegen Änderungen durch organisatorische Faktoren bedingt sein?
5. Warum geht Lewin in seinem Phasenmodell von der Notwendigkeit eines „refreezings" aus? Stellt dies in hochdynamischen Umwelten eine adäquate Konzeptionalisierung des organisatorischen Wandels dar?
6. Warum können organisatorische Pfade zu einem Innovationshemmnis werden?
7. Was versteht man unter „Organisationsentwicklung"?
8. Welche Ziele verfolgt der Survey-Feedback-Ansatz und inwiefern berücksichtigt dieser Ansatz die „goldenen Regeln" des organisatorischen Wandels?
9. Welchen Beitrag zum Change Management können „Prozessberater" leisten?
10. Angenommen, Sie leiten eine Metallwarenfabrik und wollen die Arbeitsorganisation grundlegend ändern. Welche Überlegungen würden Sie anstellen und welche Schritte würden Sie im Sinne von Lewins Triadenmodell ergreifen?
11. Vergleichen Sie inkrementalen und radikalen Wandel!
12. Geben sie ein praktisches Beispiel für einen „Frame-breaking change"!
13. Warum scheitern Wandelprojekte häufig an der „Tiefenstruktur" einer Organisation?

Lösungshinweise zu den Lernkontrollfragen erhalten Sie auf der Webseite zum Buch unter www.springer.com.

8 Change Management und Innovation

Diskussionsfragen

I. „Wenn du ein großes System ändern willst, hast du ständig mit Unerwartetem zu tun. Darauf musst du rasch reagieren, ein Festklammern an vorgestanzten Programmen nützt da gar nichts." Diskutieren Sie diese Aussage eines Managers der Automobilindustrie vor dem Hintergrund des Modells Wandel durch Zielvorgabe.

II. Warum ist das NIH-Syndrom in Mergers & Acquisitions-Prozessen besonders bedeutsam?

III. Welche Mechanismen bewirken, dass eine Organisation träge wird (organizational inertia)?

IV. Was bedeutet ein Lock-in?

V. Wie entsteht Wandel im Modell von Greiner?

VI. Welcher Wandelverlauf liegt dem Modell von Tushman/Romanelli zugrunde?

Fallstudie: Frank Schäfer

Für Frank Schäfer war die Übernahme der Windkraft GmbH, eines namhaften Herstellers von Turbinen für Windkrafträder, durch den international agierenden Energiekonzern AO AG die Chance für seinen nächsten Karriereschritt. Nachdem er zuvor bei einer anderen Tochter der AO AG die Vertriebsabteilung geleitet hatte und für beachtliche Umsatzzuwächse verantwortlich war, hatte er nun das Angebot angenommen, als Vorsitzender der neu akquirierten Tochtergesellschaft zu fungieren.

Bei der Windkraft GmbH übernahm er den Posten des ehemaligen Geschäftsführers und Mitgründers Hanno Kuhn. Dieser war ein charismatischer Tüftler, der seinen Mitarbeitern viel Freiraum gewährt und sich selbst viel mit den technischen Details der Turbinen beschäftigt hatte. Frank Schäfer war selbst als Diplom-Wirtschaftsingenieur mit technischen Fragestellungen vertraut, was ihn auch für diese neue Stellung prädestinierte.

Die Windkraft GmbH hatte sehr gut laufende Geschäftsjahre hinter sich. Man war mit den Kunden gewachsen und hatte sich über Jahre hinweg als Qualitätsführer im Segment positioniert. Zu den Kunden gehörten große international agierende Windkraftanlagenhersteller und auch kleinere regionale Hersteller.

Change Management und Innovation

8

Frank Schäfer wurde mit offenen Armen in der Windkraft GmbH aufgenommen, war man doch froh, nach dem krankheitsbedingten Ausfall von Hanno Kuhn und einigen Schwierigkeiten bei der Finanzierung unter dem Dach der AO AG wieder in einem sicheren Hafen angekommen zu sein.

Um sich ein Bild von der Windkraft GmbH zu machen, besuchte Schäfer zunächst die einzelnen Bereiche für mehrere Tage. Nach ein paar sehr erfreulichen Tagen in der Produktion und Entwicklung nahm er sich zuletzt den Vertrieb vor, sein Steckenpferd. Der Leiter, Mario Krüger, war seit der Gründung des Unternehmens mit dabei.

Was Schäfer im Vertrieb vorfand, stand ganz im Gegensatz zu dem, was er aus seiner Zeit als Vertriebsleiter gewohnt war. In der Windkraft GmbH arbeitete man ohne feste Kundenzuteilung. Mal kümmerte sich der eine, mal der andere Vertriebsbeauftragte um den Kunden. Es gab kein einheitliches Customer-Relationship-Management, und ein gesondertes Key-Account-Management für die umsatzstärksten Kunden existierte auch nicht. Die Kooperation mit der Produktion und Entwicklung lief nur auf informeller Ebene.

Schäfer war überrascht, wie die Windkraft GmbH ohne professionelle Vertriebsstrukturen so erfolgreich sein konnte. Es war ihm bewusst, dass er sich in einer noch jungen Branche befand, in der der Wettbewerb um die Kunden noch begrenzt war, da der Markt kräftig wuchs. Außerdem konnte die Windkraft GmbH sich als Qualitätsführer seine Kunden aussuchen. Aber das könnte sich schnell ändern. Schäfer nahm sich vor, als erstes den Vertrieb neu zu ordnen.

Auf einem Treffen mit den Abteilungsleitern der Windkraft GmbH wollte er seine Pläne für die Neuorganisation des Vertriebs bekanntgeben. Er glaubte sich auf der sicheren Seite, da eine Neuorganisation des Vertriebs nach den neuesten Methoden sicher von allen begrüßt würde. Sein Konzept sah vor, durch Veränderungen der Organisationsstruktur und eine klarere Zuweisung von Kompetenzen die anderen Abteilungen enger mit dem Vertrieb zu verzahnen und diesen direkt seiner Weisungsbefugnis zu unterstellen. Außerdem wollte er jedem Vertriebsbeauftragten eine Region zuweisen; die Regionen hatte er schon auf einer Landkarte in seinem Büro eingezeichnet. In einer ABC-Kundenanalyse hatte er die wichtigsten Kunden identifiziert, und für diese wollte er drei tüchtige Vertriebsleute als direkte Kundenbetreuer abstellen. Die Namen wollte er von Krüger erfragen. Ihm schwebte auch vor, am Eingang der Vertriebsabteilung eine große Landkarte aufzuhängen, auf der jeder sehen konnte, wer für welches Gebiet zuständig war.

Schäfer ging optimistisch zu dem Treffen. Nach der Vorstellung seiner Pläne für den Vertrieb herrschte indessen eine gespannte Stimmung im Raum. Mario Krüger meldete sich als erster erregt zu Wort: „Ich verstehe nicht, wozu das gut sein soll. Wir haben ein bombig laufendes Geschäft und Sie wollen durch Ihre neue Struktur meine komplette Abteilung auf den Kopf stellen. Wir haben über Jahre hinweg unsere besten Kunden gehalten und das Geschäft mit ihnen ausbauen können. Jetzt wollen Sie uns irgendein Customer-Relationship-Management aufs Auge drücken. Bei Hanno konnten wir frei arbeiten, und nur die Ergebnisse zählten. Ich hatte gedacht, Sie würden unsere weitere Expansion vorantreiben. Stattdessen geht es jetzt ums Klein-Klein; gut funktionierende Bereiche sollen völlig umgekrempelt und in irgendwelche Zwangsjacken gepackt werden. Das sind doch Konzernspielchen, die wir hier nicht gebrauchen können." Krüger erhielt für seine Worte starken Applaus. Schäfer war überrascht über diese negative Reaktion, war er doch zunächst so freundlich in der Windkraft GmbH aufgenommen worden. Auch die anderen Abteilungsleiter machten nach dieser Versammlung dicht und schnitten Schäfer.

In einem Gespräch mit dem nun Schäfer zuarbeitenden Assistenten Hanno Kuhns kam heraus, dass Mario Krüger das Unternehmen schon mehrfach in schwierigen Zeiten durch unkonventionelle Methoden vor dem Ruin gerettet hatte. Hanno Kuhn hatte ihm immer zustimmend zugenickt, wenn ihm wieder einmal einer seiner kühnen Coups gelang. Kuhn hatte seinen Abteilungsleitern immer größtmöglichen Freiraum in Fragen der Organisation ihrer Abteilungen gelassen und sich nie eingemischt. Das Geschäft lief ja auch prächtig.

Fragen zur Fallstudie

1. Wie erklären Sie sich die heftige Reaktion von Mario Krüger und den anderen Abteilungsleitern aus wandeltheoretischer Perspektive?

2. Hätte Frank Schäfer durch eine andere Vorgehensweise diese Konfrontation vermeiden können?

3. Was sollte Frank Schäfer jetzt tun?

9 Organisatorisches Lernen und Wissensmanagement

Lernziele zu Kapitel 9	299
9.1 Vom individuellen zum organisatorischen Lernen	300
9.2 Lernebenen	302
9.3 Lernformen	304
9.4 Wissensmanagement	307
9.5 Change Management: Zwischen Stabilität und Wandel	312
Lernkontrollfragen	315
Diskussionsfragen	316
Fallstudie: Pacific National Bank	316

Organisatorisches Lernen und Wissensmanagement

Lernziele zu Kapitel 9

Nach Durcharbeiten dieses Kapitels sollten Sie in der Lage sein,

- Organisationen als lernende Systeme zu verstehen und zwischen erfahrungs- und erwartungsbasiertem Lernen zu unterscheiden,
- Lernebenen und Lernformen darzulegen,
- die Bedeutung des Wissensmanagements im Kontext des organisatorischen Wandels einzuordnen und die Elemente des Wissensmanagements zu erläutern,
- zwischen organisatorischem Wissen und Können zu differenzieren und die Relevanz eines Prüfverfahrens für das organisatorische Wissen zu verdeutlichen,
- die Idee und Kritik der „totalen Lernorganisation" nachzuvollziehen und das Change Management im Spannungsfeld von Stabilität und Wandel zu skizzieren.

Organisatorisches Lernen und Wissensmanagement

9.1 Vom individuellen zum organisatorischen Lernen

Lernen als Wandel

Der Begriff des Lernens bezeichnet, wie auch immer gefasst, eine **Bewegung**; er verweist auf veränderte Reaktionsweisen, Meinungen usw., die im Zuge des Lernprozesses entstanden sind und einen Zustand herbeigeführt haben, der sich von dem ursprünglichen unterscheidet. Lernen und Wandel sind daher wesensverwandt, man könnte sie als **Zwillingsbegriffe** bezeichnen. Die Vorstellung einer lernenden Organisation kommt deshalb der Idee **kontinuierlichen organisatorischen Wandels** prinzipiell nahe. In diesem Kapitel sollen nicht nur diese neue Sichtweise auf den organisatorischen Wandel dargestellt, sondern auch ihre Implikationen für ein Wissensmanagement als besonderer Form des Innovationsmanagements aufgezeigt werden.

S-R-Schema

Der wissenschaftliche Begriff des „Lernens" stammt ursprünglich aus einer behavioristischen Forschungstradition, in der Lernen im Rahmen des Stimulus-Response-Schemas (S-R-Paradigma) thematisiert wird.

Individual-Perspektive

Aus dieser Sicht wird die Fähigkeit zu lernen als eine **Eigenschaft des Individuums** angesehen und ein Lernprozess dann unterstellt, wenn ein Individuum auf einen gleichen oder ähnlichen Anstoß (**Stimulus**) in einer von früherem Verhalten signifikant abweichenden Weise reagiert (**Response**). Der Prozess selbst ist nicht beobachtbar, er geschieht gleichsam in einer Black Box (Watson 1930; Skinner 1938).

Organisatorisches Lernen

March/Olsen (1979: 12 ff.) gehörten zu den ersten, die diesen Lernansatz auf Organisationen übertrugen (vgl. Abbildung 9-1). Ausgangspunkt sind die Organisationsmitglieder mit ihren Perzeptionen und Zielvorstellungen. Wenn sie Diskrepanzen zwischen aktuell bestehenden und erwünschten Umweltzuständen feststellen, entstehen (1) individuelle Handlungsentwürfe, die zu (2) organisatorischen Reaktionen (Entscheidungen) führen. In der Konsequenz wirkt damit die Organisation in einer bestimmten Weise auf die Umwelt (3) ein (Stimulus), worauf die Umwelt ihrerseits in neuer, veränderter Weise reagiert (Response). Wird bei der (4) Perzeption und Interpretation der Umweltreaktionen durch die Organisationsmitglieder erneut eine Diskrepanz diagnostiziert, entsteht wieder ein neuer Lernzyklus.

Das in diesem Grundmodell implizierte Lernkonzept kann als **„adaptiv-erfahrungsbasiertes Lernen"** bezeichnet werden, versuchen doch die Organisationsmitglieder aus den in der Vergangenheit erfahrenen Umweltreaktionen in immer treffenderer Weise situationsgerechte Handlungsentwürfe zu entwickeln. Lernende Organisationen verhalten sich dementsprechend adaptiv-rational.

9.1 Vom individuellen zum organisatorischen Lernen

Der ideale organisatorische Entscheidungs- bzw. Lernzyklus nach March/Olsen

Abbildung 9-1

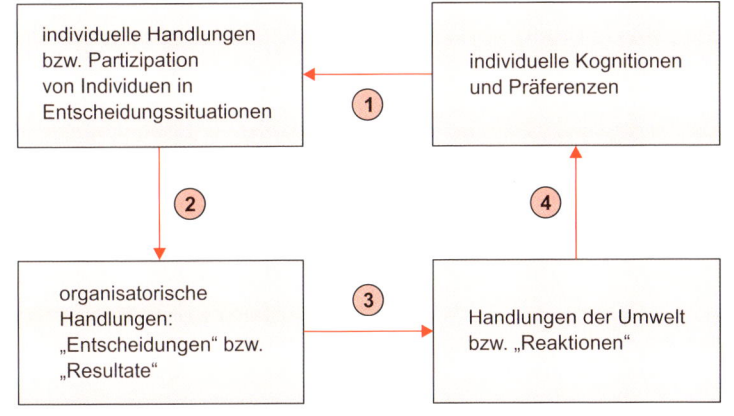

Quelle: March/Olsen 1979: 13 (modifiziert)

March/Olsen (1979: 56 ff.) weisen darauf hin, dass dieser (Ideal-)Lernzyklus in vielfacher Weise „gestört" sein kann. So sind z. B. die Signale aus der Umwelt (Response) häufig mehrdeutig und deshalb nur schwer in klare „Antworten" übersetzbar, oder individuelle Handlungsimpulse finden keinen Niederschlag im organisatorischen Handeln. Die Autoren entwickeln daher zusätzlich eine **Theorie des unvollständigen Lernzyklus**, die man auch als eine Theorie der **Lernbarrieren** verstehen kann.

Lernstörungen

Heute werden Lernkonzepte, die auf einem S-R-Mechanismus basieren, als konzeptionell zu eng und damit unbefriedigend empfunden (Weick 1991). Der S-R-Zusammenhang reduziert das Lernpotenzial einer Organisation auf von außen stimulierte Reaktionen. Eigeninitiierte Veränderungen, aktives Suchverhalten und Ähnliches bleiben dabei unberücksichtigt.

Kritik

Ein vielversprechender neuerer Zweig der Forschung nimmt diese Perspektive auf und rückt die Veränderung von Kognitionen in das Zentrum des Lerngeschehens (Bandura 1986). Organisationen werden aus dieser Perspektive als **Wissenssysteme** aufgefasst, die über Lernprozesse neues Wissen akquirieren und dadurch ihre Wissensbasis kontinuierlich restrukturieren (Hedberg 1981: 4 ff.; Dodgson 1993).

Kognitive Lerntheorie als Alternative

Nach Argyris und Schön (1974, 1996) manifestiert sich das Wissen einer Organisation im Wesentlichen in Form von organisationsspezifischen Handlungstheorien („theories of action"). Dabei differenzieren die Autoren zwischen denjenigen Theorien, die Organisationsmitglieder zur Begründung ihres Handelns benennen („**espoused theory**"), und denjenigen, die – oft-

Handlungstheorien

mals unbewusst – tatsächlich dem Handeln zugrunde liegen („**theory-in-use**"). Letztere stellen Interpretationsmuster dar, die Organisationen für sich in der Auseinandersetzung mit der (komplexen) Umwelt entwickeln. Diese werden dann allen weiteren Informationsverarbeitungsprozessen als Bezugsrahmen zugrunde gelegt. Nicht die Umwelt determiniert diese – wie im S-R-Ansatz –, sondern umgekehrt, die Entwicklung eines spezifischen Umweltverständnisses setzt die Existenz von solchen „Handlungstheorien" voraus; insoweit können diese auch nicht mehr länger als umweltdeterminiert begriffen werden.

In dieser Perspektive **lernt eine Organisation, wenn sie ihre Wissensbasis verändert**. Restrukturierungen von Handlungstheorien können – und das ist hier entscheidend – sowohl im **reaktiven Sinne, d. h. erfahrungs**orientiert, als auch im **proaktiven Sinne, d. h. bezogen auf Ereignisse, die vermeintlich in Zukunft eintreten werden – mithin erwartungsorientie**rt – konzeptionalisiert werden.

Organisatorisches Lernen ist damit auch eine originäre Systemleistung; sie setzt sich nicht aus individuellen Lernakten zusammen, die die Akzeptanz anderer Systemmitglieder gefunden haben, sondern ist von Anfang an **kollektiv** geprägt, weil die **Bezugsbasis** für das Lernen von dem System erzeugt wird. Zwar sind die Organisationsmitglieder das Lernmedium, d. h., Individuen führen die Lernhandlungen aus, sie lernen jedoch im Referenzsystem der Organisation.

9.2 Lernebenen

Drei Ebenen des Lernens

Organisatorisches Lernen findet auf verschiedenen Ebenen statt. Eine prominente Klassifizierung der verschiedene **Lernebenen** oder Lernniveaus geht auf Argyris/Schön (1996: 18 ff.) zurück. Sie unterscheiden zwischen den Ebenen „Single-Loop-Learning" und „Double-Loop-Learning"; diesen fügen sie schließlich das „Deutero-Learning", eine Art Meta-Ebene des Lernens, hinzu.

Regelkreislernen

1. Das **Single-Loop-Learning** („Einkreislernen") basiert auf der Vorstellung eines Regelkreises. Innerhalb eines festgelegten Bezugsrahmens, der vor allem die Definition des „richtigen" Systemzustands (Sollzustand) enthält, werden Abweichungen registriert und korrigiert. Die Definition des „richtigen" Systemzustands wird mit der erwähnten kollektiven Handlungstheorie („theory-in-use") geleistet; diese Sollgröße in einer sich ständig verändernden Umwelt aufrechtzuerhalten ist das eigentliche Ziel des „Einkreislernens". **Organisatorisches Lernen** und damit der organisatorische Wandel-

Lernebenen

9.2

prozess besteht dann im Wesentlichen in der Entdeckung von Soll-Ist-Abweichungen und der Einleitung von Maßnahmen, die den Ist-Zustand des Systems wieder an den Soll-Zustand heranführen. Im Anschluss an Kapitel 5 könnte man davon sprechen, dass **operative Anpassungen** vorgenommen werden. Ein derartiger kontinuierlicher Anpassungsprozess ist aber nur möglich, wenn für ein einwandfreies, unverzerrtes **Feedback** in der Organisation gesorgt wird.

Das Single-Loop-Learning vollzieht sich innerhalb eines etablierten und generell akzeptierten Bezugsrahmens, bestehend aus organisationsweit verbindlichen Werten, Normen, Grundverhaltensweisen, geteilten Basisannahmen etc. Diese Grundvariablen der Organisationspolitik können beim Regelkreislernen nicht weiter hinterfragt werden. Sie setzen den Rahmen für die Lernprozesse, die im Kern Anpassungskorrekturen zum Gegenstand haben.

Voraussetzungen

2. Beim **Double-Loop-Learning** („Zweikreislernen") stehen im Gegensatz dazu die **„Führungsgrößen"** und Prämissen der kollektiven Handlungstheorien selbst zur Disposition. Das Zweikreislernen richtet sich also auf Situation, in denen sich die bis dahin immer zugrunde gelegten Grundwerte und -überzeugungen (Sollwerte, Führungsgröße) plötzlich als problematisch erweisen, d. h. die Sollgröße selbst wird reflektiert und einem Veränderungsprozess unterzogen. Im Anschluss an Kapitel 3 und 4 könnte man von **strategischem Lernen** sprechen.

Änderung der Handlungs- grundlagen

Das organisationale Zweikreislernen vollzieht sich wegen seines Grundsatzcharakters nicht selten als Konfliktbewältigungsprozess zwischen Organisationsmitgliedern und Gruppen. Unterschiedliche Auffassungen über die Problemursachen und mögliche Neuorientierungen prallen aufeinander. Ein schlichtes Niederkämpfen wird so lange nicht als „Lernen" bezeichnet, als es nicht in einer breit akzeptierten **Restrukturierung** der Handlungstheorie („theory-in-use") endet. Es kommt darauf an, dass zukünftige Handlungen tatsächlich von den neuen Soll-Werten angeleitet werden.

Konflikte im Lernprozess

Kernvoraussetzungen für erfolgreiches Double-Loop-Learning sind nach Argyris/Schön (1978) Offenheit und Unvoreingenommenheit der beteiligten Organisationsmitglieder, sollen doch festgefügte Basisorientierungen und in der Vergangenheit erfolgreiche Handlungsmuster einer Revision unterworfen werden.

Voraussetzungen

Die Widerstände gegen eine solche Neuorientierung sind z. T. sehr stark ausgeprägt, wie aus zahlreichen empirischen Untersuchungen hervorgeht (Argyris 1982, 1990). Es bedarf bisweilen der Hilfe eines externen Beraters, diese **Abwehrhaltung** („defensiveness") zu lockern, um überhaupt die Möglichkeit für organisationales Lernen zu eröffnen. An dieser Stelle wird der

Defensiv- verhalten

Organisatorisches Lernen und Wissensmanagement

Nicht-intendiertes Lernen

Bezug zur Organisationsentwicklung, speziell auch zur „Prozessberatung", evident (vgl. dazu Kapitel 8).

Aus **systemtheoretischer Sicht** ist diese von Argyris/Schön vorgenommene Eingrenzung auf bewusste, intendierte Lernprozesse zu eng. Soziale Systeme restrukturieren ihre Wissensbasis auch in fließender, nicht-intendierter Form im Sinne selbstorganisierender Prozesse. Die Neuorientierung wird dann erst am Ende des Prozesses aufgegriffen und gewissermaßen legitimiert (z. B. in einem strategischen Plan) (Mintzberg/Waters 1985; Burgelman 2002).

Meta-Lernen

3. Neben dem Ein- und Zweikreislernen wird häufig als weitere Lernebene das **Deutero-Learning** unterschieden. Es kann als **„Lernen des Lernens"** charakterisiert werden, weil innerhalb dieser Prozesse Wissen über vergangene Lernprozesse (Single- und Double-Loop) gesammelt und kommuniziert wird. Im Deutero-Learning werden Lernkontexte reflektiert, Lernverhalten, Lernerfolge und -misserfolge thematisiert; man kann deshalb auch von der Metaebene des organisatorischen Lernens sprechen. Deutero-Lernen soll auch verhindern helfen, dass Organisationen das Lernen nur als einzelne Episoden im alltäglichen Handeln begreifen; es soll – mit anderen Worten – sicherstellen, dass sich Organisationen kontinuierlich im Lernen verbessern.

Bei der Darlegung der drei Lernebenen stand der feedback-orientierte Lernprozess im Vordergrund. Daneben gibt es aber eine Reihe anderer Formen organisationalen Lernens, die z. T. in weniger aufwendiger Weise den Wissensbestand verändern.

9.3 Lernformen

Vier Grundformen

Im Rahmen der verschiedenen **Formen des organisatorischen Lernens** lassen sich im Kern vier Grundformen unterscheiden: (1) Lernen aus Erfahrung, (2) vermitteltes Lernen, (3) Lernen durch Inkorporation neuer Wissensbestände sowie (4) die Generierung neuen Wissens (Levitt/March 1988; Huber 1991).

Erfahrungslernen

1. Der wohl bekannteste Weg des Wissenserwerbs ist das Lernen aus der unmittelbaren Erfahrung. Das bekannte „Learning by doing" wird hierunter ebenso subsumiert wie das Lernen als Resultat von Experimenten und aktiven Suchprozessen, die in einer Organisation entworfen und durchgeführt werden. In einer Ausweitung dieser Perspektive werden erfolgreichem Erfahrungslernen schließlich nicht nur intendierte, sondern auch nicht-

Lernformen **9.3**

intendierte Lerneffekte aus eher zufällig gesammelten Erfahrungen zugeschrieben. Wesentlich aus der Sicht des organisatorischen Lernens ist, dass die gemachten Erfahrungen tatsächlich in den organisatorischen Wissensbestand Eingang finden.

2. **Vermitteltes Lernen** findet statt, wenn eine Organisation in das Erfahrungswissen einer anderen Organisation Einsicht nehmen und dieses für eigene Belange nutzbar machen kann (z. B. Imitation von Strategien oder bestimmten Technologien).

Adoption von Wissen

Derartige Lernprozesse können auf vielfältige Weise angestoßen werden, z. B. durch Kontakte von Organisationsmitgliedern auf Tagungen, Messen etc. oder über Kontakte zu gemeinsamen Lieferanten, Beratern, Händlern etc. Auch intendierte Suchprozesse wie das systematische Auswerten von Pressemitteilungen, wissenschaftlichen Veröffentlichungen oder anderen Publikationen einer Organisation können dem „Lernen aus zweiter Hand" ebenso dienen wie das (meist illegale) Ausspähen einer Organisation. Seit einiger Zeit wird dem systematischen Vergleich mit anderen herausragenden Unternehmen eine besonders hohe Bedeutung für das organisatorische Lernen zugeschrieben („Lernen von den Besten"). Dieses so genannte **Benchmarking** soll Unternehmen anregen, auf diesem Wege entdeckte Leistungslücken aufzudecken und mit den beobachteten Lösungsmustern („best practice") zu schließen (Meyer 1996; Zdrowomyslaw/Kasch 2002).

„Best practice"

Schließlich ist vermitteltes Lernen als ein Prozess der **Instruktion** und damit intendierter Veränderung der Wissensbasis denkbar. Derartiges Lernen als Folge von Instruktionen findet typischerweise in der klassischen „Lehrsituation" statt und meint den Umstand, dass Organisationen neue Routinen, Fähigkeiten, Einstellungen und Werte durch Trainingsorganisationen oder Berater systematisch vermittelt bekommen können.

Instruktion

3. Als weitere Form des organisatorischen Lernens ist auf die **Inkorporation neuer Wissensbestände** zu verweisen. Dies kann beispielsweise durch die Einstellung von Experten oder in einem größeren Kontext durch die Akquisition einer anderen (mit spezifischem Wissen ausgestatteten) Organisation erfolgen. Gerade letztgenannter Weg wird in letzter Zeit sehr häufig beschritten. Dabei zeigt sich allerdings, dass der Aufnahme neuen Wissens von übernommenen Unternehmen häufig starke Barrieren entgegenstehen. Das erworbene Unternehmen wird z. B. als unterlegen begriffen, so dass man von ihm nicht viel erwarten kann. Oder: Das Wissen des erworbenen Unternehmens wird als unliebsame Konkurrenz oder als indirekte Kritik an dem eigenen Erfahrungswissen erlebt (vgl. Kapitel 8). Oder auch: Die Wissensbestände des erworbenen Unternehmens sind nur schwer mit den vorhandenen Orientierungsmustern verschmelzbar (Puranam et al. 2006). Diese Ein-

Wissenserwerb

9 Organisatorisches Lernen und Wissensmanagement

schränkung gilt allerdings nicht nur bei der Akquisition, sondern muss – wie oben bereits betont – generell beachtet werden. Die Theorie des organisatorischen Lernens ist zu gleichen Teilen immer auch eine Theorie des unvollständigen Lernens oder der **Lernbarrieren** (Güldenberg 2004; Argote 2004).

Entwicklung neuen Wissens

4. In jüngerer Zeit findet die **Generierung neuen Wissens** im Rahmen organisatorischer Lernprozesse besonders hohe Aufmerksamkeit, weil sich damit die Idee verknüpft, dass sich originär gebildetes Wissen gut eignet, Wettbewerbsvorteile zu erringen. Entsprechende Vorstellungen gehen sogar so weit, eine wissensbasierte Theorie der Firma (knowledge-based theory of the firm) zu entwickeln (Grant 1996; Nickerson/Zenger 2004). Die organisatorische Generierung eigenen Wissens bedeutet in der Regel, dass vorhandene Wissenselemente im Wege der internen Kommunikation neu verknüpft und zu einer völlig neuen Idee oder Einsicht entwickelt werden. Dieser Lerntyp basiert auf der systemtheoretischen Grundvorstellung, dass die Systemelemente (also auch die Wissenselemente) in vielfacher Weise anschlussfähig sind und damit untereinander eine unüberschaubare Fülle von Anschlussmöglichkeiten besitzen. Innovative Neuanschlüsse sind daher **jederzeit** möglich; es ist eine Frage der Empirie, ob diese sich dann für das System als tragfähig erweisen.

Knowing

Neues Wissen bildet sich häufig ungeplant auf der impliziten Ebene, meist im Zuge von erfahrungsgestütztem Lernen. Es entsteht dann ein **praxisbasiertes Wissen** („knowing"), das häufig unbewusst das Handeln anleitet (Gherardi/Nicolini 2002). Nonaka und Takeuchi (1995) setzen just an dieser Stelle an, wenn sie auf die hohe Bedeutung des **impliziten Wissens** verweisen und zur Generierung neuen Wissens die Konversion von implizitem zu explizitem Wissen vorschlagen. Das theoretische und praktische Gerüst zur Verwirklichung dieser Idee bildet die **Wissensspirale.**

Wissensspirale

Knowledge enabler

Um den Prozess der Wissensgenerierung zu befördern, wurden fünf sogenannte „knowledge enabler" identifiziert (Nonaka et al. 2000), die als eine Art Katalysatoren die Wissensspirale unterstützen und beschleunigen sollen: „knowledge vision", „conversation management", „mobilizing knowledge activists", „creating the right context" und „globalize local knowledge".

Vision

„Knowledge vision" zielt auf die Kreation einer Vision ab, die darüber Auskunft geben soll, welches Wissen in Zukunft entdeckt und entwickelt werden soll. „Conversation management" soll zur aktiven Förderung der **Wissenskommunikationsaktivitäten** in Unternehmen anleiten, „mobilizing knowledge activists" meint die Förderung von Personen und die Institutionalisierung von Rollen, die die Wissensgenerierung in Teams permanent unterstützen sollen, „creating the right context" bezieht sich auf die Schaffung wissensbefördernder Unternehmens- und Gruppenkulturen („Ba") und

„globalizing local knowledge" fordert zur aktiven Wissensteilung über Landesgrenzen hinweg auf.

Besonderes Augenmerk wird auf den vierten „Enabler", die Ausbildung **wissensförderlicher Kontexte**, gerichtet. Zentral ist hier das „Ba-Konzept". Ganz grundsätzlich stellt ein Ba einen Raum dar (nicht notwendigerweise im physischen Sinne), der vertraute Interaktion innerhalb von Gruppen ermöglichen soll. Ein Ba zeichnet sich durch hohe Interaktionsdichte seiner Mitglieder und geteilte Werte und Überzeugungen aus, die im Zuge von gemeinsamen Erfahrungen erworben wurden. Somit sollen Bas die Bildung kohäsiver, „vibrierender" Gruppen befördern, innerhalb derer die Wissensgenerierung und -vermittlung durch gemeinsame Praxis fast reibungslos und automatisch funktioniert (Nonaka/Konno 1998: 40 ff.).

Ba

Eng verwandt mit dem organisationalen Lernen ist das viel beachtete Konzept der „absorptive capacity"; damit soll die Fähigkeit einer Organisation umrissen werden, neues Wissen aus der Umwelt (von Universitäten, Verbänden usw.) aufzunehmen und in organisatorische Innovationen umzusetzen. Cohen/Levinthal (1990) begreifen absorptive capacity als eine spezielle organisationale Fähigkeit, die sich aus drei Teilfähigkeiten zusammensetzt: (1) der Fähigkeit, neue externe Informationen zu identifizieren, (2) der Fähigkeit, dieses neuartige und als nützlich bewertete Wissen zu assimilieren und (3) der Fähigkeit, das assimilierte Wissen wertschaffend einzusetzen.

„Absorptionsfähigkeit"

Die Entwicklung einer hohen Absorptionsfähigkeit geschieht nicht voraussetzungslos; sie hängt zu guten Teilen von den in der Vergangenheit erworbenen Erfahrungen mit dem Lernen ab. So gesehen ist die Absorptionsfähigkeit eines Unternehmens auch ein Spiegel der organisationalen Lerngeschichte und der Unternehmenskultur (vgl. Kapitel 7). Die in der Vergangenheit gebildeten Kategoriensysteme („kognitive Landkarten") eines Unternehmens bilden den Humus, aber auch die Pfade, auf denen sich die Absorption neuen Wissens entfaltet. Dies bedeutet Ermöglichung und Einschränkung zugleich.

9.4 Wissensmanagement

Die kognitive Umorientierung in der Theorie des organisationalen Lernens hat zu einer immer stärkeren Betonung des Wissens geführt und mündete schließlich in einem neuen Gestaltungsansatz zum Veränderungs- und Innovationsmanagement, dem sogenannten Wissensmanagement. Ziel dieser Bemühungen ist es, die Aufnahme und Bildung neuen Wissens mit Methoden der Verteilung und Verfügbarmachung von Wissen zu verknüpfen. Dies

Grundfragen

9 Organisatorisches Lernen und Wissensmanagement

führte zu einer **Verschmelzung** organisatorischer Lernkonzepte mit der Innovationstheorie und dem Einsatz moderner Kommunikations- und Informationstechnologien.

Intuitives Wissen und Können

Die enge Verbindung mit der Informationstechnologie und der damit verbundenen Digitalisierungsnotwendigkeit sollte allerdings den Blick nicht für die Tatsache verstellen, dass organisatorisches Wissen nur teilweise kodifizierbares Wissen ist. In neueren Ansätzen wird insbesondere auf nicht-kodifizierbare Wissensformen hingewiesen, wie das **narrative Wissen**, Praktiken, implizites Expertenwissen usw. (Schreyögg/Geiger 2005). Dies sind Wissens- und Könnensformen, die auf die Fähigkeit zur Problemlösung abstellen. Sie sind deshalb auch nicht kodifizierbar und nicht digitalisierbar. Anwender gehen damit eher intuitiv um. Die Unterscheidung ist deshalb so bedeutsam, weil die Bedeutung des nicht-kodifizierbaren Wissens und Könnens wegen seiner schweren Zugänglichkeit häufig unterschätzt wird. Bereits bei der Diskussion der Kernkompetenzen von Unternehmen (vgl. Kapitel 4) war jedoch auf die u. U. herausragende Bedeutung gerade dieser **intuitiven Fähigkeitspotenziale** nachdrücklich hingewiesen worden.

Lernen als Basiskategorie

Der entscheidende Gesichtspunkt beim Wissensmanagement ist – und das wird oft übersehen –, dass es sich hierbei nicht um ein zusätzliches Managementinstrument oder die Schaffung interessanter Datenbanken handelt, sondern dass ganz fundamental die Grundlagen der organisatorischen Handlungsprozesse und ihre Veränderung durch Lernen betroffen sind. Jedes organisatorische Handeln basiert auf Kognitionen und steht insoweit mit der organisatorischen Wissensverarbeitung in Verbindung. Lernen und Veränderung der Wissensbasis (und damit ja zugleich der Handlungen) sind in diesem Ansatz tief eingewoben und werden – im Idealfall – zur alltäglichen Praxis.

Vier Elemente

Das Wissensmanagement gliedert sich heute im Allgemeinen in vier Elemente:

(1) Generierung und Erwerb neuen Wissens (Veränderung der organisatorischen Wissensbasis),
(2) Wissensrepräsentation, -speicherung und -kontrolle,
(3) Wissensbereitstellung und -verteilung,
(4) Herstellung eines wissensförderlichen Kontextes.

1. Generation

Dabei lassen sich grob zwei „Generationen" von Ansätzen im Wissensmanagement unterscheiden. Die sogenannten **Management-Informationssysteme (MIS)** werden zur **ersten Generation** des Wissensmanagements gezählt. Im Fokus standen hierbei die Organisation von unternehmensrelevanten Informationen in Datenbanken, deren einfache und schnelle Abrufbarkeit mittels geeigneter Abfragen und die fortlaufende automatische

Wissensmanagement 9.4

Aktualisierung von Informationen. Die Hauptaufgabe wurde darin gesehen, **Entscheidungen** in Unternehmen möglichst zeitnah mit den entsprechenden Informationen zu versorgen, um die Qualität zu erhöhen.

Diesen Ansätzen zufolge liegt Wissen immer in expliziter, kontextfreier und generalisierbarer Form vor, die sich in entsprechenden Datenbanken abspeichern und in unveränderter Form später wieder abrufen und verwerten lässt. Die Kritik auch an den in der jüngeren Zeit entwickelten computergestützten Wissensmanagementsystemen richtet sich vor allem auf zwei Kernprobleme: Zum einen gibt es wenig Anzeichen dafür, dass sich Wissen **problemlos** von seinen Trägern und Kontexten ablösen, speichern und auf andere Nutzer übertragen lässt (Wilkesmann/Rascher 2002: 350). Zum anderen ist die zugrunde liegende Vorstellung von Wissen als einem Pool aus klar definierten und objektiven Elementen zu eng, um die vielen wichtigen Aspekte des organisatorischen Wissens auch nur annähernd erfassen zu können.

Kritik

Auf dieser Kritik baut die zweite Generation des Wissensmanagements auf, die den sozialen **Entstehungs- und Verwendungszusammenhang** von Wissen in den Vordergrund rückt und die Bedeutung unterschiedlicher Arten von Wissen betont (Schneider 2000; Probst et al. 2013). Im Zentrum steht hierbei die Funktion des **Wissenstransfers** (knowledge sharing) in und zwischen Organisationen sowie die Schaffung von Bedingungen, die diesen Transfer begünstigen. Die IT-basierte Wissensrepräsentation tritt dagegen in den Hintergrund, sie ist primäre Domäne der erstgenannten Ansätze geblieben.

2. Generation

Beim Wissensaustausch und -transfer geht es in erster Linie um die Schaffung von Gelegenheiten, die einen Austausch nicht nur okkasionell fördern, sondern systematisch sicherstellen. Das Konzept der Communities of Practice (CoP) bietet hier einen interessanten Ansatzpunkt. Im ursprünglichen Konzept handelt es sich dabei um eine Art Praxisgemeinschaften, also Gruppen von Personen mit einem ähnlichen Erfahrungshintergrund, die sich spontan um eine bestimmte Problemlösung oder eine Fragestellung herum bilden (Wenger/Snyder 2000; Saint-Onge/ Wallace 2012). Diese **Praxisgemeinschaften** in Organisationen stehen neben der klassisch formalen Struktur quasi wie Projekte; sie bilden sich aus dem Interesse an der Sache heraus (intrinsische Motivation) und sind insofern freiwillig. Solche Interessengemeinschaften hatte es immer schon gegeben; das neuere Wissensmanagement greift sie auf und systematisiert sie. Vor allem dekontextualisiert es aber die Praxisgemeinschaften in zeitlicher und räumlicher Hinsicht, so dass das Wissen auf Generalisierungsfähigkeit hin geprüft werden kann. CoPs sind heute typischerweise IT-basiert und somit in einem gewissen Sinne virtuell; in multinationalen Unternehmen sind sie darüber hinaus grenz- und kulturüberschreitend, im Falle von Unternehmenskooperationen auch organisationsüberschreitend. Nachdem die Kommunikation innerhalb

Communities of Practice

309

von CoPs weitgehend informell ist, basiert die Interaktion auf Vertrauen und Loyalität. In einem Klima des Misstrauens und der Angst vor Opportunismus/Betrug kann sich keine CoP entfalten. In vielen Unternehmen, so etwa bei Siemens, Shell oder Novartis, gibt es heute eine Vielzahl von funktionstüchtigen CoPs. Die Größe schwankt, manche CoPs zählen bis zu 5.000 Mitglieder. Daneben gibt es in allen Unternehmen zahlreiche CoPs, die sich in kleiner Größe quasi natürlich in der täglichen Praxis bilden. Die Themengebiete sind weit gestreut und umgreifen so unterschiedliche Gebiete wie Tiefseebohrung, Technischer Kundendienst für Kopiergeräte oder Einsatz der Balanced Scorecard. Obwohl die meisten CoPs in der Praxis mehr virtueller Natur sind, ist es doch die Regel, dass sich die Praxisgemeinschaften mindestens einmal im Jahr treffen und den Wissensaustausch auf persönlicher Basis absichern und ggf. neu kalibrieren.

„Stories" Communities of Practice haben die Aufgabe, den Wissensaustausch informal zu organisieren und das in einer Organisation verfügbare Expertenwissen möglichst frei zwischen Experten fließen zu lassen (Brown/Duguid 2001). Es hat sich erwiesen, dass hierbei die Kommunikation in Form von Geschichten eine besonders wichtige Rolle spielt; man spricht deshalb auch von „narrativem Wissen" (Geiger 2006). So gesehen brauchen CoPs eine Art Kontextmanagement, um den Austausch von Geschichten, der sich nur schwerlich anordnen lässt, so einfach und effizient wie möglich zu gestalten. Hierbei gilt es insbesondere auch den Wissensaustausch **zwischen** verschiedenen Communities zu organisieren. Innerhalb einer spezifischen Community verbreitet sich narratives Wissen relativ unproblematisch; aufgrund eines gemeinsam geteilten Erfahrungskontextes und durch die Verwendung der gleichen impliziten Evaluationskriterien verstehen Mitglieder einer Community die Geschichten ihrer Kollegen, ohne dass es einer expliziten Erläuterung bedarf. Innerhalb von Communities ist das narrative Wissen tendenziell **„leaky"**, d.h., es fließt relativ problemlos vom einen zum anderen. Das narrative Wissen neigt jedoch dazu, an einer bestimmten Community festzukleben (Szulanski 2003). Soll dieses „**sticky knowledge**" für andere Organisationsbereiche genutzt werden, so muss es – soweit möglich – verflüssigt werden. Um genau dies zu bewerkstelligen, werden sogenannte „Translator" oder „Boundary-Spanner" in Form spezifischer organisationaler Rollen vorgeschlagen, die eine Plattform für den Wissensaustausch zwischen Communities aufbauen und ein gemeinsames Verstehen herstellen sollen (Carlile 2002; Barrett/Oborn 2010).

Qualitäts- Über diese Überlegungen hinaus wird im neueren Wissensmanagement
kontrolle immer deutlicher die Frage der Wissenskontrolle gestellt und grundsätzlicher noch die Frage der Entscheidung darüber, was als Wissen und was als Nicht-Wissen gelten soll (vgl. hierzu die empirische Studie von Kusterer 2008). Warum soll es sich beispielsweise bei den Empfehlungen eines IT-

Wissensmanagement

Beraters, bei den Geschichten einer Kundenberaterin oder den Erfahrungsberichten eines Gesenkschmieds um Wissen und nicht um ungeprüfte Einzelmeinungen, baren Unsinn oder Scharlatanerie handelt? Ist es überhaupt wünschenswert, diese Erfahrungen zu transportieren, oder richtet ihre Nutzung am Ende schweren Schaden in der Organisation an? Wodurch zeichnen sich ihre Aussagen als Wissen aus?

Die Festlegung allgemeiner Kriterien, um Wissen von Nicht-Wissen unterscheiden zu können, ist eine heikle Aufgabe. Trotz der offenkundigen Schwierigkeit, solche Kriterien festzulegen, braucht das Wissensmanagement aber schlicht solche Kriterien, um bei der Überfülle von Informationsangeboten seiner Selektionsaufgabe in geordneter Form nachkommen zu können. Ein Vorschlag, solche Metakriterien zu bestimmen, orientiert sich an der Argumentationstheorie (Schreyögg/Geiger 2007):

Unterscheidung von Wissen und Nicht-Wissen

Praktische Prüfverfahren

1. Wissen muss in **Prüf-Diskursen** verhandelbar sein und ist somit unmittelbar an Kommunikation gebunden. Dinge, über die nicht geredet werden kann, kann man nicht wissen.

2. Das Faktum der sprachlichen Verfasstheit allein ist aber nicht hinreichend, um Aussagen als Wissen zu qualifizieren. Im Gegenteil, es wäre für Organisationen äußerst gefährlich, jede noch so unsinnige Aussage als Wissen zu begreifen. Aussagen können aber so lange nicht geprüft werden, so lange es für sie keine Gründe gibt. Wissen verlangt also nach **Begründung**.

3. Nur Gründe zu nennen, ist jedoch auch noch nicht ausreichend, um Aussagen als Wissen qualifizieren zu können. Man muss entscheiden, ob es sich um gute oder um schlechte Gründe handelt. Diese Entscheidung ist in einem Prüfverfahren zu treffen. Die Kriterien, die in einem solchen Diskurs Verwendung finden, variieren, denn sie sind auf das jeweils interessierende Feld zu beziehen.

In vielen Unternehmen werden solche Wissens-Diskurse praktiziert, ohne dass sie als solche bezeichnet würden. Ganz ausdrücklich finden sich vergleichbare Prüfverfahren etwa im betrieblichen Vorschlagswesen (Einrichtung eines Expertengremiums, Entwicklung von Beurteilungskriterien zur Bestimmung der grundsätzlichen Funktionsfähigkeit wie auch der Güte etc.), in der Projektauswahl in der Forschung & Entwicklung oder auch im Qualitätsmanagement. Im Bereich schwächer strukturierter Probleme ist vor allem für strategische Entscheidungsprozesse eine Reihe von Prüfprozeduren für Wissen entwickelt oder vorgeschlagen worden. Bei strategischen Analysen ist aufgrund der **hohen Unsicherheit der Aussagen** (Entwicklung des Dollarkurses, zukünftige Strategien der Konkurrenz usw.) die Notwendigkeit von „versichernden" Prüfverfahren besonders evident. So haben sich z.B. Prüfverfahren entwickelt zur Bestimmung der Validität und Bedeutung

Praktische Prüfverfahren

Organisatorisches Lernen und Wissensmanagement

von Umweltinformationen wie etwa „war-rooms", „strategic issue diagnosis" oder wissensabsichernde Prozeduren im Sinne von „Advocati Diaboli" (Dutton/Ottensmeyer 1987).

9.5 Change Management: Zwischen Stabilität und Wandel

Lernende Organisation

Zum Abschluss des Kapitels sollen die gestalterischen Konsequenzen herausgearbeitet werden, die mit dem Theorem organisationalen Lernens verbunden sind. Eine Organisation, die ihren Wandel und ihre Entwicklung nicht mehr als Unterbrechung eines Gleichgewichts, sondern als fortgesetztes Lernen „programmiert", muss auch **anders konfiguriert und gesteuert** werden.

Stabile Strukturen

Kennzeichnend für das Regelwerk einer Organisation im traditionellen Sinne ist, dass bei einer Abweichung von der Sollgröße (Diskrepanz) die generellen Regeln bzw. die Organisationsstrukturen beibehalten und nicht automatisch verändert werden. Mit anderen Worten: Organisationsstrukturen sind „**enttäuschungsresistent programmiert**", d.h. an den Sollerwartungen wird typischerweise auch im Abweichungsfall („Enttäuschung") festgehalten. In Anlehnung an Luhmann (1984: 436 ff.) können sie dementsprechend auch als „nicht-lernbereite Erwartungen" bezeichnet werden. Darin wird zunächst einmal kein Nachteil gesehen, sondern vielmehr die Basis ihrer Funktionsweise und ihrer Effizienz, nämlich die Möglichkeit, die Leistungsvollzüge der Organisationsmitglieder untereinander zu erwarten und damit die Koordination planbar zu machen. Das Unternehmen wird dadurch eine zuverlässige und kalkulierbare Organisation (vgl. dazu in Kapitel 8 die Ausführungen zur organisationalen Trägheit).

Lernprogrammierung

Nach einer entgegengesetzten Grundlogik funktionieren organisatorisches Lernen und die Idee einer sich **kontinuierlich verändernden Organisation.** Lernen hatten wir definiert als Modifikation der organisatorischen Wissensbasis und des organisatorischen Handelns. Im Unterschied zu dem eben erörterten Fall heißt dies, dass die Organisation immer bereit ist, bei Soll-Ist-Abweichungen die bisher geltende Sollgröße zu revidieren und neue Erwartungen zu bilden. Mit anderen Worten, organisatorisches Lernen bedingt eine umgekehrte Ausrichtung von Erwartungen; für organisatorisches Lernen ist kennzeichnend, dass Erwartungen gegenüber möglichen Enttäuschungen **jederzeit änderungsbereit** programmiert werden.

9.5 Change Management: Zwischen Stabilität und Wandel

Die Vorstellung indessen, dass sich eine Organisation permanent verändern und in diesem Sinne **sämtliche** Erwartungen im Sinne des Lernens programmieren kann und soll, ist problematischer, als sie auf den ersten Blick erscheint. Führt man diese Überlegung zu einem logischen Endpunkt, so würde die lernende Organisation als „chronically unfrozen" (Weick 1977) zu begreifen sein, das heißt: ohne Muster und Regelsystem. Auftretende Signale aus der Umwelt würden jeweils neu in **offenen** Improvisations- und Selbstorganisationsprozessen verarbeitet, die fortlaufend zu einer Neuorientierung des Systems führen. Die einzig akzeptierte „Routine" wäre die der permanenten Veränderung. Die **permanente Rekonfiguration** der Organisation je nach Situation führt dazu, dass organisationale Orientierungsmuster und Kompetenzen nicht mehr entstehen können und auch nicht mehr gebraucht werden. Die neue Basis für die Effizienz wird hier in der allumfassenden Fähigkeit der Organisation gesehen, schnell und flexibel auf die immer neuen Anforderungen der Umwelt eingehen zu können (etwa Eisenhardt/Martin 2000).

Grenzen des Lernens

Eine solche totale Flexibilität würde auf Erfahrungsgewinne, Spezialisierungsvorteile, Größenerträge und Synergien jeder Art verzichten; es wäre also immer die teuerste unter allen denkbaren Lösungen. Auch kann man sich das Investitionsgeschehen in einer solchen Unternehmung nur noch schwer vorstellen. Jede Investition würde zu einer **unerwünschten Bindung** führen und die Unternehmung in ihrer Anpassungsfähigkeit behindern. Es ist schwer vorstellbar, worauf sich dann eine solche Organisation überhaupt gründen soll, da jede Organisation Investitionen in tangible und/oder intangible Ressourcen benötigt/voraussetzt. Man könnte nur noch in die Flexibilität investieren – unter wirtschaftlichen Gesichtspunkten ein aussichtsloses Unterfangen. Flexibilität steht immer in Konkurrenz zur Effizienz. Wie sollen Produktivität gesteigert und Stückkosten gesenkt werden, wenn die Idee der mustergeleiteten Reproduktion aufgegeben wird?

Totale Flexibilität?

Ein Unternehmen ohne Verhaltensmuster ist nicht vorstellbar. Es müsste ja wahllos, weil ohne Selektionsmuster, alle Anstöße aus der Umwelt bearbeiten und in jedem Umweltimpuls einen potenziellen Anlass zur Veränderung sehen. Einem solchen totalen Lernsystem könnte es nicht mehr gelingen, Systemgrenzen aufzubauen, eine Strategie und eine Organisationsstruktur zu entwickeln und aufrechtzuerhalten. Es ist das Selektionsmuster, welches die Grenze zwischen Organisation und Umwelt konstituiert. Entfällt diese Selektionsleistung, löst sich die Organisation in der Umwelt auf bzw. kann als eigenständiges System gar nicht entstehen. Mit anderen Worten, die Etablierung einer **totalen Lernorganisation** würde schlussendlich zu einer Auflösung der Grenzen und damit der Organisation führen.

Notwendiges Selektionsmuster

In der Konsequenz bedeutet dies, dass man für die Idee des kontinuierlichen Wandels durch fortlaufende Veränderung der **Wissensbasis** eine andere Perspektive benötigt, will man nicht in unauflösbare Widersprüche geraten. Offenkundig brauchen Organisationen beides: **Stabilität und Wandel.**

Temporär stabiles Regelwerk

Organisationen bedürfen eines effizienzsichernden, grenzerhaltenden (zumindest temporär stabilen) Regelwerks. Das Regelwerk (Systemstruktur) übernimmt Systemleistungen, die – wie eben ausführlich dargelegt – durch Lernprozesse nicht erbracht werden können (Größenvorteile, Synergien, Reliabilität usw.). Ein lernendes System muss auch in der Lage sein, bestimmte Zusammenhänge dem Lernmechanismus zumindest **temporär** zu entziehen, also Strukturen zu stabilisieren und damit gezielt nicht zu lernen. Die Vorauswahl, in welchen Situationen gelernt und in welchen nicht gelernt, d. h. an der vorgegebenen Regel festgehalten werden soll, muss indessen immer problematisch bleiben, weil die sie leitende Antizipation in einer komplexen und dynamischen Umwelt grundsätzlich mit hoher Ungewissheit behaftet ist. Für die stabilisierende Konzeption (nicht-lernende Programmierung) einer Organisation kann deshalb auch nie ein Richtigkeitsanspruch erhoben werden; Misserfolge sind jederzeit möglich. Sie ist deshalb immer beobachtungsbedürftig; die Stabilität wird tendenziell als Problem und nicht als „richtiges" Gleichgewicht begriffen.

Lernen, nicht zu lernen

Im vorliegenden Bezugsrahmen können diese notwendigen Stabilisierungen (generelle Regeln, Routinen usw.) im Fluss der stetigen Veränderungen als bewusste Entscheidungen betrachtet werden, in diesen Situationen **nicht zu lernen**. Das System beschließt, an der einmal fixierten Erwartung festzuhalten, eben und sogar im Fall der Abweichung (Luhmann 1984). Solche Nicht-Lern-Regeln bleiben jedoch – wie eben bereits erwähnt – immer prekär. Wenn sie nicht sorgfältig auf ihre Wirkungen und Nebenwirkungen hin beobachtet werden, ist es nicht unwahrscheinlich, dass sie schließlich die Erfolgsbasis der Organisation bedrohen (etwa Leonard-Barton 1992). Für die Unternehmenssteuerung folgt daraus die Notwendigkeit, die Umwelt permanent daraufhin zu beobachten, ob die Haltbarkeit der beschlossenen Stabilisierungen noch gegeben ist. Anders gesagt: Stabilisierung ohne Ergänzung durch **risikokompensierende Lernprozesse** kann niemals effektiv sein. Nach Voraussetzung erfordert kompensierendes Lernen einen hohen Grad an Wachsamkeit, nicht aber notwendigerweise einen jeweiligen Wandel auf der Ebene des Verhaltens.

Organisatorisches Lernen impliziert somit auch den Fall des intendierten Nichtlernens, d. h. die Entscheidung, in ganz bestimmten Situationen nicht zu lernen und sich nicht zu verändern (Stabilisierung). Ein lernendes System muss also auch lernen, mit den Vorteilen des Nichtlernens umgehen zu können.

Organisatorisches Lernen und Wissensmanagement

Vor diesem Hintergrund lässt sich nunmehr Veränderungsmanagement im Verhältnis von Struktur und Lernen besser bestimmen: Es geht nicht länger um die Dichotomie Struktur oder Lernen, sondern um die **Balance von Struktur und Lernen** auf der Basis von organisatorischem Lernen. Eine Organisation – und dies ist entscheidend – benötigt beide Modi.

Auf der einen Seite stehen Stabilisierungen als Resultat vergangener Lernprozesse; die Organisation hat gelernt, die Vorteile der Formalisierung/Routinisierung bestimmter Aktionen zu nutzen und etabliert diese Muster. Auf der anderen Seite sind stabilisierte Muster immer vom Misserfolg bedroht (**„success breeds failure"**) und müssen daher ständig auf mögliche Dysfunktionen hin überwacht und, wenn notwendig, verändert oder gestoppt werden. Im Gegensatz zum Gleichgewichtsmodell, in welchem der Wandel das Problem ist, stellt im modernen Wandelmanagement die temporäre Stabilisierung, d.h. die bewusste Entscheidung, nicht zu lernen, das Problem dar.

Lernen und Nicht-Lernen

Lernkontrollfragen

1. Welche Rolle kommt den Sollvorstellungen/Erwartungen in der Theorie organisationalen Lernens von March und Olsen zu? Handelt es sich dort um ein Einkreis- oder um ein Zweikreislernen?
2. Welche Lernebenen werden unterschieden?
3. Inwiefern ist das „Zweikreislernen" mit Widerständen konfrontiert, die dem Widerstand gegen Änderungen gleichen?
4. Welchen Zweck soll das „Deutero-Lernen" erfüllen?
5. In welcher Beziehung stehen organisatorisches Lernen und Wissensmanagement?
6. Wo liegen die Chancen und wo die Grenzen für ein IT-basiertes Wissensmanagement?
7. Welche Bedeutung kommt dem narrativen Wissen im Wissensmanagement zu?
8. Wie kann eine Organisation narratives Wissen dauerhaft nutzbar machen?
9. Welche Fragen wirft das Phänomen des „sticky knowledge" auf?
10. Zu welchem Zweck werden „Communities of Practice" eingerichtet?

9 *Organisatorisches Lernen und Wissensmanagement*

11. Vergleichen Sie das adaptiv-erfahrungsbasierte Lernkonzept (S-R-Mechanismus) mit der kognitiven Lerntheorie.

12. Nennen Sie für jede organisatorische Lernform eine potenzielle Lernbarriere.

13. Inwiefern gehört zu einem guten Veränderungsmanagement auch die Entscheidung, nicht zu lernen?

Lösungshinweise zu den Lernkontrollfragen erhalten Sie auf der Webseite zum Buch unter www.springer.com.

Diskussionsfragen

I. Was sind organisationale Lernbarrieren?

II. Ist das Ideal einer totalen Lernorganisation erstrebenswert?

III. Ist das Imitationslernen für eine Unternehmung vorteilhaft?

IV. Warum ist das Lernen durch Erfahrung kostspielig?

V. Inwiefern ist die Unterscheidung zwischen „leaky" und „sticky knowledge" wichtig?

VI. Wo sehen Sie einen Zusammenhang zwischen organisatorischem Lernen und „absorptive capacity"?

Fallstudie: Pacific National Bank

In der Pacific National Bank von San Francisco war es langjährige Praxis, junge Männer mit Hochschulabschluss für die Kreditanalyse in der Kreditabteilung anzuwerben. Dies waren oft junge Männer aus vermögenden und angesehenen Familien. In der Analyseabteilung wurden sie in Bonitätsanalyse geschult. Diese Gruppe stellte zugleich die potenziellen Kandidaten für eine Karriere in der Kreditabteilung. Pacific National war mit 3200 Beschäftigten eine der größten Banken des Landes. In der Analyseabteilung waren ca. 30 Leute beschäftigt.

Als die Vereinigten Staaten in den Zweiten Weltkrieg eintraten, verlor die Analyseabteilung zunehmend ihre jungen Männer. Sie hatten gerade das richtige Alter und

Organisatorisches Lernen und Wissensmanagement

die Ausbildung, um sie zu Offiziersanwärtern in der Armee zu machen. Nachdem eine Wiederbesetzung der Stellen durch Männer nicht möglich war, entschloss sich die Bank, junge Frauen mit Hochschulabschluss und ähnlichem sozioökonomischen Hintergrund einzustellen. Als sich herausstellte, dass nur wenige Frauen mit betriebswirtschaftlicher Ausbildung verfügbar waren, entschloss sich die Personalabteilung, Absolventinnen eines jeden geisteswissenschaftlichen Faches zu nehmen, sofern sie nur ihr Examen mit guten Noten abgeschlossen hatten. Mit der Zeit war fast jeder Arbeitsplatz in der Analyseabteilung mit einer jungen Frau besetzt. Die Ausnahme bildeten drei junge Männer, die untauglich geschrieben waren, und drei Männer in Vorgesetztenpositionen. Letztere Positionen wurden immer mit Männern mittleren Alters und langer Erfahrung besetzt.

Mit dem Übergang zu Frauen ergab sich in der Analyseabteilung ein atmosphärischer Wandel. Die jungen Männer hatten ihre Arbeit sehr ernst genommen, denn sie wollten in der Bank Karriere machen. Sie waren fest entschlossen, vorwärtszukommen, und ihr Blick richtete sich sehr stark darauf, was in ihre Personalakte kam. Die neue Belegschaft – so die Vermutung – betrachtete ihre Arbeit hingegen als zeitlich begrenzt und war offenbar nicht darauf aus, in der Bank Karriere zu machen. Offenbar war die Annahme, dass die jungen Frauen, die allgemein als gutaussehend, elegant gekleidet und charmant wahrgenommen wurden, ohnehin in den nächsten Jahren heiraten würden. Das früher in der Analyseabteilung vorherrschende Klima eifriger Bemühtheit wurde ersetzt durch eine Atmosphäre unbekümmerter Fröhlichkeit. Diese jungen Frauen hießen im Unternehmen bald die „Kreditmädchen", und es schien so, als ob sie den ganzen Tag lachten. Dies sehr zum Widerwillen des alten Otto Kulp, Leiter der Analyseabteilung.

Der Großteil der Arbeit in der Analyseabteilung bestand darin, Kreditanfragen zu beantworten, die an die Bank gerichtet waren. Die Antwortbriefe wurden von den Prokuristen unterzeichnet. Einige der älteren Prokuristen waren misstrauisch, was die analytischen Fähigkeiten der jungen Frauen anbelangte; sie verlangten daher, dass die Anfragen von den verbliebenen Männern bearbeitet wurden. Nachdem nur drei Männer verblieben waren, türmte sich bei diesen die Arbeit, während die Frauen Leerzeiten hatten. Als die drei Männer den Vorgesetzten der Prokuristen, den General Manager der Kreditabteilung, um Entlastung baten, ordnete dieser an, dass die Arbeit zwischen Männern und Frauen gleich zu verteilen sei.

Nachdem die Kreditanalyse von enormer Bedeutung war – es handelte sich in der Regel um beträchtliche Summen, deren Gewährung und Konditionen von der Analyse abhängig waren –, wurde die gesamte herausgehende Kreditkorrespondenz von mindestens zwei Vorgesetzten kritisch geprüft, bevor die Briefe von einem der Prokuristen unterzeichnet wurden. Es erwies sich nun, dass die Vorgesetzten, etwas unsicher, was die Exaktheit der von den Frauen erstellten Analysen betraf, den Frauen ihre Berichte häufig zu einer vertieften Analyse zurückgaben, während die Analysen der drei Männer fast immer auf Anhieb durchgingen. Als sich die Frauen darüber beklagten, erklärten die Vorgesetzten, dass die Männer mehr Erfahrung hätten und schon lange Zeit bei der Firma wären, was den Tatsachen entsprach. Es gab jedoch keine objektive Messung, die hätte zeigen können, dass die Berichte der Frauen wirklich schlechter waren.

Viele der Kreditanfragen erforderten eine komplizierte Finanzanalyse, und deshalb war es immer üblich gewesen, dass die Analysten Vorgesetzte um Rat fragten. Die „Kreditmädchen", verärgert über die ihres Erachtens voreingenommene Behandlung durch ihre Vorgesetzten, holten bei diesen immer seltener Rat ein. Die Vorgesetzten erkannten dies und reagierten so darauf, dass sie die Berichte der Frauen noch häufiger zurückgaben. So stellte sich eine Atmosphäre gegenseitiger Skepsis, ja sogar Feindseligkeit zwischen den Frauen der Kreditabteilung und ihren Vorgesetzten ein.

In der Annahme, dass die wachsende Spannung aus der Tatsache resultiere, dass die Frauen keine weibliche Vorgesetzte hatten, schuf die Bank eine neue Vorgesetztenposition. Man nahm an, dass den Frauen am meisten eine persönliche Konsultation und Beratung fehle, wie sie „unter Frauen" üblich sei. Für die Position wurde Violet Carrie ausgewählt, eine Frau mittleren Alters, die seit 15 Jahren in der Bank beschäftigt war. Sie war Sekretärin eines Vorstandsmitglieds gewesen, bis dieser nach Washington versetzt wurde. Frau Carrie war steif und prüde in ihren Einstellungen, die von den jüngeren Frauen als „Super Early Victorian" bezeichnet wurden. Frau Carrie war nicht in der Lage, den Frauen bei ihren Finanzanalysen zu helfen. Sie hatte daher nicht viel zu tun. Sie rief die jungen Frauen an ihren Schreibtisch und verwickelte sie in stundenlange Diskussionen über deren persönliche Lebensführung; Sitzungen, die von den jungen Frauen als lächerlich empfunden wurden. Eine der Frauen gab Miss Carrie den Spitznamen „die Madame", ein Spitzname, der schnell herum war und den bald jeder kannte – mit Ausnahme von Frau Carrie. Die „Kreditmädchen" waren eine „respektlose Bande". Die mutigeren unter ihnen machten sich über Frau Carrie lustig, indem sie ihr Geschichten erzählten, die – obschon nur leicht pikant – diese nachhaltig schockierten, und sie fanden es höchst amüsant zu sehen, wie ihr die Röte ins Gesicht stieg.

Insgesamt waren circa 2/3 der Bankangestellten Frauen, und unter diesen bildeten die „Kreditmädchen" eine Gruppe für sich. Die Frauen außerhalb der Kreditabteilung hatten alle maximal einen Realschulabschluss. Die Frauen in der Kreditabteilung waren Hochschulabsolventinnen, was ihnen gewissermaßen einen Elitestatus gab. Eine große Zahl der anderen Frauen hatte eher Routinearbeiten zu erledigen, wie Stenographieren, Schecks sortieren oder Post verteilen. In der Kantine und in den Erholungsräumen saßen die Frauen der Kreditabteilung meistens für sich und die anderen Frauen saßen mit ihren Kolleginnen zusammen. In Anbetracht der Tatsache, dass viele der „Kreditmädchen" aus wohlhabenden Familien kamen und teuer gekleidet waren, bemerkten die anderen Frauen spitz, dass sie selbst in der Bank arbeiteten, um leben zu können, während die „Kreditmädchen" nur dort arbeiteten, um ihre alten Kleider aufzutragen.

Organisatorisches Lernen und Wissensmanagement

9

Eine der Frauen der Kreditabteilung, Jane Larkin, hatte ihr Diplom in Wirtschaftswissenschaften gemacht und war die Tochter eines Vorstandsmitgliedes einer anderen Bank. Jane war gutaussehend, intelligent und hatte Charme. Bei ihren Kolleginnen entwickelte sich die Meinung, dass Jane besonders fähig in der Finanzanalyse war. Nachdem sie jederzeit bereit war zu helfen, begannen die anderen Frauen, zu ihr zu gehen und sie um Rat zu bitten, wenn sie ein schwieriges Problem hatten. Dies beunruhigte Otto Kulp, den Leiter der Analyseabteilung, der ganz und gar nicht davon überzeugt war, dass Jane so kompetent war, wie es die anderen Mädchen von ihr annahmen. Nichtsdestotrotz wurde „Otto" weiterhin gemieden, und Jane gab weiterhin ihre Ratschläge. Die „Kreditmädchen" machten geltend, dass Jane am College sogar über ein Jahr lang Wirtschaftswissenschaften unterrichtet hatte, was sie in ihrer Sicht befähigte, Rat bei der Finanzanalyse zu geben, während sie sich über den alten Otto mokierten, weil er unfähig war, auch nur einen Brief in gutem Englisch zu verfassen; sein Satzbau war notorisch konfus. Zwischen Jane und Frau Carrie entwickelte sich zunehmend eine Rivalität. Während die Frauen an Janes Schreibtisch nur so strömten, hatte Frau Carrie wenig zu tun. Deswegen rief Frau Carrie sie immer häufiger zu sich, um ihnen lange Predigten über Lebensgestaltung zu halten.

Jane hatte ein strahlendes Wesen, und die anderen Frauen in der Abteilung fühlten sich zu ihr hingezogen. Sie interessierte sich für Kunst und Kultur, und sie begann Unterhaltungsabende für die Gruppe zu organisieren. Es wurde bald zu einer festen Einrichtung, dass die „Kreditmädchen" einmal in der Woche zu einem Musical, einem Schauspiel, einem Konzert oder zu einer Ballettaufführung gingen, alles von Jane arrangiert.

Die Spannungen in der Abteilung nahmen weiter zu. Herr Kulp beschwerte sich über die Situation bei höheren Instanzen, und Jane wurde daraufhin als Empfangsdame in die Anlageabteilung versetzt; eine Position, die repräsentativ, keineswegs aber herausfordernd war.

In der Bank galt die strikte Regel, dass Frauen nicht rauchen durften, während es den Männern erlaubt war. Jane machte keinen Hehl daraus, dass sie sich über diese Regelung ärgerte. Sie traf sich auch nach ihrer Versetzung immer mit ihren Freundinnen zum Mittagessen in der Kantine. Eines Tages – sie saßen an einem zentralen Tisch – zündeten sich Jane und ihre ganze Gruppe mit einem Mal Zigaretten an. Innerhalb weniger Minuten folgten ihnen Sekretärinnen von leitenden Angestellten, die einen hohen Status unter den weiblichen Beschäftigten hatten. Auf die Einhaltung des Frauen-Rauchverbots wurde seit dieser Zeit nicht mehr geachtet.

Im Zuge der kriegsbedingten Verknappungen war es schwierig geworden, sich Nylonstrümpfe zu kaufen, und es wurde immer populärer, ohne Strümpfe in die Bank zu gehen. Die Bank hatte immer streng auf die Kleidung geachtet, und die Personalabteilung insistierte energisch darauf, dass die Frauen weiterhin Strümpfe trugen, auch dann, wenn die Strümpfe eine Reihe von Laufmaschen aufwiesen. Jane fand

9 Organisatorisches Lernen und Wissensmanagement

das lächerlich, und eines Tages erschienen sie und auch die anderen „Kreditmädchen" ohne Strümpfe. Am nächsten Tag taten es ihnen hunderte von Frauen gleich.

Ungefähr einen Monat später kündigte Jane bei der Bank und ging zu einem anderen Kreditinstitut. Während der folgenden zwei Monate verließen dann weitere fünf der „Kreditmädchen" die Bank.

Ungefähr zur selben Zeit, als Jane die Analysten verließ, wurde Frau Rose Beck in die Abteilung versetzt. Frau Beck war eine würdige ältere Witwe, der es erlaubt worden war, in der Bank über das Pensionsalter hinaus beschäftigt zu bleiben. Sie war Vorstandssekretärin und berichtende Sekretärin des Board of Directors gewesen. In all den Jahren hatte sie einiges über das Bankwesen im Allgemeinen und über Finanz und Risikoanalysen gelernt; seit dem Ausscheiden ihres letzten Vorgesetzten war sie Aktienanalystin gewesen. Aufgrund ihrer früheren herausragenden Position war Frau Beck in der ganzen Bank respektiert. Sie duzte sich mit vielen Mitgliedern der Geschäftsleitung; sie hatte sie schon gekannt, als sie noch junge Burschen waren.

In der Kreditanalyseabteilung arbeitete Frau Beck völlig unabhängig. Sie war keinem Vorgesetzten direkt unterstellt. Rose Beck war eine sehr freundliche Frau mit einem guten Sinn für Humor. Sie lachte über die Reibereien, die sie in der Kreditanalyseabteilung vorfand. Sie bot sich den Frauen in der Abteilung als Kameradin an, und diese mochten sie auch immer mehr. Sie nannten sie bald „Mutter Beck" und gingen mit ihren Kreditproblemen zu ihr. Otto Kulp, der Frau Beck respektierte, hatte dagegen nichts einzuwenden. Es kam öfter vor, dass die Frauen einfach bei ihr saßen und mit ihr plauderten. Gelegentlich ging „Mutter Beck" mit der Gruppe in ein Theater oder in ein Kino. Frau Carrie war niemals eingeladen worden. In den folgenden Monaten wurden die Frauen der Kreditabteilung zunehmend als kompetent betrachtet, und die höheren Instanzen der Bank brachten ihnen Vertrauen entgegen. Frau Carrie ließ wissen, dass sie ihre Position als unhaltbar betrachtete, und bat darum, versetzt zu werden.

Fragen zur Fallstudie

1. Rekonstruieren Sie die zentralen Handlungstheorien der Pacific National Bank und gehen Sie dabei auf die Unterscheidung zwischen „espoused theory" und „theory-in-use" ein.

2. Analysieren Sie den Fall vor dem Hintergrund der Unterscheidung zwischen Single- und Double-Loop-Learning. Welche Rolle spielen beide Lernprozesse im Verlauf der Fallstudie?

3. Was hätte das Unternehmen Ihrer Meinung nach tun müssen, um die Situation zu verbessern?

Teil 4
Führung und Personaleinsatz

Kapitel 10 Das Individuum in der Organisation: Motivation und Verhalten

Kapitel 11 Gruppe und Gruppenverhalten

Kapitel 12 Führung

Kapitel 13 Personal als Managementaufgabe

10 Das Individuum in der Organisation: Motivation und Verhalten

Lernziele zu Kapitel 10	325
10.1 Motivation und Motivationstheorien	326
10.2 Der Motivationsprozess (Erwartungs-Valenz-Theorie)	327
10.3 Die Bedürfnishierarchie nach Maslow	333
10.4 Die Zwei-Faktoren-Theorie (Herzberg)	337
10.5 Motivation durch Ziele	341
10.6 Praktische Umsetzung: Motivierende Arbeitsgestaltung	343
10.7 Motivation und sozialer Vergleich	349
Lernkontrollfragen	350
Diskussionsfragen	351
Fallstudie: Martin Breuer	352

Das Individuum in der Organisation: Motivation und Verhalten

Lernziele zu Kapitel 10

Nach Durcharbeiten dieses Kapitels sollten Sie in der Lage sein,

- zu skizzieren, womit sich Motivationstheorien beschäftigen und warum sie im vorliegenden Zusammenhang von Bedeutung sind,

- zu zeigen, auf welche Weise das Erwartungs-Valenz-Modell von Vroom Zusammenhänge zwischen Motivation, individuellen Handlungsergebnissen und Organisationszielen herstellt,

- die Bedürfnispyramide nach Maslow wiederzugeben und ihre Inhalte sowie die damit verknüpften Aussagen zu erläutern,

- die Erweiterungen und Unterschiede der weiteren behandelten Motivationstheorien gegenüber der Maslowschen Theorie herauszuarbeiten,

- die Konzepte zur Erweiterung des Handlungsspielraums der Mitarbeiter zu beschreiben und voneinander klar abzugrenzen,

- die Bedeutung von Gerechtigkeit und Gerechtigkeitsempfinden für die Motivation zu erläutern.

10 Das Individuum in der Organisation: Motivation und Verhalten

10.1 Motivation und Motivationstheorien

Es gilt heute als unbestrittene Tatsache, dass herausragende Unternehmensleistungen nicht ohne eine motivierte Mitarbeiterschaft erbracht werden können. Obwohl Fragen der Mitarbeitermotivation schon lange zum festen Bestandteil moderner Führung gehören, hat die Bedeutung der Mitarbeitermotivation in den letzten Jahren erneut zugenommen. Dies resultiert vor allem aus der zunehmenden Einführung moderner Formen der Unternehmensorganisation: Teamorganisation, Projektarbeit, Qualitätszirkel, flache Hierarchien, Communities of Practice usw. All dies sind Organisationsformen, die Eigeninitiative und dezentrale Kooperation in den Vordergrund rücken und deshalb auch nur dann funktionieren können, wenn sie auf eine motivierte Mitarbeiterschaft treffen.

Arbeit als Leid

Dies sind jedoch neuere Entwicklungen; noch vor wenigen Jahrzehnten spielte die Motivation in der Unternehmensführung so gut wie keine Rolle. Mitarbeiter wurden vorwiegend als Kontraktarbeiter gesehen, von denen in erster Linie erwartet wurde, dass sie die Anweisungen und organisatorischen Routinen zügig und störungsfrei ausführen. Ein eigenständiges Mitdenken, das Entwickeln eigener Ideen, die Selbstabstimmung zwischen Gruppen usw. standen nicht im Vordergrund; im Gegenteil, man befürchtete eher, dies würde zu Störungen im präzise vorgeregelten Arbeitsablauf führen. Dementsprechend ging man auch davon aus, dass Arbeit in erster Linie als Leid empfunden wird, als etwas, das man nur sehr ungern tut und für das man dementsprechend monetär kompensiert werden muss. Arbeit wurde im Wesentlichen als Beeinträchtigung, als Verzicht auf Bedürfnisbefriedigung verstanden. Der Lohn gleicht die Mühsal aus und eröffnet die Möglichkeit, die zurückgestellten Bedürfnisse in der Freizeit zu befriedigen.

Neues Arbeitsverständnis

Mit diesem Denken hat die neuere Führungslehre radikal gebrochen. In das Zentrum rückte die Vorstellung, dass der Mensch **in** und nicht (nur) außerhalb der Arbeit nach Bedürfnisbefriedigung sucht. Menschen haben bestimmte Erwartungen an ihren Arbeitsplatz und sehen sich enttäuscht, wenn diese Erwartungen nicht erfüllt werden. Wurde vorher Arbeit nur als Leid begriffen, das „verkauft" wird, um an anderem Ort die Bedürfnisbefriedigung zu ermöglichen, so wird der Arbeitsplatz nun als ein Ort verstanden, der selbst zum Gegenstand von Bedürfnisbefriedigungserwartungen wird.

Dies ist genau der Punkt, an dem die neueren Motivationstheorien ansetzen. **Arbeitsfreude** wird zum zentralen Thema, die Frage der Motivation wird zur Frage der Bedürfnisbefriedigungsmöglichkeit in der Arbeit und mehr noch **durch** die Arbeit. Neu und für die betriebliche Führung geradezu revolutionierend war die Einsicht, dass Arbeit nunmehr mit Möglichkeiten der Bedürfnisbefriedigung zusammenzudenken ist, dass Organisationsmitglie-

Der Motivationsprozess (Erwartungs-Valenz-Theorie) | **10.2**

der entsprechende Erwartungen an einen Arbeitsplatz haben und dass die (Nicht-)Erfüllung dieser Erwartungen für die Leistungsfähigkeit von Unternehmen weitreichende Bedeutung hat.

Diese zentrale Einsicht hat auf der Theorieseite breite Resonanz gefunden. Seit den 1950er Jahren hat man begonnen, eine ganze Reihe von Motivationstheorien zu entwickeln. Eine Motivationstheorie, die den gesamten Motivationsprozess mit all seinen Elementen umfassend abbilden und erklären würde, liegt allerdings nicht vor. Vielmehr gibt es verschiedene Ansätze, die in Ansatzpunkt und Schwerpunktsetzung differieren; sie sind jedoch nicht grundsätzlich widersprüchlich, sondern ergänzen sich eher wechselseitig.

Die verschiedenen Motivationstheorien werden heute typischerweise nach Prozess-, Inhalts- und Zieltheorien unterschieden; dabei stehen dann der Motivationsentstehungsprozess, der Motivationsinhalt (Motive, Bedürfnisse) beziehungsweise die besondere Bedeutung von Zielen für die Motivation im Mittelpunkt. In jüngerer Zeit finden sich verstärkt Ansätze, die die Motivation in einen Zusammenhang mit Fragen der Gerechtigkeit stellen und damit insbesondere das der Motivation zugrunde liegende Anspruchsniveau im **sozialen Vergleich** in den Vordergrund rücken.

Motivationstheorien

Im Folgenden werden diese verschiedenen Perspektiven auf das Thema Motivation so dargestellt, dass sie nicht nur jeweils für sich, sondern auch in ihrem Gesamtzusammenhang deutlich werden. Im Mittelpunkt stehen dabei die Fragen: Was versteht man unter Motivation? Wodurch werden Mitarbeiter motiviert? Welche Möglichkeiten der Einflussnahme auf die Motivation bzw. den Motivationsprozess gibt es? Als Einstieg wird die Motivationstheorie von Vroom gewählt, weil sie nicht nur eine gute Grundlage für das Verstehen des betrieblichen Motivationsprozesses bietet, sondern zugleich durch ihr prozessuales Verständnis von Motivation eine Plattform für die Integration der Vertiefungen und Ergänzungen der weiteren Ansätze bildet.

10.2 Der Motivationsprozess (Erwartungs-Valenz-Theorie)

Die Erwartungs-Valenz-Theorie von Vroom (1964) stellt entsprechend der Grundidee von Mitarbeitermotivation die Verknüpfung von individuellen Wünschen und betrieblichen Zielen in den Vordergrund. Als Verknüpfungsplattform wird der **Entscheidungsprozess** eines Mitarbeiters gewählt; Motivation wird dementsprechend im Kern als Ergebnis eines – nicht notwendigerweise bewussten – Entscheidungsprozesses verstanden. Motivation

Individueller Entscheidungsprozess

10 Das Individuum in der Organisation: Motivation und Verhalten

bezeichnet dementsprechend den Impetus, eine Handlung zu ergreifen. Das Organisationsmitglied steht jeweils vor mindestens zwei Handlungsalternativen. Erklärt werden soll, warum das Individuum einer bestimmten Alternative den Vorzug gibt, oder anders ausgedrückt, warum es motiviert ist, diese und nicht jene Handlung zu ergreifen.

Im realen Leben handelt es sich dabei meist um einen unbewussten Entscheidungsprozess. Diesen transparent und nachvollziehbar zu machen, ist das Ziel der Erwartungs-Valenz-Theorie. Die grundlegenden Zusammenhänge sind in Abbildung 10-1 dargestellt.

Abbildung 10-1 *Grundstruktur des Vroom-Modells*

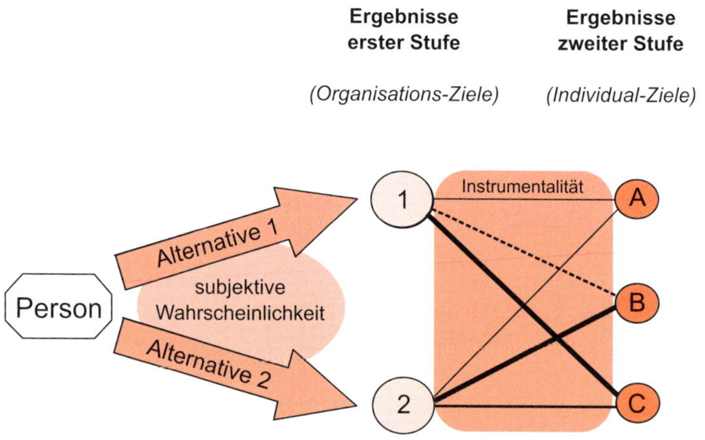

Ergebnisse erster Stufe (Organisations-Ziele) **Ergebnisse zweiter Stufe** (Individual-Ziele)

Person — Alternative 1 / Alternative 2 — subjektive Wahrscheinlichkeit — 1, 2 — Instrumentalität — A, B, C

Komponenten

Leitende Idee ist es, dass Individuen die verschiedenen Handlungsalternativen danach bewerten, wie attraktiv diese für sie sind (**Valenz**) und inwieweit sie diese realistischerweise überhaupt erreichen können (**Erwartung oder subjektive Wahrscheinlichkeit**).

Valenz

Ob und inwieweit eine Handlungsalternative als attraktiv eingeschätzt wird, beruht im Wesentlichen auf zwei Elementen: den persönlichen Zielen, die eine Person mit ihrer Arbeit verfolgt, und der Eignung (**Instrumentalität**), die dieser Handlungsalternative zugesprochen wird, diese persönlichen Ziele zu erreichen. Die Instrumentalität von Organisationszielen zur Erreichung von Individualzielen kann positiv, neutral oder negativ sein; es gibt vom Betrieb gewünschte Handlungsalternativen, die der Erreichung der persönlichen Ziele nicht nur nicht förderlich, sondern sogar abträglich sind (z.B. mag eine sehr hohe individuelle Leistung dem Wunsch nach Akzeptanz

Der Motivationsprozess (Erwartungs-Valenz-Theorie) 10.2

in der Arbeitsgruppe entgegenstehen, denn es gibt Arbeitsgruppen, die unter sich außergewöhnliche Leistungen als Strebertum und Übereifer ablehnen).

Die Attraktivität (Valenz) einer konkreten Handlungsalternative (z.B. hohe Leistung) ergibt sich dann daraus, welche **persönlichen Ziele** damit erreichbar werden und wie **bedeutsam** diese Ziele für das Individuum sind. Beschränkt man sich auf das bisher Gesagte, dann würde das Individuum am meisten motiviert sein, jene Handlungsalternative zu ergreifen, die die höchste Attraktivität (Valenz) besitzt, also am besten geeignet ist, persönliche Ziele hoher Wertigkeit zu erreichen. Die Verwirklichung von Handlungsalternativen ist aber nicht nur eine Frage des individuellen Wollens, sondern auch des Vermögens.

Die meisten Entscheidungssituationen beinhalten in diesem Sinne weitere entscheidungsrelevanten Unwägbarkeiten; so mag sich z.B. eine Person, die eine hohe Stückleistung erbringen soll, nicht sicher sein, ob sie diese Stückzahl auch tatsächlich erbringen kann. Hier kommen Fragen der erlebten Eigenkompetenz, der eigenen Willenskraft, aber auch der Güte der technologischen Ausstattung und der Vorbildung ins Spiel. In diesem Zusammenhang gewinnt das neuerdings viel beachtete Konzept der erlebten erwarteten **„Selbstwirksamkeit" („self efficacy")** eine große Bedeutung (Bandura 1997). Dazu gehört neben der Selbstwahrnehmung der eigenen Kompetenz auch die Grundeinstellung dazu, in welchem Maße man auf die Dinge des Lebens Einfluss nehmen kann (Kontrollüberzeugung). Das Erleben hoher Selbstwirksamkeit wird nicht zuletzt von in der Vergangenheit erbrachten Leistungen bestimmt. Aus diesen Gründen hängt die Motivation des Individuums nicht nur von der Attraktivität/Valenz einer Alternative ab, sondern auch von der vermuteten Wahrscheinlichkeit, mit der das Ergreifen von Handlungen tatsächlich die vorgestellte Wirkung, also das betreffende Ergebnis erster Stufe, hervorbringt. Im Zentrum steht dabei nicht die objektive, sondern die subjektiv wahrgenommene Wahrscheinlichkeit. Diese kann für die verschiedenen Alternativen sehr unterschiedlich ausfallen.

Erwartung

Um diesem Sachverhalt Rechnung zu tragen, kennt das Vroom-Modell als weiteren Faktor die **Erwartung/subjektive Wahrscheinlichkeit**, d.h. die persönliche Einschätzung, inwieweit das fragliche Ergebnis erster Stufe (Organisationsziel) tatsächlich erreicht werden kann. Mathematisch gesehen variieren die Wahrscheinlichkeitswerte zwischen 0 und 1, wobei der Wert von 1 die vollkommene (**subjektive**) Sicherheit ausdrückt, dass das angestrebte Ergebnis tatsächlich erreicht werden kann und umgekehrt.

10 Das Individuum in der Organisation: Motivation und Verhalten

Anmerkung: „Subjektive Wahrscheinlichkeit" und „Instrumentalität" bedeuten Unterschiedliches und sollten auf keinen Fall verwechselt werden. **„Subjektive Wahrscheinlichkeit"** (Erwartung) bezieht sich auf die Einschätzung einer Person, ob sie in der Lage sein wird, ein bestimmtes Handlungsergebnis, wie z.B. hohe Stückzahl oder fehlerfreies Programm, zu erzielen. **Instrumentalität** dagegen bezeichnet die Einschätzung der **Eignung** dieses Handlungsergebnisses für die Erreichung der persönlichen Ziele; also etwa, ob mit der Erstellung eines fehlerfreien Programms tatsächlich persönliche Ziele (wie etwa hoher Lohn oder Anerkennung) erreicht werden.

Motivation

Die Motivation bzw. die treibende Kraft, eine bestimmte Alternative zu ergreifen, bestimmt sich somit aus beiden Elementen, (1) aus der Attraktivität, die eine Handlungsalternative besitzt, und (2) der Einschätzung, wie wahrscheinlich die Realisierung dieser Alternative ist. Beides ist wichtig. Häufig wird nur die Attraktivität betrachtet, das greift aber eindeutig zu kurz. Die Wahrscheinlichkeitsschätzung ist für das praktische Handeln äußerst wichtig. Eine Handlungsalternative mag noch so attraktiv erscheinen, wenn sie als nicht realisierbar angesehen wird, entsteht trotzdem keine Motivation („Schön wäre es ja, aber ich schaffe es sowieso nicht"). Diesem Sachverhalt trägt das Erwartungs-Valenz-Modell dadurch Rechnung, dass es mathematisch gesehen für die Bestimmung der Motivation Erwartung und Valenz **multiplikativ** verknüpft. Eine völlig unrealistische Alternative erhält den Wahrscheinlichkeitswert von 0; damit wird ggf. trotz hoher Valenz zugleich die Gesamtmotivation Null.

Um die dargelegten Zusammenhänge noch transparenter zu machen und die Details genauer bestimmen zu können, hat Vroom sein Motivations-Modell formal durchstrukturiert. Kasten 10-1 zeigt ergänzend das formale Gerüst.

Bedeutung für die Mitarbeiterführung

Verknüpfung von organisationalen und individuellen Zielen

Das Vroom-Modell stellt mit aller Klarheit heraus, dass Arbeitsmotivation grundlegend mit der Verknüpfung von Organisationszielen/Arbeit und Mitarbeiterzielen(-bedürfnissen) zu tun hat. Eine hohe Motivation ist nur dann erreichbar, wenn es dem Management gelingt, die Aufgaben so auszulegen, dass mit ihrer Erfüllung zugleich die individuellen Ziele und Wünsche erreichbar werden. Es muss sichergestellt sein, dass die Aufgabenerfüllung zuverlässig die Mitarbeiterziele einbezieht, und zwar solche Ziele, die von den Mitarbeitern auch tatsächlich hoch geschätzt werden. Zudem müssen die gesteckten Aufgabenziele von den Organisationsmitgliedern als tatsächlich erreichbar wahrgenommen werden (vgl. zusammenfassend Abbildung 10-2).

Der Motivationsprozess (Erwartungs-Valenz-Theorie)

10.2

Kasten 10-1

Das Erwartungs-Valenz-Modell nach Vroom

(1) **Valenz**: Die Valenz (V) eines Handlungsergebnisses j ergibt sich aus ihrer Instrumentalität (I_{jk}), bestimmte Ziele (k) zu erreichen, gewichtet mit der relativen Bedeutung (V_k^*), die das Individuum diesen Zielen beimisst:

$$V_j = \sum V_k^* \, I_{jk}$$

(2) **Motivation**: Die Antriebskraft (F_i), eine bestimmte Alternative i zu ergreifen, ergibt sich aus dem Produkt der Valenz (V_j) und der subjektiven Wahrscheinlichkeit / Erwartung (E_{ij}), mit der Handlungsalternative i das Handlungsergebnis j realisieren zu können.

$$F_i = V_j \, E_{ij}$$

(3) **Schematisches Beispiel**: Ein Organisationsmitglied A überlegt sich, ob es eine relativ hohe (F1) oder eine durchschnittliche Leistung (F2) anstreben will (z.B. herausragender Projektbericht oder Standardbericht nach den in der Unternehmung üblichen Maßstäben). Angenommen sei ferner, A strebe für sich persönlich vor allem die folgenden fünf Ziele an: hohe Entlohnung, betriebliche Altersrente, unterstützendes Vorgesetztenverhalten, Beförderung und Akzeptanz durch die Arbeitsgruppe. Man kann dann die Motivationssituation, wie in unten stehender Abbildung gezeigt, veranschaulichen. Um die Entscheidung („die Motivation") von A bestimmen zu können, müssen Informationen über die subjektiven Wahrscheinlichkeiten, die perzipierten Instrumentalitäten und das Ausmaß der Erwünschtheit der fünf Ziele vorliegen. So bestimmt sich die Valenz („die wahrgenommene Attraktivität", V_1) der Handlungsalternative 1 als die Summe der fünf Produkte aus der Wertigkeit der Individualziele ($V_1^*, V_2^*, ..., V_5^*$) und der jeweiligen Instrumentalitäten (I_{1k}): $V_1 = V_1^* I_{11} + V_2^* I_{12} + V_3^* I_{13} + V_4^* I_{14} + V_5^* I_{15}$.

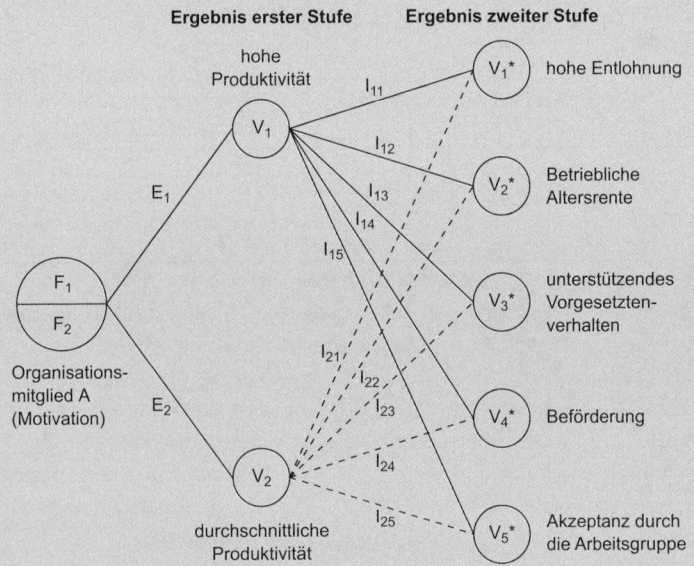

10 Das Individuum in der Organisation: Motivation und Verhalten

> Bestimmt man die Valenz der Individualziele auf einer fünfstufigen Skala (die von 1=„gleichgültig" bis 5=„sehr begehrenswert" reicht), so ergibt sich etwa für das erste Produkt ($V_1 * I_{11}$) bei hoher Wertschätzung des Ziels „hohe Entlohnung" (V_1^*=5) in einem Betrieb, in dem es keine leistungsbezogene Entlohnung gibt (I_{11}=0), ein Wert von 0. Anschließend wird die ermittelte Valenz (V_1) mit der subjektiven Wahrscheinlichkeit (E_1) multipliziert, die sich aus den bisherigen Erfahrungen von A ergibt, inwieweit es ihm möglich ist, eine hohe Leistung in seinem Arbeitskontext tatsächlich zu erbringen. A wird schließlich diejenige Handlungsalternative wählen, mit der er seine Ziele besser erreichen kann, d.h. diejenige Alternative, deren Motivationswert (F_1 oder F_2) höher ist.
>
> Quelle: Vroom 1964

Abbildung 10-2   *Einige praktische Konsequenzen aus dem Erwartungs-Valenz-Modell*

Theorie-Element	Ziel	Management-Aufgaben
Erwartung	Mitarbeiter sollen sich möglichst sicher sein, dass sie eine hohe Arbeitsleistung erzielen können.	Personalauswahl, Personalfortbildung, Klärung der Leistungsziele, Arbeitsorganisation
Instrumentalität	Die Erreichung der Unternehmensziele eignet sich zur Erreichung der Mitarbeiterziele.	Erkundung der Mitarbeitersicht: Sehen Mitarbeiter eine hohe Eignung als gegeben an? Findet hohe Leistung gebührende Beachtung?
Valenz	Verknüpfung hoher Leistung mit den wichtigsten Mitarbeiterzielen	Identifikation der relevantesten Mitarbeiterziele; Ausrichtung der Arbeit auf die Mitarbeiterziele

Quelle: Schermerhorn et al. 1994: 184

Perceived organizational support

Eng im Zusammenhang mit dem Vroom-Modell steht die jüngste Forschung zur **„wahrgenommenen organisatorischen Unterstützung"** (POS: perceived organizational support). Sie bezieht zusätzlich eine **Austausch-Perspektive** mit ein (vgl. Kraimer/Wayne 2004). Grundthese ist, dass ein hohes Maß an wahrgenommener organisatorischer Unterstützung (also das Ausmaß, in dem das Unternehmen eine Befriedigung der persönlichen Bedürfnisse ermöglicht) eine starke innere Verpflichtung erzeugt, nicht nur loyal zu sein, sondern auch ein Verhalten zu zeigen, das die Erreichung der Organisationsziele fördert. Mit anderen Worten, es wird eine Art Ausgleich hergestellt zwischen dem, was man bekommt, und dem, was man gibt.

Empirische Studien (Wayne et al. 1997; Muse/Stamper 2007; Riggle et al. 2009; Rich et al. 2010) haben gezeigt, dass eine hohe wahrgenommene organisatorische Unterstützung einhergeht mit:

- Gewissenhaftigkeit in der Aufgabenerfüllung,
- Innovationsbereitschaft,
- Engagement u.a.m.

Darüber hinaus zeigte sich, dass das Gefühl, geschätzt und unterstützt zu werden, auch Sicherheit verleiht; man **vertraut** darauf, dass das Unternehmen auch alle in Aussicht gestellten Maßnahmen (Beförderung, Belobigung, Gehaltssteigerung usw.) einlöst.

Um nach dem Vroom-Modell die Motivation im konkreten Einzelfall bestimmen zu können, müssten Informationen über Zielsystem, Instrumentalität und subjektive Wahrscheinlichkeit jeweils für **jedes einzelne Individuum** verfügbar sein. Eine solche Vorgehensweise ist im Rahmen der Unternehmensführung nur schwer praktizierbar. Sie ist jedoch insofern auch nicht notwendig, als Theorien verfügbar sind, die in allgemeiner Weise Auskunft über Verhaltensdispositionen geben, vor allem, welche Ziele von Organisationsmitgliedern in der Regel angestrebt und welche Arbeitsbedingungen im Allgemeinen von den Organisationsmitgliedern als geeignet empfunden werden, diese Ziele und Wünsche zu erfüllen.

Generelle Motive

Wichtige Einsichten über derartige generelle Zielvorstellungen lassen sich aus den inhaltlichen Motivationstheorien gewinnen.

10.3 Die Bedürfnishierarchie nach Maslow

Jahrzehntelang wurde Motivation hauptsächlich als das Bestreben verstanden, einen Mangelzustand (im Sinne eines unbefriedigten Bedürfnisses) zu beseitigen. Häufig wurde dieser Mangelzustand mit einem physiologischen Ungleichgewicht (z.B. Hunger oder Durst) zusammengedacht, das auf einen Gleichgewichtszustand (z.B. Sättigung) drängt.

Mangelzustand als Motiv?

Diese Mangeltheorie der Motivation wurde jedoch zunehmend kritisiert, weil sie viele offenkundig bedeutsame Phänomene menschlichen Verhaltens nicht fassen kann: menschliche Neugierde, spielerische Beschäftigung, Lust an der Herausforderung, Interesse am Lernen usw. – all das sind keine Motive, die auf Beseitigung eines Mangelzustandes drängen. Im Gegenteil, sie stellen sogar Spannung her.

Einwände

10 Das Individuum in der Organisation: Motivation und Verhalten

Als einen Versuch, diese beiden Motivarten in einer Theorie zusammenzuführen, kann das populäre Modell von Abraham Maslow (1954) gelten. Die Gegenpole Spannungsabbau und Spannungsaufbau werden dort über die Idee einer Bedürfnishierarchie versöhnt. Die Theorie unterscheidet fünf allgemeine Klassen von Bedürfnissen, die im Hinblick auf ihre Dringlichkeit hierarchisch geordnet sind.

Diese fünf Bedürfnisklassen können kurz in folgender Weise charakterisiert werden (vgl. Abbildung 10-3):

(1) Die **physiologischen Bedürfnisse** umfassen das elementare Verlangen nach Essen, Trinken, Kleidung und Wohnung. Ihr Vorrang vor den übrigen Bedürfnisarten ergibt sich aus der Natur des Menschen.

(2) Das **Sicherheitsbedürfnis** drückt sich aus in dem Verlangen nach Schutz vor unvorhersehbaren Ereignissen des Lebens (Unfall, Beraubung, Invalidität, Krankheit etc.).

(3) Die **sozialen Bedürfnisse** bezeichnen das Streben nach Gemeinschaft, Zusammengehörigkeit und befriedigenden sozialen Beziehungen.

(4) **Wertschätzungsbedürfnisse** spiegeln den Wunsch nach Anerkennung und Achtung wider. Dieser Wunsch bezieht sich sowohl auf Anerkennung von anderen Personen als auch auf Selbstachtung und Selbstvertrauen. Es ist der Wunsch, nützlich und notwendig zu sein.

(5) Als letzte und **höchste** Klasse werden die **Selbstverwirklichungsbedürfnisse** genannt. Damit ist das Streben nach Selbstständigkeit, nach Entfaltung der eigenen Persönlichkeit im Lebensvollzug, nach wertvollen Aktivitäten gemeint: „Was ein Mensch sein kann, das muss er sein".

Die Maslowsche Motivationstheorie baut auf **zwei Prinzipien** auf, dem Defizitprinzip und dem Progressionsprinzip.

Defizitprinzip

(1) Das **Defizitprinzip** besagt, dass Menschen danach streben, unbefriedigte Bedürfnisse zu befriedigen. Ein befriedigtes Bedürfnis hat keine Motivationskraft mehr. Anders ausgedrückt: Wenn ein Individuum die dauerhafte Befriedigung eines der genannten Bedürfnisse als weitgehend sichergestellt betrachtet, hört dieses auf, handlungsmotivierend zu wirken. Änderungen der Lebenssituation (Krieg, Arbeitslosigkeit usw.) können allerdings bewirken, dass ein vormals befriedigtes Bedürfnis wieder als unbefriedigt auftaucht und damit erneut handlungsmotivierend wirkt.

Die Bedürfnishierarchie nach Maslow

10.3

Die Maslowsche Bedürfnispyramide

Abbildung 10-3

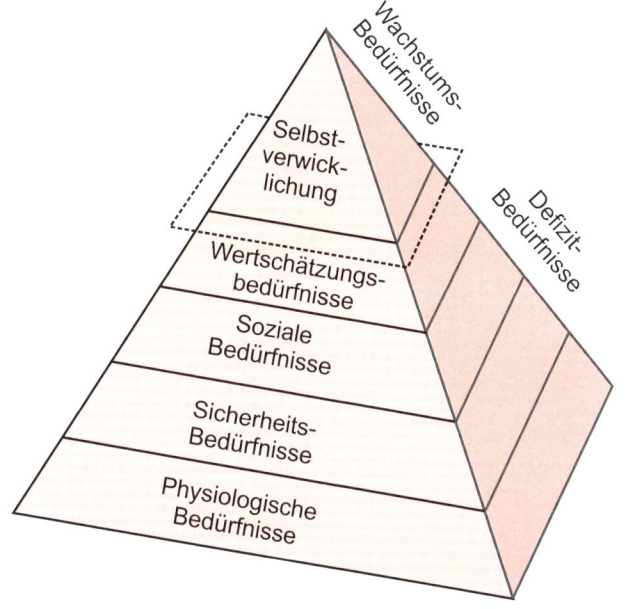

(2) Das **Progressionsprinzip** besagt, dass menschliches Verhalten grundsätzlich durch das hierarchisch niedrigste unbefriedigte Bedürfnis motiviert wird. Der Mensch versucht zunächst, seine physiologischen Bedürfnisse zu befriedigen. Ist das geschehen, dann bedeuten diese Bedürfnisse keinen Handlungsanreiz mehr. Gesättigte Bedürfnisse motivieren nicht. Im Motivationsprozess wird das nächsthöhere Motiv, das Sicherheitsbedürfnis, aktiviert. Dieser Prozess setzt sich fort bis zum Bedürfnis nach Selbstverwirklichung, wobei für dieses Bedürfnis in Abkehr von der Sättigungsphilosophie postuliert wird, dass es nie abschließend befriedigt werden kann. Letzteres stellt also einen Bedürfnistypus besonderer Art dar, Maslow nennt ihn **Wachstumsbedürfnis** im Unterschied zu den Defizitbedürfnissen. Eingangs hatten wir dafür bereits das Streben nach neuen Erkenntnissen oder Neugierde als Beispiele genannt.

Dieser Lauf der Motiventwicklung wird gestoppt, wenn auf einer der bezeichneten Ebenen keine Befriedigung des Bedürfnisses erfolgt. Das nächsthöhere Bedürfnis wird dann nicht verhaltensbestimmend. Motivierend ist immer nur **eine** Bedürfnisstufe.

Progressionsprinzip

Sonderstellung des Bedürfnisses nach Selbstverwirklichung

Das Individuum in der Organisation: Motivation und Verhalten

Folgende Punkte sind zusätzlich zu beachten:

Modifikation durch Persönlichkeit

(1) Maslow will die Bedürfnishierarchie als generelle Basis der Handlungsmotivierung verstanden wissen, räumt jedoch ein, dass im Einzelfall eine Modifikation der Rangfolge der Bedürfnisse im Lichte der Gesamtpersönlichkeit erfolgen kann. Empirische Untersuchungen weisen dementsprechend darauf hin, dass eine Bedürfnishierarchie in der postulierten Weise nicht einheitlich vorfindbar ist; sie berichten aber übereinstimmend, dass eine hierarchische Trennung in zumindest zwei Gruppen möglich ist, und zwar in die Bedürfnisgruppen 1 und 2 als Grundbedürfnisse auf der einen Seite und in die Bedürfnisgruppen 3, 4 und 5 als höhere Bedürfnisse auf der anderen Seite. Man kann also mit großer Wahrscheinlichkeit davon ausgehen, dass physiologische und Sicherheitsbedürfnisse ausreichend befriedigt sein müssen, ehe darüber liegende Bedürfnisse verhaltensbestimmend werden.

Empirische Befunde

E = existence
R = relatedness
G = growth

Alderfer (1972) hat mit seiner ERG-Theorie diese Überlegungen aufgenommen und eine modifizierte Bedürfnistheorie aufgestellt. Diesem Ansatz nach lassen sich nur drei allgemeine Bedürfnisklassen unterscheiden: Existenzbedürfnisse (physisches Wohlergehen), Sozialbedürfnisse (Einbettung in soziale Beziehungen), Wachstumsbedürfnisse (personales Wachstum). Eine eindeutige Vorordnung wird nur für die Existenzbedürfnisse angenommen. Im Unterschied zu Maslow wird ferner angenommen, dass eine dauerhafte Nichtbefriedigung eines höherrangigen Bedürfnisses ein Zurückgehen und Fixieren auf das zuletzt befriedigte Bedürfnis zur Folge hat (Frustrations-Regressions-Prinzip).

Befriedigungsgrad und Motivation

(2) Maslow beugt der Fehlinterpretation vor, dass eine Klasse von Bedürfnissen zu **100 %** befriedigt werden muss, bevor die nächste Klasse von Bedürfnissen motivierend wirkt. Häufig reicht ein Befriedigungsgrad von **70 %** oder weniger aus, um das nächsthöhere Bedürfnis in den Vordergrund treten zu lassen. Der empfundene Sättigungsgrad variiert stark mit den individuellen Erwartungen.

Kumulations-Theorie

(3) In der neueren Literatur wird meist mit einer modifizierten Variante gearbeitet, derart, dass mit zunehmender Befriedigung der einzelnen Bedürfnisse in der Arbeitswelt die Motivationsstärke steigt. Die Motivation ist nach dieser **Kumulations-Theorie** umso höher, je mehr Bedürfnisse in der Arbeit befriedigt werden können. Ziel einer motivationsorientierten Führung ist es, möglichst viele Bedürfnisse in der Arbeit befriedigbar zu machen. Das Defizit- wie auch das Progressions-Prinzip von Maslow werden bei dieser Sichtweise dann allerdings aufgegeben, es wird nur die Liste der Bedürfnisse übernommen. In der Praxis hat diese Kumulations-Variante, die häufig mit der Arbeitszufriedenheitsforschung gekoppelt ist (s.u.), viel grö-

Die Zwei-Faktoren-Theorie (Herzberg)

ßere Akzeptanz gefunden als die Originalversion. Die Motivationsbasis verbreitert sich demnach mit zunehmender Bedürfnisbefriedigung (vgl. Abbildung 10-4).

Kumulationstheorie und Motivationsstärke

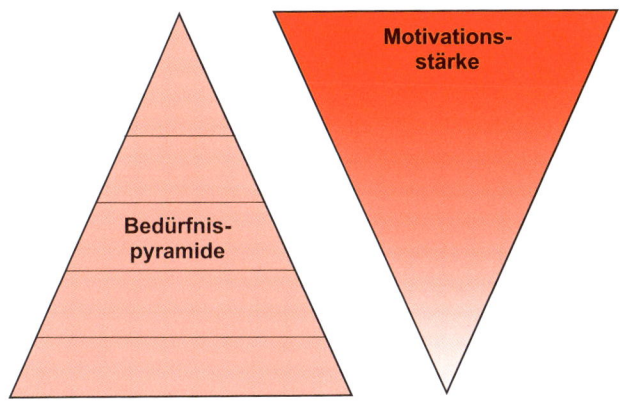

Abbildung 10-4

An der Maslow-Theorie wird häufig bemängelt, dass das hochrangigste Motiv, die Selbstverwirklichung, zu vage bleibt. Die Zwei-Faktoren-Theorie von Herzberg kann diesbezüglich und im Hinblick auf einen insgesamt stärkeren Organisationsbezug ergänzend hinzugezogen werden.

10.4 Die Zwei-Faktoren-Theorie (Herzberg)

Die neben der Bedürfnispyramide zweifellos wichtigste Inhaltstheorie stellt die von Herzberg und Mitarbeitern (1967) entwickelte Zwei-Faktoren-Theorie dar. Sie bietet in Bezug auf Maslow nicht nur eine konkretere und organisationsbezogenere inhaltliche Bestimmung von Bedürfnissen, sondern führt zugleich – darauf stellt die Bezeichnung „Zwei-Faktoren" ab – eine zentrale Unterscheidung zum Grundverständnis von Motivation ein. Ausgangspunkt waren ausgedehnte Interviews mit Beschäftigten aus der Pittsburgher Industrieregion; sie sollten jeweils ein Ereignis aus ihrem Arbeitsleben schildern, das sie als besonders befriedigend, und eines, das sie als besonders unbefriedigend empfanden („Tell me about a time when you felt exceptionally good/bad about your job."). Eine Inhaltsanalyse der ca. 4.000 Interviews ergab, dass eine ganz bestimmte Klasse arbeitsbezogener Fakto-

Konkrete Erlebnisse als Ausgangspunkt

10 Das Individuum in der Organisation: Motivation und Verhalten

ren zu Zufriedenheit führte, während andere, davon ganz verschiedene Faktoren Unzufriedenheit hervorriefen (vgl. Abbildung 10-5).

Abbildung 10-5 | Motivatoren und Hygienefaktoren im Vergleich

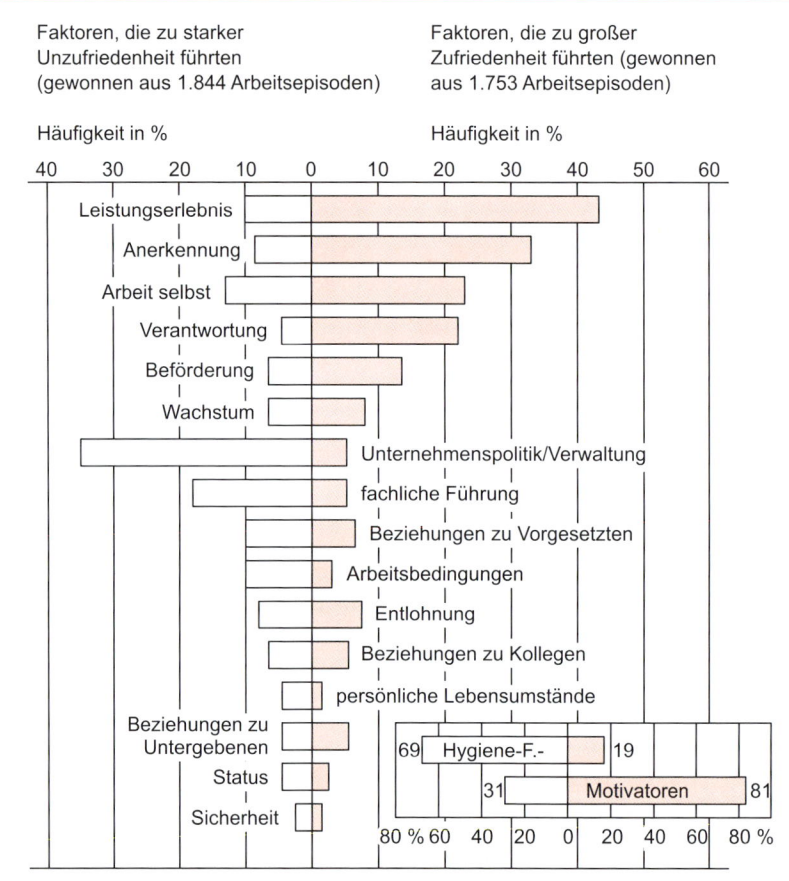

Quelle: Herzberg 1968: 57

Herzberg leitet daraus ab, dass Zufriedenheit und Unzufriedenheit nicht länger als Extrempunkte eines Kontinuums gesehen werden dürfen, sondern als zwei unabhängige Dimensionen:

„Dissatisfiers"
- **Unzufriedenheit** wird durch (externe) Faktoren der Arbeitsumwelt hervorgerufen. Die wichtigsten „dissatisfiers" oder „Hygienefaktoren" waren: Personalpolitik und -verwaltung (Urlaubsplanung, Beschwerdewege, Leistungsbeurteilungsverfahren usw.), Status, fachliche Kompe-

Die Zwei-Faktoren-Theorie (Herzberg) **10.4**

tenz des Vorgesetzten, persönliche Beziehung zu Vorgesetzten, Kollegen und Mitarbeitern, Arbeitsplatzverhältnisse (Klima, Licht, Schmutz usw.), Arbeitssicherheit u.a. Eine ausreichende Berücksichtigung dieser Faktoren führt zum Fortfall von Unzufriedenheit, nicht aber zu Zufriedenheit.

- **Zufriedenheit** kann nur über Faktoren erreicht werden, die sich auf die Arbeit selbst beziehen. Die wichtigsten „satisfiers" bzw. „Motivatoren" waren: Leistungs- und Erfolgserlebnis, Anerkennung für geleistete Arbeit, Arbeit selbst, Verantwortung, Aufstieg, Möglichkeit zur Persönlichkeitsentfaltung.

„Satisfiers"

Herzberg hat aus diesen Ergebnissen den Schluss gezogen, dass nur solche Faktoren eine wirkliche Motivationskraft freisetzen können, die sich auf den **Arbeitsinhalt** und auf die Befriedigung persönlicher **Wachstumsmotive** (Selbstverwirklichung) beziehen. Ohne diese Faktoren (Motivatoren) kann es keine wirkliche Motivation geben. Dies ist zugleich eine radikale Absage an allzu einfach konzipierte Motivationsprogramme wie Incentive-Reisen, Prämien usw., die das Motivieren als mechanistische **Anreiztechnik** missverstehen.

Arbeitsinhalt, Zufriedenheit und Motivation

Abbildung 10-6 veranschaulicht die Zwei-Faktoren-Theorie grafisch.

Die Zwei-Faktoren-Theorie | *Abbildung 10-6*

Hygienefaktoren
Unzufriedenheit → Fortfall von Unzufriedenheit

Motivatoren
motivationsneutral → hoch motiviert
(=keine Zufriedenheit) (= Zufriedenheit)

Eine Sonderstellung nimmt die Entlohnung ein. Nach Auffassung von Herzberg kann sie kurzfristig durchaus zu einer höheren Zufriedenheit/Motivation beitragen, dauerhaft entfaltet aber der Lohnanreiz keine Motivationswirkung; der Anreiz stumpfe schnell ab und werde zur Selbstverständlichkeit. Die Entlohnung wird deshalb strukturell zu den Hygienefaktoren gezählt.

10 Das Individuum in der Organisation: Motivation und Verhalten

Hygienefaktoren und Unzufriedenheit

Die Hygienefaktoren beziehen sich auf die **Arbeitsumgebung**; ihre Verhaltenswirkung erklärt sich aus einem gänzlich anderen Antrieb heraus, nämlich aus dem Bestreben, (Arbeits-)Leid zu vermeiden. Eine Verbesserung der äußeren Arbeitsumstände führt deshalb auch nur zu einer Beseitigung dieses Leides, ohne jedoch Zufriedenheit im eigentlichen Sinne herstellen zu können. Auch ein noch so starker Einsatz von Hygienefaktoren kann nach Herzberg keinen Zustand der Zufriedenheit und damit der Motivation herbeiführen.

In der neueren Motivationsliteratur ist eine der Herzbergschen Theorie ähnliche Unterscheidung geläufig: **intrinsische** und **extrinsische** Motivation. Gemeint ist damit einerseits die Motivation, die aus dem Interesse an der Sache selbst fließt, und andererseits die Motivation, die aus externen Anreizen heraus gedeiht, die sich nur aus dem Wunsch nach diesen Anreizen speist, ohne festes Interesse an der Aufgabe selbst, und sich sofort verflüchtigt, wenn die Anreize entfallen (Deci 1975; Frey/Jegen 2001; Matiaske/Weller 2008; Rost/Osterloh 2009). Gerade die Idee der intrinsischen Motivation wird mitunter auch unmittelbar in Verbindung mit kreativen Problemlösungen gebracht. Allerdings ist die intrinsische Motivation zu einer Handlung allein noch kein Garant für die Kreativität der Handlungsergebnisse (Grant/Berry 2011), denn letztlich müssen dafür neben der Motivation auch die notwendigen Fähigkeiten vorhanden sein.

Praktische Folgerungen

Die Differenzierung der Antriebsfaktoren in Motivatoren und Hygienefaktoren hat weitreichende **praktische Bedeutung**. Um eine hohe Motivation und Arbeitsleistung zu erzielen, müssen Motivatoren und Hygienefaktoren gleichermaßen zum Einsatz kommen. Die in den Motivatoren angelegte Entfaltung in der Arbeit als zentrale zufriedenheitsstiftende und damit leistungsstimulierende Kraft kann nur auf der Basis einer „gesunden" Arbeitsumgebung zur Wirkung kommen. Starke Unzufriedenheit behindert im Resultat die Wirkungskraft der Motivatoren, und damit bleibt das Leistungspotenzial unausgeschöpft.

Querbezüge zu Maslow

Die Herzbergsche Zwei-Faktoren-Theorie lässt Querbezüge zur Maslowschen Bedürfnishierarchie erkennen, in dem Sinne, dass die „Motivatoren" den zwei oberen Bedürfnisklassen entsprechen. Neben diesen Gemeinsamkeiten ist aber als gravierender Unterschied festzustellen, dass nach Maslow jedes Bedürfnis Motivator-Funktion haben kann, sofern es unbefriedigt ist, wohingegen Herzberg diese Funktion eben nur den oberen Bedürfnissen zuschreibt.

Untersuchungsmethodik

Kritik: Der Ansatz von Herzberg hat in vielfacher Weise Kritik erfahren (z.B. Ondrack 1974; Bassett-Jones/Lloyd 2005), ohne dass dies allerdings seiner Popularität Abbruch getan hätte. Die Kritik hat sich primär an der Untersuchungsmethodik entzündet. Kontrolluntersuchungen haben gezeigt, dass das Zwei-Faktoren-Profil nur dann wiederholbar war, wenn exakt dieselbe Methode, wie Herzberg sie eingesetzt hatte, verwendet wurde. Bei dieser Methodik muss aber berücksichtigt werden, dass Menschen dazu neigen, positive Ergebnisse der eigenen Leistung zuzuschreiben, negative Erlebnisse dagegen der Umwelt anzulasten („Ich-Abwehr-Mechanismus"). Der Zwei-Faktoren-Ansatz spiegele – so die Kritik – diese Neigung wider.

Ein weiterer Einwand stellt darauf ab, dass Hygienefaktoren, insbesondere aber externe Anreize wie Incentive-Reisen oder Leistungsprämien, die Motivatoren nicht nur nicht stützen, sondern eher zerstören würden; originäres Interesse an der Arbeit würde durch das Angebot materieller Anreize vollständig auf die Gewinnung letzterer umgepolt (Frey/Jegen 2001; James 2005; Gagné/Deci 2005).

Verdrängungseffekt

Trotz der zum Teil heftigen Kritik bleibt es das Verdienst der Herzbergschen Theorie, in der Managementlehre einen dramatischen Wandel im Anreizdenken herbeigeführt zu haben. Das dominierende Denken in externen Anreizen als Motivationsgrundlage wurde jedenfalls teilweise zurückgedrängt zugunsten einer Perspektive, die die intrinsische Motivation, d.h. das originäre Interesse an der Arbeit, in den Vordergrund rückt. Die Theorie machte den Weg frei für einen neuen erfolgreichen Weg der Führungspraxis und der Arbeitsorganisation und ist insofern auch heute noch von großer Bedeutung.

10.5 Motivation durch Ziele

Ein weiterer motivationstheoretischer Ansatz ist die Zieltheorie. Motivation soll aufgebaut werden durch die Formulierung herausfordernder Ziele für die einzelnen Organisationsmitglieder und die Möglichkeit, diese Ziele weitgehend selbstständig realisieren zu können.

Ziele als Motivator

Im Mittelpunkt stehen anspruchsvolle **Ziele** im Rahmen einer herausfordernden Tätigkeit. Man betrachtet Ziele als erstrebenswerte Zustände, die das Verhalten steuern. In Erweiterung zur Vroomschen Theorie steht nicht eine instrumentelle Beziehung zwischen Organisations- und Individualzielen im Zentrum, sondern es geht um das Zielerreichungsstreben als solches. Im Hinblick auf ihren verhaltensbestimmenden Effekt sind die (1) **Intensität** und der (2) **Inhalt** die zwei relevantesten Zieldimensionen.

Die **Intensität** bezieht sich auf die relative Bedeutung, die die betreffende Person dem Ziel beimisst. Es gilt die empirisch vielfach bestätigte Annahme, dass Ziele umso stärker das Verhalten bestimmen, je wichtiger sie vom Individuum erlebt werden. Mit dem **Zielinhalt** wird in erster Linie der Schwie-

10   *Das Individuum in der Organisation: Motivation und Verhalten*

rigkeitsgrad eines Ziels angesprochen. Motivierende Ziele sind herausfordernd, aber nicht unrealistisch.

Darüber hinaus markieren Ziele den **Anstrengungszeitraum**, sie motivieren dazu, die Aufgabenaktivitäten nicht einzustellen, ehe das Ziel erreicht ist.

Drei Prozesskomponenten   Der Zielmotivationsansatz geht von einem **Selbstregulationsprozess** aus, der sich im Wesentlichen aus drei Komponenten zusammensetzt:

(1) Selbstbeobachtung,

(2) Selbstbeurteilung,

(3) Selbstreaktion.

Feedback   (1) **Selbstbeobachtung** bezieht sich auf das Bestreben, Informationen zu gewinnen, die über die Konsequenzen der ergriffenen Aktivitäten informieren und zeigen, wie weit man auf dem Weg der Zielerreichung ist. Einige Studien zeigen, dass die Motivation, Ziele zu erreichen, dort deutlich höher lag, wo Individuen fortlaufend über die relevanten zielbezogenen Feedback-Informationen verfügten und sich in ihrem Leistungsverhalten selbst beobachten konnten.

(2) Die zweite Komponente, die **Selbstbeurteilung**, beinhaltet den Soll/Ist-Vergleich; d.h., das Individuum schätzt mit Hilfe der Feedbackinformationen ein, wie weit es (bisher) gelungen ist, die Ziele zu erreichen.

(3) Die Selbstbeurteilung soll bei Abweichungen **Korrekturschritte** einleiten. Starke Diskrepanzen zwischen Ziel und Ergebnis führen jedoch häufig nicht zu verstärkten Anstrengungen, sondern zu Enttäuschungsreaktionen; die Bedeutung des Zieles wird neu eingestuft, Ziele werden neu interpretiert usw. (Jordan/Audia 2012). Die Zielerreichungserfahrungen bilden ferner Erwartungen aus im Hinblick auf die eigene Leistungsfähigkeit („self efficacy"). Diese Erwartungen sind für die Motivation bei zukünftigen Zielerreichungsprozessen sehr bedeutsam (vgl. hierzu die subjektive Wahrscheinlichkeit bei Vroom).

Eigenverantwortung   Insgesamt verweist dieses Modell nicht nur auf die motivierende Kraft anspruchsvoller Ziele, sondern auch auf die Bedeutung der Selbstregulation. Nicht die externe Einflussnahme steht im Mittelpunkt dieser Auffassung, sondern die Möglichkeit, über die eigene Verarbeitung von Feedbackinformationen und die selbst vorgenommene Einschätzung der Zielerreichung das Verhalten praktisch „intern" zu beeinflussen. In diesem Sinne geht es weniger um Fremdsteuerung als vielmehr um Selbststeuerung.

Der Zielansatz hat in vielen Varianten Eingang in die Managementpraxis gefunden. Neben Vorschlägen zur Zielbildung (vgl. die in Abbildung 10-7 gezeigten Regeln) betrifft dies vor allem die Neugestaltung der **Arbeitsor-**

ganisation (Feedbackorientierung, Selbstkontrolle usw.) im Sinne eines zielorientierten Aufgabendesigns. Ferner sei auf das **Management by Objectives** verwiesen, das diese Ideen aufgreift und praktisch fruchtbar macht (Odiorne 1967). Der gesamte betriebliche Prozess soll hiernach in Form von Individualzielen formuliert und im Wesentlichen auf der Basis der Selbstkontrolle gesteuert werden.

Regeln für die praktische Umsetzung der Selbstregulationstheorie | *Abbildung 10-7*

1. Setze klare Ziele mit zeitlicher Bestimmung.
2. Definiere herausfordernde Ziele (weder unrealistisch noch zu einfach).
3. Stelle eine Identifikation mit den Zielen sicher; nur als wichtig erlebte Ziele können motivieren.
4. Vereinbare eindeutige Kriterien zur Bewertung der Zielerreichung.
5. Stelle die enge Verknüpfung von Aufgaben-Zielen und persönlichen Zielen sicher.

In der Praxis stehen der Motivation durch Ziele jedoch sehr viel mehr Schwierigkeiten entgegen, als es auf den ersten Blick den Anschein hat. Häufig lassen sich Aufgaben nicht sinnvoll in Individualziele zerstückeln und ebenso häufig eignen sich Aufgaben nicht für eine Quantifizierung (z.B. Designaufgabe). Eine besondere Gefahr stellt die Tendenz dar, quantifizierbaren Aufgabenteilen die Priorität gegenüber nicht quantifizierbaren zu geben (Braun 2004).

10.6 Praktische Umsetzung: Motivierende Arbeitsgestaltung

Die organisatorische Umsetzung der Motivationstheorien konzentriert sich konsequenterweise auf Maßnahmen zur Arbeitsgestaltung, wobei zu Anfang die Abkehr von der tayloristischen Idee der radikalen Arbeitsvereinfachung, welche ausschließlich auf Übungs- und Routinisierungseffekte abstellte, im Mittelpunkt stand. Im Gegensatz zu Taylor steht die Arbeitsgestaltung hier zentral unter der Leitmaxime einer Motivationsorientierung, die Individual- und Organisationsziele gleichermaßen befördert. Die zentrale Idee ist eine

Bedürfnis-orientierte Arbeitsgestaltung

10 Das Individuum in der Organisation: Motivation und Verhalten

bedürfnisbezogene Ausgestaltung der Arbeit. Um diese Idee zu verdeutlichen, seien die **Dimensionen des Arbeitsinhalts** kurz umrissen.

Zwei Grunddimensionen des Arbeitsinhalts:

Ausgangspunkt der meisten Überlegungen ist der **Handlungsspielraum**, den das einzelne Organisationsmitglied bei seiner Tätigkeit hat. Zu diesem Zweck wird gewöhnlich in zwei Dimensionen unterschieden, nämlich in den **Tätigkeitsspielraum** einerseits und den **Entscheidungs- und Kontrollspielraum** andererseits. Unter Tätigkeitsspielraum ist der Grad an Varietät in den Tätigkeiten zu verstehen, wobei sich die Varietät nicht nur nach der Zahl unterschiedlicher Operationen, sondern qualitativ auch nach dem Ausmaß der Unterschiedlichkeit (Distanz) richtet. Der Entscheidungs- und Kontrollspielraum ist durch das Ausmaß selbstständiger Planungs-, Organisations- und Kontrollbefugnisse bestimmt. Interpretiert man diese beiden Dimensionen als unabhängig (orthogonal) voneinander, so lässt sich der Handlungsspielraum eines bestimmten Arbeitsplatzes als Punkt in einem zweidimensionalen Koordinatensystem darstellen (vgl. Abbildung 10-8).

– horizontal

– vertikal

Erweiterung

Eine wichtige Erweiterung hat dieses Konzept durch Hackman und Oldham (1980) erfahren. Sie unterscheiden die folgenden fünf Dimensionen:

(1) **Aufgabenvielfalt** (skill variety), d.h. das Ausmaß, in dem die Ausführung einer Arbeit unterschiedliche Fähigkeiten und Fertigkeiten verlangt (z.B. Fließbandarbeiterin versus Konstrukteur).

(2) **Ganzheitscharakter der Aufgabe** (task identity), d.h. das Ausmaß, in dem die Tätigkeit die Erstellung eines abgeschlossenen und eigenständig identifizierbaren „Arbeitsstückes" verlangt (z.B. Kunstschlosser versus Kondensatorenlöterin).

(3) **Bedeutungsgehalt der Aufgabe** (task significance), d.h. das Ausmaß, in dem die Tätigkeit einen bedeutsamen und wahrnehmbaren Nutzen für andere innerhalb und außerhalb der Organisation hat (z.B. Krankenschwester versus Bedienung in einem Spielsalon).

(4) **Autonomie des Handelns** (autonomy), d.h. das Ausmaß, in dem die Arbeit dem Beschäftigten Unabhängigkeit und einen zeitlichen und sachlichen Spielraum bei der Arbeitsausführung lässt (z.B. Lehrerin versus Telefonistin).

(5) **Rückkoppelung** (feedback), d.h. das Ausmaß an Information, das der Arbeitsplatzinhaber über die Ergebnisse seiner Arbeit erhält (z.B. Werksarzt versus Reisende).

Praktische Umsetzung: Motivierende Arbeitsgestaltung

Der Handlungsspielraum eines Arbeitsplatzes

Abbildung 10-8

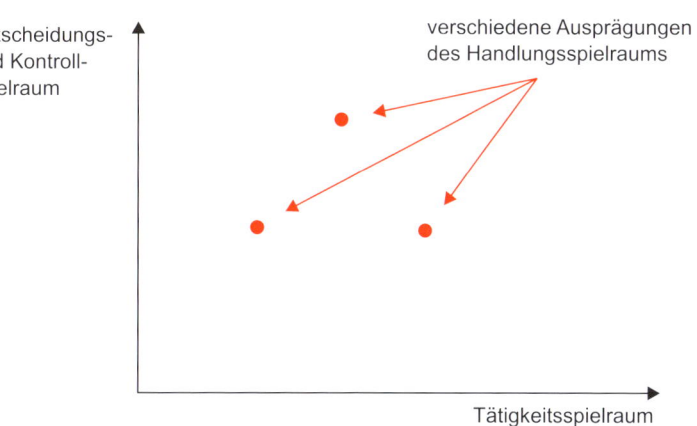

Quelle: nach Ulich et al. 1973: 65 (stark modifiziert)

Die Dimension „Ganzheitscharakter der Aufgabe" (task identity) verweist auf die Bedeutung, die die Erstellung eines abgeschlossenen und eigenständig identifizierbaren Arbeitsstückes für ein positives Erleben der Arbeitssituation hat. Eine Erhöhung des Variationsgrades der Arbeitsvollzüge geht nicht automatisch mit einer Komplettierung der Arbeitsvollzüge in Richtung auf ein in sich abgeschlossenes Arbeitsstück einher.

Ganzheitscharakter

Die Dimension „Rückkoppelung des Arbeitsergebnisses" verweist auf die Bedeutung, die die Rückmeldung über den Aufgabenerfolg für das Arbeitserlebnis des Individuums hat. De Stobbeleir et al. (2011) zeigen, dass z.B. auch die Art der Selbstregulation (siehe oben) von der Art und Weise abhängt, in der sich Individuen auch aktiv um Feedback bemühen.

Rückkoppelung

Die Dimension „Bedeutungsgehalt der Aufgabe" geht sehr stark vom Verwendungskontext der Produkte und dessen Bewertung, weniger vom Arbeitsinhalt aus. Der Bedeutungsgehalt einer Aufgabe lässt sich allerdings schlecht durch motivationsfördernde Maßnahmen steigern; dies ist ein übergreifendes Problem (Oldham/Hackman 2010).

Bedeutungsgehalt

Anhand dieser fünf Dimensionen lässt sich das Motivationspotenzial einer Tätigkeit bestimmen. Für eine Potenzialmessung kann man sich mehrstufiger Einschätzskalen bedienen, die dem Arbeitsplatzinhaber und/oder Organisationsexperten vorgelegt werden. Als Ergebnis lässt sich das Motivationspotenzial der verschiedenen Tätigkeiten in einem Profil-Tableau vergleichend gegenüberstellen, wie in Abbildung 10-9 gezeigt wird.

Profil-Tableau

10 Das Individuum in der Organisation: Motivation und Verhalten

Abbildung 10-9 | *Motivationspotenzial von Tätigkeiten im Vergleich*

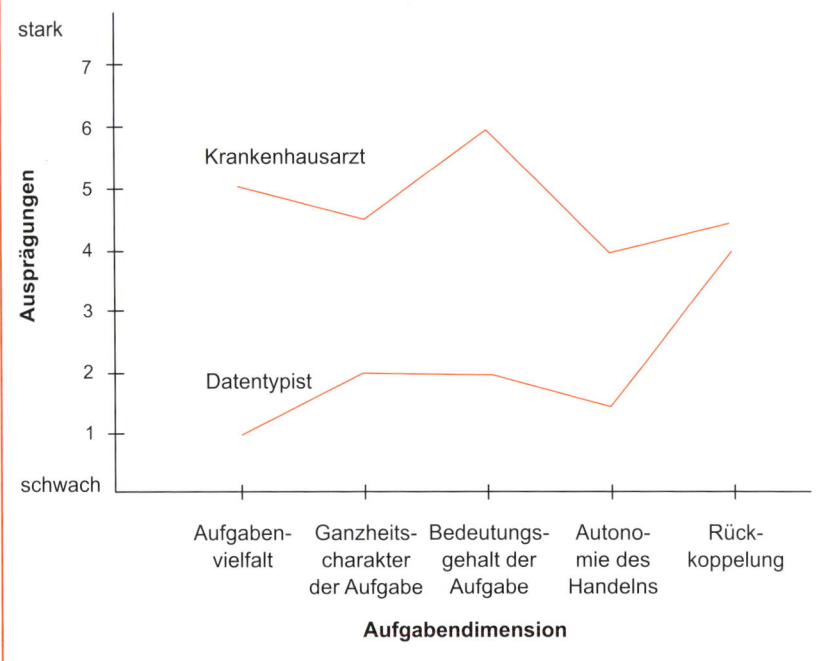

Konzept

Zur Erweiterung des **Handlungsspielraums** sind im Wesentlichen vier arbeitsorganisatorische Maßnahmen in der Diskussion. Abbildung 10-10 zeigt sie im Überblick.

Einige Modelle seien nachfolgend kurz erläutert:

Arbeitsanreicherung (Job Enrichment)

Autonomieerweiterung

Im Unterschied zu den bisher dargestellten Konzepten stößt die Arbeitsanreicherung in den Entscheidungs- und Kontrollspielraum vor und hebt damit am unteren Ende der Managementhierarchie die traditionelle Trennung von leitender und ausführender Tätigkeit ansatzweise auf. Die Ausweitung des Entscheidungs- und Kontrollspielraums („vertikale Ladung") ist daher die notwendige Bedingung, wenn man von Job Enrichment sprechen will. Diese Ausweitung gewinnt umso mehr an Gewicht, je mehr sie im Sinne einer Ganzheitlichkeit angelegt ist.

Praktische Umsetzung: Motivierende Arbeitsgestaltung

10.6

Arbeitsorganisatorische Modelle im Überblick

Abbildung 10-10

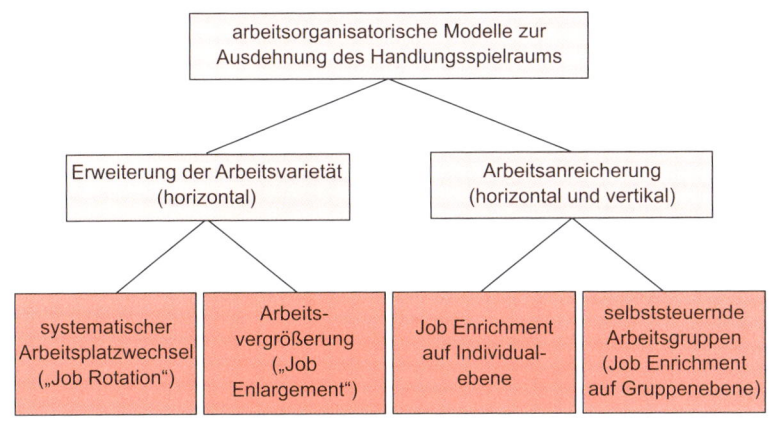

Die Qualität von **Job-Enrichment-Maßnahmen** bestimmt sich weiterhin nach Art und Umfang der erreichten neuen Aufgabenvielfalt. Es macht einen qualitativen Unterschied, ob z.B. chemo-technischen Assistenten im Labor zu ihrer bisherigen Analysetätigkeit zusätzlich die Säuberung der Geräte oder das Abfassen von Untersuchungsberichten über ihre Analysen übertragen wird. Auch bezüglich der Aufgabenvielfalt hat die erreichte Ganzheitlichkeit des Aufgabenvollzuges einen wesentlichen Einfluss auf das erreichte Job-Enrichment-Niveau. Den Prozess der Arbeitsanreicherung veranschaulicht Abbildung 10-11 im Anschluss an Hackman und Oldham grafisch.

Arbeitsanreicherung auf Gruppenbasis (Teilautonome Arbeitsgruppen)

Selbststeuernde Arbeitsgruppen sind Kleingruppen im Gesamtsystem der Unternehmung, deren Mitglieder zusammenhängende Aufgabenvollzüge gemeinsam eigenverantwortlich zu erfüllen haben und die zur Wahrnehmung dieser Funktion über entsprechende – vormals auf höheren hierarchischen Ebenen angesiedelte – Entscheidungs- und Kontrollkompetenzen verfügen. Je nach den Sachverhalten, die der Arbeitsgruppe zur eigenverantwortlichen Wahrnehmung übertragen werden, kann man verschiedene Grade der Selbststeuerung unterscheiden.

Möglichkeiten der Autonomieerweiterung

Abbildung 10-11 Prinzipien einer anreicherungsorientierten Arbeitsgestaltung

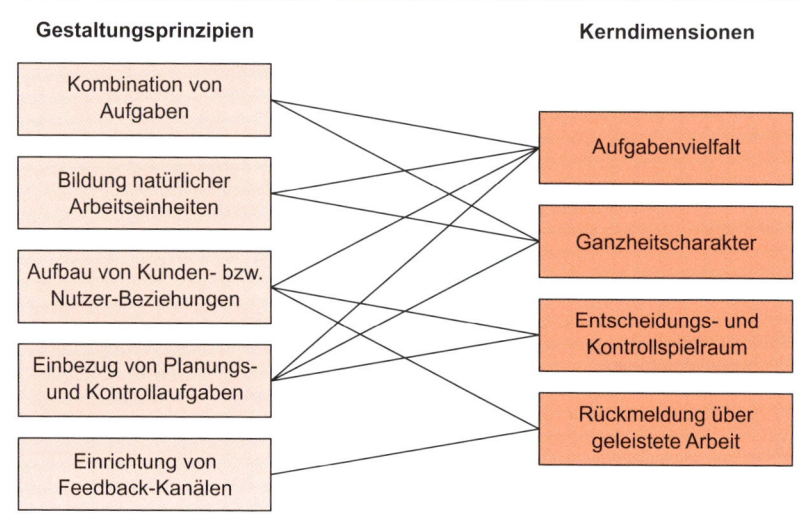

Weiterentwicklungen

Seit einiger Zeit erfahren diese Formen der Arbeitsgestaltung eine neue Welle starken Interesses, die vor allem in der modernen technologischen Entwicklung ihre Ursache hat. Neben den Entwicklungen bei numerisch gesteuerten Werkzeugmaschinen (NC- und CNC-Maschinen) sind es vor allem die Entwicklungen hin zu integrierten dezentralen Fertigungskonzepten (Fertigungsinseln, Fertigungssegmentierung) sowie die Ansätze zur Prozessorganisation (Abbau von Schnittstellen), die entscheidende Anstöße zur Einführung angereicherter Arbeitsplätze gaben.

Qualitätszirkel

Daneben wirkten auch die Bemühungen zur Qualitätssicherung und -steigerung als Impulsgeber. Qualitätszirkel, Lernstatt, Werkstattgespräche usw. – alle diese Konzepte machen sich Elemente der Gruppenarbeit zu eigen und tragen im Ergebnis auch zu einer Steigerung des Motivationspotenzials der Arbeitsinhalte bei.

Einwände

Einsatzgrenzen: Die bisherigen Ausführungen haben stillschweigend die Annahme einer universellen Einsetzbarkeit der motivierenden Arbeitsgestaltung mitgeführt. Gegen diese Annahme wird hauptsächlich geltend gemacht, Mitarbeitern fehle häufig die geistige Kapazität, um mit der Arbeitsanreicherung Erfolg zu haben. Als unmittelbare Konsequenz dieser Argumentation wird dann vorgeschlagen, die Arbeitsgestaltung nach Maßgabe der vorgefundenen Unterschiede in den Persönlichkeiten der Mitarbeiter auszudifferenzieren: Job Enrichment wird dort als Motivationsmaßnahme abgelehnt, wo die erwähnten personellen Voraussetzungen fehlen (Ulich 2011).

Diese Position vermag indessen nicht zu überzeugen, weil sie die hier unverzichtbare Frage nach der **Vorgeschichte** der Einstellungen der Mitarbeiter nicht stellt. Erwartungen an den Arbeitsplatz sind ja keine naturhaften, sondern gewachsene, durch Organisationen geformte Tatbestände und damit auch gestaltbar. Dass hier Formungsprozesse zugrunde liegen, wird nicht nur aus der Geschichte der **Dequalifikation** der Arbeit deutlich, sondern folgt auch aus immer wieder beobachteten Veränderungsprozessen in Arbeitsanreicherungsexperimenten. Die alten Erfahrungen prägen die Erwartungen, die der einzelne Mitarbeiter bezüglich der Arbeit hat. Mitarbeiter, die anfangs neuen Formen der Arbeit eher skeptisch gegenüberstehen, sind nach Praktizierung dieser Arbeitsformen nur selten gewillt, wieder die ursprüngliche Routinearbeit zu verrichten.

Differentielle Arbeitsgestaltung?

10.7 Motivation und sozialer Vergleich

Wie der zuletzt angesprochene Aspekt der Vorgeschichte bereits verdeutlicht, sind die Erwartungen, die Mitarbeiterinnen und Mitarbeiter haben, immer auch als historisch gewachsen zu verstehen. Das bedeutet, dass die Ziele, Bedürfnisse und das Anspruchsniveau von Organisationsmitgliedern immer auch durch das soziale Milieu, insbesondere aber durch die sozialen Referenzgruppen oder -personen, geprägt werden. Solche Prägungen vollziehen sich im Wesentlichen durch Vergleiche zwischen dem, was man selbst erwartet und erhält, sowie dem, was andere erwarten bzw. realisieren.

Sozialer Vergleich

Das Anspruchsniveau (Soll) ist dabei nicht nur durch die persönliche Entwicklung geprägt, sondern ist auch durch gesellschaftliche Faktoren wie Wohlstandsentwicklung, Krieg, Krisen usw. bestimmt. Die Standards für die Bewertung des Soll/Ist-Verhältnisses werden primär aus **sozialen Vergleichen** gewonnen.

In diesem Sinne vergleichen sich Individuen mit Referenzgruppen oder -personen, indem sie die eigenen Bedürfnisbefriedigungsmöglichkeiten (Soll/Ist) denen einer entsprechenden Referenz gegenüberstellen (Wilkin 2013). Dieser soziale Vergleich hat in der Regel einen erheblichen Einfluss auf die Motivation der Akteure. Dabei spielen Gerechtigkeitsgefühle eine erhebliche Rolle (Long et al. 2011).

Die Relevanz des sozialen Vergleichs lässt sich besonders häufig im Bereich der Entlohnung beobachten. Personen, die mit ihrem Gehalt lange Zeit durchaus zufrieden waren, werden durch einen Blick auf den Gehaltszettel von Kollegen plötzlich total unzufrieden, weil sie das Verhältnis als völlig unangemessen erachten.

Die diesen Überlegungen zugrunde liegende **Equity Theory** von Adams (1965) geht davon aus, dass Menschen nach einer Art Gleichgewicht streben zwischen dem Verhältnis von Eigenertrag und Eigenaufwand und dem, was sie bei Referenzpersonen als Ertrag und Aufwand beobachten können. Bezogen auf das Gehalt (Ertrag) und die Anstrengung (Aufwand) ergibt sich dann etwa folgende Gleichung als Maßstab:

$$\frac{\text{Eigen-Gehalt}}{\text{Eigen-Anstrengung}} = \frac{\text{Kollegengehalt}}{\text{Anstrengung des Kollegen}}$$

Der soziale Vergleich verweist auf eine generelle Dynamik, die in der Motivationsdiskussion etwas zu kurz kommt. Es geht bei der Motivationsbildung nicht nur um einen rein persönlichen Prozess, sondern auch um die Entwicklungen in der sozialen Umgebung, in der die einzelne Person handelt. Dies bestätigen erneut jüngere Studien, die vor allem das Gerechtigkeitsempfinden in den Vordergrund rücken und auf die hohe Bedeutung hinweisen, die Gerechtigkeits- oder eben auch Ungerechtigkeitsgefühle für die Motivation haben. Dabei spielt die Frage, wie Gerechtigkeitskonflikte in einem Betrieb gehandhabt werden, und auch die Möglichkeit, Ungerechtigkeit zum Thema machen zu können, eine wesentliche Rolle (Cowherd/Levine 1992; Ross/Conlon 2000; Johnson et al. 2009). Fortlaufende Ungerechtigkeitsgefühle führen rasch zu Motivationsverlusten.

Lernkontrollfragen

1. Warum ist die Entlohnung kein dauerhafter Motivator im Sinne Herzbergs?
2. Wodurch unterscheidet sich bei Maslow ein Wachstumsbedürfnis von einem Defizitbedürfnis?
3. Von welchem Zusammenhang zwischen Zielschwierigkeitsgrad und Leistung geht die Zieltheorie aus? Ist dieser Zusammenhang im Modell von Maslow auch erkennbar?
4. Kann die „Erwartung" im Vroom-Modell von Vorgesetzten beeinflusst werden? Und wenn ja, wie?
5. Inwiefern bauen die Prinzipien einer motivierenden Arbeitsgestaltung auf den Theorien von Maslow und Herzberg auf?

6. Welche grundsätzlichen Möglichkeiten bestehen, den Tätigkeits- und Kontrollspielraum von Organisationsmitgliedern zu erhöhen?
7. Welche Rolle spielt der soziale Vergleich für die Motivation?
8. Inwiefern steht das Konzept der Instrumentalität im Widerspruch zur Idee der intrinsischen Motivation?
9. Inwiefern widerspricht die Kumulationsthese dem ursprünglichen Maslowschen Ansatz? Stellen Sie die praktischen Konsequenzen vergleichend gegenüber!
10. Lässt sich ein Zusammenhang zwischen dem Erwartungs-Valenz-Modell und dem Herzbergschen Ansatz herstellen?

Lösungshinweise zu den Lernkontrollfragen erhalten Sie auf der Webseite zum Buch unter www.springer.com.

Diskussionsfragen

I. Welche Rolle spielt die Selbsteinschätzung der eigenen Fähigkeiten einer Person für die Motivation im Modell von Vroom?
II. An welchen Punkten stellt die Zwei-Faktoren-Theorie von Herzberg einen Widerspruch zum Modell von Maslow dar?
III. Welche Implikationen hat die Unterscheidung von Motivatoren und Hygienefaktoren für die Motivierung von Mitarbeitern?
IV. Inwiefern führt die Kumulationsthese das Modell von Maslow mit dem Modell von Vroom zusammen?
V. Lässt sich die Idee des sozialen Vergleichs im Modell von Vroom abbilden und wenn ja, wie?
VI. Wie kann die Motivation von Mitarbeitern nach dem Modell von Maslow gesteigert werden?

10

Das Individuum in der Organisation: Motivation und Verhalten

Fallstudie:
Martin Breuer

Müde und vollkommen ausgepowert saß Martin Breuer im Taxi. Wie im Traum rauschten die Hochhäuser der Frankfurter Skyline an ihm vorbei. Es war zwei Uhr nachts und Breuer musste sich regelrecht zusammenreißen, nicht im bequemen Fond der Mercedes E-Klasse einzuschlafen. Wieder würde er nur vier Stunden Schlaf bekommen, bevor er morgen früh an den gleichen Häusern vorbei, nur in umgekehrter Richtung, zur Arbeit fuhr. Seit einem Jahr arbeitete Breuer jetzt als Investmentbanker bei einer hochspezialisierten und sehr erfolgreichen internationalen Bank. Und ähnlich wie der Taxifahrer mit guten 80 km/h durch die Stadt raste, um ihn so schnell wie möglich nach Hause zu bringen, war auch dieses Jahr wie im Flug an ihm vorbeigerast. Immer noch fühlte sich Breuer, der nach dem Studium aus Marburg nach Frankfurt gezogen war, wie in eine andere Welt versetzt.

Als das Taxi vor seiner Haustür hielt, hievte er sich mit einiger Mühe vom Wagen zum Fahrstuhl. Und so gern er gewollt hätte, er konnte jetzt noch nicht ins Bett gehen. Zwei Mails mussten noch dringend beantwortet werden und eigentlich hätte auch eine Kundenpräsentation bis spätestens morgen sieben Uhr fertig sein müssen. Aber daran war eigentlich nicht mehr zu denken. Schließlich schlief er über seinem Laptop ein, noch bevor er die erste Mail zu Ende geschrieben hatte.

Der Eintritt in die Hochglanzwelt der Finanzbranche hatte sich für Breuer eigentlich vollkommen zufällig ergeben. Er selbst hatte nie die Idee verfolgt, Banker zu werden. In Marburg hatte er Mathematik studiert und sich als Hilfskraft am Lehrstuhl für algebraische Geometrie mit der Erstellung von Computersimulationen beschäftigt. In seiner Masterarbeit hatte er sich daran versucht, in einer Simulation ein komplexes, noch ungelöstes mathematisches Problem zu lösen. Obwohl das natürlich im Rahmen einer Masterarbeit vollkommen vermessen war, hatte er doch einen interessanten Ansatz gefunden und dafür schließlich sogar den Wissenschaftspreis der regionalen Wirtschaftsförderung gewonnen. Bei der Preisverleihung sprach ihn sein jetziger Chef an und bat darum, dass er ihn am nächsten Morgen in seinem Büro besuchen möge.

Breuer war also in aller Frühe mit dem Zug aus Marburg nach Frankfurt gefahren und hatte sich am nächsten Morgen mit ihm getroffen. Nach einer halben Stunde Small Talk zog dieser völlig unvermittelt einen Stapel Papier aus einer Schublade. „Sie sind ein cleverer Kopf, wir brauchen Leute wie Sie. Ich mache Ihnen ein Angebot, nehmen Sie die Unterlagen mit nach Hause, schlafen Sie ein paar Nächte darüber. Ich würde mich freuen, wenn Sie in zwei Wochen hier anfangen." Breuer erwiderte, dass er doch gar keine Ahnung vom Banking, ja noch nicht einmal von Wirtschaft habe. „Das ist nicht so wichtig", sagte sein Gegenüber mit einem breiten Lachen und fügte hinzu: „Was Sie wissen müssen, bringen wir Ihnen am Anfang in einem Workshop bei."

Das Individuum in der Organisation: Motivation und Verhalten

Im Zug von Frankfurt nach Marburg hatte Breuer damals genauer in das Vertragsangebot geschaut und konnte kaum glauben, was er da las. Das ihm angebotene Gehalt war hoch – 60.000 € als Grundgehalt im ersten Jahr plus leistungsabhängigem Bonus zwischen 50 und 100%, dazu ein Dienstwagen der gehobenen Mittelklasse (der bisher kaum genutzt in der Tiefgarage stand) sowie ein umfangreiches Versicherungspaket. Der Vertrag ließ allerdings auch keinen Zweifel daran, dass dieses Angebot seinen Preis hatte: „Mit dem Gehalt ist Ihre gesamte Tätigkeit für das Unternehmen abgegolten" und „Sie erklären sich bereit, im Rahmen der Erfordernisse und der gesetzlichen Bestimmungen auch Überstunden zu leisten". Breuer hatte auch während des Studiums regelmäßig 60 Stundenwochen gehabt und viel zu arbeiten war für ihn keine unangenehme Vorstellung. Er unterschrieb schon am nächsten Tag und begann zwei Wochen später in Frankfurt. Die Bank stellte ihm zu Beginn eine kleine, voll ausgestattete Wohnung im Westend zur Verfügung. Zwar hatte er vor, sich zügig etwas eigenes zu suchen, vielleicht mit etwas weniger Chic und etwas mehr Flair, aber er hatte dazu bis heute schlicht keine Zeit gehabt und er kam so oder so fast nur zum Schlafen nach Hause.

Der angekündigte Einführungsworkshop war die erste Herausforderung für Breuer. Anders als sein Chef ihm angekündigt hatte, konnten alle seine Kollegen mit Begriffen jonglieren, die er zum ersten Mal in seinem Leben hörte. Er hatte teilweise große Mühe, überhaupt zu verstehen, worüber gerade gesprochen wurde. Und trotzdem war es eine tolle Veranstaltung. Der Workshop fand auf einer kleinen griechischen Mittelmeerinsel statt. Zwar gab es keine Zeit, am Strand zu liegen, aber an den Abenden saßen er und seine Kollegen im Freien an der Bar, schauten über den Golfplatz des Resorts hinweg auf das Meer und feierten an jedem Abend in einer der Suiten recht ausgelassene Partys. Seine eigene Suite war viermal so groß wie sein bisheriges Studentenzimmer im Wohnheim und kostete auch viermal so viel, allerdings pro Tag.

Die ersten Monate im Job waren ähnlich intensiv wie der Workshop gewesen und immer wieder hatte Breuer das Gefühl, auf der Basis bloßen Halbwissens zu agieren. Er sollte Klienten empfehlen, wie sie Millionen von Euro investieren konnten, und wusste einfach nicht, wie er seine Empfehlungen analytisch absichern sollte. Fragte er seinen Chef oder seine Kollegen, bekam er so gut wie nie eine handfeste Antwort. Er solle auf sein Bauchgefühl hören und das „ginge so schon in Ordnung!". Im Gegensatz zu seinen Kollegen, dachte er viel über seine Empfehlungen nach, brauchte länger für vergleichbaren Output und traf deutlich bedächtigere Entscheidungen. Im ersten Jahr bekam er trotzdem fast den Maximalbonus ausgezahlt, was ihn selbst überraschte. In den monatlichen Feedbackgesprächen hatte ihm sein Chef zwar immer wieder gut zugesprochen: „Sie sind auf einem hervorragenden Weg, analytisch gesehen mein bestes Pferd im Stall, sie müssen nur noch an Ihrer Entschlussfähigkeit arbeiten. Nur Mut, dann stehen Ihnen hier alle Türen offen!" Und dennoch fühlte es sich für Breuer unbefriedigend an, nicht so gut zu sein wie seine Kollegen, und je mehr er analysierte, desto mehr Zweifel kamen ihm an bestimmten Entscheidungen. Wenn er an der Uni einmal nicht zu den besten gehört hatte, wusste er immer sehr schnell, was er verbessern musste. Hier war das anders.

10 Das Individuum in der Organisation: Motivation und Verhalten

Breuer wusste schlicht nicht, wo der von seinem Chef eingeforderte Mut herkommen sollte. Denn zu seiner inhaltlichen Unsicherheit kam mit der Zeit auch eine immer größer werdende Erschöpfung. Die langen Arbeitstage zehrten an seinen Kräften und der ihm fehlende Schlaf minderte zunehmend seine Konzentrationsfähigkeit. Waren die zahlreichen Abende in den hippen Frankfurter Bars am Anfang noch aufregend gewesen, strengte es ihn inzwischen nur noch an, mit seinen Kollegen oder mit Klienten etwas trinken zu gehen. Gerade an solchen Abenden sehnte er sich nach seinen mathematischen Modellen, den vielen ungelösten wissenschaftlichen Problemen, die nur darauf warteten, erklärt zu werden. Aber auf der anderen Seite konnte ihm das Wissenschaftssystem nichts bieten. Es gab kaum Stellen und wenn, dann nur mit befristeten Verträgen, keine sicheren Perspektiven. Zudem verdiente er bereits jetzt deutlich mehr als der Professor, bei dem er seine Masterarbeit geschrieben hatte.

Als Breuer am nächsten Morgen um 6:30 Uhr gebeugt über dem Laptop aufwachte, war sein E-Mail-Account bereits wieder vollgelaufen. Er wollte das Programm schon schließen, da fiel ihm eine Mail vom Vorabend ins Auge. Sein ehemaliger Mathematikprofessor hatte ihm geschrieben. „Lieber Herr Breuer, ich hoffe es geht Ihnen gut! Ich musste gerade an Sie denken. Heute habe ich die Nachricht bekommen, dass der Forschungsantrag, über den wir seinerzeit viel gesprochen hatten, bewilligt wurde. Man hat mir 1,5 Doktorandenstellen genehmigt; das ist mehr, als ich dachte. Hätten Sie nicht Lust, auf dem Projekt zu promovieren? Ich könnte Ihnen mit einer 0,75-Stelle deutlich mehr als die üblichen halben Stellen anbieten. Was meinen Sie? Über eine kurze Nachricht würde ich mich freuen!" Breuer wusste nicht recht, ob er sich freuen sollte. Müde und erschöpft ging er zur Dusche, zog sich an und fuhr erst einmal zur Arbeit.

Fragen zur Fallstudie

1. Analysieren Sie die Situation von Martin Breuer aus motivationstheoretischer Perspektive! Wo liegen die Hauptprobleme?

2. Was kann Martin Breuers derzeitiger Vorgesetzte tun, um ihn zu halten?

3. Angenommen, der Mathematikprofessor würde Sie fragen, wie er Martin Breuer davon überzeugen könnte, die Doktorandenstelle anzunehmen. Was würden Sie ihm empfehlen? Bitte begründen Sie Ihre Handlungsempfehlung.

11 Gruppe und Gruppenverhalten

Lernziele zu Kapitel 11	357
11.1 Begriff und Typen von Gruppen	358
11.2 Der Gruppenprozess: Ein systemanalytischer Bezugsrahmen	360
11.3 Die Inputvariablen	363
11.4 Der Prozess: Gruppenformation und -entwicklung	365
11.4.1 Gruppenkohäsion	365
11.4.2 Normen und Standards	367
11.4.3 Interne Sozialstruktur der Gruppe	369
11.4.3.1 Die Statusstruktur	369
11.4.3.2 Rollenstruktur	371
11.4.3.3 Führungsstruktur (informelle)	377
11.4.4 Kollektive Handlungsmuster	379
11.4.4.1 Risikoschub in Gruppen	379
11.4.4.2 Gruppendenken	380
11.4.4.3 Konzertierte Gruppenaktionen	384
11.5 Die Gruppenleistung (Output)	384
11.6 Beziehungen zwischen Gruppen	388
Lernkontrollfragen	393
Diskussionsfragen	393
Fallstudie: Die Versetzung	394

Gruppe und Gruppenverhalten

Lernziele zu Kapitel 11

Nach Durcharbeiten dieses Kapitels sollten Sie in der Lage sein,

- zu erläutern, was eine (informelle) Gruppe ist,
- zu erklären, durch welche Faktoren das Verhalten von Gruppen beeinflusst wird,
- die Prozesse und Phänomene zu beschreiben, die bei der Bildung und Entwicklung von Gruppen zu beobachten sind,
- vor diesem Hintergrund die möglichen (vermuteten oder bestätigten) Wirkungen auf den Output von Gruppen zu benennen,
- im Zusammenhang zu verdeutlichen, warum Kenntnisse über Bildung, Wesen, Entwicklung und Wirkungsweise von Gruppen für das Management von Bedeutung sind und welche Gestaltungsmöglichkeiten dafür bestehen,
- das Zusammenwirken verschiedener Gruppen zu verstehen und Ansatzpunkte zur Überwindung von Kooperationskonflikten zu entwickeln,
- die Bedeutung des kulturellen Hintergrundes von Gruppen- und Kommunikationsprozessen zu erkennen.

11 Gruppe und Gruppenverhalten

11.1 Begriff und Typen von Gruppen

Bedeutung von Gruppen

Arbeit in Gruppen oder Teams ist heute in vielen Unternehmen zu einer Selbstverständlichkeit geworden, und zwar in ganz unterschiedlichen Formen und auf ganz verschiedenen Ebenen: als Projektarbeit, als Vorstandsentscheidungen einer Aktiengesellschaft, als Kooperation in Ausschüssen oder als Gruppenarbeit am Band. Und immer gilt, dass das Geschehen in der Gruppe einen großen Einfluss auf den Leistungsprozess hat. Gruppen beeinflussen das Verhalten ihrer Mitglieder in viel höherem Maße, als dies für gewöhnlich erkannt wird. Es gilt deshalb der Grundsatz: Wer Gruppen effektiv einsetzen und führen möchte, muss ihre Dynamik verstehen.

Gruppe als soziale Einheit

Wer das Geschehen in Gruppen verstehen möchte, muss zuallererst erkennen, dass Gruppen keine einfache Addition von Individuen und ihrer Merkmale sind, sondern soziale Einheiten mit speziellen Interaktionsprozessen (Gruppendynamik) und Effekten eigener Gültigkeit. Durch das gemeinsame Handeln der Gruppenmitglieder entsteht etwas Neues; oder um es mit einem populären Lehrsatz auszudrücken: „Eine Gruppe ist mehr als die Summe ihrer Teile". Was aber ist dieses „Mehr"? Dazu gilt es, das Kerngeschehen in Gruppen näher zu analysieren, beginnend mit der Frage, wann überhaupt sinnvollerweise von einer Gruppe oder ggf. von einem Team gesprochen werden soll.

Definition von „Gruppe"

Eine beliebige Ansammlung von Menschen am Fahrkartenschalter des Berliner Hauptbahnhofs oder eine bestimmte Zahl von Jugendlichen mit gleichen Konsumwünschen wird zwar umgangssprachlich häufig als Gruppe bezeichnet (z.B. als „Wartegruppe" oder „Zielgruppe"), tatsächlich handelt es sich dabei keineswegs um Gruppen im **sozio-dynamischen Sinne**. Von einer Gruppe im sozio-dynamischen Sinn spricht man, wenn folgende Voraussetzungen erfüllt sind:

Merkmale

- zwei oder mehr Personen, deren Gesamtzahl aber so gering ist, dass jede Person mit jeder anderen in **direkten Kontakt** („face-to-face") treten kann;

- das **tatsächliche** Auftreten solcher Kontakte (Interaktionen) über ein gewisses Mindestmaß hinaus;

- die Aufrechterhaltung dieser Kontakte über eine **längere Zeitspanne** hinweg;

- ein **gemeinsames** Wollen oder Tun;

- ein **Zugehörigkeitsgefühl** zur Gruppe („Wir-Gefühl").

11.1 Begriff und Typen von Gruppen

Virtuelle Gruppen

Der erstgenannte Gesichtspunkt muss im elektronischen Zeitalter unter Umständen etwas umgedacht werden. Immer häufiger gibt es primär oder ausschließlich mediengestützte Interaktion. Auch hieraus kann eine Gruppe entstehen, eine virtuelle Gruppe, die trotz fehlender sozialer Präsenz der Gruppenmitglieder unter Umständen erfolgreich agieren kann (Yoo/Alavi 2001). Allerdings zeigt die Erfahrung, dass auch diese Gruppen nach gewisser Zeit eine direkte Interaktion anstreben.

Unterschiedliche Typen von Gruppen

In Organisationen ist ferner die Unterscheidung zwischen der formalen und der informalen Dimension wichtig. Eine informelle Gruppe ist immer eine Gruppe im oben definierten Sinne. Bei formellen Gruppen ist die Situation eine andere. Einen Teil der Gruppenmerkmale kann die Organisation vorgeben, wie etwa Zusammensetzung, Aufgabe, Raum und Zeit, nicht aber, ob aus der Gruppe eine Gruppe im sozio-dynamischen Sinne wird. Dies ist nicht durch Anweisung erzwingbar, die Gruppenentwicklung ist großenteils selbstbestimmt. Von einer formellen Gruppe sollte deshalb nur dann gesprochen werden, wenn geprüft wurde, ob die formell gebildete Gruppe auch tatsächlich eine Gruppe im sozio-dynamischen Sinne geworden ist, sonst ist die Bezeichnung irreführend. Darüber hinaus überlagern sich formelle und informelle Bindungen zwischen Gruppenmitgliedern oftmals so stark, dass die Unterscheidung nur begrenzt sinnvoll erscheint (Blau/Scott 1962: 6; Irle 1963). Jedoch macht gerade die analytische Unterscheidung von Formellem und Informellem die Wechselbeziehungen zwischen beiden Sphären erst sichtbar (vgl. auch McEvily et al. 2014). Stehen sie in einem neutralen Verhältnis zueinander, erzeugen sie Spannungen und Friktionen oder ergänzen sie sich im Hinblick auf die Erreichung von Gruppen- bzw. Organisationszielen? Insbesondere das komplementäre Zusammenspiel von Formalität und Informalität verdient besondere Beachtung (vgl. dazu Ortmann 2003). Oftmals ermöglichen informelle Gruppenbeziehungen erst die formelle Funktionsfähigkeit einer Gruppe, obwohl – oder gerade weil – sie von formalisierten Arbeitsabläufen abweichen.

Darüber hinaus kann auch zwischen Aufgaben- und sozio-emotionalen Gruppen unterschieden werden (vgl. Schneider 1975). Diese Unterscheidung stellt den Anlass der Gruppenbildung in den Betrachtungsmittelpunkt. Demnach konstituieren sich Gruppen zur Erfüllung einer bestimmten Aufgabe (z.B. im Rahmen eines Projektes) oder aufgrund gemeinsamer Interessen (z.B. interdisziplinärer Gesprächskreis oder Firmen-Hockey-Mannschaft). Eine ähnliche Unterscheidung ist auch für die Analyse von informellen Führungsstrukturen in Gruppen gebräuchlich (siehe Abschnitt 11.4.3.3).

11 Gruppe und Gruppenverhalten

11.2 Der Gruppenprozess: Ein systemanalytischer Bezugsrahmen

Organisations-umwelt

In den einleitenden Darlegungen ist deutlich geworden, dass wir die Gruppe als eine mehr oder weniger eigenständige soziale Einheit zu verstehen haben, aber auch als eine Einheit, die (in den hier interessierenden Fällen) Teil einer größeren Einheit, nämlich der Unternehmung, ist. Mit anderen Worten bedeutet dies, dass sich Gruppen als Subsysteme in Organisationen durch eigene „Grenzbildung" herausformen (Luhmann 1973). Alles, was außerhalb ihrer Grenzen liegt, ist für die Gruppe **Umwelt**. Gleichwohl gibt es Unterschiede: Die Organisation ist für eine Gruppe **interne** Umwelt (Organisationsumwelt), im Unterschied zur **externen** Umwelt (Markt, Wettbewerber, Kunden etc.), die außerhalb der Organisationsgrenzen liegt. Jede Gruppe hat infolgedessen eine andere Umwelt, weil jede Gruppe selbst zur Umwelt der anderen Gruppen gehört. Die Grenze zwischen Gruppe und Organisationsumwelt hat keinerlei physische Qualitäten; es sind Grenzen, die sich aus dem gemeinsam entwickelten Sinngefüge entwickeln. Die Grenzen bestehen aus gemeinsamen Handlungen, Gefühlen und Orientierungsmustern der Mitglieder; sie bilden die Besonderheit, die sie von den anderen Gruppen abhebt. Diese Besonderheit lässt sich – wie noch auszuführen sein wird – als „Identität" einer Gruppe begreifen. Wenn eine Gruppe diese Differenz (= Grenze) nicht mehr aufrechterhalten will oder kann, löst sich die Gruppe (definitionsgemäß) auf.

Will man das Verhalten der Gruppe verstehen, so muss man folgerichtig diese Besonderheiten erschließen. Auf der anderen Seite hat aber auch die Umwelt wesentlichen Einfluss darauf, wie sich die Gruppe ausprägt.

Input-Output-Beziehungen

Abbildung 11-1 zeigt einen schematischen Rahmen, der die wesentlichen Gruppenprozesse benennt und ordnet. Dabei wird grob zwischen Input, Prozess und Output unterschieden. Die in dem Diagramm dargestellten Variablen umfassen nicht alle denkbaren Größen, die in Gruppenprozessen Bedeutung haben können, sondern beschränken sich auf die Variablen und Beziehungen, die von besonderer Bedeutung und/oder häufig empirisch untersucht und getestet worden sind. Trotz dieser Beschränkung enthält das Modell eine Vielzahl von Elementen und Beziehungen; die meisten davon stehen in einem **gegenseitigen** Einflussverhältnis.

11.2 Der Gruppenprozess: Ein systemanalytischer Bezugsrahmen

Die Gruppe als soziales System

Abbildung 11-1

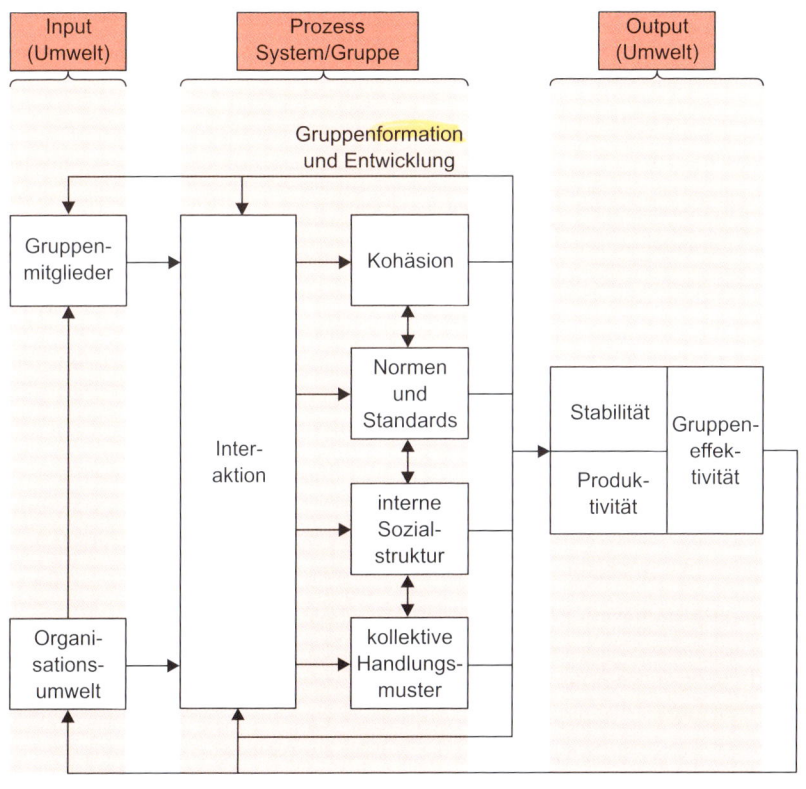

Basiselemente jeder Gruppe sind **Individuen** (oder genauer: die Handlungen von Individuen, denn niemand gehört ganz und gar nur einer Gruppe an); Individuen gleichen oder unterscheiden sich hinsichtlich ihrer Ziele, Bedürfnisse, Werte, Erwartungen etc. Die Zusammensetzung einer Gruppe wird, sofern sie Teil einer Organisation ist, durch eine Reihe von der Gruppe selbst nicht oder nur begrenzt beeinflussbarer Vorgaben geprägt, wie z.B. Aufgabe, Lohnstufen, Technologie, Kontrollspanne, Unternehmenspolitik (z.B. Trainee-System) usw. Diese externen Faktoren (aus der Organisationsumwelt) beeinflussen aber nicht nur die Zusammensetzung der Gruppe, sondern auch den Interaktionsprozess in der Gruppe. Gruppenmitglieder als Einzelpersonen und Organisationsumwelt bilden zusammen die **Inputvariablen**. Im Rahmen dieser Gegebenheiten treten die Individuen untereinander in Kontakt und entwickeln gemeinsame Aktivitäten.

Input

11 Gruppe und Gruppenverhalten

Prozess

Als Resultat des **Interaktionsprozesses** entwickelt sich für gewöhnlich (wenn auch nicht zwangsläufig) eine Gruppe im engeren, eingangs definierten Sinne. Dieser Prozess entwickelt sich nicht schlagartig, sondern durchläuft verschiedene Phasen. Typischerweise wird dieses Prozessgeschehen nach vier Phasen unterschieden (Tuckman 1965):

1. Formierungsphase,
2. Sturmphase,
3. Normierungsphase,
4. Reifephase.

Orientierung

Die **Formierungsphase** (Forming) ist die Phase des Sich-gegenseitig-Kennenlernens und des „Abtastens". Die Gruppenmitglieder prüfen einander auf Gemeinsamkeiten und Unterschiede, auf Sympathie und Antipathie. Die Unsicherheit ist groß, erste Orientierungen darüber, was „möglich" und „was nicht möglich" ist, beginnen sich zu entwickeln.

Dominanzansprüche

In der **Sturmphase** (Storming) treten die Mitglieder aus ihrer Reserve heraus, machen Unterschiede deutlich, melden Dominanzansprüche an und suchen nach Koalitionspartnern. Dies ist die kritische Phase in jeder Gruppenentwicklung; nicht selten führt sie zum Zerfall der Gruppe.

Integration

Wenn sich die Positionen zu festigen beginnen, tritt die Gruppe in die **Normierungsphase** (Norming) ein. Harmonie und das Streben nach Konformität treten in den Vordergrund. Es besteht zunehmend Einigkeit darüber, wer welche Rolle zu spielen hat und welche Erwartungen dafür erfüllt werden müssen. Die Gruppe kooperiert zunehmend als Team.

Leistung

In der **Reifephase** (Performing) konzentriert die Gruppe ihre Kraft auf die Erreichung gemeinsamer Ziele. Die Interaktionen laufen nach den zwischenzeitlich eingeschliffenen Mustern ab, die Gruppe ist fest aufeinander eingespielt.

Auflösung

Mit dem Auftauchen neuer Mitglieder kann eine Gruppe unversehens wieder in die **Sturmphase zurückversetzt** werden, in der die Normen und Positionen neu verhandelt werden müssen. War eine Gruppe nur befristet gebildet worden (z.B. Projektgruppen oder Krisenstäbe), so tritt als weitere Phase die Auflösung (Adjourning) der Gruppe hinzu. Die Gruppe bereitet sich auf den Abschied vor; nicht selten setzt sie Kräfte in Bewegung, die Auflösung hinauszuschieben (vgl. hierzu genauer die nächsten Abschnitte).

Aus dem Interaktionsprozess bildet sich schließlich ein **Beziehungsgefüge** heraus, das sich in eigenen Zielen, Normen und Standards, Sozialstrukturen und kollektiven Handlungsmustern ausdrückt. Ein Resultat der Interaktionen ist auch die Dichte der Beziehungen (**Kohäsion**), d.h. der Zusammenhalt, den die Gruppe entwickelt. Der Zusammenhalt beeinflusst seinerseits wiederum in nicht unbedeutendem Maße die sich parallel entwickelnden Gruppenstrukturen und umgekehrt. Das entstehende Gruppengefüge bestimmt **im Fortlauf** der Gruppenaktivitäten nun selbst wieder – neben den Inputfaktoren – den Interaktionsprozess und wirkt über diesen auf die einzelnen Gruppenmitglieder zurück. Das bedeutet, dass sich die Individuen in ihren Wünschen, Erwartungen, Vorstellungen usw. im Laufe der Gruppenentwicklung in mehr oder weniger starkem Maße **verändern**.

Alle diese Faktoren zusammen bestimmen die Effektivität der Gruppe, den Output, den das System „Gruppe" an das übergeordnete System „Organisation" abgibt. Die **Effektivität** einer Gruppe wird aus der Sicht der Organisation einerseits als Produktivität, Kreativität usw. und andererseits als Stabilität (Fluktuation, Fehlzeiten) interessant. Die Gruppeneffektivität beeinflusst in einem erneuten Rückkoppelungsprozess Inputfaktoren und Interaktion und bekräftigt den Erfolg.

Output

11.3 Die Inputvariablen

Die Inputvariablen des Gruppenprozesses werden bei Gruppen in Organisationen – und nur um solche soll es im Folgenden gehen – zu einem wesentlichen Teil durch Entscheidungen des Managements bestimmt.

Gruppenmitglieder: Die Gruppenmitglieder bilden nach **Zahl** und individuellen **Bedürfnissen**, **Werten** und **Zielen** die erste Klasse der Inputvariablen. Dies verweist uns darauf, dass die Organisationsmitglieder schon zu Beginn mit bestimmten Vorstellungen in die Gruppe kommen. Dabei haben vergangene Erfahrungen erheblichen Einfluss darauf, wie die Gruppenmitglieder interagieren (vgl. dazu Reinig et al. 2011). Diese Vorstellungen gehen einerseits auf ihre Primärsozialisation in der Familie und Schule zurück und andererseits auf berufliche Erfahrungen in anderen Organisationen oder eben der betreffenden Firma. Je nachdem, ob die Bedürfnisse, Werte, Ziele und Fähigkeiten der Gruppenmitglieder harmonieren oder divergieren, werden damit Ausgangsdaten für den Ablauf der Gruppenprozesse gesetzt. Im ersten Fall spricht man von **homogenen**, im zweiten von **heterogenen** Gruppen. Im Zuge der Tendenz zur Abflachung von Hierarchien und zur abteilungsübergreifenden Projektarbeit (vgl. z.B. McEvily et al. 2014), der Internationalisierung von Unternehmen (vgl. z.B. Hambrick et al. 1998) und einer zunehmenden Bedeutung von Fragen der Fairness und Anti-Diskriminierung (vgl. z.B. Gray/Kish-Gephart 2013; Park/Westphal 2013) interessiert in neuerer Zeit gerade die Unterschiedlichkeit in Bezug auf Geschlecht, Alter und ethnischer Herkunft sehr stark und ist unter dem Stichwort „Diversity Management" in die öffentliche Diskussion eingegangen

Individuelle Merkmale

11 Gruppe und Gruppenverhalten

(z.B. Becker/Seidel 2006; Horwitz/Horwitz 2007; Kearney/Gebert 2009). Die Zusammensetzung des Gruppengefüges hat einen wesentlichen Einfluss auf die individuelle und die Gruppenleistung, da diese nicht zuletzt den sozialen Kontext konstituiert, in welchem Interaktionen zwischen Gruppenmitgliedern stattfinden (vgl. Lawrence 2006).

Organisationsumwelt: Die Organisationsumwelt umfasst eine Vielzahl unterschiedlicher Inputs; hierzu gehören Einflussfaktoren wie:

- Aufgabenstellung,
- Technologie,
- Organisationsstruktur,
- Belohnungs- und Bestrafungssystem etc.

Die Organisationsumwelt beeinflusst die Interaktions- und Entscheidungsprozesse in der Gruppe auf **direkte** und **indirekte** Weise.

Direkter Einfluss

Die **direkte Einflussnahme** der Organisationsumwelt sei an einigen Beispielen erläutert: So nimmt etwa der Aufgabencharakter (z.B. sequenziell oder interdependent, Einzel- versus Teamarbeit) Einfluss auf Art und Umfang der Interaktion. Die **Ablauforganisation**, als weiterer Faktor, kann Kommunikationsprozesse und Kontakte zwischen Gruppenmitgliedern begünstigen oder hemmen. Ebenso kann die angewandte **Technologie**, z.B. durch große Geräuschentwicklung oder isolierte Arbeitsplätze, die Interaktionsmöglichkeiten verringern oder unter umgekehrten Voraussetzungen verstärken. Die Interaktionshäufigkeit bestimmt ihrerseits zu einem wesentlichen Teil die Entwicklung einer gemeinsamen emotionalen Basis. Es gilt: Je häufiger Personen miteinander in Interaktion treten (können), desto eher entwickeln sich gemeinsame Ideen, Werte und auch Sympathien füreinander.

Indirekter Einfluss

Die Organisationsumwelt wirkt zudem über die Beeinflussung des Inputfaktors „Zusammensetzung der Gruppe" **indirekt** auf die Interaktions- und Entscheidungsprozesse in der Gruppe ein. Die Organisation bestimmt – soweit es sich um formelle Gruppen handelt – durch **Auswahl** und **Einsatz** der Mitarbeiter die Größe und Zusammensetzung der Gruppe. Speziell die Größe ist von erheblicher Bedeutung für die Entwicklung des Gruppenprozesses. Schon bei mehr als sieben Personen nimmt die Wahrscheinlichkeit sehr stark zu, dass sich die Gruppe in Untergruppen aufspalten wird. Als Faustformel für eine effektive Gruppengröße gilt eine Zahl zwischen 5 und 7.

11.4 Der Prozess: Gruppenformation und -entwicklung

11.4.1 Gruppenkohäsion

Die **Geschlossenheit** und **Festigkeit** von Gruppen variiert erheblich. Es ist immer wieder zu beobachten, dass manche Gruppen bei Aufkommen von Konflikten oder dem Verfehlen eines Zieles sehr rasch bröckeln, während andere Gruppen in vergleichbaren Situationen keinerlei Auflösungserscheinungen zeigen, ja geradezu bei Konflikten mit Außenstehenden den Zusammenhalt noch verstärken.

Der Begriff Kohäsion soll diese Unterschiede in der Beständigkeit von Gruppen genauer beschreiben. **Kohäsion** bezeichnet das Ausmaß, in dem eine Gruppe eine fest verbundene kollektive Einheit bildet und die einzelnen Gruppenmitglieder sich zu der Gruppe hingezogen fühlen. Mitglieder hoch kohäsiver Gruppen sind bereit, sich für und in der Gruppe voll zu engagieren sowie Zeit und andere Ressourcen für die Gruppe einzusetzen. Sie beteiligen sich an den Gruppenaktivitäten, stellen andere Tätigkeiten hinter die Gruppenerfordernisse zurück, machen sich Sorgen um die Gruppe usw. Bisweilen werden solche Gruppen geradezu enthusiastisch („hot groups"), und die Mitglieder geben der Gruppe eine sehr hohe Priorität in ihrem Leben. Dabei gilt es zu sehen, dass Kohäsion keine feststehende Eigenschaft einer Gruppe ist, sondern im Laufe der Zeit erheblichen Veränderungen unterworfen sein kann (durch neue Mitglieder, neue Aufgaben usw.).

Auf das einzelne Gruppenmitglied bezogen bezeichnet die Gruppenkohäsion den Attraktivitätsgrad, den die Gruppe für das Mitglied besitzt. Häufig wird die Attraktivität für das einzelne Mitglied danach bestimmt, inwieweit die Gruppe geeignet ist, seine Bedürfnisse zu befriedigen (vgl. hierzu auch Kapitel 10 und die dort dargelegte Erwartungs-Valenz-Theorie). Diese **nutzenorientierte** Sichtweise greift allerdings für das Gruppenphänomen zu kurz. Denn kohäsive Gruppen bzw. Teams stellen meist mehr dar als nützliche Instrumente zur Befriedigung individueller Bedürfnisse. Kohäsive Gruppen geben Identität (das sichere Gefühl, dazuzugehören), vermitteln Sinn, helfen den Alltag besser zu verstehen und mit seinen Problemen fertig zu werden. Es ist genau dieser Aspekt, der viele Unternehmen heute – allerdings auf der Ebene des Gesamtsystems – unter einem ganz anderen Stichwort, nämlich der **„Unternehmenskultur"** stark beschäftigt (vgl. dazu Kapitel 7).

Die Gruppenkohäsion, ihre Determinanten und ihre Wirkungen waren Gegenstand zahlreicher empirischer Studien. Im nächsten Abschnitt sind die

Gruppe und Gruppenverhalten

wichtigsten Ergebnisse speziell im Zusammenhang mit den oben genannten Inputvariablen aufgelistet.

Gruppenmitglieder und Gruppenkohäsion

Untersuchungen haben gezeigt, dass **homogen** zusammengesetzte Gruppen eher eine **hohe Kohäsion** entwickeln als heterogen zusammengesetzte (Whyte 1961). Umgekehrt zeigte sich aber auch, dass die Homogenität (Konformität) einer Gruppe stark bestimmt wird durch den Grad der Gruppenkohäsion (Shaw 1981; Bettenhausen 1991).

Für diese Zusammenhänge gilt insgesamt:

Einheitliche Ausrichtung
- Je attraktiver eine Gruppe für ihre Mitglieder ist (d.h. je höher der Kohäsionsgrad), umso mehr gleichen die Gruppenmitglieder ihre Meinungen, Ziele, Normen untereinander an.

Konformitätsdruck
- Verhält sich ein Mitglied nicht hinreichend konform, trifft es auf Ablehnung; je kohäsiver die Gruppe ist, umso entschiedener fällt die Zurückweisung aus.

Ausgrenzung
- Mitglieder werden umso wahrscheinlicher abgelehnt, je stärker sie bei solchen Zielen, Normen und Standards abweichen, die für die Gruppe wichtig sind.

Akzeptanz
- Kohäsive Gruppen neigen dazu, nur solche Personen als neue Mitglieder zu akzeptieren, die den Zielen, Normen und Standards der Gruppe entsprechen (konformitätsbestärkende Selektion).

Kommunikationsdichte
- Die Kommunikationsdichte liegt in kohäsiven Gruppen wesentlich höher als in weniger kohäsiven. Dies verstärkt das positive Erleben in der Gruppe und steigert die Konformität.

Feindseligkeit
- Kohäsive Gruppen zeigen sich feindseliger gegenüber außenstehenden Personen und anderen Gruppen als wenig kohäsive Gruppen.

Grenze
- Die Grenzziehung („wir und die anderen") fällt bei stark kohäsiven Gruppen wesentlich prägnanter aus; dies fördert eine einheitsstiftende (Gruppen-) Identitätsbildung.

Gruppengröße
- Große Gruppen sind in der Regel weniger kohäsiv als kleine Gruppen.

Interdependenz
- Je abhängiger die einzelnen Mitglieder von der Gruppe sind (z.B. Gruppen im Bergbau), umso dichter entwickelt sich die Kohäsion.

Der Prozess: Gruppenformation und -entwicklung | 11.4

Organisationsumwelt und Gruppenkohäsion

Untersuchungen über die Zusammenhänge zwischen Organisationsumwelt und Kohäsion kommen zu folgenden Aussagen (immer unter sonst gleichen Bedingungen):

- Je ähnlicher die von den Mitgliedern einer Gruppe zu verrichtenden Arbeiten sind, umso eher entwickelt sich eine hohe Gruppenkohäsion. — *Aufgaben*

- Anreizsysteme, die auf einen internen Wettbewerb gerichtet sind (z.B. unterschiedliche Löhne, unterschiedliche Arbeitsbedingungen), führen zu geringerer Kohäsion als solche, die auf Kooperation ausgerichtet sind. — *Kooperation*

- Je geringer die Interaktionsmöglichkeiten zwischen Gruppenmitgliedern (durch hohe Lärmbelästigung, physische Distanz) sind, umso schwächer ist die Gruppenkohäsion. — *Interaktion*

- Je wichtiger (aus der Perspektive der Organisationsmitglieder) die Arbeit einer Gruppe für die Gesamtleistung des Unternehmens ist, umso stärker wird die Gruppenkohäsion. — *Bedeutung*

- Bedrohungen von außen (Auflösung der Arbeitsgruppe durch neue Technologie, Versetzung usw.) steigern die Kohäsion bereits kohäsiver Gruppen und schwächen die Kohäsion wenig kohäsiver Gruppen. — *Bedrohung*

11.4.2 Normen und Standards

Gruppennormen sind ein Merkmal der Gruppe als Ganzes; sie sind das Ergebnis von Interaktion und prägen nachhaltig das Verhalten der Gruppenmitglieder. Die Herausbildung eigener Gruppennormen ist das erste und wichtigste Mittel, sich von anderen Gruppen abzugrenzen und damit eine eigene Identität zu bilden. Normen geben an, was innerhalb einer bestimmten Gruppe an Denk- und Verhaltensweisen erwartet wird. Gruppennormen sind meist **stillschweigende Voraussetzungen** und damit informell; man handelt danach, ohne dass die einzelnen Mitglieder lange über sie nachdenken würde. Selten werden sie zu ausdrücklichen Geboten oder Verboten formuliert. — *Normen*

Die Gruppennormen sind dennoch allen Mitgliedern bekannt; ob sie tatsächlich von allen befolgt werden, hängt allerdings von weiteren Umständen ab. Hoch kohäsive Gruppen zeichnen sich – wie erwähnt – durch einen hohen Konformitätsdruck aus, abweichendes Verhalten wird kaum geduldet. Nicht alle Gruppennormen müssen aber immer von allen Gruppenmitgliedern gleichermaßen berücksichtigt werden. Manche Normen gelten nur für einen einzelnen in einer bestimmten Lage, z.B. nur für den Vorarbeiter oder nur für Mütter. In solchen Fällen wird häufig von **Rollen** gesprochen (siehe unten). — *Normenkonformität*

11 Gruppe und Gruppenverhalten

Bei Arbeitsgruppen können sich Normen

- auf den **engeren Bereich des Arbeitsplatzes** und des Betriebes richten: Vorstellungen über erwünschtes Kollegialverhalten (z.B. kameradschaftliche Hilfe), organisatorische Regelungen (z.B. Beachtung nur bei Beobachtung durch Außenstehende), Unternehmenspolitik (z.B. Unterstützung aller Maßnahmen der Personalchefin);

- **über den Arbeitsplatz hinausreichend** auf außerbetriebliche Bereiche wie Familie, Politik, Ethnizität, Geschlecht, Religion usw. beziehen.

Grundsätzlich gilt: Je stärker die Gruppenkohäsion, umso eher werden Normen über den engeren Bereich des Arbeitsplatzes hinaus von der Gruppe gesetzt.

In der Gruppe herausgebildete Normen geraten bisweilen in Widerspruch zu den formellen, vom Betrieb vorgegebenen Normen. Zum Beispiel erwartet der Betrieb die Einhaltung bestimmter Sicherheitsvorschriften (wie etwa Tragen eines Sicherheitshelms), während die Gruppe dies als lächerliche Ängstlichkeit aus dem Bereich akzeptierten Verhaltens ausschließt.

Standards

Konkretisierte Normen, die in Richtlinien und Richtwerten ihren Niederschlag finden, werden als Standards bezeichnet. Sie werden entwickelt, um die Erwartungen der Gruppenmitglieder in Form von konkreten Richtwerten zu verdeutlichen (z.B. heimlich festgesetzte Tageshöchstleistung bei Akkordgruppen). Standards haben immer einen viel höheren Bewusstheitsgrad als Normen.

Sanktionen der Gruppe

Abweichungen von Normen und Standards werden von Gruppen sanktioniert, um die Mitglieder wieder „auf Linie" zu bringen. Einer Gruppe stehen dazu verschiedene Mittel zur Verfügung (Beschimpfungen, Informationsausschluss, soziale Isolierung, körperliche Bestrafungsaktionen etc.). In der Regel tritt bei Normabweichung zunächst einmal eine Verstärkung der Kommunikation und ganz allgemein der Beobachtung ein, mit dem Ziel der Verhaltenskorrektur. Wenn ein Mitglied fortwährend von den Gruppennormen abweicht, droht der Ausschluss. Es ist jedoch keineswegs so, dass Mit-

Sündenbock

glieder in solchen Fällen immer ausgeschlossen werden. Häufig belassen Gruppen Abweichler, weil sie aus deviantem Verhalten in gewissem Sinne Nutzen ziehen können. Dies kann einerseits auf der Inhaltsebene der Fall sein, d.h. wenn Abweichungen inhaltlich begründet sind und sinnvoll erscheinen (Rijnbout/McKimmie 2012). Auf der Beziehungsebene vollzieht sich der Effekt in anderer Weise. Abweichendes Verhalten ermöglicht es Gruppen, die etablierten Normen sichtbar zu machen und den Normenverstoß exemplarisch zu bestrafen. Der Normbruch trägt dadurch zum Prozess der Grenzziehung und Identitätsbildung der Gruppe bei, indem eine genauere Vorstellung von dem entwickelt wird, was definitiv nicht erwünscht ist.

In diesem Sinne hat deviantes Verhalten einen – wenn auch zunächst paradox erscheinenden – funktionalen Aspekt.

In diesem Kontext können auch bestimmte Erscheinungsformen des **Mobbing** gesehen werden, das in Gruppennormen und der Abweichung davon eine systematische Ursache haben kann (Salmivalli 2010).

Obwohl Gruppen viel Kraft und Energie aufwenden, um ihr Normsystem aufrechtzuerhalten, sind Gruppennormen nicht rein statisch zu sehen. Sie verändern sich wie alle anderen Wertsysteme auch. „Abweichler" sind nicht selten der (ungeplante) Anlass, das Normsystem zu modifizieren.

Wandel

11.4.3 Interne Sozialstruktur der Gruppe

Um das Verhalten von Gruppen zu verstehen und leistungsstarke Teams entwickeln zu können, ist ferner eine Kenntnis der internen, von der Gruppe selbst entwickelten Strukturmuster unverzichtbar. Die **interne Sozialstruktur** spiegelt die Orientierungsmuster wider, die sich über einen mehr oder weniger langen Zeitraum innerhalb der Gruppe eigenständig – neben den offiziellen Strukturen – herausgebildet haben.

Prozessergebnis

Die interne Sozialstruktur beeinflusst die Verteilung der Einflussmöglichkeiten auf Gruppenentscheidungen, sichert die Erhaltung und Durchsetzung von Zielen und eröffnet für die einzelnen Mitglieder unterschiedliche Möglichkeiten der Bedürfnisbefriedigung. Sie zu kennen, ist also für das Management von Teams unerlässlich. Drei Strukturmerkmale werden für gewöhnlich herangezogen, um die interne Sozialstruktur zu beschreiben:

- Statusstruktur,
- Rollenstruktur,
- Führungsstruktur.

11.4.3.1 Die Statusstruktur

Der Begriff „Status" verweist auf die **Rangordnung** in Gruppen, d.h. die relative Stellung, die eine Person in der Gruppe aus der Sicht der Mitglieder einnimmt. Der Status ist grundsätzlich etwas aus der Zusammenarbeit heraus Entwickeltes und kann deshalb von den Bewertungen, die der formale Vorgesetzte vornimmt, durchaus abweichen. Statusstrukturen sind indessen wie auch die Kohäsion keine feststehende Eigenschaft, sie können sich im Zeitablauf immer wieder verändern (Bendersky/Shah 2013). Statuspositionen sind deshalb immer prekär. Dabei wird insbesondere der Verlust eines hohen Status als äußerst bedrohlich wahrgenommen und kann sich zum Teil

11 Gruppe und Gruppenverhalten

sehr destruktiv auf die Interaktionen zwischen den Gruppenmitgliedern auswirken (Marr/Thau 2014).

Statushöhe

Die **gruppenintern entwickelte Statusdifferenzierung** drückt sich dementsprechend in unterschiedlichen Verhaltensweisen aus. So bestimmt die Statusstruktur zu einem nicht unerheblichen Teil die Gruppenkommunikation. Je nach Ausprägung ergibt sich z.B. eine Rad-, eine Y- oder eine Kettenstruktur (vgl. Abbildung 11-2). Auch wird die Frage des Kommunikationsinhalts („Wer erfährt was wann?") stark nach Statusgesichtspunkten differenziert; höherrangige Gruppenmitglieder sind in der Regel früher „im Bilde" als niederrangige.

Ausprägung der Kommunikation

Status hat keinen objektiven Charakter, sondern hängt von der Wahrnehmung der Personen ab, die die Rangeinstufung vornehmen, und den Merkmalen, die sie hierfür zugrunde legen. Welche Merkmale den Status bestimmen (Intelligenz, Schönheit, Muskelkraft usw.), kann von Gruppe zu Gruppe unterschiedlich sein; in jedem Falle können es allerdings nur solche Merkmale sein, die die Gruppe vor dem Hintergrund ihres Normsystems für bedeutsam hält.

Abbildung 11-2 *Kommunikationsstrukturen in Gruppen*

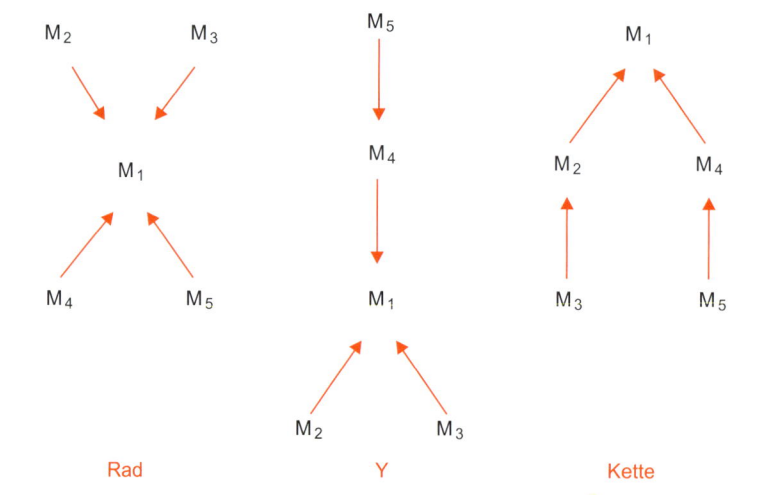

Mit einem höheren Status gehen meist bestimmte Privilegien und Verpflichtungen einher, die die Gruppe bestimmt. Der Status legt z.B. fest, was sich der Einzelne erlauben darf, wie er andere anzusprechen hat usw. Der mit dem Status verbundene Handlungsspielraum des Einzelnen wird durch zugeschriebene Einflusspotenziale (vgl. dazu auch Kapitel 12) ermöglicht, die i.d.R. in Abhängigkeit von der Statushöhe zugeschrieben werden (vgl. Georgesen/Harris 1998). Darüber hinaus kann das Streben nach Status zu sozial erwünschten Handlungen führen, die den Gruppenoutput maßgeblich beeinflussen (vgl. dazu Fisher/Ackerman 1998). Der Status hat somit einen beträchtlichen Einfluss auf das Verhalten in Gruppen und deren Output, aber auch – wie unten zu zeigen sein wird – auf das Verhältnis zwischen Gruppen (Chattopadhyay et al. 2010).

Um den Status nach außen hin kenntlich zu machen, werden meist Symbole benutzt. Sie zeigen den Status an, verleihen ihn aber nicht. Beispiele sind die Reihenfolge beim Verlassen des Arbeitsplatzes, die Fensterplätze in größeren Büroräumen oder bestimmte Sitzplätze in der Cafeteria. *Statussymbole*

Von Statuskongruenz spricht man, wenn alle Statusmerkmale einer Person zusammenpassen, wenn also alles zusammengehörig erscheint (z.B. die Übereinstimmung von Schulbildung, Wohnviertel, Kleidung). Wird diese Gleichrichtung aus der Sicht der betreffenden Gruppe nicht erreicht, spricht man von Statusinkongruenz (z.B. die Höchstangesehene trägt die einfachsten Kleider). Im Allgemeinen gilt, dass Personen bestrebt sind, ein Höchstmaß an Statuskongruenz zu erreichen. Statusinkongruenz verunsichert, man weiß nicht genau, wie man auf die widersprüchlichen Signale reagieren soll. Diese destabilisierenden Aspekte von Statusinkongruenz gelten andererseits auch als routinebrechend und innovationsfördernd. Jedoch werden der Statusinkongruenz mitunter auch negative Wirkungen zugesprochen, wie etwa das Auslösen von Mobbingverhalten in Gruppen (vgl. Heames et al. 2006). Der Status und insbesondere die Statusstruktur stellen somit eine wichtige Erklärungsvariable für den Gruppenoutput dar (Wahrman 2010). *Verhaltenswirkungen*

11.4.3.2 Rollenstruktur

Eng mit der Statusdifferenzierung verbunden ist ein weiteres Strukturmerkmal von Gruppen, die **Rollendifferenzierung**. „Rolle" kann definiert werden als ein Bündel von Verhaltenserwartungen, die von anderen an eine Position herangetragen werden. Diese **Verhaltenserwartungen** stellen generelle, d.h. vom einzelnen Positionsinhaber prinzipiell unabhängige Verhaltensvorschriften dar. Sie können formaler Natur sein (z.B. Stellenbeschreibung), aber auch – und das interessiert vor allem in unserem Zusammenhang – informell, d.h. auf ungeplantem Wege entstanden und von der Gruppe selbst entwickelt. *Definition*

Obschon zu jeder Position (mindestens) eine Rolle gehört, ist doch zwischen Position und Rolle zu trennen. Positionen bezeichnen – mehr formal – Stellen, die von Personen innegehabt, erworben und verloren werden können, *Position und Rolle*

Gruppe und Gruppenverhalten

während die Rolle die Art der Beziehungen zwischen den Trägern von Positionen bestimmt bzw. angibt, wie sich der Träger einer Position verhalten soll. Die Rolle ist das **Bindeglied** zwischen Individuen und Gruppe.

Sanktionen

Rollenerwartungen sind ähnlich wie Normen so gut wie immer mit Sanktionen verknüpft; je nachdem, wie stark die angedrohten Sanktionen bei Abweichung sind, kann in **Muss-**, **Soll-** und **Kann-Erwartungen** unterschieden werden. Rollenerwartungen beziehen sich nicht nur auf beobachtbares Verhalten, sondern auch auf innere Einstellungen und Überzeugungen (z.B.: Von einem Pharma-Betriebsleiter wird erwartet, dass er die Kritik an der Chemotherapie innerlich ablehnt).

(1) Rollenepisode

Elemente der Rollenepisode

Der Prozess der Rollenübernahme wird mit dem Konzept der Rollenepisode (Katz/Kahn 1978: 182) anschaulich beschrieben (vgl. Abbildung 11-3): Rollenerwartungen bündeln sich in einer gesendeten Rolle. Diese wird wahrgenommen (**empfangene Rolle**) und die Antwort darauf drückt sich im Rollenverhalten aus. Vier Elemente sind ausschlaggebend:

Rollenerwartungen. Gruppenmitglieder entwickeln vor dem Hintergrund der Organisationsumwelt ganz bestimmte Erwartungen an das Verhalten einer Person (Rollenempfänger).

Gesendete Rolle. Die Erwartungen werden dem betreffenden Positionsinhaber durch Sprache, Mimik oder Gestik als Rolle übermittelt, mit der Annahme, dass dieser auch bereit ist, diesen Erwartungen zu entsprechen.

Abbildung 11-3   *Rollenepisode*

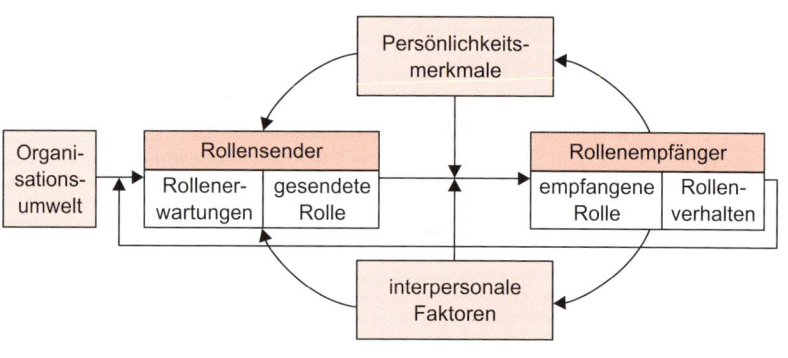

Quelle: Katz/Kahn 1978

Der Prozess: Gruppenformation und -entwicklung | **11.4**

Empfangene Rolle. Der Rollenempfänger nimmt die gesendete Rolle (mehr oder weniger treffend) wahr und versucht sie zu entschlüsseln. Es ist wichtig zu sehen, dass das Gruppenmitglied seine Rolle nur **indirekt** erschließen, nicht jedoch **direkt** erlernen kann. Der Rollenempfänger muss über ein gewisses Interpretationsvermögen und über ein hinreichendes Situationswissen verfügen, um die Erwartungen überhaupt entschlüsseln zu können. Tritt eine Person neu in eine Gruppe ein, so kann sie erst nach und nach lernen, die Rollenanforderungen zu begreifen; sie muss sich erst mit den Sinnstrukturen und dem über Jahre gesammelten Erfahrungswissen der sozialen Einheit vertraut machen.

Konformität vs. Abweichung

Rollenverhalten. Die Antwort des Rollenempfängers auf die gesendeten Signale und das im Anschluss gebildete Verständnis davon ist sein (beobachtbares) Rollenverhalten. Es kann den Erwartungen entsprechen oder davon abweichen. Ob das gezeigte Verhalten den (wahrgenommenen) Erwartungen entspricht, ist zunächst einmal eine Frage der Bereitschaft („Will ich mich überhaupt so verhalten, wie die anderen das von mir wünschen?") sowie auch der Sanktionen negativer und positiver Art, die mit den Erwartungen verknüpft sind. Abweichendes Rollenverhalten kann aber in Kommunikationsschwierigkeiten, Missverständnissen und Fehlinterpretationen seine Ursache haben.

Im Zyklus der **Rollenepisode** wird das gezeigte Rollenverhalten wiederum von den Rollensendern registriert und mit den gehegten Rollenerwartungen verglichen. Die Rolle wird dann – ggf. mit Korrekturinformationen versehen – erneut gesendet usw. Die Rollenepisode wird von Situationsfaktoren überlagert (vgl. Abbildung 11-3). So können Elemente der Organisationsumwelt, wie die Technologie, die Organisationsstruktur oder die Gruppenkohäsion, die Rollenübernahme erleichtern oder erschweren. Persönlichkeitsmerkmale der/s Sender(s) sowie der Empfänger beeinflussen die Art der Rollensendung und auch die Fähigkeit und Bereitschaft der Wahrnehmung und Umsetzung. Eine große Bedeutung kommt ferner den interpersonalen Beziehungen zu, die zwischen dem Sender und Empfänger, aber auch gegebenenfalls zwischen den Sendern bestehen. So begünstigt z.B. Sympathie zwischen den Akteuren für gewöhnlich die Kommunikation.

Feedback

Die Rollenepisode gibt einen guten Eindruck vom Prozess des Rollenverhaltens. Dieser Prozess wird allerdings nur **reaktiv** beschrieben; das betreffende Organisations- und Gruppenmitglied hat lediglich die Entscheidung, ob es mit den Erwartungen konform gehen will oder nicht („role taking"). Es sei jedoch darauf verwiesen, dass Personen auch Rollen „**machen**" können, d.h. sie können, jedenfalls bis zu einem gewissen Grade, die empfangene Rolle verhandeln und ggf. nach eigenen Vorstellungen umformen („role making"). Der Rollenempfänger muss nicht einfach passiv und abwartend bezüglich

Aktive Rollengestaltung

Gruppe und Gruppenverhalten

der an ihn gesendeten Erwartungen sein, sondern kann versuchen, aktiv zukünftige Rollenerwartungen durch sein Verhalten zu beeinflussen (z.B.: Der Vorstandsvorsitzende einer Aktiengesellschaft verwendet für kurze innerstädtische Dienstreisen nicht den Dienstwagen, sondern das Fahrrad). Der durch aktive Rollengestaltung entstehende „Rollenaushandlungsprozess" kann durchaus konfliktbehaftet sein, zwingt aber notwendigerweise zur Reflexion der meist unhinterfragten Erwartungshaltungen. Um **Innovationen** in Gruppen verstehen zu können, ist das Konzept der eigensinnigen Rollenumgestaltung von großer Bedeutung.

(2) Rollenkonflikte

Die Erläuterung der Rollenepisode hat deutlich werden lassen, dass Rollenerwartungen miteinander in Konflikt geraten können. Die hieraus resultierenden Rollenkonflikte sind für das Verhalten in Organisationen von großer Bedeutung. Im Wesentlichen wird zwischen Intra- und Inter-Rollenkonflikten unterschieden (Neuberger 2002).

Konflikte innerhalb einer Rolle

■ **Intra-Rollen-Konflikte**

Im Anschluss an die oben dargestellte Rollenepisode lassen sich die zwei folgenden Fälle unterscheiden.

— *Intra-Sender-Konflikt*
Die Instruktionen und Erwartungen ein und desselben Senders sind widersprüchlich und schließen einander aus (Gruppenführerin erwartet einmal absoluten Gehorsam, ermuntert dann aber wieder zu Kritik an ihren Anordnungen).

— *Inter-Sender-Konflikt*
Die Erwartungen der verschiedenen Sender sind untereinander nicht kompatibel. Der Rollenempfänger steht im Kräftefeld sich widersprechender Erwartungen (z.B.: Die Erwartungen, die eine Produktmanagerin in einer Projektgruppe an den Designer hat, widersprechen den Erwartungen, die der Abteilungsleiter der Produktgestaltung an diesen richtet).

Konflikte zwischen Rollen

■ **Inter-Rollen-Konflikt**

Er entsteht, wenn die Erwartungen unterschiedlicher Rollen einer Person miteinander kollidieren, d.h. sich ganz oder teilweise ausschließen (z.B.: Die Erwartungen an eine Gruppenführerin als Mitglied des Naturschutzvereins widersprechen unter Umständen den Erwartungen, die an sie von Mitgliedern ihrer Flugsicherungsgruppe gestellt werden). Eine

Der Prozess: Gruppenformation und -entwicklung

spezielle Form des Inter-Rollen-Konflikts ist die **Rollenüberladung**: Die Rollen sind dann zwar dem Inhalt nach miteinander verträglich, nicht aber der zeitlichen Anforderung nach. Die Rollenempfängerin kann nicht alle Rollen gleichzeitig bewältigen.

Als Sonderfall ist der sog. **Person-Rollen-Konflikt** anzusprechen. Hier steht die Rollenerwartung der Sender im Widerspruch zu den Werten und Orientierungen des Rollenempfängers (z.B.: Eine Polizistin soll Globalisierungsgegner auseinandertreiben, obwohl sie das Ziel der Demonstration befürwortet). Eine ganz ähnliche Thematik umreißt der Begriff **„Rollendistanz"**. Er verweist auf die Möglichkeit, sich von der Rolle zu distanzieren (emanzipieren) und kritisch zu prüfen, ob und inwieweit die Rolle den eigenen Ansichten und Werten entspricht (vgl. auch das „role making" weiter oben).

Rollendistanz

Abbildung 11-4 stellt die dargelegten Rollenkonflikte noch einmal im Überblick dar.

Rollenkonflikte

Abbildung 11-4

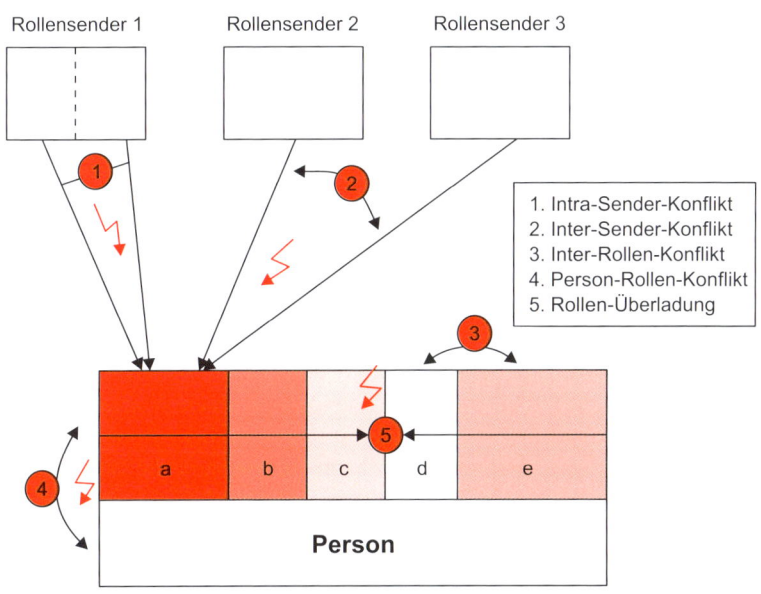

Quelle: Neuberger 2002: 318 ff. (modifiziert)

Rollenkonflikte, aus welcher Quelle auch immer gespeist, verlangen eine Entscheidung; man muss zusehen, wie man die Widersprüche auflöst, um handeln zu können. Dies verlangt mitunter auch den Mut, widersprüchliche

Taktiken

11 Gruppe und Gruppenverhalten

Erwartungsstrukturen nicht einfach weiter zu akzeptieren, sondern davon abzuweichen (vgl. Koerner 2014). Generelle Möglichkeiten, Rollenkonflikte zu lösen, sind:

- Prioritätensetzung,
- kompromissartige Annäherung,
- Rückzug oder
- Metakommunikation, d.h. Ansprechen des Rollenkonflikts.

Lösung von Rollenkonflikten

Welcher Lösungsweg gewählt wird, hängt hauptsächlich von folgenden Bedingungen ab:

- der **Legitimität**, d.h. als wie legitim werden die Rollenerwartungen empfunden (Bestehen sie zu Recht? Welche ist rechtmäßiger?),
- dem **Sanktionspotenzial**, d.h. wie stark werden die negativen Konsequenzen bei Nichterfüllung eingeschätzt,
- den **Einstellungen** der Empfänger (Prinzipientreue, Vermeidungstendenz, Konfliktscheu usw.).

Neben den genannten gibt es allerdings noch bestimmte weitere Taktiken, Rollenkonflikte zu lösen, z.B. indem kritische Teile des Rollenverhaltens der **Beobachtung** der Sender **entzogen** („Doppelleben") oder indem die Rollensender gegeneinander **ausgespielt**, d.h. die Rollenerwartungen zum Gegenstand von **Verhandlungen** gemacht werden.

Riten

Um mehrere – eventuell auch im Konflikt stehende – Rollen wahrnehmen zu können, sind häufig Riten des Rollenübergangs hilfreich (Ashforth et al. 2000). Solche „rites de passage" ermöglichen insbesondere durch räumliche und zeitliche Entzerrung, von einer Rolle in eine andere „zu schlüpfen" (z.B.: Der fürsorgliche Familienvater verabschiedet seine Kinder in der Kindertagesstätte, fährt zu seiner Arbeitsstätte und beginnt seinen Arbeitstag als „hart durchgreifender" Vorstandsvorsitzender mit einem Vortrag zur mangelnden Kostendisziplin). Die Ausgestaltung und Bedeutung der Übergangsriten hängt dabei insbesondere davon ab, wie stark die verschiedenen Rollen voneinander abgegrenzt sind. Während beispielsweise eine Trennung von Wohn- und Arbeitsort einen räumlichen Übergang automatisch impliziert, führt die Einrichtung eines Heimarbeitsplatzes dazu, dass dieser Übergang (etwa Autofahrt zum Arbeitsplatz) wegfällt. Damit ist einerseits ein ständiges Wechseln zwischen den Rollen möglich, jedoch führt dies auch zu Irritationen und Ablenkungen, die ein erneutes Ziehen von Grenzen und damit die Etablierung neuer Übergange zwischen den Rollen erfordert (vgl. hierzu auch Ladge et al. 2012). Ritusbasierte Grenzziehungen werden im Kontext digitaler Medien immer bedeutender, da diese Technologien meist parallel für mehrere Zwecke und mehrere Rollen parallel genutzt werden (Ollier-Malaterre et al. 2013).

Rollenkonflikte werden von Individuen als Belastung, als **Rollenstress**, erlebt; dies führt zu Spannungen, Unzufriedenheiten und – bei immer wiederkehrender Konfliktsituation – nicht selten zu psychosomatischen Erkrankungen (Kahn 1964; Nygaard/Dahlstrom 2002). Rollenkonflikte stellen somit im Rahmen des Leistungsprozesses potenzielle Störfaktoren dar, wobei nicht verschwiegen werden soll, dass Rollenkonflikte auch produktiv als Veränderungsanstoß, als produktive Unordnung, wirken können.

Rollenstress

(3) Rollendifferenzierung in der Gruppe

Ähnlich wie beim Status bildet sich in Gruppen regelmäßig neben den offiziellen Rollenerwartungen (Stellenbeschreibung) eine Reihe informeller Rollen heraus (Homans 1978). Bei empirischen Untersuchungen zeigten sich u.a. folgende Ausdifferenzierungen:

Inoffizielle Gruppenrollen

- nach der **Dauer der Zugehörigkeit** zur Gruppe: von den **„Neuen"** wird ein anderes Verhalten erwartet als von den **„Alten"**;

- nach **Gruppenfunktionen:** die Rolle des **Sprechers**, die die Verbindung zur „Außenwelt" der Gruppe regeln soll; die Rolle des **Schlichters**, die durch Konfliktabwehr und -beseitigung den Bestand der Gruppe sichern soll; die Rolle des **sozio-emotionalen Führers**, die die Kohäsion erhalten soll; die Rolle des **Aufgabenspezialisten**, die die erfolgreiche Erfüllung der Gruppenaufgabe regeln soll; die Rolle der **Vaterfigur**, die über Identifikation das Lernen von Rollen erleichtern soll; die Rolle des **Sündenbocks**, die eine Bündelung der Aggressionen mit sich bringt usw.

11.4.3.3 Führungsstruktur (informelle)

Begreift man Führerschaft als einen Prozess der sozialen Beeinflussung (vgl. dazu im Einzelnen Kapitel 12), so gehen in der Arbeitsgruppe nicht nur von der formellen Führung Einflüsse auf das Verhalten der Gruppe aus. Wie im vorhergehenden Abschnitt betont, bilden Gruppen Rollen aus, denen generell oder bezüglich bestimmter Funktionen (Sprecher, Schlichter etc.) erweiterte Einflussmöglichkeiten zugestanden werden. Da diese Einflussmöglichkeiten nicht auf der formalen Position in der Hierarchie basieren, spricht man deshalb von **informeller** Führung.

Formelle und informelle Führung

Formelle und informelle Führung unterscheiden sich im Wesentlichen durch die Machtgrundlagen, auf denen ihre Einflussmöglichkeiten beruhen. Die Machtgrundlagen der **formellen Führung** sind in erster Linie in der **Posi-**

Machtgrundlagen

11 Gruppe und Gruppenverhalten

tion begründet, d.h. die Position ist von der übergeordneten Organisation mit formell geregelten Anweisungsbefugnissen und Sanktionsmöglichkeiten (z.B. Disziplinargewalt, Förderung, Beurteilung, Lohnfestsetzung etc.) ausgestattet. Im Gegensatz dazu sind die Machtgrundlagen der **informellen Führung** in erster Linie in der Gruppe begründet: Macht wird Gruppenmitgliedern **zuerkannt**, z.B. aufgrund überlegenen Wissens und Fähigkeiten, oder aufgrund bestimmter für die Gruppe attraktiver Persönlichkeitsmerkmale (Stärke, gutes Aussehen, emotionale Wärme etc.). Die Bedeutung dieser Fähigkeiten und Merkmale differiert von Gruppe zu Gruppe und von Situation zu Situation, so dass universelle Fähigkeiten und Merkmale, die zur informellen Führerschaft prädestinieren, nicht existieren.

Konformität

Empirische Untersuchungen zeigen, dass die informelle Führung gewöhnlich Personen zuerkannt wird, die der Verwirklichung der Gruppennormen sehr nahe kommen. Die Werte, Ziele und Verhaltensweisen der informellen Führer werden deshalb weitgehend jenen entsprechen, die in der Gruppe als **wünschenswert** gelten: Eine egalitär orientierte Gruppe wird eine informelle Führerin haben, die demokratisches Verhalten zeigt; eine religiös fixierte Gruppe wird keinen Atheisten als Führer akzeptieren.

Von informellen Führungspersonen wird in aller Regel in höherem Maße als von allen anderen Gruppenmitgliedern erwartet, dass sie ihren Verpflichtungen nachkommen. Versäumen sie dies, so gefährden sie ihre Stellung; die Gruppe kann die **zugesprochene Führungsmacht** jederzeit wieder zurücknehmen. Informelle Führer sind zwar mächtiger als jedes einzelne Gruppenmitglied, aber immer schwächer als das Gebilde Gruppe, denn sie ist die Quelle ihrer Macht.

Bezogen auf das Leistungsverhalten von Gruppen zeigt sich, dass die informelle Führung von großer Bedeutung ist. Informelle Führer beeinflussen sehr stark das **Leistungsselbstverständnis** („group efficacy") der Gruppe, ob sich also die Gruppe als leistungsstark oder leistungsschwach erlebt. Einer der Hauptmechanismen dabei ist das Feedback, das die informellen Führer den anderen Gruppenmitgliedern geben. Es zeigt sich, dass der Einfluss der informellen Führung anfangs allerdings stärker ist als im Fortlauf des Leistungsprozesses (Pescosolido 2001).

„Idiosynkratischer Kredit"

In diesem Zusammenhang ist auch auf das Paradox hinzuweisen, dass informelle Führer einerseits in höherem Maße den Gruppennormen entsprechen sollen als alle anderen Gruppenmitglieder, ihnen andererseits aber am ehesten eine **Normabweichung** zugestanden wird. Hollander (1958) erklärt den Widerspruch, indem er eine zeitliche Abfolge aufzeigt: Die informelle Führerin erwirbt sich durch Normerfüllung ein Anerkennungspolster („idiosynkratischer Kredit"), das ihr in der Fortfolge eine konstruktive Abweichung von den Erwartungen erlaubt. Es ist deshalb auch nicht verwunderlich, dass Innovationen, die ja immer auch Abweichungen vom Althergebrachten sind, am häufigsten von den informellen Führern angestoßen werden.

Die Frage, ob und wie man die Höhe des „Kredits" messen kann, ist zwischenzeitlich Gegenstand der wissenschaftlichen Kontroverse (vgl. etwa Estrada et al. 1995).

In der Rollenanalyse war bereits angedeutet worden, dass sich Führung in Gruppen im Wesentlichen als eine Rolle darstellt. In vielen Studien zeigte sich (zusammenfassend Brown 2000), dass Gruppen im Zeitablauf häufig die Führungsrolle in mindestens zwei Rollen ausdifferenzieren, nämlich in die Rolle der **Aufgabenführung**, die primär die Zielerreichung im Auge hat, und die Rolle der **sozio-emotionalen Führung**, die primär für den Zusammenhalt der Gruppe Sorge trägt. Diese Rollen werden fast immer von verschiedenen Personen wahrgenommen („**Divergenztheorem**") und stehen durchaus in einem spannungsreichen Verhältnis zueinander.

Führungsdual

11.4.4 Kollektive Handlungsmuster

Neben den Zielen, Normen und Standards, der Gruppenkohäsion und der internen Sozialstruktur können als vierte Prozessvariable die kollektiven Handlungsmuster unterschieden werden. Kollektive Handlungsmuster in dem hier gemeinten Sinne beziehen sich entweder **direkt** auf bestimmte Kollektivaktionen oder aber **indirekt** auf Formen kollektiver Entscheidungsprozesse. Gerade letzteres ist sehr stark empirisch untersucht worden. Einige besonders interessante Ergebnisse sollen kurz vorgestellt werden.

11.4.4.1 Risikoschub in Gruppen

Üblicherweise wird von Gruppen erwartet, dass sie weniger risikofreudig entscheiden als Einzelpersonen (**kollektive Lähmung**). Kühnheit und Risikobereitschaft werden gewöhnlich Individuen und nicht Kollektiven zugeordnet. Die experimentelle Gruppenforschung weist seit Jahren (wenn auch nicht immer ganz eindeutig) in eine andere Richtung (Isenberg 1986). Gruppen wählen risikoreichere Alternativen als Individuen. Man bezeichnet diese Tendenz als **Risikoschub** (risky shift).

Muster kollektiver Entscheidungsprozesse

Zur Erklärung des Risikoschub-Phänomens wurde eine Reihe von Thesen entwickelt. Die bekanntesten lauten:

Risky shift

- **Diffusion der Verantwortung:** Ein höheres Risiko wird akzeptiert, weil die Handlungskonsequenzen nicht allein, sondern von der ganzen Gruppe zu verantworten sind.

11 Gruppe und Gruppenverhalten

- Höheres Informationsniveau: Die Gruppendiskussion trägt viele Informationen zusammen und reduziert die Unsicherheit, so dass das Risiko besser eingeschätzt werden kann.
- Führerschaft: Führer sind gewöhnlich risikofreudiger als andere Gruppenmitglieder. In der Gruppendiskussion kommen auf ihren Einfluss hin mehr Pro-Risiko-Argumente zum Tragen, als es im Durchschnitt isolierter Einzelurteile der Fall wäre.
- Risiko als sozialer Wert: Die Anwesenheit anderer animiert dazu, für mehr Risikofreude zu votieren, um nicht als kleinmütig abgestempelt zu werden.

Cautious shift

Interessant ist der Hinweis, der aus neueren Studien kommt. Danach ist der Risikoschub nur bei bestimmten Entscheidungsgegenständen beobachtbar, nämlich solchen, bei denen gesellschaftlich die Risikoübernahme positiv bewertet ist (z.B. bei Investitionen). Dort, wo die **Risikofreude** von der Gesellschaft eher **negativ bewertet** wird (z.B. beim Nikotingenuss von schwangeren Frauen oder bei der Ehepartnerwahl), zeigt sich überraschenderweise das Gegenteil. Gruppen votierten im Vergleich zu Einzelpersonen für das geringere Risiko. Man spricht hier vom **Vorsichtsschub** (zu neueren Überlegungen, wann die eine und wann die andere Tendenz in den Vordergrund tritt, vgl. Schkade et al. 2000).

11.4.4.2 Gruppendenken

Streben nach Einmütigkeit

Einen weiteren Einblick in das Entscheidungsverhalten von Gruppen und die es bestimmende innere Dynamik geben die Studien von Janis (1982b). Ausgangspunkt ist die These, dass **kohäsive** Gruppen, mit dem für sie typischen Korpsgeist und herzlichem Einvernehmen untereinander, dazu neigen, vorschnell Einmütigkeit herzustellen. Um den erreichten Konsens nicht zu gefährden, neigt man im Fortlauf unbewusst dazu, abweichende Meinungen zu unterdrücken. Das Streben nach Einvernehmlichkeit ist stärker als die Motivation, sich über ein Problem argumentativ auseinanderzusetzen und Alternativen zu erörtern. Der starke Teamgeist lässt das autonome und kritische Denken verstummen und führt die Gruppe unter Umständen zu kostspieligen oder sogar gefährlichen Entscheidungen. Janis nennt dieses Phänomen „Gruppendenken" und demonstriert seine praktische Bedeutung am Beispiel einer Reihe von Fehlentscheidungen der US-amerikanischen Außenpolitik.

„Schweinebucht-Affäre"

Ein besonders prägnantes Beispiel ist die „Schweinebucht-Affäre". Gemeint ist die Entscheidung John F. Kennedys und seiner Beratergruppe, dem CIA-Vorschlag zu folgen und eine Invasion in Kuba von Exilkubanern aktiv zu unterstützen. Kein einziger von Kennedys Beratern opponierte gegen das äußerst zweifelhafte Vorhaben; die problematischen politischen Konsequenzen selbst im Falle des Erfolges blieben unberücksichtigt. Die Entscheidung erwies sich bekanntlich als völliger Fehlschlag. Die militärisch massiv unterstützten Invasoren (es waren 1.400 Exil-Kubaner) waren nach wenigen Tagen am Ende und wurden von den kubanischen Streitkräften gefangen genommen.

Ausblendung von Kritik

Die Rekonstruktion der Entscheidungsgrundlagen offenbarte ein verblüffendes Maß an **Wunschdenken** und Ausblendung kritischer Aspekte bei der Erörterung des Vorhabens. Arthur Schlesinger, einer der Berater Kennedys, konstatierte später selbstkritisch, dass er Opfer des „Gruppendenkens" geworden war: „Hätte sich auch nur ein Berater gegen das Abenteuer ausgesprochen, ich glaube, Kennedy hätte es fallen gelassen. Aber keiner sagte ein Wort dagegen ... Unsere Sitzungen fanden in einer Atmosphäre vermuteten Konsenses statt." Obwohl Schlesinger eigentlich schwerwiegende Vorbehalte gegen das Vorhaben hatte, zögerte er – sich gewissermaßen selbst zensierend –, diese in der Gruppe zur Sprache zu bringen: „Ich kann mein Versagen, nicht mehr getan zu haben, als einige schüchterne Fragen zu stellen, nur dadurch erklären, dass der Impuls, gegen diesen Wahnsinn Front zu machen, durch die Umstände der Diskussion schlicht erlahmte" (Janis 1982a: 40, Übers. d. dt. Verf.).

Symptome des Gruppendenkens

Vor einiger Zeit erschien eine Nachfolger-Studie, die überzeugend zeigen konnte, dass die Entscheidungen, die zur bekannten „Challenger-Katastrophe" führten, vermutlich ebenfalls das Ergebnis von Gruppendenken waren (vgl. Moorhead et al. 1991). Nach sorgfältiger Analyse derartiger **(Fehl-)Entscheidungsprozesse** benennt Janis (1982a) acht generelle Symptome (im Sinne beobachtbarer Merkmale) des Gruppendenkens:

1. **Überschätzung der Gruppe:** Falsche Einmütigkeit schafft die Illusion der Unverwundbarkeit und lässt einen überzogenen Optimismus entstehen.

2. **Blinde Gruppenmoral:** Ein unbedingter Glaube an die Moralität der Gruppe macht blind für die ethischen Konsequenzen von Entscheidungen; was die Gruppe entscheidet, ist per se gerechtfertigt.

3. **Rationalisierung:** Die Gruppe weist oder wertet Argumente und Fakten ab, die der Gruppenmeinung zuwiderlaufen.

4. **Stereotypisierung:** Feinde und andere Außenstehende werden durchgängig negativ wahrgenommen: „Es lohnt sich nicht, sich mit ihnen auf ernsthafte Erörterungen einzulassen."

5. **Selbstzensur:** Gruppenmitglieder unterdrücken von sich aus eigene Zweifel an der Gruppenmeinung.

6. **Gruppenzensur:** Die Gruppe übt massiven, versteckten Druck auf Mitglieder aus, die – entgegen der stillschweigenden Vereinbarung – Zweifel an Gruppenmeinungen und Prämissen artikulieren wollen. Man ironisiert sie z.B. als „Bedenkenträger".

11 Gruppe und Gruppenverhalten

7. **Meinungswächter:** Gruppenmitglieder treten in Aktion, um potenzielle Dissidenten schon im Vorfeld zum Schweigen zu bringen; man will verhindern, dass sie den Gruppenkonsens mit ihren Zweifeln ins Wanken bringen können. In diesem Sinne beschreibt Janis die Rolle von Robert Kennedy bei der Schweinebucht-Entscheidung. Bei einer Party nahm dieser Schlesinger zur Seite und meinte zu den von letzterem im Vorfeld geäußerten kritischen Kommentaren: „Du kannst recht haben oder auch nicht, der Präsident hat sich seine Meinung gebildet. Verfolge es nicht weiter. Es ist jetzt an der Zeit, dass jeder ihm hilft, so gut er kann" (Janis 1982a: 40).

8. **Illusion der Einmütigkeit:** Aufgrund der Selbstzensur und des Gruppendrucks entsteht bei allen Mitgliedern, insbesondere aber bei dem Gruppenführer, das Bild uneingeschränkter Einmütigkeit.

„Social distancing"

Insgesamt verweisen diese Symptome des Gruppendenkens auf den Druck zur **Normenkonformität** und das Verhindern von Abweichungen. Im Betrachtungsmittelpunkt steht dabei die Kraft der **sozialen Kontrolle**, die sowohl explizit als auch implizit wirken kann. Eine überaus wichtige Form impliziter sozialer Kontrolle ist das **„social distancing"**. Darunter versteht man die Ausgrenzung und „Ächtung" von abweichenden Gruppenmitgliedern oder Minderheitsgruppen durch die Hauptgruppe in der Form informeller Exklusion. Soziale Distanzierung kann sehr unterschiedliche Formen annehmen und reicht von der einfachen Ignoranz von „Abweichlern" über deren Ausschluss aus informellen Gesprächen bis hin zu politischen Prozessen (vgl. zum Überblick Westphal/Khanna 2003: 364 ff.). In jedem Fall ist es auch ein Phänomen indirekter Kommunikation; man lässt Abweichlern ohne den unmittelbaren Einsatz von formalen Machtmitteln die Missbilligung ihres Verhaltens spüren nach dem Motto: „Sie werden schon sehen, was sie davon haben!" Dabei sind derartige Ausgrenzungspraktiken keineswegs ausschließlich als das Resultat bewussten Handelns zu verstehen. Soziale Distanzierung erfolgt häufig – wie das Gruppendenken insgesamt – unbewusst.

Vermeidung von Gruppendenken

Trotz dieser empirisch immer wieder zu beobachtenden Praktiken zur Vermeidung von Abweichungen darf das Phänomen des Gruppendenkens nicht als eine Art Naturgesetz missverstanden werden; es handelt sich dabei um eine Tendenz, keineswegs aber um eine zwangsläufige Erscheinung (vgl. kritisch Aladag/Fuller 1993). Es ist jedoch wichtig zu wissen, dass Gruppen, die sich gut verstehen, zu einem solchen Verhalten neigen, um dieser Tendenz entsprechend aktiv entgegenwirken zu können. Janis (1982a) unterbreitet eine Reihe interessanter Vorschläge, um dem Gruppendenken vorzubeugen. Einige seien kurz aufgeführt:

1. Die Gruppenleitung sollte mit Worten und Gesten die Mitglieder ermutigen, Kritik und Zweifel zu äußern.
2. Die Gruppenleitung sollte mit ihrer Meinungsbildung abwarten und nicht schon in der Frühphase eine dezidierte Meinung vertreten.
3. Die Gruppe sollte sich immer wieder einmal in mehrere Teams aufspalten und die verschiedenen Alternativen getrennt voneinander diskutieren.
4. Ein Mitglied sollte zum Advocatus Diaboli bestellt werden (vgl. Kasten 11-1).
5. Wenn eine vorläufige Entscheidung gefallen ist, sollten anschließend in einer Art „dialektischer Sitzung" (second chance meeting) alle Gegenargumente und Einwände gesammelt und diskutiert werden.

Kasten 11-1

Advocatus Diaboli

Definition:

Als „Advocatus Diaboli" wird ein Entscheidungsverfahren bezeichnet, bei dem eine Person oder eine Gruppe ausdrücklich die Rolle des schonungslosen Kritikers übernimmt. Ihre Aufgabe besteht darin, Schwachpunkte oder Fehlerquellen in den zugrundeliegenden Annahmen und Schlussfolgerungen aufzuspüren und auf sie aufmerksam zu machen. Ziel dieser Vorgehensweise ist es, durch die Schaffung von Gegenpositionen die Entscheidungsbeteiligten vor einem zu frühen Konsens zu bewahren sowie eine intensivere Auseinandersetzung mit den zugrundeliegenden Prämissen zu erzwingen.

Vorteile:

Der Hauptvorteil dieser Methode liegt darin, dass die Legitimation für eine schonungslos kritische Position geschaffen wird. Es wird jemand beauftragt, über alle (emotionalen) Barrieren hinweg das offen auszusprechen, was an dem Plan oder der Entscheidung kritisch erscheint. Die anstehende Entscheidung kann darüber hinaus noch einmal aus einer neuen Perspektive überdacht werden. Das sensibilisiert für offene Fragen, die Wahrscheinlichkeit von Fehlentscheidungen wird dadurch geringer und neue Alternativen kommen unter Umständen ins Gespräch.

Gefahren:

Die Kritik an dieser Methode setzt vor allem an folgenden vier Punkten an:

- Hat bei einem Entscheidungsprozess erst einmal die Kritik Oberhand gewonnen und ist das Vorhaben in Zweifel gezogen, ist es äußerst schwer, es wieder zu „rehabilitieren".
- Es besteht die Gefahr einer destruktiven statt konstruktiven Denkweise.
- Es besteht die Gefahr der Demoralisierung potenzieller Innovatoren.
- Es entsteht eine Tendenz zur Schaffung „wasserdichter" Vorhaben.

11 Gruppe und Gruppenverhalten

11.4.4.3 Konzertierte Gruppenaktionen

Bedrohung von außen

Zu den direkten kollektiven Handlungen werden in erster Linie die sogenannten konzertierten Gruppenaktionen gezählt, die meist dann eingeleitet werden, wenn die Erreichung von Gruppenzielen akut gefährdet erscheint oder wenn von außen Ziele an die Gruppe herangetragen werden, die der Gruppe nicht akzeptabel erscheinen. Beispiele für derartige Aktionen sind: Leistungszurückhaltung bei Akkordarbeit (um z.B. einer ständigen Erhöhung der Richtsätze vorzubeugen), Dienst nach Vorschrift, Streik für bessere Arbeitsbedingungen, Widerstand gegen Änderungen etc.

Voraussetzungen für die Durchführung von konzertierten Gruppenaktionen sind

Voraussetzungen

1. ein relativ hoher Grad an **Gruppenkohäsion**, der den Gruppenmitgliedern den notwendigen Halt gibt und sie eventuelle Risiken leichter tragen lässt.

2. die Existenz von **Normen und Standards**, die auf eine gewisse Konfliktbereitschaft gegenüber der internen Umwelt hinauslaufen und die eine deutliche Grenze zwischen den Gruppen und der Organisation ziehen.

3. die Unterstützung durch die **informelle Führung**.

Umgekehrt kann aber auch der Kohäsionsgrad gerade durch solche Aktionen steigen; ebenso erfahren die Normenstruktur wie die interne Sozialstruktur durch derartige Aktionen unter Umständen eine Differenzierung und gegebenenfalls eine Modifizierung. Die einzelnen Variablen sind also auch hier nicht unabhängig voneinander, sondern stehen in einem gegenseitigen Einflussverhältnis.

11.5 Die Gruppenleistung (Output)

Nach dieser Diskussion des Gruppengeschehens stellt sich die Frage, wie alle diese Einflüsse und Prozesse auf die Leistung von Gruppen (Output) wirken. Die einer Arbeitsgruppe übergeordnete Organisation wird in erster Linie an einer hohen Gruppeneffektivität (Produktivität und Stabilität) interessiert sein. Es gibt zahlreiche Untersuchungen, die nach den Bedingungen hoher Gruppeneffektivität fragen und dabei Variablen aus verschiedenen Prozessphasen des eingangs gezeigten systemanalytischen Bezugsrahmens als Bestimmungsgröße nehmen.

Die Gruppenleistung (Output) **11.5**

Teilweise werden vor dem Hintergrund des Systemmodells in den Studien Input und Output direkt gegenübergestellt, teilweise werden Interaktions- oder Formations- und Entwicklungsvariablen zu Outputfaktoren in Beziehung gesetzt. In allen Fällen werden aber nur Teilbeziehungen herausgegriffen und überprüft; insoweit stehen alle diese Ergebnisse unter Vorbehalt. Nachfolgend werden einige Ergebnisse im Überblick dargestellt (zu genaueren Übersichten vgl. Shaw 1981; Weinert 2004: 417 ff.).

Empirische Untersuchungen

(1) Inputvariablen und Effektivität (ausgewählte Befunde)

Gruppengröße

- Die Zufriedenheit der Gruppenmitglieder sinkt mit steigender Gruppengröße.

- Eine eindeutige Beziehung zwischen Gruppengröße und Produktivität konnte nicht gefunden werden. Aufgaben, die ein hohes Maß an Kooperation verlangen, werden tendenziell in kleineren Gruppen besser gelöst, während Aufgaben additiver Natur größere Gruppen vertragen.

Gruppengröße und Produktivität

Gruppenzusammensetzung

- Untersuchungen, die die Eigenschaften der Mitglieder und Aspekte der Gruppenleistung direkt in Beziehung setzen, konnten keine konsistenten Ergebnisse erzielen. Beispielsweise kann sich Gruppendiversität auf einige Leistungsaspekte begünstigend auswirken (Kreativität, Wachsamkeit, Qualität), während sie eher hemmend auf andere zu wirken scheint (Schnelligkeit, Kommunikationsdichte) (vgl. z.B. Watson et al. 1993). Dabei spielen die Art der zu lösenden Aufgaben, aber auch das Bedürfnis nach Reflexion und expliziter Informationsverarbeitung (Kearney et al. 2009) sowie mögliche Entwicklungen von zunächst kreativitätsfördernden Konflikten zu lähmenden Dauerstreitigkeiten im Zeitablauf (vgl. Wanous/Youtz 1986) eine ausschlaggebende Rolle.

- Neuere Studien (vgl. King et al. 2011) verweisen auf die Bedeutung der Gruppenzusammensetzung in Bezug auf das Gruppen-Umwelt-Verhältnis. Demnach erweist sich die Gruppeneffektivität grundsätzlich als umso höher, je stärker ihre Zusammensetzung der ihrer relevanten Umwelt (z.B. einer Kundengruppe) entspricht. Dieser Zusammenhang erschließt sich aus einem größeren wechselseitigen Verständnis.

- Gruppen mit Mitgliedern ähnlicher Persönlichkeitsstrukturen zeigen gewöhnlich höhere Zufriedenheit und Stabilität als heterogen zusammengesetzte Gruppen.

Persönlichkeitsstruktur

Art der Aufgabe

Komplexität der Aufgabe

■ Bei komplexen Aufgaben hängt der Erfolg davon ab, in welchem Ausmaß die Gruppenmitglieder frei und ungehindert Zustimmung oder Ablehnung zu den vorgeschlagenen Lösungsschritten äußern können.

■ Gruppen, die sich aus Mitgliedern mit unterschiedlichen Persönlichkeitsmerkmalen zusammensetzen, arbeiten bei schwach strukturierten Aufgaben besser als Gruppen, deren Mitglieder ähnliche Persönlichkeitsstrukturen aufweisen. Bei klarer Aufgabenstellung zeigen sich eher die umgekehrten Ergebnisse.

(2) Gruppenkohäsion und Effektivität (einige Befunde)

Gruppenkohäsion und Produktivität

Ambivalenz des Faktors „Kohäsion"

Anfänglich wurde häufig die Auffassung vertreten, dass eine Steigerung der Gruppenkohäsion automatisch eine Steigerung der Gruppenleistung bewirke. Dies konnte so nicht bestätigt werden (vgl. dazu Beal et al. 2003). Bei empirischen Untersuchungen fand man zwar Ergebnisse in der erwarteten Richtung; man fand aber auch hoch kohäsive Gruppen, die eine deutlich niedrigere Leistung erbrachten als Gruppen mit schwacher Kohäsion.

Eine nähere Analyse der Gründe zeigte, dass ohne Berücksichtigung der **Gruppenziele** keine eindeutigen Aussagen möglich sind (Gong et al. 2013). Das Einflusspotenzial der Gruppe auf das Verhalten ihrer Mitglieder wird stark durch die Höhe der Gruppenkohäsion bestimmt; die **Einflussrichtung** aber hängt von den intern formulierten Zielen der Gruppe ab. Nur dann, wenn diese Ziele auf eine hohe Leistungsabgabe ausgerichtet sind, wird sich der ursprünglich erwartete Effekt einstellen.

Das Ziel einer **hohen Arbeitsleistung** wird in der Regel von der Organisationsumwelt an die Gruppe herangetragen. Eine Vielfalt von Einflussfaktoren bestimmt, inwieweit diese Organisationsziele mit den Gruppenzielen im Einklang stehen oder divergieren. Eine besondere Bedeutung kommt dabei der Frage der Instrumentalität der Organisationsziele zu. Generell ergaben sich folgende Beziehungen:

■ Bei hoher (geringer) Leistungsorientierung erzielten hoch kohäsive Gruppen eine höhere (geringere) Produktivität als schwach kohäsive Gruppen (vgl. Abbildung 11-5).

■ Hoch kohäsive Gruppen zeigen eine größere Einheitlichkeit in der Leistung als schwach kohäsive Gruppen. Diese Uniformität lässt sich mit dem erhöhten Einflusspotenzial auf das Verhalten der Mitglieder erklären.

Die Gruppenleistung (Output) | **11.5**

■ In hoch kohäsiven Gruppen sind – bei Zielakzeptanz – schnellere Lernerfolge zu erwarten als in wenig kohäsiven Gruppen.

Gruppenkohäsion und Produktivität in empirischen Untersuchungen — *Abbildung 11-5*

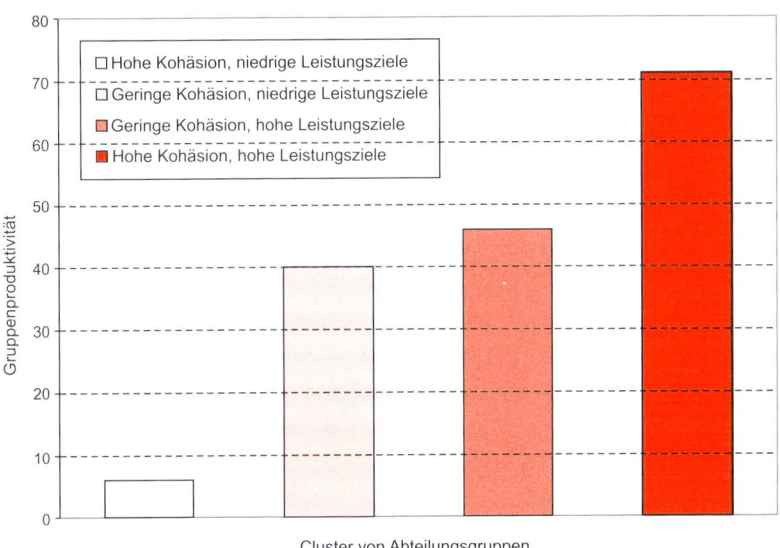

Quelle: nach Likert 1961: 119 ff.

■ **Gruppenkohäsion und Zufriedenheit**

Mitglieder von hoch kohäsiven Gruppen sind gewöhnlich zufriedener mit ihrer Arbeit als Mitglieder anderer Gruppen.

■ **Gruppenkohäsion und Fehlzeiten**

Hoch kohäsive Gruppen haben im Durchschnitt geringere Fehlzeiten. Dabei sind aber auch Gruppennormen und die Nachhaltigkeit, mit der sie verfolgt werden, maßgeblich (Bamberger/Biron 2007).

■ **Gruppenkohäsion und Fluktuation**

Gruppen mit hoher Kohäsion haben eine relativ niedrigere Fluktuationsrate als andere Gruppen – dies auch bei grundsätzlich negativer Einstellung zur Organisation.

11 *Gruppe und Gruppenverhalten*

- **Gruppenkohäsion und empfundene Belastung durch die Arbeit**

  Hohe Gruppenkohäsion führt gewöhnlich zu geringeren arbeitsbezogenen Belastungs-, Spannungs- und Angstgefühlen. Diese klassische Erkenntnis deckt sich mit neueren Studien zu Arbeitsstress und Burnout. Letztere waren in Gruppen mit unterstützenden Bindungen, informellen Gruppenkontakten und einem angenehmen Gruppenklima (also bei hoher Gruppenkohäsion) weniger nachweisbar (vgl. zusammenfassend Elloy et al. 2001).

11.6 Beziehungen zwischen Gruppen

Moderne Organisationsformen verlangen immer häufiger nach abteilungsübergreifender Zusammenarbeit zur **direkten Abstimmung** (z.B. Simultaneous Engineering, Projektentwicklung, Produktmanagement, Qualitätsmanagement). Diese Art der Zusammenarbeit wird allerdings häufig in ihren Anforderungen unterschätzt. Sie ist von Gruppenprozessen überlagert; Gruppen erleben andere Gruppen eines Systems häufig als Rivalen.

Die Beziehungen **zwischen** Gruppen unterliegen einer speziellen Dynamik. Diese Dynamik zwischen Gruppen wird sehr stark durch das **Ausmaß ihrer Unterschiedlichkeit** bestimmt. Das Ausmaß der Unterschiedlichkeit ist maßgeblich durch die Aufgabenspezialisierung und die daraus resultierenden unterschiedlichen Zielorientierungen beeinflusst, aber natürlich auch durch die unterschiedlichen intern entwickelten Strukturen und Perspektiven, wie sie in Abschnitt 11.4 beschrieben wurden.

Zur Erklärung der immer wieder zu beobachtenden Konflikte zwischen Gruppen sind im Wesentlichen zwei Theorien entwickelt worden: (1) die Interessenkonflikttheorie und (2) die soziale Identitätstheorie.

Ressourcenkonkurrenz

(1) Interessenkonflikttheorie. Der interessenbezogene Ansatz sieht die Hauptursache für Intergruppen-Konflikte im Wettbewerb um knappe Ressourcen. Dabei sind keineswegs nur materielle Ressourcen gemeint, wie etwa Zahl der Mitarbeiter, Größe und Lage der Büros, Gehaltszulagen, sondern auch immaterielle, wie z.B. Aufmerksamkeit, Zuwendung, Prestige. Beim interessenbezogenen Ansatz ranken die Konflikte um Einfluss und Kontrolle. Die Gruppen verstehen sich als Rivalen um Güter, die nicht vermehrbar sind; in der Regel handelt es sich um „Nullsummenspiele", d.h. der eigene Anteil kann nur auf Kosten des Anteils anderer vergrößert werden (vgl. Sherif 1966).

11.6 Beziehungen zwischen Gruppen

Einflussfaktoren

In welchem Maße sich eine solche Rivalität zwischen Gruppen entwickelt, ist wesentlich durch die Gruppenumwelt, also die Organisationsstruktur, das Anreizsystem, die Unternehmensführung, mit bestimmt und dadurch auch in Grenzen steuerbar.

Individualität entwickeln

(2) Die soziale Identitätstheorie wird in neueren Studien immer häufiger als konzeptionelle Basis für das Verständnis von Intergruppenkonflikten herangezogen (vgl. z.B. Chrobot-Mason et al. 2007; Hogg et al. 2012). Dabei wird davon ausgegangen, dass Konflikte häufig auch unbewusste Ursachen haben. Gruppen entstehen und erlangen ein Selbstbewusstsein („Wir-Gefühl"), indem sie sich von anderen Gruppen abgrenzen. Sie tun dies, indem sie eine eigene Identität entwickeln, die einen Unterschied zu anderen Gruppen macht. Dazu bilden sie Vorstellungsmuster aus, d.h. vor allem Eigenbilder und Fremdbilder. Gruppen neigen (wie Individuen auch) zur Diskriminierung in dem Sinne, dass sie von sich selbst ein relativ besseres Bild entwerfen und damit in der Tendenz die anderen Gruppen abwerten (vgl. Abrams/Hogg 1990).

Kognitive Muster

Das Besondere an der sozialen Identitätstheorie ist nun, dass dieses tendenziell abwertende Bild der anderen Gruppen typischerweise nicht auf konkreten Erfahrungen oder feindseligen Handlungen der anderen Gruppen beruht, sondern in erster Linie eine Vorstellung ist, die man sich von den anderen Gruppen macht. Daher lassen sich hier neben interessen- und identitätsinduzierten Konflikten auch **kognitive Muster** als weitere Konfliktsphäre anführen (vgl. Carton/Cummings 2012). Demnach spielt die Art und Weise der Informationsverarbeitung in Gruppen eine entscheidende Rolle. Die gesonderte Betrachtung dieser kognitiven Prozesse erscheint durchaus sinnvoll, da es einen wesentlichen Unterschied machen kann, ob Konflikte normativ bedingt oder auf unterschiedliche kognitive Muster zurückzuführen sind.

„Feindbilder"

Um die Konflikte zwischen Gruppen besser verstehen und bearbeiten zu können, ist es insgesamt erforderlich, sich intensiv mit diesen **Wahrnehmungsmustern** (Selbstbild und Fremdbilder) vertraut zu machen und die dahinter liegenden normativen und/oder kognitiven Muster zurückzuverfolgen.

Keine Zwangsläufigkeit

Die soziale Identitätstheorie liefert hierzu einen sehr wichtigen Beitrag zur Erklärung von **Inter-Gruppen-Konflikten**; man sollte sie aber nicht zu mechanistisch begreifen und die Gruppenfeindlichkeit zum zwangsläufigen und unausweichlichen Phänomen machen. Insgesamt gilt es auch hier zu sehen, dass die Gruppenumwelt einen wesentlichen Einfluss auf die Ausprägung dieser Vorstellungsmuster nimmt oder zumindest nehmen kann (z.B. Autoritätsgefüge, Führungsphilosophie, Unternehmenskultur) und

11 Gruppe und Gruppenverhalten

dass in vielen Fällen die Kooperation zwischen Gruppen auch friedlich verläuft.

Stufen der Konflikteskalation

Konflikte zwischen Gruppen haben ihre eigene Dynamik; es besteht immer die Gefahr der **Eskalation**. Die folgende Skala von Glasl (1999: 15 ff.) zeigt die verschiedenen Stufen der Konfliktentwicklung. Es ist dabei wichtig zu betonen, dass keineswegs jeder Konflikt alle diese Stufen bis zum „bitteren Ende" durchlaufen muss. Die Skala dient vielmehr dazu, aufzuzeigen, wohin Konflikte führen können, wenn man untätig zusieht. Glasl unterscheidet verschiedene Stufen der Konflikteskalation (vgl. Abbildung 11-6).

Abbildung 11-6 *Phasenmodell der Eskalation von Konflikten*

	Eskalationsstufen:	Verhaltensaspekte:
1	Verhärtung	Standpunkte verhärten sich zuweilen und prallen aufeinander; es sind noch keine starren Lager und Meinungen vorhanden.
2	Debatte	Polarisation im Denken, Fühlen und Handeln; ermüdende Debatten, taktische Finessen; es bilden sich Subgruppen und sich verhärtende Standpunkte.
3	Taten	Reden hilft nicht mehr – es müssen Taten folgen; keine Partei will mehr nachgeben, Kontrahenten sollen die jeweils eigene Auffassung übernehmen.
4	Koalitionen	Es bilden sich Klischees, der „Gegner" wird zum „Feind"; Anhänger werden geworben und es bilden sich symbiotische Koalitionen.
5	Gesichtsverlust	Öffentliche Bloßstellung, Diffamierung des anderen.
6	Drohstrategien	Drohungen und Gegendrohungen eskalieren, „Stolperdrähte" werden gezogen.
7	Scharmützel	Begrenzte Attacken; der „Feind" wird immer mehr zur „Sache".
8	Krieg	Der „Feind" muss vernichtet werden; das feindliche System soll zerbrechen.
9	Gemeinsam in den Abgrund	Totaler Krieg; Vernichtung des Feindes auch zum Preis der Selbstvernichtung.

Quelle: Glasl 1999

Beziehungen zwischen Gruppen

Konflikte zwischen Gruppen sind aus gesamtorganisatorischer Sicht nicht durchweg als negativ einzustufen. Zwar binden sie einerseits zumindest zeitweise wesentliche Teile der Arbeitsenergie (das Vorbereiten von Aktionen gegen die anderen Gruppen, Manöverkritik, Rachefeldzüge usw.) und beeinträchtigen den Informations- und Kommunikationsfluss; auf der anderen Seite fördern solche Konfliktsituationen die Wachsamkeit und das Problembewusstsein; darüber hinaus sind sie geeignet, den Ehrgeiz anzustacheln (wie bei jedem Mannschaftswettkampf zu beobachten). Konflikte können die Organisation vor gefährlichem Harmoniestreben und Gruppendenken schützen. Es ist dies ja letztlich auch der Grund, weshalb z.B. die parlamentarische Demokratie auf der Rolle der Opposition beharrt.

„Produktive Konflikte"

Die Frage, ob und inwieweit das Management eines Unternehmens auf Konfliktabbau oder -vermeidung hinarbeiten soll, ist also durchaus differenziert zu beantworten. Von entscheidender Bedeutung ist dabei, in welchem Umfang die konfliktären Gruppen im Arbeitsprozess aufeinander angewiesen sind, d.h. wie hoch die Arbeitsflussinterdependenz ist.

Aufgabeninterdependenz

Um Konflikte zu vermeiden oder zumindest auf ein tragbares Niveau zu reduzieren, hat sich eine Reihe von Maßnahmen bewährt (Schein 1969; Ury et al. 1988; Schwarz 2010):

Konfliktmanagement

- die Hervorhebung gemeinsamer Ziele,
- Förderung der direkten Kommunikation zwischen den Gruppen („Konfrontationssitzungen"),
- Job rotation zwischen den Gruppen,
- Erhöhung der Kontakte durch gemeinsame Fortbildung usw.

Wichtiger aber noch als solche Maßnahmen ist die Einübung in geordnete **Formen der Konfliktaustragung**. Nicht das Aufkommen von Konflikten ist in den meisten Organisationen das Problem – das ist in bestimmten Situationen ohnehin unvermeidlich –, sondern das Unvermögen, mit Konflikten umzugehen (Tropp 2012).

Aufbauend auf dem oben gezeigten Phasenmodell (vgl. Abbildung 11-6) lassen sich die fünf gängigen Methoden der Konfliktbearbeitung den jeweiligen Eskalationsstufen zuordnen, angefangen von der einfachen Moderation bis zum hierarchischen Durchgriff. Abbildung 11-7 zeigt die Zuordnung der Konfliktbearbeitungsmethoden.

11 Gruppe und Gruppenverhalten

Abbildung 11-7 Methoden der Konfliktbehandlung

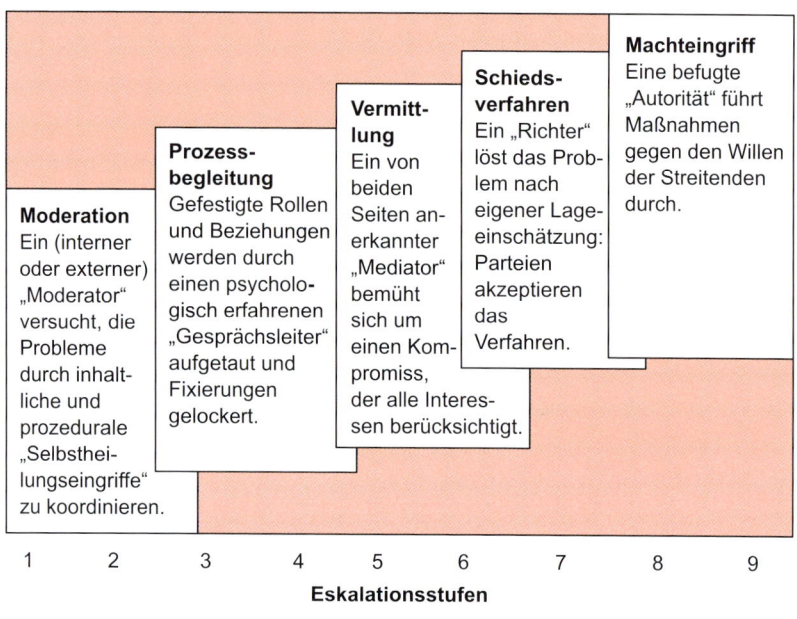

Quelle: Glasl 1999

Gruppe und Gruppenverhalten

Lernkontrollfragen

1. Welcher Zusammenhang besteht zwischen der informellen Führungsstruktur und der Statusstruktur einer Gruppe?
2. Welche Merkmale konstituieren eine Gruppe im sozio-dynamischen Sinne?
3. Inwieweit kann die formale Organisationsstruktur den Gruppenbildungsprozess beeinflussen?
4. Welche Bedeutung hat die sog. Sturmphase des Gruppenbildungsprozesses für die interne Sozialstruktur einer Gruppe?
5. Wie realistisch ist die Vorstellung, der Advocatus Diaboli könnte Gruppendenken brechen?
6. Erläutern Sie das Phänomen des Risikoschubs! Welche Maßnahmen können im Sinne einer Gegensteuerung ergriffen werden? Führen diese dann automatisch zu einem Vorsichtigkeitsschub?
7. Warum führt eine hohe Gruppenkohäsion nicht automatisch zu einer hohen Gruppenproduktivität?
8. Wie lässt sich erklären, dass Gruppen innerhalb eines Unternehmens zum Teil große Feindseligkeiten gegeneinander entwickeln?
9. Welche Phasen muss eine Gruppe i.d.R. durchlaufen, um produktiv zu werden?
10. Was versteht man in der Gruppentheorie unter einem „idiosynkratischen Kredit" und warum ist dieses Phänomen für die Erklärung von informeller Führung in Gruppen von besonderer Bedeutung?

Lösungshinweise zu den Lernkontrollfragen erhalten Sie auf der Webseite zum Buch unter www.springer.com.

Diskussionsfragen

I. Müssen auch virtuelle Gruppen die Phasen der Gruppenentwicklung durchlaufen, um produktiv zu werden?
II. Woran kann es liegen, dass der Leistungsbeitrag von Gruppen nicht größer, sondern kleiner als die Summe ihrer Teile ist?
III. Inwieweit kann die Aufnahme neuer Gruppenmitglieder bestehende Gruppenstrukturen verändern?

11 Gruppe und Gruppenverhalten

IV. Unter welchen Bedingungen führt hohe Gruppenkohäsion zu Leistungssteigerungen?

V. Was versteht man unter einem „Inter-Rollen-Konflikt"? Wie lässt sich dieser lösen?

VI. Erläutern Sie, warum die Rollen der Aufgabenspezialistin und der sozio-emotionalen Führerin selten von der gleichen Person ausgeführt werden können.

VII. Was versteht man unter dem Phänomen des Gruppendenkens und wie lässt sich dieses vermeiden?

VIII. Erläutern Sie, inwieweit Konflikte zwischen Gruppen auch förderlich für den Gruppenoutput sein können. Unter welchen Umständen sollten Organisationen versuchen, Konflikte zu unterbinden und abzubauen?

Fallstudie: Die Versetzung

Manuel Schmied, Bereichsleiter in einem großen Dienstleistungsunternehmen, fiel auf, dass die Fluktuation in einer ihm unterstellten Verwaltungsabteilung erstaunlich hoch war. Die Arbeit in dieser Abteilung, der er selbst in früheren Jahren einmal angehört hatte, bestand überwiegend darin, die von den Außenstellen eingehenden Aufträge zu bearbeiten, sich bei allfälligen Unstimmigkeiten mit den Außenstellen in Verbindung zu setzen und Leistungskennziffern für die einzelnen Außenstellen zu errechnen. Die erarbeiteten Zusammenstellungen, Daten und Berechnungen wurden an das Controlling, den Personalbereich und an andere Abteilungen der Zentrale weitergereicht.

Die Verwaltungsabteilung war bei den Außenstellen nicht sonderlich beliebt. Man hielt sich für den Gewinnbringer und sah in der Zentrale, vor allem aber in der für sie zuständigen Verwaltungsabteilung, einen „überflüssigen Kropf". Vor allem die Ermittlung der Leistungskennziffern und der anschließende Vergleich zwischen den Außenstellen stießen häufig auf heftige Kritik. Das Hauptargument war, dass dabei die spezifische Konkurrenzsituation und die regionalen Besonderheiten bei den einzelnen Außenstellen nicht ausreichend berücksichtigt würden und dass man somit ständig Äpfel mit Birnen vergliche.

Schon seit Längerem war im Gespräch, einen Großteil der Arbeit dieser Abteilung auf ein neues Workflow-Management umzustellen. Bislang war dieser Plan jedoch nicht realisiert worden.

Die Personalsituation in dieser Abteilung war zwiespältig: Eine Gruppe älterer Mitarbeiter war – ähnlich wie der Abteilungsleiter – schon lange dabei; es gab seit Jahren keine Fluktuation. Der Rest der Mitarbeiter – 7 der insgesamt 14 Personen – war jünger. Hier kam es zu ungewöhnlich hoher Fluktuation. Personen mit mittellanger Zugehörigkeit zur Abteilung fehlten. Der Abteilungsleiter, Roland Koschnik, klagte gegenüber Manuel Schmied häufig über seine jungen Leute. Sie seien heutzutage einfach viel zu anspruchsvoll, sie leisteten zu wenig, steckten keinen Ehrgeiz in die Arbeit, wollten sich nichts sagen lassen und würden schon bei der geringsten Ermahnung kündigen. Dies sei in der Regel auch nicht schade, nur angesichts der derzeitigen Personalenge ein Problem.

Schmied stellte in Aussicht, er werde ihm einen vorzüglichen jungen Mann, Jan Wischmann, beschaffen, der sich in einer anderen Abteilung hervorragend bewährt habe, und fügte hinzu: „Sie werden sehen, Herr Koschnik, der reißt Ihnen die ganze junge Truppe mit."

Manuel Schmied ließ Jan Wischmann in sein Büro kommen. In einem langen Gespräch konnte er ihn schließlich überzeugen, in die genannte Abteilung zu wechseln. Er machte ihm den Wechsel auf folgende Weise „schmackhaft": Die Arbeit dort sei zwar nicht so spannend, aber er erfahre doch mancherlei über die Außenstellen, was für ihn später sehr nützlich sein werde. Er brauche ja nicht ewig dort zu bleiben – er selbst, Schmied, habe ja auch dort gearbeitet und sei dann mit all den Erfahrungen weit gekommen. Der Wechsel würde sich außerdem für ihn auch finanziell lohnen. Zuletzt drängte er, Wischmann möge sich am nächsten Tag mit dem dortigen Abteilungsleiter Koschnik in Verbindung setzen. Der Abteilungswechsel war für Wischmann mit einer Gehaltsaufbesserung von 300 € verbunden.

Roland Koschnik wies Wischmann in seine Aufgaben ein. Er betonte, dass es vor allem auf Genauigkeit und Korrektheit ankomme und dass er in allen Zweifelsfällen ihn oder einen der älteren Mitarbeiter um Rat fragen solle. Er sagte auch, dass er von ihm deutlich bessere Leistungen erhoffe, als er sie gemeinhin heute von jungen Leuten gewohnt sei.

Nach ein paar Monaten sprach Manuel Schmied Roland Koschnik auf seine Erfahrungen mit dem neuen Mann an. Koschnik verzog sein Gesicht ein wenig und meinte, Wischmann sei zwar in der Leistung etwas über dem Durchschnitt der anderen jungen Leute, von hervorragenden Leistungen könne aber bislang noch keine Rede sein. Er vermisse vor allem aber den vorwärts drängenden Ehrgeiz, von dem er, Schmied, im Vorfeld doch gesprochen habe.

Etwa zur gleichen Zeit erzählte die Sekretärin von Schmied ihrem Chef, sie habe von der Freundin des jungen Mannes erfahren, dass er ernsthaft daran dächte, sich alsbald beruflich zu verändern.

11 Gruppe und Gruppenverhalten

Fragen zur Fallstudie

1. Analysieren Sie die Gruppenstruktur der Abteilung von Roland Koschnik!

2. Wie lässt sich erklären, dass die Leistung von Jan Wischmann in der neuen Abteilung weit hinter den Erwartungen blieb?

3. Was sollte Manuel Schmied jetzt tun?

12 Führung

Lernziele zu Kapitel 12	399
12.1 Führung und Führungseigenschaften	401
12.2 Führung als Einflussprozess	406
12.3 Dynamik des Führungsprozesses: Die Identitätstheorie	414
12.4 Führungsstile und Leistungsverhalten	418
12.5 Situationstheorien der Führung	424
12.6 Neue Herausforderung für Führungskräfte	427
12.6.1 Führung von Externen	427
12.6.2 Führung und Coaching	428
12.6.3 Führung im internationalen Kontext	430
Lernkontrollfragen	432
Diskussionsfragen	433
Fallstudie: Dr. Sabine Faust	434

Führung

12

Lernziele zu Kapitel 12

Nach Durcharbeiten dieses Kapitels sollten Sie in der Lage sein,

- zu begründen, warum das Vorgesetztenverhalten eine wichtige Einflussgröße für den Leistungsprozess in Organisationen darstellt,
- die Konzepte voneinander zu unterscheiden, mit denen eine Erklärung der Führerschaft versucht wird,
- das Konzept der Führerschaft als Beeinflussungsprozess zusammenhängend darzustellen,
- die Bedeutung einer dynamischen Perspektive auf den Führungsprozess zu verdeutlichen,
- die vorgestellten Führungsstil-Klassifikationen wiederzugeben,
- zu begründen, warum und auf welche Weise die Situationstheorie der Führung den zu einfachen Zusammenhang zwischen Führungsstilen und Leistung erweitert,
- die behandelte Situationstheorie in ihren praktischen Konsequenzen zu verstehen,
- die Besonderheiten der Führung von Externen zu erläutern,
- die verschiedenen Coaching-Ansätze zu skizzieren und das Verhältnis von Coaching und Führung zu erläutern,
- die Bedeutung der kulturellen Prägung für den Führungsprozess darzulegen.

12 Führung

Mitarbeiterführung von zentraler Bedeutung

Der richtige Weg der Mitarbeiterführung ist ein zentrales Managementthema, das sich großer Aufmerksamkeit erfreut, die weit über den wissenschaftlichen Bereich hinausreicht. Immer wieder werden neue Führungsstile propagiert, immer wieder erscheinen neue Ratgeber mit großen Erfolgsversprechungen. Ein Bestseller folgt dem nächsten, mit der Folge, dass der Bereich immer unübersichtlicher wird. Diese ausufernde und bisweilen auch etwas marktschreierische Debatte sollte allerdings nicht den Blick für ein grundlegendes Faktum im betrieblichen Alltag verstellen: Es ist unbestreitbar so, dass die Führung von Menschen eine **eminent hohe Bedeutung** für das betriebliche Zusammenleben und den Unternehmenserfolg hat. Eine intensive Beschäftigung mit Fragen der Mitarbeiterführung ist deshalb zum unverzichtbaren Bestandteil der Managementlehre geworden. Wie aber kann man sich in diesem unübersichtlichen Gelände zurechtfinden und eine Orientierung gewinnen, die ein sicheres Navigieren erlaubt?

Führungsverständnis

Die Vielzahl der Konzepte und Modelle verlangt zunächst einmal nach einer Ordnung und nach einer Bewertungsgrundlage. Orientierung kann nur entstehen, wenn der **Begriff der Führung** geklärt wird. Was genau kann und soll der Begriff Führung kennzeichnen? Situationen, Menschen oder Aufgaben? Und worauf kommt es dabei im Einzelnen an? Ist Führung vor allem als eine Frage der Persönlichkeit und der persönlichen Eignung zu verstehen? Oder ist Führung stärker aus der zwischenmenschlichen Beziehung im Spannungsfeld von Machtstrukturen, Interaktion und Zielerreichung zu begreifen? Usw.

Ein klares Verständnis von Führung ist grundlegende Voraussetzung jeder weiteren Diskussion von Führungsstilen und Führungspraktiken. Hatte man sich in der Wissenschaft lange Zeit auf die Identifikation eines optimalen Führungsstils konzentriert, so wird heute immer deutlicher, dass ein solcher schneller Zugriff zu vordergründig bleiben muss. Wie kann man Führung trainieren, wenn man nicht weiß, **was Führung ist**? Die Frage nach der Optimierung von Führung kann nicht sinnvoll beantwortet werden, ohne dass das gemeinte Phänomen geklärt wäre. Dies bedeutet insbesondere die Notwendigkeit, Antworten auf die folgenden Fragen zu finden:

- Wann kann überhaupt von Führung gesprochen werden und wann liegt keine Führung vor?
- Wie kann zwischen einer erfolgreichen und einer erfolglosen Führung unterschieden werden?
- Wie viel Führung wird überhaupt benötigt?

Genau diesen Fragen soll in den nachfolgenden Abschnitten nachgegangen werden. Die nicht selten an den Anfang gerückte Frage nach dem optimalen Führungsstil wird erst am Ende des Kapitels gestellt.

12.1 Führung und Führungseigenschaften

Traditionellerweise wird Führung in Wissenschaft und Praxis an **Personen** festgemacht. Dabei wird häufig davon ausgegangen, dass bestimmte **menschliche Eigenschaften** existieren, die zum Führen besonders prädestinieren und deren Kenntnis einen Zugang zum Phänomen Führung ermöglicht. Diese Vorstellung verknüpft sich zusätzlich mit der Idee, dass es nur verhältnismäßig wenigen Menschen vergönnt ist, über solche Eigenschaften zu verfügen. Früher verband sich diese Perspektive noch mit der Überzeugung, dass die **Führungseigenschaften** in bestimmten, nämlich oberen, sozialen Klassen häufiger anzufinden seien als in den unteren Klassen (was dann in der Folge unter anderem auch zur Undurchlässigkeit gesellschaftlicher Schichten führte).

Führungsforschung

Die frühe Führungsforschung richtete demgemäß ihr Hauptaugenmerk auf die Suche und Entdeckung solcher Eigenschaften, die **Führungspersönlichkeiten** von Geführten unterscheiden lassen, wobei man meist annahm, dass diese Eigenschaften angeboren sind oder zumindest in einem sehr frühen kindlichen Stadium erworben werden. Die Idee des Erwerbs solcher Eigenschaften in Führungstrainings wurde hingegen ausgeschlossen.

Eigenschaftskataloge

Die Listen solcher Führungseigenschaften entstammen einerseits dem intuitiven Alltagswissen und andererseits empirisch-statistischen Analysemethoden (Korrelationsrechnung, Faktorenanalyse usw.).

Beispiele für solche Eigenschaften, die Führungspersönlichkeiten aufgrund dieser Analysen zugesprochen wurden, sind:

- Intelligenz,
- Selbstvertrauen,
- Entschlusskraft,
- Selbstdisziplin,
- Dominanz,
- Willensstärke,
- breites Wissen,
- Überzeugungskraft usw.

Die Frage nach der Beziehung dieser Eigenschaften untereinander, inwieweit z.B. Intelligenz und breites Wissen eine hohe Entscheidungsfreudigkeit ausschließen (oder begünstigen), bleibt unberücksichtigt. Vergleicht man die vielen im Laufe der Zeit erstellten Führungseigenschaftskataloge untereinander, so zeigt sich sehr rasch, dass sie sich erheblich voneinander unterscheiden.

12 Führung

Widersprüchliche Ergebnisse

Auch in den zahlreichen empirischen Studien blieb der Grad der Übereinstimmung enttäuschend gering. In einer sehr frühen Meta-Analyse (Stogdill 1948) wurden z.B. 124 derartiger Untersuchungen analysiert. Man fand nur **wenige Merkmale**, die in mehr als 15 Untersuchungen bei Führungspersonen häufiger zu finden waren als bei Geführten, nämlich: höhere Intelligenz, bessere Schulleistungen und stärkere Teilnahme an Gruppenaktivitäten. In einer ähnlichen Analyse (Mann 1959), die sämtliche verfügbaren Studien zwischen 1900 und 1957 einbezog, fand man 500 verschiedene Eigenschaften, wovon nur sehr wenige in 4 oder mehr Untersuchungen genannt worden waren. In sehr viel mehr Fällen traten Widersprüche auf; bestimmte Eigenschaften waren in manchen Studien häufiger bei Führungspersonen, in anderen dagegen häufiger bei Geführten beobachtet worden.

In den fortfolgenden Studien ergaben sich immer deutlichere Anzeichen dafür, dass die Persönlichkeitsmerkmale von Führungspersonen von Gruppe zu Gruppe und von Organisation zu Organisation sehr unterschiedlich sind (Andersen 2006; Yukl 2009).

Prognosen

Die Problematik des Eigenschaftsansatzes zeigte sich auch dort, wo man versuchte, **Vorhersagen** über Führungseignung aus solchen Katalogen abzuleiten: Auf Eigenschaftskatalogen basierte Eignungsprognosen (z.B. bei der Neueinstellung von Führungskräften) stimmten mit der tatsächlichen Bewährung in Führungspositionen selten überein (Judge et al. 2002).

Die Inkonsistenz, Widersprüchlichkeit und Uneinheitlichkeit der Ergebnisse des Eigenschaftsansatzes lassen die heute in der Wissenschaft vorherrschende Meinung als richtig erscheinen, dass dieser ==Forschungsansatz gescheitert== ist. Trotz intensiver Bemühungen ist es nicht einmal ansatzweise gelungen, einen Generalkatalog von Eigenschaften im Sinne einer „Führungsbegabung" zu finden.

Ursachen für das Scheitern

Ursachen für das Scheitern des Ansatzes sind vor allem zu suchen in:

(1) der Annahme, dass bestimmte Persönlichkeitsmerkmale, wie z.B. Dominanz oder Initiativkraft, in den verschiedensten Situationen gleichermaßen zum Ausdruck kommen. Diese Annahme hat sich als nicht haltbar erwiesen. Immer wieder erlebt man den prägenden **Einfluss der Situation**. So gibt u. U. die schweigsame Buchhalterin in ihrem Kegelclub den Ton an oder ein dominanter Verkaufsleiter ordnet sich problemlos im „Club Robinson" unter. Verhalten wird heute als ==Ergebnis des Zusammenwirkens von Person und Situation== erklärt.

(2) der Annahme, dass jede Führungssituation dieselben **Anforderungen** an die Führungsperson stellt. Persönlichkeitsmerkmale, die dazu beitragen, dass eine Person in einer konkreten Situation die Führungsposition erhält, können aber – wie leicht zu sehen ist – in anderen Situationen belanglos im

Führung und Führungseigenschaften

12.1

Hinblick auf Übernahme oder Ausübung der Führerrolle sein oder dem sogar entgegenstehen. Der Leiter der Finanzbuchhaltung wird sich z.B. nur in Ausnahmefällen auch zum Anführer einer Motorrad-Clique eignen.

Das Scheitern des Eigenschaftsansatzes besagt allerdings nur, dass es keine universellen Führungseigenschaften gibt. Es besagt jedoch nicht, dass Persönlichkeitsmerkmale im Rahmen von Führungsprozessen überhaupt irrelevant wären (Neuberger 2002: 237 ff.; Zaccaro 2007).

Trotz dieses Scheiterns ist das **alltägliche Verständnis** von Führung dem Eigenschaftsansatz eng verpflichtet geblieben, was sich nicht nur in einer ungebremsten Flut von Büchern über Führungspersönlichkeiten, sondern z.B. auch in vielen Auswahl- und Beurteilungsverfahren von Unternehmungen widerspiegelt, auf direkte und häufiger noch auf indirekte Weise. Insbesondere aber die Medien pflegen nach wie vor ein solches Führungsbild, so dass man fast sagen kann, dass es das nach wie vor vorherrschende Verständnis von Führung ist.

Führungsvorstellung in den Medien

Seit einigen Jahren hat die Eigenschaftstheorie durch die Wiederentdeckung der charismatischen Führung eine gewisse Neubelebung erfahren. Das Charisma wird landläufig als magisch unentrinnbares **Faszinosum** von Menschen angesehen: begnadete Führerinnen und Führer, die Menschen fast hypnotisch in ihren Bann ziehen und zu einer außeralltäglichen Hingabebereitschaft (bis zum Einsatz ihres Lebens) bewegen können (Weber 1972). Charismatische Führung ist auch im Alltagsdenken fest verankert; man spricht davon, dass diese oder jene Person **Charisma** hat oder eben gerade nicht. Zur Erhellung dieses Phänomens gibt es zahlreiche Studien, vor allem solche, die charismatische Führungspersonen untereinander vergleichen, mit dem Ziel, die gemeinsamen Merkmale dieser Personen herauszufinden. Sie blieben indessen – wie der allgemeine Eigenschaftsansatz auch – ohne durchschlagenden Erfolg. Die Personen, die man vor Augen hatte, wie etwa Hitler, Kennedy, Nixdorf, Churchill, Mutter Teresa usw. waren letztendlich viel zu unterschiedlich, als dass ein gemeinsames Grundsubstrat „Charisma" identifizierbar gewesen wäre (Willner 1984).

Charismatische Führung

In der neueren Forschung zeichnet sich denn auch eine ganz andere Erklärung ab: Charisma wird nicht mehr länger als Eigenschaft eines Individuums interpretiert, die ihm dauerhaft Charisma verleiht, sondern vielmehr als eine **Zuschreibung**, d.h. eine **Attribution**, verstanden (Martinko et al. 2007). Menschen sind danach in bestimmtem Maße bereit, anderen Personen Charisma zuzuschreiben oder eben nicht. Das bedeutet vor allem, dass das Phänomen Charisma in der Interaktion entsteht und deshalb nur über die Führungssituation erschlossen werden kann. Neben der unmittelbar direkten Beobachtung spielen im Prozess der Charisma-Attribution – insbesondere bei distanten Führungsbeziehungen – sog. Intermediäre eine Rolle, die

Attributionsprozess

Führung

von Galvin et al. (2010) als „surrogates" bezeichnet werden. Diese Intermediäre können durch unterschiedliche Aktivitäten („promoting the leader, defending the leader, modeling followership") die Wahrscheinlichkeit der Zuschreibung von Charisma von Dritten auf die Führungsperson beeinflussen. Dabei kommt der Kommunikation über Massenmedien eine ebenfalls zentrale Rolle zu (vgl. Bewernick et al. 2013).

Insgesamt werden solche Zuschreibungen – wie sich in empirischen Untersuchungen gezeigt hat (vgl. Conger/Kanungo 1987; Shamir et al. 1993) – besonders dann vorgenommen, wenn die Führungsperson in der Einschätzung der Geführten (und nur diese ist letztlich für die Attribution wichtig!):

(1) eine **prägnante Vision** entwickelt, welche die Gegenwart treffend kritisiert und eine bessere Zukunft verspricht, ohne allerdings dabei die Vorstellungswelt der Geführten zu verlassen,

(2) ein **außergewöhnliches Verhalten** mit Engagement zeigt,

(3) ihre Ideen mit hohem persönlichen **Risiko** verfolgt,

(4) ihre Ideen **erfolgreich** realisieren kann und

(5) ihren **Führungswillen** klar zum Ausdruck bringt.

Die Einsicht, dass das Charisma „zugeschrieben" wird, verweist zugleich darauf, dass sich das Phänomen des Charismas nur bei Vorliegen bestimmter Konstellationen entfaltet und keineswegs beliebig wiederholbar ist (Steyrer 1995).

Rahmenbedingungen

Die Merkmale und Wahrnehmungsprozesse, aufgrund derer Charisma zuerkannt wird, sind keineswegs universell, sondern sehr stark **historisch** und **kulturell** beeinflusst, d.h. es müssen spezielle Rahmenbedingungen vorliegen, die in den Augen der Beobachter ein bestimmtes Verhalten als besonders attraktiv hervortreten lassen. Man kann diese Abhängigkeit von den historischen Rahmenbedingungen sehr leicht an dem Beispiel von Adolf Hitler studieren. Seine Redeweise, seine Gestik und Mimik lösen bei heutigen Generationen nur noch Gelächter aus. Es fällt zunehmend schwer, zu begreifen, weshalb sich die Vorkriegsgeneration davon hat faszinieren lassen. Eine charismatische Ausstrahlung wird dieser Person – von wenigen Ausnahmen abgesehen – heute nicht mehr zuerkannt; die Situation hat sich grundlegend verändert, die angebotenen Lösungsmuster sind diskreditiert, die Vorstellungen über Führung sind andere geworden usw. Dieses Beispiel zeigt zugleich noch einmal deutlich, dass es eben nicht eine bloße Frage der Persönlichkeit ist, sondern es letztlich die Wahrnehmungen der Adressaten sind, die darüber entscheiden, ob eine Person charismatisch wirkt oder nicht. Und diese Einschätzung ist keineswegs so stabil, wie es der Eigenschaftsansatz glauben machen möchte. Sie ist vielmehr schwankend, d.h. vor

Führung und Führungseigenschaften | **12.1**

allem **situationsabhängig**. Das zeigt sich auch daran, dass Charisma bzw. die charismatische Zuschreibung leicht kippen und sich in ihr Gegenteil verkehren kann. Es gilt der Grundsatz: Alles, was zugeschrieben wird, kann auch wieder abzogen werden. Dies wird dadurch verstärkt, dass es sich beim Charisma um Extrem-Zuschreibungen handelt. Der eben noch glorifizierte Held wird nun verdammt („stigmatisiert"). Beispiele aus der jüngeren Zeit belegen diese Tendenz; man denke nur an den ehemaligen Tennisstar Boris Becker oder den ehemaligen DaimlerChrysler-Vorstand Jürgen Schrempp. Die immer vorhandene prekäre Nähe von Charisma und Stigma kommt sehr schön in der Charakterisierung von Steve Jobs (Kasten 12-1) zum Ausdruck, in der auch zugleich die erwähnte massenmediale Konstruktion von Führung und Charisma verdeutlicht wird.

Kasten 12-1

Steve Jobs: Manischer Mikromanager

„Steve Jobs war eine amerikanische Erfolgsgeschichte, ein Märchen eigentlich. ´From rags to riches´, heißt es in den USA, wenn jemandem das gelingt, was er geschafft hat, von Lumpen zu Reichtümern: ein Findelkind, das der berühmteste Vorstandsvorsitzende der Welt wurde.

Jobs hat seine eigene Firma, die ihn herausgeworfen hatte und die kurz vor dem Untergang stand, zur wertvollsten Marke der USA gemacht. Er hat das iPhone erfunden, den iPod, das iPad – schlanke, elegante Geräte, die aussehen wie Requisiten aus *Star Trek* (und fast auch so funktionieren). Er hat den PC revolutioniert, dem Touchscreen zur weltweiten Verbreitung verholfen und dem digitalen Kino zum Durchbruch.

Jobs hat einen Kult geschaffen. Er hat ein Markenlogo fast in eine Religion verwandelt, die in jedem zweiten Hollywoodfilm zitiert wird und die die Simpsons-Macher parodierten. Und trotz aller Kritik an seinem Führungsstil und den Verkaufsmethoden seines Konzerns blieb er für viele der Weiße Ritter, der es schaffte, das Monopol von Microsoft und IBM zu brechen. (...)

Jobs war kein Designer, kein Computertechniker, kein Informatiker, nicht einmal ein Showman – obwohl seine Auftritte im schwarzen Rollkragenpullover, das neueste Apple-Produkt in der Hand, legendär sind. Er war in erster Linie ein Perfektionist.

Bei Apple umgab ihn eine Aura der Angst, da er seine Vorstellungen drakonisch durchsetzte. Er war ungeduldig und oft herablassend. Joe Nocera von der *New York Times* schrieb im August nach seinem Rücktritt, Jobs sei niemand gewesen, der einen Konsens herstellen konnte. Vielmehr war er ein ‚Diktator', der vor allem auf seine eigene Intuition gehört habe. ‚Er war ein manischer Mikromanager. Er hatte einen erstaunlichen Sinn für Ästhetik, der Geschäftsleuten meist fehlt. Er konnte in Treffen absolut brutal sein, arrogant, sarkastisch, gedankenreich, erfahren, paranoid und krankhaft charismatisch.'"

Quelle: Die Zeit Online, Zugriff am 16.04.2014

Romantisierung der Führung

12 Führung

Mit der Zuschreibung von Charisma geht in der Regel auch die Zuschreibung besonderer Wirkkräfte einher. Der US-amerikanische Führungsforscher Meindl spricht bei der kausalen Zuschreibung besonderer Unternehmens- oder Abteilungserfolge auf das Charisma einer Führungskraft von einer „Romantisierung von Führung"; der Beitrag einer einzelnen Führungskraft zum Unternehmenserfolg wird im Vergleich zu anderen Einflussfaktoren (z.B. Marktentwicklung, Kompetenz der Mitarbeiter) systematisch überschätzt (vgl. auch Haslam et al. 2001; Bligh et al. 2007; Bligh et al. 2011). Meindl und Ehrlich (1987) haben dazu ein entsprechendes Messinstrument entwickelt: RLS (Romance of Leadership Scale).

Implizite Muster

Aus vielen Studien geht hervor, dass bei dem Wahrnehmungs- und Zuweisungsprozess von Charisma alltägliche Vorstellungen darüber, was glanzvolle Führungspersönlichkeiten auszeichnet, eine herausragende Rolle spielen. Mit anderen Worten, die Geführten haben bestimmte **implizite Muster** des Stereotyps „charismatisch" im Kopf, mit denen sie das Verhalten der Führungskraft beobachten und prüfen, ob das beobachtete Verhalten diesem Muster entspricht. Ist dies der Fall, dann wird in der Regel auch eine entsprechende Attribution vorgenommen (Calder 1977; vgl. zu weiteren Varianten der Attributionstheorie der Führung Martinko et al. 2007). In unserer heutigen Zeit werden – wie erwähnt – solche die Wahrnehmung organisierenden Muster maßgeblich durch die Massenmedien geprägt. Diese Muster, die man auch als „**implizite**" oder „**naive Führungstheorien**" bezeichnen kann, sind ihrerseits – und hier schließt sich der Kreis – fast durchgängig am Eigenschaftsansatz ausgerichtet, d.h. die der Attribution vorangehende Beobachtung wird als Beobachtung von Eigenschaften vorinterpretiert.

Die neuere Führungstheorie verweist uns also weniger auf bestehende Eigenschaften als auf vielmehr auf bestimmte kognitive Muster, die unsere Beobachtung prägen und durch Attribution auch in das Führungsgeschehen selbst eingreifen. Die Attribution von Führung hat weitreichende Folgen für den Führungsprozess, wie im nächsten Abschnitt noch genauer zu zeigen sein wird.

12.2 Führung als Einflussprozess

Der Misserfolg des Eigenschaftsansatzes hat neben der Attributionstheorie zur Entwicklung weiterer neuer Konzeptionen geführt. Generell kann man sagen, dass die statische Perspektive fixierter Führungsbegabung einer prozessorientierten Sichtweise gewichen ist, die Führung aus dem Zusammenwirken verschiedener Personen erklärt. Führerschaft wird – wie eben schon am Beispiel der Attribution von Charisma gezeigt – als Ergebnis der Interak-

Führung als Einflussprozess

tion von Führungspersonen und Geführten verstanden. Unter den neueren Ansätzen ragt die Perspektive heraus, die Führung als Einflussprozess studiert.

Führung als Einflussversuch. In neuerer Perspektive wird Führung als eine besondere **soziale Beziehung** angesehen, bei der die Einflussnahme im Vordergrund steht. Man bezeichnet allerdings nicht jeden Einfluss als Führung. Von Führung wird nur dann gesprochen werden, wenn

Bedeutung von Persönlichkeit und Umwelt

- der Einfluss zum Erreichen bestimmter Ziele oder Funktionen, die für die betreffende Gruppe, Abteilung etc. wichtig sind, ausgeübt wird.

- die Einfluss erstrebende Person über ein gewisses Sanktionspotenzial verfügt, d.h. es liegt eine asymmetrische Verteilung der Einflusschancen (in einem bestimmten Bereich) vor.

- der Einflussversuch in einer **direkten sozialen Beziehung** unternommen wird, d.h. Einflussversuche von Medien oder Personen ohne unmittelbare Beziehung zum Einflussadressaten wären davon ausgenommen. Direkte soziale Beziehungen in diesem Sinne können aber durchaus auch medial vermittelt sein, d.h. es geht nicht nur um Kommunikation unter Anwesenden.

Von Führungsverhalten soll allerdings auch dann gesprochen werden, wenn der Einflussversuch erfolglos endet – die Adressierten also ihr Verhalten gar nicht in der gewollten Weise ausrichten. Würde man **erfolglose Einflussversuche** generell aus dem Führungsverständnis ausschließen, könnte man nicht mehr zwischen effektiver und nicht-effektiver Führung unterscheiden.

Der Einflussansatz verweist uns nachdrücklich darauf, dass Führung in einer bestimmten Situation mit ganz bestimmten Personen, einer speziellen Aufgabe und konkreten Zielen zu leisten ist. Diese Situation lässt sich mit folgenden vier Grundvariablen umreißen:

Grundvariablen des Führungsprozesses

1. Persönlichkeit der Einfluss erstrebenden Person (in hierarchischen Organisationen: Führungskraft). Von Bedeutung sind hier insbesondere die Einstellungen, Fähigkeiten und Erfahrungen einer Person.

2. Persönlichkeit der Geführten (Einflussadressaten), insbesondere ihre Bedürfnisse, Fähigkeiten, Einstellungen und Erwartungen.

3. Merkmale des sozialen Systems (Gruppe, Abteilung usw.), in dem der Einflussversuch abläuft, vor allem seine Normen, Statusstruktur, Kohäsionsgrad, Standards etc. (vgl. dazu Kapitel 11).

4. Randbedingungen der Situation, innerhalb der der Beeinflussungsversuch unternommen wird. Dazu gehören so unterschiedliche Merkmale wie die Art der Aufgabe, physische Faktoren (Lärm, Temperatur usw.) oder die Unternehmensphilosophie.

12 Führung

Akzeptanzbedingungen von Einflussversuchen

Das Einflussprozessmodell. Versteht man Führung in der hier skizzierten Weise, so stellt sich die Frage, unter welchen Bedingungen eine Führungskraft bzw. ein Einflussversuch erfolgreich oder eben erfolglos sein wird. Ferner ist im Anschluss daran zu fragen, wie in diesen Konstellationen die Wahrscheinlichkeit eines Führungserfolgs gesteigert werden kann. Das Einflussprozessmodell rückt die Geführten in das Scheinwerferlicht und stellt unmissverständlich klar, dass Führung eine Interaktion zwischen mindestens zwei Personen ist. Im Hinblick auf den Erfolg von Führung gilt es nach dieser Perspektive zu erkennen, dass die Adressaten der Führung (herkömmlicherweise etwas unglücklich als die „Geführten" bezeichnet) nicht unbesehen bereit sind, sich jedem Einflussversuch zu beugen; sie machen dies für gewöhnlich (meist in versteckter Weise) von bestimmten Bedingungen abhängig.

Abbildung 12-1 *Führung im Einflussprozessmodell*

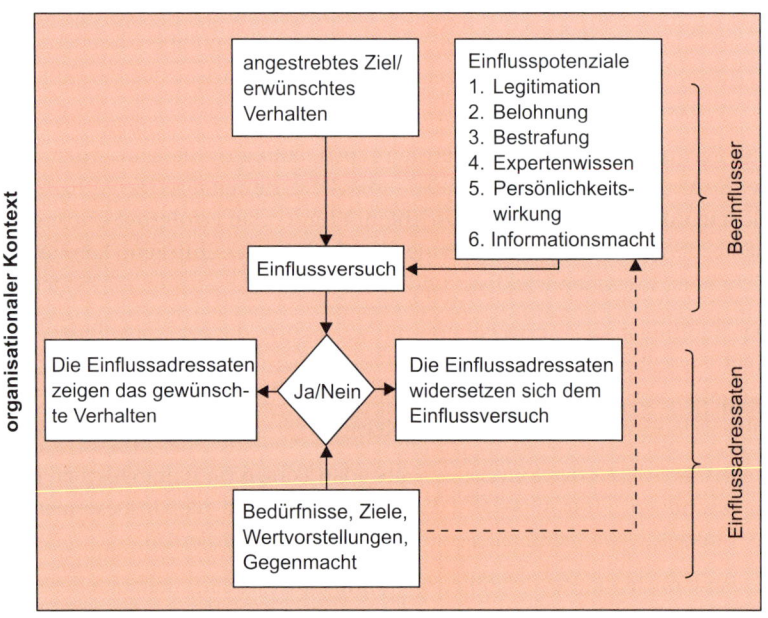

Konfliktmodell

Die Frage, ob und inwieweit dem Einflussversuch stattgegeben wird, hängt zunächst einmal davon ab, welches **Ziel** mit dem Einflussversuch verfolgt wird. Trifft sich das Ziel mit den Vorstellungen und Bedürfnissen der Geführten, so ist seine Realisierung unproblematisch. Ein Durchsetzungsproblem taucht erst dann auf, wenn eine **Diskrepanz** bzw. ein Konflikt zwischen den Zielen des Beeinflussenden und den Einflussadressaten besteht. Erst

Führung als Einflussprozess

jetzt steht die Nagelprobe der Führung bevor; erst jetzt muss sich zeigen, ob Einfluss mit Erfolg ausgeübt werden kann. Die kritische Frage ist nun, ob die Führungsperson über genug Einflusspotenziale (Machtgrundlagen) verfügt. Das Einflussprozessmodell stellt somit eine Art Konflikttheorie der Führung dar, die im Unterschied zum klassischen Befehls- und Gehorsamsmodell den Erfolg des Einflussversuchs als offene Frage betrachtet. Abbildung 12-1 fasst die Zusammenhänge in einem Schaubild zusammen.

Die wichtigsten **Einflusspotenziale** zum Verständnis und zur Gestaltung erfolgreicher Führungsprozesse sind im folgenden Abschnitt dargelegt. In der Führungslehre und -praxis hat es sich bewährt, verschiedene Machtgrundlagen im Sinne von Einflusspotenzialen zu unterscheiden (vgl. French/Raven 1959). Während die ersten drei relativ stark von der Organisation vorgeprägt werden, hängen die anderen Potenziale stärker von der Person ab, d.h. sie können nicht administrativ zugewiesen, sondern sie müssen erst erworben werden.

Einflusspotenziale

(1) Macht durch Legitimation

Sie gründet sich auf das Hierarchieprinzip und die Akzeptanz formaler Regeln, die besagen, dass Vorgesetzte das Recht haben, Weisungen zu erteilen. Konkreter ausgedrückt: Mitarbeiter sind bereit, den Weisungen formeller Vorgesetzter zu folgen, weil sie deren Recht anerkennen, Weisungen zu erteilen (vgl. dazu Weber 1972). Alle hierarchischen Organisationen fußen auf dieser Machtgrundlage; die grundsätzliche Akzeptanz des Hierarchieprinzips durch die Mitarbeiter wird bereits bei Eintritt in die Organisation sichergestellt, nämlich durch Unterzeichnung des **Arbeitsvertrages**. Durch Unterschrift wird in die Weisungsbefugnis des Arbeitgebers und der von ihm beauftragten Personen eingewilligt. Diese Einwilligung ist insofern abstrakt, als der Gehorsam nicht einer bestimmten Person, sondern generell der Vorgesetztenposition versprochen wird, gleichgültig, wer diese im konkreten Fall bekleidet. Diese allgemeine Einwilligung in das hierarchische Gehorsamsprinzip gilt allerdings in der Realität keineswegs so unbedingt, wie es auf den ersten Blick erscheinen mag. In der Führungspraxis wird diese Einwilligung durchaus relativiert, zum Beispiel bei starken Altersunterschieden, mangelnder praktischer Erfahrung oder Geschlechtsunterschieden. In solchen Fällen wird das generelle Einverständnis nicht selten außer Kraft gesetzt oder zumindest stark eingeschränkt. „Unter der Hand" treten andere Prinzipien in den Vordergrund, und der Führungswille muss sich auf andere Weise Geltung verschaffen. Im heutigen Führungsalltag reicht ohnehin die Legitimationsmacht nur noch in den seltensten Fällen alleine aus, um den gewünschten Einfluss geltend zu machen. Dem Hierarchieprinzip wird im **gesellschaftlichen Wertekanon** nicht mehr eine so hohe Bedeu-

„Direktions-befugnis des Arbeitgebers"

12 Führung

tung zuerkannt, mehr noch, es wird immer häufiger kritisch gesehen. Deshalb wird auch das fortgesetzte Berufen von Führungskräften auf die formelle Vorgesetztenposition häufig als Schwäche wahrgenommen. Eine erfolgreiche Führungskraft ist also in unserer heutigen Zeit auf weitere Einflussquellen angewiesen. Das ist auch den Organisationen längst bekannt; sie statten deshalb Führungspositionen in der Regel mit weiteren Einflusspotenzialen aus, vor allem mit Belohnungs- und Bestrafungsmöglichkeiten.

(2) Macht durch Belohnung

Belohnung muss erstrebenswert sein

Organisationen weisen Führungskräften Belohnungsmöglichkeiten in Form von Anreizsystemen zu, um ihre Einflusskraft zu stärken. Dazu gehören z.B. Empfehlungen für Beförderungen, die Bestimmung leistungsabhängiger Lohnanteile oder die Zuweisung von Sonderaufgaben. Eine verstärkende Wirkung im Führungsprozess kommt der Belohnungsmacht allerdings nur dann zu, wenn die Mitarbeiter die in Aussicht gestellten Belohnungen als **erstrebenswert** empfinden und das Gefühl haben, dass die Führungsperson tatsächlich von der Möglichkeit Gebrauch machen wird, sie zu belohnen. Letzteres wird häufig übersehen. Die bloße Existenz eines Belohnungsinstrumentariums garantiert keineswegs Macht durch Belohnung im Sinne eines wirksamen Einflusspotenzials. Ob es wirklich so wirkt, kann nicht unabhängig von den Geführten bestimmt werden. Ein Vorgesetzter mag die Möglichkeit haben, unterstellte Mitarbeiter zu weiterbildenden Kursen vorzuschlagen; wenn diese aber an solchen Kursen nicht interessiert sind, werden sie sich – zumindest aus diesem Grund – den Einflussversuchen nicht fügen. Wirksam ist also ein Belohnungspotenzial nur dann, wenn es von den Einflussadressaten als **attraktiv und realistisch** erlebt wird (vgl. hierzu auch noch einmal das Erwartungs-Valenz-Modell in Kapitel 10). Für die Glaubwürdigkeit dieses Einflusspotenzials ist die tatsächliche Gewährung der in Aussicht gestellten Belohnung notwendig. Bei wiederholter Nichtgewährung der versprochenen Belohnung erlischt die Wirkung dieser Machtgrundlage.

(3) Macht durch Bedrohung/Bestrafung

Vorbeugung

Organisationen statten Vorgesetztenpositionen in der Regel nicht nur mit Belohnungs-, sondern auch mit Bestrafungsmöglichkeiten aus. Diese richten sich auf die offizielle Befugnis, unerwünschtes Verhalten zu bestrafen (Ausschluss, Versetzung, Lohnabzug etc.). Genauer gesagt geht es darum, dass Einfluss durch Androhung einer Bestrafung ausgeübt werden soll. Die Wirkungsweise der „Macht durch Bestrafung" ist somit – im Unterschied zur „Macht durch Belohnung" – im Wesentlichen auf Abschreckung ausgerichtet. Die Angst vor der Bestrafung soll verhaltensregulierend wirken (wie dies ja z.B. auch von der Straßenverkehrsordnung her bekannt ist), nicht das fortwährende Erteilen von Bestrafungen. Bei der Androhung von Bestrafung

Führung als Einflussprozess — **12.2**

ist allerdings zu bedenken, dass schwer sichtbare Abweichungen (man denke etwa an Arbeiten im Außendienst) durch diese kaum regulierbar sind. Überhaupt ist bekannt, dass die Androhung von Strafen dazu anregt, diese geschickt zu unterlaufen.

Für die Wirksamkeit dieses Einflusspotenzials gelten im Prinzip dieselben Bedingungen wie unter (2). Für beide Einflusspotenziale ist der Einflussbereich auf Handlungsbereiche beschränkt, für die die Führungskraft aus der Sicht der Mitarbeiter tatsächlich belohnen oder bestrafen kann.

Wirkungsweise

Die Stärke beider Machtgrundlagen ist abhängig von dem (wahrgenommenen) Umfang und der Attraktivität/Abschreckung der Belohnungen/Bestrafungen sowie der **geschätzten Wahrscheinlichkeit**, dass diese tatsächlich eingesetzt werden. Wie hoch die Mitarbeiter die Wahrscheinlichkeit veranschlagen, hängt u.a. von den Erfahrungen ab, die sie mit dieser oder einer anderen Führungsperson in der Vergangenheit gemacht haben. Mit anderen Worten, die Androhung von Bestrafung darf nicht isoliert gesehen werden, sie steht in einem ganz bestimmten, über die Zeit gewachsenen Situationszusammenhang. Nicht immer ist die Führungssituation so gewachsen, dass die Ankündigung einer Bestrafung von Mitarbeitern als (verhaltensregulierende) Bedrohung erlebt wird („Das macht er ja sowieso nicht, das traut er sich gar nicht!").

Bestrafung muss als Bedrohung empfunden werden

Mit der Androhung einer Bestrafung gehen Vorgesetzte ein spezielles Risiko ein. Für den Fall, dass der Einflussversuch scheitert, die Mitarbeiter also nicht bereit sind, das gewünschte Verhalten zu zeigen, hat sich der/die Vorgesetzte mit der Ankündigung der Bestrafung selbst gebunden. Kann oder will er/sie die widerstrebenden Mitarbeiter nicht bestrafen, so beeinträchtigt das damit zugleich den Wert zukünftiger Drohungen. Diese verlieren an **Glaubwürdigkeit**.

Selbstbindung

(4) Macht durch Wissen und Fähigkeiten

Das vierte Einflusspotenzial gründet sich darauf, dass der Führungsperson in bestimmten Bereichen ein **Wissensvorsprung** zuerkannt wird; man spricht deshalb häufig auch von „Expertenmacht". Auch hier muss allerdings relativierend auf die Wahrnehmung der Geführten verwiesen werden (vgl. Reed 1996). Dann, und nur dann, wenn die Geführten den Wissensvorsprung als solchen erleben und als für sich wichtig anerkennen, kann er im Sinne eines Einflusspotenzials wirksam werden. Wiederum entscheidet sich die Wirksamkeit erst in der Interaktion. Auch hier gilt wie bei allen vorgenannten Einflusspotenzialen, dass letztlich nicht der objektiv messbare Wissensvorsprung ausschlaggebend ist, sondern seine Einschätzung durch die Einflussadressaten. Besserwisser und Streber können häufig trotz eines objektiven Wissensvorsprungs darauf kein Beeinflussungspotenzial aufbauen, weil ihnen der Expertenstatus nicht zuerkannt wird. Die Zuschreibung

Expertenmacht

Führung

von überlegenem „Sachverstand" kann auf unterschiedliche Weise erfolgen, es muss dazu nicht unbedingt eine persönliche Erfahrung vorliegen. Andere Wege sind Image (man denke an den Wechsel von Fußballtrainern), Hörensagen, Publikationen usw. Grundsätzlich gilt: Je höher der zuerkannte Wissensvorsprung, desto stärker wirkt diese Machtgrundlage. Expertenmacht ist jedoch **begrenzt** auf den Wissensbereich, für den relative Wissensvorteile zuerkannt werden. Außerhalb dieser Grenzen entfällt die Möglichkeit, Einfluss auf dieser Grundlage auszuüben.

(5)   Macht durch Persönlichkeitswirkung („Referentenmacht")

Identifikation   Persönlichkeitswirkung gründet sich auf die persönliche Ausstrahlung, die einer Führungsperson zugeschrieben wird, und dem Wunsch, von dieser Führungsperson akzeptiert und von ihr geschätzt zu werden. Einfluss wird eingeräumt, weil man die Führungsperson als **überzeugend** erlebt, weil man ihre **persönliche Ausstrahlung** bewundert, weil man zum Kreis der von ihr bevorzugten Personen gehören möchte. Dies ist zweifellos das wirkungsvollste Einflusspotenzial überhaupt, da damit Einflussmöglichkeiten generalisiert werden, d.h. der Einflussbereich ist nicht nur auf einen bestimmten Wissensbereich beschränkt, sondern erstreckt sich im Extremfall (Attribution von Charisma) auf alle Handlungen einer Person. Im Gegensatz etwa zur Macht durch Belohnung bzw. Bestrafung kann diese Machtgrundlage aber nicht von einer Organisation bereitgestellt werden; sie ist vielmehr eine Frage des persönlichen Erlebens, der Sympathie und des Respekts. Sie muss in der Interaktion erworben werden. Ob sie tatsächlich zugebilligt wird, hängt in sehr starkem Maße von dem Bezugssystem der Einflussadressaten ab. (Zu den konkreten Bedingungen, unter denen eine solche Wirkung zuerkannt wird, sei hier noch einmal an das Charisma und die Bereitschaft, solches zu attribuieren, erinnert).

(6)   **Informationsmacht**

Informations-   Immer häufiger wird auf die „Informationsmacht" als sechstes Einflusspo-
vorsprung   tenzial verwiesen (vgl. Krackhardt 1990). Hier wird primär auf die Möglichkeit Bezug genommen, **exklusive Informationen** zu erhalten. Im Hintergrund dieser Betrachtung stehen informelle Netzwerke in Organisationen, in denen prekäre wichtige Informationen verfügbar gemacht werden („Wo wird wahrscheinlich ein neues Geschäftsfeld aufgemacht? Wer wird bei einer Fusion entlassen? Auf wen hört der Chef bei Personalentscheidungen?" usw.). Zugang zu einem solchen Netzwerk kann auf unterschiedliche Weise ermöglicht werden, z. B. durch jahrelange Assistenz für die Geschäftsleitung oder Freundschaftsbeziehungen aus früheren Zeiten. Ein anderer Weg ist der Informationstausch; exklusives Wissen beispielsweise über interne Vorgänge bei der Konkurrenz wird preisgegeben, um an Sonderinformationen des eigenen Hauses zu erhalten. Im Führungsprozess verstärkt der

Besitz oder die Beschaffungsmöglichkeit solcher Informationen die Einflussmöglichkeiten, weil dadurch die Führungsperson in den Augen der Geführten potenziell an Gewicht gewinnt und als bedeutsam im internen **Machtgefüge** wahrgenommen wird. Man fühlt sich gut aufgehoben in einer Gruppe, die von einem Vorgesetzten geführt wird, der „ein Wort mitzureden hat", und ist auch eher bereit, dieser Person zu folgen („Pelz-Effekt", vgl. Pelz 1956; Anderson/Tolson 1991). Die Mitgliedschaft in einem **informellen Informationsnetzwerk** kann also durchaus zu einem wichtigen Einflusspotenzial heranwachsen.

Nutzung der Einflusspotenziale

Die Analyse der Einflusspotenziale ist für die Beantwortung der Frage, ob Führerschaft in einer gegebenen Situation erfolgreich ausgeübt wird oder nicht, von entscheidender Bedeutung; dabei gilt es alle Machtgrundlagen **simultan** in die Analyse einzubeziehen, da sie zusammen das Ausmaß verfügbarer Macht determinieren. Zudem ist es in praktischen Fällen oftmals schwierig, die Wirkung einzelner Machtpotenziale isoliert zu identifizieren. Zusätzlich ist jedoch zu berücksichtigen, ob und in welchem Ausmaß die verschiedenen Potenziale **tatsächlich genutzt** werden. Hier kommen **persönlichkeitsbezogene Faktoren** ins Spiel: Bestimmte Einstellungen und Überzeugungen schaffen Präferenzen für die Nutzung gewisser Machtgrundlagen sowie Ausmaß und Häufigkeit dieser Nutzung. Machtgrundlagen werden zudem von den „Machthabern" unterschiedlich eingeschätzt und führen demzufolge auch zu unterschiedlicher Nutzung. Zudem ist zu beachten, dass in konkreten Führungssituationen der Einsatz und die Wahrnehmung des Einsatzes von Einflusspotenzialen durchaus unterschiedlich perzipiert werden und zudem auch unbewusst stattfinden können.

Nutzung von Machtgrundlagen

Ferner spielen **situationsbezogene** Faktoren für Art und Intensität der Nutzung von Machtgrundlagen eine wichtige Rolle. Dazu gehören die Art der zu lösenden Aufgabe (kreative Aufgaben versus Routineaufgaben), der zeitliche Rahmen sowie vor allem die vorherrschende Unternehmenskultur und die Werteorientierung in einer Organisation (vgl. hierzu auch Kapitel 7). Gerade Letzteres verweist darauf, dass die Führungskräfte in ihrem Einflussprozess nicht isoliert betrachtet werden können, sondern immer auch im Kontext der Organisation, in die sie eingebettet sind. Viele Organisationen haben Führungsleitbilder oder ähnliche Orientierungsprogramme, in denen die gewünschten Prioritäten in der Art der Einflussbildung und -ausübung festgelegt werden.

Eine weitere wichtige Randbedingung ist die vorherrschende Organisationsphilosophie. Die **hierarchische** Organisation stellt den Führungskräften – wie erwähnt – formale Machtressourcen (Einflusspotenziale 1–3) in mehr oder weniger großem Umfang, meist variiert nach den einzelnen Führungs-

Hierarchische Machtgrundlagen im Wertumbruch

ebenen, zur Verfügung. In zunehmendem Maße werden aber gerade diese formalen Machtgrundlagen durch neue Organisationsformen (vgl. Kapitel 6), die stärker die horizontalen Linien betonen, in Frage gestellt. Diese neuen Modelle (Matrixorganisation, Projektmanagement, Netzwerke usw.) bringen es mit sich, dass formale Autorität und Einflussnahme qua Amt in den Hintergrund treten. Dazu kommt eine Vielzahl neuer flexibler Arbeitsverhältnisse, sei es in Form von unternehmensübergreifender Projektarbeit, Leiharbeit oder werkvertraglicher Beschäftigung, für die es das klassische Vorgesetztenverhältnis gar nicht mehr gibt (vgl. etwa Connelly/Gallagher 2004). Effektive Einflussbeziehungen in Organisationen werden also in Zukunft sehr viel stärker auf Referenten-, Informations- und Expertenmacht angewiesen sein, und vermutlich werden sich darüber hinaus neue Typen von Einflusspotenzialen entwickeln.

12.3 Dynamik des Führungsprozesses: Die Identitätstheorie

Über einzelne konkrete Führungsakte hinaus hat Führung aber immer auch eine **längerfristige** Dimension über mehrere Perioden hinweg.

Rolle von Erwartungen

Im Zusammenhang mit dem Rollenkonzept (vgl. Kapitel 11) wurde bereits darauf hingewiesen, dass Erwartungen an eine Position im Führungsprozess von großer Bedeutung sind. Beim Verstehen des Führungsprozesses geht es allerdings nicht nur um die Frage, wie man auf Erwartungen anderer reagiert, sondern wie sich das **Selbstverständnis in der Interaktion ausprägt** und entwickelt. Genau an dieser Stelle greift nun ein neuerer Ansatz, die sogenannte Identitätstheorie der Führung (Gardner/Avolio 1998; Hogg/Terry 2000; Lührmann/Eberl 2007; DeRue/Ashford 2010).

Interaktionsprozess

Bei diesem Ansatz geht es um eine **Identitätsausbildung** sowohl auf Seiten der Führungsperson („leader identity") als auch auf Seiten der Geführten („follower identity").

Definition von Identität

Im Unterschied zur Rolle, bei der es sich um Erwartungen anderer Personen an einen Positionsinhaber handelt, wird unter Identität das **gefestigte Selbstverständnis eines Individuums** verstanden, wie es seine relevanten Charakteristika, Erfahrungen und Erwartungen sieht, erklärt und zueinander in Beziehung setzt (Schlenker 1985). Auf Führungskräfte bezogen bedeu-

Führungsidentität

tet dies, dass der Führungsprozess mitgeprägt wird durch das Selbstbild, das sie von sich als Führungskraft entwickeln. Diese Perspektive ist besonders relevant für Personen, die neu in eine Führungsposition kommen. Sie müssen sich mit sich selbst auseinandersetzen und ihre Identität als Füh-

Dynamik des Führungsprozesses: Die Identitätstheorie

12.3

rungskraft ausbilden: Wie verstehe ich mich als Führungskraft? Wie weit kann und darf ich andere formen? usw. Im Unterschied zum traditionellen Verständnis solcher Entwicklungsprozesse ist dies nach neuerer Auffassung keine isolierte, allein für sich zu leistende Aufgabe. Sie kann letztlich nur in der Interaktion mit anderen geschehen, mit den Geführten, den Kollegen, dem Vorgesetzen usw. Umgekehrt bedeutet dies einen korrespondierenden Prozess auf Seiten der Mitarbeiter/innen; auch sie müssen eine Identität als Mitarbeiter/in und das heißt, ein **Selbstbild** von sich als Geführte ausbilden.

Um diesen wechselseitigen Identitätsbildungsprozess zu verstehen, ist es wichtig, zwischen der Identität von Führer/innen und Geführten und der Identität als Person sowohl bei der Führungskraft als auch bei den Geführten zu unterscheiden. Während die Identität als Person prinzipiell das Ergebnis von jahrelangen (sozialen) Entwicklungsprozessen ist und somit ein generalisiertes Handlungs- und Orientierungsmuster darstellt, bezieht sich die Identität von Führer/innen bzw. Geführten auf die Identität in ganz speziellen Situationen, nämlich **Führungssituationen** („situative Identität"). Mit anderen Worten, das generelle Selbstverständnis als Person ist nicht ohne weiteres gleichzusetzen mit der situationsbezogenen Identität als Führungsperson, wenngleich auch diese Identitäten nicht ganz unabhängig voneinander sind. Diese Einsicht ist ja auch aus dem Alltagsleben bekannt, wenn Mitarbeiter ihre Vorgesetzten in anderen Situationen erleben (z.B. beim Sport oder beim Kochen) und die unterschiedlichen Identitätsbildungen wahrnehmen.

Identitäts-bildungsprozess

Wichtig ist nun, die Identitäten der an einem Führungsprozess beteiligten Personen nicht zu sehr als statisch, sondern auch als dynamisch und veränderbar zu betrachten, weil sie eben nicht ausschließlich durch die eigene Person, sondern vielmehr durch den Interaktionsprozess selbst wesentlich mitgeprägt werden. Dies ist insbesondere für die Konstitution einer solchen Beziehung von großer Bedeutung, d.h. gerade die Entstehung einer Führungskraft-Geführten-Beziehung ist prozessual zu erklären. Wie hat man sich diesen Prozess genauer vorzustellen?

Dynamische Perspektive

Früher ging man – analog zum Eigenschaftsansatz – davon aus, dass die Herausbildung einer Führungsidentität allein von der Aktivität der Führungsperson bestimmt ist; die Geführten nahmen dabei lediglich die Rolle eines passiven Auditoriums ein. Der Identitätsansatz macht dagegen sehr deutlich, dass auch den Geführten eine **aktive** Rolle bei der Herausbildung der Führungsidentität zukommt. Im Gegenzug – und dieser Aspekt ist natürlich wesentlich geläufiger – hat auch die/der Vorgesetzte grundsätzlich die Möglichkeit, die Identität der Geführten als Geführte mitzugestalten. DeRue/Ashford (2010) sprechen in diesem Zusammenhang von einem co-evolutionären Identitätsausbildungsprozess, in welchem wechselseitige

12 Führung

„claims" (Identitätsbehauptungen bzw. -ansprüche) und „grants" (Identitätsgewährungen) kommuniziert werden. Die Kommunikation von „claims" und „grants" kann sowohl verbal als auch nonverbal, sowohl direkt als auch indirekt erfolgen.

Organisatorischer Kontext

Auf diese gegenseitige Einsteuerung im Prozess der Identitätsausbildung wirkt aber immer auch das soziale und insbesondere das engere organisationale Umfeld, in dem sich Führungsperson wie Geführte befinden, z.B. durch vorformulierte **Regeln** (Führungsleitsätze, Mitarbeiterrichtlinien, Betriebsordnungen usw.) oder die **Arbeitsorganisation**. Die folgende Abbildung 12-2 fasst das Gesagte zusammen.

Abbildung 12-2   *Bildung der Führungsidentität als Prozess*

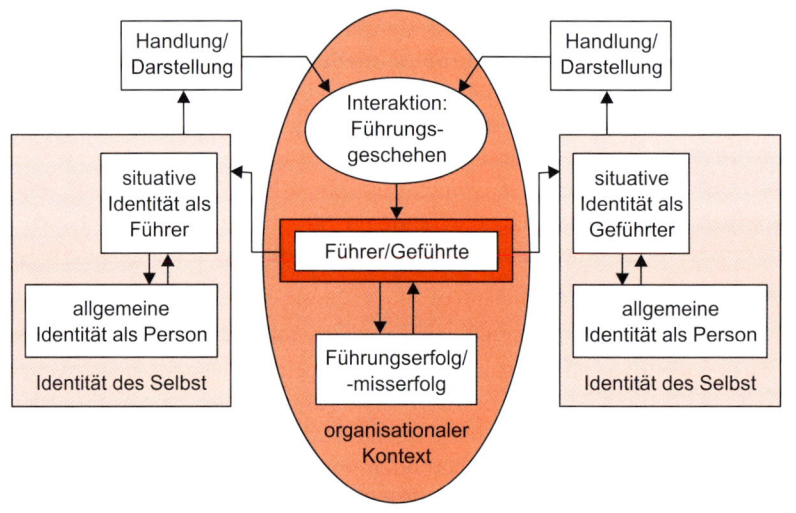

Man erkennt auf beiden Seiten zunächst die allgemeine **Identität der Person**. Im Fortlauf kommt es nun zu Interaktionen der Führungsperson mit den Geführten, in deren Verlauf sich die Führungsidentität herausbildet. Dasselbe gilt umgekehrt auch für die Geführten; für sie gilt es, in diesen Interaktionen eine Identität als Geführte zu entwickeln, d.h. eine Vorstellung von sich in einer Situation der Weisungsabhängigkeit bezogen auf eine konkrete Führungsperson. Diese Prozesse müssen sich in jeder neuen Führungskonstellation erst einsteuern. Am deutlichsten kann man diesen Prozess beobachten, wenn Personen erstmals in eine Führungsposition kommen und ihr Selbstverständnis als eine Person mit Weisungsbefugnis erst aufbauen müssen. Das Ergebnis dieser Einsteuerungsprozesse ist die **situative Identität** als

Dynamik des Führungsprozesses: Die Identitätstheorie — 12.3

Führer oder Geführte, die – wie gesagt – mit der allgemeinen Identität zusammenhängt, aber keineswegs deckungsgleich ist. Vor dem Hintergrund ihres jeweiligen Selbstverständnisses wählen dann die Akteure bestimmte Handlungsweisen und Darstellungen. Im Fortlauf formen sich im Rahmen des jeweiligen organisationalen Kontextes die Identitäten als Führer bzw. Geführte immer weiter aus.

Drei Ebenen

Während sich der Prozess des „claiming" und „granting" unmittelbar auf der kommunikativen Handlungsebene zwischen den Akteuren ereignet und zudem die Beziehungsebene zwischen den Akteuren direkt oder indirekt bzw. verbal oder nonverbal adressiert, findet der Prozess der Identitätsausbildung auf zwei weiteren Ebenen statt, nämlich der Vorstellungs- und der Reflexionsebene. In diesem Sinne ist zu sehen, dass der Identitätsausbildungsprozess der Akteure ein reflexiver Prozess ist, in dem es insbesondere auch darum geht, kognitive Muster und Erwartungshaltungen aufeinander abzustimmen. Folglich geht es nicht nur um unmittelbar kommunizierte „claims" und „grants", sondern insbesondere um die Konstitution der dahinterliegenden konzeptionellen Welt der Akteure sowie deren Fähigkeit (oder Unfähigkeit), das Zusammenspiel von Vorstellung und Handlung zu reflektieren.

Die beschriebene Identitätsausbildung vollzieht sich somit insgesamt auf drei Ebenen: der Vorstellungsebene, der Handlungsebene und der Reflexionsebene. Die **Vorstellungsebene** birgt Überlegungen folgender Art: Wie stelle ich mir eine(n) Führer(in) vor? Was darf eine Führungskraft nicht machen? Usw. Dagegen beantwortet die **Handlungsebene** Fragen wie: Wie kann ich meine Vorstellungen zum Ausdruck bringen? Wie soll ich mich darstellen? Etc. Die **Reflexionsebene** gibt schließlich Aufschluss über: Wie wirke ich in bestimmten Situationen? Wie reagiert die andere Seite? Welche Schlüsse sind daraus zu ziehen? Usw. Alle drei Ebenen wirken bei der Identitätsausbildung ineinander und prägen im Führungsprozess letztlich die Identität einer Führungsperson bzw. der Geführten (vgl. Abbildung 12-3).

Unterschied zum Rollenverhalten

Das Modell der Identität der Führung bietet ein ergänzendes Erklärungskonzept für das Führungsgeschehen, das in vielerlei Hinsicht für die Analyse und Verbesserung von Führungssituationen Verwendung finden kann. Im Unterschied zum Rollenverhalten, das ja die Erwartungen anderer an Handelnde betont, stellt die Identitätstheorie das **Selbstbild** und die Eigenvorstellungen in den Vordergrund. Abweichungen von den Erwartungen anderer – dazu gehören auch Innovationen – sind also besser mit der Identitätstheorie zu erklären. Sie zeigt dazu den Hintergrund auf.

12 Führung

Abbildung 12-3 | *Der Identitätsbildungsprozess: Vorstellungs-, Handlungs- und Reflexionsebene*

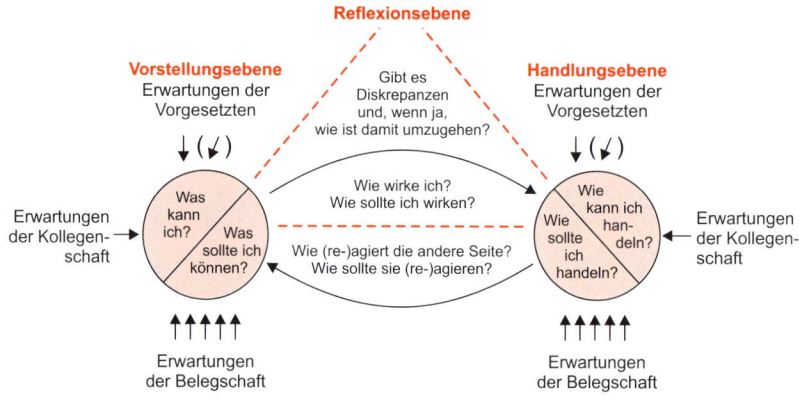

Bedeutung der Reflexion

Darüber hinaus verdeutlicht das Modell zwei für die Führungspraxis elementare Dinge. Zum einen unterstreicht es den hohen Stellenwert der Reflexion im Führungsgeschehen. Zum anderen betrachtet es die Ebenen der Identitätsbildung sowohl auf Führungs- als auch auf Geführtenseite und zeigt, dass hier eine zusätzliche Identität als Führungsperson und als Geführte(r) ausgebildet wird. Damit wird auch deutlich, dass mit der Führungsidentität als einem in Grenzen festen Selbstbild und dementsprechend für andere erwartbaren Verhaltensmuster zugleich die Nahtstelle zum **Führungsstil** aufgezeigt wird. Sowohl die Führungsidentität als auch der Führungsstil rekurrieren auf relativ stabile Muster von Handlungsweisen und Selbstdarstellungen einer Führungskraft im Zeitablauf. In diesem Sinne stellen die Führungsstilkonzepte immer nur auf einen relativ kleinen Ausschnitt aus dem gesamten oben dargelegten Führungsprozess ab und vereinfachen die Führungsrealität teilweise somit radikal.

Stabile Muster

12.4 Führungsstile und Leistungsverhalten

Theoretischer Ansatz

Der Ursprung der Führungsstilkonzepte geht auf Bemühungen zurück, pragmatische Handlungsmodelle zu entwickeln, die **optimale Führungsverhaltensweisen** im Hinblick auf konkrete Erfolgskriterien (Produktivität, Effektivität, Arbeitszufriedenheit etc.) ermöglichen. Es wird – wie bereits dargelegt – angenommen, dass sich Führungskräfte in verschiedenen Situationen und über die Zeit hinweg nach einem einheitlichen Muster verhalten. Bei diesen Modellen reduziert sich das aufgezeigte vielfältige Geflecht von Beeinflussungskräften auf die Annahme, dass das Führungsverhalten die

Führungsstile und Leistungsverhalten

12.4

entscheidende Determinante für die Einstellungen der Mitarbeiter zur Organisation, zu deren Zielen, Aufgaben etc. und damit letztlich für ihre Effektivität sei. Diese Modelle behandeln den Einflussprozess gleichsam als „schwarzen Kasten".

Autoritärer versus demokratischer Führungsstil. Die ersten Studien auf diesem Gebiet haben sich insbesondere mit den Wirkungen autoritärer und demokratischer Führung beschäftigt. Der autoritäre und der demokratische Führungsstil werden meist als Extrempunkte eines Kontinuums aufgefasst. Wird die Partizipation am Entscheidungsprozess als stilbildende Dimension zugrunde gelegt, so lassen sich die in Abbildung 12-4 gezeigten Abstufungen idealtypisch unterscheiden.

Dimension Partizipation

Kontinuum des Führungsverhaltens

Abbildung 12-4

Autoritärer Führungsstil ←——→ Demokratischer Führungsstil						
Vorgesetzter zeigt autoritäres Verhalten						Vorgesetzter lässt Untergebenen Freiheit
1)	2)	3)	4)	5)	6)	7)
Vorgesetzter trifft Entscheidungen und kündigt sie an	Vorgesetzter „verkauft" Entscheidungen	Vorgesetzter schlägt Ideen vor und erwartet Fragen	Vorgesetzter schlägt Versuchsentscheidung vor, die geändert werden kann	Vorgesetzter zeigt das Problem, erhält Lösungsvorschlag und entscheidet	Vorgesetzter gibt Grenzen an und fordert Gruppe auf, die Entscheidung zu fällen	Vorgesetzter gestattet den Untergebenen frei zu handeln in den systembedingten Grenzen

Quelle: Tannenbaum/Schmidt 1958

Wenn wir diese exklusiv auf Entscheidungen bezogene Beschreibung erweitern und auf das Vorgesetztenverhalten in seiner ganzen Breite übertragen, dann könnte man die beiden Extrempunkte in folgender Weise kurz beschreiben:

Erweiterte Fassung

- Der **autoritäre** Führungsstil ist dadurch gekennzeichnet, dass die Führungskraft den einzelnen Mitgliedern der Arbeitsgruppe die Aufgaben zuweist, die Art der Aufgabenerfüllung vorschreibt (vorstrukturierende Aktivität), auf soziale Distanz bedacht ist und sich den Gruppenaktivitäten fernhält.

12 Führung

- Der **demokratische** Führungsstil dagegen zeichnet sich dadurch aus, dass die Führungskraft den Mitgliedern der Arbeitsgruppe weitgehend selbst überlässt, die Arbeitsaufgaben zu verteilen, Aufgabenziele erst nach Diskussion mit der Gruppe festlegt, sich bemüht, die soziale Distanz zur Gruppe zu verringern, den Mitgliedern der Gruppe hohe persönliche Wertschätzung entgegenbringt und als Gruppenmitglied aktiv am Gruppenleben teilhat.

Die Begriffe „autoritärer" und „demokratischer" Führungsstil sind allerdings heute nicht mehr sehr gebräuchlich; die normativen Untertöne sind zu deutlich und auch irreführend. Wer will schon undemokratisch sein? Auch ist das Wort „Demokratie" ist in diesem Zusammenhang etwas zu hoch gegriffen.

Aufgabenorientierter vs. personenorientierter Führungsstil. Ein anderes, heute gebräuchlicheres Führungsstilkonzept unterscheidet (wiederum als Extrempunkte eines Kontinuums) zwischen aufgabenorientiertem und personenorientiertem Führungsstil.

- **Aufgabenorientierte** Vorgesetzte richten ihr Hauptaugenmerk auf den technischen Ablauf und die geforderte Leistung. Sie sehen ihre Mitarbeiter hauptsächlich als Aufgabenträger und als Produktionsfaktoren, die zur Erreichung einer hohen Leistung klar angewiesen und „an der kurzen Leine" geführt werden müssen.

- Der **personenorientierte** Führungsstil geht dagegen davon aus, dass über das Interesse an den Mitarbeitern, ihren Problemen, ihrer Entwicklung und ihrem Fortkommen auch eine Begeisterung für die Arbeit selbst entsteht, so dass im Ergebnis eine überdurchschnittliche Arbeitsleistung erzielt wird, ohne dass dies ständiger Gegenstand der Gespräche wäre. Eine personenorientierte Führungskraft geht auf die Menschen ein, mit denen sie zusammenarbeitet; sie hilft ihnen, zeigt Interesse für ihre Schwierigkeiten bei und außerhalb der Arbeit, sorgt sich um ihre individuelle Entwicklung und ihr Weiterkommen im Betrieb.

Unklare Wirkungen? Zur Frage, welche Wirkungen ein aufgaben- bzw. personenbezogenes Verhalten auf die **Arbeitsleistung** hat, liegt eine Fülle empirischer Untersuchungsergebnisse vor. Die Untersuchungen gelangen jedoch z.T. zu konträren Resultaten. Dies ist vor dem Hintergrund des Einflussprozessansatzes nicht weiter verwunderlich, sind doch die Bedingungen von Führung jeweils recht unterschiedlich.

Transaktionale und transformative Führung. In der jüngeren Zeit findet ein anderes Führungsstil-Paar besondere Beachtung (Bass 1998):

Führungsstile und Leistungsverhalten

- Der transaktionale Führungsstil basiert auf dem Austauschprinzip, d.h. die Führungsperson klärt die Rollen und die Anforderungen, die die unterstellten Mitarbeiter erfüllen müssen, um ihre persönlichen Ziele zu erreichen („Play by my rules and you get what you want"). Von der Führung werden Anreize (z.B. Überstundenzuschläge, Sonderzahlungen) geboten oder Sanktionen angedroht, um bestimmte Verhaltensweisen der Geführten zu erreichen. Die Führungskraft muss dabei die Wünsche, Erwartungen, Befürchtungen usw. der Mitarbeiter berücksichtigen, sonst sind ihre Ziele nicht erreichbar. Führung wird somit im Wesentlichen als **Austauschproze**ss verstanden.

Transaktionale Führung

- Der transformative Führungsstil geht von einem ganz anderen Wirkungsgefüge aus; im Zuge eines transformativen Führungsprozesses **verändern** sich die Einstellungen, die Wünsche und die Vorstellungen der Geführten. Transformative Führer handeln aus tiefer Überzeugung, aus dem festen Glauben an bestimmte Werte und Ideen. Sie überzeugen und reißen mit; sie motivieren dazu, Dinge völlig neu zu sehen. Ihre Überzeugungen können nicht Gegenstand von Aushandlungsprozessen werden, man kann sie nur ablehnen oder annehmen. Die Nähe zum oben erläuterten Konzept charismatischer Führung ist offenkundig.

Transformative Führung

Zweidimensionale Konzepte. Neben den bisher behandelten Modellen, denen ein eindimensionales Führungsstilkonzept zugrunde liegt, sind Ansätze zu erwähnen, die zu einer zwei- oder mehrdimensionalen Führungsstilkonzeption übergehen. Diese Ansätze stützen sich auf empirische Studien, die ein mehrdimensionales Konzept nahelegen.

Am bekanntesten ist das zweidimensionale Konzept geworden, das eine Unterscheidung trifft zwischen **Personenbezug** („consideration") und **aktiver Vorstrukturierung** („initiating structure").

Die Dimension **Personenbezug** beschreibt, in welchem Maße Vorgesetzte menschliche Wärme, Vertrauen, Respekt, Zugänglichkeit, Rücksichtnahme auf persönliche Sorgen u. Ä. zeigen (typische Beschreibungsmerkmale: „Macht es seinen Leuten leicht, mit ihm zu reden" oder „Greift Anregungen aus der Gruppe auf").

Consideration

Die Dimension **Vorstrukturierung** stellt auf Aktivitäten von Vorgesetzten ab, die eine unmittelbare Effektivierung des Leistungsprozesses zum Gegenstand haben: Definition und Abgrenzung der Kompetenzen, exakte Planung des Aufgabenvollzuges, Abschirmung von Störungen, Vollzugs- und Ergebniskontrollen, externe Leistungsanreize usw. (typische Beschreibungsmerkmale: „Fordert leistungsschwache Mitarbeiter zu höherer Leistung auf" oder „Besteht darauf, dass die Mitarbeiter ihre Arbeit genau nach festgelegten Richtlinien erledigen").

Initiating structure

12 Führung

„9.9.-Führungsstil"

Blake und Mouton haben die attraktive Idee des **Beides-zugleich-Könnens** mit großem kommerziellen Erfolg zu dem sog. Verhaltensgitter („**Managerial Grid**") ausgebaut. Abbildung 12-5 zeigt die Führungsstil-Varianten dieses Konzeptes. Absolut erstrebenswertes Ideal ist der dort so genannte 9.9.-Führungsstil.

Abbildung 12-5 Das Verhaltensgitter nach Blake und Mouton

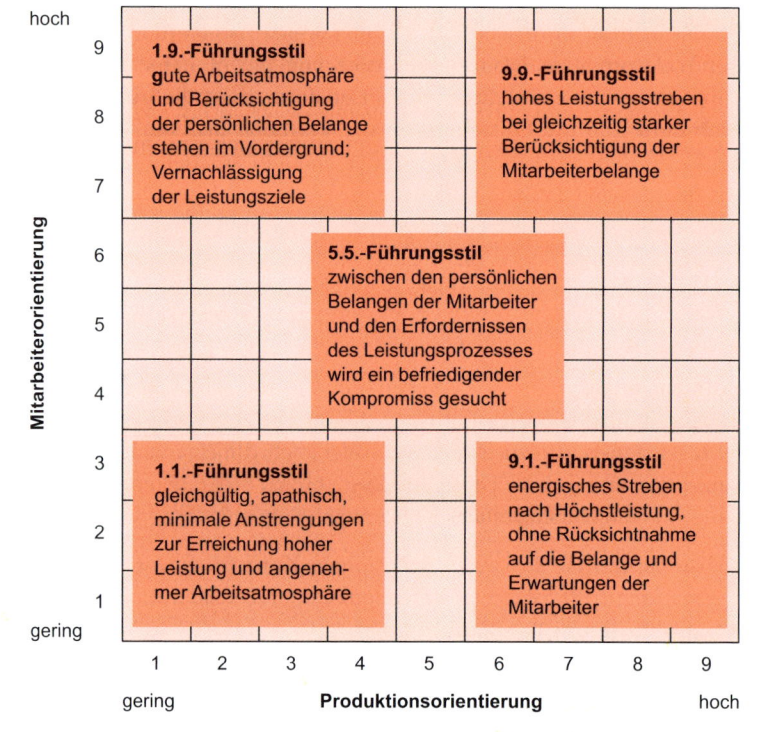

Quelle: Blake/Mouton 1978 (modifiziert)

Abgesehen von dem fehlenden Nachweis der Erfolgswirksamkeit muss man jedoch tiefergehend fragen, ob ein solcher Führungsstil überhaupt praktizierbar ist. Nur selten ist die schlichte Addition von Gegensätzen ein tatsächlich realisierbarer Ausweg. Diese Auffassung wird von der gruppendynamischen Forschung gestützt, wonach Tüchtigkeit und Beliebtheit – wie in Kapitel 11 erwähnt – nur in Ausnahmefällen in **einer** Person zusammenfallen (vgl. dazu das dort beschriebene „Führungsdual").

Führungsstile und Leistungsverhalten

12.4

Plausibler als die idealisierende 9.9-Lösung scheint hier ein Konfliktansatz zu sein, der die beiden Verhaltensorientierungen (Personen- und Aufgabenorientierung) als **widersprüchliche Erwartungen** begreift, die nicht generell vereinbar sind, weil sich in ihnen zwei grundsätzlich widersprüchliche Organisationsziele widerspiegeln. Es handelt sich um ein „Führungsdilemma". Der Widerspruch ist deshalb auch nicht durch Konstruktion unrealistischer Integrationsideale lösbar, sondern Führungskräfte müssen einen geeigneten Weg finden, mit diesem Dilemma glaubwürdig umzugehen. Der Konflikt zwischen Personenorientierung und Aufgabenorientierung ist indessen nicht das einzige Dilemma, das Führungskräften begegnet und für das sie einen geeigneten Weg des Umgangs in ihrer täglichen Führungspraxis finden müssen. Weitere Führungsdilemmata, wie sie typischerweise in Führungspositionen moderner Organisationen auftreten, zeigt Kasten 12-2.

Kasten 12-2

Führungsdilemmata

- „Auf die entlastende Wirkung von (gedanken- und kritiklos befolgten) Vorschriften, Routinen und Ritualen bauen **versus** ständig zum Mitdenken, zur Reflexion, Verbesserung und zum Reagieren auf schwache (Frühwarn-)Signale auffordern.

- Unterstellten MitarbeiterInnen mit Nähe, Wärme, Freundlichkeit, Sensibilität begegnen **versus** sie auf Distanz halten, formal und unpersönlich mit ihnen umgehen, sich ihnen gegenüber „hart" durchsetzen (können).

- Gleichbehandlung aller nach einheitlichen Grundsätzen **versus** Eingehen auf den Einzelfall, Respektierung von Besonderheiten und Ausnahmen.

- Bestehende Ordnungen aufrechterhalten und durchsetzen **versus** auf Innovationen bzw. ständige Fortentwicklung drängen.

- Von unterstellten MitarbeiterInnen Eigeninitiative, Intrapreneurship, Selbstständigkeit **versus** Anpassung, Folgsamkeit und Vorschriftentreue erwarten.

- Den Primat der Tat leben, (schnell) entscheiden und entschlossen handeln **versus** geschehen lassen, abwarten können, Selbstorganisation zulassen, spüren, fühlen, erleben.

- Den MitarbeiterInnen Vertrauen entgegenbringen, für „empowerment" sorgen, (d.h. sie zu selbstmächtigen Akteuren machen und sie mit den dazu nötigen Rechten und Ressourcen ausstatten) **versus** alles im Griff und unter Kontrolle halten, Misstrauen zeigen, die Unterstellten gängeln."

Quelle: Neuberger 1995, Sp. 536.

12 Führung

Praktischer Umgang

Die Dilemmata erinnern an den bereits erwähnten Intra-Rollen-Konflikt, sei es in Form des Intra-Sender- oder des Inter-Sender-Konflikts (vgl. dazu Kapitel 11). Zum Umgang mit den Dilemmata stehen deshalb auch ähnliche Wege zur Verfügung:

- Sequenzialisieren, d.h. die **zeitliche Entzerrung**, so dass einmal der eine, dann wieder der andere Anspruch bearbeitet werden kann.
- Sachlich segmentieren, d.h. man differenziert nach **Person** und **Art der Entscheidung**.
- **Kompromisse** schließen (dies entspricht etwa dem 5.5-Führungsstil im Verhaltensgitter).
- Ferner lässt sich eine **Rangordnung** aufbauen, d.h. man räumt der einen oder der anderen Orientierung den Vorrang ein und stellt so Konsistenz im Handeln her, allerdings unter Zurückdrängung der gegenläufigen Anforderungen (entspräche 1.9 alternierend mit 9.1 im Verhaltensgitter).

12.5 Situationstheorien der Führung

Berücksichtigung von Kontextvariablen

Im weiteren Fortlauf der Studien, die die Auswirkungen des Führungsstils auf Effektivitätsvariablen untersuchten, zeigte sich – was der Einflussprozessansatz ja auch nahelegt –, dass Führungsprozesse viel zu komplex sind, als dass man sie mit einer einfachen Ursache-Wirkungs-Beziehung (Führungsstil → Erfolg) erfassen könnte. Es wurde im Zeitablauf immer deutlicher, dass eine Führungstheorie, die treffende Aussagen über die Auswirkungen von Führungsverhalten machen möchte, eine Reihe weiterer im Kontext der Führung relevanter Variablen berücksichtigen muss. Hierzu wurde eine Reihe sogenannter situativer Führungstheorien entwickelt, z.B. das Kontingenzmodell von Fiedler (1967) oder die Weg-Ziel-Theorie von House (1996). Am meisten Beachtung in der Praxis hat aber wohl die situationale Führungstheorie von Hersey und Blanchard (2007) gefunden.

Reifezyklus als Grundidee

Aufbauend auf der Idee des individuellen Reifezyklus entwickelten Hersey und Blanchard eine situative Theorie der Führung, die das **Entwicklungsstadium** der Geführten ins Zentrum rückt. Ausgangspunkt ist eine Führungsstiltypologie, die die zwei Dimensionen Aufgaben- und Personenorientierung dichotomisiert und anschließend zu vier Stilen kombiniert (vgl. **Fehler! Verweisquelle konnte nicht gefunden werden.**6). Die Situation wird mit einer einzigen Moderatorvariablen in Anschlag gebracht, nämlich der Reife der unterstellten Mitarbeiter. Diese bestimmt sich aus zwei Faktoren:

- der Funktionsreife und

12.5 Situationstheorien der Führung

- der psychologischen Reife.

Funktionsreife bezeichnet die Fähigkeiten, das Wissen und die Erfahrung, die ein Mitarbeiter zur Erfüllung seiner Aufgaben mitbringt. Die **psychologische Reife** ist eine Art Motivationsdimension, die auf Selbstvertrauen und -achtung abstellt und Leistungsorientierung wie auch Verantwortungsbereitschaft signalisieren soll.

Reife der Mitarbeiter

Diese beiden Dimensionen werden zu vier Reifestadien verdichtet:

- **M1:** Mitarbeiter sind unfähig und unwillig, die Verantwortung für die Aufgabenerfüllung zu übernehmen.
- **M2:** Mitarbeiter sind unfähig, aber willens, die Verantwortung für die Aufgabenerfüllung zu übernehmen.
- **M3:** Mitarbeiter sind fähig, aber nicht bereit, die Verantwortung für die Aufgabenerfüllung zu übernehmen.
- **M4:** Mitarbeiter sind fähig und willens, die Verantwortung für die Aufgabenerfüllung zu übernehmen.

Die Autoren ordnen den vier Reifestadien die dazu passenden Führungsstile zu – wie in Abbildung 12-6 gezeigt. Bei sehr „unreifen" Mitarbeitern (M1) erzielt Führungsstil 1 („Telling"), der sich durch eine hohe Aufgabenorientierung und eine nur schwach betonte Mitarbeiterorientierung auszeichnet, die höchste Effektivität (= Zielerreichung). Mit zunehmender Reife (M2, M3) wird die Aufgabenorientierung immer unbedeutender, die Mitarbeiterorientierung dagegen immer wichtiger (Stil 2, 3), bis schließlich das höchste Reifestadium erreicht ist (M4), dem Führungsstil 4 („Delegating") mit seiner breiten Delegation und seiner Betonung von Selbstständigkeit am besten gerecht werden soll. Die Idee ist also, dass die Führungskräfte das Reifeniveau ihrer Mitarbeiter taxieren und daraufhin den optimalen Führungsstil auswählen sollen. Dabei kann und soll es durchaus vorkommen, dass ein- und dieselbe Führungskraft gegenüber ihren Mitarbeitern ganz unterschiedliche Führungsstile zeigt – abgestimmt auf den je spezifischen Reifegrad.

Modelllogik

Eine solche Anpassung des Führungsverhaltens an ein gegebenes Reifeniveau der Untergebenen ist jedoch problematisch, insofern als das arbeitsrelevante Reifeniveau ja **keine Naturkonstante** ist, sondern sich im Arbeitskontext entwickelt; sie ist damit wesentlich auch von der Art der Führung abhängig. Hersey und Blanchard sehen dieses Problem und fügen deshalb ihrem Modell eine **dynamische Komponente** hinzu. Längerfristig wird ein Einfluss der Führungskraft auf die „Situation" in Rechnung gestellt; die Führungskraft kann und soll den Reifegrad der Mitarbeiter durch gezielte Förderung **kontinuierlich erhöhen** und bei Erfolg ihren Führungsstil entsprechend anpassen.

Gefahr des Zirkels

Dynamische Komponente

12 Führung

Abbildung 12-6 | Die „situationale Führungstheorie"

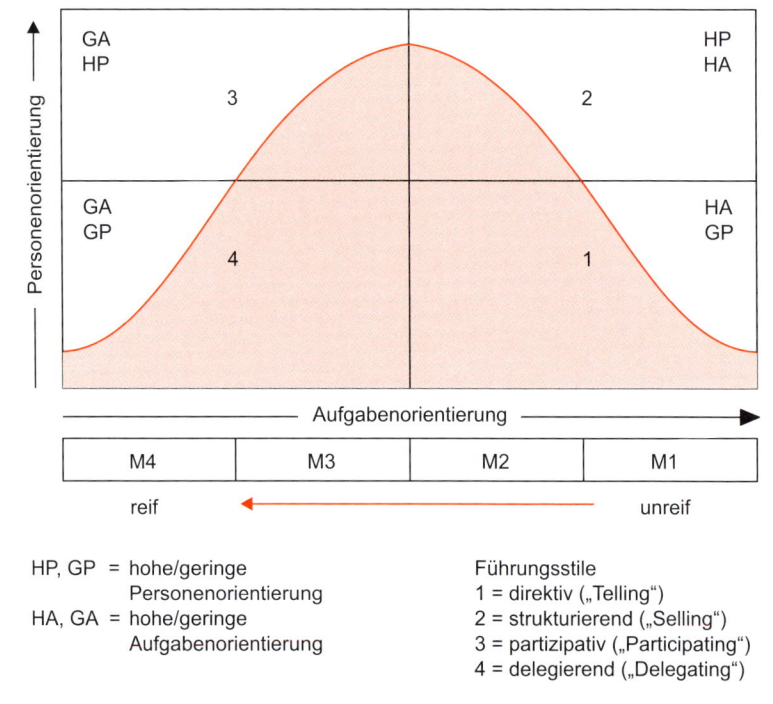

Quelle: Hersey/Blanchard 1969

Differenzierendes Führungsverhalten

Im Hinblick auf den **praktischen Einsatz** fordern Hersey und Blanchard ein je nach Mitarbeiter differenzierendes Führungsverhalten. Im Grundsatz soll der Vorgesetzte alle vier Führungsstile **nebeneinander** praktizieren. Ein Beleg für die Erlernbarkeit eines solch hohen Maßes an Führungsvariabilität steht freilich noch aus. Auch im Hinblick auf die oben erörterte Frage der Identität einer Führungskraft wirken die Empfehlungen von Hersey und Blanchard seltsam. Kann eine Führungskraft – so muss man fragen – überzeugend sein, wenn sie fortwährend andere Verhaltensmuster zeigt? Eine Führungsidentität kann nur ausgebildet werden, wenn für die Mitarbeiter klar signalisiert wird, was wichtig und was unwichtig ist, wenn also ein Führungskonzept erkennbar wird. Diese Überlegungen verdeutlichen noch einmal, dass es für ein fundiertes Verständnis von Führung wesentlich ist, über ein bloßes Führungsstilkonzept hinauszugehen. Zudem macht die eingangs vorgestellte Definition von Führung deutlich, dass der damit zusammenhängende Einflussprozess immer auch einen **Machtbezug** hat. Ein solcher bleibt jedoch in den hier zuletzt vorgestellten Ansätzen ausgeblendet.

12.6 Neue Herausforderung für Führungskräfte

12.6.1 Führung von Externen

In jüngster Zeit beschäftigen sich Führungsforschung und Praxis verstärkt mit dem Problem der Führung von „Externen". Unternehmen machen in zunehmendem Maße Gebrauch vom **temporären Einsatz** externer Arbeitnehmer, sei es auf der Basis von Leiharbeit (Arbeitnehmerüberlassung), freien Dienstverträgen oder Werkverträgen. Sie sollen kosteneffizient und flexibel über Engpässe hinweghelfen, neue Impulse geben oder ein spezifisches Wissen oder Know-how in ein Projekt einbringen, ohne mit der Organisation in einem klassischen Arbeitsverhältnis zu stehen. So werden beispielsweise Unternehmensberater kurzfristig unter Vertrag genommen, um ein Team bei ihrer Zielerreichung zu unterstützen, oder Konstrukteure für Entwicklungsarbeiten. Hier einzubeziehen sind im Übrigen auch Mitglieder anderer Unternehmen (Zulieferer, Abnehmer, Joint Venture), die vorübergehend für Projekte abgestellt werden.

Gemeinsames Merkmal sogenannter „Externer" ist, dass sie nur **für einen zeitlich begrenzten Zeitraum** tätig werden und häufig nur eine ganz bestimmte Aufgabe oder ein Projekt übernehmen. Sie treten in neu gegründete oder bereits bestehende und gewachsene Gruppen ein und verlassen das Unternehmen nach einer bestimmten Zeit wieder.

Führungskräfte sind als Folge davon mit Mitarbeitern konfrontiert, die keine nach klassischem Muster hierarchisch unterstellte Arbeitskraft sind (am ehesten ist dies noch bei Leiharbeit gegeben). Meist arbeiten Externe und reguläre Arbeitnehmer in einer Gruppe. Eine Führungskraft muss dann sowohl die „normalen", im Hause sozialisierten Mitarbeiter als auch die Externen führen und motivieren. In diesem Zusammenhang können vielschichtige, bislang in der Führungsliteratur noch nicht so stark beachtete Führungsprobleme auftreten, vor allem: Mangel an Loyalität, fehlendes Commitment und begrenzte Motivation. Während der Mangel an Loyalität Aspekte der inneren Bindung zwischen der Organisation und den „Externen" in den Vordergrund rückt, zielt die Motivationsfrage auf die Beobachtung, dass sich die Leistung Externer häufig im Wesentlichen auf das vertraglich Vereinbarte beschränkt, da für die darüber hinausgehende Mehrleistung keine entsprechenden Anreize bestehen (Aspekt der Motivation).

Neue Herausforderung

Versteht man Führung als einen Versuch zur Handlungssteuerung, so stellt sich für die Vorgesetzten die Frage, wie Zielkongruenz bzw. eine entsprechende **Konfliktbearbeitung** im Sinne des Einflussprozessmodells auch im Verhältnis zu „Externen" mit Hilfe der klassischen Einflusspotenziale herge-

Einflusspotenzialanalyse

12 Führung

stellt werden kann. Eine kurze Überprüfung der Einflusspotenziale ergibt, dass die klassischen **Belohnungspotenziale sehr begrenzt** sind, da das vorhandene Instrumentarium i.d.R. nur den permanenten Mitarbeitern vorbehalten ist. Es bleiben das Expertenpotenzial und die persönlichen Einflusspotenziale, die in ihrer Wirkung zwar groß, jedoch nicht so einfach herstellbar sind. Zudem setzt auch die erfolgreiche Entstehung von Experten- und Persönlichkeitsmacht voraus, dass sich die Externen auf die Führungsbeziehung als solche einlassen.

Wirkung von Unterschiedlichkeit

Unabhängig von der Einflusssituation wirft die gleichzeitige Führung von „Internen und Externen" Fragen der **Gleichbehandlung** oder auch der Ungleichbehandlung auf. Auf der einen Seite sollen die Beschäftigten Seite an Seite miteinander arbeiten, auf der anderen Seite werden sie auf der Basis von unterschiedlichen Anreizen, Erwartungen und Instrumentalitäten tätig (vgl. Lautsch 2003). Diese Unterschiedlichkeit bedeutet eine spezielle Anforderung an die Führungskraft und erhöht die **Komplexität ihrer Aufgabe**: Führungsprobleme können z.B. entstehen durch eine unterschiedliche Kommunikationsbereitschaft, ein unterschiedliches Maß an Vertrauen und auch Vertrautheit. Dies fördert einerseits die Tendenz zu **Ingroup-Bildungen** (die Stammmitarbeiter gegen die „anderen"), auf der anderen Seite ist es – konträr dazu – zum Zwecke der schnelleren Integration und einer Vermeidung von Missverständnissen notwendig, mit den „Externen" in eine intensivere Kommunikation einzutreten als mit den „Regulären". Im Ergebnis muss die Führungskraft alle Mitarbeiter von der Notwendigkeit dieser „unterschiedlichen" Behandlung überzeugen, um zwischenmenschlichen Konflikten vorzubeugen (zu weiteren Aspekten vgl. Feldman et al. 1994; Lautsch 2002).

12.6.2 Führung und Coaching

In jüngerer Zeit wird Führung in einen engen Zusammenhang mit Coaching gestellt. Dabei sind zwei Varianten zu unterscheiden:

(1) Führungskraft als Coach,

(2) Coaching von Führungskräften.

Führungsstil

Ersteres stellt eine neue **Führungsstilvariante** dar, die an der personenbezogenen Führung anknüpft und das Verstehen und Unterstützen in den Vordergrund des Führungsprozesses rückt. Von den Vorgesetzten wird erwartet, dass sie auf ihre Mitarbeiter individuell eingehen, mit ihnen ihre Stärken und Schwächen besprechen, sie bei der Umsetzung ihrer Ziele unterstützen usw. Dies bedeutet im Grundsatz nichts Neues und kann zu den oben besprochenen Ansätzen personaler Führung nahtlos hinzugefügt werden.

Neue Herausforderung für Führungskräfte **12.6**

Eine wesentlich interessantere, weil neuere Perspektive eröffnet die zweite Variante. Sie sieht den Coach als persönlichen **Berater der Führungskraft** (vgl. dazu Rauen 2005; Schreyögg 2012). Führungspositionen sind immer mit Spannungen und Konflikten verbunden. Häufig fehlt es den Führungskräften an geeigneten Gelegenheiten, über ihre Führungsprobleme zu sprechen. Genau an dieser Stelle setzt das Coaching an, das Führungskräften eine therapeutisch geschulte Person zur Seite stellt, mit der sie in einer **geschützten Atmosphäre** ihre drängenden Probleme analysieren und Lösungsmöglichkeiten diskutieren können. Ein Coach ist nicht nur bestrebt, Probleme aufzuarbeiten, sondern auch neue Perspektiven zu eröffnen („so habe ich die Dinge noch nie gesehen") und neue Kompetenzen zu entfalten (Heß/Roth 2001; Schreyögg, A. 2012).

Beratung

Führungskräfte sind häufig durch ihre Position im Unternehmen einsam geworden; nicht zuletzt deshalb greifen viele die Möglichkeit des Coachings interessiert auf, um auf diese Weise ihre Führungseffizienz zu verbessern. Die Volkswagen AG hat ein Programm aufgelegt, das allen Führungskräften ein Coaching-Jahresbudget zubilligt – ein Budget, das allerdings verbraucht werden **muss**. Die Wahl des Coaches steht offen, ebenso die Form: Einzel-, Gruppen oder Team-Coaching.

Reflexions- und Lernchance

Coaching kann in verschiedenen Settings stattfinden. Man unterscheidet im Wesentlichen drei Formen:

1. Einzel-Coaching,
2. Gruppen-Coaching,
3. Team-Coaching.

(1) Das **Einzel-Coaching** stellt die klassische Anordnung dar; der Klient wird in einem geschützten Raum von einem Coach beraten (etwa bei Krisen oder Karrierefragen). Dieses Setting weist allerdings den Nachteil auf, dass der Coach der einzige Gesprächspartner bleibt und sich damit der Erfahrungshorizont notwendigerweise auf ihn beschränkt.

(2) Beim **Gruppen-Coaching** steht gerade die Vielfalt der Perspektiven im Vordergrund. Hier nehmen in der Regel Personen mit vergleichbaren Funktionen aus verschiedenen Organisationen teil (z.B. Gruppenleiter oder Meister). Die Teilnehmer profitieren auch von den Lerneffekten anderer; es ist ein gemeinsamer Prozess und die Gruppe wirkt nicht selten als förderliches Medium.

12 Führung

(3) Im Unterschied zum Gruppen-Coaching nimmt am **Team-Coaching** eine konkrete Arbeitsgruppe aus einer Organisation teil. Dieses Beratungssetting trägt der Tatsache Rechnung, dass Führung ein Interaktionsprozess ist und dementsprechend konkret an diesem Interaktionsgeschehen zu seiner Verbesserung gearbeitet werden muss. Diese Beratungsform verlangt allerdings, dass der sichere hierarchische Rahmen verlassen wird. Viele Vorgesetzte scheuen deshalb speziell bei Krisenberatung davor zurück (Angst vor Gesichtsverlust, Bloßstellung vor Mitarbeitern usw.). Eine offene Aufnahme findet diese Beratungsform hingegen bei der Vorbereitung auf neue Aufgaben oder ganz generell zur Teamentwicklung.

12.6.3 Führung im internationalen Kontext

Die kulturellen Einflüsse auf das Führungsverhalten und den Führungsprozess treten im Zuge der Globalisierung immer stärker in den Vordergrund. Dabei kann eine Vielzahl von **interkulturellen Unterschieden** relevant werden und den Führungsprozess in unterschiedlicher Weise beeinflussen, so etwa, wenn eine Führungskraft aus einer stärker autoritär geprägten Kultur auf die eher egalitären Führungsstrukturen etwa in Schweden stößt oder ein in Deutschland bewährter Führungsstil nicht in gleicher Weise in Südkorea fruchtet. Zahlreiche empirische Studien sind den damit verbundenen Fragen nachgegangen (Haire et al. 1966; House et al. 2004; Russette et al. 2008) und haben auch eine Reihe kultureller Unterschiede im Führungsprozess zutage gefördert. So etwa, dass deutsche und französische Manager den aufgabenbezogenen, sachlichen Führungsstil pflegen, während britische und skandinavische Manager den personenorientierten Führungsstil bevorzugen.

Im Hinblick auf die Partizipation am Entscheidungsprozess zeigte sich dagegen, dass skandinavische und deutsche Manager eine deutliche Vorliebe für diesen Stil haben, während britische Manager eine Entscheidungspartizipation ablehnen. Kasten 12-3 gibt beispielhaft eine Beschreibung kultureller Einflüsse auf den Führungsprozess.

Eine besondere Aufmerksamkeit galt in den letzten Jahrzehnten immer auch der japanischen Führungspraxis (zuerst Pascale/Athos 1986). Die ursprüngliche Einschätzung, dort herrsche ein patriarchalisches, autoritäres Führungssystem, musste nach genaueren Studien erheblich differenziert werden. Japanische Führung ist stark konsultativ ausgerichtet, die Meinung des einzelnen Mitarbeiters wird sehr hoch geachtet (verwiesen sei etwa auf das zwischenzeitlich legendäre Kaizen, vgl. hierzu Imai 1996).

Neue Herausforderung für Führungskräfte   12.6

Kasten 12-3

Zwischen Krawatte und Karneval

„Brasilianer sind fabelhafte Gastgeber und empfangen ihre Gäste auf eine fast familiäre Art und Weise. Sie sind in der Regel optimistisch, lachen gerne und schätzen guten, offenen Humor. ‚Alegria' – Lebensfreude, spielt eine große Rolle. Oft haben sie das Talent, am Anfang einer Besprechung ‚das Eis zu brechen' oder in schwierigen Verhandlungen den richtigen Ton zu treffen. Jedoch neigen sie dazu, schwierige Details zu umgehen, statt auf den Punkt zu kommen.

Sie sind auch Weltmeister der Improvisation; gleichgültig, welches Problem es zu lösen gilt, man findet immer „um jeitinho" (einen Dreh, eine Notlösung). Der persönlichen Beziehung wird ein hoher Stellenwert eingeräumt. Eine gute Erziehung und Bildung sowie der familiäre Hintergrund sind besonders wichtig. Der Kommunikationsstil ist sehr extrovertiert. Deshalb sollten wichtige Gespräche persönlich und nicht via Telefon oder Fax durchgeführt werden.

Die Fähigkeit, zuzuhören, ist bei brasilianischen Verhandlungspartnern eher unausgeglichen. Häufiges Unterbrechen erfolgt nicht aus Unhöflichkeit oder Besserwisserei; dahinter steht eher die Absicht, Ihnen zu zeigen, dass sie Ihren Sachverhalt und Standpunkt verstehen. Verglichen mit anderen Nationalitäten, wie zum Beispiel den Japanern, haben die Brasilianer eine eher kurze Geduld, Ihnen zu zuzuhören.

Im privaten Sektor sind hierarchische Strukturen vorherrschend. Brasilien wird stark von der oberen Mittelschicht dominiert. Die Machtfülle und Autorität eines Geschäftsführers resultiert aus seiner Position innerhalb der Top-Down-Struktur. Zahlreiche brasilianische Unternehmen kennzeichnet ein eher patriarchalischer Führungsstil.

Brasilianische Führungskräfte sind sehr flexibel und nicht so fixiert auf Tagesordnungen und Terminpläne. In der Regel sind sie gut vorbereitet und geschickte sowie clevere Verhandlungsführer, die ihre Ziele von Anfang an genau kennen. Sie verfolgen ihre jeweilige Zielsetzung konsequent, selbst wenn ihre Verhandlungsbemühungen für Dritte nicht immer nachvollziehbar sind.

Trotz hoher Temperaturen sind brasilianische Geschäftsleute konservativ gekleidet. Wenn das Wetter es zulässt, tragen männliche Führungskräfte gewöhnlich elegante Anzüge, oft auch in italienischen und hellen Farben. Krawatten sind nicht nur allgemein üblich, sondern oft erforderlich.

Praktischer Tipp:

Brasilianische Unternehmen sind deutlich hierarchisch gegliedert. Die mittlere Managementebene gibt es eher selten. Setzen Sie die Verhandlungen in der Hierarchie möglichst hoch an. Entscheidungsgewalt hat meistens nur der Geschäftsführer."

Quelle: manager-magazin.de, erneuter Zugriff am 4.7.2014

12 Führung

Plastische Kulturprägung

Insgesamt gilt es jedoch zu sehen: So hilfreich kulturell vergleichende Studien einerseits sind, so sollte auf der anderen Seite ihre Bedeutung nicht überschätzt werden. Im Durchschnitt vermag der Faktor Landeskultur nicht mehr als 10–30 % der aufgefundenen Unterschiede im Führungsverhalten zu erklären. Das heißt, dass es immer auch eine Reihe anderer Faktoren gibt, die das Führungsverhalten beeinflussen und die Landeskultur gegebenenfalls sehr stark überformen. Ferner gilt, dass kulturelle Tendenzen generelle Tendenzen sind und für den konkreten Einzelfall keinesfalls eine zwingende Prägung bedeuten; immer wieder zeigt sich, dass Menschen sich neu orientieren und ihre kulturelle Prägung abbauen. So findet man in Deutschland viele Menschen, die speziell in US-amerikanisch geprägten Firmen arbeiten wollen (z.B. bei Google), oder Japaner, die lieber in einem Unternehmen mit deutsch geprägter Führung arbeiten. Die kulturelle Prägung ist ihrer Natur nach eine plastische Prägung, die in Entwicklungsprozessen Veränderungen einführt (vgl. dazu auch Schreyögg 2005).

Lernkontrollfragen

1. Wie lässt sich das Phänomen „Charisma" mit der Einflussprozesstheorie erklären?
2. Warum ist Charisma vergänglich?
3. Welche Rolle spielt die Organisationsstruktur im Rahmen des Einflussprozessansatzes?
4. Ist die „Belohnungsmacht" einer Führungskraft immer an deren formale Position gebunden?
5. Welcher Unterschied besteht zwischen dem Eigenschaftsansatz und den Führungsstilansätzen in Bezug auf die Erklärung erfolgreicher Führung?
6. Aus welchen drei Ebenen setzt sich die Identitätstheorie der Führung zusammen und wie wirken diese Ebenen zusammen?
7. Was müsste eine Führungskraft bei einem auftretenden Führungsmisserfolg unternehmen, wenn sie dem Modell von Hersey und Blanchard folgen würde?
8. Welche praktischen Probleme ergeben sich beim Einsatz des Modells von Hersey und Blanchard?
9. Inwiefern stellt die Führung von „Externen" neue Anforderungen an Führungskräfte?

10. Wie lässt sich das Einflussprozessmodell im Coaching verwenden?
11. „Jedes Land braucht seinen eigenen Führungsstil!" Stimmen Sie dieser Aussage einer Führungskraft zu?
12. „Erfolgreich führen heißt überzeugen!" Ist dieser Aussage zuzustimmen?
13. „Gute Führungskräfte werden nicht geboren, sondern entwickeln sich dazu." Diskutieren Sie die praktischen Implikationen dieser Aussage!
14. Eine Führungskraft äußerte kürzlich: „Ein Manager zu werden heißt nicht, Boss zu werden. Es ist vielmehr so, dass man eine Geisel wird." Was beschäftigt diese Führungskraft?

Lösungshinweise zu den Lernkontrollfragen erhalten Sie auf der Webseite zum Buch unter www.springer.com.

Diskussionsfragen

I. „Um einen Einflussversuch durchzusetzen, ist es ausreichend, wenn die Führungskraft von der Organisation mit genügend Einflusspotenzialen ausgestattet wird!" Diskutieren Sie diese Aussage!
II. Welcher Zusammenhang besteht zwischen den Einflusspotenzialen Belohnung und Persönlichkeitswirkung einerseits und der Unterscheidung zwischen transaktionaler und transformationaler Führung andererseits?
III. Erläutern Sie, warum Führungsstile nicht per se gut oder schlecht sind. Nehmen Sie dabei Bezug auf die situative Führungstheorie.
IV. Erläutern Sie, wie sich die Bereitschaft zur Zuschreibung von Charisma vor dem Hintergrund der Identitätstheorie der Führung erklären lässt.
V. „Der 9.9-Führungsstil ist zwar ein erstrebenswertes Ideal, jedoch praktisch kaum umsetzbar!" Diskutieren Sie diese Aussage!
VI. Erläutern Sie den demokratischen Führungsstil vor dem Hintergrund des Einflussprozessmodells der Führung!
VII. Analysieren Sie anhand der Informationen aus Kasten 12-1 die mediale Konstruktion von Charisma!

12 *Führung*

Fallstudie: Dr. Sabine Faust

Die Szene: Das Büro des Controllers Wolfgang Schwarz an einem Montagmorgen. Dr. Sabine Faust, die Leiterin der Planungsabteilung, hat gerade ihrem direkten Vorgesetzten Schwarz ihren Bericht überreicht.

Schwarz: Setz Dich, Sabine, ich möchte das Papier schnell durchgehen.

Dr. Faust: (lässt sich seufzend in den Stuhl vor dem Schreibtisch fallen): Das ist die erste Gelegenheit seit einer Woche, mich in Ruhe hinzusetzen.

Schwarz: (nachdem er die wesentlichen Teile des Berichtes kurz, aber genau geprüft hat): Das ist in Ordnung, Sabine, genau das, was wir brauchen. Aber warum konnte der Bericht nicht schon am Freitag vorliegen, wie mit dem Finanzchef ursprünglich abgemacht?

Dr. Faust: Frank wurde am Montag krank, und der Mann einer neuen Sekretärin hat einen Job in Kiel angenommen – damit hatte ich in drei Wochen nicht weniger als drei Ausfälle zu verkraften. Außerdem war die erste Fassung, die meine Mitarbeiter geschrieben hatten, gänzlich unbrauchbar. Der einzige, der es mit mir hätte gründlich überarbeiten können, war Elmar – er hatte aber ausgerechnet für diese Woche einen Surf-Kurs am Gardasee gebucht. Dies war schon seit Monaten geplant und alles war vorbereitet, so dass ich ihn unmöglich bitten konnte zu bleiben. So sehr wir uns alle auch bemühten – und Gott weiß, wie wir uns für diesen Bericht geschunden haben –, es war unmöglich, ihn bis Freitag fertigzustellen. Nach Lage der Dinge habe ich ihn dann am Samstag und am Sonntag fertiggestellt. Ich habe wie ein Pferd für diesen Bericht gearbeitet, und alles, was ich nun höre, ist, warum ich ihn nicht schon am Freitag fertig hatte. Das ist ein bisschen wenig Anerkennung für alles das, was in diesen Bericht an Mühe hineingesteckt wurde. Der Finanzchef will irgendeinen, für ihn wahrscheinlich gar nicht so wichtigen Bericht, für uns wird es aber so dargestellt, als wäre dies von allererstem Rang. Wir legen uns alle in die Riemen; hinterher beachtet dann kaum jemand all die Mühe, die in den Bericht hineingesteckt wurde. Du kannst Phillip fragen – ich war hier bis Sonntagabend um 6 Uhr, nur um dieses verdammte Ding fertigzustellen.

Schwarz: Ich weiß, dass Du hart arbeitest, Sabine. Dieser Bericht ist glänzend, genau das, was ich wollte, aber Du hättest ihn nicht machen sollen. Wir hatten damals doch miteinander 14 Tage als Erstellungszeitraum vereinbart. Wir haben vor 10 Tagen auf meine Initiative hin noch einmal darüber gesprochen. Du hast während dieser Zeit nicht ein einziges Mal davon gesprochen, dass die Fertigstellung Probleme bereitet – mit Ausnahme von Freitagmorgen, als Du mich batest, den Finanzchef wegen einer Verlängerung anzurufen.

Dr. Faust: Er hat das Ding ja sowieso noch nicht gebraucht; die Vorstandssitzung, für die er es haben wollte, ist ja erst morgen.

Schwarz: Aber er bat uns, den Bericht am Freitag fertig zu haben, und wir hatten wirklich genug Zeit. Wieso könnt Ihr ==kein besseres Timing== machen; wieso kann man ==nie sichergehen==, dass so ein Termin wirklich eingehalten wird?

Dr. Faust: (wiederholt ihre vorhergehenden Erklärungen für die Verspätung, streicht noch einmal ihren Arbeitseinsatz und die geleisteten unbezahlten Überstunden heraus)

Schwarz: Sabine, ich will ja gar nicht, dass Du noch mehr arbeitest. Ich verlange gar keine Überstunden. Das einzige, was ich von Dir will, ist, dass Du Deinen Laden ==so führst, dass vereinbarte Termine auch eingehalten werden==.

Dr. Faust: Ich weiß wirklich nicht, was Du willst. Ich arbeite härter als sonst irgendjemand hier in diesem Laden. (Wiederholt noch einmal ihre Erklärungen für die Verzögerung mit einigen zusätzlichen Details.)

Schwarz: Lass uns zum ==Essen gehen== und die Sache noch einmal bereden.

Dr. Faust: Ich kann nicht zum Essen gehen. Dazu habe ich keine Zeit. Auf meinem Schreibtisch türmt sich das Papier. Ich muss wahrscheinlich wieder bis 8 Uhr abends arbeiten. Du hast keine Vorstellung, wie viel Arbeit durch mein Büro geht. Ich muss jetzt schnell zurück. (Steht auf und geht zur Tür; dabei murmelt sie etwas von mangelndem Verständnis und sagt schließlich halblaut: „Die Leute in der Controlling-Abteilung legen Schlag 5 Uhr den Griffel hin.")

Fragen zur Fallstudie

1. Analysieren Sie die Führer-Geführten-Beziehung zwischen Schwarz und Dr. Faust!
2. Wie beurteilen Sie Dr. Fausts Verhalten ihren Mitarbeitern gegenüber aus motivationstheoretischer Perspektive?
3. Welche Maßnahmen sollte Schwarz Ihres Erachtens nun ergreifen?

13 Personal als Managementaufgabe

Lernziele zu Kapitel 13	439
13.1 Personalfunktionen in der Unternehmensführung	440
13.2 Die Personalauswahl	442
13.2.1 Vorbereitende Maßnahmen	442
13.2.2 Methoden zur Fundierung der Auswahlentscheidung	444
13.3 Personalbeurteilung und -entwicklung	451
13.3.1 Funktionen und Zwecke	451
13.3.2 Ansätze der Personalbeurteilung	453
13.3.3 Das Mitarbeitergespräch	455
13.3.4 Die Vorgesetztenbeurteilung	457
13.3.5 Personalentwicklung	459
13.4 Entlohnung als Managementaufgabe	462
13.4.1 Grundlagen der Entgeltdifferenzierung	463
13.4.2 Entlohnung und Motivation	467
13.4.3 Entlohnung und Lohnzufriedenheit	469
Lernkontrollfragen	472
Diskussionsfragen	473
Fallstudie: Eva Winter	474

Lernziele zu Kapitel 13

Nach Durcharbeiten dieses Kapitels sollten Sie in der Lage sein,

- zwischen Sach- und Managementfunktionen des „Faktors Personal" zu differenzieren,
- die generischen Aufgaben der Managementfunktion Personaleinsatz darzulegen,
- die verschiedenen Methoden der Personalauswahl zu beschreiben und einen prototypischen Personalauswahlprozess zu skizzieren,
- die Bedeutung der Personalbeurteilung aufzuzeigen,
- Ablauf und Grundregeln der Durchführung von Mitarbeitergesprächen zu benennen,
- die Konzepte der Vorgesetztenbeurteilung und die 360-Grad-Beurteilung zu erläutern und kritisch zu beleuchten,
- die verschiedenen Methoden der Personalentwicklung und die Probleme der Evaluation von Entwicklungsmaßnahmen aufzuzeigen,
- das Grundkonzept der betrieblichen Entgeltdifferenzierung darzulegen,
- den Zusammenhang zwischen Entlohnung und Motivation zu erläutern,
- die Idee des Konzeptes der Lohnzufriedenheit nachzuvollziehen und seine praktischen Konsequenzen aufzuzeigen.

13 Personal als Managementaufgabe

13.1 Personalfunktionen in der Unternehmensführung

Doppelrolle

Den **Human-Ressourcen** kommt heute in der Unternehmensführung eine immer zentralere Rolle zu. Viele sprechen sogar davon, dass das Personal immer mehr zur entscheidenden Basis für die Entwicklung von Wettbewerbsvorteilen werde, sei es in Form von Wissen oder in Form von individuellen Kompetenzen (Pfeffer 1998). Im Zuge dessen hat auch das Management der Human-Ressourcen eine immer größere Aufmerksamkeit erlangt; seine strategische Bedeutung wird heute kaum mehr in Frage gestellt.

Sachfunktion

Dabei kommt dem Management der Human-Ressourcen in der Unternehmensführung eine **doppelte Rolle** zu. Auf der einen Seite zählen dazu Aufgaben, die dem betrieblichen Fachressort „Personal" (heute häufig „Human Resources") obliegen. Ihre Kernaufgabe ist es, eine Personalpolitik im Interesse einer effizienten und effektiven Unternehmensführung zu entwerfen und umzusetzen. Nachdem dies betriebliche Aufgaben sind, die von der Systematik her mit Finanzierung oder Vertrieb vergleichbar sind, spricht man dementsprechend auch von der **Sachfunktion „Personal"**. Ähnlich wie das Finanzwesen die Ressource „Kapital" bewirtschaftet, so bearbeitet das Personalwesen die Ressource „menschliche Arbeitskraft" im Realgüterprozess.

Managementfunktion

Auf der anderen Seite sind hier die Personalaufgaben zu nennen, die jede Führungskraft als Teil ihrer Führungsaufgabe (in mehr oder weniger großem Umfang) wahrzunehmen hat; diese sind systematisch mit den generischen Funktionen Planung, Kontrolle, Organisation und Führung gleichzustellen und dementsprechend als Managementfunktion zu bezeichnen. Die **Managementfunktion „Personaleinsatz"** umfasst all diejenigen Aktivitäten, die darauf abzielen, im Verantwortungsbereich einer Führungskraft einen qualifizierten und engagierten Personalbestand sicherzustellen (vgl. Kapitel 1).

Interdependenz

Diese zwei Aufgabenbereiche sind nicht völlig unabhängig voneinander, im Gegenteil, sie überlappen sich in einem erheblichen Maße. Die Doppelfunktion ist ja auch eine Folge der Arbeitsteilung. Es handelt sich historisch gesehen um eine **Ausgliederung** von bestimmten Personalfunktionen aus der Linie und ihre Zusammenfassung in einem Personalressort. Das Personalwesen unterstützt die Führungskräfte. Die Schwerpunktsetzung in der Aufgabenstellung ist jedoch eine sehr unterschiedliche.

Aufgabenspektrum Personalwesen

Das Aufgabengebiet des Fachressorts „Personal" lässt sich in drei Kernaktivitäten untergliedern:

Personalfunktionen in der Unternehmensführung

13.1

- Personalgewinnung („attracting human resources"),
- Personalentwicklung („developing human resources"),
- Personalerhaltung („maintaining human resources").

Zu jeder dieser Aktivitäten gehört wiederum eine Reihe von Teilfunktionen. Zur **Personalgewinnung** gehören vor allem die Aufgaben der Personalplanung, Anforderungsanalyse, Rekrutierung und Auswahl. Die **Personalentwicklung** umfasst insbesondere die Aufgaben von Aus- und Weiterbildung, Personalbeurteilung und Karriereplanung. Zur **Personalerhaltung** gehören schließlich vor allem die Aufgabenbereiche Entlohnung, Anreizsysteme, Sozialleistungen, Personalverwaltung und Personalinformationssysteme.

Teilaufgaben

Die **Managementfunktion** Personaleinsatz überlappt sich naturgemäß nur mit einem Teil dieser Aufgabengebiete, eben jenen, die bei der unmittelbaren Personalverantwortung im Führungsprozess im Vordergrund stehen. Fragt man nach den konkreten Teilfunktionen, die zur Managementaufgabe zu zählen sind, so gehören dazu korrespondierend zu den drei Kernaktivitäten Personalgewinnung, -entwicklung und -erhaltung zentral die drei folgenden Aufgaben:

Generische Personalfunktion im Managementprozess

1. die Personalauswahl,
2. die Personalbeurteilung und -entwicklung sowie
3. die Entlohnung.

In diesem Sinne kann man auch von den **generischen** Aufgaben der Managementfunktion Personaleinsatz sprechen. Abbildung 13-1 fasst diese Aufgaben im Überblick zusammen.

Die generischen Personalfunktionen einer Führungskraft

Abbildung 13-1

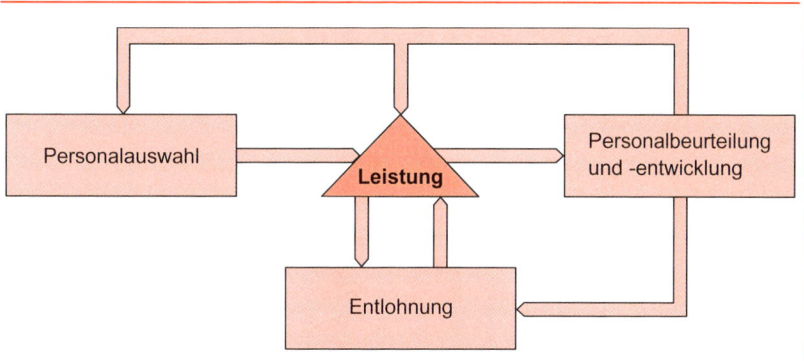

441

Zu jeder dieser generischen Funktionen gehört wiederum eine Reihe von Teilaufgaben, die in den nächsten Abschnitten näher erläutert werden (für eine Gesamtdarstellung der Aufgaben der Personalwirtschaft oder des Human Resource Managements vgl. Berthel/Becker 2010; Oechsler 2011 sowie Holtbrügge 2013).

13.2 Die Personalauswahl

Eignungsprognose

Die Aktivität der Personalauswahl zielt auf eine Auslese unter den Bewerberinnen und Bewerbern für eine zu besetzende Stelle. Im Kern geht es darum, eine Prognose darüber zu erstellen, wer aus dem Kreis der sich Bewerbenden für eine bestimmte Stelle oder einen bestimmten Aufgabenkreis am besten geeignet ist.

13.2.1 Vorbereitende Maßnahmen

Die Personalauswahl knüpft an Maßnahmen der Personalplanung und -beschaffung an. Dort werden auf der Grundlage der Personalplanung Maßnahmen ergriffen, damit eine angemessene Zahl von potenziellen Bewerbern und Bewerberinnen für das Unternehmen bzw. die zu besetzenden Stellen zur Verfügung steht. Die Personalbeschaffung beschränkt sich dabei nicht auf die Suche und Anwerbung externer Mitarbeiter/innen, sondern schließt auch die Gewinnung von bereits im Unternehmen arbeitenden Mitarbeiter/innen (interner Arbeitsmarkt) mit ein. Die interne Stellenausschreibung ist nicht nur eine häufig genutzte, sondern in vielen Fällen auch gesetzlich vorgeschriebene Ergänzung zur Akquirierung am externen Arbeitsmarkt.

Instrumente der Personalbeschaffung

Klassische Instrumente der externen Personalbeschaffung sind etwa die Stellenanzeige (heute verstärkt: „electronic recruiting"), die gezielte Ansprache bestimmter vorausgewählter Personen („head hunting"), Vakanzmeldungen an die Agentur für Arbeit oder an private Arbeitsvermittlungsunternehmen. In den letzten Jahren werden auch verstärkt Maßnahmen der aktiven Arbeitsmarktgestaltung („Personal-Marketing") diskutiert, um besonders gute Bewerber/innen für das Unternehmen zu interessieren und an das Unternehmen binden zu können. Im Rahmen eines „Talent Managements" wird versucht, möglichst frühzeitig sog. „High Potentials" systematisch zu identifizieren und aktiv anzuwerben („Active Sourcing"). Dabei spielt das Internet als Kommunikationsplattform eine zunehmend wichtige Rolle, da es neue Ansprachemöglichkeiten eröffnet und den zeitlichen und finanziellen Aufwand für Informationssuche und Kommunikation vergleichsweise gering hält. Ermöglicht wird dies insbesondere durch soziale Netzwerke (wie beispielsweise „Xing" oder „LinkedIn"), in denen Fähigkeitsprofile eingesehen und passende Kandidaten persönlich kontaktiert werden können.

Die Maßnahmen der Personalbeschaffung prägen zu großen Teilen den **Handlungsrahmen** der Personalauswahl, da ja mit der Personalbeschaffung der Kreis der potenziellen Bewerber weitgehend determiniert wird.

Eine zentrale Voraussetzung für einen fundierten Auswahlprozess ist die Erstellung eines **Anforderungsprofils** auf der Basis der zu erledigenden Aufgabe. Als Grundlage dient eine Arbeitsanalyse, aus der die verschiedenen Aufgaben und Verhaltensanforderungen abgeleitet werden; bisweilen liegen diese in Form von für organisatorische Zwecke entwickelten Stellenbeschreibungen vor.

Anforderungsprofile

Mithilfe der Verfahren der Persönlichkeitsdiagnostik soll es dann möglich sein, ein sogenanntes **Fähigkeitsprofil** der betreffenden Person aufzustellen, das anforderungsbezogen über Kenntnisse, Fertigkeiten und Fähigkeiten der Bewerber Aufschluss geben soll. Aus dem Vergleich von Anforderungs- und Fähigkeitsprofil ergibt sich das Eignungsprofil (vgl. Abbildung 13-2).

Fähigkeitsprofil

Schematische Darstellung von Anforderungs-, Fähigkeits- und Eignungsprofil

Abbildung 13-2

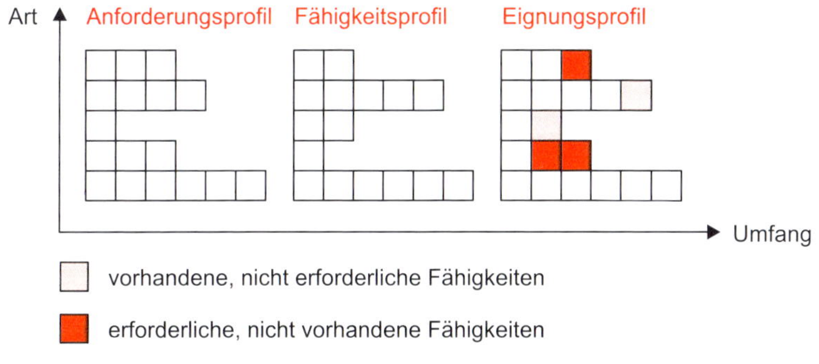

Das Ziel einer vollständigen Übereinstimmung von Anforderungs- und Fähigkeitsprofil ist indessen nur als schematische Prozessleitlinie zu verstehen. Häufig ist es so, dass das Anforderungsprofil gar nicht so genau definiert werden kann, weil die Anforderungen selbst sehr **komplex** sind und/oder starken **Veränderungen** unterliegen und somit gar nicht genauer benannt werden können. So ist es z. B. nicht möglich und auch nicht zielführend, für einen Gruppenleiter in der Grundlagenforschung eine exakte Arbeitsbeschreibung zu erstellen; dafür ist der Spielraum der Tätigkeiten viel

Schwer strukturierbare dynamische Aufgaben

zu groß, die Lösungswege sind zu wenig standardisiert usw. Die exakte Beschreibung von Innovationsaufgaben ist ja ein Widerspruch in sich. Ferner sind Arbeits- und Stellenbeschreibungen am Status quo orientiert, d. h., dass solche Anforderungen vernachlässigt werden, die erst in der Zukunft zu stellen sind. Gerade diese **zukunftsbezogenen Anforderungen** können aber entscheidend sein. Diese Schwierigkeiten führen in vielen Fällen dazu, dass man das Anforderungsprofil auf der Basis von Grundqualifikationen wie Verhaltensflexibilität, Empathie oder Strukturierungsvermögen sehr allgemein hält. Das gilt auch und insbesondere für die Auswahl von Nachwuchsführungskräften. Die Schwierigkeiten bei der Bestimmung eines gültigen Katalogs von Anforderungen an Führungskräfte wurden in Kapitel 12 bereits ausführlich dargelegt.

Prognose als Problem

Das entscheidende Problem bei der Personalauswahl ist die Erstellung einer treffsicheren Prognose darüber, wie die Bewerber und Bewerberinnen mit den Anforderungen des Arbeitsplatzes (einschließlich des ihn umgebenden sozialen Systems) zurechtkommen werden. Wie eben dargelegt, kann eine solche Prognose entweder sehr speziell oder potenzialbezogen erfolgen. Solche Prognosen zu erstellen ist aus verschiedenen Gründen sehr schwer. Um die Treffgenauigkeit zu erhöhen, hat man systematische Verfahren der Personalauswahl entwickelt.

13.2.2 Methoden zur Fundierung der Auswahlentscheidung

Analyse der Bewerbungsunterlagen. Die Bewerbungsunterlagen setzen sich in der Regel aus Bewerbungsschreiben, Lebenslauf mit Lichtbild, Abschluss- und Arbeitszeugnissen zusammen. Ergänzt werden diese Unterlagen in manchen Fällen durch Referenzen und u. U. Arbeitsproben. Darüber hinaus verwenden insbesondere viele Großunternehmen einen standardisierten (nicht selten Online-)**Personalfragebogen** oder auch einen biographischen Fragebogen (Schuler/Stehle 1990; Weuster 2012), um gut vergleichbares Datenmaterial zu erhalten. Zunehmend werden heute auch anonymisierte Bewerbungsverfahren für die erste Stufe der Bewerbung diskutiert und erprobt, um möglichen Formen der Diskriminierung vorzubeugen (vgl. dazu Kasten 13-1).

Prognostische Validität

Von den Bewerbungsunterlagen wird erwartet, dass sie wichtige Aufschlüsse über den persönlichen und beruflichen Werdegang geben, den Sozialisationshintergrund und die Entwicklungsvorstellungen der Bewerbenden. Solche Ansprüche stehen einem anonymisierten Verfahren teilweise entgegen. **Leitende Gesichtspunkte** für die Auswertung der Unterlagen sind: Stimmigkeit der Angaben, Zahl der Arbeitsplatzwechsel und ihre Begründung, Vollständigkeit, Bewerbungsmotive und Art der Selbstdarstellung.

Kasten 13-1

Anonymisierte Bewerbungsverfahren

„In der Beratungsarbeit von Antidiskriminierungsstellen und zahlreichen wissenschaftlichen Studien spiegelt sich wider, dass Menschen mit Migrationshintergrund, Frauen mit Kindern, Personen mit Behinderung sowie Ältere oft schlechtere Chancen haben, zu einem Bewerbungsgespräch eingeladen zu werden.

Ein Instrument, der Benachteiligung zu begegnen, sind anonymisierte Bewerbungsverfahren. In vielen Ländern sind sie längst Standard.

Dabei geht es um mehr als nur darum, kein Foto mitzuschicken. Auch weitere personenbezogene Angaben wie solche zu Alter, Geschlecht, Behinderung, Herkunft oder Familienstand werden in der ersten Phase des Bewerbungsprozesses weggelassen, um vorurteilsgestützten Annahmen und Rückschlüssen auf die Leistungsfähigkeit von bestimmten Bewerber/innengruppen keinen Raum zu geben. Der Fokus soll allein auf der Qualifikation der Bewerber und Bewerberinnen liegen."

Quelle: berlin.de, Zugriff am 11.7.2014

Allerdings darf die Aussagekraft der Bewerbungsunterlagen nicht überschätzt werden. Sie basieren ausschließlich auf historischen Daten; vergangene Erfolge/Misserfolge lassen sich aber nicht unbesehen in die Zukunft fortschreiben. Bei empirischen Studien zeigt sich, dass unter den vielen möglichen Indikatoren die Schul- und Examensnoten noch die relativ beste prognostische Validität besitzen (r = 0.40) (Schuler/Funke 2004: 289 ff.).

Vorselektion

Die Analyse der Bewerbungsunterlagen gibt somit nur erste Anhaltspunkte. Sie eignet sich demgemäß vor allem für eine grobe Vorselektion unter den Bewerbern und dient als Gesprächsgrundlage für eventuell zu führende Interviews.

Auswahlgespräch. Auswahlgespräche bzw. -interviews sind sehr populär und weit verbreitet. Dies überrascht auch nicht weiter, da mit dem Interview auf relativ einfache und kostengünstige Weise viele Informationen ermittelt werden können, die sich zudem auf anderem Wege häufig gar nicht oder nur sehr schwer gewinnen lassen. Ein entscheidender Vorteil des Interviews liegt mithin in seiner **Multifunktionalität.** Auf diese Weise kann man auch Informationen, die aus anderen Quellen gewonnen wurden, ergänzen und klären (z. B. spezielle Punkte, die in den Bewerbungsunterlagen offen geblieben sind).

Varianten

Auswahlinterviews werden in verschiedenen Varianten durchgeführt; sie können als Einzel- oder Gruppeninterviews angelegt sein. Heute werden sie in der Anfangsphase auch häufig telefonisch durchgeführt. Sie können als strukturierte oder unstrukturierte bzw. freie Interviews angelegt sein. Beim strukturierten Interview wird im Voraus ein konkreter Gesprächsleitfaden entwickelt, der den Gesprächsinhalt vor allem in der Themenwahl, der Folge der Fragen, der Bewertung und Gewichtung einzelner Informationen weitgehend festlegt. Beim freien Interview, das in der Praxis nach wie vor bevorzugt wird, fehlt eine solche Grundlage. Dies ermöglicht eine größere Flexibilität, allerdings auf Kosten der Vergleichbarkeit der Aussagen.

Interviewphasen

Das Interview selbst verläuft üblicherweise in verschiedenen Phasen (zu einem 7-Phasen-Schema vgl. Schuler 1992). Die **Kontakt- oder Aufwärmphase** dient dazu, ein zwangloses Gesprächsklima zu schaffen. Nur wenn dies gelingt, kann das Gespräch sowohl für das Unternehmen als auch für den Bewerber seinen potenziellen Informationswert tatsächlich entfalten.

Hauptphase

In der Hauptphase des Auswahlgesprächs soll das eigentliche Gesprächsziel erreicht werden, d. h., hier geht es um die Gewinnung relevanter Informationen über den Bewerber, die eine **gute Eignungsprognose** ermöglichen, wie insbesondere die fachliche Qualifikation und die Kooperations- und Durchsetzungsfähigkeit. Eindringtiefe und Dauer des Interviews hängen stark von dem Charakter der zu besetzenden Stelle ab. Je wichtiger die vakante Stelle eingeschätzt wird, umso gründlicher und differenzierter wird man die einzelnen Themenbereiche behandeln.

Es ist heute selbstverständlich, ein Auswahlinterview so anzulegen, dass auch die Bewerber genügend Möglichkeiten haben, die für sie relevanten Informationen zu erfragen. Das häufig beobachtbare Bestreben, hier das Unternehmen oder den zukünftigen Arbeitsplatz einseitig positiv darzustellen, wirkt eher kontraproduktiv. Vielmehr sollte man einen „**Realistic Job Preview**" (RJP) anstreben, denn jede „Schönfärberei" wird spätestens mit dem Antritt der neuen Stelle für die Bewerbenden ersichtlich und kann sich dann sehr negativ auf die Motivation auswirken (zu einer ausführlichen Diskussion des RJP vgl. Breaugh 1983; Phillips 1998).

Schlussphase

In der **Schlussphase** des Auswahlinterviews werden die Ergebnisse des Gesprächs kurz zusammengefasst und die Bewerber über das weitere Vorgehen informiert.

Prognosevalidität

Trotz der großen Popularität von Interviews ergibt sich ein enttäuschendes Bild, wenn man nach der Qualität (Zuverlässigkeit, Validität) dieser Auswahlmethode fragt (vgl. Schuler/Funke 1993: 246 ff.; Conway et al. 1995). Das größte Problem von Interviews ist die mögliche Verfälschung der Beurteilung durch das **subjektive Empfinden** des Interviewers. Interviewer ignorieren häufig wichtige Informationen und lassen sich von Vorurteilen leiten, die aus der Entwicklung und Erfahrung des Interviewers resultieren, sich z. B. auf Sprache, Kleidung, physische Attraktivität etc. beziehen, schwer generalisierbar und dem Interviewer häufig selbst in ihrer Tragweite gar nicht bewusst sind.

Die Personalauswahl **13.2**

Auf der anderen Seite darf man aber nicht übersehen, dass gerade dem **subjektiven Empfinden** auch eine entscheidende Bedeutung zukommt. Die sprichwörtliche „Chemie" wird in ihrer Bedeutung in rational konstruierten Auswahlverfahren in der Regel vernachlässigt oder sogar negativ markiert (Highhouse 2008).

Emotionale Seite

Jenseits dieser wichtigen Einsicht in die emotionale Qualität von Interviews sollten Interviewer jedoch die grundlegenden Gestaltungsempfehlungen berücksichtigen, die der Gefahr der Wahrnehmungs- und Informationsverzerrung im Interviewprozess entgegenwirken (vgl. z. B. auch Jenks/Zevnik 1989; Weinert 2004: 343 ff.; Weuster 2012). Dazu zählt u.a. eine stärkere Vorstrukturierung der Interviews, um eine bessere Vergleichbarkeit zu erreichen, und insbesondere die Interviews durch mehrere Personen (gleichzeitig oder nacheinander) durchführen zu lassen.

Zusammenfassend lässt sich feststellen, dass das Interview nicht als alleinige Auswahlmethode geeignet ist, da die Gefahren der **Informationsverzerrung** vergleichsweise hoch sind. Es wird aber – trotz aller Einwände – ein wesentlicher Bestandteil jedes Auswahlverfahrens bleiben, da bestimmte Informationen für eine Eignungsprognose nur im Interview gewonnen werden können.

Formale Tests. Unter formalen Tests versteht man standardisierte und objektivierte Verfahren, mit deren Hilfe bestimmte Merkmale von Personen (insbesondere Fähigkeiten, Fertigkeiten, Einstellungen, Motive, Interessen) gemessen werden sollen.

Die Entwicklung spezifischer Tests zur Bewerberauswahl umfasst einen mehrstufigen Prozess, in dem sichergestellt werden soll, dass die Tests bzw. Testbatterien hinreichend **objektiv**, **reliabel** (zuverlässig) und **valide** (gültig) sind (Bortz/Döring 2003). Ein Test ist objektiv, wenn verschiedene Personen gleiche oder sehr ähnliche Ergebnisse feststellen, d. h. subjektive Betrachtungseinflüsse gering sind. Reliabel ist ein Test dann, wenn er von irgendwelchen Zufälligkeiten der Testsituation unabhängig ist. Ein Test ist valide, wenn er tatsächlich diejenigen Merkmale misst, die er zu messen vorgibt. So muss ein Test, der sich z. B. auf die Auswahl einer Nachwuchsführungskraft bezieht, auch tatsächlich das Führungsvermögen des Bewerbers ermitteln.

Testentwicklung

Je nach der Art der zu ermittelnden Merkmale lassen sich – wenn auch nicht überschneidungsfrei – unterschiedliche formale Tests klassifizieren. In Anlehnung an Lienert und Raatz (1998) lassen sich drei Arten von Tests unterscheiden:

(1) Leistungs- oder Funktionstests. Hierbei geht es – z. B. in Form von Arbeitsproben – um den Nachweis von berufsspezifischen Fähigkeiten und Fertigkeiten, die das momentane fachliche Können unter Beweis stellen

Können

sollen (z. B. ein Schreibmaschinentest). Leistungstests haben im Hinblick auf die eignungsdiagnostischen Gütekriterien der Objektivität, Validität und Reliabilität die höchsten Werte und weisen demgemäß auch die größte Aussagekraft auf. Ihr Einsatzbereich ist allerdings eng begrenzt.

Wissen

(2) Intelligenztests. Damit sollen insbesondere die geistige Kapazität, das Gedächtnis, die Schnelligkeit des Denkens sowie die Fähigkeit, Interdependenzen zu erkennen, gemessen werden. Die Prognosekraft von Intelligenztests ist allerdings stark umstritten (Weinert 2004; Berthel/Becker 2010). Zum einen wird das Konstrukt der Intelligenz recht unterschiedlich definiert (z. B. als Einzelfaktor oder Kombination von Faktoren). Zum anderen variiert die relative Bedeutung einzelner Intelligenzfaktoren von Arbeitsplatz zu Arbeitsplatz, und schließlich betonen viele der Tests „konvergentes Denken" statt das an vielen Arbeitsplätzen geforderte „divergente Denken" (Suche nach der einzig richtigen Lösung statt nach einer Anzahl möglicher Lösungen).

Charaktermerkmale

(3) Persönlichkeitstests. Sie zielen darauf ab, die Persönlichkeitsmerkmale eines Bewerbers (z. B. Eigenschaften, Einstellungen, Wahrnehmungen) zu erfassen, und unterliegen damit in besonderem Maße den Problemen, die die Anwendung des Eigenschaftsansatzes mit sich bringt (vgl. zum Eigenschaftsansatz Kapitel 12). Es verwundert daher auch nicht sehr, dass Persönlichkeitstests im Hinblick auf die Kriterien des Berufserfolgs bislang nur sehr unbefriedigende Validitätskoeffizienten vorweisen können (Schuler/Funke 2004: 304).

Persönlichkeitstest liegen in unterschiedlichen Varianten vor. Eine Form stellt der in Deutschland im Gegensatz zu den USA wenig verbreitete **Integritätstest** (van Iddekinge et al. 2012) dar. Dieser konzentriert sich auf einen kleinen Teil des Persönlichkeitsspektrums, die Integrität, d.h. die Wahrhaftigkeit, Vertrauenswürdigkeit und Loyalität von Bewerbern.

Es ist insgesamt keineswegs unumstritten, in welchem Umfang psychologische Tests die Treffsicherheit der Personalauswahl verbessern können. Vor allem gilt es aber zu sehen, dass die angebotenen Testverfahren von sehr unterschiedlicher Qualität sind. Eine sorgfältige Auswahl der einzusetzenden Testverfahren ist deshalb von ausschlaggebender Bedeutung (Sarges/Wottowa 2005).

Assessment Center. Immer häufiger werden zur Personalauswahl sogenannte Gruppenverfahren in Form von Assessment Centers verwendet. In ihrer konkreten Ausgestaltung weichen sie mitunter stark voneinander ab. Unterschiede lassen sich bei der Art der Bewertungsfindung, den verwendeten Verfahrenselementen, der Dauer des Verfahrens, der Art und Anzahl der Anforderungen, der Anzahl der Beobachter bzw. Teilnehmer und nicht zuletzt vor allem hinsichtlich differierender Zielsetzungen festmachen (Neuberger 2002: 257 ff.). So dient das Assessment Center neben Auswahlzwecken auch zur Potenzialdiagnose von Führungskräften, um aus den Ergebnissen individuelle Entwicklungsmaßnahmen für die betriebliche Karriere- sowie Aus- und Weiterbildungsplanung abzuleiten.

Das Assessment Center stellt ein **hybrides Verfahren** der Eignungsdiagnose dar. Es setzt sich aus mehreren Instrumenten und diagnostischen Methoden zusammen (Tests, Planspiele, Fallstudien in Teamarbeit, Gruppengespräche, Rollenspiele, Einzel- und Gruppeninterviews usw.; vgl. auch Obermann 2013). In der Regel werden gleichzeitig mehrere Teilnehmer von mehreren, speziell dafür geschulten Beurteilern in Bezug auf vorher definierte Anforderungen beobachtet und eingestuft (Kleinmann 2013).

Als Auswahlinstrument weist das Assessment Center gegenüber den „traditionellen" Informationsquellen als entscheidenden Vorteil auf, dass die Beobachtung und Beurteilung der Bewerber durch mehrere, gezielt darauf vorbereitete Vorgesetzte und Experten erfolgt. Subjektive Einflüsse einzelner Beurteiler können dadurch eher zurückgedrängt werden. *Vorteile*

Von dem Assessment Center wird erwartet, dass es eine wesentlich **bessere Prognosevalidität** hat, d. h., die Erfolgsprognosen für durch ein Assessment Center ausgelesene Kandidaten enger mit deren späterem Erfolg korrelieren, als es bei Einzeltestverfahren der Fall ist (vgl. z.B. Thornton et al. 1992: 36 ff.). Ferner sollen die vielfältigen Vorkehrungen zum Abbau von Beurteilungsfehlern zu einer höheren Validität beitragen. Die Vorhersagevalidität erwies sich dennoch als nicht besonders hoch, selten mehr als $r = 0{,}40$ (Jansen/Stoop 2001; vgl. auch Thornton/Gibbons 2009; Gibbons/Rupp 2009).

Die Assessment-Center-Verfahren weisen trotz ihrer Popularität zahlreiche Probleme und Schwachstellen auf (vgl. Kompa 2004; Neuberger 2002: 280 ff.; Lance 2008), wie etwa die potenzielle Gefahr der Fokussierung auf einen bestimmten „Erfolgstyp" von Bewerber, oder die Erzeugung eines **Reaktivitätseffektes**, d.h. dass Kandidaten die Relevanz der jeweiligen Anforderung eventuell aus der Beobachtung der Mimik und Gestik der sie beurteilenden Personen erschließen und ihr Verhalten dementsprechend ausrichten können. Ferner sei auf wahrscheinliche Gruppeneffekte unter den Beobachtern hingewiesen, die das Urteil erheblich verzerren können; man denke nur an die Ergebnisse der Gruppenforschung, insbesondere zum „Gruppendenken" und zum „Risikoschub" (vgl. Kapitel 11). *Kritikpunkte*

Schließlich wird das Assessment Center zum Teil auch aus ethischer Sicht kritisiert. Es sei mit einer „**erheblichen Persönlichkeitsentblößung**" verbunden; die Kandidaten müssten ihr „Innerstes nach außen kehren" und seien den dabei erstellten Bewertungen oft hilflos ausgeliefert (Wassner 1996: 47). *Ethische Fragen*

Bereits diese hier nur knapp angeführten Schwachstellen zeigen, dass das Assessment Center keineswegs als Allheilmittel angesehen werden, sondern nur – wenn überhaupt – in ganz bestimmten Fällen als Ergänzung dienen kann.

Resümee

Typischer Phasenablauf

Insgesamt gilt für alle hier angeführten Verfahren, dass sie als einzelne sich ergänzende Facetten des Auswahlprozesses gesehen werden können. Ein **Personalausleseprozess** könnte dann z. B. folgenden Phasenablauf vorsehen: Zunächst werden die eingereichten Bewerbungsunterlagen sowie der ausgefüllte Personalfragebogen gesichtet. Auf der Basis von Mindestkriterien werden erste Vorselektionsentscheidungen getroffen. Bei sehr großer Bewerberzahl ist es heute schon üblich geworden, dies auf elektronischem Wege zu leisten. Die verbleibenden Bewerber durchlaufen einen oder mehrere psychologische Tests, in denen unterschiedliche Merkmalsgruppen erhoben werden. Diejenigen Bewerber, die hier vielversprechend abschneiden, lädt man entweder zu einem Auswahlinterview ein, das eventuell durch ein weiteres ergänzt wird, oder man setzt in diesem Stadium das Assessment Center ein.

Umfang und Tiefe von solch **mehrstufigen Personalauswahlprozessen** nehmen meist mit der Qualifikation und Bedeutung des zu besetzenden Arbeitsplatzes zu, wobei allerdings Bewerber für Spitzenpositionen ein Durchlaufen solcher Standardprozeduren häufig ablehnen.

Zusammenwirken von Zentralressort und Linie

Bei der Gewinnung und Auswertung dieser einzelnen Informationssegmente nimmt die eingangs bereits erwähnte **Arbeitsteilung zwischen Linie und Personalabteilung** unterschiedliche Formen an. (Linien-)Manager werden i. d. R. vor allem das Auswahlgespräch und gegebenenfalls das Assessment Center maßgeblich mitsteuern, aber auch bei der Analyse der Bewerbungsunterlagen mitwirken. Die Durchführung und Auswertung psychologischer Tests sollte hingegen Spezialisten – in der Regel Psychologen – überlassen bleiben.

Rechtliche Aspekte der Personalauswahl

Neben diesen eher „personalauswahltechnischen" Fragen berührt der Prozess insgesamt auch eine Reihe von rechtlich relevanten Sachverhalten. Insofern ist es von zentraler Bedeutung, diese Rahmenbedingungen zu kennen und entsprechend zu berücksichtigen. So spielt für die Ausgestaltung des Personalauswahlprozesses insbesondere das Betriebsverfassungsgesetz eine wichtige Rolle. Dem Betriebsrat stehen im Zusammenhang mit der Personalauswahl Beteiligungsrechte bei allgemeinen personellen Angelegenheiten (§§ 92 bis 95 BetrVG) und bei personellen Einzelmaßnahmen (§§ 99 ff. BetrVG) zu. Demzufolge ist der Betriebsrat bei der **Einstellung** von Mitarbeitern und Mitarbeiterinnen in Betrieben mit mehr als 20 wahlberechtigten

Beschäftigten zu beteiligen. Er muss vor der geplanten Einstellung unterrichtet und seine Zustimmung muss eingeholt werden (§ 99 Abs. 1 BetrVG). Die Zustimmung kann verweigert werden, allerdings nur aus den in § 99 Abs. 2 BetrVG genannten Gründen. Bei einer Verweigerung der Zustimmung kann der Arbeitgeber das Arbeitsgericht anrufen mit dem Antrag, die fehlende Zustimmung des Betriebsrats durch Schiedsspruch zu ersetzen (§ 99 Absatz 4 BetrVG).

13.3 Personalbeurteilung und -entwicklung

13.3.1 Funktionen und Zwecke

Wie gut auch immer die Personalauswahl gelingt, es ist damit keine Garantie für einen dauerhaften Leistungserfolg der Stelleninhaber verbunden. Das Unternehmen und die Führungskräfte brauchen fortlaufend Informationen über Stand und Entwicklung der Human-Ressourcen. Das gleiche gilt für die Organisationsmitglieder – auch sie benötigen ein kontinuierliches Feedback für ihre Fortentwicklung. Die zweite generische Personalfunktion von Führungskräften ist deshalb die Gewinnung und Kommunikation von **Leistungsinformationen** und die Veranlassung daraus abgeleiteter Maßnahmen zur Personalentwicklung.

Beurteilung als allgegenwärtiger Prozess

Gleichgültig, ob geplant oder nicht, Individuen bewerten sich und andere und richten ihr Verhalten gemäß diesen Urteilen aus. Gruppen beurteilen das Verhalten ihrer Mitglieder ebenso sowie das Verhalten anderer Gruppen. Vorgesetzte sind fortwährend mit Beurteilungsproblemen konfrontiert. Die Unternehmensführung steht deshalb auch nicht vor der grundsätzlichen Frage, ob sie eine Leistungsbeurteilung will oder nicht; sie hat lediglich die speziellere Entscheidung zu treffen, ob ein **formales Beurteilungssystem** betrieben werden soll, das periodisch in geregelter und kontrollierter Form Leistungsdaten sammelt, oder ob ein solches System nicht gewünscht ist.

Die meisten größeren Betriebe und Behörden haben heute ein **formalisiertes** Beurteilungswesen. Mit formalen Personalbeurteilungssystemen wird eine Reihe unterschiedlicher Zwecke verfolgt (Bartölke 1972; Murphy/Cleveland 1995: 87 ff.):

Formalisierte Beurteilung

- Ermittlung von Grundlagen für eine über die Arbeitsplatzbewertung hinausgehende **Lohn- und Gehaltsdifferenzierung** (bessere Erfüllung des Grundsatzes der Äquivalenz von Lohn und Leistung).
- **Fundierung personeller Auswahlentscheidungen**, vor allem bei Beförderungen, Versetzungen, Entlassungen.

- Ermittlung relevanter Informationen für die Bestimmung des **Fort- und Weiterbildungsbedarfs** sowie der inhaltlichen Gestaltung (der Ziele) der Personalentwicklungsmaßnahmen.

- Evaluation der **Effizienz personalpolitischer Instrumente:** Ermittlung der Validität von Verfahren für die Auswahl von Bewerbern und für die Zuweisung von Positionen; Analyse des Erfolgs aller Arten von Aus- und Weiterbildungsmaßnahmen.

- Steigerung der **Motivation und Förderung der individuellen Entwicklung** von Organisationsmitgliedern. Zum einen wird erwartet, dass die Vorstellung, beurteilt zu werden, leistungsstimulierend wirkt und dass die Mitteilung erfolgskritischer Leistungsaspekte zu einer Umsteuerung des Leistungsverhaltens führt. Zum anderen sollen mit Leistungsbeurteilungen Stärken und Schwächen in Wissen, Einstellungen und Fähigkeiten der Mitarbeiter aufgezeigt werden, um individuelle Entwicklungsprozesse anzustoßen.

- **Information der Mitarbeiter:** Nach § 82 II BetrVG können Arbeitnehmer verlangen, dass mit ihnen die Beurteilung ihrer Leistungen sowie die Möglichkeit ihrer beruflichen Entwicklung im Betrieb erörtert wird.

Verhältnis der Zwecke zueinander

Es ist wichtig zu sehen, dass diese Zwecke der Personalbeurteilung in einem **konfliktären** Verhältnis zueinander stehen. So läuft ein Teil der Zwecke, vor allem die ersten vier, auf eine möglichst scharfe Diskriminierung des Leistungsverhaltens hinaus, was anderen Zwecken wie der Förderung der Mitarbeiter und ihrer Motivierung entgegensteht.

Intra-Sender-Konflikte

Für Vorgesetzte führt die **gleichzeitige** Verfolgung dieser Zwecke zu einem Rollenkonflikt, der nicht selten zu einer ambivalenten Haltung gegenüber Beurteilungssystemen führt (Beer 1987). Der Evaluationszweck versetzt sie in die Rolle des unbestechlichen **Richters,** der für eine objektive Beurteilung ein möglichst hohes Maß an sozialer Distanz und Unabhängigkeit anstreben sollte. Der Motivations- und Förderungszweck erfordert dagegen **Ermutigung** und **emotionale Anteilnahme,** um dem Mitarbeiter die für eine Verbesserung der Leistung notwendige Wertschätzung und Unterstützung geben zu können.

Diese Konflikte sind nicht endgültig lösbar, sie lassen sich allenfalls durch zeitliche Entzerrung der Beurteilungselemente oder durch Rollenteilung abmildern. Organisationen müssen sich letztlich entscheiden, welche Ziele sie mit dem Beurteilungssystem **vorrangig** verfolgen möchten.

Die verschiedenen Methoden und grundsätzlichen Vorgehensweisen der Mitarbeiterbeurteilung seien im Nachfolgenden näher erläutert.

13.3.2 Ansätze der Personalbeurteilung

In Theorie und Praxis finden sich im Wesentlichen drei Grundkonzeptionen zur Personalbeurteilung: (1) der Eigenschafts-, (2) der tätigkeitsorientierte und (3) der ergebnisorientierte Ansatz. Wie Abbildung 13-3 zeigt, setzen diese an jeweils unterschiedlichen Punkten des Leistungsprozesses an.

Ansätze der Personalbeurteilung — *Abbildung 13-3*

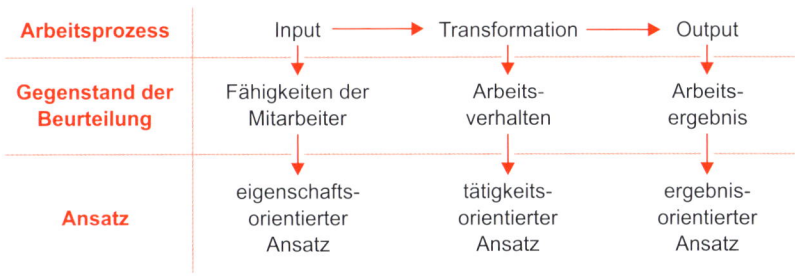

(1) Eigenschaftsorientierter Ansatz: Im Mittelpunkt der Input-Beurteilung steht die Persönlichkeit des Mitarbeiters. Es interessiert vor allem das Vorhandensein bestimmter, für relevant erachteter Eigenschaften (z. B. Loyalität, Dominanz, Intelligenz, Kreativität). Diese werden dabei als universelle (d.h. über verschiedenartige Situationen hinwegreichende) und generelle (d.h. über die Zeit hinweg stabile) Verhaltensdispositionen betrachtet.

Input

Der notwendige Nachweis, dass die spezifizierten Eigenschaften einen eindeutigen Rückschluss auf die erbrachte Leistung zulassen, kann jedoch nicht ohne weiteres erbracht werden (vgl. auch die Kritik am „Eigenschaftsansatz" in Kapitel 12). Abgesehen davon ist eine Beurteilung der Persönlichkeit ungeschulten Beobachtern selten möglich; sie artet allzu leicht in eine bloße Reproduktion von **Stereotypen** und **Vorurteilen** aus. Aufgrund der stark subjektiven Komponente und der wissenschaftlich äußerst fragwürdigen Grundlagen ist heute eine Abkehr von (1) und korrespondierend eine starke Präferenz für (2) und (3) feststellbar.

(2) Tätigkeitsorientierter Ansatz: Zu beurteilen ist hier, „wie" die Person arbeitet, d. h. die **Art des Tätigkeitsvollzugs.** Ausgehend von den spezifischen Anforderungen einer Tätigkeit soll beurteilt werden, inwieweit ein diesen entsprechendes Verhalten gezeigt wird. Beurteilt wird also nicht die Persönlichkeit schlechthin, sondern nur das konkrete, beobachtbare Arbeitsverhalten. Dies setzt eine gute Kenntnis der Arbeitsinhalte und eine häufige Beobachtung des Arbeitsverhaltens voraus. Um die tätigkeitsbezogenen

Transformation

Urteile zu ordnen und vergleichbar zu machen, ist eine Reihe von Methoden entwickelt worden. Dazu zählen insbesondere Einstufungsskalen, Verfahren der erzwungenen Verteilung („Gausssche Normalverteilung"), sowie die Methode der kritischen Ereignisse (vgl. Breisig 2005).

Output **(3) Ergebnisorientierter Ansatz:** Gegenstand der Beurteilung ist hier das Ergebnis der Tätigkeit, das anhand von vorab festgelegten Zielen eingeschätzt werden soll. Im Mittelpunkt der Beurteilung steht also das, was von dem Mitarbeiter tatsächlich erreicht wurde. Dieser Ansatz darf nicht isoliert als eine Personalbeurteilungsmethode, sondern muss als **integraler Bestandteil** eines übergreifenden Führungsmodells gesehen werden, nämlich des in den Kapiteln 6 und 10 bereits angesprochenen Management by Objectives (MbO) (Odiorne 1967).

Vorteile Der ergebnisorientierte Ansatz besitzt einige **grundlegende Vorzüge:** Die Partizipationsmöglichkeiten der Mitarbeiter an der Zielsetzung und an der Feedbackgewinnung, die eindeutige Festlegung der Leistungserwartungen und die Möglichkeit zur Selbstkontrolle wirken motivationsfördernd. Darüber hinaus bringt dieser Ansatz mehr Transparenz und Objektivität, weil er Mehrdeutigkeiten der traditionellen Bewertungsmethoden durch operationale Zielstandards vermeidet.

Kritik Diesen Vorzügen stehen jedoch einige gravierende **Nachteile** und **Probleme** gegenüber. Sie sind in dem zugrunde liegenden Führungsmodell und der damit verbundenen Steuerungsvorstellung zu suchen (vgl. die Ausführungen zur Zweckprogrammierung in Kapitel 6). Darüber hinaus bereitet es große Schwierigkeiten, **komplexe Tätigkeiten** in ein oder zwei klar definierte Ziele zu transformieren; die Gefahr, dass wichtige Aspekte der Tätigkeit vernachlässigt werden, und damit verbunden eine Fehlsteuerung des Leistungsverhaltens, ist groß.

Resümee

Unabhängig von den jeweils bei der Personalbeurteilung zum Einsatz kommenden Methoden spielt für eine effektive Beurteilung die konkrete Handhabung des Prozesses durch die Vorgesetzen und das organisatorische Milieu eine mindestens ebenso große, wenn nicht sogar größere Rolle.

Integration Es wäre naiv anzunehmen, man könnte ein sozial so sensibles Instrument wie die Beurteilung nach Belieben an jedem Platz gleichermaßen zur Entfaltung bringen. Die Leistungsbeurteilung ist mit dem gesamten System der Personalführung eng verflochten und ihre Wirkung hängt deshalb auch stark von dem Zusammenspiel mit den anderen Maßnahmen der Personalpolitik und der Arbeitsorganisation ab.

Feedback In den meisten Untersuchungen zeigt sich, dass das **Beurteilungsgespräch** der **wichtigste Teil** des Leistungsbeurteilungsprozesses ist. Sein Erfolg ist keinesfalls nur eine Frage des Kommunikationsstiles („Wie teile ich am geschicktesten die Ergebnisse meiner Beurteilung mit?"), sondern dahinter verbirgt sich eine viel umfassendere Führungsaufgabe, die im Grundsatz zu den Aufgaben **jeder(s) Vorgesetzten** gehört, gleichgültig, ob ein formales Beurteilungssystem installiert ist oder nicht.

13.3.3 Das Mitarbeitergespräch

Viele Vorgesetzte sehen das Führen von Beurteilungsgesprächen als eine eher unangenehme Aufgabe an. Sie fühlen starke innere Widerstände, mit den Mitarbeitern und Mitarbeiterinnen offen über ihre Arbeitsleistung, ihre Stärken und ihre Schwächen zu sprechen. Bisweilen erhält das dann schließlich doch geführte Beurteilungsgespräch einen viel zu peripheren und flüchtigen Charakter. Die Mitarbeiter selbst sind allerdings meist sehr stark an dem Beurteilungsgespräch interessiert.

Stellenwert

Mehr noch als andere Bereiche der Personalfunktion bedarf deshalb das Mitarbeitergespräch einer vorbereitenden Schulung. Für die Führung eines erfolgreichen Beurteilungsgesprächs haben sich die folgenden sechs Gesichtspunkte als besonders wichtig erwiesen (Wexley 1986: 169 f.; Beer 1987; Nagel et al. 2000):

Sechs Erfolgskriterien

1. Dialog: Wenn das Beurteilungsgespräch tatsächlich auf eine Verhaltensänderung bei Mitarbeitern abzielen soll, müssen diese die Gelegenheit haben, sich aktiv am Gespräch zu beteiligen und nicht nur einem Vortrag zuzuhören. Mitarbeiter sollten das sichere Gefühl haben, dass man an ihren Überlegungen interessiert ist, dass alle Probleme, die sie bedrücken, auch zur Sprache kommen können, dass sie auch von sich aus Probleme zum Thema machen können. Es ist deshalb von zentraler Bedeutung, dass die Mitarbeiter im Beurteilungsgespräch zu Wort kommen und Raum für die Darlegung ihrer Einschätzungen, Vorstellungen und Ziele finden.

2. Wertschätzung: Es hat sich als sehr wichtig erwiesen, dass auch und gerade kritische Beurteilungsgespräche auf der Basis einer grundsätzlichen Wertschätzung geführt werden. Verletzende oder als abschätzig empfundene Kritik findet nur selten ihr Ziel. Statt der gewünschten Verhaltensänderung stößt die Kritik auf Abwehr zum Schutze der eigenen Persönlichkeit. Dies führt auch wieder auf den Konflikt zurück, den die unterschiedlichen Zwecke von Beurteilungssystemen mit sich bringen („Richter" versus „Förderer").

3. Dosierte Kritik: Zu viel Kritik wirkt entmutigend; es werden offene oder verdeckte Schutzmechanismen hervorgerufen, die den ganzen Feedbackprozess ins Leere laufen lassen.

4. Arbeitsverhalten: Nur solche Gespräche haben sich als wirkungsvoll erwiesen, die konkret und unmittelbar am Arbeitsverhalten der Mitarbeiter ansetzen und nicht global an ihrer Persönlichkeit. Es geht nicht darum, generelle Persönlichkeitsdispositionen zu erörtern (z. B. „Sie sind ein verschlossener Mensch!"), sondern um konkrete Probleme bei der Arbeit (z. B. „Mir ist aufgefallen, dass der Informationsaustausch zwischen Ihnen und Frau Burger häufig nicht funktioniert").

5. Entwicklungsziele: Es hat sich als sehr wichtig erwiesen, dass in Beurteilungsgesprächen konkrete Pläne entwickelt werden, wie eine Verbesserung erzielt werden kann. Im Vordergrund muss die zukunftsgerichtete Problemlösung stehen und nicht der rückwärtsgewandte Tadel für irgendwelche Vorkommnisse oder Versäumnisse.

6. Offenheit: Beurteilte schätzen es wenig, wenn Beurteilungsgespräche nach taktischen Mustern aufgebaut werden. Besonders negativ wird die sogenannte Sandwich-Methode erlebt: Auf eine lobende Einleitung folgen einige bittere „Einlagen", um dann mit lobenden Trostworten abzuschließen. Ist der Aufbau durchschaut, wartet der Beurteilte nur noch ängstlich darauf, wann der bittere Teil kommt.

Kontinuierliche Verbesserung

Um sicherzustellen, dass Mitarbeitergespräche ihren Zweck nicht verfehlen, ist immer wieder eine selbstkritische Prüfung der Vorgesetzten erforderlich. Bisweilen hat es sich auch als hilfreich erwiesen, zu dieser Einschätzung Dritte hinzuzuziehen (Spezialisten aus der Personalabteilung oder Coaches).

Die meisten Personalbeurteilungsformen sehen Organisationsmitglieder ganz überwiegend aus einer bestimmten Perspektive. Sie gehen davon aus, dass ein relativ gut definierter Satz von Arbeitsanforderungen oder Arbeitszielen existiert (bzw. im Laufe des Erstellungsprozesses herausgefiltert wird), auf die hin die tatsächlich erbrachte Leistung zu beobachten und zu beurteilen ist.

Diese Perspektive geht von zwei Prämissen aus, nämlich dass das Leistungsverhalten im Wesentlichen **Vollzug** ist und dass sowohl die **Lösungen** der Probleme als auch die **Probleme** selbst im Grunde dem Stelleninhaber schon bekannt sind.

Dynamische Umwelt

Beide Annahmen sind schon deshalb problematisch, weil sie eine weitgehend **stabile,** in sich verstandene Aufgabenumwelt unterstellen. Faktisch ist aber die Aufgabensituation häufig eine gänzlich andere; die Stelleninhaber haben mit immer wieder veränderten **neuen Problemstellungen** zu tun und müssen fortlaufend an der Verbesserung noch unbeherrschter Problemstellungen arbeiten. Will man diese immer wieder neuen Herausforderungen berücksichtigen, so bedarf es nicht nur einer Vollzugsperspektive, sondern auch einer Perspektive, die die Bewältigung von Ambiguität und Unsicherheit integriert.

Viel zu wenige Personalbeurteilungssysteme reflektieren diesen Spannungsbogen. Es ist auch schwer, ein System zu entwickeln, das beiden Perspektiven gleichermaßen gerecht zu werden vermag. Der Hauptgrund dafür liegt in den sehr unterschiedlichen Anforderungen, die aus den beiden Perspektiven fließen. Während die **Vollzugsperspektive** auf Eindeutigkeit und Kriterienadäquanz drängt, verlangt die **dynamische Perspektive** eher allgemeine Beurteilungskriterien, die keine voreiligen Festlegungen bewirken.

Bei der Konstruktion von Personalbeurteilungssystemen ist dennoch darauf zu achten, dass beide Perspektiven vertreten sind. Besonders wichtig ist es, darauf zu sehen, dass die Prägnanz und Präzisierbarkeit der Vollzugsperspektive nicht die eher mehrdeutige dynamische Perspektive schon rein aus Gründen der einfacheren Handhabbarkeit verdrängt.

Doppelperspektive

13.3.4 Die Vorgesetztenbeurteilung

In zunehmendem Maße gehen Unternehmen dazu über, nicht nur Mitarbeiter durch Vorgesetzte, sondern umgekehrt auch Vorgesetzte durch Mitarbeiterinnen beurteilen zu lassen. Bei der **Vorgesetztenbeurteilung** (z.T. auch: Aufwärtsbeurteilung) bewerten Mitarbeiter und Mitarbeiterinnen ihre direkten Vorgesetzten im Hinblick auf ihr Führungsverhalten und/oder ihre Kenntnisse und Fähigkeiten. Dieser neuen Form der Personalbeurteilung werden insbesondere die folgenden Funktionen zugeschrieben (Domsch 1992; Brinkmann 1998):

Fünf Funktionen

1. Diagnosefunktion: Zum einen kann man durch eine Vorgesetztenbeurteilung feststellen, wie die Mitarbeiter das Führungsverhalten ihres Vorgesetzten empfinden und beurteilen. Diese Information kann sowohl für den Vorgesetzten selbst als auch für die Personalabteilung von Bedeutung sein.

2. Personalentwicklungsfunktion: Dabei kann die Vorgesetztenbeurteilung auch Ansatzpunkte sowie gegebenenfalls einen Anreiz zur Weiterentwicklung der Führungsfähigkeit bzw. des Führungsverhaltens bieten. Interessant und motivierend erscheint in diesem Zusammenhang z. B. ein Vergleich der Beurteilungen des Vorgesetzten durch die Mitarbeiter („Fremdbild") mit dem Selbstbild des Vorgesetzten.

3. Kontrollfunktion: Darüber hinaus stellt die Vorgesetztenbeurteilung eine wichtige Möglichkeit dar, die Auswirkungen bestimmter Verhaltensänderungen zu überprüfen und festzustellen, inwieweit sie von den Mitarbeitern bemerkt wurden.

4. Motivationsfunktion: Zudem erhofft man sich von einer Vorgesetztenbeurteilung eine Erhöhung der Arbeitszufriedenheit und damit auch der Arbeitsmotivation der Mitarbeiter.

5. Partizipationsfunktion: Nicht zuletzt wird die Vorgesetztenbeurteilung auch als Möglichkeit zur Umsetzung der Idee des partizipativen Managements betrachtet. Voraussetzung hierfür ist jedoch, dass die Beurteilung für den Vorgesetzten ähnlich folgenreich ist wie die von oben nach unten gerichtete Mitarbeiterbeurteilung durch den Vorgesetzten. Wird der Umgang mit den Informationen und Urteilen der Mitarbeiter völlig ins Belieben des Vorgesetzten gestellt, so kann dieses Instrument allenfalls eine „Scheinpartizipation" erzeugen (Grieger/Bartölke 1992: 96).

Rahmen-bedingungen

Neben rein methodischen Fragen der konkreten Durchführung der Vorgesetztenbeurteilung wird den Rahmenbedingungen für diesen Prozess eine große Bedeutung zugeschrieben. In diesem Zusammenhang werden neben der Anonymität der Ergebnisse für Vorgesetzte und Mitarbeiter oft auch die Transparenz des Verfahrens sowie die anschließende Durchführung eines Feedback-Gesprächs gefordert (so z. B. Bergmann 1996: 43). Prozessgestaltung ist auch hier wichtiger als Methodenoptimierung. Ein wirklich fruchtbarer Einsatz dieses Instruments ist zudem ohne eine entsprechende Unternehmens- und Führungskultur kaum möglich. Nur wenn beide Seiten bereit sind, diesen Beurteilungsprozess (konstruktiv) zu handhaben, kann das Instrument der Vorgesetztenbeurteilung positive Wirkungen entfalten.

Probleme

Insgesamt sollte die Effektivität dieser Beurteilungsform nicht überschätzt, vor allem aber sollten ihre dysfunktionalen Wirkungen nicht unterschätzt werden. Bedingt durch den anonymen Charakter der Befragungen öffnen sie Tür und Tor für politische Spekulationen, „Verschwörungstheorien" und ähnliche Prozesse, die das Verhältnis von Vorgesetzten und Mitarbeitern nachhaltig beeinträchtigen können (Neuberger 2000a: 45 ff.). Vorziehenswürdig ist daher in jedem Fall das **offene Feedback** von Seiten der Mitarbeiter. Es ist an sich ein Indikator für ein schlechtes, von Misstrauen geprägtes Vorgesetzten-Mitarbeiter-Verhältnis, wenn für ein Feedback die Anonymität gesucht werden muss.

„Multi-Rater Feedback"

Neuerdings finden sich zunehmend Stimmen, die für eine Erweiterung der Vorgesetztenbeurteilung plädieren; sie soll zu einem so genannten **360°-Feedback** ausgebaut werden, und zwar durch den Einbezug der Urteile von Kollegen, Vorgesetzten und sogar Kunden und Lieferanten (Bahners 2005). Es darf allerdings als offen gelten, ob eine solche Vervielfachung der formalen Beurteilung tatsächlich einen positiven Beitrag zur Leistungssteigerung zu erbringen vermag oder ob hier nicht vielmehr die profillose Anpassung nach allen Seiten zur unerwünschten Folge wird (vgl. Neuberger 2000a). Auch ist es von entscheidender Bedeutung, in welcher Art eine Diskussion der Feedbackergebnisse erfolgt (vgl. Kasten 13-2).

Kasten 13-2

„Vorgesetzten-Feedback"

„Ich habe einmal ein großes Unternehmen beraten (…), das exemplarisch dafür war, wie ein Mangel an Vertrauen die erfolgreiche Arbeit ganzer Jahre vernichten kann. (…) Wie so oft, ging auch hier das Problem von der Führungskraft aus (…). Dies wurde mir und dem Rest des Teams in vielen Situationen deutlich, doch nie wurde es so schmerzlich ersichtlich wie in einer Teamsitzung, in der es darum ging, die Ergebnisse einer 360-Grad-Bewertung zu „diskutieren".

'Es wird hier behauptet, dass ich kein guter Zuhörer sei', eröffnete der CEO die Sitzung mit einem leicht verwunderten Gesichtsausdruck. 'Hmm. Was meinen Sie dazu?' Nach einem kurzen, ungemütlichen Schweigen fing einer nach dem anderen der am Tisch versammelten Mitarbeiter an, ihrem Chef zu versichern, dass er ganz und gar kein schlechter Zuhörer sei und dass er in jedem Falle besser zuhören würde als eine Vielzahl von Chefs, die sie schon erlebt hätten. Er nahm dies ohne große Anstalten zur Kenntnis. 'OK. Was ist mit dem nächsten Punkt? Hier wird behauptet, ich würde nicht genügend loben.' Wieder zuckte ein Teammitglied nach dem anderen mit den Achseln und alle meinten, dass dies nun wirklich kein Problem sei.

Es war dies der Moment, in welchem ich das Team daran erinnern musste, dass niemand außer den Anwesenden den 360-Grad-Feedbackbogen ausgefüllt hatte und dass irgendjemand den CEO doch offensichtlich zumindest in diesem Punkt niedrig bewertet hatte. Wieder verging ein peinliches Schweigen, bis einer sich vortraute: 'OK. Ich gebe es zu. Ich denke, Sie könnten schon vielleicht ein bisschen mehr positives Feedback geben', meinte er fast schon entschuldigend. 'Es ist ja so, dass meine Mitarbeiter häufig erst dann was von Ihnen hören, wenn es schief gelaufen ist. Es wäre deshalb irgendwie gut, wenn wir, oder zumindest meine Mitarbeiter, schon frühzeitig wüssten, ob sie auch auf dem richtigen Weg sind.'

Erneut trat ein peinliches Schweigen ein, bis ein anderes Teammitglied in Richtung CEO erklärte: 'Das sehe ich nicht so. Ich denke, Sie loben mehr als jede andere Führungskraft, die ich kenne.' Diese Bemerkung setzte eine ganze Welle des Kopfnickens frei und ließ den einzigen, der sich ein Herz gefasst hatte, ziemlich alleine im Regen stehen."

Quelle: Lencioni 2005: 14 ff. (Übers. d.Verf.)

13.3.5 Personalentwicklung

Mit der Personalbeurteilung eng verbunden ist die Personalentwicklung. Sie hat die Förderung der Qualifikation und Kompetenz der Mitarbeiter zum Ziel und kann zur Bestimmung von Inhalten und Zielgruppen in hohem Maße auf die Ergebnisse der Personalbeurteilung zurückgreifen.

Der Prozess der Personalentwicklung lässt sich anhand der folgenden fünf Kernelemente charakterisieren (Becker 2011):

Personal als Managementaufgabe

1. Bestimmung der **Ziele** und **Inhalte** der Personalentwicklung,
2. Ermittlung des Entwicklungsbedarfs,
3. Formulierung von **Entwicklungsprogrammen** und geeigneter **Methoden** der Personalentwicklung,
4. **Gestaltung und Durchführung** von Entwicklungsmaßnahme(n) einschließlich Transfersicherung und
5. **Evaluation** des Entwicklungserfolgs.

Zielbestimmung: Die Bestimmung der Ziele und Inhalte einer Personalentwicklung ist auf verschiedenen Ebenen zu leisten, insbesondere auf strategischer und operativer. Wichtige Anhaltspunkte sind die **zukünftig zu erfüllenden Aufgaben** sowie die damit verbundenen Anforderungen und korrespondierend dazu die Fähigkeiten bzw. Qualifikationen der mit dieser Aufgabe betrauten **Personen**. Ein Entwicklungsbedarf liegt demzufolge immer dann vor, wenn sich bei einer Gegenüberstellung von Qualifikation und Aufgabenanforderungen **Deckungslücken** zeigen.

Gap-Analyse

Ermittlung des Entwicklungsbedarfs: Für die lückenorientierte Ermittlung des Entwicklungsbedarfes sind sowohl personen- als auch aufgabenbezogene Daten erforderlich. Den Ausgangspunkt hierzu bildet neben dem Stellenprofil (zur Ermittlung der aufgabenbezogenen Daten) die Leistungs- bzw. Personalbeurteilung. Hier können in der Regel konkrete Informationen über Qualifikationsdefizite der Mitarbeiter gewonnen werden. Darüber hinaus können aber punktuell, etwa bei der Einführung neuer Technologien oder bei neuartigen Projekten, auch andere Methoden, wie z. B. psychologische Testverfahren, Arbeitsproben, Assessment Center oder Mitarbeitergespräche, herangezogen werden.

Eine derartige lückenorientierte Sichtweise der Personalentwicklung gilt es jedoch in Anbetracht der Erfordernisse der Unternehmenssteuerung in einer dynamischen Wettbewerbswirtschaft (vgl. hierzu Kapitel 1) um eine zweite, **öffnende Perspektive** zu ergänzen. Demzufolge hat Personalentwicklung neben tätigkeitsspezifischen fachlichen Qualifikationen zum ordnungsgemäßen Aufgabenvollzug immer auch die Flexibilität, die **Innovationsfreude**, die Kreativität, die Eigeninitiative, das „Querdenken" der Mitarbeiter usw. zu fördern.

Bestimmungsfaktoren für Deckungslücken

Für die Ermittlung des Entwicklungsbedarfs an solchen Qualifikationen sind die Analyse allgemeiner Trends und die Definition von Schlüsselkompetenzen erforderlich (Becker 2011).

Methoden, Gestaltung und Durchführung: Zur Erreichung der festgelegten Personalentwicklungs-Ziele und -Inhalte gilt es, geeignete **Methoden** auszuwählen. Im Hinblick auf die Lernsituation bzw. die Lernumwelt, in der

Personalbeurteilung und -entwicklung **13.3**

Personalentwicklung stattfinden kann, unterscheidet man grundsätzlich zwischen Bildungs- bzw. Entwicklungsmaßnahmen **am Arbeitsplatz** („training on the job") auf der einen Seite und Bildungs- oder Entwicklungsmaßnahmen **außerhalb des Arbeitsplatzes** („training off the job") auf der anderen Seite. Abbildung 13-4 gibt einen Überblick über verschiedene Methoden und ihre Zuordnung im Rahmen dieser Unterscheidung. Darüber hinaus ist zwischen Selbstlern- und Fremdlernmethoden zu unterscheiden.

Methoden der betrieblichen Bildung

Abbildung 13-4

Methoden der Bildung am Arbeitsplatz (training on the job)	Methoden der Bildung außerhalb des Arbeitsplatzes (training off the job)
1. Anleitung und Beratung durch Vorgesetzte	1. Seminarmethode (Lehrgang, Referate)
2. Lernen durch Imitation	2. programmierte Unterweisung
3. Personaleinsatz als Assistent (Nachfolger, Stellvertreter)	3. Konferenzmethode
4. Betrauung mit Sonderaufgaben (developmental assignment, special assignment)	4. Interaktive Trainingsmethode, Dialog-Methode
	5. Fallstudien
5. Job rotation („geplanter Arbeitsplatzwechsel")	6. Rollenspiel
	7. Planspiel
	8. Trainingsgruppen und Kreativitäts-Training
	9. Outward-Bound-Methode
	10. E-Learning, Fernunterricht

Quelle: Hentze/Kammel 2001: 376 (modifiziert)

Die Auswahl der jeweiligen Methode wird sich an ihrer Effektivität im Hinblick auf die Erreichung der jeweils angestrebten Trainingsziele bzw. Trainingsinhalte orientieren. Steht die Vermittlung von **explizitem Wissen** im Vordergrund, ist fremdinstruierenden Methoden der Vorzug zu geben. Geht es stärker um die Erlangung von **Kompetenzen** und das Kennenlernen von **Praktiken** (Whittington 2006), haben die sogenannten „On the job"-Methoden eine größere Bedeutung. Diese zeichnen sich insbesondere durch ihren impliziten Charakter aus: Qualifikationen werden im unmittelbaren Zusammenwirken von Mitarbeitenden und Gruppen in der tagtäglichen Kooperation (meist unreflektiert) erworben („Communities of Practice").

Methodenwahl

13 Personal als Managementaufgabe

Kompetenz-erwerb

Nachdem in den letzten Jahren das Interesse an unternehmensspezifischen Kompetenzen enorm zugenommen hat, vor allem im Hinblick auf die Gewinnung von schwer imitierbaren Wettbewerbsvorteilen (vgl. Kapitel 3 und 4), haben kompetenzvermittelnde Methoden der Personalentwicklung stark an Bedeutung gewonnen. Dabei geht es allerdings nicht in erster Linie um persönliche Kompetenzen, sondern um die Mitwirkung und die Fortentwicklung organisatorischer Kompetenzen. Aus der Unternehmenskulturforschung (vgl. Kapitel 7) ist bekannt, dass kollektive Werte und Kompetenzen in erster Linie von Kollegen („**peers**") vermittelt werden.

Erfolgs-wirksamkeit beurteilen

Evaluation: Die **Evaluation** betrieblicher Bildungsmaßnahmen stellt ein schwer lösbares Problem im Bereich der Personalentwicklung dar. Zwar liegt zwischenzeitlich eine Reihe von Methoden und Ansätzen vor (Becker 2011), das Kernproblem ist jedoch die **kausale Zurechnung** von Leistungsgrößen. Es ist sehr schwer festzulegen, in welchem Maße betriebliche Leistungen auf betriebliche Bildungsmaßnahmen, z.B. auf Führungskräfteschulungen oder Teambuilding, zurückgeführt werden können. Die Kausalität ist zumeist amorph und es fällt den Bildungsplanern in der Regel besonders schwer, die Wirksamkeit ihrer Maßnahmen im Vergleich zu anderen konkurrierenden Erklärungen der erzielten Leistung (Marketingmaßnahmen, Produktdesign, Workflow-Management etc.) zu belegen. Die meisten Unternehmen behelfen sich mit **Teilnehmer-Feedback-Bögen**, d.h. sie holen das Urteil der an der Bildungsmaßnahme beteiligten Personen ein und lassen die Bildungsmaßnahme nach Kriterien wie Verständlichkeit, Engagement des Dozenten oder Güte der Tagungsstätte beurteilen. Es ist aber offenkundig, dass derartige Befragungen nur ein sehr dünnes kausales Band in der Bestimmung der Wirksamkeit von Bildungsmaßnahmen für den Unternehmenserfolg darstellen können. Die Gefahr, dass hier in erster Linie Wohlfühlfaktoren und Fragen der Trainerpersönlichkeit in den Vordergrund gerückt werden, ist allzu groß. Mit Erfolgsmessung hat das so gut wie nichts zu tun.

13.4 Entlohnung als Managementaufgabe

Funktionen von Entlohnung

Der dritte große Aufgabenbereich im Rahmen der Personalfunktionen von Führungskräften ist die Entlohnung. In dem Maße, in dem Vorgesetzte auf die Entlohnung Einfluss nehmen können – und das ist immer mehr der Fall –, steigt die Bedeutung dieser Managementaufgabe. Lohn wird dabei verstanden als dasjenige Entgelt, welches auf der Grundlage eines vertraglich geregelten Arbeitsverhältnisses gezahlt wird. Die Entlohnung dient verschiedenen Funktionen: Sie ist zuallererst Entgelt für geleistete Arbeit,

13.4 Entlohnung als Managementaufgabe

aber auch Anteil an der kollektiven Wertschöpfung; ferner wird sie als Motivationsinstrument eingesetzt, aber auch als Indikator von Status und Bedeutung der Position wie auch der Person.

Lohnkonflikt

Der Lohn ist aus Unternehmenssicht grundsätzlich der **Preis**, der für einen Leistungsfaktor bezahlt wird. Mit anderen Worten, Löhne sind Kosten, und dementsprechend sind Unternehmen, generell gesagt, an geringen Löhnen interessiert. Dies bildet im Kern den sogenannten Lohnkonflikt, denn die Anbieter der Arbeitsleistung erstreben im Unterschied zu den Unternehmen einen möglichst hohen Preis (also hohe Kosten) für ihre Arbeit. Wegen der extremen Unvollkommenheit des Arbeitsmarktes und aus ethischen Überlegungen heraus ist die Preisbestimmung für die Arbeitsleistung hochgradig „politisch", also im Wesentlichen eine **Verhandlungssache** geworden.

Der Prozess der Lohnfindung lässt sich – wie in den nächsten Abschnitten darzulegen – durch Arbeitsbewertungs-Instrumente und Arbeitsstudien-Verfahren zwar teilweise objektivieren, doch ändern derartige Verbesserungen nichts am grundsätzlich **politischen Charakter** des Lohnkonflikts.

Gerechter Lohn

Dies rückt die in Wissenschaft und Praxis immer wieder und jüngst bezogen auf Vorstandsbezüge mit neuer Vehemenz gestellte Frage nach dem gerechten Lohn in den Mittelpunkt der Betrachtung (Steinmann/Löhr 1992; Folger/Cropanzano 1998). Welcher Lohn ist gerecht? Eine Flucht in die Unverbindlichkeit („Wer kann schon sagen, was ein gerechter Lohn ist?") führt hier nicht weiter, denn die Frage nach der Gerechtigkeit wird wieder und wieder gestellt und ist auch für das **subjektive Erleben** der Beschäftigten von sehr hoher Bedeutung (vgl. dazu im Einzelnen Abschnitt 13.4.3). Neben der Frage der subjektiv erlebten Gerechtigkeit ist aber eben auch die objektiv normative Seite der Lohndebatte zu berücksichtigen, die sich in gesellschaftspolitischen Forderungen nach Verteilungsgerechtigkeit oder der Ablehnung zu starker Lohnspreizungen niederschlägt. Gerade in den letzten Jahren hat der überproportionale Zuwachs bei Managergehältern die Frage nach der Lohngerechtigkeit zu einem hochaktuellen Brennpunkt der öffentlichen Diskussion gemacht.

Somit muss die Lohnfrage in ihren vielfältigen Bezügen gesehen werden. Eine Reduktion auf einen Aspekt – wie etwa bei der volkswirtschaftlichen Grenzproduktivitätstheorie – ist für seine **betriebliche** Handhabung nicht ausreichend.

13.4.1 Grundlagen der Entgeltdifferenzierung

In der betrieblichen Praxis finden sich vielfältige Formen, Methoden und Systeme zur individuellen Entgeltbestimmung. Man kann jedoch die Ent-

Personal als Managementaufgabe

geltdifferenzierung – so wie sie sich in Deutschland herausgebildet hat – im Wesentlichen auf drei Grundelemente zurückführen, die in Abbildung 13-5 dargestellt sind.

Bestimmungsfaktoren: Aufgabe und Leistung

Die Entgeltdifferenzierung (vgl. dazu grundlegend Milkovich et al. 2013) orientiert sich demnach zum einen an den personenunabhängigen Anforderungen, wie sie sich aus der **Arbeitsaufgabe** ergeben (Lohnsatzdifferenzierung), zum anderen an den individuellen **Leistungen,** die die Arbeitskraft erbringt. Die leistungsbezogene Entgeltdifferenzierung kann dabei durch die Wahl und den Einsatz einer bestimmten Lohnform (Lohnformdifferenzierung) – so z. B. durch den Akkord- oder den Prämienlohn – wie auch durch die Personalbeurteilung herbeigeführt werden.

Abbildung 13-5   *Grundelemente der betrieblichen Entgeltdifferenzierung*

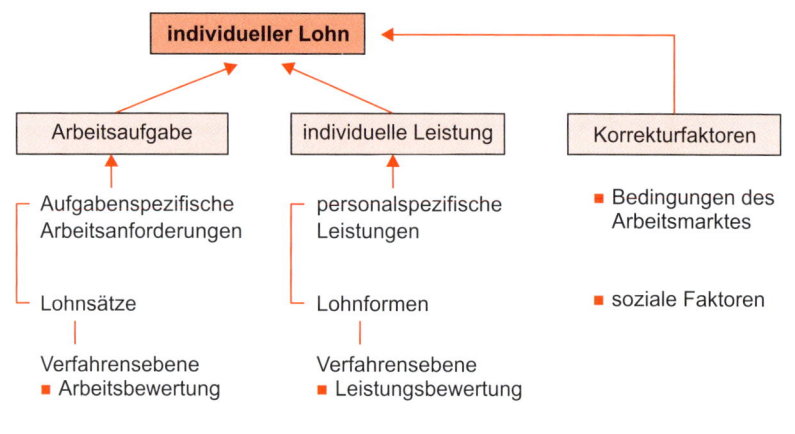

Quelle: Eckardstein 1986: 248 (stark modifiziert)

Korrekturfaktoren

In der betrieblichen Praxis werden diese Lohnfaktoren ferner durch bestimmte **Korrekturfaktoren,** insbesondere durch soziale Komponenten und Einflüsse des externen Arbeitsmarktes, modifiziert. So fließen regelmäßig soziale Gesichtspunkte, wie z. B. Familienstand, Zahl der Kinder, Lebensalter, Betriebszugehörigkeit und Garantie des Lohnniveaus im Falle von Versetzungen, in die Lohnbildung mit ein. Soziale Faktoren müssen dabei nicht zwangsläufig den ökonomischen Überlegungen zuwiderlaufen, sondern können mit ihnen im Hinblick auf die Erhaltung des Akquisitionspotenzials (Personalbeschaffung) oder die Wahrung der Loyalität der Beschäftigten durchaus harmonieren.

13.4 Entlohnung als Managementaufgabe

Lohnsatzdifferenzierung. Sie erfolgt auf der Basis der Arbeitsbewertung, die darauf abzielt, bestimmte Anforderungen an eine Arbeit (oder einen Arbeitsplatz) im Vergleich zu anderen Arbeiten nach einem einheitlichen Maßstab festzulegen. Es geht also darum, ganz unabhängig von bestimmten Personen als Arbeitsplatzinhabern Schwierigkeitsunterschiede zwischen einzelnen Arbeiten zu markieren. Auf der **verfahrenstechnischen Ebene** stehen als Arten der Bewertung die summarische und die analytische Arbeitsbewertung, als Arten der Quantifizierung die Reihung und Stufung zur Verfügung (Schettgen 1996).

Summarische Verfahren nehmen eine Bewertung der Arbeitsanforderungen als Ganzes vor und verzichten damit auf eine getrennte Analyse einzelner Anforderungsarten. Bei den **analytischen** Verfahren wird hingegen die Höhe der Belastung nach Anforderungsarten aufgegliedert, und diese werden jeweils einzeln bewertet. Die Quantifizierung des Urteils über die Arbeitsanforderungen kann bei beiden Verfahrensgruppen entweder durch Reihung oder durch Stufung erfolgen. Bei der **Reihung** wird eine Rangordnung der Arbeitsplätze gemäß dem jeweiligen Schwierigkeitsgrad vorgenommen. Bei der **Stufung** werden hingegen unterschiedliche Schwierigkeitsklassen gebildet, in die dann die einzelnen Tätigkeiten bzw. Anforderungsarten eingruppiert werden.

Lohnformdifferenzierung. Die zweite grundsätzliche Entscheidung, die im Rahmen der Entgeltdifferenzierung zu treffen ist, bezieht sich auf die **Wahl der Lohnform**. Mit ihr soll dem Grundsatz der Äquivalenz von Entgelthöhe und Leistungsgrad entsprochen werden. Die zahlreichen in der Praxis eingesetzten Lohnformen lassen sich auf drei elementare Grundformen zurückführen, nämlich den Zeit-, Stück- und Prämienlohn.

Beim **Zeitlohn** wird die Arbeitszeit (Stunden, Tage, Wochen, Monate, Jahre) vergütet, die der Beschäftigte im Rahmen des Arbeits-(Dienst-)Vertrages dem Unternehmen zur Verfügung stellt. Der Verdienst des Arbeitnehmers verläuft damit proportional zur Arbeitszeit, da der Lohnsatz pro Zeiteinheit konstant ist. Der häufig vorgebrachte Vorwurf, der Zeitlohn sei ergebnisunabhängig, ist insoweit nicht richtig, als mit der Zahlung von Zeitlöhnen oder festem Gehalt immer auch eine, teilweise recht konkrete, Vorstellung über die zu erwartenden Arbeitsergebnisse verbunden ist. So gesehen liegt zwar keine unmittelbare, aber doch eine mittelbare Beziehung zwischen Entgelthöhe und erbrachter Leistung vor.

Fixlöhne

Beim **variablen Lohn** wird im Gegensatz zum Zeitlohn ein unmittelbarer Bezug zwischen erbrachter Mengenleistung und Entgelthöhe hergestellt. Im Prinzip erhöht sich der Lohn proportional zur Zahl der erbrachten Leistungseinheiten. Die Lohnkosten pro Stück bleiben im Unterschied zum Zeitlohn konstant. Das System der proportionalen Bezahlung wurde allerdings

Konstante Lohnstückkosten

inzwischen durch Tarifverträge insoweit modifiziert, als sie bestimmte **Mindestverdienste** (leistungsunabhängig) sicherstellen. Man unterscheidet bei variabler Vergütung grundsätzlich zwischen Akkord- und Prämienlöhnen.

Der **Akkordlohn** besteht somit aus dem tariflichen Mindestlohn, der die Bewertung des Arbeitsplatzes, soziale Aspekte und die Arbeitsmarktlage widerspiegelt, und dem Akkordzuschlag (i. d. R. 15–20 %). Beides zusammen repräsentiert den Stundenverdienst einer Arbeitskraft bei Normalleistung und wird als Akkordrichtsatz bezeichnet. Der Akkordlohn kann als Geldakkord oder als Zeitakkord ausgestaltet werden. Bei ersterem bildet die Stückzahl die Grundlage der Entgeltberechnung, bei letzterem wird eine (Vorgabe-)Zeit pro Leistungseinheit festgelegt. Der Verdienst pro Zeiteinheit errechnet sich dann aus dem Produkt der erzielten Leistungseinheiten, der Vorgabezeit und dem Minutenfaktor.

Beim **Prämienlohn** wird hingegen zu einem vereinbarten Grundlohn (i. d. R. Zeitlohn) noch eine Zulage, die Prämie, gewährt. Sie bemisst sich nach quantitativen und qualitativen Mehrleistungen. Die Prämienentlohnung setzt sich somit aus einer leistungsabhängigen Prämie und einem leistungsunabhängigen Grundlohn zusammen, der zumeist dem tariflich vereinbarten Lohn entspricht.

Leistungszuschlag

Der Logik nach gehört die heute gebräuchlichste Form, nämlich die **Mischvergütung,** zur Klasse des Prämienlohns. Hier wird zu einer festen Grundvergütung (differenziert auf der Basis eines Arbeitsbewertungssystems) ein Leistungszuschlag gezahlt, der sich nach der tatsächlich erbrachten Arbeitsleistung bemisst. Letztere wird in der Regel mit Hilfe eines formalen Leistungsbeurteilungsverfahrens bestimmt. Anders als bei den klassischen Leistungslohnformen – wie dem Stück- und Prämienstücklohn – werden hier allerdings nicht nur quantitative Größen (z. B. Umsatz, Nutzungs- bzw. Stillstandszeiten etc.), sondern meist auch oder ausschließlich qualitative Verhaltensmerkmale (z. B. Einsatz, Verhalten gegenüber Arbeitskollegen, Zuverlässigkeit etc.) als Bezugsbasis mit herangezogen. Bisweilen ist die variable Vergütung im Rahmen eines Management by Objectives streng an vereinbarte Ziele angeschlossen (Drumm 2005: 607-609). Der leistungsspezifische Anteil an der Gesamtvergütung wird in der öffentlichen Diskussion häufig überschätzt; er übersteigt in der Praxis selten 25 %. Etwas anders verhält es sich bei der Vergütung von Führungskräften. Insgesamt erhalten ca. 88 % der Geschäftsführer in Deutschland variable Bezüge, die im Jahr 2003 im Schnitt 27% des Gesamtgehalts, für 2012 34% (Kienbaum 2012, gemäß einer Hewitt-Studie 2009 sogar 39%) und nach einer Erhebung von Hostettler, Kramarsch & Partner (2012) sogar 53% des Gesamtgehalts ausmachten. In diesem Zusammenhang wird Entlohnung dann auch zunehmend als ein Anreiz- und Führungsinstrument gesehen, welches aufgrund seiner leistungsorientierten Ausgestaltung motivierend wirken soll. In der

Praxis ging in den letzten Jahren damit eine erhebliche Erhöhung der Gesamtentlohnung von Managern einher, die, sowohl was die Ursachen als auch die Wirkungen leistungsorientierter Entlohnung angeht, äußerst kontrovers diskutiert wird (vgl. etwa Osterloh/Rost 2011; Goergen/Renneboog 2011).

13.4.2 Entlohnung und Motivation

Mit der Entlohnung ist neben dem Abgleich der vertraglich erbrachten Leistungen eine Reihe weiterer Funktionen verbunden: sozialer Ausgleich, Bewertung von Qualifikationen, gesellschaftspolitische Zielsetzungen usw. Am häufigsten aber wird als Zusatzfunktion die Motivation ins Feld geführt. Über die Beziehung zwischen Entlohnung und Motivation wird dabei viel spekuliert, ohne dass den notwendigen theoretischen Grundlagen immer genügend Beachtung geschenkt würde. Schon die in Kapitel 10 vorgestellten Motivationstheorien haben klar erkennen lassen, dass eine **dauerhafte Arbeitsmotivation** nicht durch externe Anreize, sondern nur aus der Arbeit selbst resultieren kann (intrinsische Motivation).

Motivation als Entlohnungszweck

Vor dem Hintergrund dynamischer Märkte mit hohem Innovations- und Kostendruck stellen – wie eingangs schon dargelegt - eigenständige, flexibel und vorausschauend agierende Mitarbeiter, die sich „um der Sache willen" mit ihrem ganzen Wissen und ihrer gesamten Problemlösungsfähigkeit für das Unternehmen engagieren, mehr denn je einen entscheidenden Wettbewerbsfaktor dar (Pfeffer 1994).

Intrinsische Motivation

Im Hinblick auf die Entlohnung stellt sich die Frage, inwieweit diese für moderne Organisationen dringend benötigte intrinsische Motivation durch extrinsische monetäre Anreize unterstützt werden kann.

Neuere Untersuchungen verweisen – wenn auch nicht einheitlich – auf einen Widerspruch. Extrinsische monetäre Anreize sind in vielen Fällen einer Motivation nur kurzfristig dienlich, sie können aber unter bestimmten Umständen intrinsische Motivation zerstören bzw. untergraben. Incentive-gesteuerte Entlohnung wäre in diesen Fällen dann sogar als motivations- und damit im Extremfall sogar als leistungsmindernd einzustufen (Frey/Osterloh 2000). Dieses Phänomen wird in der Psychologie auch als „**Verdrängungseffekt**" („crowding out") oder „verborgene Kosten der Belohnung" („hidden costs of reward") bezeichnet (Deci 1975: 129 ff.; Lepper/Greene 1978; Matiaske/Weller 2008).

„Crowding-out"-Effekt

Die wichtigsten Erkenntnisse aus den einschlägigen Veröffentlichungen können zu den folgenden Punkten verdichtet werden:

Zunächst lassen sich **zwei Bedingungskonstellationen** unterscheiden, in denen eine „Zerstörung" oder „Untergrabung" intrinsischer Motivation durch extrinsische Anreize besonders wahrscheinlich ist (zu diesen und weiteren Bedingungen vgl. Frey 1997: 32 ff.):

Motivations-überschuss

- Hierzu zählt zum einen das Problem der **Überrechtfertigung** einer Aktivität: Wird eine Person für eine Aktivität extrinsisch belohnt, die sie aufgrund intrinsischer Motivation ohnehin ausgeführt hätte, so verliert die intrinsische Motivation ihre Funktion und wird abgebaut, um eine Überrechtfertigung der Tätigkeit zu vermeiden. So konnte man zum Beispiel in Laborexperimenten beobachten, dass Personen, die für eine Tätigkeit entlohnt werden, die sie zunächst ohne extrinsische Anreize allein um ihrer selbst willen ausgeübt hatten, diese Tätigkeit nach **Entzug** dieser Belohnung nicht mehr oder nur in beschränktem Umfang ausübten. Die intrinsische Motivation wurde im Zuge der Belohnung durch eine extrinsische Motivation ersetzt. Nach einem Wegfall der extrinsischen Motivation besteht dann kein intrinsischer Handlungsimpuls mehr (vgl. hierzu z. B. Deci 1971).

Vertrauensverlust

- Ein zweites Problemfeld bilden Beziehungen, die auf einer **impliziten Norm der Gegenseitigkeit** beruhen: So kann z. B. eine Art implizites Abkommen zwischen Mitarbeitern und Vorgesetzten bestehen, demzufolge die Leistungen von Mitarbeitern durch entsprechendes Vertrauen und entsprechende Wertschätzung von Vorgesetzten honoriert werden. Diese zunächst gleichgewichtige Beziehung kann durch den Einsatz extrinsischer Anreize gestört werden, wenn sich die Mitarbeiter durch diese Anreize kontrolliert oder zu Mehrleistung aufgefordert fühlen.

Beide Problemfelder, d. h. sowohl die Überrechtfertigung einer an sich intrinsisch motivierten Aktivität als auch die Verletzung einer impliziten Norm der Gegenseitigkeit, sind besonders dann als kritisch für die intrinsische Motivation einzustufen, wenn die Mitarbeiter durch die extrinsischen Anreize ihre **Selbstbestimmung** oder ihr **Selbstwertgefühl** in Frage gestellt sehen.

Bestärkungs-funktion

Trotz dieser problematischen Wirkungen darf nicht übersehen werden, dass jede leistungsbezogene Vergütung auch einen **informativen Aspekt** hat, der für die Leistungsmotivation bedeutsam ist. Er kann von Mitarbeitern als Bestätigung ihrer Kompetenz bzw. ihres Selbstwertgefühls verstanden werden und somit indirekt ihre intrinsische Motivation **stärken.** So werden ja z. B. Sportler oder Künstler durch den Empfang einer Auszeichnung oder eines Preises in der Regel nicht demotiviert, sondern vielmehr noch zu weiteren Anstrengungen und neuen Höchstleistungen motiviert. Die „Vergütung" erfolgt in diesen Fällen allerdings überraschend, d.h. sie ist nicht ex ante kalkulierbar.

13.4.3 Entlohnung und Lohnzufriedenheit

Neben der Motivation ist die Kenntnis der Ursachen der Lohn(un)zufriedenheit der Mitarbeiter für die Wahrnehmung der Managementaufgaben im Kontext der Personalfunktion von großer Bedeutung.

Zur Frage der Lohnzufriedenheit gibt es eine Vielzahl von Einzelbefunden aus empirischen Arbeiten, die relativ lose und häufig ohne explizierten theoretischen Hintergrund nebeneinander stehen.

Vielzahl von Einflussfaktoren

Lawler hat ein anschauliches Modell entwickelt, in das sich die unterschiedlichen empirischen Befunde sinnvoll einordnen und konzentrieren lassen (Lawler 1971). Zur Konzeptualisierung von „Lohnzufriedenheit" greift er auf den Diskrepanzansatz zurück und verknüpft ihn auf instruktive Weise mit der sogenannten „Equity-Theorie". Die **Equity-Theorie** (vgl. Kapitel 10) stellt auf den **sozialen Vergleich** ab und postuliert, dass Individuen nach einem Verhältnis von Aufwand und Ertrag streben, das dem (perzipierten) Aufwand-Ertrags-Verhältnis relevanter Bezugspersonen gerade entspricht (Adams 1965). Im Kern geht es also um ein subjektives Gerechtigkeitsgefühl (vgl. dazu im Einzelnen Folger/Cropanzano 1998). Positive oder negative Abweichungen von diesem Gleichgewicht werden als unangenehm oder eben ungerecht empfunden. Der Diskrepanzansatz erklärt Zufriedenheit unter Einbezug **anspruchsniveautheoretischer Elemente** aus der Differenz zwischen dem, was eine Person berechtigterweise glaubt, fordern zu können, und dem, was sie tatsächlich erhält (siehe auch Milliken/Lant 1991). Diesem Muster entsprechen die zwei Basiselemente des Lohnzufriedenheitsmodells:

Equity-Theorie als Ausgangspunkt

a) **Soll-Verdienst;** das ist der Verdienst, den eine Person nach Abwägung der Umstände für sich berechtigterweise glaubt, fordern zu können. Entscheidende Bestimmungsfaktoren hier sind: persönlicher Arbeits-Input, Arbeitsanforderungen, Lohngeschichte, nicht-monetäre Erträge (etwa Status) sowie das Input-Outcome-Verhältnis von relevanten Bezugspersonen. Wichtig ist bei all diesen Bestimmungsfaktoren, ob und wie eine Person diese Faktoren **wahrnimmt**.

Modellierung

b) **Ist-Verdienst;** das ist der tatsächlich empfangene Verdienst – und zwar auch hier in der **Wahrnehmung** des Individuums. Bestimmt wird diese im Wesentlichen durch den tatsächlichen Verdienst, die Einkommenshöhe von Bezugspersonen und ebenfalls die Lohngeschichte.

Je nach Ausprägung sind prinzipiell drei Zustände als Folge möglich:

(1) Der Soll-Verdienst entspricht dem Ist-Verdienst; Ergebnis: **Lohnzufriedenheit**.

(2) Der Ist-Verdienst liegt unter dem Soll-Verdienst; Ergebnis: **Lohnunzufriedenheit**.

Personal als Managementaufgabe

(3) Der Ist-Verdienst liegt über dem Soll-Verdienst; Ergebnis: **Unbehaglichkeit, Schuldgefühle.**

Schuldgefühle

Die dritte der genannten Möglichkeiten erscheint auf den ersten Blick etwas unwahrscheinlich, ja sogar im deutlichen Gegensatz zu dem, was gemeinhin über die Entlohnung gedacht wird. Man denke jedoch an eine gut integrierte Arbeitsgruppe, in der alle Mitglieder vergleichbare Aufgaben ausführen, eines aber mehr als die anderen verdient. In Experimenten ließen sich solche „Überbezahltheitsgefühle" erfolgreich nachweisen. Allerdings ist das Gefühl der Überbezahlung bei den Individuen häufig nur vorübergehend bedeutsam, die Perzeptionen werden nach einiger Zeit an die Situation angepasst. Dies geschieht z. B., indem sie ihre Leistungen (nach und nach) für so wertvoll einschätzen, dass sie die hohe Bezahlung doch als gerechtfertigt ansehen. Eine solche **Anpassung der Perzeptionen** tritt bei Unterbezahlung wesentlich seltener auf. Hier kann die Unzufriedenheit häufig nur durch tatsächliche Änderungen der „objektiven" Arbeitssituation – etwa in Form einer höheren Bezahlung oder eines Arbeitsplatzwechsels – reduziert werden. Das Gefühl der Unterbezahlung weist also gegenüber dem der Überbezahlung einen stabileren Charakter auf und lässt sich demgemäß schwieriger abbauen (vgl. auch Lawler 1981: 12).

Insgesamt ist für den sozialen Vergleich auch von zentraler Bedeutung, wen der einzelne als Referenzgröße zum Vergleich heranzieht. Auf der Basis eines Surveys zeigen Clark und Senik (2010), dass die meisten Personen sich erwartungsgemäß mit den unmittelbaren Kolleginnen und Kollegen vergleichen. Ein wenig überraschend ist allerdings, dass die Personen, die als Vergleichsreferenz den Kollegenkreis angeben, im Durchschnitt zufriedener sind als solche, die andere soziale Vergleichspersonen (zum Beispiel Freunde) haben. Die Autoren liefern selbst keine Erklärung für ihren Befund. Eine solche könnte darin liegen, dass bei der freien Wahl von Vergleichspersonen tendenziell jene mit einem relativ hohen Outcome ausgewählt werden, während über den Input eher Vermutungen angestellt werden müssen, da es ja Freunde und keine Arbeitskollegen sind, mit denen man sich ansonsten aber auf „Augenhöhe" sieht, so dass deren Leistung tendenziell nivelliert wird.

Hinweis: Anzufügen bleibt noch, dass die Diskussion um Lohn(un)zufriedenheit die Lohnfrage aus **subjektiver** Sicht behandelt; sie fragt also, unter welchen Umständen Arbeitnehmer in unserer jetzigen historischen Situation mit ihrem Lohn (un)zufrieden sind. Diese Betrachtung darf nicht verwechselt werden mit der normativen Diskussion um den **gerechten** Lohn. Letztere zielt auf einen **objektiven** (intersubjektiven) Sachverhalt, nämlich auf eine rechtfertigbare Verteilung des Volkseinkommens und eine gerechtfertigte individuelle Lohndifferenzierung.

Ausblick

Abschließend sei noch einmal hervorgehoben, dass die Managementfunktion Personaleinsatz in den letzten Jahren immer mehr an Bedeutung gewonnen hat. Unternehmen in hoch entwickelten Industriegesellschaften hängen in ihrem Erfolg trotz und gerade wegen des raschen technischen Fortschritts zunehmend von der komplexen und über die Zeit gewachsenen Ressource „Personal" ab. Schon heute entscheiden viele Unternehmen den Wettbewerb für sich durch überlegene „Human-Ressourcen". Der Trend zur Dienstleistungs- und Wissensgesellschaft wird diese Akzentverschiebung weiter verstärken.

Für die zukünftige Entwicklung lässt sich erwarten, dass in den Unternehmen wie auch im Aufgabenbereich eines jeden einzelnen Vorgesetzten eine noch deutlichere Akzentverschiebung hin zum Management der Human-Ressourcen erfolgen wird. Die Schlüsselqualifikationen werden sich kontinuierlich verändern; es ist heute schon klar zu sehen, dass dabei der **internationalen Personalentwicklung** eine zunehmend wichtige Rolle zukommen wird. Fragen der Kommunikation und insbesondere der **interkulturellen Kompetenz** verlangen deshalb verstärkte Beachtung (Scheible 2014). Für die Managementfunktionen wirft diese Entwicklung insgesamt die Frage nach der **kulturellen Abhängigkeit** bestimmter Praktiken auf, inwieweit also Theorien und Praktiken, die in einem Kulturkreis entwickelt wurden (z.B. im mitteleuropäischen), auch für andere Kulturkreise gelten bzw. wirksam sind (z.B. im nordafrikanischen). Die Frage der Kultur(un)abhängigkeit von Managementmethoden wurde durch die zunehmende Internationalisierung der Unternehmen in den letzten Jahren immer bedeutender und auch drängender.

Personal als Managementaufgabe

Lernkontrollfragen

1. Welche Vorzüge bietet das Auswahlinterview?
2. Vergleichen Sie das Einzelinterview mit dem Assessment Center!
3. Worauf muss man als Führungskraft achten, wenn man als Gutachter/in an einem Assessment Center teilnimmt?
4. Welche Grundansätze der Leistungsbeurteilung gibt es?
5. Weshalb gehört zu einer Mitarbeiterbeurteilung auch ein Mitarbeitergespräch?
6. Was versteht man unter Lohnsatzdifferenzierung?
7. Was ist ein Prämienlohn?
8. Welches Problem werfen komplexe Tätigkeiten für eine ergebnisorientierte Leistungsbeurteilung auf?
9. Inwiefern sind die meisten Löhne heutzutage „Mischlöhne"?
10. Welche Faktoren bestimmen die Lohnzufriedenheit?
11. Denken Sie an eine Stelle, die Sie gut kennen. Wie sollte das Unternehmen dafür einen Realistic Job Preview verfassen?
12. Welche Rolle spielen Führungskräfte bei der Bestimmung von Leistungslöhnen?
13. Auf welchen Grundsachverhalt macht die Equity-Theorie im Rahmen der Lohnfindung aufmerksam?
14. Inwiefern sind adaptive Anspruchsniveaus wichtig für die Erklärung von Lohnzufriedenheit?
15. Inwiefern können monetäre Lohnanreize negative Nebeneffekte haben?

Lösungshinweise zu den Lernkontrollfragen erhalten Sie auf der Webseite zum Buch unter www.springer.com.

Diskussionsfragen

I. Was versteht man unter einem Fähigkeitsprofil und welche Rolle spielt es im Rahmen der Personalauswahl?

II. Wie lassen sich zukunftsbezogene Anforderungen in einem Anforderungsprofil abbilden?

III. Diskutieren Sie die Möglichkeiten und Grenzen, ein Bewerbungsverfahren anonymisiert durchzuführen!

IV. Warum werden Auswahlinterviews als multifunktional bezeichnet?

V. In welche grundlegenden Phasen lässt sich ein Auswahlinterview unterteilen und wodurch sind die einzelnen Phasen im Wesentlichen charakterisiert?

VI. Warum stellt das „subjektive Empfinden" von Auswahlpersonen im Rahmen von Auswahlinterviews nicht nur ein Problem („Einschätzungsverzerrung") dar?

VII. Welche rechtlichen Aspekte sind im Rahmen des Betriebsverfassungsgesetzes bei einem Auswahlprozess zu beachten?

VIII. Was versteht man unter einem Reaktivitätseffekt im Rahmen von Assessment Centern? Lässt sich dieser Effekt vermeiden, und wenn ja, wie?

IX. Welche Ansätze zur Personalbeurteilung lassen sich unterscheiden, und worin liegen die Unterschiede?

X. Warum konstituiert die Personalbeurteilung für Vorgesetze einen Rollenkonflikt?

XI. Von welchen allgemeinen Prinzipien sollte ein Mitarbeitergespräch geprägt sein?

XII. In welchem Sinne stellt die Vollzugsperspektive ein Problem für die Funktionalität der Personalbeurteilung dar?

XIII. Durch welche Kernelemente ist der prototypische Prozess der Personalentwicklung bestimmt?

XIV. In welchem Zusammenhang stehen die Grundelemente der Entgeltdifferenzierung und die Theorie des sozialen Vergleichs?

XV. Stellen Sie die Vor- und Nachteile einer leistungsorientierten Entlohnung gegenüber!

Fallstudie: Eva Winter

Eva Winter war wütend. Sie hatte gerade einen Blick auf Harald Taubers Lohnabrechnung geworfen und entdeckt, dass er 20% mehr verdient als sie. Harald war ein netter Mensch und sie neidete ihm das Geld nicht. Zudem hatte er eine Frau und fünf Kinder zu versorgen. Aber er machte genau dieselbe Arbeit wie sie und war auch noch nicht so lange bei der Firma wie sie selbst. Sie entschied sich, die Sache ihrem Vorgesetzten, Rolf Ertel, vorzutragen.

Rolf war beunruhigt über den Ausdruck, der auf Evas Gesicht lag. Es schien ihm, dass Frauen immer ein hohes Maß an Emotionalität in Konfrontationen mit hineintragen. Männer, dachte er, sind einfacher zu behandeln, weil sie einfach hereinkommen und ihre Karten auf den Tisch legen.

Eva holte tief Luft, um sich selbst zu beruhigen. „Rolf", begann sie ruhig, „ich habe gerade entdeckt, dass Harald für dieselbe Arbeit viel mehr Geld als ich bekommt."

„Wie hast Du das herausgefunden? Gehälter sind bei uns geheim."

„Egal, wie ich es herausgefunden habe. Warum bekomme ich nicht so viel wie Harald? Ich habe genau dieselbe Qualifikation und ich bin einige Monate länger hier im Betrieb."

Rolf fragte sich, was wohl die akzeptabelste Erklärung sein könnte. Sollte er sagen, dass sie in Wirklichkeit gar nicht dieselbe Arbeit machten? (Der einzige Unterschied, der ihm einfiel, war, dass Harald gelegentlich gebeten wurde, außer Haus zu gehen, um Kunden zu besuchen. Aber das war kein offizieller Teil seiner Arbeit, und Eva hätte geradeso gut darum gebeten werden können.) Könnte er sagen, dass Harald eine Familie zu unterstützen habe, wohingegen sie alleinstehend sei? Oder sollte er sagen, dass sie seiner Vermutung nach nicht sehr lange bei der Firma bleiben würde, weil sie höchstwahrscheinlich heiraten und dann ausscheiden würde? (Er hatte keinerlei Belege, um dieses Argument zu stützen). Sollte er sagen, dass Harald eigentlich nicht für diesen Job, sondern wegen seines Potenzials für höhere Positionen engagiert worden war? (Eva hatte dieselben Qualifikationen.) Er entschied sich für einen anderen Weg, nämlich zu erklären, wie es wirklich dazu gekommen war.

„Eva, erinnerst Du Dich: Als Du angestellt wurdest, fragte ich Dich, was Du als Anfangsgehalt erwartest. Du nanntest eine Summe, und ich sagte o.k."

Eva nickte. Rolf fuhr fort. „Nun, dasselbe habe ich bei Harald getan, und er nannte einfach eine höhere Summe. Ich hätte Dir auch mehr gezahlt, wenn Du mehr verlangt hättest." Nach einer kurzen Pause fügte er noch hinzu. „Mag sein, dass er eine höhere Summe genannt hat, weil er eine große Familie zu versorgen hat."

Eva holte tief Luft. „Ich hätte nie gedacht, dass ich so viel bekommen könnte. Aber nun, da ich es weiß, bitte ich, dass mein Gehalt auf Haralds Höhe angehoben wird."

Personal als Managementaufgabe

Rolf wippte mit seinem Stuhl zurück und stellte seine Fingerspitzen aufeinander; es schien, als gelte ihnen sein gesamtes Interesse. „Das ist nicht so leicht. Ich hätte Harald nie so viel gegeben, wenn Du nicht so billig zu haben gewesen wärst. Ich habe ein festes Budget für Gehälter, und da ist derzeit kein Spielraum mehr drin. Ich wäre bereit, Dir zukünftig größere Lohnerhöhungen zu geben, bis Du gleichgezogen hast. Aber ich habe derzeit keinerlei Möglichkeiten dazu."

„Das befriedigt mich nicht." Eva schlug das Angebot mit einer ärgerlichen Handbewegung aus. „Mein Lohn wird vielleicht irgendwann auf die gleiche Ebene angehoben, aber ich hätte ja zwischenzeitlich eine ganze Stange Geld verloren. Du schuldest es mir jetzt, Budget hin, Budget her."

„Tu ich das?" Rolf hob seine Augenbrauen. „Es war Dein Fehler, von mir so wenig zu verlangen, nicht meiner."

Eva dachte kurz nach. „Das mag so sein, aber ich habe meinen Fehler korrigiert. Nunmehr muss etwas geschehen, oder ich werde wegen Diskriminierung vors Gericht gehen."

Nun legt sie ganz plump alle ihre Karten auf den Tisch, dachte Rolf. Keinerlei Subtilität.

Fragen zur Fallstudie

1. Worauf zielen die von Rolf erwogenen Argumente, die Lohndifferenzierung zu erklären, theoretisch gesehen ab?

2. Warum ist Eva mit der Erklärung von Rolf nicht zufrieden?

3. Wie beurteilen Sie die Lohnpolitik der beschriebenen Firma?

Literaturverzeichnis

Abrams, D./Hogg, M. A. (1990): Social identity theory: Constructive and critical advances, Hempstead.

Adams, J. S. (1965): Inequity in social exchange, in: Berkovitz, L. (Hrsg.): Advances in experimental social psychology, Bd. 2, New York, S. 267-299.

Aladag, R. J./Fuller, S. R. (1993): Beyond fiasco: A reappraisal of the groupthink phenomenon and a new model of group decision processes, in: Psychological Bulletin 113, S. 533-552.

Alberts, W. W. (1989): The experience curve doctrine reconsidered, in: Journal of Marketing 59, S. 36-49.

Alderfer, C. (1972): Existence, relatedness and growth, New York.

Alvesson, M. (2012): Understanding organizational culture, London.

Andersen, J. A. (2006): Leadership, personality and effectiveness, in: Journal of Socio-Economics 35, S. 1078-1091.

Anderson, L. R./Tolson, J. (1991): Leaders' upward influence in the organization: Replication and extensions of the Pelz effect to include group support and self-monitoring, in: Small Group Research 22, S. 59-75.

Argote, L. (2004): Organizational learning: Creating, retaining and transferring knowledge, Heidelberg.

Argyris, C. (1964): Integrating the individual and the organization, New York.

Argyris, C. (1982): Reasoning, learning and action, San Francisco.

Argyris, C. (1990): Overcoming organizational defenses, Boston.

Argyris, C. (2004): Reasons and rationalizations. The limits to organizational knowledge, Oxford.

Argyris, C./Schön, D. A. (1974): Theory in practice, San Francisco.

Argyris, C./Schön, D. A. (1978): Organizational learning: A theory of action perspective, Reading, Mass.

Argyris, C./Schön, D. A. (1996): Organizational learning II: Theory, method and practice, Reading, Mass.

Arthur, W. B. (1994): Increasing returns and path dependency in the economy, Ann Arbor.

Ashforth, B. E./Kreiner, G. E./Fugate, M. (2000): All in a day's work: Boundaries and micro role transitions, in: Academy of Management Review 25, S. 472-491.

Literaturverzeichnis

Bahners, C. (2005): Vorgesetztenbeurteilung mittels 360°-Feedback, 2. Aufl., Mering.

Bamberger, J. (1971): Budgetierungsprozesse in Organisationen, Mannheim.

Bamberger, P./Biron, M. (2007): Group norms and excessive absenteeism: The role of peer referent others, in: Organizational Behavior and Human Decision Processes 103, S. 179-196.

Bandura, A. (1986): Social foundations of thought and action: A social cognitive theory, Englewood Cliffs, N.J.

Bandura, A. (1997): Self-efficacy: The exercise of control, New York.

Barnard, C. I. (1938): The functions of the executive, Cambridge, Mass.

Barney, J. B. (1991): Firm resources and sustained competitive advantage, in: Journal of Management 17, S. 99-120.

Barney, J. B./Hesterly, W. S. (2009): Strategic management and competitive advantage, 3. Aufl., Upper Saddle River.

Barrett, M. /Oborn, E. (2010): Boundary object use in cross-cultural software development teams, in: Human Relations 63, S. 1199-1221.

Bartlett, C. A./Ghoshal, S. (1997): The Myth of the Generic Manager: New Personal Competencies For New Management Roles, in: California Management Review 40, S. 92-121.

Bartlett, C. A./Ghosal, S. (2002): Managing across boarders: The transnational solution, Boston, Mass.

Bartölke, K. (1972): Anmerkungen zu den Methoden und Zwecken der Leistungsbeurteilung, in: Zeitschrift für betriebswirtschaftliche Forschung 24, S. 650-665.

Bartunek, J. M./Gordon, J. R./Weathersby, R. P. (1983): Developing „complicated" understanding in administrators, in: Academy of Management Review 8, S. 273-284.

Bass, B. M. (1998): Transformational leadership: Industry, military and educational impact, Makwak, NJ.

Bassett-Jones, N./Lloyd, G. C. (2005): Does Herzberg's motivation theory have staying power?, in: Journal of Management Development 24, S. 929-943.

Basu, K./Palazzo, G. (2008): Corporate social responsibility: A process model of sensemaking, in: Academy of Management Review 33, S. 122-136.

Bateson, G. (1972): Steps to an ecology of mind, New York.

Beal, D. J./Cohen, R. R./Burke, M. J./McLendon, C. L. (2003): Cohesion and performance in groups: A meta-analytic clarification of construct relations, in: Journal of Applied Psychology 88, S. 989-1004.

Becker, M. (2011): Systematische Personalentwicklung, 2. Aufl., Stuttgart.

Becker, M./Seidel, A. (2006)(Hrsg.): Diversity Management. Unternehmens- und Personalpolitik der Vielfalt, Stuttgart.

Beckhard, R. (1969): Organization development: Strategies and models, Reading, Mass.

Beer, M. (1987): Performance appraisal, in: Lorsch, J. W. (Hrsg.): Handbook of organizational behavior, Englewood Cliffs, N. J., S. 236-300.

Beer, M./Eisenstat, R. A./Spector, B. (1990): The critical path to corporate renewal, Boston, Mass.

Behrent, M./Wieland, J. (2004): Corporate Citizenship und strategische Unternehmenskommunikation in der Praxis, Mering.

Bendersky, C./Shah, N. P. (2013): The downfall of extraverts and rise of neurotics: The dynamic process of status allocation in task groups, in: Academy of Management Journal 56, S. 387-406.

Bergmann, G. (1996): Vorgesetzteneinschätzung durch Mitarbeiter: Konzeption, Verfahren, Feedback, in: Personalführung 29 (Nr. 1), S. 40-44.

Berle, A. A./Means, G. C. (1968): The modern corporation and private property, New York.

Bertalanffy, L. v. (1972): Systemtheorie, Berlin.

Berthel, J./Becker, F. G. (2010): Personal-Management, 9. Aufl., Stuttgart.

Bettenhausen, K. L. (1991): Five years of group research: What we have learned and what needs to be addressed, in: Journal of Management 17, S. 345-381.

Bewernick, M./Schreyögg, G./Costas, J. (2013): Charismatische Führung: Die Konstruktion von Charisma durch die deutsche Wirtschaftspresse am Beispiel von Ferdinand Piëch, in: Zeitschrift für betriebswirtschaftliche Forschung 65, S. 434-65.

Biener, H. (1973): Gesetz über die Rechnungslegung von bestimmten Unternehmen und Konzernen (PublG) mit Regierungsbegründung, Düsseldorf.

Blake, R./Mouton, J. (1978): The new managerial grid, Houston.

Blau, P. M./Scott, R. (1962): Formal organizations, San Francisco.

Bligh, M. C./Kohles, J. C./Pearce, C. L./Justin, J. E./Stovall, J. F. (2007): When the romance is over: Follower perspectives of aversive leadership, in: Applied Psychology: An International Review 56, S. 528-557.

Bligh, M. C./Kohles, J. C./Pillai, R. (2011): Romancing leadership: Past, present, and future, in: Leadership Quarterly 22, S. 1058-1077.

Boeker, W. (1989): The development and institutionalization of subunit power in organizations, in: Administrative Science Quarterly 34, S. 388-410.

Bortz, J./Döring, N. (2003): Forschungsmethoden und Evaluation für Human- und Sozialwissenschaften, 3., überarb. Aufl., Berlin et al.

Bowen H, R. (1953): Social responsibilities of the businessman, New York.

Bowers, D. G. (1973): OD techniques and their results in 23 organizations, in: Journal of Applied Behavioral Science 9, S. 21-43.

Literaturverzeichnis

Braun, T. (2004): Jenseits der Zielsteuerung. Eine kritische Untersuchung zielbasierter Instrumente der Unternehmenssteuerung, Köln.

Breaugh, J. A. (1983): Realistic job previews: A critical appraisal and future research directions, in: Academy of Management Review 8, S. 612-619.

Breisig, T. (2005): Personal. Eine Einführung aus arbeitspolitischer Perspektive, Herne/Berlin.

Brinkmann, R. D. (1998): Vorgesetzten-Feedback, Heidelberg.

Brown, R. (2000): Group processes: Dynamics within and between groups, 2. Aufl., Oxford.

Brown, J. S./Duguid, P. (2001): Knowledge and Organization: A Social-Practice Perspective, in: Organization Science 12, S. 198-213.

Brown, S. L./Eisenhardt, K. M. (1998): Competing on the edge: Strategy as structured chaos, Boston.

Budäus, D./Gerum, E./Zimmermann, G. (1988)(Hrsg.): Betriebswirtschaftslehre und Theorie der Verfügungsrechte, Wiesbaden.

Buer, F. (2003): Aufstellungsarbeit in Organisationen – der klassische Ansatz nach Moreno, in: Supervision 2, S. 42-54.

Bühner, R. (1993): Strategie und Organisation, Wiesbaden.

Bühner, R. (1996): Gestaltung von Konzernzentralen, Wiesbaden.

Burgelman, R. A. (2002): Strategy as vector and the inertia of coevolutionary lock-in, in: Administrative Science Quarterly 47, S. 325-357.

Burns, T./Stalker, G. M. (1961): The management of innovation, London.

Busch, M-W. (2008): Kompetenzsteuerung in Arbeits- und Innovationsteams, Wiesbaden.

Calder, B. J. (1977): An attribution theory of leadership, in: Staw, B. B./Salancik, J. R. (Hrsg.): New directions in organizational behavior, Chicago, S. 179-204.

Cameron, K. S./Quinn, R. E. (2011): Diagnosing and changing organizational culture: Based on the competing values framework, 3. Aufl., San Francisco.

Campbell, J. L. (2007): Why would corporations behave in socially responsible ways? An institutional theory of corporate social responsibility, in: Academy of Management Review 32, S. 946-967.

Carlile, P. R. (2002): A Pragmatic View of Knowledge and Boundaries: Boundary Objects in New Product Development, in: Organization Science 13, S. 442-455.

Carlson, S. (1951): A study of the work and the working methods of managing directors, Stockholm.

Carton, A. M./Cummings, J. N. (2012): A theory of subgroups in work teams, in: Academy of Management Review 37, S. 441-470.

Cennamo, C./Berrone, P./Gomez-Mejia, L. (2009): Does stakeholder management have a dark side?, in: Journal of Business Ethics 89, S. 491-507.

Chattopadhyay, P./Finn, C./Ashkanasy, N. M. (2010): Affective responses to professional dissimilarity: A matter of status, in: Academy of Management Journal 53, S. 808-826.

Chrobot-Mason, D./Ruderman, M. N./Weber, T. J./Ohlott, P. J./Dalton, M. A. (2007): Illuminating a cross-cultural leadership challenge: When identity groups collide, in: International Journal of Human Resource Management 18, S. 2011-2036.

Church, A. H./Waclawski, J. (2001): Hold the line: An examination of line vs. staff differences, in: Human Resource Management 40, S. 21-34.

Ciborra, C. U. (1996): The platform organization: Recombining strategies, structures and surprises, in: Organization Science 7, S. 103-118.

Clark, A. E./Senik, C. (2010): Who compares to whom? The anatomy of income comparisons in Europe, in: The Economic Journal 120 (544), S. 573-594.

Coenenberg, G./Baum, H. G. (1999): Strategisches Controlling, 2. Aufl., Stuttgart.

Cohen, W. M./Levinthal, D. A. (1990): Absorptive capacity: A new perspective on learning and innovation, in: Administrative Science Quarterly 35, S. 128-152.

Collins, D. J./Montgomery, C. A. (1997): Corporate strategy, Chicago.

Conger, J. A./Kanungo, R. (1987): Toward a behavioral theory of charismatic leadership in organizational settings, in: Academy of Management Review 12, S. 637-647.

Connelly, C. E./Gallagher, D. G. (2004): Emerging trends in contingent work research, in: Journal of Management 6, S. 959-983.

Conway, J. M./Jako, R. A./Goodman, D. F. (1995): A meta-analysis of interrater and internal consistency reliability of selection interviews, in: Journal of Applied Psychology 80, S. 565-579.

Cowherd, D. M./Levine, D. I. (1992): Equity between lower-level employees and top management: An investigation of distributive justice, in: Administrative Science Quarterly 37, S. 302-321.

Crozier, M./Friedberg, E. (1979): Macht und Organisation, Königstein, Ts.

Cummings, T. G./Worley, C. G. (2008): Organization development and change, 9. Aufl., St. Paul, Minneapolis.

D'Aveni, R. A. (1994): Hypercompetition: Managing the dynamics of strategic maneuvering, New York.

D'Aveni, R. A./Dagnino, G. B./Smith, K. G. (2010): The age of temporary advantage, in: Strategic Management Journal 31, S. 1371-1385

Daft, R. L. (2003): Management, 6. Aufl., Mason/Ohio.

Daft, R. L. (1998): Organization theory & design, 6. Aufl., Minneapolis/St. Paul et al.

Dalton, G. (1959): Men who manage, New York.

Literaturverzeichnis

David, P. A. (1985): Clio and the economics of QWERTY, in: The American Economic Review 75, S. 332-337.

David, P. A. (1994): Why are institutions the „carriers of history"? Path dependence and the evolution of conventions, organizations and institutions, in: Structural Change and Economic Dynamics 5, S. 205-220.

Davidow, W. H./Malone, M. S. (1993): Das virtuelle Unternehmen. Der Kunde als Co-Produzent (übers. a. d. Engl.), Frankfurt a. M.

Davis, S. M./Lawrence, P. R. (1977): Matrix, Reading, Mass.

De Stobbeleir, K. E. M./Ashford, S. J./Buyens, D. (2011): Self-regulation of creativity at work: The role of feedback-seeking behavior in creative performance, in: Academy of Management Journal 54, S. 811-831.

Deci, E. L. (1971): Effects of Externally Mediated Rewards on Intrinsic Motivation, in: Journal of Personality and Social Psychology 18, S. 105-115.

Deci, E. L. (1975): Intrinsic motivation, New York.

Dent, E. B./Goldberg, S. G. (1999): Challenging 'resistance to change', in: Journal of Applied Behavioral Science 35, S. 25-41.

DeRue, D. S./Ashford, S. J. (2010): Who will lead and who will follow? A social process of leadership identity construction in organizations, in: Academy of Management Review 35, S. 627-647.

Dodgson, M. (1993): Organizational learning: A review of some literatures, in: Organization Studies 14, S. 375-394.

Domsch, M. (1992): Vorgesetztenbeurteilung Handbuch Mitarbeiterbeurteilung, S. 255-298.

Domsch, M. E./Ladwig, D. H. (2006)(Hrsg.): Handbuch Mitarbeiterbefragung, 2 Aufl., Berlin et al.

Domschke, W./Drexl, A. (2011): Einführung in Operations Research, 8. Aufl., Berlin und Heidelberg.

Donges, J. (1992): Deregulierung am Arbeitsmarkt und Beschaffung, Tübingen.

Dopson, S./Stewart, R. (1997): What is happening to middle management?, in: British Journal of Management 1, S. 3-16.

Drews, H. (2008): Abschied vom Marktwachstums-Marktanteils-Portfolio nach über 35 Jahren Einsatz? Eine kritische Überprüfung der BCG-Matrix, in: Zeitschrift für Planung & Unternehmenssteuerung 19, S. 39-57.

Drumm, H. J. (2005): Personalwirtschaft, 5. Aufl., Berlin.

Dutton, J. E./Ottensmeyer, E. (1987): Strategic issue management systems: Forms, functions, and contexts, in: Academy of Management Review 12, S. 355-365.

Dyer, W. G. J. (1985): The cycle of cultural evolution in organizations, in: Kilmann, R.H./Saxton, M.J./Serpa, R. (Hrsg.): Gaining control of the corporate culture, San Francisco, S. 200-229.

Eckardstein, D. v. (1986): Entlohnung im Wandel. Zur veränderten Rolle industrieller Entlohnung in personalpolitischen Strategien, in: Zeitschrift für betriebswirtschaftliche Forschung 38, S. 247-269.

Eisenhardt, K. M./Martin, J. A. (2000): Dynamic capabilities: What are they?, in: Strategic Management Journal 21, S. 105-1121.

Elango, B./Ma, Y.-L./Pope, N. (2008): An investigation into the diversification-performance relationship in the U.S. property-liability insurance industry, in: Journal of Risk & Insurance 75, S. 567-591.

Elloy, D. F./Terpening, W./Kohls, J. (2001): A causal model of burnout among self-managed work team members, in: Journal of Psychology 135, S. 321-334.

Emery, F. E./Trist, E. L. (1965): The causal texture of organizational environments, in: Human Relations 18, S. 21-32.

Enderle, G. (1985)(Hrsg.): Ethik und Wirtschaftswissenschaft, Berlin.

Endres, A. (2012): Umweltökonomie, 4. Aufl., Stuttgart.

Epstein, E. M. (1973): Dimensions of corporate power, Part 1, in: California Management Review 16, S. 9-23.

Eßig, M./Hofmann, E./Stölzle, W. (2013): Supply Chain Management, München.

Estrada, M./Brown, J./Lee, F. (1995): Who gets the credit?, in: Small Group Research 26, S. 56-76.

Etzioni, A. (1998): A communitarian note on stakeholder theory, in: Business Ethics Quarterly 8, S. 679-691.

Fayol, H. (1929): Allgemeine und industrielle Verwaltung, Berlin.

Feldman, D. C./Doerpinghaus, H./Turnley, W. (1994): Managing temporary workers: A permanent HRM challenge, in: Organization Dynamics 23, S. 49-63.

Fiedler, F. E. (1967): A theory of leadership effectiveness, New York.

Fischer, P. E./Verreechia, R. E. (2000): Reporting bias, in: Accounting Review 75, S. 229-245.

Fisher, R. J./Ackerman, D. (1998): The effects of recognition and group need on volunteerism: A social norm perspective, in: Journal of Consumer Research 25, S. 262-275.

Fleck, A. (1995): Hybride Wettbewerbsstrategien, Wiesbaden.

Folger, H./Cropanzano, R. (1998): Organizational justice and human resource management, Thousand Oaks.

Ford, R. C./Randolph, W. A. (1992): Crossfunctional structures: A review and integration of matrix organization and project management, in: Journal of Management 18, S. 267-294.

Literaturverzeichnis

Freeman, R. E. (1984): Strategic management. A stakeholder approach, Boston et al.

French, J. R. P./Raven, B. (1959): The bases of social power, in: Cartwright, D. (Hrsg.): Studies in social power, Ann Arbor, S. 150-167.

French, W. L./Bell, C. H. (1998): Organization development: Behavioral science interventions for organization improvement, 6. Aufl., Englewood Cliffs, N. J.

Frese, E. (2005): Grundlagen der Organisation, 9. Aufl., Wiesbaden.

Frey, B. (1997): Markt und Motivation: Wie ökonomische Anreize die (Arbeits-)Moral verdrängen, München.

Frey, B. S. (1981): Theorie demokratischer Wirtschaftspolitik, München.

Frey, B. S./Jegen, R. (2001): Motivation crowding theory, in: Journal of Economic Surveys 15, S. 589-611.

Frey, B./Osterloh, M. (2000): Pay for performance – immer empfehlenswert?, in: Zeitschrift für Führung + Organisation 2, S. 64-69.

Friedberg, E. (1995): Ordnung und Macht, Dynamik organisierten Handelns, Frankfurt a. M. et al.

Friedman, M.: The social responsibility of business is to increase its profits, in: The New York Times Magazine, Nr. 13.09.1970

Fulk, J. (1993): Social construction of communication technology, in: Academy of Management Journal 36, S. 921-950.

Gagné, M./Deci, E. L. (2005): Self-determination theory and work motivation, in: Journal of Organizational Behavior 26, S. 331-362.

Galvin, B. M./Balkundi, P./Waldman, D. A. (2010): Spreading the word: The role of surrogates in charismatic leadership processes, in: Academy of Management Review 35, S. 477-494.

Gardner, W. L./Avolio, B. J. (1998): The charismatic relationship: A dramaturgical perspective, in: Academy of Management Review 23, S. 32-58.

Gebauer, J./Rotter, M. (2009): Praxis der Nachhaltigkeitsberichterstattung in deutschen Großunternehmen. Befragungsergebnisse im Rahmen des IÖW/future-Rankings 2009, Berlin und Münster.

Geiger, D. (2006): Wissen und Narration: Der Kern des Wissensmanagements, Berlin.

Georgesen, J. C./Harris, M. J. (1998): Why's my boss always holding me down? A metaanalysis of power effects on performance evaluations, in: Personality and Social Psychology Review 2, S. 184-195.

Geroski, P. A. (2002): Market dynamics and entry, Oxford.

Gersick, C. J. G. (1991): Revolutionary change theories: A multilevel exploration of the punctuated equilibrium paradigm, in: Academy of Management Review 16, S. 10-36.

Gerum, E. (1993)(Hrsg.): Handbuch Unternehmung und Europäisches Recht, Stuttgart.

Gerum, E. (2004): Corporate Governance, internationaler Vergleich, in: Schreyögg, G./Werder, A. v. (Hrsg.): Handwörterbuch Unternehmensführung und Organisation, Stuttgart, S. 171-178.

Gerum, E./Mölls, S. (2009): Unternehmensordnung, in: Bea, F. X./Friedl, B./Schweitzer, M. (Hrsg.): Allgemeine Betriebswirtschaftslehre, Bd. 1: Grundfragen, 10. Aufl., Stuttgart.

Gherardi, S./Nicolini, D. (2002): Learning in a constellation of interconnected practices: Canon or dissonance?, in: Journal of Management Studies 39, S. 419-436.

Gibbons, A. M./Rupp, D. E. (2009): Dimension consistency as an individual difference: A new (old) perspective on the assessment center construct validity debate, in: Journal of Management 35, S. 1154-1180.

Glasl, F. (1999): Konfliktmanagement, 6. Aufl., Bern/Stuttgart.

Glaum, M./Hutzschenreuter, T. (2010): Mergers & Acquisitions: Management des externen Unternehmenswachstums, Stuttgart.

Gleich, R. (2013): Moderne Instrumente der Planung und Budgetierung: Innovative Ansätze und Best Practice für die Unternehmenssteuerung, Freiburg.

Goergen, M./Renneboog, L. (2011): Managerial compensation, in: Journal of Corporate Finance 17, S. 1068-1077.

Gong , Y./Kim, T.-Y./Lee, D.-R./Zhu, J. (2013): A multilevel model of team goal orientation, information exchange, and creativity, in: Academy of Management Journal 56, S. 827-851.

Grant, A. M./Berry, J. W. (2011): The necessity of others is the mother of invention: Intrinsic and prosocial motivations, perspective taking, and creativity, in: Academy of Management Journal 54, S. 73-96.

Grant, R. M. (1996): Toward a knowledge-based theory of the firm, in: Strategic Management Journal 17, S. 109-122.

Grant, R. M. (2002): Contemporary strategy analysis, 4. Aufl., Malden et al.

Grant, R. M./Nippa, M. (2006)(Hrsg.): Strategisches Management, 5. Aufl., München.

Gray, B./Kish-Gephart, J. J. (2013): Encountering social class differences at work: How "class work" perpetuates inequality, in: Academy of Management Review 38, S. 670-699.

Greiner, L. E. (1967): Patterns of organization change, in: Harvard Business Review 45, S. 119-130.

Greiner, L. E. (1972): Evolution and revolution as organizations grow, in: Harvard Business Review 50, S. 37-46.

Grieger, J./Bartölke, K. (1992): Beurteilung als Systembestandteil wirtschaftlicher Organisationen, in: Selbach, Ralf/Pullig, Karl-Klaus (Hrsg.): Handbuch Mitarbeiterbeurteilung, Wiesbaden, S. 67-106.

Grün, O. (2004): Taming giant projects – Management of multi-organization enterprises, Berlin et al.

Literaturverzeichnis

Guest, R. H. (1955/56): Of time and the foreman, in: Personnel 32, S. 478-486.

Güldenberg, S. (2004): Wissensmanagement und Wissenscontrolling in lernenden Organisationen: Ein systemtheoretischer Ansatz, 4. Aufl., Wiesbaden.

Gulick, L. H. (1937): Notes on the theory of organizsations, in: Gulick, L.H./Urwick, L. (Hrsg.): Papers on the sciene of administration, New York.

Gutenberg, E. (1983): Grundlagen der Betriebswirtschaftslehre, Band 1: Die Produktion, 24. Aufl., Berlin et al.

Habermas, J. (1981): Theorie des kommunikativen Handelns, Band I und II, Frankfurt a. M.

Hackman, R. J./Oldham, G. R. (1980): Work redesign, Reading, Mass.

Hage, J. (1980): Theories of organizations: Form, process, and transformation, New York.

Haire, M./Ghiselli, E./Porter, L. W. (1966): Managerial thinking: An international study, New York et al.

Hall, K. (2013): Making the Matrix work: How matrix managers can engage people and cut through complexity, London.

Hambrick, D. C./Canney Davison, S./Snell, S. A./Snow, C. C. (1998): When groups consist of multiple nationalities: Towards an understanding of the implications, in: Organization Studies 19, S. 181-205.

Hamel, G. (2001): Das revolutionäre Unternehmen: Wer Regeln bricht, gewinnt (übers. a. d. Engl.), Düsseldorf.

Hamel, G./Heene, A. (1994)(Hrsg.): Competence-based competition, Chichester.

Hammer, M./Champy, J. (1994): Business reengineering (übers. a. d. Engl.), Frankfurt a. M./New York.

Hannan, M. T./Freeman, J. (1984): Structural inertia and organizational change, in: American Sociological Review 49, S. 149-164.

Harrison, J. S./Bosse, D. A./Phillips, R. A. (2010): Managing for stakeholders, stakeholder utility functions, and competitive advantage, in: Strategic Management Journal 31, S. 58-74.

Hartmann, M. (2002): Der Mythos von den Leistungseliten, Frankfurt a. M.

Haslam, S. A./Platow, M. J./Turner, J. C./Reynolds, K. J./Megarty, C./Oakes, P. J./Johnson, S./Ryan, M. K./Veenstra, K. (2001): Social identity and the romance of leadership: The importance of being seen to be 'doing it for us', in: Group Processes & Intergroup Relations 4, S. 191-205.

Hayes, R. H./Pisano, G. P. (1994): Beyond world class: The new manufacturing strategy, in: Harvard Business Review 72, S. 77-86.

Heames, J. T./Harvey, M. G./Treadway, D. (2006): Status inconsistency: An antecedent to bullying behavior in groups, in: International Journal of Human Resource Management 17, S. 348-361.

Hedberg, B. (1981): How organizations learn and unlearn, in: Nystrom, P. C./Starbuck, W. H. (Hrsg.): Handbook of organizational design, New York, S. 3-27.

Hedberg, B./Nystrom, P. C./Starbuck, W. (1976): Camping on seesaws: Prescriptions for a self-designing organization, in: Administrative Science Quarterly 21, S. 41-65.

Hedley, B. (1997): Strategy and the „business portfolio", in: Hahn, D./Taylor, B. (Hrsg.): Strategische Unternehmungsplanung, 7. Aufl., Heidelberg, S. 342-353.

Henderson, B. D. (1984): Die Erfahrungskurve in der Unternehmensstrategie, 2. Aufl., Frankfurt a. M./New York.

Henderson, B. D./Zakon, A. J. (1983): The growth-share matrix in corporate growth strategy, in: Albert, K.J. (Hrsg.): The strategic management handbook, New York et al., S. 1-24 (Appendix).

Hentze, J./Kammel, A. (2001), Personalwirtschaftslehre I, 7. Aufl., Stuttgart.

Hersey, P./Blanchard, K. H. (1969): Life cycle theory of leadership, in: Training and Development Journal 2, S. 6-34.

Hersey, P./Blanchard, K. H./Johnson, D. E. (2007): Management of organizational behaviour, 9. Aufl., Englewood Cliffs, NJ.

Herzberg, F. (1968): One more time: How do you motivate employees?, in: Harvard Business Review 81, S. 87-96.

Herzberg, F./Mausner, B./Snyderman, B. D. (1967): The motivation to work, 2. Aufl., New York.

Heß, T./Roth, W. L. (2001): Professionelles Coaching, Kröning.

Hewitt (2009): Managing Compensation in Europe 2009, Hamburg.

Highhouse, S. (2008): Stubborn reliance on intuition and subjectivity in employee selection, in: Industrial & Organizational Psychology 1, S. 333-342.

Hiromoto, T. (1988): Another hidden edge – Japanese management accounting, in: Harvard Business Review 66, S. 22-26.

Hofer, C. W./Schendel, D. (1978): Strategy formulation: Analytical concepts, St. Paul.

Hofstede, G. (2003): The game of budget control, London.

Hogg, M. A./Terry, D. J. (2000): Social identity and self-categorization process in organizational contexts, in: Academy of Management Review 25, S. 121-140.

Hogg, M. A./van Knippenberg, D./Rast III, D. E. (2012): Intergroup leadership in organizations: Leading across group and organizational boundaries, in: Academy of Management Review 37, S. 232-255.

Hollander, E. P. (1958): Conformity, status, and idiosyncrasy credit, in: Psychological Review 65, S. 117-127.

Holtbrügge, D. (2013): Personalmanagement, 5. Aufl., Berlin/Heidelberg.

Literaturverzeichnis

Homans, G. C. (1978): Theorie der sozialen Gruppe (übers. a. d. Engl.), Opladen.
Hommel, U./Scholich, P./Baecker, M. (2003): Reale Optionen, Berlin.
Hope, J./Fraser, R. (2013): Beyond budgeting: How managers can break free from the annual performance trap, Cambridge/Mass.
Horváth, P. (2003): Hat die Budgetierung noch Zukunft?, in: Zeitschrift für Controlling & Management Sonderheft Nr. 1, S. 4-8.
Horváth, P. (2008): Controlling, 11. Aufl., Vahlen.
Horwitz, S. K./Horwitz, I. B. (2007): The effects of team diversity on team outcomes: A meta-analytic review of team demography, in: Journal of Management 33, S. 987-1015.
Hostettler, Kramarsch & Partner (2012): Executive and Non-Executive Director Compensation in Europe 2011/2012, Frankfurt a. M.
House, R. J. (1996): Path-goal theory of leadership: Lessons, legacy and a reformulated theory, in: Leadership Quarterly 7, S. 323-352.
House, R. J./Hanges, P. J./Javidan, M./Dorfman, P. W./Gupta, V. (2004)(Hrsg.): Culture, leadership, and organizations: The GLOBE study of 62 societies, London.
Huber, F./Meyer, F./Bulut, O. (2012): Unternehmenserfolg durch strategische Corporate Social Responsibility: Eine empirische Analyse am Beispiel von IKEA, Lohmar, Köln.
Huber, G. P. (1991): Organizational learning: The contributing processes and the literature, in: Organization Science 2, S. 88-115.
Ibarra, H. (1995): Race, opportunity, and diversity of social circles in managerial networks, in: Academy of Management Journal 38, S. 673-703.
Ibarra, H./Hunter, M. (2007): How leaders create and use networks, in: Harvard Business Review 85, S. 40-47.
Imai, M. (1996): Kaizen. Der Schlüssel zum Erfolg der Japaner im Wettbewerb, 7. Aufl., Berlin et al.
Irle, M. (1963): Soziale Systeme. Eine kritische Analyse der Theorie von formalen und informalen Organisationen, Göttingen.
Isenberg, D. J. (1986): Group polarization: A critical review and meta-analysis, in: Journal of Personality and Social Psychology 50, S. 1141-1151.
Jakobs, S. (1992): Strategische Erfolgsfaktoren der Diversifikation, Wiesbaden.
Jamali, D. (2008): A stakeholder approach to corporate social responsibility: A fresh perspective into theory and practice, in: Journal of Business Ethics 82, S. 213-231.
James, H. S. J. (2005): Why did you do that? An economic examination of the effect of extrinsic compensation on intrinsic motivation and performance, in: Journal of Economic Psychology 26, S. 549-566.
Janis, J. L. (1982a): Victims of groupthink, 2. Aufl., Boston.

Janis, J. L. (1982b): Groupthink: Psychological studies of policy decision and fiascoes, 2. Aufl., Boston.

Jansen, P. G. W./Stoop, A. M. (2001): The dynamics of assessment center validity: Results of a 7-year study, in: Journal of Applied Psychology 86, S. 741-753.

Jelinek, M./Schoonhoven, C. B. (1990): The innovation marathon: Lessons from high-technology firms, Cambridge.

Jenks, J. M./Zevnik, B. L. P. (1989): ABCs of jobinterviewing, in: Harvard Business Review, S. 38-42.

Jenner, T. (2000): Hybride Wettbewerbsstrategien in der deutschen Industrie, in: Die Betriebswirtschaft 60, S. 1-22.

Johnson, S./Holladay, C./Quinones, M. (2009): Organizational citizenship behavior in performance evaluations: Distributive justice or injustice?, in: Journal of Business & Psychology 24, S. 409-418.

Jordan, A. H./Audia, P. G. (2012): Self-enhancement and learning from performance feedback, in: Academy of Management Review 37, S. 211-231.

Judge, T. A./Bono, J. E./Ilies, R./Gerhardt, M. (2002): Personality and leadership: A qualitative and quantitative review, in: Journal of Applied Psychology 87, S. 765-780.

Kahn, R. L. (1964): Organizational stress, New York.

Kaplan, R. S./Norton, D. P. (1997): Balanced Scorecard: Strategien erfolgreich umsetzen, Stuttgart.

Katz, R. L. (1974): Skills of an effetive administrator, in: Harvard Business Review 52, S. 90-102.

Katz, R./Allen, T. J. (1988): Investigating the not invented here (NIH) syndrom: A look at the performance, tenure and communication patterns of 50 RED project groups, in: Tushman, M./Moore, W.L. (Hrsg.): Readings in the management of innovation, Cambridge, Mass., S. 293-309.

Katz, D./Kahn, R. L. (1978): The social psychology of organizations, 2. Aufl., New York.

Kearney, E./Gebert, D./Voelpel, S. C. (2009): When and how diversity benefits teams: The importance of team members' need for cognition, in: Academy of Management Journal 52, S. 581-598.

Kienbaum (2012): Kienbaum Vergütungsreport 2012 „Geschäftsführer", Gummersbach.

Kilger, W./Pampel, J. R./Vikas, K. (2012): Flexible Plankostenrechnung und Deckungsbeitragsrechnung, 13. Aufl., Wiesbaden.

Kim, W.C./Mauborgne, R. (2009): How strategy shapes structure, in: Harvard Business Review 87, S. 72-80.

Literaturverzeichnis

King, D. R./Dalton, D. R./Daily, C. M./Covin, J. G. (2004): Meta-analyses of post-acquisition performance: Indications of unidentified moderators, in: Strategic Management Journal 25, S. 187-200.

King, E. B./Dawson, J. F./West, M. A./Gilrane, V. F./Paddie, C. I./Bastin, L. (2011): Why organizational and community diversity matter: Representativeness and the emergence of incivility and organizational performance, in: Academy of Management Journal 54, S. 1103-1118.

Kirsch, W. (1988): Die Handhabung von Entscheidungsproblemen, 3. Aufl., München.

Klein, K. J./Ziegert, J. C./Knight, A. P. /Xiao, Y. (2006): Dynamic delegation: Shared, hierarchical, and deindividualized leadership in extreme action teams, in: Administrative Science Quarterly 51, S. 590-621.

Kleinmann, M. (2013): Assessment-Center, 2. Aufl., Göttingen.

Koch, J. (2006): Der gefährliche Pfad des Erfolgs, in: Harvard Business Manager 28, S. 97-102.

Koch, J. (2011): Inscribed strategies: Exploring the organizational nature of strategic lock-in, in: Organization Studies 32, S. 337-363.

Kocka, J. (2000): Management in der Industrialisierung – die Entstehung und Entwicklung des klassischen Musters, in: Schreyögg, G. (Hrsg.): Funktionswandel im Management – Wege jenseits der Ordnung, Berlin, S. 33-54.

Koerner, M. M. (2014): Courage as identity work: Accounts of workplace courage, in: Academy of Management Journal 57, S. 63-93.

Kogut, B. (1989): Research notes and communications a note on global strategies, in: Strategic Management Journal 10, S. 383-389.

Kompa, A. (2004): Assessment Center: Bestandsaufnahme und Kritik, 7. Aufl., München.

Königswieser, R./Exner, A. (2002): Systemische Interventionen: Architekturen und Designs für Berater und Veränderungsmanager, 9. Aufl., Stuttgart.

Koontz, H./C., O. D. (1955): Principles of management: An analysis of management functions, New York.

Kor, Y. Y./Mesko, A. (2013): Dynamic managerial capabilities: Configuration and orchestration of top executives' capabilities and the firm's dominant logic, in: Strategic Management Journal 34, S. 233-244.

Kosiol, E. (1976): Organisation der Unternehmung, 2. Aufl., Wiesbaden.

Kotter, J. (1982): The general managers, New York.

Kotter, J. P. (1996): Leading change, Boston, Mass.

Krackhardt, D. (1990): Assessing the political landscape: Structure, cognition, and power in organizations, in: Administrative Science Quarterly 35, S. 342-369.

Kraimer, M. L./Wayne, S. J. (2004): An examination of perceived organizational support as a multidimensional construct in the context of an expatriate assignment, in: Journal of Management 30, S. 209-237.
Krohn, W./Küppers, G. (1992)(Hrsg.): Emergenz: Die Entstehung von Ordnung, Organisation und Bedeutung, Frankfurt a. M.
Krüger, W. (2003): Geschäftsmodelle für Wertschöpfungsnetzwerke, Wiesbaden.
Kruschwitz, L. (2005): Investitionsrechnung, 10. Aufl., München et al.
Künkele, J./Schäffer, U. (2007): Zur erfolgreichen Gestaltung der Budgetkontrolle, in: Die Betriebswirtschaft 67, S. 75-92.
Küpper, W./Ortmann, G. (1992): Mikropolitik. Rationalität, Macht und Spiele in Organisationen, 2. Aufl., Opladen.
Küpper, W./Ortmann, G. (2002)(Hrsg.): Mikropolitik, Wiesbaden.
Kusterer, S. (2008): Qualitätssicherung im Wissensmanagement: Eine Fallstudienanalyse, Wiesbaden.
Ladge, J. J./Clair, J. A./Greenberg, D. (2012): Cross-domain identity transition during liminal periods: Constructing multiple selves as professional and mother during pregnancy, in: Academy of Management Journal 55, S. 1449-1471.
Laeven, L./Levine, R. (2007): Is there a diversification discount in financial conglomerates?, in: Journal of Financial Economics 85, S. 331-367.
Lance, C. E. (2008): Why assessment centers do not work the way they are supposed to, in: Industrial & Organizational Psychology 1, S. 84-97.
Larson, E. W./Gobeli, D. H. (1987): Matrix management: Contradictions and insights, in: California Management Review 29, S. 126-138.
Lautsch, B. A. (2002): Uncovering and explaining variance in the features and outcomes of contingent work, in: Industrial and Labor Relations Review 56, S. 23-42.
Lautsch, B. A. (2003): The influence of regular work systems on compensation for contingent workers, in: Industrial Relations 42, S. 565-588.
Lawler, E. E. I. (1971): Pay and organizational effectiveness, New York.
Lawler, E. E. I. (1981): Pay and organization development, Reading, Mass.
Lawrence, B. S. (2006): Organizational reference groups: A missing perspective on social context, in: Organization Science 17, S. 80-100.
Lawrence, P. R. (1954): How to deal with resistance to change, in: Harvard Business Review 32, S. 49-57.
Lazear, E. P. (2004): The peter principle: A theory of decline, in: Journal of Political Economy 112, S. 141-163.
Lencioni, P. (2005): Overcoming the five dysfunctions of a team: A field guide, San Francisco.
Leonard-Barton, D. (1992): Core capabilities and core rigidities: A paradox in managing new product development, in: Strategic Management Journal 13, S. 111-126.

Literaturverzeichnis

Lepper, M. R./Greene, D. (1978)(Hrsg.): The hidden costs of reward: New perspectives on the psychology of human motivation, New York.

Levitt, B./March, J. G. (1988): Organizational learning, in: Annual Review of Sociology 14, S. 319-340.

Lewin, K. (1958): Group decision and social change, in: Maccoby, E. E./Newcomb, T. M./Hartley, E. L. (Hrsg.): Readings in social psychology, 3. Aufl., New York, S. 197-211.

Lewis, C. W./Hildreth, W. B. (2011): Budgeting: Politics and power, Oxford.

Li, C. B./Li, J. J. (2008): Achieving superior financial performance in China: Differentiation, cost leadership or both?, in: Journal of International Marketing 16, S. 1-22.

Liebermann, M. B. (1987): The learning curve, diffusion, and corporate strategy, in: Strategic Management Journal 8, S. 441-452.

Liebig, C. (2006): Mitarbeiterbefragung als Interventionsinstrument. Untersuchung ihrer Effektivität anhand des Kriteriums Arbeitszufriedenheit, Wiesbaden.

Lienert, A./Raatz, U. (1998): Testaufbau und Testanalyse, 6. Aufl., Weinheim.

Likert, R. (1961): New patterns of management, New York.

Likert, R. (1967): The human organization: Its management and value, New York.

Lindkvist, L. (2008): Project organization: Exploring its adaptation properties, in: International Journal of Project Management 26, S. 13-20.

Lombriser, R./Abplanalp, P. A. (1997): Strategisches Management, Zürich.

Long, C. P./Bendersky, C./Morrill, C. (2011): Fairness monitoring: Linking managerial controls and fairness judgments in organizations, in: Academy of Management Journal 54, S. 1045-1068.

Lüder, K. (1981): Kritische Anmerkungen zur Steuerung divisional organisierter Unternehmen mithilfe des Return on Investment-Konzepts, in: Steinmann, H. (Hrsg.): Planung und Kontrolle, München, S. 400-409.

Luhmann, N. (1964): Lob der Routine, in: Verwaltungsarchiv 55, S. 1-33.

Luhmann, N. (1973): Zweckbegriff und Systemrationalität, Frankfurt a. M.

Luhmann, N. (1984): Soziale Systeme: Grundriss einer allgemeinen Theorie, Frankfurt a. M.

Luhmann, N. (1995): Funktionen und Folgen formaler Organisation, 4. Aufl., Berlin.

Lührmann, T./Eberl, P. (2007): Leadership and identity construction: Reframing the leader-follower interaction from an identity theory perspective, in: Leadership 3, S. 115-127.

Mackenzie, R. A. (1969): The management process 3-D, in: Harvard Business Review 47, S. 81-86.

Maier, P. (1997): Reengineering – Fluch oder Segen?, Wiesbaden.

Malik, F. (2006): Strategie des Managements komplexer Systeme, 9. Aufl., Bern/Stuttgart.

Malik, F. (2013): Strategie: Navigieren in der Komplexität der neuen Welt, Frankfurt a.M.

Malone, T. W./Laubacher, R./Scott Morton, M. S. (2003)(Hrsg.): Inventing the organization of the 21th century, Cambrigde/Mass.

Mann, F. C. (1961): Studying and creating change, in: Bennis, W. G./Benne, K. D./Chin, R. (Hrsg.): The planning of change, New York, S. 605-615.

Mann, R. D. (1959): A review of the relationships between personality and leadership and popularity, in: Psychological Bulletin (56), S. 241-270.

March, J. G. (1991): Exploration and exploitation in organizational learning, in: Organization Science 2, S. 71-87.

March, J. G./Olsen, J. P. (1979): Ambiguity and choice in organizations, Bergen.

March, J. G./Simon, H. A. (1958): Organizations, New York et al.

Marr, J. C./Thau, S. (2014): Falling from great (and not-so-great) heights: How initial status position influences performance after status loss, in: Academy of Management Journal 57, S. 223-248.

Martin, J. D./Sayrak, A. (2003): Corporate diversification and shareholder value: A survey of recent literature, in: Journal of Corporate Finance 9, S. 37-57.

Martinko, M. J./Harvey, P./Douglas, S. C. (2007): The role, function, and contribution of attribution theory to leadership: A review, in: Leadership Quarterly 18, S. 561-585.

März, W. (2003)(Hrsg.): An der Grenze des Rechts, Berlin.

Maslow, A. (1954): Motivation and personality, New York.

Matiaske, W./Weller, I. (2008): Leistungsorientierte Vergütung im öffentlichen Sektor. Ein Test der Motivationsverdrängungsthese, in: Zeitschrift für Betriebswirtschaft 78, S. 35-60.

Matten, D./Moon, J. (2008): „Implicit" and explicit CSR: A conceptual framework for a comparative understanding of corporate social responsiblity, in: Academy of Management Review 33, S. 404-424.

Mayntz, R. (1978)(Hrsg.): Vollzugsprobleme der Umweltpolitik, Wiesbaden.

McEvily, B./Soda, G./Tortoriello, M. (2014): More formally: Rediscovering the missing link between formal organization and informal social structure, in: Academy of Management Annals 8, S. 299-345.

Meadows, D. L./Meadows, D. H./Zahn, E. (1994): Die Grenzen des Wachstums: Bericht des Club of Rome zur Lage der Menschheit, Stuttgart.

Meindl, J. R./Ehrlich, S. B. (1987): The romance of leadership and the evaluation of organizational performance, in: Academy of Management Journal 30, S. 90-109.

Literaturverzeichnis

Mellahi, K./Jackson, P./Sparks, L. (2002): An exploratory study into failure in successful organizations: The case of Marks & Spencer, in: British Journal of Management 13, S. 15-29.

Mellewigt, T./Das, T. K. (2010): Alliance structure choice in the telecommunications industry: Between resource type and resource heterogeneity, in: International Journal of Strategic Change Management 2, S. 128-144.

Meyer, J. (1996): Benchmarking: Spitzenleistungen durch Lernen von den Besten, Stuttgart.

Meyer, M. (1996): Operations Research, Systemforschung, 4. Aufl., Stuttgart.

Meyerson, D. E./Martin, J. (1987): Cultural change: An integration of three different views, in: Journal of Management Studies 24, S. 624-647.

Miles, R. E./Snow, C. C. (1995): The new network firm, in: Organizational Dynamics 23, S. 5-18.

Miles, R. E./Miles, G./Snow, C. C. (2005): Collaborative entrepreneurship: How communities of network firms use continuous innovation to create economic wealth, Stanford.

Milkovich, G. T./Newman, J. M./Gerhart, B. A. (2013): Compensation, 11. Aufl., London.

Miller, D. (1990): The Icarus paradox: How exceptional companies bring about their own downfall, New York et al.

Miller, D./Friesen, P. (1984): Organization: A quantum view, Englewood Cliffs, NJ.

Milliken, F. J./Lant, T. K. (1991): The impact of an organization's recent performance history on strategic persistence and change: The role of managerial interpretations, in: Shrivastava, P./Huff, A./Dutton, J. (Hrsg.): Advances in strategic management, Bd. 7, Greenwich, CT, S. 129-156.

Minderlein, M. (1989): Markteintrittsbarrieren und Unternehmensstrategie: Industrie-ökonomische Ansätze und eine Fallstudie zum Personal-Computer-Markt, Wiesbaden.

Mintzberg, H. (1975): The manager's job: Folklore and fact, in: Harvard Business Review 53, S. 49-61.

Mintzberg, H. (1979): The structuring of organizations, Englewood Cliffs, NJ.

Mintzberg, H. (1980): The nature of managerial work, 2. Aufl., New Jersey.

Mintzberg, H. (2004): Managers not MBAs, San Francisco.

Mintzberg, H./Waters, J. A. (1985): Of strategies, deliberate and emergent, in: Strategic Management Journal 6, S. 257-272.

Mitchell, R. K./Agle, B. R./Wood, D. J. (1997): Toward a theory of stakeholder identification and salience: Defining the principle of who and what really counts, in: Academy of Management Review 22, S. 853-886.

Moorhead, G./Ference, R./Neck, C. P. (1991): Group decision fiascoes continue: Space shuttle Challenger and a revised groupthink framework, in: Human Relations 44, S. 539-550.
Müller-Merbach, H. (1973): Operations Research, 3. Aufl., München.
Mumford, E. (2000): Socio-technical design: An unfulfilled promise or a future opportunity?, in: Baskerville, R./Stage, J./DeGross, J.I. (Hrsg.): Organizational and social perspectives on information technology, Boston/Dordrecht, S. 33-46.
Murphy, K. R./Cleveland, J. N. (1995): Understanding performance appraisal, Thousand Oaks.
Muse, L. A./Stamper, C. L. (2007): Perceived organizational support: Evidence for a mediated association with work performance, in: Journal of Managerial Issues 19, S. 517-535.
Nagel, R./Oswald, M./Wimmer, R. (2000): Das Mitarbeitergespräch als Führungsinstrument: Ein Handbuch der OSB für Praktiker, Stuttgart.
Näslund, L./Pemer, F. (2012): The appropriated language: Dominant stories as a source of organizational inertia, in: Human Relations 65, S. 89-110.
Nelson, R. E. (1995): Recent evolutionary theorizing about economic change, in: Journal of Economic Literature 33, S. 48-50.
Nemet, G. F. (2006): Beyond the learning curve: Factors influencing cost reductions in photovoltaics, in: Energy Policy 34, S. 3218-3232.
Neuberger, O. (1995): Fühungsdilemmata, in: Kieser, A./Reber, G./Wunderer, R. (Hrsg.): Handwörterbuch der Führung, Stuttgart, S. 533-540.
Neuberger, O. (2000a): Das 360°-Feedback, München/Mering.
Neuberger, O. (2000b): Individualisierung und Organisierung: Die wechselseitige Erzeugung von Individuum und Organisation durch Verfahren, in: Ortmann, G./Sydow, J./Türk, K. (Hrsg.): Theorien der Organisation, 2. Aufl., Opladen, S. 487-522.
Neuberger, O. (2002): Führen und führen lassen, 6. Aufl., Stuttgart.
Neuberger, O. (2006): Mikropolitik und Moral in Organisationen. Herausforderung der Ordnung, 2. Aufl., Stuttgart.
Neustadt, R. E. (1960): Presidential power, New York.
Newbert, S. L. (2008): Value, rareness, competitive advantage, and performance: A conceptual-level empirical investigation of the resource-based view of the firm, in: Strategic Management Journal 29, S. 745-768.
Nickerson, J. A./Zenger, T. R. (2004): A knowledge-based theory of the firm – The problem-solving perspective, in: Organization Science 15, S. 617-632.
Nonaka, I./Konno, N. (1998): The concept of „Ba": Building a foundation for knowledge creation, in: California Management Review 40, S. 40-54.

Literaturverzeichnis

Nonaka, I./Krogh, G. v./Ichijo, K. (2000): Enabling knowledge creation. How to unlock the mystery of tacit knowledge and release the power of innovation, Oxford.

Nonaka, I./Takeuchi, H. (1995): The knowledge creating company: how Japanese companies create the dynamics of innovation, New York.

Nygaard, A./Dahlstrom, R. (2002): Role stress and effectiveness in horizontal alliances, in: Journal of Marketing 66, S. 61-82.

Obermann, C. (2013): Assessment Center: Entwicklung, Durchführung, Trends, 5. Aufl., Wiesbaden.

Odiorne, G. S. (1967): Management by objectives, Führung durch Vorgabe von Zielen (übers. a. d. Engl.), München.

Odiorne, G. S. (1979): MBO II – A system of managerial leadership, New York.

Oechsler, W. A. (2011): Personal und Arbeit – Grundlagen des Human-Resource-Management und der Arbeitgeber-Arbeitnehmer-Beziehungen, 9. Aufl., München.

Oldham, G. R./Hackman, J. R. (2010): Not what it was and not what it will be: The future of job design research, in: Journal of organizational behavior, 31, S. 463-479.

Ollier-Malaterre, A./Rothbard, N. P./Berg, J. M. (2013): When worlds collide in cyberspace: How boundary work in online social networks impacts professional relationships, in: Academy of Management Review 38, S. 645-669.

Ondrack, D. A. (1974): Defense mechanisms and the Herzberg theory: An alternate test, in: Academy of Management Journal 17, S. 79-89.

Orlikowski, W. J. (2000): Using technology and constituting structures: A practice lens for studying technology in organizations, in: Organization Science 11, S. 404-428.

Orlikowski, W. J./Yates, J. (2002): It's about time: Temporal structuring in organizations, in: Organization Science 13, S. 684-700.

Ortmann, G. (2003): Regel und Ausnahme. Paradoxien sozialer Ordnung, Frankfurt a. M.

Ortmann, G./Sydow, J./Türk, K. (2000): Organisation, Strukturation, Gesellschaft, in: Ortmann, G./Sydow, J./Türk, K. (Hrsg.): Theorien der Organisation, 2. Aufl., Opladen, S. 15-34.

Osterloh, M./Frost, J. (2006): Prozessmanagement als Kernkompetenz, 5. Aufl., Wiesbaden.

Osterloh, M./Rost, K. (2011): Der Anstieg der Management-Vergütung: Markt oder Macht?, in: Die Unternehmung 65 (Sonderheft 1/2011), S. 1-17.

Otten, M./Scheitza, A./Cnyrim, A. (2009)(Hrsg.): Interkulturelle Kompetenz im Wandel, 2 Bde., Münster.

Literaturverzeichnis

Park, S. H./Westphal, J. D. (2013): Social discrimination in the corporate elite: How status affects the propensity for minority CEOs to receive blame for firm performance, in: Administrative Science Quarterly 48, S. 542-586.

Parsons, T. (1960): Structure and process in modern societies, Glencoe, IL.

Pascale, R./Athos, A. (1986): The art of Japanese management, London.

Pelz, D. C. (1956): Some social factors related to performance in a research organization, in: Administrative Science Quarterly 1, S. 310-325.

Pescosolido, A. T. (2001): Informal leaders and the development of group efficacy, in: Small Group Research 32, S. 74-93.

Peter, L. J./Hull, R. (2003): Das Peter-Prinzip oder die Hierarchie der Unfähigen, Reinbek b. Hamburg.

Peteraf, M. A. (1993): The cornerstones of competitive advantage: A resource-based view, in: Strategic Management Journal 14, S. 179-191.

Peters, T. J./Waterman, R. H. j. (1984): Auf der Suche nach Spitzenleistungen (übers. a. d. Engl.), Landsberg am Lech.

Peters, T. J./Waterman, R. H. j. (2007): Auf der Suche nach Spitzenleistungen. Was man von den bestgeführten US-Unternehmen lernen kann, Heidelberg.

Pfaff, D. (2002): Budgetierung, in: Küpper, H.-U./Wagenhofer, A. (Hrsg.): Handwörterbuch Unternehmensrechnung und Controlling, 4. Aufl., Stuttgart, S. 231-241.

Pfeffer, J. (1978): The micropolitics of organizations, in: Meyer, M. W. et al. (Hrsg.): Environments and organizations, San Francisco, S. 29-50.

Pfeffer, J. (1994): Competitive advantage through people: Unleashing the power of the work force, Boston, Mass.

Pfeffer, J. (1997): New directions for organization theory: Problems and prospects, New York, Oxford.

Pfeffer, J. (1998): The human equation: Building profits by putting people first, Boston.

Phillips, J. M. (1998): Effects of realistic job previews on multiple organizational outcomes: A meta-analysis, in: Academy of Management Journal 41, S. 673-690.

Picot, A./Reichwald, R./Wiegand, R. T. (2003): Die grenzenlose Unternehmung, 5. Aufl., Wiesbaden.

Porter, M. E. (1999): Wettbewerbsvorteile (übers. a. d. Engl.), 6. Aufl., Frankfurt a. M.

Porter, M. E. (2008): Wettbewerbsstrategie. Methoden zur Analyse von Branchen und Konkurrenten (übers. a. d. Engl.), 11. Aufl., Frankfurt a. M.

Porter, M.E. (1987): From competitive advantage to corporate strategy, in: Harvard Business Review 65, S. 43-59.

Literaturverzeichnis

Post, J./Preston, L. E./Sauter-Sachs, S. (2002): Redefining the corporation: Stakeholder management and organizational wealth, Stanford.

Prahalad, C. K./Hamel, G. (1990): The core competence of the corporation, in: Harvard Business Review 68, S. 79-91.

Probst, G./Raub, S./Romhardt, K. (2013): Wissen managen: Wie Unternehmen ihre wertvollste Ressource optimal nutzen, 7. Aufl., Wiesbaden.

Puranam, P./Singh, H./Zollo, M. (2006): Organizing for innovation: Managing the coordination-autonomy dilemma in technology acquisitions, in: Academy of Management Journal 49, S. 263-280.

Quinn, R. E./Cameron, K. (1983): Organizational life cycles and shifting criteria of effectiveness: Some preliminary evidence, in: Management Science 29, S. 33-52.

Rauen, C. (2005)(Hrsg.): Handbuch Coaching, 3 Aufl., Göttingen.

Reed, M. (1996): Expert power and control in late modernity: An empirical review and theoretical synthesis, in: Organization Studies 17, S. 573-597.

Reed, M. S./Graves, A./Dandy, N./Posthumus, H./Hubacek, K./Morris, J./Prell, C./Quinn, C. H./Stringer, L. C. (2009): Who's in and why? A typology of stakeholder analysis methods for natural resource management, in: Journal of Environmental Management 90, S. 1933-1949.

Reinig, B. A./Horowitz, I./Whittenburg, G. E. (2011): A longitudinal analysis of satisfaction with group work, in: Group Decision and Negotiation 20, S. 215-237.

Report, W. I. (2000): Zur Lage der Welt 2000, Frankfurt a. M.

Rich, B. L./Lepine, J. A./Crawford, E. R. (2010): Job engagement: Antecedents and effects on job performance, in: Academy of Management Journal 53, S. 617-635.

Rieg, R. (2008): Planung und Budgetierung, Wiesbaden.

Riggle, R. J./Edmondson, D. R./Hansen, J. D. (2009): A meta-analysis of the relationship between perceived organizational support and job outcomes: 20 years of research, in: Journal of Business Research 62, S. 1027-1030.

Rijnbout, J. S./McKimmie, B. M. (2012): Deviance in organizational group decision-making: The role of information processing, confidence, and elaboration, in: Group Processes and Intergroup Relations 15, S. 813-828.

Rindova, V./Kotha, S. (2001): Continuous morphing: Competing through dynamic capabilities, form, and function, in: Academy of Management Journal 44, S. 1263-1280.

Romanelli, E./Tushman, M. L. (1994): Organizational transformation as punctuated equilibrium: An empirical test, in: Academy of Management Journal 37, S. 1141-1166.

Ross, W. H./Conlon, D. C. (2000): Hybrid forms of third-party dispute resolution, in: Academy of Management Review 25, S. 416-427.

Rost, K./Osterloh, M. (2009): Management fashion pay-for-performance for CEOs, in: Schmalenbach Business Review (SBR) 61, S. 119-149.

Rudolph, C./Schwetzler, B. (2013): Conglomerates on the rise again? A cross-regional study on the impact of the 2008-2009 financial crisis on the diversification discount, in: Journal of Corporate Finance 22, S. 153-165.

Rugman, A. M./Verbeke, A. (2004): A perspective on regional and global strategies of multinational enterprises, in: Journal of International Business Studies 35, S. 3-18.

Russette, J. W./Scully, R. E./Preziosi, R. (2008): Leadership across cultures: A comparative study, in: Academy of Strategic Management Journal 7, S. 47-61.

Sackmann, S. (2002): Unternehmenskultur: Erkennen – Entwickeln – Verändern, Neuwied.

Saint-Onge, H./ Wallace, D. (2012): Leveraging communities of practice for strategic advantage, London.

Salmivalli, C. (2010): Bullying and the peer group: A review, in: Aggression and violent behavior 15, S. 112-120.

Sarges, H./Wottowa, H. (2005)(Hrsg.): Handbuch wirtschaftspsychologischer Testverfahren, Bd. 1, Lengerich.

Scheible, D. H. (2014): Interkulturelle Kompetenz im globalen Unternehmen: Modelle, Trainingsmaßnahmen und Leistungsbeitrag, Hamburg

Schein, E. (1969): Process consultation, Reading, Mass.

Schein, E. H. (1984): Coming to a new awareness of organizational culture, in: Sloan Management Review 25, S. 3-16.

Schein, E. H. (1988): Process consultation: Its role in organization development, Vol. I, 2. Aufl., Reading, Mass.

Schein, E. H. (2004): Organizational culture and leadership, 3. Aufl., San Francisco.

Scherer, A. G./Palazzo, G. (2007): Toward a political conception of corporate responsibility – Business and society seen from a Habermasian perspective, in: Academy of Management Review 32, S. 1096-1120.

Schermerhorn, J. R./Hunt, J. G./Osborn, R. N. (1994): Managing organizational behavior, 5. Aufl., New York.

Schettgen, P. (1996): Arbeit, Leistung, Lohn, Stuttgart.

Schewe, G. (2009): Unternehmensverfassung: Corporate Governance im Spannungsfeld von Leitung, Kontrolle und Interessenvertretung, 2. Aufl., Berlin.

Literaturverzeichnis

Schkade, D./Sunstein, C. R./Kahneman, D. (2000): Deliberating about Dollars: The severity shift, in: Columbia Law Review 100, S. 1139-1175.

Schlenker, B. R. (1985): Identity and self-identification, in: Schlenker, B. R. (Hrsg.): The self and social life, New York, S. 65-99.

Schmidt, G. (1992): Grundlagen der Aufbauorganisation, Gießen.

Schmidt, M./Schwegler, R. (2003)(Hrsg.): Umweltschutz und strategisches Handeln, Wiesbaden.

Schneider, H.-D. (1975): Kleingruppenforschung, Stuttgart.

Schneider, H. (2003): Arbeitsmarkt: Wider die unheilige Allianz von Politik und Tarifkartellen, in: Zimmermann, K.-F. (Hrsg.): Reformen – jetzt!, Wiesbaden, S. 29-48.

Schneider, U. (2000): Work under Construction: Management als Steuerung organisatorischen Wissens, in: Schreyögg, Georg (Hrsg.): Funktionswandel im Management: Wege jenseits der Ordnung, Berlin.

Schreyögg, A. (2012): Coaching, 7. Aufl., Frankfurt a. M.

Schreyögg, G. (1989): Zu den problematischen Konsequenzen starker Unternehmenskulturen, in: Zeitschrift für betriebswirtschaftliche Forschung 41, S. 94-113.

Schreyögg, G. (1991): Der Managementprozess – neu gesehen, in: Staehle, W. H./Sydow, J. (Hrsg.): Managementforschung Bd. 1, Berlin/New York, S. 255-289.

Schreyögg, G. (1992): Zur Logik des Strategischen Managements, in: Management Revue 3, S. 199-212.

Schreyögg, G. (1993): Unternehmensstrategie, Berlin/New York.

Schreyögg, G. (1995): Umwelt, Technologie und Organisationsstruktur: Eine Analyse des kontingenztheoretischen Ansatzes, 3. Aufl., Bern/Stuttgart.

Schreyögg, G. (2005): The role of corporate cultural diversity in integrating mergers and acquisitions, in: Mendenhall, M.E./Stahl, G. (Hrsg.): Mergers and acquisitions: Managing culture and human resources, Palo Alto, S. 108-125.

Schreyögg, G./Dabitz, R. (1999): Unternehmenstheater. Formen – Erfahrungen – erfolgreicher Einsatz, Wiesbaden.

Schreyögg, G./Geiger, D. (2005): Zur Konvertierbarkeit von Wissen – Wege und Irrwege im Wissensmanagement, in: Zeitschrift für Betriebswirtschaft 75, S. 433-454.

Schreyögg, G./Geiger, D. (2007): The signifcance of distinctiveness: A proposal for rethinking organizational knowlegde, in: Organization 14, S. 77-100.

Schreyögg, G./Höpfl, H. (2004): Theatre and Organization: Editorial Introduction, in: Organization Studies 25, S. 691-704.

Schreyögg, G./Kliesch-Eberl, M. (2007): How dynamic can organizational capabilities be? Towards a dual-process model of capability dynamization, in: Strategic Management Journal 28, S. 913-933.

Schreyögg, G./Schmidt, L. (2010): Open windows: Shaping information technology as a continuous organizational process, in: Managementforschung 20, S. 151-182.

Schreyögg, G./Steinmann, H. (1987): Strategic control: A new perspective, in: Academy of Management Review 12, S. 91-103.

Schreyögg, G./Unglaube, O. (2013): Zur Rolle von Finanzinvestoren in deutschen Publikumsaktiengesellschaften – Thesen und empirische Befunde, in: Die Aktiengesellschaft 58, S. 97-110.

Schuler, H. (1992): Das multimodale Einstellungsinterview, in: Diagnostica 38, S. 1-20.

Schuler, H./Funke, U. (1993): Diagnose beruflicher Eignung und Leistung. Lehrbuch Organisationspsychologie, Bern, S. 289-343.

Schuler, H./Funke, U. (2004): Diagnose beruflicher Eignung und Leistung, in: Schuler, H./Brandstätter, H./Bungard, W./Greif, S./Ulich, E./Wilpert, B. (Hrsg.): Lehrbuch Organisationspsychologie, 3. Aufl., Bern, S. 289-343.

Schuler, H./Stehle, W. (1990)(Hrsg.): Der Biographische Fragebogen als Methode der Personalauswahl, 2. Aufl., Göttingen.

Schwarz, G. (2010): Konfliktmanagement, 8. Aufl., Wiesbaden.

Schweitzer, M./Troßmann, E. (1998): Break-even-Analysen: Methodik und Einsatz, 2. Aufl., Berlin.

Scott-Morgan, P. (1994): Die heimlichen Spielregeln, Frankfurt a. M. et al.

Selvini Palazzoli, M./Anolli, L./DiBlasio, P./Giossi, L./Pisano, J./Ricci, C./Sacchi, M./Ugazio, V. (1995): Hinter den Kulissen der Organisation, 6. Aufl., Stuttgart.

Selvini-Palazzoli, M./Boscolo, L./Cecchin, G./Prata, G. (2003): Paradox und Gegenparadox, 11. Aufl., Stuttgart.

Shamir, B./House, R. J./Arthur, M. B. (1993): The motivational effects of charismatic leadership: A self-concept based theory, in: Organization Science 4, S. 577-594.

Shaw, M. E. (1981): Group dynamics: The psychology of small group behavior, 3. Aufl., New York.

Sherif, M. (1966): Group conflict and cooperation, London.

Sievers, B. (1974): Geheimnis und Geheimhaltung in sozialen Systemen, Opladen.

Simberova, I. (2009): Corporate culture – as a barrier of market orientation implementation, in: Economics & Management, S. 513-521.

Simon, F. B./Clement, U./Stierlin, H. (1999): Die Sprache der Familientherapie, 5. Aufl., Stuttgart.

Skinner, B. F. (1938): The behavior of organisms, New York.

Literaturverzeichnis

Sorensen, J. B. (2002): The strength of corporate culture and the reliability of firm performance, in: Administrative Science Quarterly 47, S. 70-91.
Sparrer, J./Varga von Kibéd, M. (2003): Ganz im Gegenteil, Heidelberg.
Staehle, W. H. (1999): Management. Eine verhaltenswissenschaftliche Perspektive (überarb. von Peter Conrad & Jörg Sydow), 8. Aufl., München.
Steinmann, H. (1973): Zur Lehre von der „Gesellschaftlichen Verantwortung der Unternehmensführung", in: Wirtschaftswissenschaftliches Studium 2, S. 467-472.
Steinmann, H./Löhr, A. (1992): Lohngerechtigkeit, in: Handwörterbuch des Personalwesens, 2. Aufl., Stuttgart.
Steinmann, H./Löhr, A. (1994): Grundlagen der Unternehmensethik, 2. Aufl., Stuttgart.
Steinmann, H./Schreyögg, G./Koch, J. (2013): Management: Grundlagen der Unternehmensführung, 7. Aufl., Wiesbaden.
Stewart, R. (1982): Choices for the manager, New Jersey.
Stewart, R. (1999): The reality of management, 3. Aufl., London.
Steyrer, J. (1995): Charisma in Organisationen, Frankfurt a. M.
Stogdill, R. M. (1948): Personal factors associated with leadership: A survey of the literature, in: Journal of Psychology 25, S. 35-71.
Stone, C. D. (1975): Where the law ends, New York et al.
Suchman, M. C. (1995): Managing legitimacy: Strategic and institutional approaches, in: Academy of Management Review 20, S. 571-610.
Sull, D. N. (2005): Strategy as active waiting, in: Harvard Business Review 83, S. 120-129.
Sydow, J. (1985): Der sozio-technische Ansatz der Arbeits- und Organisationsgestaltung, Frankfurt a. M./New York.
Sydow, J./Schreyögg, G./Koch, J. (2009): Organizational path dependence: Opening the black box, in: Academy of Management Review 34, S. 689-709.
Szulanski, G. (2003): Sticky knowledge: Barriers to knowing in the firm. London.
Tannenbaum, R./Schmidt, W. H. (1958): How to choose a leadership pattern, in: Harvard Business Review 36, S. 95-101.
Taylor, F. W. (1911): Principles of scientific management, New York.
Taylor, S. S. (2008): Theatrical performance as unfreezing, in: Journal of Management Inquiry 17, S. 398-406.
Teece, D. J. (2009): Dynamic capabilities and strategic management: Organizing for innovation and growth, Oxford.
Teece, D. J./Pisano, G./Shuen, A. (1997): Dynamic capabilities and strategic management, in: Strategic Management Journal 18, S. 509-533.

Tengblad, St. (2006): Is there a new managerial work? A comparison with Henry Mintzberg's classic study 30 years later, in: Journal of Management Studies 43, S. 1437-1461.

Theobald, N. A./Nicholson-Crotty, S. (2005): The many faces of span of control, in: Administration & Society 36, S. 648-660.

Thomas, A. (2003)(Hrsg.): Handbuch Interkulturelle Kommunikation und Kooperation, Göttingen.

Thorne, D./Ferell, O. C./Ferell, C. (2002): Business and society: A strategic approach to corporate citizenship, Boston.

Thornhill, S./White, R. E. (2007): Strategic purity: A multi-industry evaluation of pure vs. hybrid business strategies, in: Strategic Management Journal 28, S. 553-561.

Thornton, G. C. I./Gaugler, B. B./Rosenthal, D. B./Bentson, C. (1992): Die prädiktive Validität des Assessment Centers – eine Metaanalyse, in: Schuler, H./Stehle, W. (Hrsg.): Assessment Center als Methode der Personalentwicklung, 2. Aufl., Göttingen, S. 36-60.

Thornton, G. C./Gibbons, A. M. (2009): Validity of assessment centers for personnel selection, in: Human Resource Management Review 19, S. 169-187.

Trebesch, K. (2004): Organisationsentwicklung, in: Schreyögg, G./von Werder, A. (Hrsg.): Handwörterbuch Unternehmensführung und Organisation, Stuttgart, S. 988-997.

Trice, H. M. (1993): Occupational subcultures in the workplace, Ithaca, NY.

Tristram, D. (2013): Risikofaktoren für ausländische Direktinvestitionen: Eine empirische Studie über die Abhängigkeit ausländischer Direktinvestitionen von Risikofaktoren am Beispiel des Wirtschaftsraumes Lateinamerika, Hamburg.

Tropp, L. (2012)(Hrsg.): The Oxford handbook of intergroup conflict, New York.

Tsoukas, H./Chia, R. (2002): On organizational becoming: Rethinking organizational change, in: Organization Science 13, S. 567-582.

Tucker, S. A. (1966): Break-even-Analyse, die praktische Methode der Gewinnplanung, München.

Tuckman, B. W. (1965): Developmental sequence in small groups, in: Psychological Bulletin (63), S. 384-399.

Türk, K. (1989): Neuere Entwicklungen in der Organisationsforschung, Stuttgart.

Tyre, M. J./Orlikowski, W. J. (1994): Windows of opportunity: Temporal patterns of technological adaptation in organizations, in: Organization Science 5, S. 98-118.

Ulich, E. (2011): Arbeitspsychologie, 7. Aufl., Zürich und Stuttgart.

Literaturverzeichnis

Ulich, E./Groskurth, P./Bruggemann, A. (1973): Neue Formen der Arbeitsgestaltung – Möglichkeiten und Probleme einer Verbesserung der Qualität des Arbeitslebens, Frankfurt a. M.
Ulrich, P. (1977): Die Großunternehmung als quasi-öffentliche Institution, Stuttgart.
Ulrich, P. (2001): Integrative Unternehmensethik, Bern et al.
Ulrich, P. (2002): Der entzauberte Markt, Freiburg.
Ury, W./Brett, J. M./Goldberg, S. B. (1988): Getting disputes resolved, San Francisco.
van den Bosch, F. A. J./Van Wijk, R. (2000): The emergence and development of internal networks and their impact on knowledge flows: The case of Rabobank Group, in: Pettigrew, A. M./Fenton, E. M. (Hrsg.): The Innovating Organization, London, S. 144-177.
van der Stede, W. A. (2000): The relationship between two consequences of budgetary controls: Budgetary slack creation and managerial short-term orientation, in: Accounting, Organizations and Society 25, S. 609-622.
van Fleet, D. O./Bedeian, A. G. (1977): A history of the span of management, in: Academy of Management Review 2, S. 356-372.
van Iddekinge, C. H./Roth, P. L./Raymark, P. H./Odle-Dusseau, H. N. (2012): The critical role of the research question, inclusion criteria, and transparency in metaanalyses of integrity test research: A reply to Harris et al. (2012) and Ones, Viswesvaran, and Schmidt (2012), in: Journal of Applied Psychology 97, S. 543-549.
Volberda, H. W. (1999): Building the flexible firm: How to remain competitive, Oxford.
Volkart, R. (2006): Corporate Finance. Grundlagen von Finanzierung und Investition, Zürich.
Vollmuth, H. J. (1999): Unternehmenssteuerung mit Kennzahlen, München.
Vroom, V. (1964): Work and motivation, New York.
Wagner, G. R. (1997): Betriebswirtschaftliche Umweltökonomie, Stuttgart.
Wahrman, R. (2010): Status, deviance, and sanctions: A critical review, in: Small Group Research 41, 91-105.
Walgenbach, P./Kieser, A. (1995): Mittlere Manager in Deutschland und Großbritannien, in: Schreyögg, G./Sydow, J. (Hrsg.): Empirische Studien – Managementforschung 5, Berlin/New York, S. 259-310.
Wanous, J. P./Youtz, M. A. (1986): Solution diversity and the quality of group decisions, in: Academy of Management Journal 29, S. 149-158.
Wassner, F. (1996): Warum muss der Kandidat sein Innerstes nach außen kehren?, in: Frankfurter Allgemeine Zeitung, Nr. 20.4.1996, S. 47.
Watson, G. (1975): Widerstand gegen Veränderungen, in: Bennis, W. G./Benne, K. D./Chin, R. (Hrsg.): Änderung des Sozialverhaltens, Stuttgart.

Watson, J. B. (1930): Behaviorism, Chicago.

Watson, W. E./Kumor, K./Michaelson, L. K. (1993): Cultural diversity's impact on interaction process and performance: Comparing homogeneous and diverse task groups, in: Academy of Management Journal 36, S. 590-602.

Watzlawick, P. (1985): Die erfundene Wirklichkeit, München.

Watzlawick, P./Beavin, J. H./Jackson, P. P. (1969): Menschliche Kommunikation: Formen, Störungen, Paradoxien, Bern.

Wayne, S. J./Shore, L. M./Liden, R. C. (1997): Perceived organizational support and leader-member exchange: A social exchange perspective, in: Academy of Management Journal 40, S. 82-111.

Weber, J. (1997)(Hrsg.): Umweltmanagement. Aspekte einer umweltbezogenen Unternehmensführung, Stuttgart.

Weber, J./Linder, S. (2008): Neugestaltung der Budgetierung mit Better und Beyond Budgeting? Eine Bewertung der Konzepte, Weinheim.

Weber, J./Schäffer, U. (2014): Einführung in das Controlling, 13. Aufl., Stuttgart.

Weber, M. (1972): Wirtschaft und Gesellschaft, 5. Aufl., Tübingen.

Weick, K. E. (1977): Organization design: Organizations as self-designing systems, in: Organization Dynamics 6, S. 31-46.

Weick, K. E. (1991): The nontraditional quality of organizational learning, in: Organization Science 2, S. 116-124.

Weick, K. E. (1996): Speaking to practice: The scholarship of integration, in: Journal of Management Inquiry 5, S. 251-258.

Weick, K. E. (2012): Making sense of the organization, Vol. 2: The impermanent organization, Chichester.

Weimann, J. (1995): Umweltökonomik, 3. Aufl., Berlin.

Weinert, A. B. (2004): Organisations- und Personalpsychologie, 5. Aufl., Weinheim.

Welge, M. K./Al-Laham, A. (2012): Strategisches Management. Grundlagen – Prozess – Implementierung, 6. Aufl., Wiesbaden.

Wenger, E. C./Snyder, W. M. (2000): Communities of Practice: The Organizational Frontier, in: Harvard Business Review, S. 139-145.

Wenger, E./Terberger, E. (1988): Die Beziehung zwischen Agent und Prinzipal als Baustein einer ökonomischen Theorie der Organisation, in: Wirtschaftswissenschaftliches Studium 27, S. 27-33 .

Westphal, J. D./Khanna, P. (2003): Keeping directors in line: Social distancing as a control mechanism in the corporate elite, in: Administrative Science Quarterly 48, S. 361-398.

Weuster, A. (2012): Personalauswahl II: Internationale Forschungsergebnisse zum Verhalten und zu Merkmalen von Interviewern und Bewerbern, 3. Aufl., Wiesbaden.

Literaturverzeichnis

Wexley, K. N. (1986): Appraisal interview, in: Berk, R. A. (Hrsg.): Performance assessment, Baltimore.
Whittington, R. (2006): Learning more from failure: Practice and process, in: Organization Studies 27, S. 1903-1906.
Whyte, W. F. (1961): Men at work, Homewood, Ill.
Wilkesmann, U./Rascher, I. (2002): Lässt sich Wissen durch Datenbanken managen?, in: zfo 71, S. 342-351.
Wilkin, C. L. (2013): I can't get no job satisfaction: Meta-analysis comparing permanent and contingent workers, in: Journal of Organizational Behavior 34, S. 47-64.
Willner, A. R. (1984): The spellbinders: Charismatic political leadership, New Haven.
Witt, P. (2003): Corporate Governance Systeme im Wettbewerb, Wiesbaden.
Womack, J. P./Jones, D. T./Roos, D. (1992): Die zweite Revolution in der Automobilindustrie (übers. a. d. Engl.), Frankfurt a. M. et al.
Woodward, J. (1965): Industrial organization: Theory and practice, London.
Yoo, Y./Alavi, M. (2001): Media and group cohesion: Relative influences on social presence, task participation, and group consensus, in: MIS Quarterly 25, S. 371-390.
Yukl, G. (2009): Leadership in organizations, 7. Aufl., New York.
Zaccaro, S. J. (2007): Trait-based perspectives of leadership, in: American Psychologist 62, S. 6-16.
Zdrowomyslaw, N./Kasch, R. (2002): Betriebsvergleiche und Benchmarking für die Managementpraxis, München/Wien.
Zenger, T. R. (1994): Explaining organizational diseconomies of scale in R&D: Agency problems and the allocation of engineering talent, ideas, and effort by firm size, in: Management Science 40, S. 708-729.
Zentes, J./Swoboda, B./Schramm-Klein, H. (2013): Internationales Marketing, München.
Zyder, M./Schäffer, U. (2007): Die Gestaltung der Budgetierung: Eine empirische Untersuchung in deutschen Unternehmen, Wiesbaden.

Stichwortverzeichnis

A

Ablaufplanung 156
Abnehmer 36
Abnehmeranalyse 89
Absatzplan 160
Absatzplanung 183
Absatzprognose 186
Abschreckung 410
Absorptionsfähigkeit 307
Absorptive capacity 280, 307
Abstimmungsprobleme 220, 223, 226, 228
Abteilung 11, 209
Abteilungsleiterkonferenzen 226
Abwehrhaltung 286, 303
Abweichungsanalyse 12, 192
Active Sourcing 442
Adhocratie 229
Advocatus Diaboli 312, 383
Akkordlohn 466
Akquisition 305
Aktiengesellschaft 46
Aktivitäten
– primäre 95 f.
– sekundäre 95 f.
– von Managern 16
Aktivitätsfeld 74
Allianzen 276
Allokation 43
Alternativ- oder Eventualplanung 163
Ambiguität 456
Anforderungen, zukunftsbezogene 444
Anforderungsprofil 443 f.
Angebot und Nachfrage 41
Angebotsfunktion 42
Angst vor Veränderung 279
Anpassung, flexible 21
Anpassungsfähigkeit 24 f.

Anreiz-Beitrags-Theorie 37
Anreizsystem 389
Anschlussfähigkeit 27
Anschlussmöglichkeiten, multiple 22
Anspruchsgruppe 39
Anti-Diskriminierung 363
Anweisung 14, 220, 326
Anweisungsproblem 277
Arbeit 14
– als Leid 326
Arbeitgeber 50
Arbeitnehmer 36 f., 40 f., 48 f., 52
Arbeitnehmerüberlassung 427
Arbeitsaktivitäts-Studien 14
Arbeitsausführung 11
Arbeitsbewertung 465
– analytische 465
– summarische 465
Arbeitsfreude 326
Arbeitsgestaltung 343, 348
Arbeitsinhalt 339
Arbeitsleistung 420
Arbeitsmarkt
– externer 442, 464
– interner 442
Arbeitsorganisation 343
Arbeitsplatzwechsel 444
Arbeitsprobe 444
Arbeitsprozess 12, 15
– fragmentierter 237
Arbeitsrecht 49
Arbeitsstil 16
Arbeitstag 14
Arbeitsteilung 24, 204, 210, 212, 218, *siehe auch* Differenzierung
Arbeitsvereinigung 204
Arbeitsverhalten 16 f.
Arbeitsverhältnisse, flexible 414
Arbeitsvertrag 40, 409, 465

Stichwortverzeichnis

Arbeitszeit 465
Arbeitszufriedenheit 418
Arbeitszufriedenheitsforschung 336
Argumentationstheorie 311
Assessment Center 448 f., 450, 460
Assimilation 269
Attribution 406
– von Charisma 403
Aufbauorganisation 209
Aufgabenanalyse 209
Aufgabeninterdependenz 210
Aufgabenorientierung 423 f.
Aufgabenspezialisierung 388
Aufgabensynthese 209
Aufgabenüberlappung 12
Aufgabenumwelt 456
Aufgabenvariabilität 209
Aufgabenvielfalt 344
Aufsichtsrat 46
Auftaumethode 285
Auftauprozess 283
Aufwärmphase 446
Aufwärtsbeurteilung 457
Aufwendungen und Erträge 158
Ausschuss 226
Außenbezug 20
Austrittsbarriere 91
Auswahlgespräch 450
Auswahlinterview 445
Autonomie 213
– des Handelns 344
Autorität 226
– formale 414

B

Ba-Konzept 307
Balanced Scorecard 139, 310
Basisannahmen 249, 257, 303
BCG-Portfolio-Matrix 129
Bedeutungsgehalt der Aufgabe 344
Bedrohung 21
Bedürfnisbefriedigung 43, 326
Bedürfnishierarchie nach Maslow 333
Bedürfnisklassen 334

Bedürfnisse 326, 361, 363, 407
Beharrungstendenz 279
Benchmarking 305
Bereitschaftskosten 174
BERI Index 132
Beschaffungsplanung, operative 153
Beschaffungspolitik 153
Best practice 305
Bestandssicherung 36
Betriebsblindheit 286
Betriebsergebnisplanung 159
Betriebsergebnisrechnung 158
Betriebsgrößenersparnisse 117
Betriebsmittel 95
Betriebsordnung 416
Betriebsrat 450
Betriebsverfassungsgesetz 49, 53, 55, 450, 452
Betriebswirtschaftslehre 9
Betriebszugehörigkeit 464
Beurteilungsfehler 449
Beurteilungsgespräch siehe Mitarbeitergespräch
Beurteilungsprobleme 451
Beurteilungsprozess 458
Beurteilungssystem 451
Beurteilungswesen 451
Bewerbungsschreiben 444
Bewerbungsunterlagen 444 f., 450
Beyond budgeting 184
Beziehung, interpersonelle 17
Bezugsgruppen 36
Bilanzrichtliniengesetz 50 f.
Binnenkomplexität 229
Biographischer Fragebogen 444
Branchenlebenszyklus 93
Brauchbare Illegalität 247
Break-even-Analyse 173
Break-even-Menge 176
Break-even-Punkt 180
Bruttosozialprodukt 129
Budget
– Begriff 183
– Bottom-up-Ansatz 189
– Budgetierungsprozess 189

Stichwortverzeichnis

- Eventual- 187
- Funktionen 183
- Gegenstromverfahren 189
- Gesamt- 184
- Kontrolle 188
- Nachtrags- 188
- operatives 186
- Parameter 189
- Produktions- 187
- Projekt- 186
- starres und flexibles 187
- Teil- 186
- Umsatz- 186

Budgetary slacks 185
Budgetierung 183
- progressive 189
- Top-down- 188
Budgetierungsprozess 188
Budgetlimit 15
Budgetsteuerung, Dysfunktionalität der 184
Budgetstruktur 185
Bürokratisierung 207
Business Reengineering 230

C

Caseteam 231
Caseworker 231
Cash Flow 128, 130
Chancen und Risiken 36, 84, 123, 127
Change agent 284, 286
Change Management 276
- Ansätze 276
- Stabilität vs. Wandel 312
- verhaltensorientiertes 278
Charisma 403 ff., 412
Chronically unfrozen 313
Coaching 428 f.
Code of conduct 48
Commitment 164, 427
Communities of Practice 309 f., 461
Controlling 216
Corporate citizenship 58
Corporate governance 7, 47, 55
Corporate identity 255

Corporate social responsibility 48, 56
Crowding out 467

D

Davoser Manifest 56 f.
DBU-Faktor 179, 181
Deckungsbeitrag 91
Deckungsbeitragsfunktion 176
Deep structure 279
Defensivroutine 286
Defizitprinzip 334, 336
Denkmuster 144
Dequalifikation 349
Deregulierung 50
Deterministische Simulation 168
Deutero-Learning 302, 304
Deviantes Verhalten 368
Diagnosefunktion 457
Dialog 62, 455
Dienstleistungsgesellschaft 471
Dienstweg 226
Differenzierung 121, 204, 208, 210, 230
Differenzierungsmerkmale 120
Differenzierungsstrategie 119, 138, 157
Differenzierungsvorteile 269
Digitale Medien 376
Dimensionen des Arbeitsinhalts 344
Direktinvestition 133
Direktionsbefugnis des Arbeitgebers 40, 205, 409
Diseconomies of scale 117
Diskontinuität 21
Diskrepanzansatz 469
Diskriminierung 389, 452
Diskurs, Prüf- 311
Divergentes Denken 448
Divergenztheorem 379
Diversifikation 123, 214
- durch Akquisition 126
- durch Eigenaufbau 126
- durch Kooperation 126
- horizontale 125

Stichwortverzeichnis

- konglomerate 125, 136
- vertikale 125
- verwandte 125, 136

Diversifikationsmotive 124
Diversity Management 363
Divisionale Organisation 213
Divisionalisierung 215
Division-Management 194
Domäne 75
Doppelbindungstheorie 287
Doppelmitgliedschaft 229
Double-Loop-Learning 302 f.
Dualproblem des Organisierens 208
Durchführungskontrolle 190
Durchlaufzeit 156
Dynamic capabilities 100
Dynamik 165

E

Echtzeitsteuerung 164
Eckpunktlösung 172
Economies of scale 87
Effektivität 418
Effizienz 313
Effizienzsicherung 276
Eigengestaltung 16
Eigenherstellung 153
Eigeninitiative 24, 460
Eigenkapital 40
Eigenkapitalgeber 52
Eigenschaften 401 f., 406
Eigenschaftsansatz 402 ff., 406, 415, 448, 453
Eigentum 41
Eigentumatom 46
Eigentümer 7
Eigentümerkontrolle 53
Eigentümerkontrolliertes Unternehmen 46
Eigentümer-Unternehmer 7
Eignungsprofil 443
Eignungsprognose 402, 446
Einflussadressat 407
Einflusschancen 237
Einflussgefüge 11

Einflussmöglichkeiten 377
Einflusspotenzial 371, 409, 410 ff., 427
Einflussprozess 406, 413, 419, 426
Einflussprozessansatz 424
Einflussprozessmodell 408
Einflussversuch 407 f., 410
Einheit der Auftragserteilung 220
Einkaufslosgröße 156
Einlinienorganisation 228
Einlinienprinzip 220
Einmütigkeit, Illusion der 382
Einzahlungen und Auszahlungen 158
Einzel-Coaching 429
Electronic recruiting 442
Emergenz 246
Empathie 444
Empowerment 231
Endverbraucher 36
Engpass 161
Entbürokratisierung 236
Entfremdung 219
Entgeltbestimmung 463
Entgeltdifferenzierung 464
Entlohnung 11, 339, 349, 441, 462, 470
- Korrekturfaktoren 464
- und Motivation 467

Entscheidung 10, 17, 23, 309
- sequenzielle 163

Entscheidungs- und Kontrollspielraum 344
Entscheidungsautonomie 41
Entscheidungsbaum 163
Entscheidungsbefugnis 220
Entscheidungsgewalt 42
Entscheidungspartizipation 430
Entscheidungsprozess 52, 165, 216, 237, 261, 263, 327, 364, 379, 430
- kollektiver 379

Entscheidungsträger 144
Entwicklung 452
Equity Theory 350, 469
Ereignisse, unvorhergesehene 20
Erfahrungskurve 117 f., 128 f.

Stichwortverzeichnis

Erfahrungslernen 304
Erfolgsorientiertes Handeln 41 f., 55 f.
Erfolgsfaktoren 115, 131
Erfolgspotenzial 99
Ergebniskontrolle 190 f.
Ergebnisorientierter Ansatz 453 f.
ERG-Theorie von Alderfer 336
Erlösfunktion 181
Erosionsgefahr von Strategien 113
Erwartungen 361 ff., 368, 378, 414
– Muss-, Soll- und Kann- 372
– nicht-lernbereite 312
Erwartungs-Valenz-Theorie 327, 365
Erwerbswirtschaftliches Prinzip 41
Eskalation von Konflikten 390
Espoused theory 301
Ethikkommission 60
Evaluation 460
Evolutorische Entwicklung 291
Existenzerhalt 36
Expansionsstrategie 213
Experimentiermodell 167
Expertenmacht 411, 414
Expertenstatus 411
Expertenwissen 308, 310
Exploitation 75
Export 132
Externe Effekte 44
Extrinsische Anreize 467
Extrinsische Motivation 340

F

Fähigkeiten 101, 135 f.
Fähigkeitspotenzial, intuitives 308
Fähigkeitsprofil 443
Fairness 363
Fallweise Regelung 206
Feedback 303, 344, 378, 451
– 360°- 458
– Bogen 462
– Gespräch 458
– Feedback-Kontrolle 191
– offenes 458

Feedforward 193
– Kontrolle 191
Fehlzeiten 363, 387
Feinsteuerung 11
Fertigungstechnologie 235
Fertigungstiefe 153
Finanzielles Gleichgewicht 158
Finanzplanung 158
– kurzfristige 158, 160
Flexibilität 25, 165, 222, 264, 269, 276, 313
– totale 313
Flexibilitätspotenzial 24
Flexible Organisation 165
Fluktuation 363, 387
Follower identity 414
Formale Ordnung 205
Formale Organisationsgestaltung 204
Formale Struktur 205, 246
Formalität vs. Informalität 359
Formierungsphase 362
Fragmentierung 133 f.
Frame-breaking change 291
Franchising 132
Freizeit 326
Fremdbezug 153
Frustration 237
Frustrations-Regressions-Prinzip 336
Führerschaft 377
Führung 11, 22, 24, 206, 400
– als Einflussversuch 407
– Begriff 400
– charismatische 403
– Einflussprozessmodell 406
– formelle 377
– Führungseigenschaften 401
– Identitätstheorie 414
– im internationalen Kontext 430
– informelle 377 f., 384
– Persönlichkeit 404
– Romantisierung von 406
– Situationstheorien 424
– und Coaching 428
– von Externen 427

Stichwortverzeichnis

Führungsaufgabe 11
Führungsdilemma 423
Führungsdual 379, 422
Führungseigenschaften, universelle 403
Führungserfolg 408
Führungsgesellschaft 213
Führungsgrößen 303
Führungsgrundsätze 252
Führungsidentität 414 f., 426
Führungskraft 7, 9, 12, 14 ff., 408, 415
Führungskultur 458
Führungsleitbild 413
Führungsleitsätze 416
Führungspersönlichkeit 401
Führungspraktik 400
Führungspraxis 25
Führungsprozess 403, 409 f., 414 f., 417, 430, 441
Führungssituation 402
Führungsstil 400, 418
– aufgabenorientierter vs. personenorientierter 420
– autoritärer vs. demokratischer 419
– und Coaching 428
Führungstheorie, naive 406
Führungsverhalten 16, 418, 426
Funktionalstrategie 76
Funktionsbereich, betrieblicher 77
Funktionskataloge 9
Funktionsmeistersystem 220
Funktionsprinzip 23
Funktionsreife 425

G

Galionsfigur 17
Ganzheitscharakter der Aufgabe 344
Gap-Analyse 460
Gegenkultur 259
Gehalt 465
Geldakkord 466
Generelle Regeln 206, 224
Gerechter Lohn 463
Gerechtigkeit 327, 463

Gerechtigkeitsempfinden 350, 469
Gesamtoptimierung 157
Gesamtplanung 152
Geschäftsbereichsorganisation 213
Geschäftsfeld 75 f., 86 f., 123, 126, 276
Geschäftsfelddefinition 80
Geschäftsfeldstruktur 115
Geschäftsmodell 154
Geschäftsverteilungsplan 208
Geschichten 254, 310, *siehe auch* Stories
Gesellschaftliche Verantwortung 57
Gesellschaftlich verantwortliche Unternehmensführung (corporate social responsibility) 48, 56
Gesellschaftsrecht 40
Gesichtsverlust 430
Gestaltungslogik 247
Gesunde Organisation 285
Gewinnfunktion 176
Gewinnkontrolle 183
Gewinnmaximierung 43, 56, 58
Gewinnplanung 182
Gewinnpotenzial 87, 90
Gewinnschwelle 173
Gewinnstreben 60
Gewinnverantwortlichkeit 213 f.
Gewissheit 162
Glaubwürdigkeit 411
Gleichgewicht 312
– finanzielles 161
– unterbrochenes 291
Gleichgewichtsmodell 315
Gleichgewichtstheorie 63, 283
Globale Umwelt 81
Globalisierung 133 f., 430
Grenzkosten 43
Grenznutzen 43
Grenzproduktivität 463
Größenvorteile 87, 210, 314
Großunternehmen 45, 50
Group relations conferences 284
Gruppe 407, 451
– Begriff 358
– Beziehungen zwischen Gruppen 388

- Definition im sozio-dynamischen Sinn 358
- Effektivität 363
- Grenzen 360
- Homogenität 363, 366
- Identität 360
- informelle Führungsstruktur 377
- Innovationen in der 374
- interne Sozialstruktur 369
- Konflikte zwischen Gruppen 388
- Konformität 366
- konzertierte Aktionen 384
- Normen und Standards 367
- virtuelle 359

Gruppen-Coaching 429
Gruppendenken 264, 380, 391, 449
- Symptome 381
- Vorbeugungsmaßnahmen gegen 382

Gruppendiversität 385
Gruppendynamik 358
Gruppendynamisches Training 284
Gruppeneffektivität 384
Gruppenentwicklung 362
Gruppenformation und -entwicklung 365
Gruppenforschung 449
Gruppengröße 364, 385
Gruppeninterview 445
Gruppenkohäsion 365, 387, *siehe auch* Kohäsion
- und Gruppenmitglieder 366
- und Organisationsumwelt 367
Gruppenleistung 384
Gruppenmoral 381
Gruppenprozess 360
- Inputvariablen 361, 363
- Interaktionsprozess 362
Gruppentypen 359
Gruppenzensur 381
Gruppenziele 386
Gruppenzusammensetzung 364, 385
Güter, differenzierte 119

H

Handlungsebene 417
Handlungsfähigkeit 36
Handlungsmuster 246, 280
- kollektive 362
Handlungsorientierung 23, 152
Handlungsrationalität, subjektive 43
Handlungsspielraum 47 f., 63, 152 f., 157, 184, 193, 205, 225, 235, 268, 344 ff., 370
Handlungstheorie 301, 303
Handlungszwang 15 f.
Hauptkultur 259
Hauptversammlung 46
Haushalte 42 f.
Head hunting 442
Hierarchie 8, 208, 211, 213, 216, 220 ff., 228, 231, 377, 409, 427
- flache 222
- in der Kritik 222
- Überlastung der 223
Hierarchieabbau 24
Holding 213
Horizontale Kooperation 225
Hot group 365
Human Resources *siehe* Personal
Hybridstrategie 121
Hygienefaktoren 338, 340
Hyperwettbewerb 134

I

Ich-Abwehr-Mechanismus 341
Idealmodell 285
Identität 365, 367, 389, 417, 426
- situative 415, 416
Identitätsausbildung 386, 414, 417
Identitätstheorie 388, 389
- der Führung 414
Idiosynkratischer Kredit 378
Imitierbarkeit 102, 123
Impliziter Prozess 246
Improvisation 27, 226
Increasing returns 280
Indolenz 46
Industrielle Beziehung 92

Stichwortverzeichnis

Informale Struktur 205, 230, 246
Information 17 f.
– exklusive 412
– und Kommunikationstechnologie 231, 235
Informationsaufnahme 144
Informationsmacht 412, 414
Informationspflicht 50
Informationstechnologie 235
Informationsverarbeitung 218, 389
Informationsverarbeitungsprozess 302
Informationsverzerrung 447
Ingroup 428
Initiating structure 421
Innovation 25, 276
Innovationsaufgabe 444
Innovationsfähigkeit 280
Innovationsfreude 460
Innovationstheorie 308
Innovator 18
Insolvenz 41
Insolvenzrecht 42
Instanz 7, 209, 216, 220, 223
Instrumentalität 328, 330, 333
Integration 204, 208, 219, 276
Integrationsmanagement 231
Integrationsmaßnahmen 230
Integrationsprobleme 232
Integrationsstelle 227
Intelligenztest 448
Interaktion 400, 407 f., 411, 414
– mediengestützte 359
– rekursive 287
Interaktionsdichte 307
Interaktionsprozess 361 f., 364, 415, 430
Interdependenzen 231
Interessenausgleich 41, 43, 45, 47, 55, 58 f.
Interessendualistische Struktur 52
Interessenkonflikttheorie 388
Interessenmonistische Struktur 52
Intermediäre 403
Internalisierung 44
Internationalisierungsstrategie 132

Interner Markt 215
Inter-Rollen-Konflikt 374
Inter-Sender-Konflikt 374
Intervention 285, 288
Interventionsmodelle 285
Interventionstechnik 288
Intra-Rollen-Konflikt 374, 424
Intra-Sender-Konflikt 374
Intrinsische Motivation 340 f., 468
Iso-Gewinnlinie 172
Ist-Verdienst 469

J
Jahresabschluss 50 f.
Job-enrichment 231, 346 ff.
Job-rotation 461
Joint Venture 126, 133, 427
Just-in-time-Produktion 156

K
Kalkulation 158
Kapazitätsbeanspruchung 169
Kapitalbindungszinsen 156
Kapitaleigner 36 f., 40
Kapitalerhöhung 158
Kapitalinteresse 40 f.
Kapitalmarkt 41
Kapitalmarktzinsen 40
Kapitalstruktur 159
Karrierewege 222
Kartellrecht 42
Käuferloyalität 88
Kaufmann 40
Kaufvertrag 40
Kausalkette 21
Kerngeschäft 125
Kernkompetenz 75, 98, 135, 280, 308
Kernkompetenz-Strategie 134
Kernmarkt 113
Kick-off-Veranstaltung 278
Kleinaktionäre 46
Knappheitspreise 42
Knappheitsverhältnisse 52
Knowing 306
Knowledge enabler 306

Koalitionsbildung 39
kognitive Landkarte 307
Kognitives Muster 389
Kognitive Struktur 288
Kohäsion 362, 365, 380, 384 ff., 407
Kollektives Handlungsmuster 379
Kommunikation 11, 261
– direkte 230
Kommunikationsblockade 286
Kommunikationsdichte 222, 366
Kommunikationsstil 454
Kommunikationsstruktur 144
Kommunikationssystem 11
Kommunikationsverdünnung 219
Kompensation 24, 165
Kompensationsfunktion 23
Kompetenz 25, 75, 165, 440, 461
– interkulturelle 471
– Kern- 75, 98
– konzeptionelle 26
– Neuverteilung von 279
– Schlüssel- 25
– technische 25
– Zusammenspiel von Kompetenzen 27
Kompetenzüberschreitung 226
Kompetenzverlust 279
Komplexität 21, 27, 125, 140, 165, 208, 219, 233, 267
– Binnenkomplexität von Unternehmen 154
– Reduktion 183
Konflikt 18, 205, 217, 220, 226
– produktiver 391
– unbewusste Ursachen 389
Konfliktbearbeitungsmethode 391
Konfliktbereinigung 11
Konfliktmanagement 391
Konfliktregelungskompetenz 229
Konflikttheorie der Führung 409
Konformität 362, 373, 378, 382
Konformitätsdruck 264, 367
Konkurrenz
– externe 90
– Vergleich 101
Konsumenten 40, 49

Konsumfunktion 44
Kontaktnetzwerk 18
Kontext, organisationaler 417
Kontextmanagement 310
Kontingenzmodell von Fiedler 424
Kontingenztheorie 233
Kontrakteinkommen 41
Kontrollaufwand 262
Kontrolle 11 f., 23, 77
– kennzahlenbasierte 194
– strategische 86
Kontrollfunktion 165, 457
– des Budgets 184
Kontrollhandlung 12
Kontrollprozess 191
Kontrollspanne 222
Kontrolltypen 140
Konvergentes Denken 448
Konvergenzphase 291
Konzentrationsgrad der Abnehmer 89
Konzern 75, 213
Konzernkultur 260
Kooperation 126, 227, 367, 385
Koordination 10
– optimale 42
Koordinationsnetzwerk 24
Koordinationsproblem 43, 47
Koordinatoren 227
Kosten und Leistungen 158
Kostenbudgetierung 186
Kostenführerschaft 138, 153
Kostenfunktion 181
Kostenminimierung 156
Kostennachteile, absolute 88
Kostenrechnung 94
Kostensätze 187
Kostenschwerpunktstrategie 117, 121, 157
Kostenstelle 187
Kostenstruktur 97, 121, 123, 130
Kostenstrukturanalyse 98
Kostentreiber 98
Kostenvorteil 87
Kreativität 6, 24, 112, 363, 453
Krise 265, 291

Stichwortverzeichnis

Kritik
- Ausblenden von 381
- dosierte 455

Kritikpotenzial 24
Kritischer Pfad 167
Kultur, Begriff 247
Kulturalisten 266
Kulturdenken 264
Kulturebene 250
Kulturelle Prägung 432
Kulturelle Unterschiede 430
Kulturentwicklung 264
Kulturgemeinschaft 247
Kulturingenieur 266
Kulturkreis 471
Kumulations-Theorie 336
Kursänderung 24
Kurskorrektur 266

L

Lagerhaltungskosten 156
Landeskultur 268, 432
Leader identity 414
Lebenslauf 444
Lebenswelt 266
Lebenszyklus 124, 236
- organisatorischer 290

Legitimationsgrundlage 40
Legitimität 36, 39, 376
- Arten von 36
- kognitive 37
- moralische 37
- pragmatische 36

Leiharbeit 414, 427
Leistungs- oder Funktionstest 447
Leistungsbeurteilung 454
Leistungsbeurteilungsverfahren 466
Leistungsfähigkeit 327
Leistungsprozess 20, 26, 204 f., 224, 246 f., 358, 377 f., 453
Leistungsselbstverständnis 378
Leistungsverhalten 418
Leitungsaufbau 209
Leitungsebene 222
Leitungshierarchie 7

Leitungsintensität 222
Lernbarriere 301, 306
Lernblockade 263
Lernebene 302
Lernen
- adaptiv-erfahrungsbasiertes 300
- Begriff 300
- des Lernens 304
- erfahrungsgestütztes 306
- Generierung neuen Wissens 306
- Inkorporation neuen Wissens 305
- Interesse am 333
- learning by doing 304
- Nicht-Lernen 314
- organisationales 24, 263, 300, 302, 312, 314
- strategisches 303
- totale Lernorganisation 313
- unvollständiger Lernzyklus 301
- vermitteltes 305

Lernende Organisation 292, 300
Lernfähigkeit 26
Lernformen 304
Lernkontext 304
Lernmedium 302
Lernorganisation, totale 313
Lernprozess 282, 300 f., 304
- strategischer 139

Lernstörungen 301
Lernzyklus 300
Liaison role 227
Lieferanten 36
Lieferantenanalyse 90
Lineare Programmierung 168
Linienmanagement 27
Liquidität 41, 158
Liquiditätssicherung 158
Lizenzvergabe 132
Lock-in 280
Logistik 157
Lohn 326
- variabler 465

Lohn- und Gehaltsdifferenzierung 451
Lohn(un)zufriedenheit 469
Lohnfindung 463

Lohnformdifferenzierung 464 f.
Lohnkonflikt 463
Lohnsatz 465
Lohnsatzdifferenzierung 464 f.
Lohnspreizung 463
Lose Koppelung 152
Losgröße 156 f., 160
Loyalität 427, 453, 464

M
Macht 39, 42, 218
– durch Belohnung 410
– durch Bestrafung 410
– durch Legitimation 409
– durch Persönlichkeitswirkung 412
– durch Wissen und Fähigkeiten 411
– Grundlagen 377, 382, 409
– Strukturen 279
Machtfreiheit 43 f.
Machtgefüge 413
Machtgrundlage 413
– formale 414
Machthaber 413
Machtpotenzial 39
Machtressourcen 413
Machtstrukturen 400
Mailänder Schule 287
Management
– als Funktion 6
– als Institution 6
– by Objectives 224, 343, 454, 466
– Definition 8
– funktionale Perspektive 7
– Professionalisierung 46
Managementaufgabe 7, 14, 26
– generelle 8
Managementfunktion 7 ff., 12, 19 ff., 24 ff., 36
Managementkompetenzen 27
Managementlehre 6, 9, 36
Managementphilosophie 252
Managementprozess 11 ff., 20 ff., 80, 165, 246
– strategischer 140

Managementrollen 17, 19, 36
Managementtätigkeit 16
Managementverständnis 7
Managementwissen 25
Manager 7, 14, 27, 40, 51, 59
Managergehalt 463
Managerial Grid 422
Managerkontrolliertes Unternehmen 46
Mangelzustand 333
Marketing-Mix 157, 160, 181
Markov-Modell 167
Markt 41 f.
Marktabdeckung 113
Marktabgrenzung 89
Marktanteil, relativer 129
Marktattraktivität 92
Marktbeherrschung 45
Markteintrittsbarrieren 87, 123
Marktführerschaft 117
Marktgleichgewicht 43
Markt-Innovationsstrategie 115
Marktmacht 45
Marktregulierung 92
Marktsättigung 91
Marktwachstum 124, 128
Marktwirtschaft 40 ff., 58
Maslowsche Motivationstheorie
– Defizitprinzip 334
– Progressionsprinzip 335
Materialfluss 156
Matrixorganisation 221, 227, 229, 414
Mäzenatentum 64
Mehrlinienorganisation 220, 228
Mehrliniensystem 221
Meilenstein 142, 193
Meinungswächter 382
Metakommunikation 376
Mikropolitik 237
Mindestoptimale Betriebsgröße 87
Minimalkosten-Kombination 43
Mischvergütung 466
Mitarbeiterbefragung 285,
Mitarbeiterführung *siehe* Führung
Mitarbeitergespräch 454 ff., 460

Stichwortverzeichnis

Mitarbeiterrichtlinien 416
Mitbestimmung 52
Mitbestimmungsgesetz 38, 48
Mittleres Management 27
Mobbing 369, 371
Monitoring 80, 140
Monotonieproblem 233
Moral 61
Moralkodex 56
Motivation 11, 17, 194, 208, 225, 237, 262, 333, 427, 452, 467
– durch Entlohnung 467
– Inhaltstheorien 327, 337
– intrinsische 309, 467
– Mitarbeiter- 326
– Prozesstheorien 327
– und Organisationsstruktur 237
– Zieltheorien 327
Motivationsfunktion 457
– des Budgets 184
Motivationskraft 334
Motivationspotenzial 345, 348
Motivationsprozess 327, 335
Motivationstheorie 326 f.
Motivationsverlust 350
Motivatoren 339, 340
Motivierende Arbeitsgestaltung 343
Moving 283
Multiperspektivität 26
Mündliche Kommunikation 14
Muster
– implizites 406
– kognitives 406
– Regel- 287

N

Nachfragefunktion 42
National Training Laboratories 284
Neoklassik 43, 47
Netzplan 167
Netzplanmodell 167
Netzwerke 414
– dynamische 229
– informelle 247
– interne 229
– organisatorische 229

Netzwerkbeziehung 39
Neuanbieter 87
Neugierde 333
Neuplanung 12
Nicht-Lern-Regeln 314
NIH-Syndrom *siehe* not invented here
Nische 113 f.
Normabweichung 368, 378
Normen 253, 303, 372, 407
– Beispiele 253
– implizite 468
– und Standards 249, 362, 367, 384
– und Wertesystem 255
Normenkonformität 382
Normenverstoß 368
Normierungsphase 362
Normstrategie 112, 131
Not invented here 279
Nutzen 41
Nutzenmaximierung 43
Nutzenstreben 43
Nutzungskosten 119
Nutzungswert 119

O

oberes Management 27
Objektivität 448
Objektorientierung 213
Öffentliches Interesse 51
Öffentlichkeit 51
– kritische 63
Operative Flexibilität 152
Operative Kontrolle 190
Opportunitätskosten-Betrachtung 173
Optimierungsmodell 166
Optimierungsproblem 155
Optionsansatz 112
Organigramm 98, 208
Organisation 11, 12, 22, 24
– Abstimmung durch Programme 224
– divisionale 215
– Einflussgrößen auf die Gestaltung 232

Stichwortverzeichnis

- funktionale 211
- gesunde 285
- Größe 291
- informelle 246
- lernende 300
- mechanistische Formen 234
- modulare 229
- nach Verrichtungen 210
- nach Objekten 212
- neue Formen 326
- organische Formen 234
- regionale Gliederung 213
- Routineprogramme 224
- sozio-technischer Ansatz 235
- und Motivation 237
- Zweckprogramme 224

Organisationale Fähigkeiten 98
Organisationsaufstellung 288
Organisationsdiagnose 284
Organisationsentwicklung 284, 287
Organisationsformen
- moderne 388
- neue 27, 414

Organisationsgestaltung 204
- organische 235

Organisationskultur 279
Organisationsspielraum 235
Organisationsstruktur 12, 24, 205, 312
- enttäuschungsresistente 312
- flexible 22

Organisationsumwelt 364
Organisatorische Regeln 205
Organisatorische Revolution 290 f.
Organisatorischer Wandel 288, 292, 300
Organisatorisches Lernen *siehe* Lernen
Organisieren 205
- historischer Prozess 236

Orientierungsrahmen 23
Outward-Bound-Methode 461

P

Paradoxe Intervention 288
Paradoxie 287

Pareto-Optimalität 43
Partikularinteresse 43
Partizipation 223
Partizipationsfunktion 458
Partizipationsmöglichkeit 454
Pelz-Effekt 413
Perceived organizational support 332
Personal 11, 440
- als Sachfunktion 440
- Auswahlentscheidungen 451
- Beschaffung 442
- Beschaffung, externe 442
- Bestand 440
- Entlohnung 441
- Leistungsinformationen 451
- Marketing 442
- Planung 442
- Politik 440

Personalabteilung 450
Personalausleseprozess 450
Personalauswahl 270, 441 ff., 448, 451
- Auswahlgespräch 445
- formale Tests 447

Personalauswahlprozess, mehrstufiger 450
Personalbeurteilung 11, 441, 451, 453 f., 457
- Ansätze 453
- Formen 456

Personalbeurteilungssystem 451
Personaleinsatz 11, 24
- als Managementfunktion 440 f.

Personalentwicklung 11, 270, 441, 451, 459
Personalentwicklungsfunktion 457
Personalerhaltung 441
Personalfragebogen 444
Personalgewinnung 441
Personalpolitische Instrumente 452
Personalressort 440
Personenbezug 421
Personenorientierung 423 f.
Personen-Rollen-Konflikt 375
Persönliche Eignung 400

Stichwortverzeichnis

Persönlichkeit 400
Persönlichkeitsentblößung 449
Persönlichkeitstest 448
Persönlichkeitswirkung 412
Peter-Prinzip 223
Pfadabhängigkeit 280
Planabweichung 191
Planbilanzierung 158 f.
Planerstellung 12
Plan-Fixkosten 159
Planfortschrittskontrolle 190
Plankostenrechnung 159, 187
Planrevision 12, 161
Planspiel 461
Planung 10, 12, 22 ff., 140, 162
– Absatz- 157
– Bereitstellungs- 157
– Beschaffungs- 155
– Fein- 164
– Fertigungs- 156
– flexible 163, 164
– Grob- 164
– Instandhaltungs- bzw. Wartungs- 157
– operative 23, 152, 154, 186
– operative unter Unsicherheit 162
– Projekt- 154
– robuste 163
– rollende (gleitende) 164
– Simultan- 160
– Standard- 154
– strategische 23, 152
– Sukzessiv- 161
– zentrale 42
Planungsabteilung 80
Planungsmodell, operatives 166
Planungsproblem 20
Planungsprozess 24, 164
Planungssystem 152
Planungszeitraum 164
Planungszyklus 12
Planvollzug 12
Politischer Prozess 189, 237, 247
Populationsökologie 280
Portfolioanalyse 131
Portfolio-Modell 131

Portfolio-Strategie 126
POSDCORB 9
Postindustrielle Gesellschaft 231
Potenzialanalyse 94
Potenzialdiagnose 449
Präferenzen, individuelle 41
Praktiken 246, 280, 461
Prämienlohn 466
Prämienstücklohn 466
Prämissensetzung 142
Praxisgemeinschaft 309
Preisdifferenzierung 181
Preiselastizität 119
Preiskampf 89
Preisobergrenze 91
Preisspielraum 90
Preissystem 41 ff., 48 f., 58
Primärsozialisation 363
Primat der Planung 22
Prioritätensetzung 376
Privatrecht 41
Problemlöser 18, *siehe auch* Rolle
Process owner 231
Produktdifferenzierung 88
Produktentwicklung 124
Produktionsfunktion 44, 168
Produktionsmenge, kumulierte 130
Produktionsplanung, operative 156
Produktionsprogramm 168, 182
– optimales 159 f.
Produktionsprozess 155
Produktivität 363, 384 ff., 418
Produktivitätssteigerung 211
Produktlebenszyklus 128
Produktmanagement 227
Produkt-Markt-Konzept 154, 168
Produzentenhaftung 49
Professionalisierung des Managements 46
Profit Center 213
Prognose 86, 92, 444
Prognosevalidität 449
Prognoseverfahren 166
Prognostizierendes Modell 166

Stichwortverzeichnis

Programm 224 *siehe auch* Organisation
– enttäuschungsresistentes 312
– strategisches 23
Progressionsprinzip 335 f.
Projekt 229
Projektarbeit 358
Projektmanagement 27, 414
Prozessbeauftragter *siehe* process owner
Prozessberatung 285 f., 304
Prozesscontrolling 231
Prozessorganisation 212, 230, 232, 348
Prozessplanung 156
Prüfverfahren 311
Psychologische Reife 425
Psychologischer Test 448
Publikums-Aktiengesellschaft 46
Publizitätsgesetz 50 f., 58, 61
Publizitätspflicht 50 f.
Punctuated equilibrium 291

Q
Qualifikation, fachliche 446
Qualifikationsdefizit 460
Qualitätszirkel 348
QWERTY-Tastatur 280

R
Radarschirm-Rolle 18 f.
Rahmenbedingungen 36
Rangordnung 369
Rationalisierung 381
Rationalisierungsaufgabe 208
Rationalisierungsinvestition 179
Rationalität, ökonomische 48
Reaktionspotenzial 162
Reaktivitätseffekt 449
Realgüterprozess 154 f., 165, 440
Realistic job preview 446
Realität 39
Realoptionen 164
Realoptionsplanung 164
Reengineering 277

Referentenmacht 412, 414
Referenzen 444
Reflexionsebene 417
Reframing 288
Refreezing 284
Regelkreis 191
Regeln 205, 224, 416
– formelle 236
– generelle 312, 314
– generelle vs. fallweise 206
Regelsystem 288
Regelung, organisatorische 24
Regelungskosten 207
Regelwerk 312, 314
Reifephase 362
Reifezyklus 424
Rekonfiguration 313
Relevanter Markt 80
Reliabilität 448
Rentabilität 41, 113, 124, 158, 194
Rentabilitätskennziffer 159
Rentabilitätsschwelle 91
Reorganisation 204, 276 f.
Residualeinkommen 41
Ressortdenken 211
Ressourcen 75 f., 93 f., 101 f., 113, 155, 157, 163, 214, 313, 388
– Basis- 98
– Bewertung von 98, 101
– Einmaligkeit 101
– finanzielle 126
– interne 77, 79
– Klassifikation 95
– tangible und intangible 94
– Zusammenspiel von 100
– Zuteiler 19
Ressourcenanalyse 137
– wertschöpfungszentrierte 94
Ressourcennutzung 214
Ressourcenprofil 101
Restriktionen 15, 47
– externe 49
Return on Investment (ROI) 128, 194, 214
Revisionsnotwendigkeit 22, 24

Stichwortverzeichnis

Risiko 141, 380, 404
– als sozialer Wert 380
– wirtschaftliches 41
Risiko, Kontrolle und Gewinn
– Einheit von 41, 44, 46
Risikoausgleich 125
Risikoschub 379
Risikosituation 162
Riten und Rituale 254
Rivalität unter Anbietern 91
Roh-, Hilfs- und Betriebsstoffe 155
ROI *siehe* Return on Investment
Role making 373, 375
Role taking 373
Rolle 18, 367, 379
– Aufgabenerfüllung 377, 379
– Definition 371
– empfangene 373
– gesendete 372
– sozio-emotionale Führung 377, 379
– und Position 371
Rollenaushandlungsprozess 374
Rollendifferenzierung 371, 377
Rollendistanz 375
Rollenepisode 372
Rollenerwartungen 372
Rollenkonflikte 374, 424, 452
Rollenkonzept 414
Rollenstress 377
Rollenstruktur 371
Rollenübergang 376
Rollenüberladung 375
Rollenverhalten 17, 373, 417
Rollenwechsel 289
Romance of Leadership Scale 406
Routinen 16, 224, 246, 276, 286, 313, 314, 326, 413
– Funktionsweise 224
Routineprogramm 224
Routinisierungseffekte 343
Rückkoppelung 161, 344
Rule breaker 115
Rule taker 115

S

Sachautorität 230
Sachfunktion 7, 9
Sanktionsmechanismus, sozialer 63
Sanktionspotenzial 376, 407
Sättigungsgrad 336
Satzung 15
Schlüsselkompetenz 460
Schnittstellen 152, 211, 231
– Abbau von 230
Schweinebucht-Affäre 380
Schwerpunkt des Wettbewerbs 117
Selbstabstimmung 225 f., 326
Selbstabstimmungsregeln 225
Selbstbeobachtung 342
Selbstbestimmung 468
Selbstbeurteilung 342
Selbstbild 414 ff.
Selbstbindung 48, 59
Selbstkontrolle 343, 454
Selbstregulation 342
Selbstverständnis 414
Selbstverwirklichung 337, 339
Selbstwertgefühl 468
Selbstwirksamkeit 329
Selbstzensur 381
Selektion 23
Selektionsaufgabe 311
Selektionsprozess 127
Selektionsrisiko 142
Selektivität 140
Self-efficacy 342
Sender 18, *siehe auch* Rolle
Sense making 26
Sensitivitätsanalyse 163
Sicherheitsabstand 175
Simplex-Methode 172
Simulation 167
Simultanplanung 161
Single-Loop-Learning 302
Situationale Führungstheorie von Hersey und Blanchard 424
Slack-Ressource 23
Social distancing 382

Sollgröße 192
Soll-Ist-Vergleich 12, 140, 191
Soll-Verdienst 469
Sollvorgabe 12
Sollvorschriften 24
Soziale Distanz 452
Soziale Konstruktion 39
Soziale Kontrolle 63, 382
Soziale Marktwirtschaft 45
Sozialer Vergleich 327, 349 f., 469
Sozialisationsprozess 248
Sparte 75
Spartenorganisation 213
Spezialisierung 210 ff., 220, 269
Spezialisierungsprinzip 231
Spiele 288
Spielraum 443, *siehe auch* Handlungsspielraum
– strategischer 79
Spielregeln, heimliche 287
Sprecher 18, *siehe auch* Rolle
Sprechsituation, ideale 61
S-R-Mechanismus 301
Stab 216
Stabilisierung 284
Stabilität 233, 276, 363, 384 f.
– und Wandel 314
Stab-Linien-Organisation 216 ff.
Stabsabteilung 80, 143
Stabsstelle 216
Stakeholder 37, 39, 48, 56
– relative Bedeutung 39
Stakeholderansatz 36, 40
Standardfertigung 187
Standardgut 119
Standardherstellkosten 187
Standardisierung 89, 224, 277
Standards 368
Stärken und Schwächen 74, 77, 79, 93, 115, 127, 129, 134
– Analyse 94, 97
Status 369, 377, 463
– Kongruenz und Inkongruenz 371
Statusdifferenzierung 222
Statushöhe 371
Statusstruktur 407

Statussymbol 371
Statusverlust 369
Stelle 11, 208 f., 213, 442
Stellenausschreibung 442
Stellenbeschreibung 208, 377, 443 f.
Stellengefüge 211
Stellenprofil 460
Stereotypisierung 381
Steuerungs- und Kontrollsystem 214
Steuerungsbefugnis 46
Steuerungsdenken, neues 21
Steuerungsfunktion 165
Steuerungsinstrumente 153
Steuerungskompetenz 98
Steuerungslogik 45
Steuerungspotenzial 22
Sticky knowledge 310
Stigma 405
Stimulus-Response-Schema 300
Stochastische Simulation 168
Stories 254, 310
Strategie 74
– Bestimmung 112
– gemischte 134
– globale 133
– Grundfragen 74
– Implementation 137
– internationaler Kontext 132
– Kontrolle 79, 190
– multilokale 133
– Planung 78
– Realisierung 153
Strategiebegriff 74
Strategiebestimmung 77
Strategieebene 112
Strategieformulierung 87
Strategierealisation 79
Strategische Allianz 133
Strategische Analyse 78, 89, 92
Strategische Durchführungskontrolle 141 f.
Strategische Ebene 75
– Gesamtunternehmung 76
– Geschäftsfeldebene 76
Strategische Kontrolle 140, 190

Stichwortverzeichnis

Strategische Option 121
– Gesamtunternehmensebene 123
– Geschäftsfeldebene 113
Strategische Planung 77, 135, 236
Strategische Prämisse 86
Strategische Prämissenkontrolle 141
Strategischer Erfolgsfaktor 153
Strategischer Managementprozess 77
– Elemente 78
Strategisches Gesetz 112
Strategisches Programm 77, 137
Strategische Überwachung 141 f.
Strategische Umweltanalyse 80
Strategische Unternehmensanalyse 93
Strategische Vorsteuerung 152
Strategischer Wettbewerbsvorteil 101
Strategischer Würfel 121
Struktur, formale 98
Strukturelle Elastizität 152
Strukturelle Trägheit 280, 289
Strukturgefüge 209
Strukturierungsfähigkeit 26
Stückdeckungsbeitrag 177
Stückkosten 117
Stückkostenersparnisse 87
Stücklohn 466
Sturmphase 362
Subjektive Wahrscheinlichkeit 328 f., 333, 342
Subkultur 259
– neutrale 259
– verstärkende 259
Substituierbarkeit 102
Substitutionsgesetz der Organisation 206
Substitutionsprodukte 90
Success breeds failure 100, 315
Supply Chain Management 156
Survey-feedback-Ansatz 284 f.
SWOT-Analyse 77, 127
Symbole und Zeichen 253
Symbolsystem 247, 249, 255
Synergie 314

System, flexibles 21
System 4 229
Systemische Intervention 287
Systemischer Ansatz 285
Systemträgheit 280
Szenario 85

T

Tagesgeschäft 152
Talent Management 442
Tätigkeitsorientierter Ansatz 453
Tätigkeitsspielraum 344
Tauschgerechtigkeit 36
Tavistock Institut 284
Taylorismus 343
Team 358
Teambuilding 462
Team-Coaching 429 f.
Teamentwicklung 430
Technologie 15, 236
– und Organisation 235
Technologiesprünge 83
Teilautonome Arbeitsgruppe 347
Teilpläne 155, 157, 160, 164
– Interdependenz der 160
Tensororganisation 229
Testverfahren 460
– zur Personalauswahl 447
Teufelsadvokat 312, *siehe auch* Advocatus Diaboli
T-group 284
Theory-in-use 302 f.
Theory of action 301
Tiefenstruktur 287
Tochtergesellschaft 133
Top-Management 16
Total cost of ownership 120
Training-on-the-job 461
Transaktionskosten 47
Transformation 291
Transformationsmodell 290
Trennung von Eigentum und Verfügungsgewalt 46
Triadische Episode 283
Turbulenz 233
Turnaround 236

U

Überorganisation 207
Umstellungskosten 89
Umsteuerungspotenzial 23
Umsturzphase 291
Umwelt 20 ff., 25, 236
– Analyse der Umweltsituation 77
– Annahmen 250
– externe 360, 385
– globale 81 f.
– interne 360, 367, 386
– makro-ökonomische 83
– natürliche 84
– politisch-rechtliche 83
– relevante 36
– sozio-kulturelle 84
– technologische 83
– Wettbewerbsumwelt 86 f.
– Wirkung auf Organisationsgestaltung 233
Umweltanalyse, globale 85 ff.
Umweltbewusstsein 39
Umwelterfordernisse 21
Umweltinteraktionsmodell 235
Umweltschutz 52
Umweltveränderungen 276
Unfreezing 283
Ungewissheit 162, 193
Ungleichgewicht 279
Universalmaschine 165
Universitäten 6
Unordnung 24
Unsicherheit 22, 162, 233, 314, 380, 456
Unsicherheitsproblem 165
Unteres Management 27
Unternehmensethik 47 f., 56, 59 ff., 63
– diskursive 60
Unternehmensführung, gesellschaftlich verantwortliche 48, 56
Unternehmenskultur 137, 230, 246, 247, 276, 279, 306, 365, 389, 413, 458, 462
– Begriff und Bedeutung 247
– Erfassung von 256
– innerer Aufbau 249
– internationaler Kontext 268
– Kernelemente 248
– Kulturwandel 265
– Modell von Schein 249
– negative Effekte 262
– Normen und Standards 252
– pluralistische 268
– positive Effekte 261
– Riten und Rituale 254
– Schattenkultur 265
– starke vs. schwache 257
– Subkulturen 259
– Symbole und Zeichen 253
– und Landeskultur 268
– universelle 269
– Wirkung von 261
Unternehmensphilosophie 407
Unternehmenspolitik 40, 84
Unternehmensstrategie 74
Unternehmenstheater 289
Unternehmensverfassung 40 f.
Unterorganisation 207, 223
Unzufriedenheit 237, 338

V

Valenz 328
Validität 448
Variabilität 276
– betrieblicher Tatbestände 207
Veränderung, diskontinuierliche 291
Veränderungsbereitschaft 286
Veränderungsdruck 276
Veränderungsmanagement 282
Veränderungsprozess 283, 285
– kontinuierlicher 235
Verantwortung, Diffusion von 379
Verbraucher- oder Umweltschutzbeauftragter 60
Verbraucherschutz 49, 51
Verdrängungseffekt 467
Verdrängungswettbewerb 89
Verfahrensrichtlinie 224
Verfügungsrecht 47
Vergeltung 89

Stichwortverzeichnis

Verhalten 402
– nichtkonformes 410
Verhaltensdispositionen 453
Verhaltenserwartungen 371
Verhaltensflexibilität 444
Verhaltensmuster 418
Verhandlungsführer 19
Verhandlungsmacht 89
Verhandlungsstärke 89
Vermachtungsprozess 44 f.
Vernetzer 18
Verrechnungspreise 215
Verständigungsorientiertes Handeln 47, 50, 60
Vertikale Differenzierung 80
Vertragsbeziehungen, Netz von 40
Vertragsmodell 42, 55
– der Unternehmung 40 f., 46
– empirische Voraussetzungen 44
Vertragspartner 41
Vertragsrecht 42
Vertrauen 468
Verursachungsprinzip 187
Verwaltungskontrolle 49
Verwandtschaftsgrad (Diversifikation) 125
Verwendungszusammenhang 90
Virtuelle Organisation 292
Vision 77, 404
Volkseinkommen 470
vollkommene Konkurrenz 43
Vorgesetztenbeurteilung 457
Vorgesetztenfunktion 7
Vorgesetzter 11, 17
Vorkalkulation 159
Vorsichtsschub 380
Vorstand 53
Vorstellungsebene 417
Vorsteuerung 23
Vorstrukturierung 421
VRIN-Katalog 101
VRIO 102

W

Wachsamkeit 24, 314
Wachstumsbedürfnis 335
Wachstumspotenzial 91
Wahrnehmung 404
Wandel 18, 236, 263, 276
– als Planungsproblem 278
– durch Zielvorgabe 277
– geplanter 266
– permanenter 292
– Quelle des 24
– und Lernen 300
– Widerstand gegen 277, 282
Wandelaufgaben
– organisatorische 276
War-rooms 312
Weg-Ziel-Theorie von House 424
Weisungsbefugnis 416
Weiterbildungsbedarf 452
Weltbild 248, 252, 257, 266
Werkstoffe 95
Wert- und Denkmuster 247
Werte 303, 361, 363, 378, 462
Wertekanon 409
Wertesystem 261
– gesellschaftliches 223
Wertewandel 84, 223
Wertkette
– Beispiel 96
– Restrukturierung 97, 99
Wertkettenanalyse 95, 97
Wertkettenstruktur 97
Wertorientierung 413
Wertschätzung 468
Wertschöpfungsprozess 98, 125
Wertumlaufprozess 154, 158
Wettbewerb 23, 42, 60, 75, 367
Wettbewerber 36
Wettbewerbsfaktor 467
Wettbewerbsintensität 233
Wettbewerbsstrategie 76, 113, 133
– Ort 113
– Regeln 113, 115
– Stoßrichtung 113

Wettbewerbstheorie 45
Wettbewerbsumwelt 81, 86
Wettbewerbsvorteile 135, 153, 440
– Schaffung von strategischen 93, 462
Wettbewerbswirtschaft 40, 460
Widerstand gegen Änderungen 278, 303, 282, 384
Widerstandsformen 282
Windows of opportunity 235
Wirkungszusammenhang 23
Wirtschaftsethik 63
Wirtschaftsordnung 62 f.
Wirtschaftsplan 43
Wissen
– Begründungen für 311
– Diskurs über 311
– exklusives 412
– explizites 461
– implizites 306, 308
– kodifizierbares 308
– leaky knowledge 310
– narratives 308, 310
– nicht kodifiziertes 308
– Nicht-Wissen 310
– praxisbasiertes 306
– Prüfung von 311
– sticky knowledge 310
– unternehmensspezifisches 98
Wissensrepräsentation 308
Wissensaustausch 309 f.
Wissensbasierte Theorie der Firma 306
Wissensbasis 301 f., 304 f., 314
Wissensbereitstellung 308
Wissenserwerb 305
Wissensgenerierung 306
Wissensgesellschaft 471
Wissenskontrolle 310

Wissensmanagement 307 f., 310
– computergestütztes 309
Wissensrepräsentation 309
Wissensspirale 306
Wissenssystem 301
Wissenstransfer, computergestützter 309
Wissensvorsprung 411
Wohlfahrt 43
– gesamtwirtschaftliche 44
Workflow Management 231, 462
Wunschdenken 381

Z

Zahlungsfähigkeit 41 f.
Zeitakkord 466
Zeitlohn 465
Zeugnis 444
Ziele 361, 363, 378, 407
– Inhalt 341
– Intensität 341
– strategische 23, 152
Zielerreichung 12, 190, 342, 400
Zielfunktion 166
Zielprogramm 23
Zieltheorie der Motivation 341
Zielvalidierung 190
Zufallsvariable 162
Zufriedenheit 338 f., 377, 385, 387, 469
Zurechnung, kausale 462
Zusatznutzen 120
Zweck/Mittel-Ketten 152
Zweckprogramm 224
Zwei-Faktoren-Theorie von Herzberg 337
– Unzufriedenheit 338
– Zufriedenheit 339
Zwillingsfunktion 12

Lizenz zum Wissen.

Sichern Sie sich umfassendes Wirtschaftswissen mit Sofortzugriff auf tausende Fachbücher und Fachzeitschriften aus den Bereichen: Management, Finance & Controlling, Business IT, Marketing, Public Relations, Vertrieb und Banking.

Exklusiv für Leser von Springer-Fachbüchern: Testen Sie Springer für Professionals 30 Tage unverbindlich. Nutzen Sie dazu im Bestellverlauf Ihren persönlichen Aktionscode C0005407 auf *www.springerprofessional.de/buchkunden/*

Springer für Professionals.
Digitale Fachbibliothek. Themen-Scout. Knowledge-Manager.

- Zugriff auf tausende von Fachbüchern und Fachzeitschriften
- Selektion, Komprimierung und Verknüpfung relevanter Themen durch Fachredaktionen
- Tools zur persönlichen Wissensorganisation und Vernetzung

www.entschieden-intelligenter.de

Springer für Professionals

 springer-gabler.de

Das Gabler Wirtschaftslexikon – aktuell, kompetent, zuverlässig

Springer Fachmedien
Wiesbaden, E. Winter (Hrsg.)
Gabler Wirtschaftslexikon
18., aktualisierte Aufl. 2014. Schuber, bestehend aus 6 Einzelbänden, ca. 3700 S. 300 Abb. In 6 Bänden, nicht einzeln erhältlich. Br.
* € (D) 79,99 | € (A) 82,23 | sFr 100,00
ISBN 978-3-8349-3464-2

- Das Gabler Wirtschaftslexikon vermittelt Ihnen die Fülle verlässlichen Wirtschaftswissens
- Jetzt in der aktualisierten und erweiterten 18. Auflage

Das Gabler Wirtschaftslexikon lässt in den Themenbereichen Betriebswirtschaft, Volkswirtschaft, aber auch Wirtschaftsrecht, Recht und Steuern keine Fragen offen. Denn zum Verständnis der Wirtschaft gehört auch die Kenntnis der vom Staat gesetzten rechtlichen Strukturen und Rahmenbedingungen. Was das Gabler Wirtschaftslexikon seit jeher bietet, ist eine einzigartige Kombination von Begriffen der Wirtschaft und des Rechts. Kürze und Prägnanz gepaart mit der Konzentration auf das Wesentliche zeichnen die Stichworterklärungen dieses Lexikons aus.

Als immer griffbereite „Datenbank" wirtschaftlichen Wissens ist das Gabler Wirtschaftslexikon ein praktisches Nachschlagewerk für Beruf und Studium - jetzt in der 18., aktualisierten und erweiterten Auflage. Aktuell, kompetent und zuverlässig informieren über 180 Fachautoren auf 200 Sachgebieten in über 25.000 Stichwörtern. Darüber hinaus vertiefen mehr als 120 Schwerpunktbeiträge grundlegende Themen.

€ (D) sind gebundene Ladenpreise in Deutschland und enthalten 7% MwSt; € (A) sind gebundene Ladenpreise in Österreich und enthalten 10% MwSt. sFr sind unverbindliche Preisempfehlungen. Preisänderungen und Irrtümer vorbehalten.

Jetzt bestellen: springer-gabler.de

Printing: Ten Brink, Meppel, The Netherlands
Binding: Ten Brink, Meppel, The Netherlands